中国科学院科学出版基金资助出版

力学丛书·典藏版 29

流体动力学引论

G.K. 巴切勒 著

沈 青 贾 复 译

U0370005

科学出版社

1997

内 容 简 介

本书是一本优秀的流体力学教程，作者是近代流体力学方面的权威学者之一。

本书系统地介绍了一般流体力学研究取得的基本成果，选材的宗旨是为引导读者熟识流体力学的基本概念、思想及重要应用，着重于阐明流体力学的物理基础。

全书共分七章，前三章是研究任何流体力学的前题和基础，讨论了流体的物理特性、流场运动学及基本方程的一般形式。后四章全部讨论均匀不可压缩粘性流体动力学，就其重要性和基础性而言，这部分内容无疑是全部流体力学的核心部分。

本书可供应用数学及力学工程系的大学生、研究生，以及从事力学、物理、气象、海洋、航空、水利等方面研究的科技人员阅读、参考。

图书在版编目 (CIP) 数据

流体动力学引论／（英）巴切勒（Batchelor, G. K.）著；沈青，贾复译.
—北京：科学出版社，1997.11 (2016.1 重印)
（力学名著译丛）
书名原文：An Indroduction to Fluid Dynamics
ISBN 978-7-03-004632-1

I. ①流… II. ①巴…②沈…③贾… III. ①流体动力学 IV. ①O351.2

中国版本图书馆 CIP 数据核字 (2016) 第 018668 号

力学名著译丛
流体动力学引论
G. K. 巴切勒 著

沈 青 贾 复 译

责任编辑 朴玉芬 鄢德平

科学出版社 出版
北京东黄城根北街 16 号
邮政编码：100717

北京京华虎彩印刷有限公司印刷

新华书店北京发行所发行　各地新华书店经售

*

1997 年第一版	开本：850×1168 1/32
2016 年印刷	印张：22 1/2 插页：12
	字数：594 000

定价：188.00元

目　　录

序　言

我曾为准备通过剑桥大学各级数学荣誉考试的学生们讲授流体力学，这时我发现，要选择与课堂讲授配合的教科书是很难的。似乎有不少是为了那些注重流体力学各种工程应用的学生们而写的书，不过，供作为应用数学专业攻读这门课的学生们使用的书就相对很少了，而令人满意的书依我看一本也没有。问题在于：我们对流体动力学许多问题的理解上在最近约 50 年所取得的巨大进展，还没有吸收到为应用数学专业学生写的教材中来。这样，教师要么就不得不在没有教科书的情况下讲授很大一部分内容；要么就只能使自己讲授的内容适合现有的教科书。后一种做法容易不适当地强调这门学科的经典分析方面，特别是无旋流动的数学理论，有可能造成的后果是学生们对流体动力学的极端重要的物理方面一无所知。学生们，教师也一样，倾向于从他们能弄到手的教科书里所讨论的题目形成对一门课的内容的概念。因此，那么多为应用数学家写的在讨论数学上可解但未必与真实流体中发生的现象相联系的问题的流体力学书，并不受欢迎。

因此我打算写这样一本教科书，它能为攻读应用数学的学生所用，并把以往工作所提供的物理方面的理解和信息包括进来。尽管篇幅不小，本书确实是流体力学的一个引论。这就是说，本书不要求事先知道这门课，其中材料的选取旨在给读者介绍重要的概念和应用。本书是由一些讲义教程发展而成的，只有很少材料没有在课堂上试讲过。有些材料是旧的、众所周知的，有些则是相当新的。但对所有材料我都试图以一种从统一的观点看是最好的形式表达出来。本书是作为互为关联的整体而写成的，供人们作为一个整体阅读和使用，或至少大部分内容是这样的，而不是为了供人查阅个别问题或方法。

我特别考虑了英国大学应用数学系二、三、四年级学生们的需求（这也是我最熟悉的），但我希望这本书对工科学生也是有用的。应用数学家和工程师的真正需求如今并不相距遥远。他们都首先需要理解流体动力学的基本原理，不藉助高级的数学技巧就能达到这点。熟悉向量分析和张量标记的读者，在阅读本书的纯数学部分时都不会有大的困难。本书相当偏重理论，而不是偏重数学。

我们自始至终都特别注意流动系统的观测与各种概念、解析模型间的相互对应。这里收集的有关流动系统的照片是书的重要组成部分。我希望它们能帮助读者找到一种感觉，这是建立理论论据和分析时所不可缺少的。这点对于没有机会在实验室里观察流动现象的学生尤为重要。Prandtl 的许多书和讲义，依我看来，都极妙地表明如何不断地同时考虑到理论和观测，我自己就受到这些书的巨大影响。Prandtl 尤其深知设计得很好的实验流动系统的一幅清晰照片的价值。他亲自拍摄的许多照片，仍是边界层现象的最好图解。

还要说明一下本书章节的选择和顺序。我最初的想法是要在一卷书中给出流体力学主要分支的一个引论。但很快发现，这种面面俱到的做法与我想达到的透彻性是不相容的。于是我决定只讨论部分内容，至少就这一卷而言是如此。前 3 章为讨论流体力学任何分支打好了基础，讨论了流体的物理性质、流场运动学以及动力学方程的一般形式。这三个引论性的章节的目的表明，流体动力学的各种不同分支是如何统一于作为一个整体的学科之中的，又是如何因对流体或运动的本质做一定的理想化或假设而形成的。一位教师大概不会把所有这些预备性材料都包括到他讲的课程中去，但可以将之改编为适应特定课程的需要。作为基础，我希望它们将是有用的。在其余各章中，流体假设为不可压缩并有均匀密度和粘性。按其基础性的本质和实际的重要性，我认为不可压缩粘性流体的流动是流体动力学的核心。对于具有各种特殊性质的流体的研究目前是时髦的，但大部分基本的动力学概念在研究具有内摩擦的流体的有旋运动时已能清楚地揭示出来了。就地球物理学、化学工程、水力学、机械工程和航空工程的应用而言，这种研究仍是流体动力学的关键分支。我感到遗憾的是，许多重要课题，诸如气体动力学、表面波、浮力引起的运动、湍流、热与质的传递及磁流体动力学等，显然被忽视了。但在一卷书中认真加以考察，题目简直是太多了。如对本书的反映表明需有第二卷的话，我可能在将来使包含的题目更近乎完备。

至于第 4 章到第 7 章的内容安排顺序，我把有关粘性流体运动和大 Reynolds 数流动的描述放在无旋流动（虽然无旋速度分布的许多纯运动学特性已自然地放在第 2 章里了）和有旋无粘流体运动的讨论之前。采取这种非常规安排的理由，并非因为我觉得无旋运动的"经典"理论不如通常认为的那样重要。这不过是因为，只有搞清楚什么场合下粘性为零的近似成立以后，才能将无粘流体流动的结果做实际的应用。无旋流动的数学理论诚然是解决问题的有力武器，不过它本身并不告诉我们，在大 Reynolds 数下给定流场的整体或其中一部分能否近似地认为是无旋的。为了搞清楚这个至关重要的问题，对于真实流体的粘性效应及边界层理论有一定程度的理解是必要的。当 Lamb 写他的经典专著《流体动力学》时还缺少这样的理解，但如今已然具备。我相信第一部（至少就英语著作而言）表明如此多的通常的流动系统如何藉助边界层分离和涡旋运动而得到解释的书是 S. Goldstein 编的《流体动力学的近代发展》。这部 1938 年出版的开创性著作主要是供研究工作者使用的。我现在则试图更进一步使学生们在他们学习流体动力学的早期阶段就得以对真实流体流动有一定的理解。

虽然在考察无粘流体及无旋流动之前学习粘性流体流动是最理想的，但我也理解讲课者受其授课学时的限制。譬如，对于那些只学一门流体力学课程而学时少于 30 讲的学生来说，如果先从粘性流体流动和边界层的研究着手，为描述无粘流体流动及其应用作准备，就不免有失明智，因为为此题目留的时间就会太少了。

在这种情况下，讲课者就需牺牲一点科学逻辑性，或可从第2，3章直到跳到第6章，包括第5、第7章的前几节。给数学专业的大学生讲流体动力学有一个固有的困难，即对问题的不完全的介绍总是不解决问题的，往往只给学生留下解析方法和结果，而没有告诉他们 什么情况下这些结果可以应用。学生们掌握流体动力学原理确实需要一定的时间，我以为要给非专业的学生们关于这一学科的恰当的介绍，40至50讲是必不可少的。然而，一本书无须与一门课受同样的限制.我希望讲课的人会同意这样的看法:即便在某种讲课中不得不略去诸如边界层分离等许多重要的题目，我们还是希望学生能看到按逻辑顺序安排的全部材料，并能通过阅读增进他们对这一学科的理解。

做习题在理解和掌握流体力学这种分析性很强的学科的过程中是一个重要环节。阅读课文必须伴之以做典型的习题。我原希望能提供许多合适的问题和练习。但是，在已出版的材料中的搜寻并未得到多少可与本书所用的方式合拍的习题，况且，已发表的练习集中于少数几个课题上。针对"现代"流体力学整个领域设想和汇编合适习题的麻烦工作还有待进行。因此，在每章之后仅附有少量的习题。这些习题在一定程度上还要进行选择，以适合听讲人的具体程度和水平。讲课人也可以像我在讲课时所作的那样，把许多没有包括在讲课里的书中的东西变成学生们的练习题。

在本书内容的讲授过程中应配合流体流动的演示，这点同样十分重要。在这方面，工程系的同事们的帮助也许很有必要。现在已经有了许多流体动力学的电影片，这对不做任何实验室工作的应用数学系的学生们尤为宝贵。无论用什么办法，教师总应向他的学生们演示出他的分析与真实流体的行为间的联系。如果把流体力学讲成像作数学习题一样，那就要乏味得多了。

我感谢许多人在本书准备过程中给予我的帮助。很多同事对手稿的一些部分提出了宝贵意见，使我更清楚地看到问题所在。我要特别感谢 Philip Chatwin，John Elder，Emin Erdogan，Ken

Freeman，Michael McIntyre，Keith Moffat，John Thomas 及 Ian Wood，他们在校对清样的繁重工作中给了帮助。我也感谢所有向我提供或允许我从过去刊物中重印插图和照片的人；感谢 Pamela Baker 小姐和 Anne Powell 小姐，她们以耐心和娴熟的技巧作了无穷尽的打字工作。此外，我还感谢剑桥大学出版社的编辑们，同他们一起工作是一快事。

G．K．B.

1967 年 4 月　剑桥

第 1 章 流体的物理性质

1.1 固体、液体和气体

流体（包括气体和液体）的决定性特征在于其易变形。一块固体总具有确定的形状，而且仅当外部条件改变时才会发生形状的改变。但是，一团流体却没有特定的形状，对于均质的流体而言，其不同微元还可以自由地重新排列而不会影响这团流体的宏观性质。当力作用于流体上时，流体的不同微元能够并且一般说来也确实进行相对运动。这个事实就引出流体力学这门学科。

固体与流体之间的区别并不是界线分明的，因为有许多物质，它们的行为在某些方面像固体，而在另一些方面却又像流体。所谓"简单"固体是指这样一种物质，当作用在它上面的力发生微小的变化时，它的形状以及其组成微元之间的相对位置的变化也是微小的。相应地，所谓"简单"流体（对此还没有一个通用的术语）也可以定义为这样一种物质，当适当选取的力作用于其上时，无论这个力多么小，其组成微元间的相对位置可以产生不小的变化。但是，即便可以把这两个定义做得十分精确，我们知道有些物质仍然具有双重性质。触变质（如胶冻或油漆）在它们被静放一段时间后，其性质像弹性固体；当它们在受到摇晃、刷动等剧烈变形后，又失去弹性而像流体。沥青在一般情况下的行为像固体，但如果施于其上的力延续很长时间，它的变形也像流体那样可以无限增大。对于分析学家而言，更棘手的物质是像浓的高分子溶液那样一类物质，它们同时表现出类固体和类液体的行为。

所幸的是，最通常的流体，特别是空气和水，都相当准确地是上述意义下的简单流体。这说明，本书作为一部引论性教程，把注意力集中在简单流体上是有道理的。在本书中我们将假设：所讨论的流体不能抵抗住任何由力的作用使其按体积不变的方式变形的趋势。这个定义的含义在我们考察了使流体微元变形的力的性质之后会变得更清楚。同时我们必须注意，简单流体是可以提供阻力以抗拒使其变形的趋向的；定义中所指的是这个阻力不能阻止变形的发生，或者等价地说，这个阻力随着变形率的消失而消失。

既然我们只限于考虑上述所谓简单流体的这种理想化物质，故今后也就无需再用这个名词了，下文中只称它们为流体。

从动力学研究角度看，气体与液体之间的差别远不是本质的。由于与分子间作用力的性质有关的一些理由，绝大多数物质可以在这两种稳定的相态中存在，它们都呈现出流动性或者说易变形性。固然，一般来讲物质处在液相时的密度远大于它处于气相时的密度。但是，这一差别本身并不是区分这两种相态的主要依据。因为这个差别主要导致了要产生一定的加速度所需要的力的大小的不同，而不导致运动形态的不同。液体与气体力学性质的最重要区别在于它们的体积弹性，亦即它们的可压缩性不同。气体远比液体容易压缩，因而在有显著压力变化的任何运动中，对于气体而言随之而产生的比容的变化比液体要大得多。在气象学中作为重力作用于整个大气的结果，或者如在弹道学和航空学中，由固体快速穿过流体而产生的那种非常快的运动中，流体中压力的显著变化都是必须加以考虑的。我们将会看到，在一些常见的场合中，伴随流体运动而发生的压力变化是很微小的。由于液体与气体在这些场合中的比容变化都很微小，因而它们的行为也是相似的。

固体、液体和气体的总的外观特性直接与它们的分子结构及分子间力的性质有关。这一点，我们从把两个孤立的典型分子之间的作用力作为其间距离的函数的一般形式的粗略考察中就可以看到。当两个分子的中心距离 d 很小（对于简单型分子，量级为 10^{-8} 厘米）时，其相互作用是很强的量子力，它既可能是吸引力亦可能是排斥力，这取决于电子层的"交换"的可能性。当电子交换是可能时，分子间力是吸引力并构成化学键；当电子交换是不可能时，力是排斥力，而且随着分子间距离的增大而迅速衰减。分子中心之间的距离再大一些（比如在10^{-7}厘米或10^{-6}厘米的量级），两个分子之间的相互作用是微弱的吸引力（假设分子是非电离的——一般温度下通常就是这种情形）。这种聚合力据信开始是以d^{-7}规律下降的，当d大时最后以d^{-8}规律下降。粗略地看，可以认为这个力是由于每个分子在另一分子的影响下产生电极化的结果[1]。于是，没有形成化学键的两分子间的相互作用力作为d的函数有如图1.1.1所示的形状。当分子间距离为d_0时，即上面所述的相互作用力改变符号处，一分子相对于另一分子显然处于稳定平衡的位置。对于大多数简单分子，d_0的量级为3×10^{-8}—4×10^{-8}厘米。

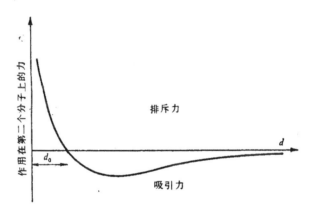

图1.1.1 由一个（非电离的）简单分子作用于另一个分子上的
力作为其中心间距离的函数的示意图

根据一个分子的质量和相应物质的密度，我们可以计算出相邻分子中心之间的平均距离。计算表明：由简单分子组成的物质，在常温常压下，气相的分子间平均距离量级为$10d_0$，而在液相与

① 例如可参考 E. A. Moelwyn-Hughes 著 "States of Matters" (Oliver and Boyd, 1961)

固相中这个平均距离量级为d_0。因此，在一般条件下气体的分子彼此相距很远，只有极其微弱的聚合力作用于其间，除非在极少有的机会中，两个分子才会恰巧相遇到一处。在气体运动论中通常假设有所谓的"完全气体"，对于这种气体，一个分子在邻近分子力场中具有的势能与本身具有的动能相比，小到可以忽略不计。也就是说，这种气体的每一个分子各自独立地运动，除非偶然地发生"碰撞"。但是，在液相和固相中，一个分子总是处于若干邻近分子的强力场之中。诸分子差不多是紧紧地排列在分子间斥力所允许的范围内。在固体情形中，分子的排列实际上是恒定的，还可能具有象晶体那样的简单周期性的结构；分子围绕其稳定位置振动（这种振动能量是固体热能的一部分），但是分子的点阵排列，直到固体温度达到熔点之前，保持完整不变。

大多数物质在熔化时密度要下降百分之几（冰融化为水时密度要增加，这是一个例外）。分子（排列）间距的一个微小变化，却伴随着物质的可运动性（mobility）方面如此巨大的变化，这一点还是不太好理解的。关于液体状态方面的知识尚不完善，看来分子的排列似乎是部分有序的，作为整体具有可运动性的分子群有时与其他分子群规则地排列在一起，有时则可能分裂为更小的一些分子群。分子的排列处于不断变化之中，其结果是任何施于流体的（非容积压缩）力只要保持着，就要产生不断增大的变形。液体的某些分子特性，介于固体与气体之间。这种情况示于下表。就最简单的宏观量密度而论，液体很接近于固体；而在流动性方面又完全与气体类似。

	分子间作用力	分子随机热运动振幅与d_0的比值	分子排列	需用的统计类型
固体	强	$\ll 1$	有序	量子统计
液体	中等	1的量级	部分有序	量子统计＋经典统计
气体	弱	$\gg 1$	无序	经典统计

液体抗拒变形趋向的分子机制与气体不同，不过如我们将要看到的那样，在这两种情形下决定变形率的微分方程式却具有相同的形式。

1.2 连续性假设

气体的诸分子被尺度比分子自身尺度大得多的真空区域分割开。即使对于液体（其分子是在很强的短程斥力所允许的范围内紧紧排列着），物质的质量也是集中在构成分子的原子核中，远不是均匀地分布在液体所占据的体积上。当我们在能展现出单个分子这样小的尺度上考察流体时，流体的其他特性，如组分、速度等等，也同样地具有强烈的非均匀分布。不过，一般来说，流体力学涉及的是物质的大尺度行为，亦即与分子间距离相比为大量的宏观尺度上物质的行为，因而流体的分子结构常常并不需要直接地考虑进来。所以在本书中始终假定：流体的宏观行为就如同它们在结构上是完全连续的一样；并且，与包含在某个小体积内的物质相联系的质量、动量等物理量都将被看成是均匀地分布在该体积内，而并不去严格地根据真实情况把它们看成是只集中在这个体积内的某一小部分中。

这样，一个**连续性假设**的正确性，根据我们日常生活的经验简单地去看是很明显的。事实上，用任何通常的测量仪器观察空气和水的结构和特性时，它们都是如此明显地、连续地和平缓地变化，以致任何其他的假设都显得不自然。

把一个测量仪器置入流体中，仪器就以某种方式反映出某一微小邻域内的流体的一种特性，提供出该特性在所谓"感受"体积内的（有时还要包括在一段微小的"感受"时间内的）有效平均值的量度。一般来说，仪器要选择得使感受体积足够小，使得测量能成为一个"局部"的测量。也就是说，进一步缩小感受体积（在极限范围内）不会改变仪器的读数。流体的粒子性结构一般不影响这种测量的原因在于：虽然感受体积相对于宏观尺度而言是足够小的，使得测量确实反映局部特性，但它又大得足以包含极大数量的分子，大得足以使得由分子的不同特性所引起的涨落不会影响观察到的平均值。当然，如果感受体积做成小到只包含少数几个分子，那么在每个观察时刻位于感受体积内的分子数目及种类，都会一次与一次不同地涨落，测量结果还将随仪器感受体积的大小变化作无规则变化。图 1.2.1 表示了流体密度的测量与仪器感受体积尺寸之间的依赖关系。从图上可以看到，当对于一个宏观上很小而微观上很大的感受体积，测量所得到的流体特性为常数值时，我们就可以把流体视为连续的。

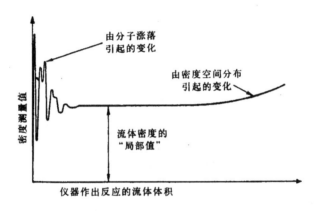

图 1.2.1　仪器感受体积尺寸对于仪器测量所得的密度的影响

　　用一两个数字就可以表明把流体作为一个整体和把流体视为有粒子性结构的特征长度之间的巨大差别。对于绝大多数实验室流体实验来说，流体所占据的区域的尺寸至少有 1 厘米，而在 10^{-3} 厘米量级的距离上流体的物理学和动力学特性的变化是极其微小的（除了在如激波等特殊地方）。因此一个感受体积为 10^{-9} 厘米 ^{3} 的仪器就能给出局部特性的测量值。虽然这个体积很小，但在常温常压下，它仍包含有 3×10^{10} 个空气分子（对于水则包含有更多的分子）。这个体积已是足够大，可以绰绰有余地满足以下要求：即对诸分子求得的平均值与分子数目无关。只有在低密度气体（例如导弹和卫星在距地球表面极高处飞行时出现的情况）或者密度随着位置发生迅速变化（例如在激波中）等极端条件下，才会难于选择一个既能给出局部测量值又能包含大量分子的感受体积。

连续性假设意味着我们可以给流体诸特性（如密度、速度和温度）"在一点上"的值的概念赋予明确的意义，而且一般说来，这些量是流体中位置及时间的连续函数。在这个基础上，我们就能够建立关于流体运动的方程式；这些方程就其形式而言是与其粒子性结构的特性无关的，因而气体与液体可以同样处理。事实上这些方程甚至和是否具有任何粒子性结构也没有关系。在固体力学中，人们也作了类似的假设。这两个学科合在一起常被称为"连续介质力学"。

虽然连续性假设可以是很自然的，但是事实证明，要推导出和具有一定粒子结构的真实流体同样方式运动的假想的连续介质的性质是很困难的。气体分子运动论的方法已被用来建立确定气体的"局部"速度（如上述定义的）的方程，借助于关于分子间碰撞的简化假定而得到的方程与某一连续流体的方程具有同样的形式，不过分子输运系数的值（见§1.6）仍未能精确地得到。对运动着的气体用连续介质方法处理的数学依据已超出我们的范围，至于液体，则理论本身还不完善，所以我们必须满足于把连续性视为假设。有大量观察证据说明，一般的实际流体，包括气体与液体，在通常条件下甚至在偏离通常条件相当大的情况下，确实犹如它们确为连续地那样运动。但是这个等价的连续介质的一些性质要用经验的办法来决定。

1.3 作用于流体上的体积力和表面力

作用在物质整体上的力，可以分成两类。第一类是所谓长程力，如重力。它们随着相互作用的微元间距离的增加而缓慢减小，在通常流体流动特征距离尺度上，它们都仍然是显著的。这种力可穿透到流体内部，并作用于流体的所有微元上。引力是长程力明显而最重要的例子。但还有另外两种流体力学中感兴趣的长程力，即电磁力和虚拟力。前者是当流体携带电荷或当有电流通过流体时可能发生作用；而后者，如离心力，是当质元的运动参考于一个加速坐标系时就会作用于质元上的。由于这些长程力随着受作用的流体微元位置的变化而只发生缓慢的变化，因而这个力对一小体积内的所有物质的作用都是相同的，而且总的力也正比于该体积元的大小，故而长程力也称为体积力或体力。

在书写一般形式的运动方程时，我们把在时刻 t 作用在包围位置向量为 $\mathbf{x}$ 的点在内的体积元 δV 的流体上的总体力记为

$$\mathbf{F}(\mathbf{x},t)\rho\delta V \tag{1.3.1}$$

其中我们置入了一因子 ρ，因为两种常见的体力——重力和由于采用加速坐标参照系而产生的虚拟力，每单位体积的值事实上是正比于受作用微元的质量的。对于地球引力场，单位质量的力是

$$\mathbf{F} = \mathbf{g}$$

向量 $\mathbf{g}$ 不随时间变化且铅直向下。

第二类力为具有直接分子起因的所谓短程力。它们随着相互作用的微元间距离的增大而急剧减小，而且仅仅在量级为流体的分子间隔的距离上它们才是显著的。因此，除非在两个相互作用的微元间存在着直接的机械接触，如同两个刚体相互作用那样，短程力都是可以忽略不计的。因为如果没有这样的接触，一个微元的任何分子都不可能与另一微元的分子有足够的接近。直接接触的两部分气体，在其共同边界上作用的短程力，主要是由分子越过共同边界所产生的动量输运引起的。对于液体，情况比较复杂。因为在对短程力或接触力的贡献中，既有由于分子在围绕某个准恒定位置作振动过程中穿越共同边界引起的动量输运，又有共同边界两侧的分子之间的作用力。这两种贡献的量值都很大，但又近似地作用在相反的方向上，其合成的效果，一般比任何单一贡献都小得多。不过正如前已述及的，连续介质力学的定律并不依赖于这些接触力的分子起因的性质。在目前这个阶段，我们也无

需探究液体中这些起因的细节。

如果一流体质元受到此微元以外的物质（固体或流体）的反作用产生的短程力作用，这些短程力仅仅能够作用在紧贴该流体元边界的很薄一层内[①]，薄层厚度等于力的"穿透"深度。因而作用于微元上的总的短程力就决定于微元的表面积，而与微元的体积没有直接关系。包围一个流体元的封闭面之不同部分具有不同的方位，因而根据对一有限体积流体元的总效果来确定短程力是没有多大用处的；这里让我们来考虑流体中的一个**平面**面元，并把局部的短程力表示为此面元另一侧的流体作用于本侧流体的总力。只要短程力的穿透深度与此平面元的线性尺度相比是小量，通过此面元作用的总力就正比于其面积 δA，在时刻 t，位置为 x 的面元上这个力的值可写为向量

$$\Sigma(\mathbf{n}, \mathbf{x}, t)\delta A , \qquad (1.3.2)$$

其中 n 为此面元的单位法向量。这里我们约定，Σ 是 n 所指向的面元的那一侧流体对于与 n 指向相反一侧流体的应力，因此当 Σ 的法向分量与 n 方向相同时就表示一拉伸。

单位面积的力，Σ，称为局部**应力**，它对 n 的依赖关系将在下面给出。通过面元作用于 n 所指向的一侧流体的力，当然应是 Σ($\mathbf{n}$, x, t) δA，同时它也是由 $\Sigma(-\mathbf{n}, \mathbf{x}, t)\delta A$ 所代表的力，由此我们可以看到，Σ 必然是 n 的奇函数。

在第 3 章，我们将列出当流体同时受到长程力或体力（由(1.3.1)式表示）及短程力或表面力（由(1.3.2)式表示）作用时其运动所遵循的方程。以上讨论的这两类力同样也作用于固体。也许对于固体情形而言，它们的存在还更为直观。当固体为刚性时，只有那些作用在物体表面的短程力（作为与其它刚性机械接触的结果）是有关系的，当总体力及总面力已知时，决定此物体的运

---

① 除非所选的微元的线性尺寸是如此之小，使得外部物质施加的短程力在该微元中心仍很可观，但是这时，此微元最多也只能包括不多的几个分子，这种情况下把流体表示为连续介质也就不可能了。

动就是一种简单的事情了。当固体是可变形时，对于流体也类似，不同的物质元可以进行不同的运动，贯穿于全部物质的体力及面力的分布都必须加以考虑，而且体力和面力反过来又可能受到物质微元间相对运动的影响。体力对于流体局部特性的依赖形式是显然的，至少对于重力以及由于采用加速坐标参照系引起的虚拟力而言是如此，但是面力对于流体局部性质及运动的依赖关系则还需仔细加以考察。

表面力的应力张量表示

对于应力 Σ，我们可以根据其作为单位面积的力的定义及流体质元的运动定律导出若干关系。首先我们来确定 Σ 对于它作用其上的面元的法线方向的依赖关系。

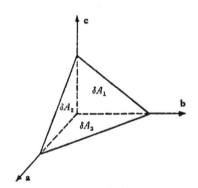

图 1.3.1 形状为具有三个相互正交的面的四面体体积元

让我们来考虑在某瞬时作用在形如图 1.3.1 表示的四面体体积元 δV 内流体上的全部力。三个互相正交的表面面积分别为 δA_1，δA_2，δA_3，相应的单位法向量（指向外）为 $-\mathbf{a}$，$-\mathbf{b}$，$-\mathbf{c}$。第四个面是倾斜面，面积为 δA，单位法向量为 $\mathbf{n}$。表面力通过这四个面作用在四面体内的流体上，它们的和是

$$\Sigma(\mathbf{n})\delta A + \Sigma(-\mathbf{a})\delta A_1, + \Sigma(-\mathbf{b})\delta A_2 + \Sigma(-\mathbf{c})\delta A_3。$$

Σ 对于 t 和 **x** 的依赖关系在这里没有写出来，因为它们对于这四项贡献而言，（对于 **x** 来说只是近似地）都有相同的值。考虑到其中三个面的正交性，我们得到形如

$$\delta A_1 = \mathbf{a} \cdot \mathbf{n} \delta A$$

的三个关系式。于是，表面力之和的 i 分量可以写为如下形式

$$[\Sigma_i(\mathbf{n}) - \{a_j \Sigma_i(\mathbf{a}) + b_j \Sigma_i(\mathbf{b}) + c_j \Sigma_i(\mathbf{c})\} n_j] \delta A$$

$$(1.3.3)^{①}$$

作用在四面体内的流体上的总体力与体积 δV 成正比，δV 比 δA 小一个四面体线性尺度的量级。四面体内流体的质量也是 δV 的量级，只要流体局部密度和加速度为有限，那么四面体内的流体质量与加速度的乘积也是这个量级。这样一来，如果保持四面体形状不变使其线性尺度趋向于零，则方程

质量 × 加速度 = 合体力 + 合面力

中的前两项与 δV 一样趋于零，而第三项则显然是与 δA 一样趋于零。在这种情形下，只有当 (1.3.3) 中 δA 的系数恒为零时，方程式才能得到满足（其含义是，微元上总面力的知识要求更高阶的近似，亦即需要考虑到面元上不同位置处 Σ 的值的差异），这就给出

$$\Sigma_i(\mathbf{n}) = \{a_j \Sigma_i(\mathbf{a}) + b_j \Sigma_i(\mathbf{b}) + c_j \Sigma_i(\mathbf{c})\} n_j。 \quad (1.3.4)$$

方程左端是通过由任何取向的单位法向量 **n** 所表征的平面元的应力在 i 方向上的分量，而右端为同一位置上的流体中任意三个互相正交的平面元上的应力的同一分量，(1.3.4) 式建立起了两者的联系，这种联系的方式就象前者是一个具有正交分量 $\Sigma_i(\mathbf{a})$，$\Sigma_i(\mathbf{b})$，$\Sigma_i(\mathbf{c})$ 的向量那样。

向量 **n** 及 Σ 与参考坐标系的选取没有关系，(1.3.4) 式中花括弧中的表达式必然是代表某一个同样与参考坐标系无关的量的 (i, j) 分量。换句话说，花括弧中的表达式是二阶张量的一个分

----

① 这里我们采用了向量分量的下标记号，并且沿用向量及张量分析的通常约定，亦即把带有重复下标的项视为对所有可能的下标值进行求和。在本书中，对于向量同时采用下标记号和不带下标的粗体字记号，选用哪一种常由公式如何变得更简明而定。

量[①]。若把此张量分量记为 σ_{ij},就有

$$\Sigma_i(\mathbf{n}) = \sigma_{ij}n_j。 \qquad (1.3.5)$$

σ_{ij} 就是在位置 $\mathbf{x}$、时刻 t,通过垂直于 j 方向的平面面元的单位面积的力的 i 分量。以 σ_{ij} 作为其一般分的张量,称为**应力张量**。这样,流体内局部应力就不用 $\Sigma(\mathbf{n})$ 而是用 σ_{ij} 来表示了,它与 $\mathbf{n}$ 无关。

类似的推理可以表明:应力张量的九个分量并非都是独立的。这一次我们来考虑作用在任意形状的体积 V 内流体上的各种力的力矩。在边界上作用的表面力相对于这个体积内一点 O 的总矩的 i 分量是

$$\int \varepsilon_{ijk}\, r_j \sigma_{kl} n_l dA,$$

其中 $\mathbf{r}$ 是面元 $\mathbf{n}\delta A$ 相对于 O 点的位置向量。这个封闭曲面上的积分通过散度定理可以转换为体积分

$$\int \varepsilon_{ijk} \frac{\partial(r_j \sigma_{kl})}{\partial r_l} dV, = \int \varepsilon_{ijk}\left(\sigma_{kj} + r_j \frac{\partial \sigma_{kl}}{\partial r_l}\right) dV。 \qquad (1.3.6)$$

如果我们现在令 V 趋于零并且保持组成该体积的边界的形状以及定点 O 不变,(1.3.6)式右端第一项就同 V 一样地减小,而第二项则以 $V^{\frac{4}{3}}$ 更快地趋于零。作用于流体元的体力关于 O 点的矩,当 V 是小量时显然是 $V^{\frac{4}{3}}$ 的量级[②];同样地,瞬时处于 V 内的流体的瞬时角动量变化率也是这个量级。于是 $\int \varepsilon_{ijk}\sigma_{kj}dV$ 在力矩方程中与其他项相比就显然是 V 的更高的量级,这样一来,它必然恒等于零。当 σ_{ij} 对 $\mathbf{x}$ 是连续时,对于各种 O 点位置及 V 的形状,要使该积分满足恒为零,只有在流体中处处有:

$$\varepsilon_{ijk}\sigma_{kj} = 0 \qquad (1.3.7)$$

---

① 本书假定读者对于张量初等性质具有一般的知识。我们采用笛卡尔张量(亦即其下标表示的是参考于直角坐标系的分量的张量)。有两个特殊张量将经常用到:一个是 Kronecker 张量 δ_{ij},当 $i=j$ 时 $\delta_{ij}=1$,当 $i\neq j$ 时 $\delta_{ij}=0$;另一个是交错张量 ε_{ijk},仅当 i、j、k 彼此不相同时它才不等于零,而且在此情形下,当 i、j、k 为顺序循环时 $\varepsilon_{ijk}=1$,否则 $\varepsilon_{ijk}=-1$。

② 在没有像极化电介质内由电场施加的力偶那样的量级为 V 的体力偶的情况下。

才可能。因为如果 $\varepsilon_{ijk}\sigma_{kj}$ 在流体某区域内非零，我们就应能选择到一个小体积 V，对于它积分值亦非零，这就构成矛盾[①]。关系式 (1.3.7) 表明，应力张量是对称的，亦即 $\sigma_{ij}=\sigma_{ji}$，因此它仅有六个独立分量。

在对角线上的三个分量是**法应力**，意思是它们中的每一个都给出通过平行于一个坐标平面的平面元的面力的法向分量。σ_{ij} 的六个非对角线分量是**切应力**，有时也称为**剪应力**，因为无论在固体还是液体中，它们是由于平行的各物质层间相对滑过的剪切运动或位移所造成的。图 1.3.2 画出了作用在一个以 δx_1，δx_2 为边，在 x_3 方向为单位深度的小长方体元上的 (x_1, x_2) 平面内的各种表面力的第一级近似。长方体的相对两侧面上的应力分量的值并不精确相等，其差是 δx_1 或 δx_2 的量级，在我们列流体元的运动方程时，这个差必须考虑进去。

我们知道，总可以选择坐标系的方向使得一个二阶对称张量的非对角线分量全为零。在给定点 **x** 处的应力张量 σ_{ij} 的这样一个**主轴系**中，应力张量的对角线分量就成为**主应力**，记作 σ_{11}'，σ_{22}'，σ_{33}'；二阶张量有一大家熟知的特性：正交参考系方向的改变，不会使对角线分量之和改变，所以我们有

$$\sigma_{11}' + \sigma_{22}' + \sigma_{33}' = \sigma_{ii} \qquad (1.3.8)$$

在主轴系中，通过法向量为 (n_1', n_2', n_3') 的面元作用的每单位面积的力是

$$\sigma_{11}'n_1', \sigma_{22}'n_2', \sigma_{33}'n_3' \quad .$$

通过垂直于第一个新坐标轴的平面作用的法应力 σ_{11}'，对应于在此轴方向上的一个拉伸状态（如果 σ_{11}' 为负则对应于一个压缩）。同样地，σ_{22}'，σ_{33}' 也是如此。因此，在任一给定点附近，流体的一般状态可以看作是在三个相互正交的方向上的拉伸之叠加。

---

① 这种关于一个对于任意的积分范围都为零的被积函数的推理，今后还要常常用到，包括体积分，面积分和线积分。

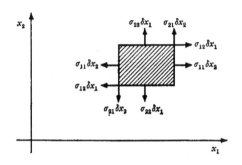

图 1.3.2 作用在单位深度的长方形流体元上的表面力

静止流体的应力张量

我们曾经把流体定义作是不能抗拒住任何由施力所造成的使其不改变体积地产生变形的趋势的。根据这个定义，可以对于静止流体中应力张量的形式作若干推论。为此，我们考虑由周围流体施加给一个球形内流体的表面力。球的半径很小，使 σ_{ij} 在球面各处近似地是均匀的。把坐标轴选择得使与 σ_{ij} 的主轴（局部地）重合，这时应力张量的非对角线分量就全是零了。我们进而把此应力张量写成下述两个张量之和，即

$$\begin{pmatrix} \frac{1}{3}\sigma_{ii} & 0 & 0 \\ 0 & \frac{1}{3}\sigma_{ii} & 0 \\ 0 & 0 & \frac{1}{3}\sigma_{ii} \end{pmatrix} \quad 及 \quad \begin{pmatrix} \sigma_{ii}{}' - \frac{1}{3}\sigma_{ii} & 0 & 0 \\ 0 & \sigma_{22}{}' - \frac{1}{3}\sigma_{ii} & 0 \\ 0 & 0 & \sigma_{33}{}' - \frac{1}{3}\sigma_{ii} \end{pmatrix}$$

$$(1.3.9)$$

上式中的第一个张量具有球对称性，或者说具备各向同性。在球面上法向量为 **n** 的一点处，这个张量对于单位面积上作用的力的

贡献是 $\frac{1}{3}\sigma_{ii}\mathbf{n}$。因为一般说来，$\frac{1}{3}\sigma_{ii}$ 的符号为负，故球内流体受到均匀压缩，这个均匀压缩趋于使流体改变其体积。当球内流体为静止时，是肯定可以承受它的。

(1.3.9)式中的第二个张量，是应力张量与一各向同性形式张量的偏差，根据(1.3.8)，这个张量的对角线分量之和为零，因此它代表的法向应力中至少有一个是拉伸有一个是压缩。在球面上法向量为 $(n_1',\ n_2',\ n_3')$ 的点处，这个张量对于单位面积上作用的力的贡献（相对于新坐标系）具有下述分量

$$\left(\sigma_{11}' - \frac{1}{3}\sigma_{ii}\right)n_1',\ \left(\sigma_{22}' - \frac{1}{3}\sigma_{ii}\right)n_2',\ \left(\sigma_{33}' - \frac{1}{3}\sigma_{ii}\right)n_3',$$

(1.3.10)

换句话说，我们考虑的流体球是嵌在这样一种状态的流体中，其中在一个坐标方向上流体处于均匀拉伸，而在另一个（与之正交）坐标方向上受到均匀压缩，在第三个正交方向上或受均匀拉伸或受均匀压缩（这三个拉伸或压缩的代数和为零），如图 1.3.3 所示。于是第二个张量的贡献是趋于使球形流体元不改变体积地变成椭球形，而产生变形的这一面力也不可能由任何作用在流体上的体力所平衡，因为两者在球形小体积元内量级是不同的。球形流体元是不能抗拒住这样一个由外力（即该流体元以外的施力者提供的力）使其变形的趋势的。由此我们的结论是，流体处于静止状态和(1.3.10)式表示的力的任何分量有一非零值存在这两件事是彼此不能相容的。因此在静止流体中的所有点上，主应力 σ_{11}'、σ_{22}' 和 σ_{33}' 具有相同的值且等于 $\frac{1}{3}\sigma_{ii}$。这也就是说，静止流体内的应力张量处处为各向同性，任意正交参考坐标系都是应力张量的主轴系，处处只有**法应力**作用着。

静止流体一般是处于压缩状态，因而静止流体内的应力张量写成如下形式较为方便：

$$\sigma_{ij} = -p\delta_{ij}\ ,$$

(1.3.11)

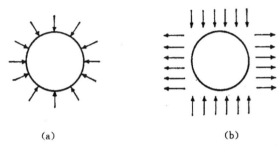

(a)　　　　　　　　　　　(b)

图 1.3.3　对于一球形流体元表面上应力的两种贡献 (a) 各向
同性压缩　(b) 在应力张量的一个主轴方向上的均匀拉伸和另
一个主轴方向上的均匀压缩

其中 $p\left(=-\dfrac{1}{3}\sigma_{ii}\right)$ 可称为**静流体压力**[①]，一般讲它是 $\mathbf{x}$ 的函数。

因此，在静止流体中，通过法向为 $\mathbf{n}$ 之面元的每单位面积的接触力为 $-p\mathbf{n}$，它是一个法向力，在一给定点处对于 $\mathbf{n}$ 的任何取向，其大小均相同。这个众所周知的静流体压力在"各个方向作用相同"的性质，常是根据静止流体内剪切应力为零的假设推论出来的。推理过程很简单，就是考虑一简单几何形状流体元上的力的平衡。譬如可考虑有三个互相正交的四面体[②]或者考虑柱体的一部分，其一断面垂直于其母线，而另一断面则倾斜于母线。对于静止流体而言，切应力为零的假设是合理的。因为在没有整体运动的情况下，随机的分子形状及随机的分子运动，从统计上看不会具有任何方向的选择性，因此作为分子力和通过面元动量通量的反作用，也必是纯法向的。不过总的看来，还是从流体不能抗拒住任何改变其形状的趋势的这个原始定义出发，来导出静止

　　[①]　也常用静水压力这个术语，不过其中包含的与水的关系只具有历史原因了，而且还可能引起误解。同样，"水动力学"、"空气动力学"这些名词也是过分严格了，它们正被更一般的名称"流体动力学"所代替。

　　[②]　在 (1.3.4) 式中，写 $\Sigma_i(\mathbf{n})=n_i\Sigma(\mathbf{n})$，$\Sigma_i(\mathbf{a})=a_i\Sigma(\mathbf{a})$ 等等，然后在方程两端依次取与 $\mathbf{a}$、$\mathbf{b}$、$\mathbf{c}$ 的标量积，就可得到结果。

流体应力张量的这些性质更好些。

1.4 流体的力学平衡

一个刚体，当外部因素对其施加的合力与合力偶为零时，就会处于平衡。流体的平衡条件则似乎并不如此简单，因为流体的不同部分可以彼此作相对运动，因此必须各处都处于平衡才行。

如前节所述，在流体任意给定部分上作用的力，是外界因素施加的体积力和通过边界由相邻物质所施加的表面力。流体要处于静止，这些体积力和面力必须平衡。用前节的记号，作用于体积 V 内流体的总体力为

$$\int \rho \mathbf{F} dV,$$

其中 ρ 及 $\mathbf{F}$ 可以是流体内位置的函数。在包围体积 V 的表面 A 上，由包围物质所施加的总接触力（当流体为静止）是

$$-\int p\mathbf{n}dA,$$

其中 p 同样一般可以是位置向量 $\mathbf{x}$ 的函数，$\mathbf{n}$ 是面 A 的指向外的单位法向量。这后一个积分可以用与标量的散度定理类似的定理转换成为体积 V 上的积分，这个积分等于 $-\int \nabla p dV$。因此流体平衡的一个必要条件

$$\int (\rho\mathbf{F} - \nabla p)dV = 0 \qquad (1.4.1)$$

对于所有整个处于流体中间的 V 都成立。而这只有在被积函数（假设它对 $\mathbf{x}$ 为连续）本身在流体中到处为零时才可能。于是，平衡的必要条件就成为在流体内部处处有

$$\rho\mathbf{F} = \nabla p \qquad (1.4.2)$$

成立。

如果（1.4.1）对于任意选取的 V 都成立，则每个流体元上的合力就为零。此外，我们既然用了对称应力张量，也就可以保证在每个流体体积元上的力偶为零，因此当（1.4.2）被满足时，任意

形状及大小的 V 内流体的合力偶(在没有任何体力偶作用于流体的情况下)必为零,这点当然也可以直接证明。于是(1.4.2)式就是流体处于平衡的必要充分条件。对于固体,其切向力不一定为零,相应的条件是与 (1.4.2)类似的一个方程,在其中右端 (的 i 分量) 具有更为一般的形式 $-\partial \sigma_{ij}/\partial x_j$。

方程 (1.4.2) 所提出的限制是这样一个事实,即仅仅对于 ρ 及 $\mathbf{F}$ 的某些特定分布,具体说就是 $\rho\mathbf{F}$ (**每单位体积**的体力) 可以表示为一个标量的梯度时,才存在一个压力分布能满足 (1.4.2)。当 $\rho\mathbf{F}$ 确实具有平衡所要求的分布形式时,p 在任意一个处处垂直于体力的面上是常量。

设单位质量的体力 (**F**) 代表的是一保守力场,且可以写为 $-\nabla\Psi$,其中 Ψ 是与该场联系的单位质量的势能。在此常见情形中,对 ρ 和 $\mathbf{F}$ 所加的限制有更具体的形式。此时,平衡的条件是

$$- \rho\nabla\Psi = \nabla p , \qquad (1.4.3)$$

或者,两端取旋度,

$$(\nabla\rho) \times (\nabla\Psi) = 0 .$$

因此 ρ 及 Ψ 的等值面必须重合。当这个条件满足时,它们也就是 p 的等值面,我们可以写出

$$dp/d\Psi = - \rho(\Psi) . \qquad (1.4.4)$$

当 $\nabla\Psi$ 处处均有相同的方向,因而 Ψ,ρ,p 在这些平行平面族中的每个平面上均为常值。这种特殊情形,在关于地球大气的讨论中会遇到。

流体元的密度可能受到作用于其上的压力以及其他因素的影响,所以对于 (1.4.3)的进一步讨论,就要求知道关于 ρ 的情况。不过在流体密度 ρ 为均匀时,(1.4.3) 的解简单地就是

$$p = p_0 - \rho\Psi , \qquad (1.4.5)$$

其中 p_0 为常数。

静止流体内的"浮"体

通常,浮的概念是和一个在重力作用下,部分地浸入静止液

体的水平自由面的刚体联系着；但这个词也还可以用得更广义一些。当一个物体整个浸入流体中，在体力的作用下物体与流体均处于静止之中时，物体可称为在浮（流体也可以部分是液体，部分是气体，这时就对应于通常"浮"这个词所指的那种部分浸入的情况了）。

关于浮体的最基本结果是 Archimedes 定理，这个定理一般是针对重力作用于均质液体产生的浮力支撑物体的情况来加以叙述和证明的。当然这是这个定理的最重要的应用领域。不过，在这里我们将要建立的这个定理的更为普遍的形式，也具有一定的意义。假设一个体积为 V 表面为 A 的物体浸入流体，而且流体及此物体均处于静止状态。完全由于流体的存在所产生的作用在物体上的合力是

$$- \int p\mathbf{n}dA,$$

这里的 $\mathbf{n}$ 是物体表面的外法向。流体中的压力 p 由平衡关系式（1.4.2）决定。根据 Archimedes 定理通常形式的启示，我们希望通过 (1.4.2) 式，用作用在特定部分流体上的总体积力来表示上述总合成表面力，而这个特定部分可以在某种意义下取代物体。我们现在需要知道的是，流体如何才能在不破坏平衡、不改变周围流体的条件下取代物体。

对于 $\mathbf{F} = - \nabla \Psi$，$\Psi$ 是一个空间位置的指定的函数的情况，这个问题可以得到确定的答案。Ψ 的等值面可以延拓通过物体所占据的区域，为使这个区域内的流体保持平衡，其中在每个 Ψ 的等值面上密度 ρ 所取的值应等于这个区域外同一等值面上的密度值。换言之，我们得到了流体要能取代物体，其密度分布的一个规定。作用在这部分取代流体上的总体力为

$$- \int \rho \nabla \Psi dV,$$

其中积分是在物体曾占据的区域上进行的。这个体积力由边界 A 上的接触力来平衡，而后者在用流体取代物体时不会改变。于是，由于作用在周围（静止）流体的一个体积力而产生的作用在一浸

入的物体上的"浮"力便是

$$\int \rho \nabla \Psi dV, = -\int \rho \mathbf{F} dV,$$

其中，物体占据区域内某点处密度 ρ 的值由周围流体密度的分布按前述方式延拓来决定。一个浸入流体的物体"失掉"的重量等于被排开的流体的重量。在这里，"重量"和"被排开"两个词被赋于了比 Archimedes 当初所赋于的更加广泛的含义。

这些原则的实际意义，在水静力学教科书中都有讨论[1]，无需在此重复。然而读者可能有兴趣简短地考虑一下这些原则如何应用到一个不同于那些只包含重力且流体为均质的问题中。例如我们考虑一个盛有密度为均匀的流体容器，绕铅直轴 z 定常地旋转，流体也随之作同样的定常旋转。相对于随容器一起转动的坐标架（其角速度设为 Ω），流体为静止。每单位质量流体所受到的体力作用，其铅直分量是由重力产生的 $-g$，而径向分量为由实效的离心力产生的在水平面上的 $\Omega^2(x^2+y^2)^{1/2}$，因此我们得到

$$\mathbf{F} = -\nabla \Psi, \Psi = gz - \frac{1}{2}\Omega^2(x^2 + y^2),$$

Ψ 的等值面是一些相同的旋转抛物面，它们彼此间可以通过把铅直轴铅直地平移得到（见图 1.4.1）。为达到平衡，ρ 必须在每个这样的抛物面上为常值，因而 p 在每一个抛物面上也是常值。

如果现在有一个物体，比如说一个密度为均匀的球，浸入这个容器内的液体中并且相对容器为静止，于是流体就对于物体施加浮力。这里就会发生一个问题：这个浮力能够由作用在物体上的体积力（重力，离心力）平衡吗？换言之，如果物体被放置在这种流体的某一处，那么它能继续留在那里吗？我们需要找到一个球心的位置，使得球恰恰排开了自身质量的流体，它（近似地）选定 Ψ 的某一确定值（图 1.4.1）同时要使作用在球体上的离心力与作用在被排开的流体上的离心力相等。很显然，离开旋

---

① 如可参见 H. Lame 著的 Statics (Cambridge University Press，1933)。

转轴，这样的位置是找不到的。因为等密度面的倾斜意味着作用于被排开的流体（它与球具有同样的质量）上的离心力比作用在球上的更大些。因此，一个均匀的球，就会从要排开自身质量那么多流体所必须所在的旋转抛物面上"落下"，而且将在轴处达到静止。对于均匀球在旋转液体自由面上的情形，所述也是成立的，因为这只是密度相对于 Ψ 的一种特殊分布而已。

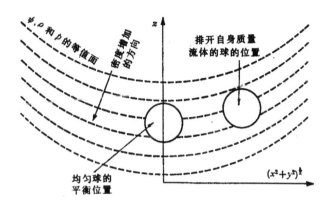

图 1.4.1 在重力及离心力作用下的静止的非均匀流体

但在另一方面，当球体密度相当不均匀，例如一头重，那么很显然，作用于球体上的总离心力比作用在被排开的同样总质量的流体上的离心力大是完全可能的。在这种情况下，球就会在旋转抛物面上向外运动，直到碰到器壁。

重力作用下的静止流体

流体所受的唯一体积力是重力的情形是既简单又重要的情形。可以区分两种极端情形。第一种情形是，流体的质量很大，而且流体又是孤立的。这样，每一流体元所受体积力都由其它部分流体的万有引力提供。比如气态星就是这种情形。另一个极端情形是，流体的质量远比邻近物质的质量小得多，因此引力场在流体所占据的区域内是近似均匀的。

在自引力流体的情形中,我们有 $\mathbf{F} = -\nabla\Psi$,其中引力势 Ψ 与密度分布的关系由方程

$$\nabla^2\Psi = 4\pi G\rho \qquad (1.4.6)$$

给出,G 是引力常数。把 (1.4.6) 与静止流体中压力的方程 (1.4.3) 联合起来,我们得到

$$\nabla \cdot \left(\frac{\nabla p}{\rho}\right) = -4\pi G\rho, \qquad (1.4.7)$$

如我们先前已得到,Ψ,ρ,p 的等值面也必须相互重合。把 (1.4.7) 式中的微分算子用曲线坐标(不一定正交)来表示,使得 ρ 的等值面与某一族参数曲面相重合。我们看到解的类型受到严重的限制。尽管准确地列举出这些解是困难的,但是看来仅有的可能性是那样一些解,在其中 ρ 和 p 只是 (i) 直角坐标系中一个坐标的函数,或者 (ii) 柱坐标系中的径向坐标的函数,或者 (iii) 球坐标系中的径向坐标的函数。这些解分别对应于一维、二维、三维对称"星"。

在第三种情况,即密度与压力为球对称情况中,(1.4.7) 成为:

$$\frac{d}{dr}\left(\frac{r^2}{\rho}\frac{dp}{dr}\right) = -4\pi Gr^2\rho, \qquad (1.4.8)$$

在还不清楚密度分布时,我们不能进一步由此前进了。在实际的星中,一般说密度不只是 p 的函数,不过,对应于 ρ 与 p 之间一个假设的简单关系,方程 (1.4.8) 的解在与更为复杂的模式进行对比时是有用处的。例如,如果我们假设

$$p \propto \rho^{1+1/n} \qquad (n \geqslant 0),$$

则对于任何 n 值,(1.4.8) 式均可进行数值积分。还有两个有代表性的解析解:当 $n=0$ 即对应于均匀密度的流体时,若把密度记作 ρ_0,则有

$$p = \frac{2}{3}\pi G\rho_0^2(a^2 - r^2),$$

其中 $r=a$ 可以解释为是星的边界。当 $n=5$ 时,可证明有

$$p = C\rho^{\frac{6}{5}} = \frac{27a^3 C^{\frac{5}{2}}}{(2\pi G)^{\frac{3}{2}}(a^2 + r^2)^3};$$

对于所有的 r, p 及 ρ 均非零,因而没有确定的外边界,但星的总质量是有限的。

在重力产生的体力为均匀的情形中,我们有

$$\mathbf{F} = \mathbf{g}(= \text{const}), \quad \Psi = -\mathbf{g} \cdot \mathbf{x}, \qquad (1.4.9)$$

静止流体中压力的方程是:

$$\nabla p = \rho \mathbf{g} \, \text{。} \qquad (1.4.10)$$

在每个垂直于 $\mathbf{g}$ 的水平面上, Ψ, ρ, p 三个函数均为常数,因而只依赖于 $\mathbf{g} \cdot \mathbf{x}$。如果我们选取直角坐标系中的 z 轴为铅直(向上为正),则 $\mathbf{g} \cdot \mathbf{x} = -gz$,(1.4.10) 式就成为

$$dp/dz = -g\rho(z) \, \text{。} \qquad (1.4.11)$$

同样地,这也是我们单从力学平衡的条件所能导出的。

当流体密度为均匀时,我们从 (1.4.11) 得到压力与高度的线性关系,即在水静力学中熟知的

$$p = p_0 - \rho gz \, \text{。} \qquad (1.4.12)$$

对于地球大气,由于空气的可压缩性,ρ 随着压力降低而降低。尽管一般说来热效应是存在的,ρ 与 p 也没有单一的函数关系,但作为粗略的近似,我们可以令

$$p/\rho = \text{const},譬如说 = gH,$$

这对应于温度及组分均匀的完全气体之 Boyle 定律(§1.7)。对可应用此关系的大气而言,从 (1.4.11)可得到其压力为

$$p = p_0 e^{-z/H},$$

其中 p_0 是 $z = 0$ 地平面处的压力。于是 ρ 及 p 在每一个高度间隔 H 上减小 e^{-1} 倍。H 可称为大气的"标高"(Scale-Height)。对于 0℃ 的空气,$H = 8.0$ 公里。当温度不均匀,$p/\rho g$ 仍可视为局部的"标高"。在附录 1 (b) 中读者可找到大气在不同高度上压力、密度及温度的观测平均值。

习　题

1. 一充满水的密闭容器绕一水平轴以常角速度 Ω 旋转。试证明等压面是圆柱面，且这些圆柱面的公共轴位于比旋转轴高 g/Ω^2 的高度上。

2. 有一自引力球形星，其密度随距中心距离 r 的变化有如下述

$$\rho = \rho_0(1 - \beta r^2).$$

试推导出在中心处压力的表达式，并证明如果平均密度为表面密度的 2 倍，则中心处压力是具有均匀密度且有同样总质量的星的中心处的压力的 $\frac{13}{8}$ 倍。

1.5　经典热力学

在今后我们关于流体动力学的讨论中，将需要用到一些经典热力学的概念和诸如温度、内能等热力学量之间的一些关系。就学科内容的总体而言,经典热力学是处理均匀物质的平衡状态的，亦即处理这样的状态，在其中所有局部的力学量、物理学量和热学量实际上均与位置和时间无关。热力学的结果可以直接应用于诸性质为均匀的静止流体。关于非平衡状态的热力学，人们相对地知道得很少。但是观测结果表明，平衡态的结果对于流体力学中实际上常常遇到的非平衡非均匀态也是近似地正确的。虽然表面上看起来在运动流体中对平衡态的偏离是很大的，但是就其对热力学关系的影响而言，这些偏离是不大的。

这一节的目的是扼要地重述一下平衡热力学的定律和结果，并给出今后要用到的一些关系式。关于这门学科基本内容的阐述，读者应去参阅已有的许多教科书[①]。

热力学概念对于流体力学学生有益，还有另外一层理由，即这两门学科的目的都是给出可以应用于尽量广泛的物质的一系列结果，而不考虑物质的分子特性及起作用的分子机制。当然，借

---

① 例如，可参考 A. B. Pippard 著 "Classical Thermodynamics" (Cambridge University Press，1957)。

助于考虑流体的已知的分子特性，使我们还可能得到一些附加的结果，如像对于某些气体借助于分子运动论所能做到的那样。（见§1.7）。

作为一种经验的事实认为：处于平衡的一给定量流体（"平衡"这个词在此处及今后用来指空间以及时间的均匀性），其状态在可能的最简单条件下是唯一地由两个参量所确定的，为方便可选它们为比容 $v(=1/\rho, \rho$ 是密度）及前面定义过的压力 p。于是，所有描述流体状态的其他量都成为这两个**状态参量**的函数。这些量中最重要者之一是温度。一团处于平衡的流体与另一团处于平衡的试验流体当处于热接触（亦即它们仅由一个允许热传递的隔板分开）时若仍然保持平衡，则它们的温度具有相同的值；热力学第二定律提供了流体温度的一种绝对的量度，这一点我们下面再讲。温度 T 及上述两个状态参量的关系可写为

$$f(p, v, T) = 0, \qquad (1.5.1)$$

它形式地表示出两个状态参量选择的任意性。这个关系式称为**状态方程**。对于除两个状态参量以外的任意一个类似于温度这样的描述流体的量，都有一个状态方程。

另一个描述流体状态的重要量是单位质量的内能 E[①]。热与功均看作是能量的等价形式。由于状态改变而引起的一团静止流体的内能变化，根据热力学第一定律确定为满足能量守恒所要求的值，在考虑能量守恒时需把传给流体的热及对流体作的功都考虑进去。于是，如果一团均匀流体的状态由于每单位质量获得热量 Q 以及每单位质量受到功 W 的作用而引起变化，则所引起的单位质量内能的增加为

$$\Delta E = Q + W。 \qquad (1.5.2)$$

内能 E 是状态参量的函数，所以内能变化 ΔE，不论它是无穷小还

---

　　① 在热力学文献中，通常是采用大写字母代表所考虑系统的像内能这样的广延量的总量，而小写字母代表每单位质量所含的这些量。对于流体动力学而言，仅引入后者就足够了，而且习惯于用大写字母代表它。

是有限量，必然也只依赖于它的初始和最终状态。但是 Q 与 W 都是外部作用的量度，分别地（而不是它们的和）还依赖于从一状态过渡到另一状态的特定路径。如果流体与其环境是热力学孤立的，因而不可能有热交换发生，即 $Q=0$，这种情况下流体状态的变化称为是**绝热**的。

对于系统作功有许多种形式，其中和流体力学特别有关系的是器壁向内运动时对流体的压缩。有一种情形很重要：当变化是**可逆**地进行时的情形，这时压缩所作的功具有分析表达式。所谓可逆，意思是指变化进行得如此之缓慢，使得流体经历的是一系列的平衡状态，变化进行的方向没有关系。可逆过程中的每一步，流体的压力都是均匀的①，比如说等于 p，那么由于压缩（使体积有微小的减少②）的结果对于单位质量流体作的功是 $-p\delta v$。因此对于从一状态到相邻另一状态的可逆过渡，我们有

$$\delta E = \delta Q - p\delta v。 \tag{1.5.3}$$

对于这种类型的一个有限大小的可逆变化，我们可以用对组成该有限变化的诸无穷小变化的每一步把 (1.5.3) 式计再逐项累加起来的办法来描述。在这里，从初始状态到最终状态过渡所经的路径是有关系的，因为一般说来，p 并不仅是 v 的函数。

一个相当重要的实际量是流体的**比热**，即在一个微小的可逆变化中，每单位质量流体升高单位温度所需要的热量。对于比热的完整的讨论最好放在热力学第二定律之后进行，不过我们可以先看一个热力学第一定律的直接推论。比热可以写为

$$c = \delta Q/\delta T， \tag{1.5.4}$$

因此，在进一步指明可逆变化是在什么条件下进行之前，它是不能唯一确定的。流体的一平衡状态可以用 (p, v) 平面（或者压

---

① 如果一静止流体受到一体力作用，则如我们曾经看到的，压力在整个流体内会变化，但我们可以只考虑体积很小的一部分流体，使得其中压力变化小到可以忽略不计。当有体力作用时，所有的热力学讨论都是针对流体的局部性质而言的。

② 请注意，§1.1 中我们关于简单流体的定义中意含着在只改变形状而不改变体积的可逆变化中对流体不作功。

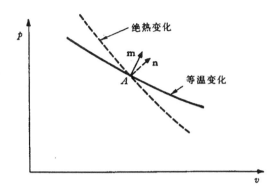

图 1.5.1 一流体平衡态的压容图

容图）上的一个点来代表。从 A 点出发的一个微小可逆变化（δp，δv）（见图 1.5.1）可以沿任意方向进行。如果对流体作的功唯一地是由压缩作的功，则对单位质量流体必须提供的热 δQ 由 (1.5.3) 式决定为

$$\delta Q = \left(\frac{\partial E}{\partial p}\right)_v \delta p + \left(\frac{\partial E}{\partial v}\right)_p \delta v + p\delta v,$$

温度变化为

$$\delta T = \left(\frac{\partial T}{\partial p}\right)_v \delta p + \left(\frac{\partial T}{\partial v}\right)_p \delta v。$$

因而比热依赖于 $\delta p/\delta v$，也就是说它和从 A 点出发的变化进行的方向选取有关。

两个特殊的变化方向是沿平行于压容图的两个轴的方向，这样给出的主比热为

$$c_p = \left(\frac{\delta Q}{\delta T}\right)_{\delta p=0} = \left(\frac{\partial E}{\partial T}\right)_p + p\left(\frac{\partial v}{\partial T}\right)_p,$$

$$c_v = \left(\frac{\delta Q}{\delta T}\right)_{\delta v=0} = \left(\frac{\partial E}{\partial T}\right)_v。 \qquad (1.5.5)$$

这样，当代表终结状态的点沿着以 A 为圆心的小圆弧运动时，δT 作正弦变化；当位于通过 A 点的等温线上时为零，而在等温线的法线 $\mathbf{m}$ 方向上时取一极大值。类似地 δQ 也作正弦变化，当在通

过 A 点的绝热线上时为零,而在沿绝热线的法线 **n** 方向上时取一极大值。这样一来,如果 (m_v, m_p) 和 (n_v, n_p) 是 m 和 n 这两个单位向量的分量,就有:

$$c_p = \frac{n_v (\delta Q)_{\max}}{m_v (\delta T)_{\max}}, \qquad c_v = \frac{n_p (\delta Q)_{\max}}{m_p (\delta T)_{\max}},$$

而既然 $-m_v/m_p$ 及 $-n_v/n_p$ 分别是等温线和绝热线的梯度,对于所谓主比热比值 γ 我们就有

$$\gamma = c_p/c_v = \frac{n_v}{n_p} \bigg/ \frac{m_v}{m_p} = \left(\frac{\partial p}{\partial v}\right)_{\text{绝热}} \bigg/ \left(\frac{\partial p}{\partial v}\right)_T$$

或

$$= \left(\frac{\partial v}{\partial p}\right)_T \bigg/ \left(\frac{\partial v}{\partial p}\right)_{\text{绝热}} \qquad (1.5.6)$$

在一个微小可逆变化中 p 与 v 的增量的加权比值 $-v\delta p/\delta v$ 就是所谓流体的**体积弹性模量**。在流体力学中同样有用的是其倒数 $-\delta v/(v\delta p)$,或者 $\delta\rho/(\rho\delta p)$,即所谓**压缩性系数**。同比热情况类似,在压容图上的每一个变化方向,体积模量也取不同的值。绝热与等温变化,对应于具有特殊物理意义的两个特定变化方向,有些意外的是,热力学第一定律要求这两个变化方向上相应的体积模量之比应等于主比热比。

很显然,我们能够在压容图上画出一条确定微小可逆变化方向的线,使通过每点既没有热获取亦无热损失。同样可以办到的是把一族绝热线视为某一新状态函数的等值线。这个函数的特性就是热力学第二定律的研究对象。第二定律可以用表面上很不相同但又彼此等价的各种方式来叙述,但它们都不易掌握。今后我们只是间接地应用这个定律,因而不要求那些常规的叙述。对于我们的目的而言,实际上只需知道以下这类就足够了:热力学第二定律是说,对处于平衡状态的流体(甚至包括状态参量多于两个的系统),存在着另一个广延性质称为熵;在从一个平衡态到另一相邻的平衡态的可逆转变中熵的增加正比于给予流体的热。这个比例常数本身也是一个状态函数,它仅依赖于温度且可选作为

温度的倒数。于是，如把单位质量流体的熵记为 S，我们便有

$$T\delta S = \delta Q, \tag{1.5.7}$$

其中 δQ 是可逆地施于流体的无穷小热量。温度的热力学的或绝对的（不依赖于具体材料性质的）尺度就是这样定义的。绝热的可逆转变是在保持熵不变下发生的，因而称为**等熵**的。此外，作为热力学第二定律的一个结果有：在绝热可逆变化中，**熵不能减少**（当 T 取为正值）；任何熵的变化只可能是增加。

既然（1.5.3）和（1.5.7）均适用于可逆变化，因此对于一个由压缩对流体作功的微小可逆变化就有

$$T\delta S = \delta E + p\delta v \,。\tag{1.5.8}$$

现在，S 及 E 的初始和终结值，就如同所有其它状态函数一样，完全地由初始和终结状态所决定了。(1.5.8) 式只包含状态函数，因而必然对于由压缩来作功的任意一无穷小转变都是成立的，而不论这一转变是否可逆。如果转变是不可逆的，则等式（1.5.7）不成立，δW 与 $-p\delta v$ 之间的等式也不成立。

和内能及熵一样，对流体力学应用很方便的另一状态函数是**焓或热函数**，尤其是当流体的可压缩性效应重要的时候。单位质量流体的焓 I 定义为

$$I = E + pv, \tag{1.5.9}$$

量纲为每单位质量的能量。状态参量的一个微小变化对应着 I, E，S 的微小变化，根据 (1.5.8) 它们用下式联系在一起

$$\delta I = \delta E + p\delta v + v\delta p,$$
$$= T\delta S + v\delta p \,。\tag{1.5.10}$$

(1.5.10) 式同 (1.5.8) 式一样，仅包含状态函数，因而它与流体是以何种方式从一状态转变到相邻状态无关。对于一个等压下的可逆微小变化，从 (1.5.7) 有 $\delta I = \delta Q$。

还有一个具有能量量纲的重要的状态函数是所谓 **Holmholtz 自由能**，单位质量的 Helmholtz 自由能定义为

$$F = E - TS \,。$$

由状态参数微小变化引起的 F 的微小变化，由下式给出

$$\delta F = - p\delta v - S\delta T \,,$$

它表明在微小的等温变化中，不论是可逆的还是不可逆的，单位质量自由能的增加都等于$-p\delta v$，而当这个微小的等温变化是可逆的时，自由能的增加等于对系统作的功。

根据上述诸状态函数的定义，可得出四个有用的恒等式，亦即所谓的 **Maxwell 热力学关系式**。为导出其中第一个恒等式，我们注意到在 (1.5.8) 式中，如果把 v 及 S 看作两个独立的状态参量，而所有其它的状态函数都依赖于它们，E 的两个偏导数是

$$\left(\frac{\partial E}{\partial v}\right)_S = - p \,, \qquad \left(\frac{\partial E}{\partial S}\right)_v = T \,, \qquad (1.5.11)$$

这里的下标是表示保持不变的变量记号，二阶导数 $\partial^2 E/\partial v\partial S$ 可以用两种不同的方法得到，从而给出关系式

$$\left(\frac{\partial p}{\partial S}\right)_v = - \left(\frac{\partial T}{\partial v}\right)_S \,. \qquad (1.5.12)$$

其它三个恒等式是

$$\left(\frac{\partial v}{\partial S}\right)_p = \left(\frac{\partial T}{\partial p}\right)_S \,, \qquad (1.5.13)$$

$$\left(\frac{\partial v}{\partial T}\right)_p = - \left(\frac{\partial S}{\partial p}\right)_T \,, \qquad (1.5.14)$$

$$\left(\frac{\partial p}{\partial T}\right)_v = \left(\frac{\partial S}{\partial v}\right)_T \,, \qquad (1.5.15)$$

它们可以类似地通过用两种不同的方法分别构成 $E+pv$, $E-TS$ 和 $E+pv-TS$ 的二阶导数的办法得到。或者它们可以从 (1.5.12) 和隐函数微分规则推出。例如，即然 T 可视为 p 及 S 的函数，则 (1.5.12)的右端可写为

$$\left(\frac{\partial T}{\partial v}\right)_S = \left(\frac{\partial T}{\partial p}\right)_S \left(\frac{\partial p}{\partial v}\right)_S ;$$

而对(1.5.12)的左端，我们对 p,v,S 三个量应用当它们受一个函数关系约束时的熟知的恒等式

$$\left(\frac{\partial p}{\partial S}\right)_v = - \left(\frac{\partial p}{\partial v}\right)_S \left(\frac{\partial v}{\partial S}\right)_p ,$$

于是得到(1.5.13)。

Maxwell 热力学关系式中的一个导数规定了流体的**热膨胀系数**，它定义为

$$\beta = \frac{1}{v}\left(\frac{\partial v}{\partial T}\right)_p,\qquad (1.5.16)$$

这个系数在考虑重力对于温度非均匀的流体的作用中很重要。

熵的引入提供了比热的另一种表达式。对于一般的比热我们有

$$c = \frac{\delta Q}{\delta T} = T\,\frac{\delta S}{\delta T},$$

对于两个主比热（比较（1.5.15）式）

$$c_p = T\left(\frac{\partial S}{\partial T}\right)_p,\quad c_v = T\left(\frac{\partial S}{\partial T}\right)_v。\qquad (1.5.17)$$

此外，把 S 视为 T 与 v 的函数，我们得到

$$\delta S = \left(\frac{\partial S}{\partial T}\right)_v \delta T + \left(\frac{\delta S}{\delta v}\right)_T \delta v,$$

于是我们有

$$\left(\frac{\partial S}{\partial T}\right)_p = \left(\frac{\partial S}{\partial T}\right)_v + \left(\frac{\partial S}{\partial v}\right)_T\left(\frac{\partial v}{\partial T}\right)_p$$

根据(1.5.17) 及 Maxwell 关系式（1.5.15）得到

$$c_p - c_v = T\left(\frac{\partial p}{\partial T}\right)_v\left(\frac{\partial v}{\partial T}\right)_p,\qquad (1.5.18)$$

当联系 p、v、T 的状态方程已知时，上式右端可以计算出来。$c_p - c_v$ 的另一种包含可测量量的表达式可以通过对于满足一个函数关系的 p、v、T 应用恒等关系

$$\left(\frac{\partial p}{\partial T}\right)_v = -\left(\frac{\partial p}{\partial v}\right)_T\left(\frac{\partial v}{\partial T}\right)_p$$

得到，亦即：

$$c_p - c_v = -T\left(\frac{\partial p}{\partial v}\right)_T\left(\frac{\partial v}{\partial T}\right)_p^2。\qquad (1.5.19)$$

最后，我们来求两个状态参量微小变化引起的 S 及 E 的增量的表达式，这在今后研究具有非均匀温度的流体时将会用到。找

们可以把 S 视为 T 及 p 的函数，因而有

$$\delta S = \left(\frac{\partial S}{\partial T}\right)_p \delta T + \left(\frac{\partial S}{\partial p}\right)_T \delta p,$$

或者从 (1.5.17) 及 (1.5.14)

$$\delta S = \frac{c_p}{T}\delta T - \left(\frac{\partial v}{\partial T}\right)_p \delta p。$$

于是，利用 (1.5.16) 我们有

$$T\delta S = \delta E + p\delta v = c_p \delta T - \beta v T \delta p。 \qquad (1.5.20)$$

这个关系式的用处是式中除 $T\delta S$ 及 δE 外所有项均为可直接观测的量。(1.5.20) 式的右端的 δT 及 δp 是独立的，包含它们的两项何者更重要，当然要依具体情况而定。我们从 (1.5.19) 看出，(1.5.20) 最右端两项之比可写为

$$\frac{-c_p \delta T}{\beta v T \delta p} = \frac{c_p}{c_p - c_v}\left(\frac{\partial p}{\partial v}\right)_T \left(\frac{\partial v}{\partial T}\right)_p \frac{\delta T}{\delta p}$$

$$= \frac{\gamma}{\gamma - 1}\frac{\left(\frac{\partial v}{\partial T}\right)_p \delta T}{\left(\frac{\partial v}{\partial p}\right)_T \delta p}, \qquad (1.5.21)$$

由此常常可以一下子就看出是否有一项是主要的。当 $\gamma/(\gamma-1)$ 是 1 的量级时，对于气体和大多数液体就是如此，上述两项的比较基本上化为由 T 和由 p 的增量分别作用所引起的 v 的增量的比较。

1.6 输运现象

物质的平衡状态是以其所有性质均具有均匀的空间分布为特征的，因而物质的每一微元均与其相邻的微元处于力学的和热学的平衡状态。如果初始时物质的某些特性并不均匀，那么就会观察到在相互连接的微元之间有力学或热学特性的交换发生，并且这种交换总是趋于把该物质带向平衡状态，也就是说趋于把不均匀性变得平缓。在具有非均匀性质的材料中存在的这种平衡趋势，在经典热力学中认为是当然的，看来仅要求物质的相接触部分产

生某种相互作用。这种相互作用的性质可能依赖于物质相互接触部分的分子结构，而相互交换的物理后果又和处于不均匀分布的是哪种特性有关。不过，物质相互作用部分之间的平衡趋势是十分普遍地存在着，而且像经典热力学的结果那样，与物质的具体结构无关。

具有不同特性的物质微元之间的交换的一个重要而普遍的结果是：一微元所包含的某种满足守恒规律的量的减少及另一微元所包含的这种量的增加。这类相互交换的总体就构成我们通常说的**输运现象**。有三种基本的输运现象，它们各有其习惯的名称，分别对应于质量、能量和动量的传递。在这一节中我们主要考虑的是这三类输运的普遍特征。本节中我们并不要求知道物质的具体分子性质，虽然为了方便及清楚起见，也将要简单地涉及一下流体中输运的分子机制的本质。

某种特定物质的传递存在于组分随位置变化的流体混合物中[1]，我们将假设属于混合物某一组分的分子能用某种方式加以标记。所有的分子均处于无规则的连续运动之中，因而必然有从任何初始位置迁走的趋势。因此，在任一时刻，如果有标记分子的比例数在紧邻流体中划出的一个面元的一侧比在另一侧大，那么有标记分子从两侧穿过此面元的随机迁移，一般来说会导致有标记分子通过此面元的非零通量，而且这个通量的符号是使得两侧有标记分子的比例数更趋接近[2]。这种由于分子迁移造成的流体某一组分的非零通量就构成**物质的扩散**。对于这个相当复杂的现象，我们的讨论仅限制在扩散组元浓度小时的情况。

分子运动的动能传递，是由于相邻分子的相互作用所产生的，

---

① 同样也存在于固体中，比如由不同类分子组成的合金，因为固体中的分子并不是绝对地永远地保持在同一点阵位置上；不过在固体中传递率比在液体中小得多。

② 也可以认为有标记分子通过一面元的通量非零的条件是面元两侧的有标记分子的数密度不同。当流体密度是均匀时，关于非零通量的这两个条件中选用哪一个不关紧要。但当流体密度是非均匀时（一般说也要求温度不均匀），有标记分子由于随机的迁移相对于无标记分子的流动主要是由于有标记分子占的比例数不均匀造成的而不是由于它们的绝对的数密度的不均匀造成。

这种相互作用或者是因诸分子相距很近，处于彼此的力场作用范围之内，像在固体和液体的情形；或者通过分子间偶然的碰撞来实现，如象在气体的情形那样。在经验上我们是知道在哪些场合中要发生分子能量的传递，亦即热的传递的。被一薄刚性壁（但允许热穿过）分割开的两种物质，当它们的被称之为温度的状态函数的值彼此相同时，它们就处于热平衡，而当两者的温度不相同时，就会有一向着温度减少的方向的净热流穿过边界。在同样压力下，把分隔两团物质的隔板移走，显然并不影响热平衡的条件或者净热流的方向（当两个温度是不同时），尽管由于压力必须保持相等使热流造成的结果要被改变。当温度是不均匀时，这种净分子能量通量就构成**热传导**。

通过一个以流体的局部"连续介质"速度运动的面元的分子动量输运，每当有分子穿越这个面元时就会存在。事实上，只要瞬时地处于面元两侧的两组分子间有力作用，这种分子动量输运就会存在。这种由分子穿越面元和由于面元两侧分子间作用的力造成的动量通量的联合效果，由流体中的局部应力来代表。任何一点处的应力是该点邻域内分子运动及分子相互作用的结果。因此如果流体速度在这个邻域是相同的，其应力应取静止流体应力的形式即不论面元的取向如何，应力总是垂直于面元的。但是，如果在这个邻域内的连续介质速度不均匀，那么应力的切向分量就可能不是零。像流体速度这样的位置的向量函数，在任一点的邻域中的变化方式并不很显然，我们在第 2 章关于运动学的分析中将予以考虑；与这种速度变化相联系的应力形式将在第三章中给以充分的叙述。不过，我们现在仍可以部分地把动量输运纳入目前讨论的范围之内，只要我们仅限于考虑这样一种情形（看起来这是一种十分特殊的情形，不过今后我们将会发现它是十分基本的），在其中相对于一个随流体一起运动的面元的流体速度的方向是位于这个面元所在的平面之内，并且其大小仅仅随垂直于此面元的位置坐标才有变化。这是一种**简单剪切**运动，在其中平行于面元的诸流体平面彼此刚性地滑过。很明显，在这种情况下，如果面元两侧的流体速度不同，任何通过面元的随机的分子相互作用的结果将是建立起应力的切向分量，应力的符号必是趋于消除两侧的速度差。因此动量输运就构成了**内摩擦**，具有内摩擦的流体称为**粘性流体**。

这三类输运现象的共同特征是：第一，当代表局部强度的某一量（例如有标记分子的比例数，温度，流体速度）在空间是均匀时，则相应量（有标记分子数，热，动量）的净输运为零；第二，通过材料内一面元的非零净输运的方向是趋于使该面元两侧强度的值相等。

现在我们进而来考虑这种净输运和相关的强度的非均匀性之间的定量关系。作为前提我们应当注意，在经典热力学中平衡的存在与否是根据把自身都是均匀的两部分物质放置在一起后所引起的结果来判定的。但是，在连续介质力学中，我们面临的情况却一般都是强度为位置的连续函数。显然，当强度分布在材料中的一面元的邻域为非均匀时，分子输运依然要导致通过该面元的净输运，不过我们不把这种局部非均匀性表示为面元两侧强度之差，而是必须采用一种更加普遍的观点，把它表示为在该面元位置处强度的一个向量梯度。

通量与标量强度梯度之间的线性关系

首先考虑有关的强度是一个标量（例如有标记分子的比例数或温度）的情形。把强度记作 C（代表浓度）。假设 C 为材料内位置 x 的连续函数，它也可能还是时间 t 的连续函数——不过这并不影响瞬时输运。那么与 C 相关的某量通过材料内某面元的单位面积的净输运量是一个局部量，它随面元的法线方向 n 而变化，变化的方式就和一个向量在 n 方向的分量一样。这一结论可以用形式上类似于对应力导出（1.3.4）式时所作过的那种论述的办法导出来；通过一微小四面体的三个正交面的向内输运量之和与通过斜面向外输运量，只差一个与四面体体积同量级的量。于是，每秒通过面积为 δA 法向为 n 的面元的净输运量可写为

$$\mathbf{f} \cdot \mathbf{n} \delta A,$$

其中通量向量 $\mathbf{f}$ 是 $\mathbf{x}$ 的函数（也许还是 t 的函数）但与 $\mathbf{n}$ 无关。

我们的目标是得到 C 与 $\mathbf{f}$ 这两个物质内位置的函数之间的一个关系。对于液体和固体而言，企图根据有关的分子过程直接去计算通量向量，几乎是不可能的，对于气体也只能得到很有限的成功（在下一节中将述及）。作一定的假设是必须的，并且为了能应用于很广泛的各种材料，这种假设最好与分子机制的精细性质没有关系。下面将要叙述的假设，起初是以一些在特定物理条件下对通量向量的测量为基础的，因而也只应用于那些场合，不过现在它们已被认识到具有更普遍的意义了。

我们的假设的第一部分是：如果强度 C 的变化相对于材料中位置的变化是充分光滑或者是渐变的，则通量向量就只依赖于介质的局部性质和 C 与 ∇C 的局部值。这里的基本思想简单地就是：通过一面元的输运是由这个面元邻域内的分子运动和分子相互作用决定的，并且在这个邻域内 C 可以用位置的线性函数来近似，这只要求类如

$$\left| \frac{\partial C}{\partial x} \right| \Big/ \left| \frac{\partial^2 C}{\partial x^2} \right| \gg \text{分子运动或相互作用的特征长度}$$

的这种条件得到满足，而实际中通常也正是如此。假设的第二部分是说：对于充分小的 $|\nabla C|$ 的值，通量向量随 ∇C 的诸分量线性地变化。我们已知通量向量随 $|\nabla C|$ 同趋于零，因此这个假设可表示为

$$f_i = k_{ij} \frac{\partial C}{\partial x_j}。 \tag{1.6.1}$$

f_i 和 $\partial C/\partial x_j$ 都是向量。既然要求 (1.6.1) 式对于任意选取的坐标系都成立，这就是说输运系数 k_{ij} 是一个二阶张量。k_{ij} 依赖于材料的局部性质（即依赖于热力学意义下的材料的局部状态）也可能还依赖于 C 的局部值，但不依赖于 ∇C。从数学上讲，(1.6.1) 可以看作是假设当通量向量写作 ∇C 的分量的 Taylor 级数时，二阶或更高阶的量可以忽略。

这个一般性假设还可以再补充上根据特定材料的一些已知性质所作出的进一步假设。例如对于**均匀**（homogeneous）材料，k_{ij}对于位置的依赖仅可能是通过它对 C 的局部值的依赖；∇C 的方向反转一下必然导致 **f** 的方向的反转，因此在这种情况下 **f** 的Taylor 级数展开中的二阶和其他偶次阶项必然恒等于零。在很多材料中[①] 分子结构统计地是**各向同性的**（isotropic），在这种情况下，k_{ij} 必须具有的形式是使得在其中任何方向之间的差别都不存在。任何正交坐标轴也就都成为系数 k_{ij} 的主轴，而这只有当

$$k_{ij} = - k\delta_{ij} \qquad (1.6.2)$$

时方为可能。（换种说法，我们可证明各向同性的介质中 **f** 必然平行于 ∇C，因为不存在任何使 **f** 选取其他不同方向的理由，于是也得到（1.6.2）是 k_{ij} 的必然形式。）如果我们把通量在 **n** 方向时算作正，则（1.6.1）（1.6.2）所规定的标量系数 k 是正的，因为与 C 联系的量是**沿强度梯度下降**的方向输运的。

对由（1.6.1）以及（1.6.2）表示的假设的验证，以及使（1.6.1）式精确成立的 $|\nabla C|$ 范围的确定，都基本上是一件实验工作，验证工作的性质也因所传递的具体物理量而异。不过，对于所有这些输运量，在通常或实际的 $|\nabla C|$ 值的情况下，看来（1.6.1）是极其精确的。要考察为什么一般来说对强度 C 的均匀性的偏离是如此之小，使得（1.6.1）式能成为相当精确，我们必须去考虑有关的具体分子机制，目前最好还是暂时满足于使它停留在经验基础上。对应于（1.6.1）式中的 C 被赋予以不同意义时的不同关系被称为**本构关系**，因为它们表示了所考虑材料的物理性质。

静止的各向同性介质中的扩散方程及热传导方程

在这种情况下，介质内所有点上通量向量的表达式为

---

① 具有规则但非各向同性晶格结构的固体是一明显的例外，在其中可观察到热在某一方向比其它方向传播得快。但对于不具有永久性分子排列的液体而言，这种例外是罕见的。

$$\mathbf{f} = -k\nabla C \qquad (1.6.3)$$

由此得出，某一量从单位（向外）法向量为 $\mathbf{n}$ 的封闭面 A 包围的材料中每秒传递出的总量为

$$-\int k\mathbf{n} \cdot \nabla C \, dA, = -\int \nabla \cdot (k\nabla C)dV, \qquad (1.6.4)$$

其中 V 为所包围区域的体积。如果已知传递量须遵守一守恒定律，那么我们就能够得到一个关于强度 C 依赖于位置及时间的控制方程。下面我们将分别地针对 C 代表有标记分子的比例数和代表温度两种不同情况来作这件事。先假定介质为静止，稍后（§3.1）我们将会看到如果分子输运发生在运动介质之中时，还需作哪些修正。

当 C 代表有标记分子在流体混合物中的比例数时，有一个简单的守恒律成立。在流体体积 V 内，有标记分子数是 $\int CN dV$（其中 N 是单位体积内分子的总数），它仅当有分子穿过边界时才会发生变化，于是有

$$\frac{\partial}{\partial t}\int CN dV = \int \nabla \cdot (k_D\nabla C)dV, \qquad (1.6.5)$$

及

$$\int \left\{ \frac{\partial(CN)}{\partial t} - \nabla \cdot (k_D\nabla C) \right\} dV = 0,$$

其中 k_D 是对于有标记分子扩散这种情况的 k 的值。分子的总数密度本身并不因有标记和无标记分子之间的相互交换而改变，因而可视为一常值。上述关系式对于任意选取的全部处于流体之中的体积 V 都成立，因而上式中被积函数必须处处为零，亦即

$$N\frac{\partial C}{\partial t} = \nabla \cdot (k_D\nabla C)。 \qquad (1.6.6)$$

参数 k_D 依赖于材料的局部状态，也许还依赖于浓度 C（因为 C 的大小能够影响任何一个有标记分子的分子环境）；因而一般来说，k_D 是流体中位置的函数。不过，在实际中常常发生的情形是 k_D 的梯度充分小，使 (1.6.6) 式可取下述近似形式

$$\frac{\partial C}{\partial t} = \kappa_D \nabla^2 C, \tag{1.6.7}$$

这就是所谓**扩散方程**。新参数

$$\kappa_D = k_D / N \tag{1.6.8}$$

是有标记组分在由无标记分子组成的周围流体中的**扩散系数**，其量纲为

$$(长度)^2 \times (时间)^{-1}。$$

当 N 与位置无关，κ_D 就等于每单位有标记分子数密度梯度的有标记分子的通量。在特殊情况下，即有标记与无标记分子在动力学上相似，因而在具有相同的迁移特性的情况下，κ_D 与 k_D 都与 C 无关，κ_D 因而就是**自扩散系数**。

方程 (1.6.7) 是二阶线性偏微分方程的标准形式之一，在不同边界条件及初始条件下它的解已了解得很多了[①]。

当 C 代表材料的温度时，我们可以利用能量的守恒定律，必要时我们同时计及热和功。在这种情况下输运的量是热，根据 (1.6.4)，位于小体积 δV 内的物质由于通过边界面的热输运引起的热获得率是（对丁温度我们返回到用字母 T）

$$\nabla \cdot (k_H \nabla T) \delta V$$

k_H 是当用于热传导情况时的 k 的值，称为**热传导系数**。材料的热力学状态由于这种热流而不断变化，但只要变化率是缓慢的（此即在对 (1.6.1) 式讨论中已经假设必须满足的一个条件）我们可以把在一短暂时间 δt 内，每单位质量材料中的热量增加视为在 §1.5 中讨论过的从一平衡态到另一平衡态作可逆变化中的热量增加 δQ，也就是说

$$\delta Q = \frac{\delta t}{\rho} \nabla \cdot (k_H \nabla T)。 \tag{1.6.9}$$

这种热增加中之一部分表现为每单位质量的内能的增加；而另一部分表现为由单位质量的材料所作的功，如同 (1.5.3) 式所表示

---

① 见 H. S. Carslaw 及 J. C. Jaeger 著的 "The Conduction of Heat in Solids" (Oxford University Press, 1947)。

的反抗外界压力而膨胀所作的功的情形（它对流体力学是极为重要的情形）那样。无论是哪种情况，每单位质量熵的增加为 $\dfrac{\delta Q}{T}$（见（1.5.7）），根据（1.5.20）加热的结果可以用 T 和 p 的增加来表示。这样一来，联合（1.6.9）及（1.5.20）（用 ρ 来代替 $1/v$）并把增量写为变化率，我们就得到

$$T \frac{\partial S}{\partial t} = c_p \frac{\partial T}{\partial t} - \frac{\beta T}{\rho} \frac{\partial p}{\partial t} = \frac{1}{\rho} \nabla \cdot (k_H \nabla T)。 \qquad (1.6.10)$$

这就是表示在静止介质内热传导作用的一般方程（不考虑由热膨胀引起的微小运动）。介质可以是固体、液体或气体，只要介质内部点上的应力为纯法向的。T 与 p 对于时间 t 的导数是独立的，如同在（1.5.20）中 δT 和 δp 的情况一样；包含它们的两项的相对重要性，需视具体情况。在（1.5.21）中我们曾看到，这两项之比值与由 T 和 p 的给定增量分别作用所引起的 v（或 ρ）的变化之比值是同一量级。在运动的气体中，与运动相联系的 T 及 p 的变化完全有可能和 ρ 的变化（分别在常值 p 及常值 T 条件下）同量级。对于固体、液体以及体积由刚性壁包围起来并且温度在整个质量中多少是均匀地随时间变化的气体中，显然，压力与温度的变化分别地将导致 ρ 的相当大的变化。然而对于静止和可以自由膨胀的介质（在这种情形下，p 为常值）以及对于静止的受限的介质（在这种情况下平均温度因而压力近似地保持常值）（1.6.10）化成为

$$T \frac{\partial S}{\partial t} = c_p \frac{\partial T}{\partial t} = \frac{1}{\rho} \nabla \cdot (k_H \nabla T)。 \qquad (1.6.11)$$

从（1.5.10）我们看到，在这些常压的情况下最左端的项可以写为焓 I 的变化率。

当热传导系数 k_H 在整个物质中近似地为均匀时，T 的方程变为

$$\frac{\partial T}{\partial t} = \kappa_H \nabla^2 T, \qquad (1.6.12)$$

其中

$$\kappa_H = k_H/\rho c_p; \qquad (1.6.13)$$

这样一来,"热传导方程"就与静止介质的扩散方程形式上完全一样。这里的参数 κ_H 可叫作**热扩散系数**,有时也称为导温系数。

既然物质中温度低的地方趋于通过传导获得热量并且反之亦然,于是在 (1.6.11) 式中包含熵的项中的因子 T 的影响是给熵的增加加了权重。结果,温度非均匀的热孤立的物质的总熵要增加。关于这一点,形式地可从下述看出:把 (1.6.11) 写成

$$\rho \frac{\partial S}{\partial t} = k_H \left(\frac{1}{T} \nabla T \right)^2 + \nabla \cdot \left(\frac{k_H}{T} \nabla T \right); \qquad (1.6.14)$$

对不同质元 $\rho \delta V$ 积分就给出

$$\frac{\partial}{\partial t} \int S \rho dv = \int k_H \left(\frac{1}{T} \nabla T \right)^2 dv, \quad > 0,$$

因为在边界面上处处有 $\mathbf{n} \cdot \nabla T = O$。这是对于由整个绝缘物质质量形成的系统的一个不可逆变化,因为没有任何外界条件的变化可以引起逆变化,而伴随内部热传导发生的熵增加是我们在§1.5中提出的在绝热不可逆变化中熵不能减少的普遍论断的一个例证。不过, 个小单元物质由热传导引起的热增加也可以看作为由该单元单独组成的系统的一个可逆变化,正如我们在导出 (1.6.10) 的论述中所做过的那样。

流体中动量的分子输运

动量输运的问题要求一种与上述不同的解析描述,因为输运的量是向量。不过正如本节开始时谈过的,我们可以借助对局部速度分布加以限制的办法来显示有标记分子、热、动量传递之间的共同特征,也就是说,我们只考虑在一定方向上的一个简单剪切运动。在简单剪切运动中,流体速度相对于位置坐标为 (x, y, z) 的点处的直角坐标系分量为 $U(y), 0, 0$,我们来考察通过位于 (z, x) 平面上的面元施加的应力。这个应力的切向分量之不等于零完全是因为:首先,存在流体速度的非均匀性;其次,面元两侧存在着分子的相互作用,这种相互作用或是由十穿越此面元的

分子运动或是由于穿越面元作用的分子间力引起的。

在导出向量通量与局部标量强度梯度之间呈线性关系的假设时所作的论述,现在仍然可以应用,只需把记号作些变化即可。分子间的相互作用只能在很短距离内有效,而穿过面元的分子传递的动量对于流体速度分布的依赖,一般仅仅是通过对于局部梯度 dU/dy 的依赖来体现的(不可能依赖于 U,因为若选择运动坐标系,U 就会受影响)。进一步可以预期,对于足够小的 $|dU/dy|$ 值,穿越面元的应力的切向分量(亦即单位时间穿越每单位面元面积的动量之 x 分量的净输运)线性地随 dU/dy 变化。用 §1.3 中应力的记号,这就是说

$$\sigma_{12} = \mu \frac{dU}{dy}, \qquad (1.6.15)$$

其中 μ 是流体的**粘性系数**,它依赖于流体的局部性质。这个动量通量既然是源于分子的无规则或随机的相互作用,因而它也就不可避免地要取这样的方向,以趋于消除流体速度的不均匀性。因此由 (1.6.15)定义的 μ 就是正的(根据 §1.3 中的约定,$\sigma_{ij}n_j$ 是单位面积上由面元法向 n 所指向的一侧流体所施的作用力)而且是抗拒流体变形的内部摩擦的一个量度。

线性关系式 (1.6.15) 作为在普通流体中由简单剪切运动引起的切应力的一个经验公式,是众所周知的,但已发现,在一个包括实际中常遇到的 $|dU/dy|$ 的值的极大范围内,公式都是精确的。

关于粘性应力对流体速度分布的影响问题留待在第 3 章中再给以更完全的分析。不过,现在就很清楚的是,和扩散系数 κ_D、κ_H 类似的,衡量消除强度(现在是速度)不均匀性(这种不均匀性引起输运)的量是

$$\nu = \mu/\rho \, 。 \qquad (1.6.16)$$

ν 称为**运动学粘性系数**,这是因为其量纲(长度)$^2 \times$(时间)$^{-1}$ 中不包括质量。κ_D、κ_H 及 ν 分别构成为物质,热及动量的**扩散系数**。

1.7 气体的特性

气体所具有的许多独特性质都可以归结于气体的这样一个特点：其分子间距离很远，并且每个分子在运动过程的绝大部分时间内，在动力学上是孤立的。在 0℃ 和一个大气压的条件下，一立方厘米气体的分子数是 2.69×10^{19}（即所谓 Loschmidt 数，根据 Avogadro 定律，对于所有气体，这个数都相同），因而如果把诸分子均放置在立方点阵的角上，那么相邻分子间的距离将是 3.3×10^{-7} 厘米。分子的直径并不是一个规定得很明确的量，但是两个孤立分子之间的分子作用力变号处两分子中心的距离，可以给出一个相当确定的尺度（见§1.1）。对于许多简单分子，这个有效直径 d_0 在 $3 \text{---} 4 \times 10^{-8}$ 厘米范围之内，因而上述意义下的平均分子间隔约为 $10d_0$。在这样的距离上，分子间的内聚力是完全可以忽略的，于是分子在其存在的绝大部分时间里是自由地作等速直线运动（只要它们是电中性的，这一点是我们要假设的）。两个分子间的碰撞，同样不是一个精确的概念，但是如果我们把碰撞规定为：每当一个分子与另一个分子接近到它们间的互相作用力成为排斥力时就算是发生了碰撞，那么一个分子在两次碰撞间所走过的平均距离可计算出为 $8.3 \times 10^{-21} \times d_0^{-2}$ 厘米，亦即 7×10^{-6} 厘米或 $200d_0$，其中 d_0 的大小采用上述估算值。

把气体视为除了偶然发生碰撞外几乎是自由运动的分子的集合，这样一个概念是气体的**分子运动论**的基础。在这个理论中，考虑一种所谓**完全气体**的性质证明是很方便的，对于它我们可以认为其分子除碰撞瞬时外彼此间没有作用力，而且分子的体积可以忽略不计。(一个分子的碰撞频率随其体积减小到零而同时减小为零，但是碰撞频率在这个理论中不起什么作用，只要知道确有**某些碰撞**存在就足够了。)从上面引用的一些数据看来，在标准状态下真实气体的性质和我们假想的完全气体的性质是很接近的，观测也证实了这一点。事实上，在很早以前对气体性质的研究中所发现的某些经验定律,如 Boyle 和 Charles 定律等,就可以作为完全气体的性质推导出来。因此关于气体性质的初步论述从完全气体的性质的推导开始是恰当的。

我们这里将自然地充分利用经典热力学(§1.5)中的强有力的概念和结果以及输运理论(§1.6)的不太严格的结果。前两节中的论述都与物质的分子结构无关。为了得到这种普遍性所必须付出的部分代价是我们很少能够得到细节的具体结果。如果我们现在放松一些普遍性要求,而限于考虑如像完全气体这样的具有相对简单分子结构的特定物质,那么,我们也就可能使得到的结果大大前进一步。

平衡态完全气体

首先我们来考虑在§1.5意义下处于热力学平衡状态的静止的完全气体。气体的所有性质与位置及时间均无关,因而不发生输运现象。作为开始,我们还假定所有分子彼此都是一样的,其质量为 m,$= \rho/N$,其中 N 是分子的数密度。虽然诸分子均服从动力学规律,但分子是如此之多,使得对它们的运动采用统计描述更为恰当。于是我们引入概率密度函数。对分子速度 $\mathbf{u}$ 的概率密度函数用 $f(\mathbf{u})$ 来表示。乘积 $f(\mathbf{u})\delta u\delta v\delta w$ 就是某给定分子在任一时刻其速度分量值位于 u 和 $u+\delta u$,v 和 $v+\delta v$,w 和 $w+\delta w$ 之间的概率;换一种说法,$f(\mathbf{u})\delta u\delta v\delta w$ 可看作是在任何时刻一个给定体积内其速度分量位于上述区域的分子的比分。函数 f 恒等地满足关系式

$$\iiint_{-\infty}^{\infty} f(\mathbf{u})\delta u\delta v\delta w = 1。$$

我们假定分子碰撞破坏了速度分布的任何初始的方向特性。因而在平衡态中,不论分子的形状如何,f 只是 $|\mathbf{u}|$ 的函数。

压力和一分子的平均性质之间的简单关系给出了一个对于完全气体可能得到进一步结果的良好例证。假设有一静止的、法向为 $\mathbf{n}$ 的面元 δA,现来考虑由正反两方向运动的分子引起的动量通

量。在单位时间内，速度分量是在围绕 **u** 的 δu、δv 和 δw 范围内的穿越分子数（穿向 **n** 所指向的一侧者认为是正），为 **n** · $\mathbf{u}\delta AN$ · $f(\mathbf{u})\delta u\delta v\delta w$，每一个这样的分子都携带了动量 $m\mathbf{u}$ 穿过面元。因此分子运动引起的穿过面元的总动量通量为

$$\rho\delta A \iiint_{-\infty}^{\infty} \mathbf{u}\mathbf{n} \cdot \mathbf{u} f(\mathbf{u}) du dv dw。$$

根据速度分布的对称性，这个动量通量的沿面元切向的分量为零，只有法向分量需要考虑。此外，对于完全气体而言，面元两侧分子间的直接作用力为零，因此气体中的应力就完全是由于动量通量而造成的。于是完全气体中的应力是正压力，其大小为

$$p = \rho \iiint (\mathbf{n} \cdot \mathbf{u})^2 f(\mathbf{u}) du dv dw = \rho \overline{(\mathbf{n} \cdot \mathbf{u})^2} \quad (1.7.1)$$

其中字母顶上的一横表示对于单位体积内全部分子的平均。(1.7.1) 中的平均值与 **n** 的方向无关，于是我们可以将 (1.7.1) 写为

$$p = \frac{1}{3}\rho \overline{\mathbf{u}^2} \quad (1.7.2)$$

如果气体中存在若干种不同的分子，那么同样的讨论对于每一种组分分别都是成立的。因此，用显见的标记就有

$$p = \frac{1}{3}\sum_r \rho_r \overline{\mathbf{u}_r^2}$$

$$= \frac{2}{3} \times \text{单位体积内诸分子的总平动动能}。 \quad (1.7.3)$$

这些讨论并没有给出气体作用于刚性边界的压力。但是 (1.7.3) 式在刚性边界处亦成立，因为气体处于力学平衡的条件要求只要无体力作用于其上，它的压力在整个气体中必须连续（参见 (1.4.2)）并且均匀。

气体的每一个组分的速度分布函数 $f(\mathbf{u})$ 是气体分子运动论的一个基本对象，前人曾作了许多努力企图对于平衡态的完全气体导出其形式来。虽然各种推导都给出相同的结果，而且此结果与实验观测符合得很好，对其正确性亦无需置疑，不过在各种推导中

还没有一种是可以完全不依赖于假设的。也许最令人满意的要算是利用统计力学概念的推导。这个所谓"最可几态方法"还能给出有用的附加的信息,我们将在这里引用所得到的一般结果[1]。

我们要叙述的结果涉及到为了确定一个分子的状态所需的全部参数(包括分子动量的三个分量作为一个整体)的概率分布。如果我们假设分子的旋转运动模(mode)及内运动模可用经典定律描述(事实上在某些场合需要用量子理论,这在下面可以看到),具有 s 个自由度的分子的整个状态,在任一时刻可由 s 个广义坐标 $q_1, q_2, \cdots, q_s$ 及相对应的 s 个广义动量 $p_1, p_2, \cdots, p_s$ 来表示;q_1, q_2, q_3 可以取为分子质心位置的直角坐标,在这种情况下,$p_1 = mu, p_2 = mv, p_3 = mw$,其他 $s-3$ 个自由度涉及旋转运动模及内运动模。对于完全气体,分子之间在动力学上是彼此独立无关的,因此对应于广义坐标及广义动量的给定值,就有一个分子的总能量 ε,而平动动能为其中的一部分。于是有这样的结果:对于一个给定的分子在任一时刻,其广义坐标及广义动量的值位于 q_1 到 $q_1 + \delta q_1, \cdots, p_s$ 到 $p_s + \delta p_s$ 范围内的概率具有下述形式

$$Ce^{-\alpha \varepsilon} \delta q_1 \cdots \delta q_s \delta p_1 \cdots \delta p_s, \tag{1.7.4}$$

其中常数 C 及 α 与 $q_1 \cdots\cdots p_s$ 无关。C 可以由恒等式

$$C \int \cdots \int e^{-\alpha \varepsilon} dq_1 \cdots dp_s = 1 \tag{1.7.5}$$

及我们对于 ε 作为 $q_1, \cdots, p_s$ 的函数所具有的知识来决定;(1.7.5)中的积分是对于所有可能的 $q_1, \cdots, p_s$ 的值来计算的;因此 C 仅依赖于分子类型及 α。表达式 (1.7.4) 就是所谓经典的(即非量子的)**Boltzman 分布**,并且被广泛应用。

当没有体力作用于气体时,ε 以及 (1.7.4) 式都与位置坐标 q_1, q_2, q_3 无关,因此气体密度是均匀的,这和我们先前曾假设过的是一致的。

---

① 关于此方法的介绍可参阅 E. H. Kennard 著的"Kinetic Theory of Gases"(McGraw-Hill,1938),第九章。

不论分子的内部结构如何，我们总可写

$$\varepsilon = \frac{1}{2}m\mathbf{u}^2 + \text{与 } s - 3 \text{ 个非平动自由度联系的能量}$$

$$= \frac{1}{2}(p_1^2 + p_2^2 + p_3^2)/m + F(q_4, \cdots, q_s, p_4, \cdots, p_s),$$

$$(1.7.6)$$

p_1, p_2 和 p_3 可能的取值范围为 $-\infty$ 到 ∞。(1.7.5) 式中对 p_1, p_2, p_3 的积分可以分别进行，给出

$$C(2\pi m/\alpha)^{\frac{3}{2}} \int \cdots \int e^{-\alpha F} dq_1 \cdots dq_s dp_4 \cdots dp_s = 1 \quad (1.7.7)$$

此式可作为决定 C 的关系式。一个分子的速度分量位于 $\mathbf{u}$ 附近的 δu, δv, δw 区域内的概率被 $\delta u \delta v \delta w$ 除的结果是

$$f(\mathbf{u}) = m^3 \int \cdots \int C e^{-\alpha \varepsilon} dq_1 \cdots dq_s dp_4 \cdots dp_s$$

$$= m^3 C e^{-\frac{1}{2}\alpha m \mathbf{u}^2} \int \cdots \int e^{-\alpha F} dq_1 \cdots dq_s dp_4 \cdots dp_s$$

$$= \left(\frac{\alpha m}{2\pi} \right)^{\frac{3}{2}} e^{-\frac{1}{2}\alpha m \mathbf{u}^2}. \quad (1.7.8)$$

这就是众所周知的**分子速度的 Maxwell 分布**。这是由 Maxwell 从假设（一个显然正确但又很难严格证明的假设）三个分量 u, v, w 为统计无关这点出发首先得到的。为完全确定分子速度分布所需的唯一的参数 α 是与分子平动运动的平均能量相联系的，因为

$$\frac{1}{2}m\overline{\mathbf{u}^2} = \frac{1}{2}m \iiint_{-\infty}^{\infty} \mathbf{u}^2 f(\mathbf{u}) du dv dw$$

$$= \frac{3}{2\alpha}. \quad (1.7.9)$$

如果气体是一不同类型分子的混合体，Boltzmann 分布 (1.7.4) 式及 Maxwell 分布 (1.7.8) 式可以分别应用于每一个组分。导至 (1.7.4) 式所用的论述的一个结论是，参数 α 的值对于组成气体的所有分子都是一样的。如我们可看出这是由一致性所要求的：当假设 $q_1, \cdots, q_t, p_1, \cdots, p_t$ 是两个不同类分子的广义坐标及动量，在这种情况下 ε 就是这两个分子分别的能量之和，共

有 6 个平动自由度。于是，如果 $\mathbf{u}_1$ 和 $\mathbf{u}_2$ 分别是质量为 $\mathbf{m}_1$，$\mathbf{m}_2$ 的两个分子的速度，从 (1.7.9)式我们有

$$\frac{1}{2}m_1\overline{\mathbf{u}_1^2} = \frac{1}{2}m_2\overline{\mathbf{u}_2^2} = \frac{3}{2\alpha}。 \qquad (1.7.10)$$

这表明对于在混合气体中的所有分子，平均来讲具有相同的平动能量。我们先前曾看到，分子对于压力的贡献与其平动能量成正比；(1.7.3) 式就可写为

$$p = \sum_r N_r/\alpha = N/\alpha, \qquad (1.7.11)$$

其中 N_r 是某类分子的数密度，上式表明了：某一组元对压力的贡献正比于单位体积内该组元分子的数目。

(1.7.10) 式是重要的**能量均分原则**的一种表现。这个原则可应用于一个分子的任何一个广义坐标及动量，只要在分子能量 ε 的表达式中，它是作为一个相加的平方项出现且其可能的取值范围是从 $-\infty$ 到 ∞。假设在(1.7.6)式中，$\mathbf{F}$ 具有这样的形式，使得

$$\varepsilon = \frac{1}{2}m\mathbf{u}^2 + aq_4^2 + G(q_5,\cdots,q_s,p_4,\cdots,p_s),$$

其中 a 与 q_4 无关。于是按(1.7.4) 及 (1.7.5)，在保持所有其他广义坐标及动量不变的情况下，aq_4^2 的平均值是

$$\frac{\int_0^\infty aq_4^2 e^{-\alpha\varepsilon}dq_4,}{\int_0^\infty e^{-\alpha\varepsilon}dq_4,} = \frac{1}{2\alpha}。 \qquad (1.7.12)$$

这个平均值与除了 q_4 以外的所有坐标及动量的取值是无关的，因而它是普遍正确的。因此，与任意一个广义坐标或动量相联系的平均能量都是 $\frac{1}{2}\alpha^{-1}$，只要它们是作为一相加的平方项出现。这个相加平方项可以代表三个正交方向之一的平动动能，或者代表分子绕其主轴之一旋转的动能，或者代表振动模动能，或者代表与分子离开其平衡形状作小变形相联系的势能等等。如果动力学的经典定律可以适用于分子，我们就能够得出：一个具有质量但不具有尺度的单原子分子平均总能量为 $\frac{3}{2}\alpha^{-1}$，绕其两个主轴惯性矩

不为零的刚性双原子分子，平均总能量为 $\frac{5}{2}\alpha^{-1}$，对于原子可沿两原子连线振动的双原子分子，则平均总能量为 $\frac{7}{2}\alpha^{-1}$ 等等。

在一混合气体中，一种类型分子的分子坐标及动量的分布是由 (1.7.4) 式中的 α 决定；而 α 对于每一组分而言具有同样的值。这一点可叙述为如下论断：当两种不同气体彼此处于热力学平衡时，则对应的 α 值就相等。温度是一个被定义为同样具有这种性质的量，因此很自然地要寻找 α 与气体温度的关系。为此我们把 (1.7.11) 式和从热力学导出的 p 的表达式进行比较。我们曾在 §1.5 中看到，对于任何物质均有

$$T\delta S - \delta E + p\delta(1/\rho)$$

及

$$T\left(\frac{\partial S}{\partial \rho}\right)_T = \left(\frac{\partial E}{\partial \rho}\right)_T - \frac{p}{\rho^2}\text{。}$$

Maxwell 关系式 (1.5.15) 使上式可写为

$$T\left(\frac{\partial p}{\partial T}\right)_\rho = p - \rho^2\left(\frac{\partial E}{\partial \rho}\right)_T\text{。} \tag{1.7.13}$$

根据定义，完全气体是这样一种物质，其内能是单位质量内所含的分子分别具有的能量之和而与分子之间的距离无关，亦即与 ρ 无关。所以，对于完全气体就有

$$E \equiv E(T) \quad \text{及} \quad \left(\frac{\partial p}{\partial T}\right)_\rho = \frac{p}{T}\text{。}$$

这表明，在保持密度不变情况下，p 与 T 成正比（Charles 定律）并且根据 (1.7.11) 有

$$1/\alpha = kT, \tag{1.7.14}$$

其中 k 是一绝对常数，称为 Boltzmann 常数。当我们这样来规定温度的单位，使得冰的融化温度为 $T=273.15℃$（对应于 $0℃$）就可求得 k 的值为

$$1.381 \times 10^{-16} \text{ 厘米·达因} /℃$$

对于压力的表达式 (1.7.11)，现在变成了 **完全气体的状态方程**

$$p = NkT = \frac{k}{\overline{m}} \rho T$$

$$= R\rho T, \tag{1.7.15}$$

其中 $\overline{m}$ 是气体分子的平均质量，$R = k/\overline{m}$ 即所谓的气体常数（对于干燥空气，$R = 2.870 \times 10^{6}$ 厘米^2/秒$^2 \cdot ℃$）。这个状态方程的结果之一是，完全气体的热膨胀系数为：

$$\beta = -\frac{1}{\rho}\left(\frac{\partial \rho}{\partial T}\right)_p = \frac{1}{T}。 \tag{1.7.16}$$

对于等温压缩系数，我们有

$$\frac{1}{\rho}\left(\frac{\partial \rho}{\partial p}\right)_T = \frac{1}{p}, \tag{1.7.17}$$

表明在保持 T 为常值时，p 及 ρ 的百分比变化是相等的；而我们已知绝热压缩系数是 γ^{-1} 乘以等温压缩系数值（见（1.5.6）式）。

完全气体的 E 仅是 T 的函数这一事实可以使得比热的一般表达式简化。由（1.5.5）定义的两个主比热变成为：

$$c_p = \frac{dE}{dT} + R, \qquad c_v = \frac{dE}{dT}, \tag{1.7.18}$$

因而得到 Carnot 定律：

$$c_p - c_v = R, \tag{1.7.19}$$

对于在常温常压的空气而言，此公式精度高于 1%。与 E 类似地，c_p 及 c_v 现在也只是 T 的函数，而且状态函数 E、I 及 S 可写为

$$E = \int c_v dT, \quad I = \int c_p dT, \tag{1.7.20}$$

$$S = \int \frac{dE}{T} + \int \frac{p}{T} d\left(\frac{1}{\rho}\right) = \int \frac{c_v}{T} dT - (c_p - c_v)\log\rho。$$

$$\tag{1.7.21}$$

当某种完全气体的分子具有一简单的结构时，我们就还能进而去求其内能及诸比热的值。对于仅具有平动能量的质点分子，一个分子的平均能量是 $\frac{3}{2}\alpha^{-1}$，$= \frac{3}{2}kT$，于是

$$E = \frac{3}{2}kT, \quad c_p = \frac{5}{2}R, \quad c_v = \frac{3}{2}R。$$

更一般地，如果对于气体的每个分子其能量 ε 的表达式是 n 项之和，每一项皆正比于广义坐标或动量的平方，那么 ε 的平均值就是 $\frac{1}{2}nkT$，而且：

$$E = \frac{\bar{\varepsilon}}{m} = \frac{1}{2}nRT, \quad c_v = \frac{1}{2}nR, \quad \gamma = \frac{c_p}{c_v} = \frac{n+2}{n}$$

$$(1.7.22)$$

对于已知为单原子型的惰性气体，测量得到的 c_p 及 c_v 值与这些经典公式（令 $n=3$）的值符合得很好。此外还有一些双原子分子的气体，包括氧、氮，在常温常压下测量得到的上述量的值可以精确地用上述公式中令 $n=5$ 的值来描述（例如，对于在一个大气压及 15℃ 的干燥空气，γ 的测量值为 1.40，精度在 1‰ 以内）。然而，还有许多其它情形，无论如何选择 n 值也不能很好地和各比热的测量值符合，一分子运动的非平动模部分对于 E 的贡献显然并非总是按经典定律所预期的方式进行。

现已知，对于若干普通的多原子气体，c_v 随 T 的变化是有如图 1.7.1 所描述的形式，且可借助于量子的考虑来加以解释。与非平动模相联系的那部分能量是量子化了的，而且是取一系列离散值中的一个值。仅仅当 $\frac{1}{2}kT$ 比这些间断的能级中最小者大很多时，连续分布 (1.7.4) 式才给出平衡态的一个近似表达，而且也仅在此时，与这个模相联系的平均能量才近似地为 $\frac{1}{2}kT$。当气体在很低温度时，分子的非平动模均不能"激发"，因而内能几乎全部是由平动能组成，于是 $c_v = \frac{3}{2}R$。随着温度升高，某些非平动模的最低能级就被达到了，通常首先是转动模，于是 E 随 T 的变化比线性变化快些。图 1.7.1 中曲线的平直部分对应于温度的一个中间范围，在这段温度区间中，$\frac{1}{2}kT$ 以足够大的幅度超过了转动模最小能级，使得转动模全部地对 E 作了贡献（对于双原子分子即为 kT），但同时较之振动模最小能级又还小得多。对于空气，在温度达到 600K 以前，振动模的能量并个显著，c_p, c_v 的值在 250--

400K 区间内均相当精确地是一常值，分别等于 $\frac{7}{2}R$ 及 $\frac{5}{2}R$。这个区间包括了我们一般所谓的"常温"范围。当温度更高时，约在 20 000K 以上时，分子的电子系统能量对于 E 要作很重要的贡献（这个情况也可以看作是包括了单原子分子的转动能）。

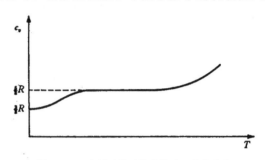

图 1.7.1　多原子分子的比热随温度的变化

对于在 T 的某个范围内**具有常比热的完全气体**的这一重要特殊情形（在常温常压下的空气正与这种情形近似），我们可以得到 E、I 及 S 的明显表达式。关系式 (1.7.20) 变为

$$E - E_0 = c_v T, \quad I - I_0 = c_p T \qquad (1.7.23)$$

至于 (1.7.21)，则利用状态方程我们得到

$$S - S_0 = c_v \log(p\rho^{-\gamma}) \qquad (1.7.24)$$

其中 E_0, I_0, S_0 等常数并不具有任何绝对的重要性，除了 c_v 对于低于 T 的所有温度为常值。对于状态的等熵变化，p 与 ρ 之间的关系是

$$p \propto \rho^\gamma \qquad (1.7.25)$$

这个关系式常被引用为完全气体绝热变化的 p 与 ρ 之间的关系，不过这里还要要求变化必须是可逆的（因为否则 S 可能不是常值），且 c_v 是常值。

对完全气体定律的偏离

在本书中我们将不涉及使上述导出的关系式不能相当精确地

应用到普通实际气体的那些情况。然而我们在这里简要地提一下在极端条件下与完全气体定律偏离的种类还是有兴趣的。这些偏离主要有两种类型，第一类是当密度很大时出现的，它是由于分子间过分接近而致；第二类是在高温时出现，它是由于分子的结构发生变化所引起。

在大密度情形下，一个分子的动力学行为要受到其它分子存在的影响，因此由气体所施之压力的基本公式（1.7.2）需要加以修正。这个公式只考虑了通过气体中面元的法向动量通量，而我们现在还必须再加上由瞬时地处于面元两侧的一对对分子之间的作用力作出的贡献。在任意时刻由面元另一侧所有分子作用于这一侧一个分子上的力正比于分子的数密度 N，所以通过面元作用的总力（由于对称，它应在法线方向上）将正比于 N^2。p 的表达式因而可写为：

$$p = \langle \text{单位面积法向动量通量} \rangle - a\rho^2$$

其中 a 对于给定气体是一常数，它依赖于分子间的力。我们设想内聚力是主要的，在这种情况下 $a > 0$。不过观测表明，a 的有效值随着 T 的增加而减小，本质上这是因为当分子速度增高而使分子更深地进入彼此的力场中时，排斥力起越来越重要的作用。

动量通量的表达式也需要修正，因为它假定了一个分子穿越面元的机会与其它分子的存在与否无关。如果分子本身占据的体积不再只是总体积的可忽略不计的一小部分时，一个给定分子通过面元的穿越率要比我们所假设过的高，因为分子可以在其中活动的空间变小了。对分子体积的一阶量而言，我们可通过除以 $1 - b\rho$ 因子来得到分子穿越面元的增加率（对应于同样数目的分子，对于每单位质量气体，它们在其中独立运动的体积减小了 b）因此，动量通量对于 p 的贡献为

$$\frac{NkT}{1 - b\rho}, = \frac{R\rho T}{1 - b\rho} \text{。}$$

b 也不是一个绝对常数，而是随着 T 的增加而减小，因为分子在较高速度时可以彼此穿插得很接近。

修正过的状态方程成为

$$p = \frac{R\rho T}{1 - b\rho} - a\rho^2 \text{。} \qquad (1.7.26)$$

这就是 **van der Waals 方程**，它是为了考虑真实气体的"非完全性"效应所作的各种努力中之最著名者。它所基于的论证是不严格的，但在描述对于完全气体状态方程的小偏离时却是很有用的。对于空气，经验常数 a 和 b 大约分别是 $3 \times 10^{-3} p_0/\rho_0^2$ 及 $3 \times 10^{-3}/\rho_0$，其中 p_0 和 ρ_0 表示标准条件的值。这个方程对于在接近凝结点时的气体不适用。

在极高温度时，有些碰撞会非常剧烈，致使多原子分子可能离解成为其所组成的原子。于是另一类很不相同的对完全气体的偏离的情况就会发生。例如在常压下，双原子氧在 3000K 时，而氮则在 6000K 时就会有相当大一部分离解。当温度在这样的量级时，空气就成为 O，O_2，N，N_2 的混合体。在更高的温度，还会发生电离，自由电子也加入到这个混合体中。混合气体的这些粒子，可能近似地成为动力学独立的（至少，当作为距离平方倒数衰减的静电力是不重要时）。所以在某种意义上气体仍可以是"完全的"。压力的表达式以及平动能量与温度的关系式仍然成立，因而象以前一样

$$p = \frac{k}{\overline{m}} RT \text{。}$$

不过这里的 $\overline{m}$ 是组成气体诸粒子的平均质量，而且现在成为温度与密度的函数（因为这两个量都影响分子与原子或原子与电子之间的平衡），所以状态方程只是在表面上具有完全气体的形式。能量关系也需修正，因为分子的离解或原子的电离都吸收能量。于是气体的内能就还依赖于混合体的组成，而不是像作为完全气体的特征那样只依赖于温度。

完全气体中的输运系数

如果气体的某一性质在空间中是不均一的，又如果与单个分

子相联系的这种性质在某种意义上是守恒的，那么分子的随机迁移以及分子的保留这些性质的能力就趋向于使这些性质的空间差别平滑化。这种类型的分子输运效应在所有流体中都是存在的，这一点在 §1.6 中已经述及。对于完全气体，我们有可能通过实际计算这些单独活动分子引起的输运来估计这种输运系数的大小（即 (1.6.1) 式中的参数 k_{ij}）。精确计算气体的输运系数，在概念上及数学上都是困难的，甚至对其方法及结果的一般叙述也都已超出我们这里的范围了[①]。

在处于平衡的完全气体中，分子速度分布（见 (1.7.8)）具有各向同性的形式。于是气体对于施加于其上的一个对平衡态的偏离（表现为气体性质的空间不均匀性）的响应，也是与方向无关的，因而张量输运系数 k_{ij} 如像在 (1.6.2) 中一样，也是由一个标量参数 k 来决定。

现在让我们来假定：气体的不均匀性是与某个量相联系的，这个量在分子碰撞过程中守恒，而某一给定分子对这个量的贡献是 q；至于对 q 的各种可能的解释，在下面将给出。在气体中考虑一面元，其法向为 $\mathbf{n}$；那么由于具有性质 q 及在面元法向的速度分量为 $\mathbf{u} \cdot \mathbf{n}$ 的分子自由飞越面元所造成的每单位时间通过每单位面积面元的有关量的传递应该是 $\mathbf{u} \cdot \mathbf{n}q$ 乘上单位体积内这种分子的个数；而单位面积的总通量是

$$N \overline{\mathbf{u} \cdot \mathbf{n}q}$$

这里的平均是对于邻域内所有分子来进行的。如果在整个气体内 q 的局部平均值（在同样的平均意义下）是均匀的，那么就不可能存在使一特定 q 值与速度分量 $\mathbf{u} \cdot \mathbf{n}$ 的某一种符号联系在一起的统计趋势，因而通量也就为零。然而，如果 $\bar{q}$ 是非均匀的，那么在 $\bar{q}$ 值增加的方向上运动的分子将倾向于和小于局部平均值的 q 值

---

① 可参阅 S. Chapman 及 T. G. Cowling 著的"The Mathematical Theory of Non-Uniform Gasses"(Cambridge University Press 1952)*。较初等的论述可在关于气体分子运动论的书中找到。

*) 有中译本：查普曼，考林著《非均匀气体的数学理论》科学出版社，1985。

联系在一起。一个分子具有特定的运动方向后，经过若干次碰撞其方向也就变成完全随机的了；因而通量就仅仅受到在所考虑点附近几个分子路程范围内 $\bar{q}$ 的变化的影响；这也就是说，它仅依赖于 $\bar{q}$ 的局部梯度，这和我们在 §1.6 对更普遍情形所作的讨论一致。

如果我们采用这样一种粗略的假设：在其自由飞行过程中，一个分子在其上一次碰撞的位置上具有的 q 值总是等于 $\bar{q}$，那么在面元处的 q 值可写为

$$\bar{q} - t\mathbf{u} \cdot \nabla \bar{q}$$

其中 $\bar{q}$ 及 $\nabla \bar{q}$ 是在面元处取值，而 t 是从发生了最后一次碰撞算起的时间间隔。一个进一步粗略的假定是 t 可用两次碰撞间的平均时间 τ 来代替。这样一来单位面积的通量就成为

$$-N\tau\mathbf{u} \cdot n\mathbf{u} \cdot \nabla \bar{q}$$

在目前这种各向同性介质的情况下，通量向量 $\mathbf{f}$ 是取 $\bar{q}$ 的局部梯度方向，而 $\mathbf{f}$ 的大小也就等于通过法向 $\mathbf{n}$ 取在 $\nabla \bar{q}$ 方向上的单位面积面元的通量。因此，通量向量的表达式是：

$$\mathbf{f} = -\frac{1}{3}N\tau\overline{\mathbf{u}_2^2}\nabla\bar{q} \tag{1.7.27}$$

在其中我们已经略去了 $\mathbf{u}$ 的分量的均方值之间的所有微小的差别了。不能指望这个表达式在数值上如何准确，但它揭示出了与完全气体输运系数有关的分子参数。这个表达式的特殊之处在于乘积 $\tau\overline{\mathbf{u}_2^2}$，它出现在完全气体的所有扩散系数之中。我们可以换个形式把 $\tau\overline{\mathbf{u}_2^2}$ 写成为 $l(\overline{\mathbf{u}_2^2})^{\frac{1}{2}}$，这里的 l 是两次碰撞之间的一种平均路程长度。

现在我们来给 q 赋以各种特定的含义。如果在分子的气相混合体中，当分子属于某一特定类型时我们令 $q=1$，否则令 q 为零，于是 $\bar{q}$ 就是有标记分子（按个数计）的局部比例数，可与 §1.6 中使用的浓度 C 等同起来。由 (1.7.27) 表示的通量就成为有标记分子的数目通量。在这种情况下，(1.7.27) 就等价于估计扩散系数 κ_D（见 (1.6.3) 及 (1.6.8)）的量级为 $\tau\overline{\mathbf{u}_2^2}$，其中的 τ 及 $\overline{\mathbf{u}_2^2}$ 是有标

记分子的平均性质。有标记分子的 $\tau\overline{u_2^2}$ 值可能与无标记分子的不同，并可能在给定温度下随着气体中有标记分子质量的增加而减小。

如果我们取 q 代表分子的总能量，因而 $\overline{q/m}$ 是单位质量气体的内能 $E(T)$，那么由（1.7.27）代表的通量实际上就是热流。在§1.6 中定义为通过单位面积的热流被局部温度梯度除（取负号）的热传导系数 k_H，根据（1.7.27）估计，其量级为

$$\tau\bar{u}^2\rho\frac{dE}{dt}, \quad =\tau\overline{u_2^2}\rho c_v,$$

而热扩散系数 κ_H（见（1.6.13））量级为 $\tau\overline{u_2^2}c_v/c_p$。

如果我们取 q 代表分子的动量在一面元平面内的某一给定方向上的分量，在一作简单剪切运动的气体中——这个简单剪切运动是使气体速度仅在面元的法线方向上变化——$\overline{q/m}$ 就是气体速度 U，而由（1.7.27）代表的通量（在现在这种情况下，它仅应用到面元法向这一选定的方向）就是通过面元的应力的一个切向分量[①]。在（1.6.15）中定义为切应力被流体速度梯度除的流体粘性系数 μ 的量级，于是就可根据（1.7.27）估计为 $\rho\tau\overline{u_2^2}$，而运动学粘性系数 ν（见（1.6.16）），或者动量扩散系数，量级为 $\tau\overline{u_2^2}$。

这样看来，对于完全气体而言，所有这三种扩散系数均具有如下形式

$$\text{量级为 1 的数} \times \tau\overline{u_2^2}（\text{或} l(\overline{u_2^2})^{\frac{1}{2}}） \qquad (1.7.28)$$

（虽然对于有标记分子扩散的情形，τ 及 $\overline{u_2^2}$ 仅是对有标记分子而言，而不是对整体气体而言。）不幸的是，对于实际分子而言，τ 及 l 都是不很确定的量，因为它们要求对于什么是碰撞这一问题作一

[①] 注意到应力的切向与法向分量之比可估计为 $\tau dU/dy$ 的量级，又考虑到在常温常压下空气的 τ 约为 10^{-10} 秒，所以对于所有实际常见的 dU/dy 值的情况这个比值均远比 1 小得多。但是应力对于气体运动的影响是由其空间梯度（比如像（1.4.2）式所表明的）而不是其绝对值本身决定的。因而，如我们在下面将要看到的，事实上法应力与切应力能够对气体运动施加相差不多的影响。

些具有任意性的规定①。因此上述简单理论就不能够对这些扩散系数的绝对量作出演绎性的精确的预言;事实上,更经常的倒是按相反程序来工作,即从理论和扩散系数的观测值来推断 τ 或 l 的值。不过,关于有标记分子(在自扩散情形中),热及动量三者的扩散系数均为同一量级这一断言是需要最后由观测来证实的。一个能很好地代表许多气体的 ν 及 κ_H 的测量值的简单公式是

$$\frac{\gamma}{\kappa_H} = \frac{4\gamma}{9\gamma - 5} \quad ; \qquad (1.7.29)$$

对于空气,这个公式给出的 ν/κ_H 为 0.74,而观测值为 0.72。当讨论自扩散情形中的 κ_D 时 ν/κ_D 的观测值对于绝大多数简单气体是介于 0.6 到 0.8 之间。

由 (1.7.28) 估计式所表示的所有这些扩散系数对于绝对温度及密度的依赖关系也是有趣的。$\bar{u}^2$ 仅依赖于 T,而且随之线性地变化。在一给定温度下,因而也就是具有给定的碰撞特征下,在任意时刻位于某一分子自由飞行时掠过的单位长度的柱体之中的分子数正比于 ρ,所以 ρl 是一常值;当 T(因而分子平均速度)增加时,可预料一个分子在其路径上的单位长度上发生的有效碰撞次数要减少一些,因为较远的相遇者不再构成为碰撞。因此

$$l(\bar{u}^2)^{\frac{1}{2}} \propto T^{\frac{1}{2}+a}/\rho, \qquad (1.7.30)$$

这里的 a 考虑了温度对于碰撞的影响。对于空气,在 200—400 K 范围内 a 的观测值约为 0.25。

不同 T 和 ρ 下空气的诸扩散系数的观测值及其它有关参数列于本书末尾附录 1 中。

偏离完全气体平衡态的其它表现

如果在一团完全气体的边界上维持均匀及定常的条件,这团气体就会通过分子间的彼此碰撞以及与边界的碰撞而达到与其环

---

① 在一种较为精细的理论处理中,采用了**碰撞横断面**的概念,它是指一个分子对于另一入射分子表现出的有效面积,这个量依赖于分子间力、入射分子的速度以及碰撞的几何特点。

境的平衡。碰撞是唯一能使边界上的条件影响到完全气体的分子的途径。一个指定分子的两次碰撞之间的平均时间（τ）不等于零，尽管它是极其短暂的（在空气中一般约为 10^{-10} 秒），这一事实意味着：平衡并不是立即就达到的，如果边界上的条件不断地变化，那么在气体中就持续地存在一个对平衡态的微小偏离。（前已描述了在两次碰撞之间分子的运动和分子在先前时刻位置上条件的某些影响的保留所造成的分子有关性质在空间的持续性如何导致了输运现象。）这里我们通过一个柱内受活塞压缩的完全气体的例子来简要地考虑一下偏离平衡的若干可能的后果。和我们在 §1.6 中引入的简单剪切运动类似，这是气体的一类简单运动，今后将会看到它在流体运动的一般分析中所占据的位置。目前阶段我们考虑它的目的在于揭示气体的响应的物理本质。

假设在一柱体内的气体均匀地、绝热地被一滑动活塞所压缩。由于在边界上外力不断作功，气体的内能亦不断增加，碰撞的结果趋于使瞬时的总内能要按平衡 Boltzmann 分布 (1.7.4) 式所描述的方式分配给分子运动的可达到的诸模上。显然碰撞在一些模中引起的能量变化要比在另一些模中更快些。活塞的位移，首先也是最直接的作用是导致分子在活塞运动方向上的平动能量之增加。其后，碰撞把过剩的能量中的一部分传播给其它两个平动模中，以及传播给旋转和振动模中。对于碰撞分子间力的具体规律所作的详细计算表明，三个平动模上的能量均分，在活塞一停下来后很快就能达到。事实上如我们可以料想得到的，在大约几次碰撞"间隔"之后就能达到。因此平动模为达到平衡所需的**松弛时间**一般约为 10^{-10} 或 10^{-9} 秒。在实际中当然不会常有变化如此之快的条件使得 $\overline{u^2}$，$\overline{v^2}$ 及 $\overline{w^2}$ 的值有显著不同[①]。

如果在柱中的气体柱的长度以一定常的（负）伸长率 e 不断减小，那么 $\overline{u^2}$，$\overline{v^2}$ 及 $\overline{w^2}$ 之间保持的差别的量级和平衡分布没有因碰撞而被恢复的情况下在平动模的松弛时间（量级为 τ）内，活塞运动

---

① 但是因此而断言这些差别是无关紧要的那就错了，理由如 57 页脚注所述。

所造成的差别的量级相同。在时间 τ 后，气体柱的长度变化了很微小的一部分 τe，在这个运动中，反抗量级为 $\rho\,\overline{u^2}$ 的气体压力所作的功提供的每单位容积能量的量级为

$$\rho\,\overline{u^2}\tau e, \qquad\qquad (1.7.31)$$

在无碰撞情况下，它全部转到活塞运动方向的平动模中（比如说 u）。这就给出了 $\rho\,\overline{u^2}$ 与 $\rho\,\overline{v^2}$ 或 $\rho\,\overline{w^2}$ 之间保持着的差别的大小；而 $\rho\,\overline{u^2}$，$\rho\,\overline{v^2}$ 及 $\rho\,\overline{w^2}$ 正是三个正交方向上的法应力。这些微小的差别具有的符号是使得给于继续运动的活塞的阻力比在每一阶段的平衡压力大一些，其大小是与气体中的速度梯度（e）成比例。这些小差别代表了内摩擦对于应力法向分量的贡献。它们是与作简单剪切运动的气体中内摩擦造成的切向应力分量联系着的，虽然这种联系并不显然。如我们以后将会看到的，在任何进行一般类型变形的流体中，其应力张量与各向同性形式（静止流体的形式）的差别（在§1.6采用过的那类假设下），可以写为局部速度梯度的一个线性函数，其中包括唯一的一个标量参数，即粘性系数 μ。因此两个应力法向分量之间的差别的估计式 (1.7.31)，等价于估计粘性系数的量级为 $\rho\,\overline{u^2}\tau$。这与分子输运理论得到的估计是一致的。

旋转与振动模的能量的调整也滞后于活塞给出的能量供应，不过造成的后果略有不同。多原子分子的旋转模不像平动模那样直接地与分子间的碰撞有关，而且当活塞静止后，需要更多些次数的碰撞后才能达到在平动及转动模之间的能量均分。振动模受碰撞的影响最小。实验证据表明，它们需要长得多的时间来达到平衡；在另一方面，如以前曾经提到的，对于在常温下处于平衡的空气分子的振动模平均能量要比经典的均分值 $\frac{1}{2}kT$ 小得多，这是由于这些模的基态能量水平高。于是，在旋转模而非振动模对内能作重要贡献的温度上，当活塞持续运动时，平动模中的能量占总内能的百分比要比平衡时大，在每一阶段，（单位体积的）多出能量的量级也是由 (1.7.31) 给出。在这些非平衡的情形中，我

们关于温度的定义失去了精确的含义，但内能的定义仍具有确切的意义（见 (1.5.2)），故而能够把与某一模联系的能量的大小按占内能的百分比确定下来。对于具有常比热的完全气体我们有平衡关系式

$$p = \frac{1}{3}\rho\, \overline{\mathbf{u^2}} = NkT = (\gamma - 1)\rho E,$$

扰动态可表示为：

$$\frac{\frac{1}{3}\, \overline{\mathbf{u^2}} - (\gamma - 1)E}{\frac{1}{3}\, \overline{\mathbf{u^2}}} \propto \tau e, \qquad (1.7.32)$$

其中含有一个量级为 1 的比例常数。这里请注意，在任何一阶段，法应力（活塞正是反抗它作功）对其平衡值的偏差仍是具有这样的符号，使提供一阻力来抵抗使气体变形的趋势。

在气体经受快速变化的压力作用的情况下，与一个分子的旋转及振动模松弛有关的这类效应是重要的，例如当气体中有一高频声波或一激波穿过时。

1.8 液体的特性

对液体结构的了解较之对气体的了解要少得多。对于气体，我们有一个由动力学上相互独立的分子构成的完全气体那样的简单模型，用它可以导出气体特性的一些结果。然而对于液体，这样的模型不存在，因而也就不可能把液体特性的许多观测值，置于一个逻辑的系统之中，也不能借助单个分子的性质来解释它们。此外，还有一个障碍是，作为有最大应用重要性的液体——水，具有许多异常的性质。在本节中，我们将描述普通液体的许多与流体动力学有关的已知特性，而不加很多论证。我们还特别把关于纯水的一些数据列于本书末尾的附录 1 中。

物质的液相和固相的基本性质在于它们都是所谓凝聚相，亦即在其中分子经常地处于若干个相邻分子的很强的内聚力场之

中。但是液体又和气体同样具有流动性和自由改变形状的能力。在一个匀质的静止液体中，应力的切向分量为零；缓慢地使液体的密度改变一小量 $\delta\rho$，对单位质量液体所需做的功是 $(p/\rho^2)\,\delta\rho$；此外，一个状态方程联系着三个变量 ρ,p,T，所有这些都是和气体的情形一样的。

对于一给定物质的两个状态参量（例如 p 及 T）的某些值，物质可能以液相存在，而对于另外一些值它又可能以气相存在。一种物质能够在两种密度相差很大的不同的流体相中存在，其原因当然要从分子间的作用力随分子间的距离的变化关系中去寻找。这一点亦需在此略加讨论。如果一团气体被等温地压缩，则分子的平均动能保持不变，而相邻分子间的距离却要减小。当气体的比容变成如此之小，使分子的平均间距只是数倍于它们的直径时，分子间的吸引力就会变得显著和重要起来；气体施加的压力就要比由（1.7.1）式所表示的法向动量通量小。只要温度低于某临界值 T_c，继续减小比容就会导致一种不稳定情形，这时分子有可能无法逃脱邻近分子的吸引力，而趋于形成一些分子簇。若干紧密排列的分子簇的形成减小了仍然自由地、单独地运动的分子的数密度。于是，在给定的总密度下，一种新的平衡建立起来，其中一定比例（平均）的质量是处于凝聚相或液相，而其余部分处于分散相或汽相。这个多相的平衡态对于压力的变化极其敏感；微小的一点压力增加能导致大密度的完全凝聚相或均匀液相；而微小的压力减小则又可能导致密度较小的均匀汽相。

在图 1.8.1 中，画出一个典型的液-汽系统压容图上的等温线。沿一等温线穿过多相区域时，压力近似不变，此压力为"饱和蒸汽压力"p_v，也就是在给定温度下与液体接触的纯蒸汽中之压力。在高于临界值 T_c 的温度上，分子的平均动能充分大，足以阻止分子簇的形成。于是沿着等温线物质就有一个从低密度的具有类似气体性质到高密度的具有类似液体性质的连续过渡。van der Waals 状态方程（1.7.26）定性地反映了实测的等温线主要特征。不过，如我们已经说明过的，当物质是处于或接近凝聚相时，该

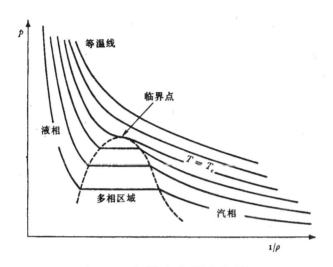

图 1.8.1　典型的液-汽系统的等温线

公式不具有定量的正确性。

对水而言，$T_c = 374℃$，在临界绝热线接触多相区的点（"临界点"）处压力是 218 个大气压，密度约为 0.4 克/厘米³。对应于常温 15℃ 的等温线近似水平地以压力值为 1.7×10^4 达因/厘米² 或 0.017 个大气压穿过多相区，且与多相区的边界相交在密度为 1 克/厘米³（单纯液体）以及 1.28×10^{-5} 克/厘米³（单纯水蒸气）处，因而在常温下水的气态和液态是十分不同的。

液体中压力减低到饱和蒸气压力之下时的效果对于流体动力学有特殊的关系，因为在流动的水中的压力变化（这些变化很可能应是绝热的而不是等温的）很容易超过一个大气压。当液体中的压力减低到比该液体温度的饱和蒸气压还低的时候，液体就处于一种不稳定状态，并且一般说来，趋于形成在整个液体中分布的蒸气包[1]，这种包的出现称为**空穴**现象，它在流动液体中具有重要的力学后果，这一点我们将在§6.12、§6.13中看到。

平衡性质

作用在液体内部面元上的压力，可以看作为单位面积上法向动量通量和该面元两侧的分子间的合力之和[2]。根据和气体一样的计算，每单位面积的法向动量通量是$\frac{1}{3}\rho\bar{u}^2$。除此而外，我们把§1.7使用过的论证作一定的推广后，经典的Boltzmann分布(1.7.4)式也可以应用于处于热平衡的液体或液-汽系统的分子，表明分子的平均动能是$\frac{2}{3}kT$，其中k仍是Boltzmann常数，T是绝对温度。这样，液体中动量通量对压力的贡献是NkT，比同样温度及总压力下的气体中对应的贡献要大，大的倍数正好是它们的分子数密度之比值。这个比值一般是很大的。比如在15℃的水中，动量通量对压力的贡献根据上述为1312个大气压。在正常条件下，这个巨大的贡献显然是由分子间的力所产生的巨大张力所大致平衡着。关于分子间力的现有数据表明，在15℃、总压力为一个大气压的水中，以平均间距分开的分子间作用着的内聚力的合力是量级为10000个大气压的张力。此外，看来在偶尔彼此非常接近的分子间还存在着一个排斥力，它的贡献也是很大的，不过符号相反。

在上述关于液体中压力的图象中，压力是由动量通量形成的一个大的正贡献和一个几乎同样大小（在标准总压下）的负贡献之和，而后者本身又是由内聚力和排斥力场中产生的两个更大的项之差。这个图象给我们提供了一个关于决定着液体的诸观测到

---

[1] 现已发现，如果极其小心地使液体去掉原先有的未溶解气体的细微小包（它们或许是存在于液体中灰尘颗粒的裂隙中的）那么仍可维持为单纯液体；15℃的水能够用这种方法置于许多大气压的负压下，因而处于高度不稳定的拉伸状态。

[2] 此处及本节其它处的叙述主要地是具有定性的正确性；当相邻的分子的运动强烈地耦合在一起时，需要用波动力学方法处理，结果表明这两部分贡献不能截然分开。

的性质的分子作用的粗略的指南。特别是，它解释了液体中的压力对于分子间距的极大敏感性。在等温或等熵情况下，密度的一个很小的变化对应着压力的巨大变化，这就是说，液体的压缩性是极小的，在压容图（图1.5.1）中，通过任一点的等温或绝热线都是近乎垂直的。例如在常值（通常的）温度下，当压力从一个大气压增到一百个大气压时，水的密度只增加0.5%。对流体动力学而言，液体对于压缩的巨大抵抗是其重要特点，它使得我们在绝大多数场合下，能够以很高的精度把液体视为不可压缩的。

深海中的压力可高达数百个大气压，因而在某些情况下也可能需要计及这种随压力变化而产生的密度的微小变化。一个在很宽压力范围内，表示水的实测等熵 (p, ρ) 关系的方程是（Cole 1948）

$$\frac{p+B}{1+B} = \left(\frac{\rho}{\rho_0}\right)^n, \qquad (1.8.1)$$

其中 p 和常数 B 是以大气压为单位，ρ_0 是大气压力下的密度。如选常数 n 及 B 分别为7和3000，则在低于 10^5 大气压的压力下这个公式与水的实测数据误差在百分之几以内。参数 n 不依赖于熵，但 B 及 ρ_0 均是 S 的缓变函数。

当保持压力不变而使液体的温度增加，则液体（通常）要膨胀。如果是只有动量通量对于压力作贡献，那么引起的密度下降应该保持 ρT 为常值，如象气体的情形那样。然而分子间的力对压力的贡献是更加重要的，而且和温度有一个更难预言的依赖关系。水在4℃时的例子表明，随着温度的增加而（正）膨胀并不像气体中那样总是必然的。一般说，测量值表明，液体的热膨胀系数 β（按（1.15.16）式定义）比完全气体的 T^{-1} 的值小得多。15℃的水的 β 是 $1.5 \times 10^{-4}/℃$。其他的常见液体的 β 值趋于比此值大一些，可约达 $16 \times 10^{-4}/℃$。

两个主比热中，只有一个即 c_p 的直接测量是容易做到的，因为保持常密度下液体受热会产生巨大的压力增高。观测表明，在常温下绝大多数液体的 c_p 并不随温度或压力而变化多少，而是与

气体的值具有相同的量级。当测量到 c_p 后，c_v 可以根据热力学关系 (1.5.19)式即

$$c_p - c_v = T\beta^2 \Big/ \left(\frac{\partial \rho}{\partial p}\right)_T \qquad (1.8.2)$$

来计算。对于若干普通液体而言，$c_p - c_v$ 是 $0.1\,c_p$ 的量级。水不属于这种典型情况，在常温下其 β 的值，从而 $c_p - c_v$ 的值都很小。例如在 15℃，水的 $c_p - c_v$ 的值为 $0.003c_p$。当温度及压力在通常值附近时，水的 γ（$=c_p/c_v$）可取为 1。

当在恒定压力下把少量的热可逆地加给单位质量的流体时，增加的能量中用于反抗外部压力膨胀作功的部分占的百分比是：

$$\frac{-(p/\rho^2)\delta\rho}{c_p\delta T}, \quad = \frac{p\beta}{\rho c_p},$$

这个量对气体是 1 的量级，对于液体而言，由于 ρ 大得多故这个量的值要小得多。于是，可逆地加于液体的热量，尽管有相应的 p 和 ρ 的变化，它几乎全部地体现为内能的增加，我们可把它写为

$$\delta Q = T\delta S \approx \delta E_\circ \qquad (1.8.3)$$

我们还可表明，由一包括热添加在内的微小可逆变化引起的状态函数 S 及 E 的微小变化，一般主要由 T 的变化来决定。因为，如果我们取 T 及 p 作为两个独立的状态参量，则根据(1.5.21)式由 T 及 p 的变化对 $T\delta S$ 的贡献之比值，与由 T 及 p 的增量所分别地引起的 ρ 的变化之比值是同一数量级；对于液体而言，这个比值非常之大，除非这个变化恰巧在与压容图上的等温线接近平行的方向。于是对于液体，只要状态变化不近乎于等温，(1.5.20)就取近似形式

$$T\delta S \approx \delta E \approx c_p\delta T \qquad (1.8.4)$$

输运系数

当液体的性质在空间为非均匀时，在其中质量、热量及动量的输运现象，从实验上讲是记载得很清楚的，尽管其理论分析比对液体的平衡性质的分析更加困难。

在气体中，任何分子性质的输运主要是由于分子本身随机运动到不同位置而致；而在液体中，分子间通过分子间力的作用而交换能量、动量却占有重要的地位。在液体中一个分子的随机运动可以粗略地看作是此分子的一个快速的振幅为分子直径量级的平动振动和一个由强大的内聚力把它与若干其它分子维系在一起进行的较慢的迁移运动的组合。有标记分子的传递，完全是由分子实体的迁移所造成，因而在液体中这种输运相对而言就较弱。在§1.6中，扩散系数定义为有标记分子的单位数密度梯度下有标记分子的通量，它可以直接测量。对于若干不同类型属于溶质的有标记分子，如水中的 NaCl，在 15℃时的扩散系数为 10^{-5} 厘米^2/秒的量级（而氮的自扩散系数为 0.2）。对于如像 $KMnO_4$ 这样比水分子大得多的分子的溶质，其扩散系数随浓度有显著变化，一般说这种变化是当浓度从零增加时，扩散系数以不断减小的速率减小。

另一方面，液体中的热传递主要地是通过位于彼此的力场作用范围内的分子之间平动能的直接交换达到的，因而不象液体中有标记分子的扩散那样是一个弱过程。15℃时水的热扩散系数为 1.4×10^{-3} 厘米^2/秒，这比空气的热扩散系数值小得多（差一个 145 的因子）。关于这一点，从对这两种不同的输运机制的（每个分子的）有效程度作的粗略估计是可以预料得到的。不过热传导系数 k_H 以分子的数密度来对扩散系数加权，因而每单位温度梯度的热流量在液体中比在空气中还要大。对于绝大多数其他液体，在常温下热扩散系数同样地为 10^{-3} 厘米^2/秒的量级，但液态金属的情形除外，它们的 k_H 大得多（15℃时水银为 0.042 厘米^2/秒）。这是因为存在着自由电子对于热输运附加的重要贡献，这些自由电子并不受分子间力的约束，而是大致象气体分子那样地在整个液体中运动。

液体中的热扩散系数，正如可以料想到的，实际上与压力无关，但随温度会有些变化。现有的一些资料表明：对于大多数液体，随着温度升高热扩散系数有一缓慢的降低，然而对于水，这一缓慢的变化的方向是相反的。

流体中动量传递的机制是很复杂的,对之了解甚少。显然,动量传递并非主要因分子通过液体中面元的迁移而造成。因为如果是那样的话,动量扩散系数将与自扩散系数同一量级,而实测的 ν 值比自扩散系数要大 10^3 倍。看来情形似乎是这样:液体中相干的分子簇,以包含分子间作用力直接作用在内的某种方式抵抗变形。举例来说,流体的简单剪切运动的主要作用是克服这种抵抗而把存在着的一些分子簇撕开。液体中相干分子簇不断地重新组成,因此不断地释放分子运动的能量,以这种方式,流体的有序的整体运动的部分能量转换(或"耗散")为无规则的分子运动或热。当然,要肯定地讲清为什么在简单剪切运动中切应力分量应与速度梯度成正比是不容易的,不过在 §1.6 中我们作过的一些形式的论述以及对于不含长链分子的几乎所有均匀流体的关于这种线性关系的大量实验证实,使我们也不必非在此讲清这点不可。当然,前面叙述过的形式的论述说明,切应力分量与速度梯度间的线性关系只能指望是在充分小的速度梯度下成立。实际上,除了具有复杂分子结构的液体的情形以外,人们观察到这种线性关系对于液体中所有的"实际"出现的速度梯度都是成立的。对于这种观测事实的解释,必须从液体内的输运机制中去寻找。在这里我们可以有信心地断言的只是,液体中分子相干簇的形成以及簇内的一些其他变化的特征时间无疑是非常小的,而只有当速度梯度的倒数也是同样小时,切应力与速度梯度之间呈线性关系的假设才可能被破坏。

对于不同的液体,运动学粘性系数(亦即动量扩散系数)的值的变化范围是相当大的;例如在常温下水银为 0.0012 厘米²/秒,而橄榄油则为 1.0 厘米²/秒。如此大的不同是不能通过任何简单的方式用分子结构来解释的。大多数液体的粘性系数表现出随温度的显著变化。温度的增加,使得单个分子的活动增加,因而导致分子簇变得较小,结果对液体变形的抵抗也就减低,这与气体的行为正相反。对气体而言,当温度增加,由于在较高温度时分子有更快的迁移速度而使对变形的抵抗更大。在附录1（c）中给出的数据表明，当温度从10℃上升到40℃时，水的运动学粘性系数减小约50%；因此均匀粘性系数的假设对于存在中等大小温度变化的水而言就是不能接受的了。这是很不幸的，因为如果必须把粘性系数的变化考虑进去，那么决定运动流体的速度分布的数学困难会大大增加。

如在§1.7提到过的，输运现象还不是与流体动力学有关的偏离平衡的唯一结果。在气体中，还存在由于在分子平动模为一方，旋转及振动模为另一方之间分配分子能量的调整上滞后所引起的松弛效应。在液体中，分子松弛效应也存在，当然，无疑地机制是不同的；现在已知，它会引起高频声波的附加的衰减。不过这方面的数据既不充足也不肯定，我们就只是简单地承认在某些条件下液体中确有松弛效应存在而已。

1.9　两种介质之间的边界上的条件

在流体和一些其它介质间的边界上存在的条件需要特殊加以考虑，因为它在我们今后叙述的动力学问题中起一定的作用，此外它们也直接引起某些重要的现象。这里说的边界可能分隔开的是两种不同相态如固、液或气相，也可能分开的是同一相态但不同成份的两种介质。

如我们在§1.5中所讨论过的，彼此处于热力学平衡的相互接触的两物质必具有相同的温度，而任何包含有两介质间温度差这样的一个对于平衡的偏离，均必然伴随有越过边界的热通量存在，通量的方向是趋于使两介质达到平衡。于是在平衡状态中，穿越边界时温度是均匀的，就如它分别在每一种介质中为均匀的一样。对于速度也是这样，速度也是一种守恒量（即动量）的强度，它是作为边界两侧物质的相互作用的结果来通过边界传递的。但是，分子的成分则属于特别的类型，因为确有某类边界，其两侧物质的作用并不使成分趋于均匀化。一个明显的例子是液固边界；

固体的分子被束缚在点阵上，虽然某些液体的分子也会偶然地进入固体分子力场作用范围之内，因而交换了热和动量，然而这些分子回到液体时，并没有改变成分。可见，有必要考虑在两种彼此处于平衡的介质间的一种边界，在其上可能有分子结构及成分的间断，这就是在本节中将要考虑的边界的类型。

表面张力

空气中的小液滴及水中的小气泡常呈圆形的事实以及许多诸如此类的其它现象，可以用一种假设来解释。根据此假设，处于彼此平衡的两介质间的边界是其大小与交界面积成比例的一种特殊形式的能量所寄寓的处所。在 §1.5 中我们曾介绍过用单位质量的流体的能与功表达的热力学关系式，它们都基于了一个隐含的假设，即流体的总能量及功在任何情形下都正比于其体积。现在我们需要对于当流体的体积与面积之比为小量时的情况作些修正，把依赖于面积的那部分贡献也包括进来。

与所有事实都相符合的假设是，在一平衡系统中的一个面积为 A 的交界面，对该系统的总 Helmholtz 自由能（§1.5）的贡献是 $A\gamma$，其中比例常数 γ 是系统的状态函数。由两均匀介质（密度与体积分别为 ρ_1，ρ_2 及 V_1，V_2，交界面积为 A）组成的系统的总自由能因而具有下述形式

$$\rho_1 V_1 F_1 + \rho_2 V_2 F_2 + A\gamma, \tag{1.9.1}$$

其中 F_1 及 F_2 如在 §1.5 中一样是两种介质的单位质量的自由能。作为自由能定义的推论，在系统中的任一微小可逆等温变化中，对该系统所作的功等于总自由能的增加。于是，如果系统的变化是保持使两介质密度及其共同的温度不变，对系统作的总功就等于 $\gamma \delta A$。这个为了只改变交界面面积而必须对系统作的功之表达式，就和我们若假设在交界面处有一个膜，它像一均匀伸张膜似的处于均匀拉伸状态的情况的表达式完全一样；事实上这是上面所作的假设的一个等价形式。我们还看到，γ 既可解释为每单位面积交界面的自由能，又可以解释为**表面张力**，这里所谓表面

张力的意思是指在交界面上画出的任一线，在垂直于该线并与该交界面相切的方向上总有每单位长度上大小为 γ 的力作用着。

表面张力现象的分子原因很显然是在于§1.1中谈到的分子间的内聚力。与一介质的某一分子相联系的平均自由能是与其位置无关的，只要它是处于物质之内部。但当分子距边界面的距离小于内聚力作用范围（对于简单分子，量级为 10^{-7} 厘米）时，自由能就受到接近表面的影响,既然表面的作用的深度是如此之小，表面各部分就彼此相同地对于 (1.9.1) 式中因有界面存在而对总自由能所作的修正项作贡献。当两个介质中只有一个是凝聚相时，容易看出 γ 可能要取正号。对于液体的分子它们主要地是受到邻近分子的吸引力，靠近与气体邻接的边界的液体分子在一侧缺少邻近分子，于是就受到一个未被平衡的、方向为离开交界面的内聚力。这个所有接近交界面的液体分子都向内运动的趋势（同时又要和液体的给定的总体积保持不变相协调),就等价于交界面**收缩**的一个趋势。当交界面两侧是液体与固体或液体与另一液体时，γ 的符号就不能用上述那种讨论来预言了。事实上两种符号都能出现。

在附录 1 中给出了各种不同的成对流体的表面张力 γ 的测定值。在15℃时空气与纯水的交界面 $\gamma=73.5$ 达因/厘米（或尔格/厘米²）。这样大小的表面张力在什么场合下才具有重要的力学效果的问题当然部分地还要看作用在该系统上的其它力的情况。不过我们通过下述例子可以得到关于表面张力的热力学重要性的一些概念：设想一个纯水滴为球形，半径约为 10^{-8} 厘米，则在15℃的空气中其表面能等于在此温度下该水滴的蒸发潜热。对于空气与液态金属间的交界面,γ 要大得多,这一点可由这种液体的密度更大而能预料得到。对于油-水交界面，γ 在典型情况下是正的而且比空气-水的交界面的值要小。若干其它液体配伍,如酒精与水，如无特殊的措施则无法观测到其交界面，因为交界面处于压缩（对应于负的 γ 值）而趋向于变得尽可能之大，迅速导致两液体的完全混合；只有 γ 大于零的液体配位才是不能混合的。

某给定的介质配伍的表面张力，一般说随着温度的增加而减小。对于与自身的蒸气相接触的液体，有一经验规律在很大一个温度范围内是准确的，这就是 γ 与 $T-T_c$ 成正比，T_c 是临界温度。

液体-流体处于平衡的交界面上的 γ 值会因液体表面上存在吸附材料（或"表面活化"材料）而大大改变[①]。由于下面将叙述的力学原因，一滴润滑油滴在水的自由面上，就会散布开来形成极薄的一层覆盖整个表面。极微量的油脂类物质以及其他一些污染物质——它们在普通的水中总是存在的——同样要散布在任何自由表面处，正如从这种现象的分子起因所可以料想到的一样；这会大大影响表面张力。一般来说，在水的自由表面上吸附的异物分子的影响是使表面张力减小[②]（主要是因为异物大分子在表面层中有了一定的取向，彼此施以排斥力，这种排斥力部分地平衡掉了纯水表面的张力），减小的量随着表面吸附材料的浓度的增加而增加；在普通自来水的表面刚形成时其表面张力的值很接近于纯水表面张力的值，但通常很快就下降到这个值的一半左右。水银自由面的污染的影响也是类似的。

由于在某些（非平衡）情况下吸附材料在液体表面上的浓度不同，因而表面张力也不均匀，这就使面元上形成不平衡的力。这可能造成动力学的后果，如在一只小船后面粘上的一小块樟脑，就能在一碟水中推动小船运动[③]。

在两种流体的交界面上，当有材料被吸附而且又不处于平衡时，界面的力学性质还不很清楚。有时假设表面是既具有弹性：它施加的张力与应变成线性关系（正如由以下事实所提示：即当污染的表面伸张时吸附材料的浓度便下降，表面张力增加，至少在

---

① 为对于这个重要的实际问题得到详尽的了解，请参阅 J. T. Davies 及 E. K. Rideal 著的 "Interfacial Phenomena"（Academic Press 1961）。

② 家用去污剂的用处就是依靠 γ 值的这种减小以及因此而增大的水对所接触固体表面的"润湿"能力。

③ 关于不均匀表面张力动力学效应的许多惊人的示例包括在题为"表面张力"的影片中。该影片是在"美国国家流体力学影片委员会"支持下由 L. Trefethen 制作的。

从邻近液体吸收更多异物之前是如此）；又具有粘性：它施加了随应变率成线性变化的摩擦应力。在本书中讨论的两种介质的交界面一般总假设为具有均匀表面张力的平衡性质。

两种静止流体间边界的平衡形状

我们现在来简短地讨论一下液体表面张力所引起的后果。只有在液体与另一流体的边界处才会有我们现在所讨论的问题，因为只有在这种情况下边界才能自由运动。我们假设两种流体为静止而且是处于热力学平衡的。因此张力 γ 在交界面上亦是均一的。那么问题就成为如何决定与力学平衡相适应的界面的几何形状。我们将会发现这个问题除少数几种特殊情况外，是十分困难的。

作为开始，让我们来注意这样一个事实，即张力状态下的弯曲表面通过其面施加一法向应力，从拉伸的薄橡皮看，这一点是很显然的。现考虑面上点 O 附近张力的作用。在此点处的切平面取为直角坐标系 (x, y, z) 中的 (x, y) 平面。表面方程可以写为

$$z - \zeta(x, y) = 0,$$

其中函数 ζ 及其 阶导数在 O 点处均为零。在 O 点的诸邻近点处表面法向量 **n** 的分量为

$$-\frac{\partial \zeta}{\partial x}, \quad -\frac{\partial \zeta}{\partial y}, \quad 1,$$

$\partial \zeta / \partial x$，$\partial \zeta / \partial y$ 为小量，上式正确到一阶小量。那么，在包含 O 的表面部分上的张力的合力为

$$-\gamma \oint \mathbf{n} \times d\mathbf{x}$$

其中 $\delta \mathbf{x}$ 是围绕部分表面的封闭曲线上的线元。对于一个平面部分（此时 **n** 为均一）这个量为零，张力因而自身平衡；对于具有一小面积 δA 的曲面部分，这个合成力很显然具有比面元线性尺度更小的量级。正确到线性尺度二阶量，张力的合力为一平行于 Z 轴的力，亦即平行于 O 点处法向的力，其大小为

$$-\gamma \oint \left(-\frac{\partial \zeta}{\partial u} dy + \frac{\partial \zeta}{\partial y} dx \right), \quad = \gamma \left(\frac{\partial^2 \zeta}{\partial x^2} + \frac{\partial^2 \zeta}{\partial y^2} \right) \delta A.$$

换句话说，通过一包围某面元的曲线，作用着的张力，就其对该面元的影响而言，等价于作用于面元上的一个**压力**，其大小为

$$\gamma\left(\frac{\partial^2\zeta}{\partial x^2} + \frac{\partial^2\zeta}{\partial y^2}\right)_o, \quad = \gamma\left(\frac{1}{R_1} + \frac{1}{R_2}\right),$$

其中 R_1 及 R_2 是包含 z 轴的两个相互正交的平面与表面的相交线的曲率半径。我们知道，R_1^{-1} 与 R_2^{-1} 之和与正交截面的具体选择无关，所以经常把 R_1 及 R_2 取为主曲率更方便。当然 R_1 及 R_2 应视为有适当正负号的量。无论哪种情况，对于作用在表面上的等价压力的贡献总是指向曲率中心的。

既然交界面没有质量（理想地），那么仅当由表面张力引起的等效压力和弯曲交界面两侧流体的压力差是大小相等方向相反而平衡时，该交界面才能平衡。因此，当朝曲率中心所在的那一侧穿过曲面时，在交界面上任一点必有一流体压力的跳跃，大小为

$$\Delta p = \gamma\left(\frac{1}{R_1} + \frac{1}{R_2}\right), \tag{1.9.2}$$

有一种情况其交界面具有显然的平衡形状，这就是当一团某种流体浸入第二种流体之中时的情况。例如空气中的**雾滴**或水中的**气泡**。只要气泡或雾滴的体积或者交界面两侧的密度差是充分小，我们就可以忽略不计重力的影响。因此在每种流体内压力是均匀的，压力跳跃（1.9.2）在交界面上就是常值。一主曲率之和为常值的无边界曲面必是球面，而这必然也就是表面的平衡形状。这个结果同样可以从下述事实导出：即在一（稳定）平衡状态中，在与给定的滴或泡的体积相适应条件下表面能量必取极小值，而球形正是给定体积下表面积最小的形状。

现在假定交界面隔开的是一气体和一液体，在气体中压力可视为常数，而在液体中密度 ρ 为均一，其压力随高度 z 变化的关系遵循不可压缩流体的关系式（1.4.12）式，这时，交界面上任何一点的平衡条件就成为

$$\rho g z - \gamma\left(\frac{1}{R_1} + \frac{1}{R_2}\right) = \text{const} \tag{1.9.3}$$

其中当曲率中心在交界面的气体一侧时 R_1 及 R_2 取为正。要靠解方程（1.9.3)求曲面形状是困难的，但是它的一个好处是表明了唯一起作用的参数是量纲为长度的 $(\gamma/\rho g)^{\frac{1}{2}}$。对于纯水，在常温下这个参数的值约为 0.27 厘米，这就表明在什么样的长度尺度范围上表面张力对于空气-水交界面的形状的影响是可能与重力的影响相比拟的。

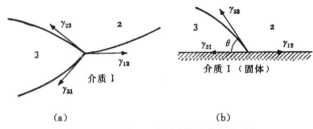

图 1.9.1　三种不同介质在接触线上的平衡

可应用公式（1.9.3)的液-气交界面必须是开启表面，在实际中一般是由一条线包围的，三种介质沿着这条线相接触，如同一滴水银置于桌面上的情形。这种三类介质的接触线的一些已知性质，可以作为积分（1.9.3)式以求表面形状时的边界条件。这个接触线受到三个不同的表面张力，而它本身又没有质量，所以三个张力的向量和在该接触线可以自由运动的任何方向上的分量必须为零（图 1.9.1a)；如果在接触线上相会的三个表面中之一的法线方向给定，其余两个方向也就决定了。在

$$|\gamma_{12}| > |\gamma_{23}| + |\gamma_{31}|$$

的情况下，显然，在接触线处的平衡条件不能满足。这样一来，透镜状的油脂滴可能漂浮在汤汁上，但是对于在水的自由表面上的矿物油滴，则空气-水界面张力对于油的两个表面的张力是太强了，结果油滴被无限地拉开直到覆盖整个表面，或者直到油层厚度达到它的分子尺度。类似地，含有"润湿"剂的石油或水不能够在某些固体表面上形成一个孤立的滴，而是散开成很薄的一层。

当三种介质中之一是固体[①]时,譬如称之为介质1,该表面局部地看一般是一平面(见图 1.9.1b)接触线就只能沿平行于固体表面方向自由运动。平衡的唯一的一个标量条件成为

$$\gamma_{12} = \gamma_{31} + \gamma_{23}\cos\theta ,$$

它决定出接触角 θ。当介质 2 是空气,介质 3 是液体,如果 $\theta < \dfrac{\pi}{2}$ 则常称为液体"润湿"固体,(正如纯水在大多数如玻璃之类的固体上的情形那样,而不像水银那样,它在很多固体上接触角一般约150°),不过 $\dfrac{1}{2}\pi$ 这个值并没有什么特殊的意义,更恰当的是:当 θ 减小至零应把润湿程度认为是不断增加的。

决定交界面形状的整个问题可以用如图 1.9.2 所示的一自由液体与一铅直平面固壁相遇的情形来阐明。在这个二维场中,液-气交界面的方程是 $z = \zeta (y)$,交界面的主曲率为

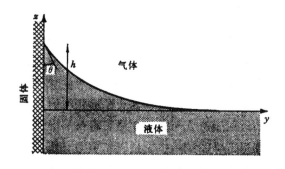

图 1.9.2 与一垂直平面壁相遇的自由液面

$$\frac{1}{R_1} = 0 , \qquad \frac{1}{R_2} = \frac{\zeta''}{(1 + \zeta'^2)^{\frac{3}{2}}} ,$$

其中撇号表示对于 y 的导数,因而 (1.9.3) 式就成为

[①] 关于在固体的表面上作用的张力在概念上会遇到某些困难,但是根据表面能,同样可以给出一个等价的严格的论述;见 Davies 及 Rideal 著 "Interfacial Phenomena"。

$$\frac{\rho g}{\gamma} \zeta - \frac{\zeta''}{(1 + \zeta'^2)^{\frac{3}{2}}} = 0,$$

方程右端常数为零是由于交界面在远离壁处成为平面,在那里 $\zeta = 0$ 的缘故。因而一次积分给出

$$\frac{1}{2} \frac{\rho g}{\gamma} \zeta^2 + \frac{1}{(1 + \zeta'^2)^{\frac{1}{2}}} = C,$$

同样的边界条件表明 $C = 1$。由此导出,液体沿固壁爬升高度由下式给出

$$h^2 = 2 \frac{\gamma}{\rho g} (1 - \sin \theta), \qquad (1.9.4)$$

液体的接触角 θ 由各介质的性质而知。边界条件 $y = 0$,$\zeta = h$ 现在可用来决定第二个积分中的常数,结果是

$$\frac{y}{d} = \cosh^{-1} \frac{2d}{\zeta} - \cosh^{-1} \frac{2d}{h} + \left(4 - \frac{h^2}{d^2}\right)^{\frac{1}{2}} - \left(4 - \frac{\zeta^2}{d^2}\right)^{\frac{1}{2}},$$

$$(1.9.5)$$

其中 $d^2 = \gamma / \rho g$。

液体自由面与刚性壁相接时会上升或下降 (取决于壁对铅直线的倾斜度及接触角) 这个事实是一般称为**毛细现象**的基础。这种现象表现于小管及裂隙之中。例如,我们考虑直径 a 很小的圆管,其中的液体具有自由面 (图 1.9.3)。液面与壁以接触角 θ 相遇,显然当 $a \ll d$ 时,自由面的轴向剖面的曲率半径近似是均一的,而且等于 $a / \cos\theta$。(表面与球面的偏差仅仅是由于在表面上由重力引起的相对较小的液体压力变化而致) 在这个弯曲度很大的表面上张力造成通过界面的一个大压力跳跃。如果管是开口的并且是垂直地插入一个更大的液体自由面中,则一个相当大的液体柱将会反抗重力而被支撑起来。柱高 H 的平衡条件近似地是

$$\rho g H = \Delta p = \frac{2\gamma \cos\theta}{a},$$

亦即

$$H = \frac{2d^2 \cos\theta}{a}。 \qquad (1.9.6)$$

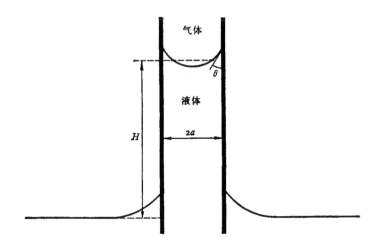

图 1.9.3　细管内液体的毛细上升

于是在如吸墨纸、砖、土壤这些众所周知的对水这样的"润湿"流体有很强吸力的多孔介质的细管中，H 可以很大。对不润湿管壁的液体，$\theta > \frac{\pi}{2}$，$H < 0$，这对应于管内自由面下降。要注意当管不是铅直时，(1.9.6) 式给出的是自由面在铅直方向的位移。

在物质边界上的过渡关系

为今后应用方便，我们在此考虑一下两种介质间物质界面的两侧的条件之间的一些关系。许多这类关系实际上是等价于说某一局部量或因（精确的或近似的）平衡的要求或因某量的守恒性质，在穿过界面时是连续的。

首先是涉及到如下事实的纯运动学条件，即除了在界面上出现破裂的情况外，边界对于两种介质而言总保持为一物质面。当越过此边界时速度在边界上的局部法向分量必须连续。

如果两种介质在一边界接触，此边界允许通过分子相互作用而在其上进行热和动量的输运（事实上所有边界都是如此），当两介质处于平衡时，则温度与速度在通过边界处均必须连续。

然而，处于相对运动的流体，不能处于完全的热力学和力学的平衡，所以应该来问对于平衡的偏离是否会伴随有介质间边界处的温度或速度间断的发生。如§1.6讲过的，一个量的空向梯度，如温度或速度这些量的空间梯度，提供了对平衡的局部偏离的一个量度;这些量的一个内部间断会构成对平衡的剧烈的偏离。伴随对平衡的偏离而产生的热或动量的输运，其效果总是趋于使温度或速度均匀化，这种作用的速率随对平衡偏离的增大而增大。因而我们可以预期，在绝大多数实际的非平衡场合下，流体中那些可应用输运关系的量都是连续的。在两种不同介质间的界面上，分子的迁移及相互作用在使局部温度或速度变得一致方面应和在一种流体中两相邻位置处使它们一致上同样有效，因而将到处建立起近似的平衡状态。所有现有的证据确也表明，在通常条件下运动流体的温度与速度（包括其法向及切向分量）在一流体与另一流体之间的物质边界上是连续的。

对于液-气界面的特定情形,存在由于液体蒸发而导致的越过边界质量输运的可能性。这种输运在近似平衡中的结果是产生界面处组分的不连续，即从稳定的液相到饱和蒸气气相的一个跳跃。

当对平衡的偏离在§1.6的意义下为微小时，和输运关系相联系的守恒性质也提供了边界条件。现来考虑一个小圆柱体的热平衡。这个小圆柱的母线平行于两介质边界的局部法向 $\mathbf{n}$，而其两个端面各在一种介质内。如果使柱体长度比其横向尺寸小得多,则热量守恒只要求考虑通过两个端面的通量相等，亦即

$$(k_H \mathbf{n} \cdot \nabla T)_{\text{介质}1} = (k_H \mathbf{n} \cdot \nabla T)_{\text{介质}2} \qquad (1.9.7)$$

在边界上每一点成立。热传导系数 k_H 在边界两侧的值可以不同，(1.9.7) 一般地可包含通过边界有一个温度梯度 $\mathbf{n} \cdot \nabla T$ 的间断的可能。

类似的考虑也可应用于通过两种流体之间的边界的动量通量，虽然此时必须允许有表面张力的作用。我们还未曾建立在运动流体中动量输运的一般表达式，但是我们可以根据在§1.3中

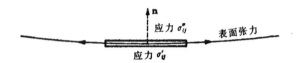

图 1.9.4 两种介质间的边界两侧上的应力之间的关系

描述过的应力张量 σ_{ij} 写出边界条件。当上述小圆柱的长度减小到零时，作用于圆柱两个端面的力之和必须与由柱体外的界面部分作用在柱体上的张力的合力平衡（图 1.9.4）。如同已经看到过的，这个张力合力等价于一个（当表面张力是均匀时）在界面上指向曲率中心的压力，于是边界条件成为

$$\sigma''_{ij}n_j - \sigma'_{ij}n_j = -\gamma\left(\frac{1}{R_1} + \frac{1}{R_2}\right)n_i, \qquad (1.9.8)$$

其中 R_1 及 R_2 是界面在包含 $\mathbf{n}$ 的任意两个正交平面上的曲率半径，当对应的曲率中心位于 $\mathbf{n}$ 所指向的界面一侧时，认为是正。当两流体是静止的，应力张量具有纯法式 $-p\delta_{ij}$，因而（1.9.8）式化为较简单的关系式（1.9.2）。

在两种流体间界面上的表面张力有变化的更普遍情形中，由于温度或者（更通常地）被吸附物质的浓度在界面上不均匀，存在着一个由表面张力而致的切向合力作用在界面元上。不难证明，必须有一项 $(\nabla\gamma)_i$ 加在（1.9.8）式的右端，这里的 $\nabla\gamma$ 是在界面上 γ 的向量梯度。当两种流体是静止时，这一在界面上的切向力是不能由应力来平衡的。

习　题

1. 使两个半径分别为 a_1 及 a_2 的球形肥皂泡合并，试证明当合并后肥皂泡内的气体温度恢复到其初始值时，肥皂泡的半径 r 由下式给出：

$$p_0r^3 + 4\gamma r^2 = p_0(a_1^3 + a_2^3) + 4\gamma(a_1^2 + a_2^2),$$

其中 p_0 为环境压力，γ 是空气-液体表面处的张力。

2. 一半径为 a 的刚性球置于一刚性平板上，少量液体围绕接触点构成

了一凹-平透镜状，其直径小于 a。液体与每部分固体表面的接触角为零，空气-液体表面的张力为 γ。试证明存在一个大小为 $4\pi a\gamma$ 的作用于球的附着力（值得注意的是此附着力与液体体积无关）。

3. 若干小固体悬浮在液面上。说明当两固体均被液体润湿或当它们均不被润湿时，表面张力的作用是使相邻两固体相互接近；当一个是被润湿另一个不被润湿时，表面张力是使它们彼此远离。

关于第 1 章的进一步阅读材料

A. H. Cottrell 著 "The Mechanical Properties of Matters" (John Wiley & Sons，1964)。

第2章 流场运动学

2.1 流场表示法

连续性假设使我们可以利用流体的局部速度这一简单概念。我们现在考虑如何把整个流场表示为这种局部速度的总合。有两种不同的表示法可供选择。第一种通常称为 Euler 型表示法，它与电磁场的表示方法类似。其相似之处在于流场参量定义为空间位置（$\mathbf{x}$）和时间（t）的函数。基本的流动参量是流体的速度（向量），因此写为 $\mathbf{u}(\mathbf{x}, t)$。这种 Euler 表示法可以想象为一幅提供了运动中每一瞬时流速(以及像密度和压力这样的其它流动参量)的空间分布图。

第二种或 Lagrange 型表示法利用这样的事实，正如在质点力学中一样，某些动力学或物理学的量不仅和空间一定的位置有关，而且（更重要地）和物质的特定的部分有关。这里，流动参量定义为时间和选定的流体质元的函数，并描述这一选定的流体元的动力学历史。由于流体质元在运动时改变它们的形状，我们需要这样来确定出所选定的质元，使其线性尺寸不被包括进来。一个合适的方法是用质元在某一初始瞬间（t_0）的质心位置（$\mathbf{a}$）来确定出质元。条件是质元的初始线性尺寸要很小，以使尽管质元有畸变和伸长，但仍要保证这些线性尺寸在以后所有相关的瞬间为小量。这样，根据 Lagrange 表示法，基本的流动参量是速度 $\mathbf{v}(\mathbf{a}, t)$。

Lagrange 型表示法在某些特定情况下是有用的，但是它会导致相当繁琐的分析。一般来说，它的缺点是不直接给出流体中速度的空间梯度。我们将不需要系统地利用这种表示法，而在下面使用 Euler 表示法是当然的。尽管如此，由同样一些流体质点组成并与之一起运动的物质体积、质面和质线的概念是必不可少的,并将在流场的 Euler 表示法的框架中经常被使用。

这样,函数 $\mathbf{u}(\mathbf{x}, t)$ 将是我们分析中的基本的因变量,而其它流动参量如压力等将类似地看做是 $\mathbf{n}$ 和 t 的函数。

当 $\mathbf{u}$ 不依赖于 t 时,流动称为**定常**的。

在流体中,其切线到处平行于瞬时的 $\mathbf{u}$ 的线是流动的线,或**流线**;t 时刻的流线族为以下方程的解

$$\frac{dx}{u(\mathbf{x}\, t)} = \frac{dy}{v(\mathbf{x}, t)} = \frac{dz}{w(\mathbf{x}, t)} \qquad (2.1.1)$$

其中 u, v, w 是 $\mathbf{u}$ 的平行于直角坐标系轴的分量,而 x, y, z 是 $\mathbf{x}$ 的分量。当流动为定常时,流线在所有的时间具有相同的形状。一个有关的概念是**流管**,它是通过流体中一给定封闭曲线的所有流线瞬时形成的表面。

但是流体的质元的**轨迹**一般并不与流线重合,虽然当流动为定常时它们确是重合的。除了流线和路程线外,为了观测的目的定义**条纹线**是有用的,所有在某一较早时刻经过空间某一定点的流体元均位于条纹线上;这样当染料或者一些其它标记材料在运动流体中的某一固定点缓慢地排放出来时,流体中产生的可见的线是条纹线。当流动是定常时,条纹线、流线和轨道线均重合为一。

当速度 $\mathbf{u}(\mathbf{x}, t)$ 到处与某一方向成直角,且不依赖于平行于该方向的位移时,流场称为**二维**的。因此总可以这样选择直角坐标 (x, y, z),使二维流动中的 $\mathbf{u}$ 的分量为 $(u, v, 0)$,其中 u 和 v 不依赖于 z。当相对于柱坐标 (x, σ, ϕ)(对 $\sigma = 0$ 线的方向作适当的选择)的速度分量 (u, v, w) 均不依赖于方位角 ϕ 时,流场称为**轴对称**的。在某些轴对称流场中,速度的周向分量或"旋动"分量 w 到处为零,而速度向量位于通过对称轴的平面之中。在另外一些轴对称流场中,w 是仅有的非零分量,而所有的流线是围绕对称轴的圆。

跟随流体运动的微分

显然，在定常流场中流体质元仍然可以通过运动到 u 具有不同值的位置而经受加速度。导数 $\partial \mathbf{u}/\partial t$ 不是元素在位置 x 和时间 t 的加速度，因为该元素仅是瞬间地位于该位置上。质元的加速度的正确的表达式可以这样求得：注意时间 t 在位置 x 上的质元，在时间为 $t+\delta t$ 位于位置 $\mathbf{x}+\mathbf{u}\delta t$，且在小时间间隔 δt 内，其速度的改变为

$$\mathbf{u}(\mathbf{x} + \mathbf{u}\delta t, t + \delta t) - \mathbf{u}(\mathbf{x}, t) = \delta t \left(\frac{\partial \mathbf{u}}{\partial t} + \mathbf{u} \cdot \nabla \mathbf{u} \right) + o(\delta t^2)$$

因而流体元在（x，t）处的加速度为

$$\frac{\partial \mathbf{u}}{\partial t} + \mathbf{u} \cdot \nabla \mathbf{u}。 \tag{2.1.2}$$

（在 Lagrange 型流场表示法中加速度当然是可以很容易表达的一个量；如果 v 是某一流体元的速度，流体元的加速度即为 $\partial \mathbf{v}/\partial t$）。

类似的考虑可以用于任意其它动力学或物理学的量，如 θ，此量用上面的方法表示为 x 和 t 的函数并代表在时间 t 位于位置 x 的流体的性质；θ 可以是一标量，如流体的局部密度或温度，也可以是一向量，例如流体的局部有效角速度。$\frac{\partial \theta}{\partial t}$ 是由于在位置 x 上时间变化引起的**局部**变化率。为了得到质元的 θ 的变化率，我们应当加上由于质元移动到一个不同位置所引起的**迁移**变化率 $\mathbf{u} \cdot \nabla \theta$。

引入以下标记是方便的

$$\frac{D}{Dt} = \frac{\partial}{\partial t} + \mathbf{u} \cdot \nabla , \tag{2.1.3}$$

因而特别地，流体元的加速度可以写为 $D\mathbf{u}/Dt$。算符 D/Dt 只有当应用于场的变量（即，x 和 t 的函数）时才有意义，且给出跟随流体运动的时间导数或物质导数。它经常出现于表达守恒定律的微分方程之中，其第一个例子就是流体质量的守恒（§2.2）。

如果在流体中一质面之几何由下方程确定

$$F(\mathbf{x}, t) = 常数,$$

F 是对于面上的流体质点为不变的量, 因而对于面上所有点都有

$$\frac{DF}{Dt} = 0。 \tag{2.1.4}$$

特别地, 包围流体的任何表面应该满足 (2.1.4)。

2.2   质量守恒

流体质量守恒的要求对速度场提出一定的限制, 虽然这些限制不严格是'运动学的', 但在现阶段来考察它们是方便的。有时流动的特点使我们可以直接看出质量守恒的结果, 例如当流动具有球对称性或者实际上是一维的时候, 但在许多情况下将需下面这样的微分方程形式的一般条件。

我们来考察一封闭曲面 A, 其位置相对于坐标轴固定并包围完全为流体所占据的体积 V。如果 ρ 是位置 $\mathbf{x}$ 上时刻 t 时的流体的密度, 则曲面所包围的流体质量在任意时刻为 $\int \rho dV$, 而质量经曲面向外流出的总流率为 $\int \rho \mathbf{u} \cdot \mathbf{n} dA$, 这里 δV 和 δA 是被包围容积的体元和包围曲面的面元, 而 $\mathbf{n}$ 为后者的单位外法向量。流体的质量守恒要求

$$\frac{d}{dt} \int \rho \, dV = - \int \rho \mathbf{u} \cdot \mathbf{n} dA,$$

在对积分符号下求微分 (记住体积 V 在空间是固定的) 并将面积分作变换后, 上式可以写为

$$\int \left\{ \frac{\partial \rho}{\partial t} + \nabla \cdot (\rho \mathbf{u}) \right\} dV = 0。 \tag{2.2.1}$$

这一关系式 (2.2.1) 对于任意选择的体积 V 都是对的, 条件是 V 要完全位于流体之内; 而这只有当被积函数在流体中到处恒等于零时才有可能。因此, 在流体中所有点上

$$\frac{\partial \rho}{\partial t} + \nabla \cdot (\rho \mathbf{u}) = 0。 \tag{2.2.2}$$

微分方程（2.2.2）是流体力学的基本方程之一。过去它有一个通用的名称"连续方程"，其中连续这个字显然是在（质量）保持不变这个意义上使用的，但在我们的书中将采用描述性较强的名词"质量守恒方程"。

将方程中的散度项展开并从（2.1.3）注意到方程中的两项构成密度的物质导数，可以得到这一方程的另一种形式

$$\frac{1}{\rho}\frac{D\rho}{Dt} + \nabla \cdot \mathbf{u} = 0, \qquad (2.2.3)$$

在这种形式下，方程可以通过给定流体质量的体积变化来解释。流体物质体的体积 τ 由于包围它的质面的每一元素 $\mathbf{n}\delta S$ 的运动而改变（其中 $\mathbf{n}$ 是向外的法向量）[1]，利用散度定理可得

$$\frac{d\tau}{dt} = \int \mathbf{u} \cdot \mathbf{n} dS$$

$$= \int \nabla \cdot \mathbf{u} d\tau。$$

因此，瞬时包围点 $\mathbf{x}$ 的质元[2] 的体积的变化速率，除以体积本身后，为

$$\lim_{\tau \to o}\frac{1}{\tau}\frac{d\tau}{dt} = \lim_{\tau \to o}\frac{1}{\tau}\int \nabla \cdot \mathbf{u} d\tau = \nabla \cdot \mathbf{u}。$$

质元体积的这一比分变化率称为（局部的）**膨胀率**，且有时将用单个符号 Δ 来标记。这时可以看出，（2.2.3）形式的质量守恒方程等价于这样一个论断：流体质元的密度和体积的比分变化率是大小相等符号相反的。其实这也可以做为推导出这一方程的出发点。

当流体元的密度不受压力变化的影响时，流体称为**不可压缩的**。我们将看到，在某些一般的流场中压力变化是绝对压力的很

---

① 为了区分几何元和质元，在本书中将尽可能一直用 δV, $\mathbf{n}\delta A$, $\delta \mathbf{x}$ 来标记由它们在空间的（固定的）位置来定义的体积元，面元和线元，而用 $\delta\tau$, $\mathbf{n}\delta S$, δl 来标记与流体一起运动的体积，表面和线的质元。

② "元（素）"这个词在这里以及其它地方意味着无穷小的尺寸和（通常）向一合适的极限的过渡。

小的一部分，以至气体的行为也可以几乎完全是不可压缩的。质元中的流体密度也可能因有向质元内的分子热传导（或者，难得地，因溶质的传导）而改变；但是，流体中热传导效应可以忽略的情况是通常的。通常我们说流体实际为不可压缩的，意思是，在没有任何关于热传导的什么明显的规定时，流体的每一质元的密度保持不变（见§3.6）。于是，对于不可压缩流体，ρ跟随运动的变化率为零，即

$$\frac{D\rho}{Dt} = 0 \qquad (2.2.4)$$

这时质量守恒方程取简单的形式

$$\nabla \cdot \mathbf{u} = 0 \qquad (2.2.5)$$

在此情况下膨胀率到处为零，如在向量分析中所阐述的那样，一个流管不会在流体内部终止；它或者是封闭的，或者终止于流体的边界，或者延展到无穷远。散度为零的向量 $\mathbf{u}$ 称为**无散向量**。

利用流函数来满足质量守恒方程

在不可压缩流体流动和可压缩流体的定常流动情况下，质量守恒方程（2.2.2）可化为一个向量散度为零的论断，即 $\mathbf{u}$ 和 $\rho\mathbf{u}$ 的散度分别为零。如果我们提出进一步的限制，即流场或者是二维的或者具有轴对称性，则这一向量散度仅为两个导数之和，而质量守恒方程这时可以看做定义了一个标量函数，从这个函数通过微商可以求得 $\mathbf{u}$ 或 $\rho\mathbf{u}$ 的分量。这里将对于不可压缩流体的情况来描述这一过程。

首先假设流动是二维的，因此 $\mathbf{u}=(u,v,0)$ 且 u 和 v 不依赖于 z。这时不可压缩流体的质量守恒方程具有形式

$$\frac{\partial u}{\partial x} + \frac{\partial v}{\partial y} = 0, \qquad (2.2.6)$$

从而推出 $u\delta y - v\delta x$ 是一个全微分，譬如令其等于 $\delta\psi$。于是

$$u = \frac{\partial \psi}{\partial y}, \quad v = -\frac{\partial \psi}{\partial x}, \qquad (2.2.7)$$

而未知的标量函数 $\psi(x,y,t)$ 定义为

$$\psi - \psi_0 = \int (udy - vdx), \qquad (2.2.8)$$

这里 ψ_0 为常数，而线积分是沿联接某一参考点 O 和坐标为 x，y 的点 P 的任意曲线取值的。用这种方法我们就利用了质量守恒方程将两个因变量 u，v 用一个因变量 ψ 来代替。在二维流动的许多情况下，这是一个很有价值的简化。

以上论述的物理内容也是很有意义的。经过联接 (x, y) 平面内点 O 和点 P 的曲线的流体体积流量（这指的是通过使这一曲线在 z 方向平移一单位距离所扫过的开放曲面的流量，且当流量相对 P 指向反时针方向时认为流量是正的），准确地由 (2.2.8) 的右端给出（见图 2.2.1）。当两个路径间的区域完全为不可压缩流动所占据的时候，经过由联接 O 到 P 的两个不同路径形成的封闭曲线的体积流量必然为零。只要路径是这样的一族路径中的一个，其中任意两条所包围起来的仅仅是不可压缩流体，(2.2.8) 中的积分所代表的流量就不依赖于联结 O 到 P 的路径的选择，从而这流量就定义了一个位置 P 的函数，我们把它写作了 $\psi - \psi_0$。

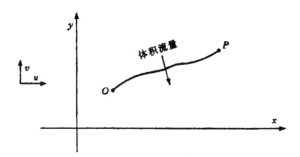

图 2.2.1　通过联接参考点 O 和坐标为 (x, y) 的点 P 的曲线
的流体体积流量的计算

由于经过联结两点的任意曲线的体积流量等于 ψ 在这两点上值的差，所以 ψ 沿流线是常数，这也可以从 (2.2.7) 和定义流线的方程 (2.1.1) 中明显看出。ψ 叫做**流函数**，并与 Lagrange 的名字联结在一起（在二维流动的情况下）。函数 ψ 还可以看做是一个

u 的'向量位势'的唯一的非零分量（类似于电磁场理论中磁感应的向量位势，它也是一个无散向量），因为 (2.2.7)可以写为

$$u = \nabla \times \mathbf{B}, \quad \mathbf{B} = (0, 0, \psi) \tag{2.2.9}$$

在流体力学中常用画出不同的流线来提供流场的图象，如果选择这样一些流线使得每对相邻流线的两个 ψ 值均相差同样的值，譬如说 ε，那么眼睛就能够看出在整个流场上速度值 q 以及其方向如何变化，因为

$$q \approx \varepsilon / (相邻流线间的距离)。$$

可以在图 2.6.2 和图 2.7.2 中找到描写二维流场的流线族的例子，其中所有相邻流线对之间 ψ 值均有相等的间隔。

利用 (2.2.9)或者借助于 ψ 与"两点间"体积流量之间的关系，可以很容易得到平行于任意正交坐标线的速度分量通过 ψ 的表达式。对于以极坐标 (r, θ) 为参考系的流动，通过计算 r 和 θ 坐标线上一对相邻点间的流量，并令其等于相应的 ψ 的增量（关于符号用 (2.2.8) 所要求的方式作了约定），我们得到

$$u_r = \frac{1}{r}\frac{\partial \psi}{\partial \theta}, \quad u_\theta = -\frac{\partial \psi}{\partial r} \tag{2.2.10}$$

读者会发现二维流动的如下一般规则是有用的，即 ψ 在某一方向上的微商正好给出该方向沿顺时针方向转 90° 方向上的速度分量。

最后，对于不可压缩流体二维流动的这一情况，我们应当注意到 ψ 是位置的多值函数的可能性。因为假设通过某一封闭的内几何边界有一净的体积流量 m；这一流量可能是因为内边界中流体的实际产生（如当有一管道向这一区域内注入流体时）或者是由于被包围的区域不被流体占据的一部分的体积改变（如当为水所环绕的气体空穴膨胀或收缩时）而产生。如果现在我们挑选联接两点 O 和 P 的两个不同的路径，它们一起构成一个包围内边界的封闭曲线，经过这两个联接曲线的体积流量相差一个量 m（或者，更一般些，相差 pm，这里 p 是组合成的封闭曲线环绕内边界的次数）。点 P 处 ψ ψ_0 之值，因而依赖于把它和参考点 O 联接起

来的路径的选择，并且可以取任意数目的值，它们之间相差之值为 m 的倍数。这种与非单连通区域中的速度分布相关的一个标量函数的多值性，将在 §2.8 中作较详细的描述。这种情况并不仅局限于二维流动，尽管这是它最经常发生的流动情况。

如果现在流动对于一轴线为对称，则通过柱坐标[①] (x, σ, ϕ) 表达的不可压缩流体的质量守恒方程有如下形式

$$\nabla \cdot \mathbf{u} = \frac{\partial u}{\partial x} + \frac{1}{\sigma} \frac{\partial \sigma v}{\partial \sigma} = 0 ,$$

相应的速度分量为 (u, v, w)，对称轴为 $\sigma = 0$ 这条线。这一关系式保证了 $\sigma u \delta \sigma - \sigma v \delta x$ 是一全微分，例如等于 $\delta \psi$。于是

$$u = \frac{1}{\sigma} \frac{\partial \psi}{\partial \sigma}, \quad v = -\frac{1}{\sigma} \frac{\partial \psi}{\partial x}, \qquad (2.2.11)$$

而函数 $\psi(x, \sigma, t)$ 定义为

$$\psi - \psi_0 = \int \sigma(u d\sigma - v dx), \qquad (2.2.12)$$

其中线积分是沿着通过轴线的平面上联结某参考点 O 和坐标为 (x, σ) 的点 P 的任意曲线求值的。要注意，在具有轴对称的流场中没有速度的方位角分量 w 进入质量守恒方程，因而 w 不能从 ψ 得到。

同样可以把 ψ 或解释为体积流量的量度或解释为向量位势的一个分量。通过轴平面中联接 O 和 P 的任意曲线绕对称轴旋转所得到的曲面的流体体积流量（当它相对 P 为反时针方向时被认为是正值）等于 (2.2.12) 右端的 2π 倍。在轴平面中 ψ 为常值的线到处平行于 $(u, v, 0)$，可以称之为'轴平面中的流线'。这里 ψ 称为 Stokes 流函数。绘出 ψ 为常值的曲线，且使相邻线间 ψ 有相同的增值（例如见图 2.5.2），并不给出速度值分布的像二维流动中那样直接的印象，这是因为在 (2.2.11) 中的 u, v 表达式中有 $1/\sigma$ 这一因子。容易看出关系式 (2.2.11) 与下式等价

[①] 散度和其它向量算子的在一般正交曲线坐标系其中包括圆柱坐标系中的表达式在附录 2 中列出。

$$u = \nabla \times \mathbf{B}, \quad B_\phi = \psi/\sigma, \qquad (2.2.13)$$

以柱坐标为参考坐标系的向量位势 $\mathbf{B}$ 的分量与方位角 ϕ 无关。

ψ 与"两点间"体积流量间的关系可以用来得到其它正交坐标系中用 ψ 表示的速度分量的表达式。例如，对于以球坐标 (r, θ, ϕ) 表达的有轴对称的流动，通过计算 r 和 θ 坐标线上相邻两点的流量并令其等于 ψ 的相应增值的 2π 倍（符号规则与 (2.2.12) 所要满足的相同），我们发现

$$u_r = \frac{1}{r^2\sin\theta}\frac{\partial\psi}{\partial\theta}, \quad u_\theta = -\frac{1}{r\sin\theta}\frac{\partial\psi}{\partial r}, \qquad (2.2.14)$$

在这一坐标系中，速度的向量位势的方位角分量为

$$B_\phi = \frac{\psi}{r\sin\theta} \quad 。 \qquad (2.2.15)$$

习　题

在时间 t_0，流体质元的位置的笛卡儿坐标为 (a, b, c) 而流体的密度为 ρ_0。在下一时刻 t，元素的位置坐标和密度为 (X, Y, Z) 和 ρ。证明，用这一 Lagrange 流场表示法，质量守恒方程为

$$\frac{\partial(X, Y, Z)}{\partial(a, b, c)} = \frac{\rho_0}{\rho} 。$$

2.3　对于一点附近的相对运动的分析

流体一部分施加于另一部分的力依赖于流体因运动而变形的方式，在进行动力学的讨论前有必要分析任意点附近的运动的性质。这一分析与弹性固体局部变形理论中所用的分析是类似的，只是流体的应变率和旋转率要取代固体的总应变和总旋转。

流体在位置 $\mathbf{x}$、时间 t 的速度为 $\mathbf{u}(\mathbf{x}, t)$，而相邻位置 $\mathbf{x}+\mathbf{r}$ 上同一时间的速度为 $\mathbf{u}+\delta\mathbf{u}$，其中对于直角坐标系，准确到两点间距离 r 的一阶小量，有

$$\delta u_i = r_j \frac{\partial u_i}{\partial u_j} \qquad (2.3.1)$$

看做是 r 的（线性）函数的相对速度 $\delta\mathbf{u}$ 的几何性质，可以通过将二阶张量 $\partial u_i / \partial x_j$ 分解为相对下标 i 和 j 为对称和反对称的两部分来加以认识。我们写

$$\delta u_i = \delta u_i^{(S)} + \delta u_i^{(a)},$$

其中

$$\delta u_i^{(S)} = r_j e_{ij}, \delta u_i^{(a)} = r_j \boldsymbol{\xi}_{ij}, \tag{2.3.2}$$

而

$$e_{ij} = \frac{1}{2}\left(\frac{\partial u_i}{\partial x_j} + \frac{\partial u_j}{\partial x_i}\right),$$

$$\boldsymbol{\xi}_{ij} = \frac{1}{2}\left(\frac{\partial u_i}{\partial x_j} - \frac{\partial u_j}{\partial x_i}\right). \tag{2.3.3}$$

$\delta u_i^{(S)}$ 与 $\delta u_i^{(a)}$ 两项对于相对速度有本质截然不同的贡献，我们着手依次加以解释。

第一部分显然可以写为

$$\delta u_i^{(S)} = r_j e_{ij} = \frac{\partial \Phi}{\partial r_i}, \tag{2.3.4}$$

其中

$$\Phi = \frac{1}{2} r_k r_l e_{kl}, \tag{2.3.5}$$

因为 e_{ij} 是一对称的二阶张量。那些 Φ 做为 r 的函数在其上为常值的表面，构成一族相似二次曲面，而 $\delta\mathbf{u}^{(S)}$ 平行于通过位置 $\mathbf{r}$ 的二次曲面的局部法线。如果我们这样选择正交参考坐标系的方向使 e_{ij} 的非对角线元素为零（这总是可能的），这时对于 $\delta\mathbf{u}$ 的这部分贡献的本质就变得较为清楚。这时，参考坐标系的轴与张量 e_{ij} 及二次曲面族的主轴重合，且

$$\Phi = \frac{1}{2}(a r_1'^2 + b r_2'^2 + c r_3'^2), \tag{2.3.6}$$

其中 r_1', r_2', r_3' 是新坐标系中 $\mathbf{r}$ 的分量。a, b, c 是从一般变换公式

$$e_{ij}' = \frac{\partial r_k}{\partial r_i'} \frac{\partial r_l}{\partial x_j'} e_{kl} \tag{2.3.7}$$

所得到的张量 e'_{ij} 的对角线分量，并且满足不变量关系式

$$a + b + c = e'_{ii} = e_{ii} = \frac{\partial u_i}{\partial x_i}。 \qquad (2.3.8)$$

$\delta \mathbf{u}^{(S)}$ 对于相对速度的贡献在新的坐标系中有三个分量 (ar'_1, br'_2, cr'_3)。因此，位置 $\mathbf{x}$ 附近的平行于 r'_1 轴的任一质线元（对线元上所有点 r'_2 和 r'_3 之值相同）继续具有这样的方位并以速率 $e'_{11} = a$ 被拉伸。类似地，所有平行于 r'_2 和 r'_3 轴的质线元无旋转地以速率 b 和 c 被拉伸（在我们仅只关心 $\delta u^{(S)}$ 的贡献时）。与 r'_1, r'_2, r'_3 轴均不平行的质线元一般说来会既经受拉伸又经受旋转，但是只能到这样一种程度以与平行于任一正交轴的线元的单纯拉伸运动相一致。

$\delta u_i^{(S)}$ 这一贡献被称为代表了**纯应变运动**。e_{ij} 称为应变率张量，且为其主轴方向和三个主应变率 a, b, c 完全决定。对于相对速度场 $\delta \mathbf{u}^{(S)}$ 的另一种描述是，它将靠近 $\mathbf{x}$ 的初始为球形的质元转化为主直径不旋转的椭球，而其伸长率为 a, b, c。对于不可压缩流体，这一椭球具有常体积，而 e_{ii} 为零（见 (2.3.8)）。对于可压缩流体，纯应变运动可以看作为一个各向同性膨胀和一个无体积改变的应变运动的迭加，在各向同性膨胀中所有线元的伸长率均为 $\frac{1}{3} e_{ii}$ 而其对于 Φ 的贡献为 $\frac{1}{6} r_k r_k e_{ii}$，而无体积改变的应变运动对 Φ 的贡献为 $\frac{1}{2} r_k r_l \left(e_{kl} - \frac{1}{3} e_{ii} \delta_{kl} \right)$。

现在我们来讨论 $\delta \mathbf{u}^{(a)}$ 这一贡献，我们见到 ξ_{ij} 是只有三个独立分量的反对称张量，可以相当一般地写为

$$\xi_{ij} = -\frac{1}{2} \varepsilon_{ijk} \omega_k, \qquad (2.3.9)$$

其中显然 $\omega_1, \omega_2, \omega_3$ 是某一向量 $\boldsymbol{\omega}$ 的分量；引入 $\left(-\frac{1}{2} \right)$ 这一因子是为了简化下面关系式 (2.3.10)。这时对 δu_i 的贡献为

$$\delta u_i^{(a)} = r_j \xi_{ij} = -\frac{1}{2} \varepsilon_{ijk} r_j \omega_k,$$

这是向量 $\frac{1}{2} \boldsymbol{\omega} \times \mathbf{r}$ 的 i 分量。因此 $\delta \mathbf{u}^{(a)}$ 是围绕一点以角速度 $\frac{1}{2} \boldsymbol{\omega}$ 作

刚体转动在相对于该点位置 r 处产生的速度。

ω 的分量的显式表达式由 (2.3.3)和 (2.3.9)得出

$$\omega_1 = \frac{\partial u_3}{\partial x_2} - \frac{\partial u_2}{\partial x_3},$$

$$\omega_2 = \frac{\partial u_1}{\partial x_3} - \frac{\partial u_3}{\partial x_1},$$

$$\omega_3 = \frac{\partial u_2}{\partial x_1} - \frac{\partial u_1}{\partial x_2},$$

或以向量方式表达

$$\boldsymbol{\omega} = \nabla \times \mathbf{u} \qquad (2.3.10)$$

向量 ω 在流体力学中起重要作用，并称为流体的局部**涡量**。在普通向量分析中通常将具有零旋度的位置的向量函数描述为**无旋**的，就是由于 $\nabla \times \mathbf{u}$ 与流体的局部转动间的上述关系。

我们可以看出为什么 $\nabla \times \mathbf{u}$ 做为二倍的流体实效局部角速度出现。根据向量分析中的 Stokes 定理，对于线元为 δr 的封闭曲线所围的任一开放表面 A，我们有

$$\int (\nabla \times \mathbf{u}) \cdot \mathbf{n} dA = \oint \mathbf{u} \cdot d\mathbf{r}$$

选择由以 x 为中心的小半径 a 的圆所围且单位法线为 n 的平面，这时

$$\left(\begin{matrix} \text{在整个圆周线上平均的} \\ \text{速度的切向分量} \end{matrix} \right) \bigg/ a = \frac{1}{2\pi a^2} \oint \mathbf{u} \cdot d\mathbf{r}$$

$$\approx \frac{1}{2} (\nabla \times \mathbf{u}) \cdot \mathbf{n} \qquad (2.3.11)$$

流体不是像一刚体那样围绕点 x 旋转，因而不能讲它具有简单意义上的局部角速度；对于一个受到变形的流体，需要有角速度的推广的定义，而 (2.3.11)左端的表达式看来是平行于 n 的局部角速度分量的一个自然的选择。由 $\delta \mathbf{u}^{(S)}$ 所代表的纯应变运动对于流体的这一实效角速度无贡献。

看一看均匀密度流体的球状元素围绕其（在 x 处的）中心的角动量的表达式是有益的，即

$$\int \varepsilon_{ijk} r_j \left(u_k + r_l \left(\frac{\partial u_k}{\partial x_l} \right) \right) \rho \, dV(\mathbf{r}).$$

u_k 和 $\partial u_k / \partial x_l$ 对于元素的体积上的积分来说是常数，因而第一项没有贡献而角动量为

$$\varepsilon_{ijk} \frac{\partial u_k}{\partial x_l} \int r_j r_l \rho \, dV,$$

$$= \frac{1}{2} \varepsilon_{ijk} \frac{\partial u_k}{\partial x_l} I \delta_{jl} = \frac{1}{2} \omega_i I, \qquad (2.3.12)$$

其中 I 是元素的围绕通过中心点的任意轴的转动惯量。这准确地就是球状元素如果以角速度 $\frac{1}{2}\boldsymbol{\omega}$ 像刚体一样旋转时所将具有的角动量。要注意，这一结果对于任意形状的元素并不成立，因为这时角动量一般既要依赖于由 $\delta \mathbf{u}^{(a)}$ 所代表的旋转运动，还要依赖于由 $\delta \mathbf{u}^{(s)}$ 所代表的应变运动（这可以从考察形状为细长椭球而其最大直径不平行于主应力轴时的角动量而明显看出）。

总括起来，我们看到，准确到环绕位置 $\mathbf{x}$ 的小区域的线性尺度的一阶量，这一区域的速度场实际上由下列各部分组成

(a) 速度为 $\mathbf{u(x)}$ 的均匀平移，

(b) 由应变率张量 e_{ij} 所表征的纯应变运动，应变率张量本身可以分解为一个各向同性膨胀和无体积变化的应变运动，

(c) 角速度为 $\frac{1}{2}\boldsymbol{\omega}$ 的刚体转动。

用解析形式表达，结论是，位置 $\mathbf{x+r}$ 上的速度可以近似地写为

$$u_i(\mathbf{x}) + \frac{\partial}{\partial r_i} \left(\frac{1}{2} r_j r_k e_{jk} \right) + \frac{1}{2} \varepsilon_{ijk} \omega_j r_k \qquad (2.3.13)$$

其中 e_{ij} 和 ω_j 在点 $\mathbf{x}$ 计算。

简单剪切运动

在实践中常遇到的相对速度场的类型是简单剪切运动，在其中平面流体层互相滑过。这里相对速度 $\delta \mathbf{u}$ 到处有相同的方向，而在一个与 $\delta \mathbf{u}$ 垂直的方向上随距离变化。通过适当地选择参考坐标

系，可使只有当 $i=1$，$j=2$ 时 $\partial u_i/\partial x_j$ 为非零，这时

$$\delta \mathbf{u} = \left(r_2 \frac{\partial u_1}{\partial x_2}, 0, 0 \right),$$

及

$$\Phi = \frac{1}{2} r_1 r_2 \frac{\partial u_1}{\partial x_2},$$

$$\boldsymbol{\omega} = \left(0, 0, -\frac{\partial u_1}{\partial x_2} \right). \qquad (2.3.14)$$

主应变率为 $\frac{1}{2}\frac{\partial u_1}{\partial x_2}$，$-\frac{1}{2}\frac{\partial u_1}{\partial x_2}$ 和 0，沿主轴作用，主轴相对于原始坐标系的方向相应地由单位向量 $(1/\sqrt{2}, 1/\sqrt{2}, 0)$，$(-1/\sqrt{2}, 1/\sqrt{2}, 0)$ 和 $(0, 0, 1)$ 给出。图 (2.3.1) 表明，应变运动和转动结合起来在 (r_1, r_2) 平面中的一个圆的各点上产生简单剪切运动。

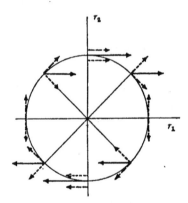

图 2.3.1　一点附近的分解为应变运动和转动的简单剪切运动。
应变运动的主轴与 r_1 和 r_2 轴成 45°角
……→，应变运动；－－－→，转动；———→，
合成运动

　　将简单剪切运动表达为纯应变运动（零膨胀率）和刚性转动的叠加使我们可以选择简单剪切运动作为表示一般相对速度场的基本元素，而有时这样做是有用的。在弄清一般情况下这是怎样

做到的以前，我们先来证明，任何一个二维局部相对速度场可以表示为一个对称膨胀，一个简单剪切运动和一个刚体转动的叠加。首先将相对速度场如先前一样分解为一纯应变运动和一刚体转动，然后旋转参考坐标系使其与应变率张量的主轴重合。这时我们有

$$\Phi = \frac{1}{2}(ar_1'^2 + br_2'^2)$$

$$= \frac{1}{4}(a+b)r^2 + \frac{1}{4}(a-b)(r_1'^2 - r_2'^2),$$

其中 $r^2 = r_1'^2 + r_2'^2$。现将坐标轴继续旋转 45°，使 $\mathbf{r}$ 有分量 (r_1'', r_2'') 以及

$$\Phi = \frac{1}{4}(a+b)r^2 - \frac{1}{2}(a-b)r_1''r_2''. \qquad (2.3.15)$$

第一项代表对称膨胀，其中所有质线以速率 $\frac{1}{2}(a+b) = \frac{1}{2}\nabla \cdot \mathbf{u}$ 伸长；从 (2.3.14) 看得很明显的是，当与绕运动平面法线的角速度为 $\mp \frac{1}{2}(a-b)$ 的一个刚性旋转结合起来以后，第二项代表一个简单剪切运动，这样就得到了上面表述过的结果。

一般三维情况下的结果是，任何局部相对速度场可以表示为一个对称膨胀、两个简单剪切运动和一个刚性转动的叠加。我们再一次将运动分解为一个刚性转动和一纯应变运动，对于后者，相对于主轴，我们有

$$\Phi = \frac{1}{2}(ar_1'^2 + br_2'^2 + cr_3'^2)$$

$$= \frac{1}{6}r^2 e_{ii} + \frac{1}{2}\left(a - \frac{1}{3}e_{ii}\right)(r_1'^2 - r_2'^2)$$

$$+ \frac{1}{2}\left(6 - \frac{1}{3}e_{ii}\right)(r_2'^2 - r_3'^2).$$

第一项代表球对称膨胀，其中质元的体积以单位体积为 $\nabla \cdot \mathbf{u}$ 的速率增长，而第二项和第三项每一项代表膨胀率为零的二维纯应变运动，而这种二维纯应变运动，如已在上面看到那样，可以用一简单剪切运动与适当选择的刚性转动的叠加所表示，从而得到

所需结果。这里应指出，用来代表一相对速度场的两个简单剪切运动可以用许多不同方式加以选择（对应于这样一个事实，即应变率张量的一个非对角线元素当与具有大小相等方向相反的角速度的两个刚性转动的任何一个结合起来时都给出一个简单剪切运动）。

2.4 具有给定膨胀率及涡量的速度分布的表达式

位置的向量函数的散度和旋度是向量分析中的基本微分算子，它们给出与坐标系的选择无关的量。将其应用于速度场，它们给出局部膨胀率 Δ 和局部涡量 $\boldsymbol{\omega}$：

$$\nabla \cdot \mathbf{u} = \Delta, \nabla \times \mathbf{u} = \boldsymbol{\omega}。 \qquad (2.4.1)$$

在 §2.3 中我们看到，靠近一点的流体的瞬时相对运动是下列运动的组合：(i) 各向同性膨胀，其质元单位体积的体积增长率为 Δ，(ii) 不改变体积的纯应变运动，以及 (iii) 角速度为 $\frac{1}{2}\boldsymbol{\omega}$ 的刚性转动。显然，有关整个速度分布的很大一部分信息由 Δ 和 $\boldsymbol{\omega}$ 在整个流体中的分布所给出。有时发生这种情况，Δ 和 $\boldsymbol{\omega}$ 的分布被规定，或者可以从流体运动的状况推断出来，这时从解析上研究在何种程度上速度分布被决定是很有用的。就任一点附近的相对运动而言，仍有一个无体积改变的纯应变运动未被决定；但是我们将看到，在整个流体中对于这种纯应变运动的分布有一些严格的限制。

我们的计划是构造散度和旋度在流体中所有点上具有确定值 Δ 和 $\boldsymbol{\omega}$ 的速度分布，然后（在 §2.7 和其后各节）考察膨胀率和涡量为零的速度场的性质。我们从膨胀率 Δ 的给定分布开始，并寻求到处有

$$\nabla \cdot \mathbf{u}_e = \Delta, \nabla \times \mathbf{u}_e = 0 \qquad (2.4.2)$$

的任意假想速度 $\mathbf{u}_e$，而不管 $\mathbf{u}_e$ 的其它性质。选择 $\mathbf{u}_e$ 使满足 (2.4.2) 的一个方法是令

$$\mathbf{u}_e = \nabla \phi_e, \nabla^2 \phi_e = \Delta \qquad (2.4.3)$$

（这一选择当然不是任意的；在向量分析中已知，在相当一般的条件下，任意一个位置的向量函数可以写为形式为 $\nabla \phi$ 和 $\nabla \times \mathbf{B}$ 的两个向量的和，其中只有第一个可以有非零的散度和为零的旋度。）ϕ_e 的这一 Poisson 类型方程的解，众所周知为[①]

$$\phi_e = -\frac{1}{4\pi} \int \frac{\Delta'}{s} dV(\mathbf{x}'), \qquad (2.4.4)$$

其中 s 是向量 $\mathbf{s} = \mathbf{x} - \mathbf{x}'$ 的值，一撇表示在点 $\mathbf{x}'$ 求值，体积积分是对流体占据的整个区域进行；所给定的 Δ 的分布当然应使 (2.4.4) 中的积分存在。

$\mathbf{u}_e$ 的相应的表达式为

$$\begin{aligned}\mathbf{u}_e(\mathbf{x}) &= -\frac{1}{4\pi} \int \Delta' \nabla_{\mathbf{x}} \left(\frac{1}{s} \right) dV(\mathbf{x}') \\ &= \frac{1}{4\pi} \int \frac{s}{s^3} \Delta' dV(\mathbf{x}').\end{aligned} \qquad (2.4.5)[②]$$

点 $\mathbf{x}$ 上的速度 $\mathbf{u}_e$ 可以形式地认为是流体体积的不同元素的贡献之和，点 $\mathbf{x}'$ 上的体积元素 δV 的贡献为

$$\delta \mathbf{u}_e(\mathbf{x}) = \frac{\mathbf{s}}{s} \frac{\Delta' \delta V(\mathbf{x}')}{4\pi s^2}. \qquad (2.4.6)$$

这不过是与通过围绕点 $\mathbf{x}'$ 的所有封闭面的体积流量 $\Delta' \delta V(\mathbf{x}')$ 相一致的无限流体中的无旋速度分布。除了在包含 $\mathbf{x}'$ 点的体积元 $\delta V(\mathbf{x}')$ 内而外，速度场 (2.4.6) 到处具有零膨胀率，而在该体积元内膨胀率为 Δ'；因而速度场 (2.4.5) 到处有规定的膨胀率。我们可以说，每个体积元 $\delta V(\mathbf{x}')$ 的作用有如本为无膨胀的流体中的一个体积源；体积的发生率（或源的"强度"）为 $\Delta(\mathbf{x}') \delta V(\mathbf{x}')$。

现在让我们假设涡量 $\boldsymbol{\omega}$ 的分布是规定了的（到处有 $\nabla \cdot \boldsymbol{\omega} =$

---

① 见 H. Jeffreys 和 B. S. Jeffreys 著 "Methods of Mathematical. Physics"，第三版，第六章 (Cambridge Univ. Press, 1956)。

② 当关于微分算子 ∇ 所对之应用的位置向量有不明确的地方时，如像在量 $\nabla(1/s)$ 的情况下，相关的位置向量由下标指明。对于只是 $\mathbf{s}$ 的函数的运算，$\nabla_x = -\nabla_{x'}$。

0），并寻找满足

$$\nabla \times \mathbf{u}_v = \boldsymbol{\omega}, \nabla \cdot \mathbf{u}_v = 0 \qquad (2.4.7)$$

的假想速度 $\mathbf{u}_v$，而不管 $\mathbf{u}_v$ 的其它性质。这里自然地用下式代入

$$\mathbf{u}_v = \nabla \times \mathbf{B}_v, \qquad (2.4.8)$$

于是，"向量位势" $\mathbf{B}_v$ 的方程为

$$\nabla \times (\nabla \times \mathbf{B}_v) = \nabla(\nabla \cdot \mathbf{B}_v) - \nabla^2 \mathbf{B}_v = \boldsymbol{\omega}_{\circ} \quad (2.4.9)$$

如果恰恰到处有 $\nabla \cdot \mathbf{B}_v = 0$，则 $\mathbf{B}_v$ 的方程为

$$\nabla^2 \mathbf{B}_v = -\boldsymbol{\omega},$$

其解为
$$\mathbf{B}_v(\mathbf{x}) = \frac{1}{4\pi} \int \frac{\boldsymbol{\omega}'}{s} dV(\mathbf{x}'), \qquad (2.4.10)$$

其中体积积分如前一样是对于为流体所占据的整个区域计算的。我们现在来检查一下这个解，看一看它是否使 $\nabla \cdot \mathbf{B}_v = 0$。我们发现

$$\nabla \cdot \left\{ \frac{1}{4\pi} \int \frac{\boldsymbol{\omega}'}{s} dV(\mathbf{x}') \right\} = \frac{1}{4\pi} \int \boldsymbol{\omega}' \cdot \nabla_{\mathbf{x}}\left(\frac{1}{s}\right) dV(\mathbf{x}')$$

$$= -\frac{1}{4\pi} \int \nabla_{\mathbf{x}'} \cdot \left(\frac{\boldsymbol{\omega}'}{s}\right) dV(\mathbf{x}')$$

$$= -\frac{1}{4\pi} \int \frac{\boldsymbol{\omega}' \cdot \mathbf{n}}{s} dA(\mathbf{x}'),$$

表面积分是对于流体的整个边界计算的。当被规定了的涡量在边界上每点其法向分量为零时，表面积分为零，特别如像在所有方向上伸展到无穷远且在该处为静止的流体的假想外边界上的情形就是如此。对于流体边界的某些点上 $\boldsymbol{\omega} \cdot \mathbf{n} \neq 0$ 的情况，我们可以取这样的作法：想象流体和涡量分布伸展到真实边界之外，而涡量在那里是这样分布，使得具有新边界的新流体区域在边界上有 $\boldsymbol{\omega} \cdot \mathbf{n} = 0$。于是，所有其切线到处平行于 $\boldsymbol{\omega}$ 的线都是封闭的，而没有一条在新的边界上终结。涡量分布得以延伸的方法有许多，因此求得无散向量 $\boldsymbol{\omega}$ 使得 $\boldsymbol{\omega} \cdot \mathbf{n}$ 在所关心的区域的边界上具有给定值这一问题是个限定不足问题，但是这种选择对于我们现在的目的并不重要，因为对于所有的选择，由 (2.4.8) 和 (2.4.10) 给出的速度 $\mathbf{u}_v$ 在真实流体的所有点上都具有规定的涡量。（对于一个

可能的选择，在延伸区域中 $\nabla \times \boldsymbol{\omega} = 0$。在这种情况下决定 $\boldsymbol{\omega}$ 是在 §2.7 中要加以研究的问题。）

于是，如果把 (2.4.10) 中（以及下面 (2.4.11) 中）的体积积分理解为当在流体真实边界上有 $\boldsymbol{\omega} \cdot \mathbf{n} \neq 0$ 时是对于一延伸了的区域计算的，则我们从 (2.4.8) 和 (2.4.10) 有

$$\mathbf{u}_v(\mathbf{x}) = \frac{1}{4\pi} \int \nabla_{\mathbf{x}} \times \left(\frac{\boldsymbol{\omega}'}{s} \right) dV(\mathbf{x}')$$

$$= -\frac{1}{4\pi} \int \frac{\mathbf{s} \times \boldsymbol{\omega}'}{s^3} dV(\mathbf{x}')。 \qquad (2.4.11)$$

$\mathbf{u}_v$ 可以形式地看做是由流体的不同体积元素而来的贡献的和，而由 $\delta V(\mathbf{x}')$ 的贡献为

$$\delta \mathbf{u}_v = -\frac{\mathbf{s} \times \boldsymbol{\omega}' \delta V(\mathbf{x}')}{4\pi s^3}。 \qquad (2.4.12)$$

涡量不可能在一体积元内为均匀且不为零而在周围流体中为零，因为这样一种 $\boldsymbol{\omega}$ 的分布的散度将不为零，因此 (2.4.12) 与 (2.4.6) 不同，是一个本身不能存在的速度分布。

在 (2.4.11) 和电磁理论中关联电流的定常体积分布（电流密度代替 $\boldsymbol{\omega}$）及伴随的磁场的公式之间有一类比。正如可以讲电流在所考察的空间产生出磁场分布（由类似 (2.4.11) 的公式给出）一样，也可以说涡量在周围的流体中产生速度分布 (2.4.11)。"产生"（有时用"感应"代替）一词并不意味着有力学的原因和效果；严格地讲这意味着，(2.4.11) 是无散速度，其旋度到处有规定值，因而与涡量的给定分布相关联。

结论是，如果 $\mathbf{u}$ 是与流体中每点上的膨胀率 Δ 涡量 $\boldsymbol{\omega}$ 的给定值相一致的速度场，$\mathbf{u} - \mathbf{u}_e - \mathbf{u}_v$ 是既为无散又为无旋的，其中 $\mathbf{u}_e$ 和 $\mathbf{u}_v$ 由 (2.4.5) 和 (2.4.11) 给出。因此我们可以写

$$\mathbf{u} = \mathbf{u}_e + \mathbf{u}_v + \mathbf{v}, \qquad (2.4.13)$$

其中 $\mathbf{v}$ 是在流体中所有点上满足方程

$$\nabla \cdot \mathbf{v} = 0, \quad \nabla \times \mathbf{v} = 0 \qquad (2.4.14)$$

的向量。我们以后将见到（§2.7），$\mathbf{v}$ 由在流体边界上所要满足的

条件所决定。

2.5 膨胀率中的奇异性，源和汇

在本节中我们考察由 (2.4.3)和 (2.4.4)所定义的、与包含有某种奇异性的膨胀率的分布相关联的无旋速度场 $u_e(x)$。奇异性的基本类型不过是流体中某给定点处 Δ 值的孤立峰值。我们假设，Δ 在包含点 x' 的小体积区域 ε 中具有很大的值，而在其它地方为零（而如果在其它地方不应为零时，对于 u_e 的附加贡献是线性可加的，如(2.4.5)表明的那样）。由于 Δ 的非零值集中在 x' 附近，表达式 (2.4.5)变为

$$u_e(x) \approx \frac{1}{4\pi} \frac{s}{s^3} \int_\varepsilon \Delta'' dV(x''), \qquad (2.5.1)$$

其中 $s = x - x'$ 如前。只有 Δ 的体积积分在这近似中是相关的，而 Δ 在 x' 附近的分布的其它细节对于 u_e 没有影响。现令 ε 收缩到点 x'，同时 $\int_\varepsilon \Delta'' dV(x'')$ 保持为常数（从而意味着当 $\varepsilon \to 0$ 时 $|\Delta'| \to \infty$），譬如说等于 m，我们就得到了流体容积的**点源**的数学概念，对于点源，相关的无旋速度场由下式准确给出

$$\phi_e = -\frac{m}{4\pi s}, \quad u_e(x) = \frac{m}{4\pi} \frac{s}{s^3}。 \qquad (2.5.2)$$

m 称为源（当 m 为负时，源变为汇）的"强度"，并等于通过围绕点 x' 的任何封闭曲面的总的向外的流体体积通量。

点源的概念作为真实流场的一个方面的直接表示法有一定的价值，尽管价值有限，因为 Δ 的分布中的峰值实际上难于通过动力学作用在流体内部产生出来。如果确有类似于点源的现象发生时，亦通常是某种外部作用的直接后果。譬如，直径很小的、于一端吸入流体的管道产生出类似于位于管道末端的一个点汇引起的流场（图 2.5.1）；同样，包含有流体以每秒 M 个体积单位的速

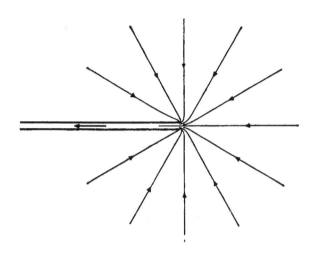

图 2.5.1   由于管道末端处吸入引起的流动——近似地与点汇
引起的流动相同

率被吸入① 的小孔的刚性平面的一侧的流动，也近似地与强度为
—2M 的点源在无界流休中产生的流动相同。但是，点源在理论流
体力学中的更重要的作用是作为可以构造较为复杂和有意义的流
场的一系列数学"元件"中的一种。本节的其余部分举例说明利
用点源作为基本单元来"合成"流场的可能性。

使点源概念变得数学上有用的一个方面是它局部化到了一个
点。我们还可以得到同样地局部化了的另一个奇异性：想象分别
位于点 $\mathbf{x}' + \frac{1}{2}\delta\mathbf{x}'$, $\mathbf{x}' - \frac{1}{2}\delta\mathbf{x}'$ 上的具有相同值 m 的源和汇。现将间
距 $\delta\mathbf{x}'$ 趋近于零，而令源强度 m 趋于无穷大，使得它们的积趋于有
限极限：

$$\mu = \lim_{\delta\mathbf{x}' \to 0} m\delta\mathbf{x}'$$

---

① 为什么流体要流入而不是流出管道及平面上的小孔，以能代表由点源或汇所
引起的流动？其原因与刚性边界上流体粘性的作用有关。从管道中或平面上的小孔流
出的流体通常以集中射流的形式射出。一根火柴可以通过吹气熄火，而用吸气则不成。

这给出点 **n'** 上强度为 μ 的称作**源偶极子**的奇点。与源偶极子相关联的无旋速度场是与源和汇分别相关联的流场的线性叠加，因而由下式给出

$$\phi_e(\mathbf{x}) = \lim_{\delta\mathbf{x}\to 0} \frac{m}{4\pi}\left\{ - \frac{1}{\left|\mathbf{x} - \mathbf{x}' - \frac{1}{2}\delta\mathbf{x}'\right|} \right.$$

$$\left. + \frac{1}{\left|\mathbf{x} - \mathbf{x}' + \frac{1}{2}\delta\mathbf{x}'\right|} \right\}$$

$$= -\frac{1}{4\pi}\mu \cdot \nabla_{\mathbf{x}'} \frac{1}{s} = \frac{1}{4\pi}\mu \cdot \nabla_{\mathbf{x}} \frac{1}{s}, \qquad (2.5.3)$$

及

$$\mathbf{x}_e(\mathbf{x}) = \nabla \Phi_e(\mathbf{x})$$

$$= \frac{1}{4\pi}\mu \cdot \nabla_{\mathbf{x}}\left(\nabla_{\mathbf{x}} \frac{1}{s}\right)$$

$$= \frac{1}{4\pi}\mu \cdot \nabla_{\mathbf{x}}\left(-\frac{\mathbf{s}}{s^3}\right)$$

$$= \frac{1}{4\pi}\left\{-\frac{\mu}{s^3} + 3\frac{\mu \cdot \mathbf{s}}{s^5}\mathbf{s}\right\}。 \qquad (2.5.4)$$

速度场(2.5.4)对于 μ 方向具有轴对称性(方位角分量为零)，而作为除去在 **x**=**x'** 外到处为无散向量的 **u**_e 的分量，因而可以通过流函数写出(§2.2)。原点在点 **x'** 而 θ=0 在 μ 方向的球坐标中，**u**_e 的径向分量根据 (2.2.14) 为

$$\frac{1}{s^2\sin\theta}\frac{\partial\psi}{\partial\theta} = \frac{\mathbf{s} \cdot \mathbf{u}_e}{s} = \frac{1}{2\pi}\frac{\mu \cdot \mathbf{s}}{s^4} = \frac{\mu}{2\pi}\frac{\cos\theta}{s^3},$$

其中 $\mu=|\mu|$；从而

$$\psi = \frac{\mu}{4\pi}\frac{\sin^2\theta}{s}, \qquad (2.5.5)$$

积分的任意函数由于 **u**_e 的正确的横向分量也需要从 (2.5.5) 推导出来而被决定 (为零)，图 2.5.2 表明与一个源偶极子相关联的流动在轴平面中的流线形状。

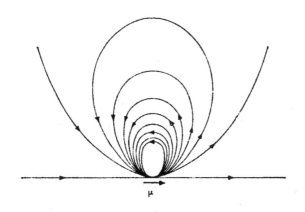

图 2.5.2 与一源偶极子相关联的流动在轴平面中的流线。每
对相邻流线间流函数增加同样的值

对于以后的应用需要指出的重要之点是,当 $s \to \infty$ 时,与 $\mathbf{x}'$ 处
单个源相关联的速度如 s^{-2} 下降到零,而源偶极子则如 s^{-3}。另一
个重要的性质是,由于构成偶极子的源和汇的强度是相等的,所
以经过包围源偶极子的表面没有总的流体体积流量;这一性质使
源偶极子在直接表示真实流场上比单个源更为有用。

用与从单个源构造源偶极子所用的同样方法来得到更为繁杂
的其它点奇异性也是可能的。把强度为 μ 的源偶极子置于点 $\mathbf{x}' +
\frac{1}{2} \delta \mathbf{x}'$,而把另一个强度为 $-\mu$ 的置于点 $\mathbf{x}' - \frac{1}{2} \delta \mathbf{x}'$,如果 $|\delta \mathbf{x}'|$ 趋向
于零而 $|\mu|$ 增加,使 $\mu_i \delta x_j'$ 趋向于有限的极限,譬如说 ν_{ij},我们即
得到一个点奇异性,与其相关联的速度分布可由下式导出

$$\Phi_e(\mathbf{x}) = \nu_{ij} \frac{\partial^2}{\partial x_i' \partial x_j'} \left(- \frac{1}{4\pi s} \right)$$

$$= - \frac{\nu_{ij}}{4\pi} \frac{\partial^2}{\partial x_i \partial x_j} \left(\frac{1}{s} \right) . \qquad (2.5.6)$$

这一奇异性也可以认为是在点 $\mathbf{x}'$ 附近一定形状的小平行四边形的
相对的角上的两个相等的源与另两个角上的强度与源相同的两个
相等的汇的迭加(的极限情况)。与更高阶奇异性相关联的速度分

布的形式从（2.5.6)可以明显看出。

也可以想象，在流体的一定线和面上，膨胀率分布中有峰值，并可定义线和面奇异性。从点源发出的总流体体积流量有给定的非零值，而线源的**单位长度**流量则是非零的，且其大小是源的强度的线"密度"的量度（在线的所有点上其值可以是不同的）。类似地，面源的单位面积流量是非零的，并量度源强度的面密度。也可以将源偶极子和较高阶奇异性分布于线和面上，使其具有非零的和有限的密度。

如果源强度的线密度在通过 $(x^{'}, y^{'})$ 平行于 z 轴的线的所有点上具有 m 值，线的每一元素 $\delta z^{'}$ 可以看作为像一个强度为 $m\delta z^{'}$ 的点源一样作用，与整个线相关联的无旋速度场 $(u_e, v_e, 0)$ 由下式给出

$$
\left.
\begin{aligned}
u_e(x,y) &= \frac{m}{4\pi} \int_{-\infty}^{\infty} \frac{x-x^{'}}{s^3} dz^{'} = \frac{m}{2\pi} \frac{x-x^{'}}{\sigma^2}, \\
v_e(x,y) &= \frac{m}{4\pi} \int_{-\infty}^{\infty} \frac{y-y^{'}}{s^3} dz^{'} = \frac{m}{2\pi} \frac{y-y^{'}}{\sigma^2},
\end{aligned}
\right\}
\tag{2.5.7}
$$

其中 $\sigma^2 = (x-x^{'})^2 + (y-y^{'})^2$。其梯度以上述二式为分量的标量函数为

$$
\phi_e(x,y) = \frac{m}{2\pi} \log \sigma \,。
\tag{2.5.8}
$$

要注意，直接用对所有 $z^{'}$ 值来积分点源 ϕ_e 的表达式以得到 (2.5.8)的尝试不会成功，因为积分是发散的；但是发散与 (x, y) 无关（并产生一无穷大常数）而表达式 (2.5.8)代表着确实依赖于 (x, y) 的积分的有限部分因而与速度场有关。

三维流场中这一均匀直线源当然与二维流场中的点源等价。从二维流场中点 $(x^{'}, y^{'})$ 处的强度为 m 的点源概念开始，也可以得到速度分量 (2.5.7)，这时经过在平面 (x, y) 中包围点 $(x^{'}, y^{'})$ 的所有曲线的总的流体面积流量（或单位流场深度的体积流量）为 m。

2.6 涡量分布

有许多场合，对于它们来说通过涡量而不是通过速度来考虑流体运动是更为方便的，尽管后者有着更为简单的物理性质。在许多重要的流体流动情形中，将流动区分为两个性质不同的区域，其中之一以涡量到处近似为零为特征，被证明是可能的和有用的。因此在以后各章中经常有关于涡量分布的改变是如何发生的讨论。我们暂时尚不能描述作用在流体上的各种力对于涡量的影响，但是我们可以注意到把 ω 定义为 $\nabla \times u$，或等价地把它定义为流体实效局部角速度的两倍的纯粹运动学后果。后果之一当然是下列恒等式

$$\nabla \cdot \omega = 0 \text{。} \tag{2.6.1}$$

流体中切线到处平行于局部涡量向量的线，称为**涡线**，而在任意瞬间，这样的线族由与 (2.1.1)相似的方程所定义。经过流体中画出的可约 (reducible)[①] 封闭曲线的所有涡线形成的表面称为**涡管**。以这同一封闭曲线为界、完全位于流体中的开放表面 A 上的涡量积分为

$$\int \omega \cdot n dA \text{，}$$

其中 ndA 是表面的一个面积元，我们可以利用关系式 (2.6.1)来证明，这一积分，对于位于流体中的，以位于涡管上、且环绕它一次的**任意**封闭曲线为界的**任意**开放表面，均有相同的值。因为如果 $n'dA'$ 和 $n''dA''$ 是两个这样的开放表面的面积元 (n' 与 n'' 的方

---

① 这一将在以后再次使用的有用的名词意味着封闭曲线可以通过连续变形而**不跑到流体之外地**归缩为一点。这样对于在流体中画出的可约（可归缩）封闭曲线，总可能找到一开放曲面为这曲线所界且完全位于流体之中（这一曲面也即该封闭曲线在其连续缩为一点时所描绘的面）。当流体所占的区域不是单连通的时候，流体中有些封闭曲线是不可约的。我们将希望讨论的一个流场是在无限流体中运动的无限长柱形引起的流场；这时流体占据的空间区域是双连通的，流体中围绕柱形的封闭曲线是不可约的，而不环绕柱形的曲线是可约的。

向相对于涡管有相同的指向),对于被这两个表面和涡管的连结部分所包围的流体体积应用散度定理表明

$$\int \boldsymbol{\omega}' \cdot \mathbf{n}' dA' - \int \boldsymbol{\omega}'' \cdot \mathbf{n}' dA = \int \nabla \cdot \boldsymbol{\omega} dV = 0,$$

涡管部分对于表面积分没有贡献。因而涡量对于截断涡管的开放表面 A 的积分不依赖于 A 的选择,并称为涡管的**强度**。在无穷小横截面的涡管的情况下,强度等于横截面积与局部涡量之值的乘积,且沿涡管所有位置均为同一值。我们注意,涡管不可能在流体内部终结。

对于完全位于涡管之上且环绕它一次的封闭曲线应用 Stokes 定理给出

$$\int \boldsymbol{\omega} \cdot \mathbf{n} dA = \oint \mathbf{u} \cdot d\mathbf{x}, \tag{2.6.2}$$

其中 $\mathbf{n} dA$ 为以该封闭曲线为界的开放面的面元。流体速度围绕一封闭曲线的线积分称为**环量**;因而,环绕任何可约封闭曲线的环量等于以该曲线为界的开放表面上涡量的积分,而且,等价地,等于由通过该曲线的所有涡线所形成的涡管的强度。

线涡

有许多流场具有这样的特点:在流体中某一线附近的涡量之值要比其余地方之值大得多[①](这线一定要到处平行于 $\boldsymbol{\omega}$,因为不然将不能满足 $\nabla \cdot \boldsymbol{\omega} = 0$)。从这种情况可以推导出一个有用的数学理想模型,即假设 $\boldsymbol{\omega} \neq 0$ 的一个涡管收缩为一条线,同时涡管的强度保持为常数,譬如说 κ。于是我们得到了一个涡量分布的线奇异性,就涡量在面上的积分的贡献而言它被 κ 值和线的位置完全确定;它可以被称为强度为 κ 的**线涡**(不应与涡线或涡量的线混淆)。与单个线涡的存在及流体中其它地方的零涡量关联的无散速度分布可以从 (2.4.11) 中容易得到。因为如果 $\delta \mathbf{l}$ 是位于体积元

---

① 龙卷风、漩涡和作急转弯的飞机的翼尖拖曳的雾化尾迹都是与这种涡量集中关联的现象。

δV 中的线涡的向量长度元，我们有

$$\int_{\delta V} \boldsymbol{\omega} dV = \kappa d\mathbf{l},$$

从而 (2.4.11) 变为

$$\mathbf{u}_v = -\frac{\kappa}{4\pi} \oint \frac{\mathbf{s} \times d\mathbf{l}(\mathbf{x}')}{s^3}, \qquad (2.6.3)$$

其中 $\mathbf{s}=\mathbf{x}-\mathbf{x}'$，而线积分是对于一封闭路径计算，而且如§2.4中解释过那样，如果需要时路程要延伸到流体之外。电磁理论中对于由通过封闭的线状导体的定常电流所"引起"的磁场的相应的表达式，称为 Biot-Savart 定律。

在无限长直线涡（其余地方涡量为零）的非常简单的情况，速度 $\mathbf{u}_v$ 到处是在围绕线涡的方位角方向，且对应于线涡的正环量方向，其大小在距线涡之距离为 σ 处为

$$|\mathbf{u}_v| = \frac{\kappa\sigma}{4\pi} \int_{-\infty}^{\infty} \frac{dl}{(\sigma^2 + l^2)^{3/2}} = \frac{\kappa}{2\pi\sigma} \qquad (2.6.4)$$

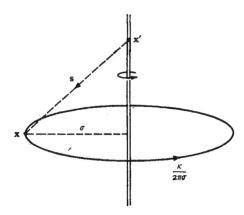

图 2.6.1　与强度为 κ 的直线线涡关联的无散速度分布

（见图 2.6.1）；直线线涡的在无穷远处的两"端"可以认为被一个半径为 R 的半圆形状的线涡连结在一起，而这一曲线路径对 $\mathbf{u}_v$ 的贡献为 R^{-1} 的量级，因而是可以忽略的。速度分布 (2.6.4) 还可

以直接从涡量分布的轴对称性以及将 (2.6.2)应用于以线涡为中心的圆形路径而得到。甚至当线涡是曲线形状的时候，线涡附近的 u_v 值也将近似地由 (2.6.4) 给出，因为 (2.6.3)中的积分这时主要为线涡近处的、近似为直线的部分所决定（见 §7.1）。

我们还可以注意到，与直线线涡相关联的这一二维无散流动可以通过流函数加以描述；比较 (2.2.10)和 (2.6.4)，我们看到

$$\psi = -\frac{\kappa}{2\pi}\log\sigma。 \qquad (2.6.5)$$

在一个完全二维的流场中，此奇异性的恰当的名称是"点涡"。

与强度为 κ 的（其余地方涡量为零的）单个曲线线涡相关联的无散速度场的另一个公式，可以通过回到向量位势 $\mathbf{B}_v$ 的表达式 (2.4.10)而得到。类比于沿一封闭曲线积分的标量的 Stokes 定理，我们有

$$\mathbf{u}_v(\mathbf{x}) = \nabla \times \mathbf{B}_v = \nabla \times \oint \frac{\kappa d\mathbf{l}(\mathbf{x}')}{4\pi s},$$

$$= -\frac{\kappa}{4\pi} \nabla \times \int \left(\nabla_{\mathbf{x}'} \frac{1}{s} \right) \times \mathbf{n}dA(\mathbf{x}'),$$

其中 $\mathbf{n}dA$ 是线涡所界的开放面的面积元。利用以下事实

$$\nabla_{\mathbf{x}} \cdot \nabla_{\mathbf{x}'} \cdot \frac{1}{s} = -\nabla_{\mathbf{x}}^2 \frac{1}{s} = 0,$$

我们发现

$$\mathbf{u}_v(\mathbf{x}) = -\frac{\kappa}{4\pi} \int \mathbf{n} \cdot \nabla_{\mathbf{x}} \left(\nabla_{\mathbf{x}'} \frac{1}{s} \right) dA(\mathbf{x}')。$$

这可以写为

$$\mathbf{u}_v(\mathbf{x}) = -\frac{\kappa}{4\pi} \nabla \Omega, \qquad (2.6.6)$$

其中

$$\Omega(\mathbf{x}) = \int \frac{\mathbf{s} \cdot \mathbf{n}}{s^3} dA(\mathbf{x}')$$

是点 $\mathbf{x}$ 处线涡所张的空间角；$\mathbf{n}$ 的正向与环绕线涡的环量的正方向相同。电磁理论中的相应公式也是众所周知的。

就像点源偶极子和膨胀率分布中其它较复杂的奇异性可以由

单个点源的适当的叠加构造成功一样，也可以由线涡构造出其它的线奇异性来。我们通过把强度为 κ 的直线线涡置于 $\mathbf{x}' + \frac{1}{2}\delta\mathbf{x}'$，把另一个强度为 $-\kappa$ 的直线涡置于 $\mathbf{x}' - \frac{1}{2}\delta\mathbf{x}'$（其中 $\mathbf{x}'$ 和 $\delta\mathbf{x}'$ 现在权且代表与线涡成直角的平面中的向量），并通过令 κ 增加，$|\delta\mathbf{x}'|$ 趋于零却同时使 $\kappa\delta\mathbf{x}'$ 趋于有限值 $\boldsymbol{\lambda}$，而得到线**涡偶极子**。相关联的二维无散速度分布可以由流函数表示

$$\psi(\mathbf{x}) = -\frac{1}{2\pi}\boldsymbol{\lambda} \cdot \nabla_{\mathbf{x}'}(\log\sigma)$$

$$= \frac{1}{2\pi}\frac{\boldsymbol{\lambda} \cdot (\mathbf{x} - \mathbf{x}')}{\sigma^2}, \qquad (2.6.7)$$

其中 $\sigma = |\mathbf{x} - \mathbf{x}'|$。这样，在与线涡垂直的平面中流线均为圆[①]，它们通过点 $\mathbf{x}'$，而圆心位于通过 $\mathbf{x}'$ 而平行于 $\boldsymbol{\lambda}$ 的线上（见图 2.6.2）。容易证明，与二维涡偶极子相关联的无散速度分布，与由位于同一点上而与涡偶极子垂直的（二维）源偶极子引起的无旋分布是全同的。

片涡

流体中在一个面附近涡量到处很大的情况（该面同时还应为 $\boldsymbol{\omega}$ 的线位于其上的面）在实践中也会碰到，例如在包含飞机翼面和其它升力体（§7.8）的流场中和在包含钝体运动（§5.1）的某些流场中，涡量的这种面集中的局部特性显然由向量

$$\boldsymbol{\Gamma} = \int\boldsymbol{\omega}dx_n,$$

所确定，其中 x_n 标记与面垂直的距离，而积分对于包含面的一个

---

① 对于与线涡正交的平面中任意位置 $\mathbf{x}'_1$ 和 $\mathbf{x}'_2$ 上有大小相等方向相反的强度的两个平行线涡相关联的流线，这也是正确的，如可以从如下事实看出，这时流函数为

$$\frac{\kappa}{2\pi}\log\frac{\sigma_2}{\sigma_1},$$

其中

$$\sigma_1 = |\mathbf{x} - \mathbf{x}'_1| \text{ 及 } \sigma_2 = |\mathbf{x} - \mathbf{x}'_2|.$$

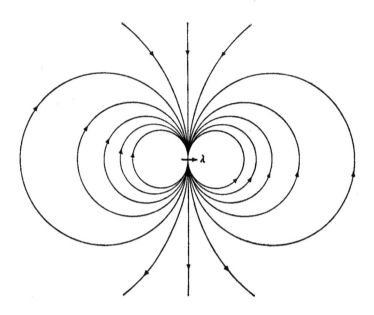

图 2.6.2 与线涡偶极子相关联的二维无散流动的流线。每对
相邻流线间流函数增加同样大的值

小范围 ε 计算。如果现在我们假设 $\varepsilon \to 0$ 而 $\int \omega \, dx_n$ 保持为常数并等于 Γ，我们就得到（局部地）由参数 Γ 所表征的片涡的概念。包围了平行于 Γ 的片涡的一个狭窄条带的涡管的强度是单位宽度每一条带为 Γ $(=|\Gamma|)$，Γ 可以称为片涡的强度密度。

当涡量除了在一给定的片涡上不为零，而在此之外到处为零时，与涡量相关联的速度分布的表达式 (2.4.11) 变为

$$\mathbf{u}_v(\mathbf{x}) = -\frac{1}{4\pi} \int \frac{\mathbf{s} \times \Gamma'}{s^3} dA(\mathbf{x}'), \qquad (2.6.8)$$

其中如前一样 $\mathbf{s} = \mathbf{x} - \mathbf{x}'$，而积分对片涡的整个面积计算。对于单个平面片涡且其上 Γ 为均匀的特别简单的情况，我们有

$$\mathbf{u}_v(\mathbf{x}) = \frac{1}{4\pi} \Gamma \times \int \frac{\mathbf{s}}{s^3} dA(\mathbf{x}')$$

$$= \frac{1}{4\pi}\Gamma \times \int \frac{\mathbf{n} \cdot \mathbf{s}}{s^3}\mathbf{n}dA(\mathbf{x}')$$

$$= \frac{1}{2}\Gamma \times \mathbf{n}, \tag{2.6.9}$$

其中 $\mathbf{n}$ 为指向点 $\mathbf{x}$ 所在的一侧的片涡的单位法线。因而与片涡相关联的流体速度在片涡的每一侧为均匀,其值为 $\frac{1}{2}\Gamma$,其方向平行于片涡且与 Γ 垂直,但在两侧有相反的指向。这一结果,除一数值因子外,也可以从以下事实得到:这一给定涡量分布没有提供长度尺度,而确定片涡的(均匀的)强度密度的参数 Γ 有速度的量纲。

对于有任意横截面的柱形片涡,在其上 Γ 为均匀,而 Γ 到处与柱的母线成直角(因而涡线是均具有同样形状的、围绕着柱体的平面曲线),有一与此有关的结果成立。积分 (2.6.8)变为

$$\mathbf{u}_v(\mathbf{x}) = -\frac{\Gamma}{4\pi}\int_{-\infty}^{\infty} \oint \frac{\mathbf{s} \times d\mathbf{l}(\mathbf{x}')}{s^3}dm(\mathbf{x}'),$$

其中 $\delta m(\mathbf{x}')$ 是母线的长度元,而 $\delta\mathbf{l}(\mathbf{x}')$ 是涡线的向量长度元,两者均在位置 $\mathbf{x}'$。因为被积函数的反对称性,$\mathbf{s}$ 的平行于母线的分量对于 m 的积分没有贡献。因此

$$\mathbf{u}_v(\mathbf{x}) = -\frac{\Gamma}{2\pi} \oint \frac{\mathbf{p} \times d\mathbf{l}(\mathbf{x}')}{p^2}, \tag{2.6.10}$$

其中 $\mathbf{p}$ 是 $\mathbf{s}$ 在横截平面上的投影(见图 2.6.3)。$|\mathbf{p}\times\delta\mathbf{l}|/p^2$ 是横截平面中长度元 $\delta\mathbf{l}$ 对 $\mathbf{x}$ 所张的角度,因此我们看到,在柱体内任一点 $\mathbf{x}$ 处,$\mathbf{u}_v$ 平行于母线并具有均匀值 Γ,而在柱体外任何点 $\mathbf{x}$ 处,$\mathbf{u}_v$ 为零[①]。这样,具有均匀强度密度的片涡再次将两个区域分开,每个区域中的相关联的速度各自为均匀。

在上列强度密度为常值的片涡的情况下,我们见到,$\mathbf{u}_v$ 的平行于片涡并垂直于 Γ 的分量在涡面处有间断。可以证明对于具有

---

① 在电磁理论中有一众所周知的相应结果,即在螺线管(紧密缠绕的螺线状的长导线)中定常电流引起的磁场在螺线管内部为均匀而平行于轴线,但在管外为零。

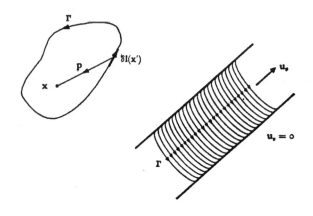

图 2.6.3　与柱状片涡相关联的无散速度分布的计算

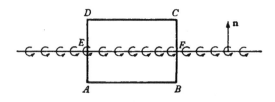

图 2.6.4　非均匀片涡的一小部分

非均匀 Γ 的任何片涡这也是正确的，只是这时 Γ 与速度跳跃间的关系是一种局部的关系。我们考察围绕小长方形形状的环路的环量，其相对的两边 AB 和 CD 各位于片涡的一侧，且平行于片涡并垂直于 Γ（图 2.6.4）。可以假定涡面是平面的，而 Γ 在长方形与片涡相交处是近似均匀的，而 $\mathbf{u}_v$ 类似地在片涡的每一侧都是均匀的，在片涡上涡量分布有奇异性。这样，路径元 EA 对 $\oint \mathbf{u}_v \cdot d\mathbf{x}$ 的贡献与 BF 的贡献互相抵消（准确到长方形线性尺寸的二阶量），而 FC 的贡献与 DE 的贡献互相抵消，因此一般关系式

(2.6.2)给出

$$\int_A^B \mathbf{u}_v \cdot d\mathbf{x} + \int_C^D \mathbf{u}_v \cdot d\mathbf{x} = \Gamma \times EF。$$

因而，$\mathbf{u}_v$ 的平行于片涡且与 Γ 垂直的分量在通过片涡时有一大小为 Γ 的间断。对于边 AB 和 CD 平行与 Γ 的长方形，同样的论证表明，$\mathbf{u}_v$ 的平行于 Γ 的分量没有跳跃；由于 $\nabla \cdot \mathbf{u}_v = 0$ 的要求，$\mathbf{u}_v$ 的与涡面垂直的分量也不会有任何跳跃。因而，在沿法线方向 $\mathbf{n}$ 通过涡面时发生的 $\mathbf{u}_v$ 的跳跃可以写为

$$[\mathbf{u}_v] = \Gamma \times \mathbf{n}。 \tag{2.6.11}$$

从而 $\mathbf{u}_v$ 的局部跳跃与假如整个片涡为平面而其强度密度为均匀且等于局部值 Γ 时的跳跃相同。当片涡是平面的而强度密度为均匀时，$\mathbf{u}_v$ 只不过经片涡把方向反转过来，但这一性质在一般情况下是不成立的。

2.7　具有零膨胀率和零涡量的速度分布

我们已然证明，(2.4.13)形式的速度分布与流体中所有点与膨胀率 Δ 和涡量 $\boldsymbol{\omega}$ 的给定值相一致。(2.4.13)中的 $\mathbf{u}_e$ 和 $\mathbf{u}_v$ 项可以分别从 Δ 和 $\boldsymbol{\omega}$ 的分布得到，但剩下的一项 $\mathbf{v}$ 尚未被确定。本节的目的即为考察满足方程 (2.4.14)，即

$$\nabla \cdot \mathbf{v} = 0, \quad \nabla \times \mathbf{v} = 0, \tag{2.7.1}$$

的速度场 $\mathbf{v}$ 的性质。

实际上为不可压缩的流体的速度 $\mathbf{u}$ 满足方程 $\nabla \cdot \mathbf{u} = 0$，所以不仅对于膨胀率和涡量取给定值的流体的速度的三种贡献之一的 $\mathbf{v}$ 函数满足方程(2.7.1)，而且由于某种原因涡量为零的不可压缩流体的实际速度也满足 (2.7.1)。我们将看到，大多数流体在很广泛的流动条件下，行为有如它们是近乎不可压缩的（§3.6）；同时，尽管看起来像是很有局限性，由于动力学原因，在大部分流场中涡量为零的流场实际上是很普遍的（第 5 章）。因此，对于**无旋无散向量场**的研究在流体力学中有着很大的实际意义。方程

(2.7.1)的简单性使可能对之进行广泛的数学研究和应用强有力的解析方法。流体速度为无旋和无散的真实流场将在第6章加以考察，但是在这里建立有关满足(2.7.1)的向量函数 **v**（为方便计将称之为速度，虽然它可能只是对于流体的真正速度的三种贡献中的一种）的一些较普遍的结果是合适的。

. 在瞬时速度为 **v(x)** 的流体中，质元经受平移和纯应变运动而不改变体积，且无迭加的转动。

由于在流体所有点上 $\nabla \times \mathbf{v}$ 为零，Stokes 定理表明，对于所有流体中的可约封闭曲线有

$$\oint \mathbf{v} \cdot d\mathbf{x} = 0, \tag{2.7.2}$$

因为总有可能找到以任何一个这样的可约曲线为界的、完全位于流体中的开放面。如果 P 与 O 是连通域中流体内的两点，而 C_1 和 C_2 是连接 O 到 P 的两条不同的曲线，它们一起形成一条完全位于流体内的可约封闭曲线，我们就可以从 (2.7.2)得到

$$\int_{C_1} \mathbf{v} \cdot d\mathbf{x} = \int_{C_2} \mathbf{v} \cdot d\mathbf{x}。$$

因此在位于流体中的连接 O 到 P 的曲线上计算的 **v** 的线积分对于所有这样的路径都具有相同的值，这些路径中的任意两条都组成可约封闭曲线，且线积分依赖于 O 与 P 的相应的位置向量 $\mathbf{x}_0$ 和 **x**。这样就可能定义一个函数 $\phi(\mathbf{x})$，使得

$$\phi(\mathbf{x}) = \phi(\mathbf{x}_0) + \int_O^P \mathbf{v} \cdot d\mathbf{x}, \tag{2.7.3}$$

其中积分是对于上面提到的路径之一计算的。$\phi(\mathbf{x})$ 的向量梯度通过改变 P 的位置而得到，给出

$$\nabla \phi(\mathbf{x}) = \mathbf{v}(\mathbf{x})。 \tag{2.7.4}$$

$\phi(\mathbf{x})$ 称为场 **v** 的**速度势**（虽然这里把 ϕ 解释为势能函数是没有问题的）。习惯上对于位置 $\mathbf{x}_0$ 不做任何规定，因为对应于 $\mathbf{x}_0$ 的两个

不同选择的 ϕ 值之差不依赖于 x 因而不会影响 $\nabla \phi$（x）。

我们附带地提一下由 (2.7.2)所表示的结果的反命题，因为它在以后讨论小粘性流体的动力学方程时要用到：如果围绕位于流体区域内的所有封闭可约曲线的与速度场 v 相关联的环量为零，则在该区域内到处有 $\nabla \times \mathbf{v} = 0$。这一结果从如下事实得出：对于区域内所有点 P，由 (2.7.3)给出的函数 ϕ 可以被定义，从而 v 有无旋形式 (2.7.4)。或者，我们可以这样推论，根据 Stokes 定理，对于所有位于区域内且以可约曲线为界的开放面

$$\int (\nabla \times \mathbf{v}) \cdot \mathbf{n} dA = 0,$$

当被积函数对 x 为连续时，这只有当在区域内所有点上 $\nabla \times \mathbf{v} = 0$ 时才是可能的。

利用关系式 (2.7.4)引入函数 ϕ 使得方程 $\nabla \times \mathbf{v} = 0$ 恒等地得到满足，于是 v 的三个未知标量分量由单独一个未知标量函数 ϕ 所决定。(2.7.1)中第一个方程要求，在流体所有点上

$$\nabla^2 \phi = 0, \qquad (2.7.5)$$

这一称为 Laplace 方程的 ϕ 的方程在数学物理的许多分支中出现，而关于满足这一方程的函数（常常称为**调和函数**或**谐函数**）的许多一般结果是众所周知的。应该注意到这个方程的线性性质，它是无旋无散流动的分析相对简单的原因；关于流体中速度分布从一瞬间到另一瞬间的改变的动力学方程一般是非线性的（第三章），但在无旋无散流动的特殊情况下，对于速度分布的限制是如此严格，以致要求 v 的空间分布必须满足线性方程 (2.7.4)和 (2.7.5)，而不依赖于时间上的改变[①]。

方程 (2.7.5)是常系数二阶线性偏微分方程，在这种方程的

[①] 动力学方程是否允许速度分布保持为无散和无旋，这当然是一个要研究的问题。事实上，在一定的条件下它们是允许的（见 §5.3）。在本节中，所关心的是运动学，我们是在研究函数 v (x) 的性质，这函数根据定义在膨胀率 Δ 和涡量 ω 被规定的那一瞬间满足方程 (2.7.1)。

理论① 中属于所谓**椭圆型**的类型。已知这种类型方程的解以及所有它们对于 **x** 的分量的导数，除了可能在流场的边界上的某些点外，在所有点上都是有限的和连续的。(这与如波动方程这样的双曲型方程的相应的解成为对照，它们可以在内部点上有间断。)因而速度分布的光滑性在流体所有点上得到保证，只是在下列这样的边界点上除外，在那里某种类型的奇异性——例如，在角落或边缘边界的切线的突然改变——作为边界条件的一部分被规定。

(2.7.5)的解的性质很密切地依赖于方程成立的空间区域的拓扑学。当为流体所占据的区域是**单连通**的时候，任何一对联接 O 和 P 的且位于流体之中的路径一起都构成一条可约封闭曲线，环绕它环量为零，因而由 (2.7.3)所定义的函数 ϕ 是 **x** 的**单值函数**。当流体所占据的区域是多连通的时候，$\phi(\mathbf{x}) - \phi(\mathbf{x}_0)$ 对于所有以下这样一类路径具有相同的值：它们中任何两条一起构成可约曲线；但对于属于不同类的路径则可能有不同的值，因而可能是多值的。现在我们先假设流体占据着单连通区域；不那么重要的多连通区域中流动的情况将在 §2.8 中加以研究。

▽φ 可以被唯一地确定的条件

关于函数 ϕ 除一任意可加常数外可以被唯一决定的条件的一个重要结果可以用以下方法加以建立。我们首先注意如下的恒等式

$$\nabla \cdot (\phi\mathbf{v}) = \mathbf{v} \cdot \nabla\phi + \phi\nabla \cdot \mathbf{v} = \mathbf{v} \cdot \mathbf{v},$$

并利用它，将在流体所占据的体积内计算的如下积分改写为

$$\int \mathbf{v} \cdot \mathbf{v}dV = \int \nabla \cdot (\phi\mathbf{v})dV,$$

当 $\phi\mathbf{v}$ 是位置的单值函数时，例如当流体占据一单连通域的空间时它肯定是这样的函数，这一积分利用散度定理可以转换为包围流

---

① 关于二阶偏微分方程的一般叙述，见 A. Sommerfeld 著，"Partial Differential Equations in Physics" (Academic Press Inc., 1949)，及 R. Courant 著 Methods of Mathematical Physics，卷 2 (Interscience，1962)。

体的界面 A 上的积分。因此,对于在外侧以面 A_2 为界,可能在内侧还以表面 A_1 为界的流体区域,我们有

$$\int \mathbf{v} \cdot \mathbf{v} dV = \int \phi \mathbf{v} \cdot \mathbf{n}_2 dA_2 - \int \phi \mathbf{v} \cdot \mathbf{n}_1 dA_1, \quad (2.7.6)$$

其中 $\mathbf{n}_1$ 与 $\mathbf{n}_2$ 是面元 δA_1 和 δA_2 的单位法向量,且两者相对于封闭面 A_1 和 A_2 而言均指向外侧 (图 2.7.1)。

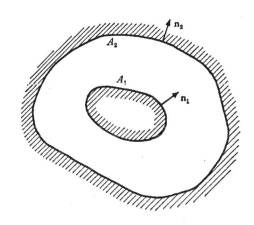

图 2.7.1 在内侧 (A_1) 及在外侧 (A_2) 均邻接边界的流体的
示意图

关系式 (2.7.6) 给出值得注意的结果,即,当 $\mathbf{v}$ 在内外边界的所有点上的法向分量为零的任何情况下,有

$$\int \mathbf{v} \cdot \mathbf{v} dV = 0,$$

因而 $\mathbf{v}$ 在流体中到处应为零。这意味着,刚性边界(经此边界流体质量流量为零)内的单连通区中包含的不可压缩流体不可能有无旋运动,除非至少有一部分边界的运动速度在局部法线方向上的分量不为零。

方程 (2.7.1) 只有一个解(即 $\mathbf{v}=0$)与边界上到处法向速度分量为零相容这一事实,意味着边界上 $\mathbf{v}$ 的法向分量的给定值可以唯一地决定 $\mathbf{v}$ 在各处的值。事实上也确实如此,注意到以下这点

就很容易证明：如果 $\mathbf{v}(=\nabla\phi)$ 与 $\mathbf{v}^*(=\nabla\phi^*)$ 是方程 (2.7.1) 的两个解，它们的差 $\mathbf{v}-\mathbf{v}^*$ 相应地也是一个解，(2.7.6) 关系式可以用 $\mathbf{v}-\mathbf{v}^*$ 代替 $\mathbf{v}$，$\phi-\phi^*$ 代替 ϕ 而重新写过。不多于一个解存在的条件亦即到处 $\mathbf{v}-\mathbf{v}^*=0$ 的条件，与使量

$$\int(\phi-\phi^*)(\mathbf{v}-\mathbf{v}^*)\cdot\mathbf{n}_2 dA_2 - \int(\phi-\phi^*)(\mathbf{v}-\mathbf{v}^*)\cdot\mathbf{n}_1 dA_1$$

(2.7.7)

等于零的条件是相同的。如果在边界 A_1 和 A_2 的每一点上 $\mathbf{v}$ 和 $\mathbf{v}^*$ 的法向分量具有相同的给定的值，我们有，在 A_1 与 A_2 上

$$(\mathbf{v}-\mathbf{v}^*)\cdot\mathbf{n}=0,$$

这时量 (2.7.7) 为零，因而在流体所有点上有 $\mathbf{v}=\mathbf{v}^*$。类似地，如果 ϕ 和 ϕ^* 在边界每一点上有相同的给定的值，(2.7.7) 也为零，但这个唯一性条件对于实际问题关系不大。如果我们在边界某些点上要求 $\phi=\phi^*$，而在其余点上要求 $\mathbf{n}\cdot\mathbf{v}=\mathbf{n}\cdot\mathbf{v}^*$，也可以保证到处 $\mathbf{v}$ 与 $\mathbf{v}^*$ 相等。

流体力学中考察的许多流场的范围与我们感兴趣的区域的代表性线性尺度相比都要大得多，在这种情况下，说流体'延伸到无穷远'是一有用的数学理想化。一种特别常见的流动类型是通过原来处于静止的广阔的流体的运动刚体所产生的流动，[①] 对于这类流动建立类似于以上给出的唯一性定理是很需要的。定理的证明以同样方式利用 (2.7.6)，只是这时要把 A_2 选择为一个半径很大的、包括了所有内边界的球。但是，在整个表面 A_2 上计算 $\phi\mathbf{v}\cdot\mathbf{n}$ 的积分要求小心地考察 ϕ '在无穷远处'的行为，这将在 §2.9 和 §2.10 中给出，因此我们把对于伸展到无穷远而在那里为静止的流体的唯一性定理的证明推迟一下。结果是，当仅在内边界上各点提出某些可供选择的条件（其中一种条件，也是最重要的一种条件——是 $\mathbf{v}$ 的法向分量在边界上取规定值）时，$\mathbf{v}$ 的方程

———————

① 当物体的速度为定常时，这一流动从力学上讲当然与被保持为不动的物体在原来具有均匀速度的流体流中产生的流动是全等的，只是该速度与原来的流体中物体的速度大小相等方向相反。

(2.7.1)的解是唯一的。

这些唯一性定理对于不可压缩流体的无旋流动有着十分重要的推论。在这样的流动中（在空间的单连通区域中）整个速度分布被在不管是什么样的内外边界上的速度法向分量的给定值唯一地决定，因而，在这些边界为刚体的情况下，就为刚体的给定的运动所决定。这样，当刚体通过原来处于静止的流体运动时，流场就由物体的瞬时速度（及其几何形状）唯一地决定；物体运动的加速度和过去历史都是不相关的[①]。特别是，当流体以静止刚性边界为界时，流体必然到处是静止的。物体和流体的瞬时运动显然被完全"锁"在一起了（这意味着，方程（2.7.1）看来只是在流体没有弹性和耗散性质时才控制流体流动）。

现在可以结束关于当给定流体膨胀率和涡量分布时，其速度的完全分布在一单连通区域中是如何被确定的一般讨论了。如（2.4.13）中所讲，对于速度分布有三种贡献，其中这一（u_e）与膨胀率的给定分布相关联且由（2.4.5）以显式给出，另一种贡献（u_v）与涡量的给定分布相关联且由（2.4.11）以显式给出。其余的贡献（$\mathbf{v}, = -\nabla\phi$）是这样的，即 ϕ 满足方程（2.7.5）而 $\mathbf{v}$ 为流体的边界点上的 $\mathbf{v}$ 的法向分量给定值所唯一地确定（或为边界上的 ϕ 的给定值唯一地确定）。常常发生这样的情况，u_e 的表达式（2.4.5）和 u_v 的表达式（2.4.11）在流体的边界上有非零的法向分量。因此，要在边界上加以限定的 $\mathbf{u}$ 的法向分量之值，不是简单地等于边界上真正流体速度之值，而是等于真正速度分量与由 u_e 与 u_v 而来的贡献之和的差。对于流体的边界是以纯平移速度 $\mathbf{U}$ 运动的刚体的情况，边界上 $\mathbf{v}$ 的给定的法向分量之值为

$$\mathbf{n}\cdot\mathbf{U} - \mathbf{n}\cdot(u_e + u_v) \qquad (2.7.8)$$

其中 $\mathbf{n}$ 为物体表面的局部单位法线。

---

① 这一惊人结果的数学根源在于 $\mathbf{v}$ 和 ϕ 的方程（2.7.1）和（2.7.5）是仅仅对于 $\mathbf{x}$ 的微分方程而不显含时间这一事实；唯一地决定解的边界条件将必然只包含瞬时量。

驻点附近的无旋无散流动

作为满足方程 (2.7.1)的速度分布的简单的例子，我们考察在其处 $\mathbf{v}=0$ 的点 O 附近的条件。这样的点通常称为**驻点**，这可以发生于流体的内部，也可以在流体的边界上发生。除非 O 是有几何奇异性的边界上的一个点，在 O 附近的速度势 ϕ 总有有限的和连续的导数，因此 ϕ 在 O 附近可以在原点位于 O 的笛卡儿坐标 x_i 中展开为 Tayler 级数：

$$\phi = \phi_0 + a_i x_i + \frac{1}{2} a_{ij} x_i x_j + O(r^3),$$

其中 $r^2 = x_i x_i$ 而张量 a_{ij} 为对称的。由于在 O 点 $\nabla \phi = 0$，所有系数 a_i 为零；而由于到处有 $\nabla^2 \phi = 0$，我们有 $a_{ii} = 0$。这样，O 点附近的运动是由应变率张量 a_{ij} 所表征的没有体积变化的纯应变运动，除去量级为 r^2 的小的误差外，由线性速度分布所表征

$$v_i = a_{ij} x_j。$$

于是，通过点 O 有三条正交线，它们平行于张量 a_{ij} 的主轴，在每条线上速度均平行于该线，至少在一条上速度是朝向 O 的，而至少在一条线上是离开 O 的。一般地讲，通过 O 的流线显然有三个正交分支。如果我们利用平行于 a_{ij} 的主轴的坐标系，其位置坐标为 (x, y, z)，对于相应的速度分量我们有

$$u = ax, \quad v = by, \quad w = -(a+b)z, \qquad (2.7.9)$$

其中 a 和 b 是整个流场有关的未知常数，而 O 附近的区域构成该流场的一部分。

当 O 附近的流动是二维或是轴对称时，也能用流函数来描述运动（§2.2）。在流动为二维且坐标轴平行于 O 点处的应变率张量主轴的情况下，显然我们有，在 O 附近

$$\phi = \frac{1}{2} k(x^2 - y^2), \quad \psi = kxy, \qquad (2.7.10)$$

其中 k 为常数。O 附近的流线是直角的双曲线，所有这些双曲线均以通过 O 的流线的两个正交分支为渐近线，如图 2.7.2 中所绘；

而等位势线构成与之全同的、正交的曲线族，但其渐近线与坐标轴成 45°角。类似地，在关于柱坐标系 (x, σ, θ) 的 x 轴为对称的 O 点附近的流动情况下，我们有

$$\phi = k(x^2 - \frac{1}{2}\sigma^2), \quad \psi = kx\sigma^2。 \qquad (2.7.11)$$

每一流线位于通过对称轴的平面之内，而在一个这样的轴平面中整个流线族有如在图 2.7.2 中绘出的曲线族那样的定性外观。

这些结果可以应用于边界上的驻点，只是在那里须没有边界的几何奇异性，而 O 点处边界的切向平面这时将包含 O 处的应变率张量 a_{ij} 的两个主轴。例如，在图 2.7.2 中，或者 x 轴或者 y 轴均可以是边界。另一方面，这些结果对于边界切线是间断的边界点处的驻点不能应用，例如在锥形或楔形边界的顶点处。在这种情况下，通过驻点的流线的某些分支应与边界重合，并应以边界几何所决定的角度相交。

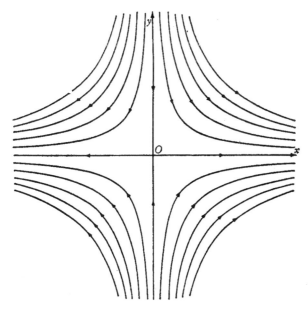

图 2.7.2　二维无旋无散流动在驻点附近的流线，$\psi = hxy$

二维无旋无散流动的复势

在二维流场这个特殊情况下，而且也仅在这情况下，**v** 满足的关系式具有这样的形式，使得有可能用优美而有效的方式利用复变函数论。将复变函数理论应用于特定的二维流场将在第 6 章进行；这里我们只是建立基本的数学关系。

二维无旋向量 **v** 的分量 v_x，v_y 可以写为

$$v_x = \frac{\partial \phi}{\partial x}, \quad v_y = \frac{\partial \phi}{\partial y}。$$

另一方面，我们也曾看到，二维无散向量 **v** 的分量可以通过流函数 ψ 表达（见 §2.2），而有

$$v_x = \frac{\partial \psi}{\partial y}, \quad v_y = -\frac{\partial \psi}{\partial x}。$$

两个标量函数 $\phi(x, y)$ 和 $\psi(x, y)$ 提供了既为无旋又为无散的向量 **v** 的可供选择的表示法，而且显然由下式关联

$$\frac{\partial \phi}{\partial x} = \frac{\partial \psi}{\partial y}, \quad \frac{\partial \phi}{\partial y} = -\frac{\partial \psi}{\partial x}, \tag{2.7.12}$$

与(2.7.12)形式完全相同的两个关系式在复变函数论中为众所周知的所谓 Cauchy-Riemann 条件即复变量 $\phi + i\psi$ 应是 x 和 y 的这样一种特殊形式的函数，使 $\phi + i\psi$ 对于 $x + iy$ 有唯一的导数的意义上只依赖于组合 $x + iy$[①]。用通常的术语说，关系式 (2.7.12) 是当其中的四个偏导数在一区域中为有限和连续时，$\phi + i\psi$ 在该区域中为复变参数 $z = x + iy$ 的**解析**（或‘正则’）函数的必要和充分条件，实变函数 ϕ 与 ψ 此时为共轭函数[②]。

我们将写

$$w(z) = \phi + i\psi$$

[①] 容易证明，在关系式 (2.7.12) 成立的情况下，当 $(\delta x^2 + \delta y^2)^{\frac{1}{2}} \to 0$ 时，$\phi + i\psi$ 的微分与微分 $\delta x + i \delta y$ 的比值趋于不依赖于 $\delta y / \delta x$ 的一个极限。

[②] 关于复变函数论的一般描述，例如可见 E. T. Copson 著，"Theory of Functions of a Complex Variable" (Oxford, 1935)。

并将 $w(z)$ 称为由 ϕ 和 ψ 描述的流动的**复势**。作为与复变理论的这种联系的立即的推论是，任何 z 的解析函数，不管它的形式如何，都可以解释为一复势，并解释为对于二维无旋无散流场的一种描述。不仅如此，如果 f 是 z 的一个解析函数，从而 if 也是，那么实际上从 f 可以得到两个流场；对于其中之一，ϕ 与 ψ 分别等于 $\mathscr{R}(f)$ 和 $\mathscr{I}(f)$（其中 $\mathscr{R}(f)$ 和 $\mathscr{I}(f)$ 标记 f 的实部和虚部），对于另一流场，ϕ 与 ψ 分别等于 $-\mathscr{I}(f)$ 和 $\mathscr{R}(f)$。

关系式（2.7.12）还隐含着 ϕ 和 ψ 的其它一些共轭性质。ϕ 与 ψ 均满足 Laplace 方程：

$$\frac{\partial^2\phi}{\partial x^2} + \frac{\partial^2\phi}{\partial y^2} = 0, \quad \frac{\partial^2\psi}{\partial x^2} + \frac{\partial^2\psi}{\partial y^2} = 0。$$

由于

$$(\nabla\phi)\cdot(\nabla\psi) = \frac{\partial\phi}{\partial x}\frac{\partial\psi}{\partial x} + \frac{\partial\phi}{\partial y}\frac{\partial\psi}{\partial y} = 0,$$

ϕ 为常数的等位势线一般与 ψ 为常数的流线正交；在 $|\mathbf{v}|$ 为零的点处这样的推导行不通，因而结果在这样的点处不复正确（从图 2.7.2 之例可明显看出）。

由于导数

$$\frac{dw}{dz} = \lim_{|\delta z|\to 0}\frac{\delta w}{\delta z}$$

不依赖于 (x, y) 平面中微分 δz 的方向，所以为了方便我们可以想象，取极限时 δz 总是平行于 x 轴，给出

$$\frac{dw}{dz} = \frac{\partial\phi}{\partial x} + i\frac{\partial\psi}{\partial x} = v_x - iv_y。$$

将 δz 选择为平行于 y 轴（因而 $\delta z = i\delta_y$），这同样是很方便的，给出

$$\frac{dw}{dz} = \frac{1}{i}\frac{\partial\phi}{\partial y} + \frac{\partial\psi}{\partial y} = v_x - iv_y。$$

如果将 $\mathbf{v}$ 的值记为 v，而将 $\mathbf{v}$ 与 x 轴方向间的夹角记为 θ，dw/dz 的表达式变为

$$\frac{dw}{dz} = v_x - iv_y = ve^{-i\theta}。 \tag{2.7.13}$$

所有这些关系式在以后各种特定情形中都会是有用的。

2.8　空间双连通区域中的无旋无散流动

当为流体所占据的区域不是单连通的时候，不是所有连接流体中两点 O 和 P 的一对路径都能够构成封闭可约曲线；粗略讲来，这对路径中的一个可能绕过边界的一侧，而另一个可能绕过边界的另一侧。在这种情况下，$\mathbf{v}$（如前一样，一般速度场的无旋无散部分）在连结 O 到 P 的路径上的线积分，不能证明不依赖于所选择的路径[①]，因而线积分可能不是单值的。上节中建立的唯一性结论只有当由线积分定义的函数 $\phi(\mathbf{x})$ 是单值时才是正确的，因而现在应考察一下当 ϕ 可能不是单值时有哪些改变。

首先我们回忆一下空间区域是如何按拓扑学分类的。空间的单连通区域通过如下事实而被区分出来：区域中的任何两点可以被完全位于区域内的路径所连结，而任何两条这样的路径一起均构成一条可约封闭曲线。在多连通区域中，仍有可能把区域中的任何两点用完全位于区域中的线连接起来，但是这样路径中的有些对一起构成不可约封闭曲线。多连通区域的连通性重数由不同隔板（barriers）的数目所决定，这些隔板是一些开放表面，它们的边界曲线完全位于区域边界上，同时总可能把这些隔板放入区域中而不致把它分为不连通的部分；如可置入 $n-1$ 个这样的隔板，区域称为 **n 重连**通的。如圆环的外区域是双连通的，因为只可以置入一个隔板（如张在圆环的中间开放部分的隔板）而不致使区域完全失去连通性。放入每一个隔板就产生一个新的区域

---

① 我们认为以下这点是不言而喻的，即，当一封闭曲线是不可约的时候，不可能找到以这曲线为界而完全位于流体中的开放面，从而 Stokes 定理不能用来证明 $\mathbf{v}$ 的环绕该曲线的线积分为零。尽管这一论据十分明显，实际上它只是对于具有相当简单的拓扑学性质的空间区域（包括那些在流体力学一般会碰到的区域）才是正确的。有可能构造出特别的空间区域，其连通性重数很高，并包含一些曲线，它们是不可约的但又形成完全位于流体中的开放面的边界。

（对于这个区域，隔板的每一侧都是边界的一部分），新区域的连通性重数比没有隔板的区域的连通性重数少一。

连通性重数还可以藉助于可以在区域中画出的不可协调封闭曲线的数目来决定。区域中的两个回路如果可以通过连续变形而不跑到区域之外使它们重合起来就称为**可协调的** (reconcilable)，有时协调过程是这样的，可使两个回路上的点之间有一一对应（即，一个回路上的每一点只与另一回路上的一个点重合），而有时一个回路将在协调过程中变成双重或多重的。在单连通区域中，所有回路是可协调的（和可约的）。在圆环外的双连通区域中，所有可约回路互相是可协调的，而所有穿过圆环的不可约回路类似地也是互相可协调的；但是没有一个前一组中的回路与后一组中的任一回路是可协调的。这样，在一个双连通区中只可以画出两条不可协调回路。在 n 重连通区域中，可以画出 n 条不可协调回路，其中之一是可约的，$n-1$ 条是不可约的。在 n 重连通区域中，在不把它分为不连通的部分的情况下，可置入的 $n-1$ 个隔板中的每一个隔板，排除掉可在区域内画出的 $n-1$ 条不可协调、不可约回路中的一条回路。

双连通区情况在流体力学中是重要的。长固体柱在垂直于其长度方向运动时产生的流动就发生在这样的区域之中，而有些封闭曲线是不可约的这一事实是升力理论的基础（§6.6 和 §6.7）。圆环之外的区域是双连通的，这与分析以烟环运动为代表的这类流动是有关的（§7.2）。连通性重数高于二的区域中的流动不常发生，至少当对于双连通区域结果为已知时，推断连通性为三重和四重的区域的结果是不困难的。因此，在本节中以后的讨论将针对空间的双连通区域。

为了讲解的目的，采用针对无限长固体柱体之外双连通区域中的流动这一具体情况的措词来叙述是方便的。我们来考察可以在流体中画出的各种封闭曲线。这些回路中的许多是可约的，根据 Stokes 定理，在其上的 **v** 的线积分为零。有些回路是不可约曲线，它们完全环绕（或"套住"）柱体一次。这样，套过柱体一次的回路中的任何两条是可叠合的，两条回路上的点有一一对应关系，而两条曲线在相协调（叠合）过程中所勾画出的面是位于流体中而以这两条封闭曲线为界的条带。对于这一形状为条带的开放面应用 Stokes 定理[①]表明，在两条封闭曲线上的 v 的线积分，当相对于柱形以同样方向计算时是相等的；因而，对于所有环绕柱体一次的回路有

$$\oint \mathbf{v} \cdot d\mathbf{x} = \kappa, \qquad (2.8.1)$$

未知量 κ 称为速度场 v 的**循环常数**[②]。

其它不可约曲线环绕柱体不只一次，譬如说 p 次。环绕柱体 p 次的任何两条回路是可协调（叠合）的，且有一一相互对应，而如前一样，对于由导致互相协调的变形而扫出来的条带应用 Stokes 定理再次证明，沿这两条封闭曲线的 v 的线积分有相同的值。但在绕过柱体 p 次的回路中有一条是 p 次重复同一条环绕柱体的封闭曲线。因此，对于所有环绕柱体 p 次的回路，我们有

$$\oint \mathbf{v} \cdot d\mathbf{x} = p\kappa, \qquad (2.8.2)$$

这一关系式给出沿着在流体中画出的任何封闭曲线的（与 v 相关联的）环量，只是对于不环绕柱体的曲线，p 要取为零。

如果我们定义 ϕ (x) 函数使

$$\phi(\mathbf{x}) = \phi(\mathbf{x}_0) + \int_0^P \mathbf{v} \cdot d\mathbf{x}, \qquad (2.8.3)$$

其中积分是沿位于流体中的、连接位置向量为 $\mathbf{x}_0$ 的点 O 到位置向量为 x 的点 P 的某一路径计算的，可见 ϕ (x) 之值依赖于路径的选择。对应于从 O 到 P 的路径的两个选择的两个 ϕ 值之间的差，等于沿两条路径共同形成的封闭曲线的 v 的线积分，而如

----

① 当 Stokes 定理应用于边界由两个或更多的不连接封闭曲线构成的开放面时，在边界上线积分的方向被这样一个规则所决定：它相对于相邻面元的法线应到处为逆时针方向的。

② 在空间的 n 重连通区，有 $n-1$ 个循环常数与速度场 v 相关联。

(2.8.2)表明,这应是循环常数 κ 的整倍数。这样,在双连通区域,ϕ 一般讲是位置的多值函数,ϕ 的可能值之间的差为 κ 的整数倍。当 κ 不为零时,双连通区域中的无旋无散流动称为**循环**的;当 $\kappa=0$ 时,流动是**无循环**的,而 ϕ 为位置的单值函数,就像在单连通区域中的流动情况中一样。

应该指出,由 (2.8.3)定义的 ϕ 仍是 x 的连续函数(当 $|\mathbf{x}|$ 为有限时)。当点 P 围绕柱体以反时针方向连续运动时,ϕ 连续改变,且当 P 完成环绕柱体一圈回到其初始点时,比原来值大一 κ 值。在流体中所有点上,P 的位置的无穷小的改变 $\delta\mathbf{x}$ 产生 ϕ 的值的一个无穷小的改变 $\mathbf{v}\cdot\delta\mathbf{x}$,而如前一样,关系式

$$\mathbf{v} = \nabla\phi(\mathbf{x})$$

成立。v 当然在所有情况下是 x 的一个单值函数。

实际上,§2.6 中描述过的那类线涡就提供了循环无旋无散流动的一个例子。流体的无限区域中与单个线涡相关联的速度场(该线涡一定是封闭的或者其两端均伸展到无穷远),根据定义,除了在线涡本身处外,是到处为无散和无旋的;因而,在位于线涡外的双连通区中,$\mathbf{u}_v = \nabla\phi$,而 ϕ 的循环常数等于线涡的强度。在 (2.6.6)中我们其实是显式地决定了与强度为 κ 的封闭线涡相关联的流动的速度势,即

$$\phi(\mathbf{x}) = -\frac{\kappa}{4\pi}\Omega \qquad (2.8.4)$$

其中 Ω 是封闭线涡在点 x 所张的立体角。如可预期,当点 x 沿着环绕线涡一次的任一封闭路径顺着相对于线涡的涡量的正向绕过一圈时,这一表达式增加一个 κ 量。在长度为无限的直线涡的极限情况下,可以想象线涡是通过一无限大半径的半圆封闭起来的,因而

$$\phi(\mathbf{x}) = \frac{\kappa}{2\pi}\theta \qquad (2.8.5)$$

其中 θ 是点 x 相对于线涡的在与线涡成直角的平面中的反时针方向的极角,$\theta-0$ 方向为任意的。要注意,这一速度势给出与流函

数 (2.6.5) 给出的相同的流场，而在与线涡成直角的 z 平面中流动的复势为

$$w(z) = - (i\kappa/2\pi)\log z \ .$$

$\nabla\phi$ 可以被唯一地决定的条件

§2.7 中导致建立 ϕ 的 Laplace 方程的解为唯一（除一可加常数外）的边界条件的论证，在导出 (2.7.6) 这一步中，用了散度定理，它只有当 ϕ 为位置的单值函数时才是对的。所以，对于双连通区中的流动，论证不复成立，除非循环常数 κ 恰恰为零①。但当 ϕ 是一多值速度势时，有一个利用前面的结果得到 $\nabla\phi$ 的唯一性的充分条件的简单方法。因为，如果 ϕ 与 ϕ^* 是 Laplace 方程的两个已知具有相同循环常数的解，则 $\phi-\phi^*$ 是非循环运动的速度势并且是位置的单值函数；而对于它，以前的推导是可用的。因而，当提出单连通区域中流动唯一性所要求的边界条件，**同时循环常数是给定了的时候**，双连通区域中无旋无散流动就被唯一地决定了。

尽管这一简单的推理立即给出一个有用的唯一性定理，但是详细地考察当 ϕ 是位置的多值函数时 (2.7.6) 这样的关系式应有怎样的改变，还是有启发性的。如前一样，我们从恒等式

$$\int \mathbf{v} \cdot \mathbf{v}dV = \int \nabla \cdot (\phi\mathbf{v})dV$$

开始，积分是对于流体占据的双连通区域计算的。为了能够转换到面积分，我们想象有本节早些时候所描述的那样的（无厚度的）隔板② 被置于流体之中。如果这一隔板的两侧都被看作是流体的边界的一部分，那么流动现在在一个单连通区域中发生，在其中 ϕ 是位置的单值函数；连接参考点 O 到流动点 P ($\mathbf{x}$) 的路径不应经过隔板（因为它不应跑到流体之外去），因此路径的所有配

---

① κ 由某种类型的运动柱体所产生的流动中的动力学过程所决定的途径将在 §6.7 中考察，在那里将看到，$\kappa\neq0$ 的情况是通常的和重要的。

② "隔板"这一词有着拓扑学的但无力学的意义。置入隔板对于流动没有影响，应该想象为是在流体中画出一个表面而已。

对都共同构成可约封闭曲线。

现在利用散度定理就可以了，因为体积 V 是单连通的，这样作就给出

$$\int \mathbf{v} \cdot \mathbf{v} dV = \int \phi \mathbf{v} \cdot \mathbf{n} dA + \int \phi_- \mathbf{v} \cdot \mathbf{n} dS$$

$$- \int \phi_+ \mathbf{v} \cdot \mathbf{n} dS, \qquad (2.8.6)$$

其中 A 是流体的真实边界，包括内边界 A_1（这里 $\mathbf{n} = -\mathbf{n}_1$）和外边界 A_2（这里 $\mathbf{n} = \mathbf{n}_2$），当它们存在时，而隔板 S 的法线 $\mathbf{n}$ 相对真实边界具有与定义 κ 的正值时所用的相同的指向。ϕ_+ 和 ϕ_- 是隔板两侧上的 ϕ 之值，ϕ_+ 代表法向 $\mathbf{n}$ 所指向的一侧。图 2.8.1 对于两

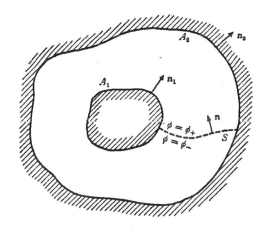

图 2.8.1 将隔板 S 置于两个柱面之间的空间

个无穷长柱体间的双连通区域的情况详细地说明了标记。这时当点 $P(\mathbf{x})$ 以正方向运动，从隔板的一侧上的一个位置运动到隔板的另一侧的相邻位置上而不经过隔板时，ϕ 的变化为

$$\phi_- - \phi_+ = \oint \mathbf{v} \cdot d\mathbf{x} = \kappa, \qquad (2.8.7)$$

因此

$$\int \mathbf{v} \cdot \mathbf{v} dV = \int \phi \, \mathbf{v} \cdot \mathbf{n} dA + \kappa \int \mathbf{v} \cdot \mathbf{n} dS \text{。} \qquad (2.8.8)$$

最后一个积分等于流经隔壁的流体体积流量。

现在得到，对于由 $\phi - \phi^*$ 表示的"位势差"运动，(2.8.8)的整个右端为零，条件是由 ϕ 和 ϕ^* 分别代表的运动的循环常数要相等，并且在边界表面 A 上对 ϕ 和 ϕ^* 两者提出前已描述过的那类条件。我们还看到，对于位势差运动另一种使 (2.8.8) 右端第 2 项为零的方法，是规定由 ϕ 和 ϕ^* 分别表示的运动经过隔壁产生相同的体积流量。但是，唯一性的这一条件在实践中不像规定循环常数那样有用。

在 $\mathbf{v}$ 的法向分量在流体的全部边界 A 上被规定的循环流动情况下，有可能将速度 $\mathbf{v}$ 区分为对于(2.8.8)的右端分别做出贡献的两个唯一被决定的部分，这对于以后的工作是有用的。其中一部分，如 $\mathbf{v}_1$，是从这样一个单值位势 ϕ_1 推导出来的，它使 $\mathbf{n} \cdot \nabla \phi_1$ 在边界 A 的所有点上具有规定的 $\mathbf{v} \cdot \mathbf{n}$ 之值；另一部分，$\mathbf{v}_2$，是从具有规定的循环常数 κ 且在边界 A 的所有点上满足

$$\mathbf{n} \cdot \nabla \phi_2 = 0$$

的多值位势 ϕ_2 推导出来的。这时

$$\int \mathbf{v}_1 \cdot \mathbf{v}_2 dV = \int \nabla \cdot (\phi_1 \nabla \phi_2) dV$$
$$= \int \phi_1 \mathbf{n} \cdot \nabla \phi_2 dA = 0, \qquad (2.8.9)$$

表明，两个贡献 $\mathbf{v}_1$ 和 $\mathbf{v}_2$ 在积分的意义上正交，而关系式 (2.8.8) 变为

$$\int \mathbf{v} \cdot \mathbf{v} dV = \int \mathbf{v}_1 \cdot \mathbf{v}_1 dV + \int \mathbf{v}_2 \cdot \mathbf{v}_2 dV$$
$$= \int \phi_1 \mathbf{v}_1 \cdot \mathbf{n} dA + \kappa \int \mathbf{v}_2 \cdot \mathbf{n} dS \text{。} \quad (2.8.10)$$

习　题

证明 (2.8.10) 中的对于隔板 S 的积分不依赖于隔板的选择，而一般讲 (2.8.8) 中的积分则不是这样。

2.9 伸展到无穷远处的三维流场

u_e 和 u_v 的渐近表达式

当流体在所有方向上伸展到无穷远并在那里为静止时，我们正将假设有这种情况，膨胀率 Δ 和涡量 ω 通常也在无穷远处为零。由 Δ 和 ω 的特定的分布引起的对于速度 $u(x)$ 贡献的积分表达式 (2.4.5) 和 (2.4.11) 仍然是控制方程 (2.4.2) 和 (2.4.7) 的解，只要对于流体的无限区域的积分须是收敛的。在许多有实际意义的情况下 $|\Delta|$ 和 $|\omega|$ 随着距流体内边界的距离增加而下降得十分迅速，关于它们的量级我们可以合理地作强假设，以便得到当 $|x|$ 大时关于 u_e 和 u_v 的渐近表达式的有用的结果。

我们首先考察代表与 Δ 的特定分布相关联的并由 (2.4.5) 给出的无旋速度场的贡献 u_e。当随着 $r' \to \infty$，$|\Delta(x')|$ 很快下降时，(2.4.5) 中积分之值很可能主要由包围原点的中心区域的贡献决定；而由于对于这些贡献当 r 大时准确到 r^{-2} 有

$$\frac{1}{s} \approx \frac{1}{r},$$

（其中 $s = |x - x'|$，$r = |x|$，故在 $r \to \infty$ 时下式

$$u_e(x) \sim -\frac{1}{4\pi}\left\{\int \Delta' dV(x')\right\} \nabla \frac{1}{r} \qquad (2.9.1)$$

是一个似乎可信的推测。分别考察区域 $r' \leqslant \alpha r$（给出一个积分譬如 I_1）和区域 $r' \geqslant \alpha r$（给出 I_2）对于 (2.4.5) 中积分的贡献，其中 $\alpha < 1$，可以证明上式。假如当 r' 为大值时 $\Delta(x')$ 如 r'^{-n} 一样变化，可以见到，当 r 为大值时 I_2 正比于 r^{1-n}。在 I_1 的被积函数中，$r' < r$，所以可以将 s^{-1} 写为 x' 的带有余项的 Taylor 级数，在这情况下级数仅由首项 r^{-1} 和一个量级为 r^{-2} 的余项组成。对于 n 作一适当的限制，即令 $n > 3$，积分 I_2 可以忽略不计，从而得到 (2.9.1)。

渐近式 (2.9.1) 代表与在原点以速度 $\int \Delta(x') dV(x')$ 散发出体积的单个源相关联的无旋速度场。如果这一实效源强度为零，则

s^{-1}的 Taylor 级数的第二项应被保留,于是 I_1 的被积函数中的 s^{-1} 由下式代替

$$\frac{1}{r} - \mathbf{x}' \cdot \nabla \frac{1}{r}$$

它准确到 r^{-3} 的量级,这时会发现,当 $r \rightarrow \infty$ 时,并在对 n 作较强的限制的情况下

$$\mathbf{u}_e(\mathbf{x}) \sim \frac{1}{4\pi} \left\{ \int \mathbf{x}' \Delta' dV(\mathbf{x}') \right\} \cdot \nabla \left(\nabla \frac{1}{r} \right) \qquad (2.9.2)$$

这一渐近式代表与原点处强度为 $\int \mathbf{x}' \nabla' dV(\mathbf{x}')$ 的源偶极子(§2.5)相关联的无旋速度场。如果这后一积分为零,可以用同样的方法求更高阶的近似。

关于代表与 $\boldsymbol{\omega}$ 的特定分布相关联的并由 (2.4.11) 给出的无散速度场 $\mathbf{u}_v(\mathbf{x})$ 的贡献,可以作类似的陈述。可以用同样的方法证明,假如当 r 为大量时 $|\boldsymbol{\omega}(\mathbf{x})|$ 为 r^{-n} 的量级 ($n > 3$),则当 $r \rightarrow \infty$ 时有

$$\mathbf{u}_v(\mathbf{x}) \sim -\frac{1}{4\pi} \left\{ \int \boldsymbol{\omega}' dV(\mathbf{x}') \right\} \times \nabla \frac{1}{r} \, 。 \qquad (2.9.3)$$

这一渐近式代表与原点处一体积元中的均匀涡量相关联的无散速度分布(与 (2.4.12) 比较),该体积元的涡量和体积的乘积等于 $\int \boldsymbol{\omega}' dV(\mathbf{x}')$;或等价地,代表与原点处一线涡元相关联的无散速度分布,该线涡的长度(向量)元与强度的乘积等于 $\int \boldsymbol{\omega}^l dV(\mathbf{x}')$。但是,涡线都是位于流体中的封闭曲线(或者是位于某些延伸到超过内边界的区域中的封闭曲线,(2.4.11) 和 (2.9.3) 的体积分应对这样的区域积分,如在 §2.4 中解释过),这意味着 (2.9.3) 中积分为零;根据恒等式

$$\int \omega_i(\mathbf{x}) dV(\mathbf{x}) = \int \nabla \cdot (x_i \boldsymbol{\omega}) dV(\mathbf{x}),$$

并利用散度定理和所假设的当 r 为大时 $|\boldsymbol{\omega}|$ 为很小的事实,我们形式地看到真是这样的。

因而有必要以导致 (2.9.2) 的方式将 s^{-1} 的 Taylor 级数多展

开一项从而得到 $\mathbf{u}_v$ 的高阶近似。

如果作当 r 为大时 $|\boldsymbol{\omega}|$ 为 r^{-n} 的量级 ($n > 4$) 的较强的限制，我们发现，当 $r \to \infty$ 时

$$\mathbf{u}_v(\mathbf{x}) \sim \frac{1}{4\pi} \int \boldsymbol{\omega}' \times \left\{ \mathbf{x}' \cdot \nabla \left(\nabla \frac{1}{r} \right) \right\} dV(\mathbf{x}')$$

$$= -\frac{1}{4\pi} \nabla \times \int \boldsymbol{\omega}' \mathbf{x}' \cdot \nabla \left(\frac{1}{r} \right) dV(\mathbf{x}'), \quad (2.9.4)$$

注意到，从散度定理和 r 大时 $|\boldsymbol{\omega}|$ 假设为小，有

$$\int (x_i \omega_j + x_j \omega_i) dV(\mathbf{x}) = \int \nabla \cdot (x_i x_j \boldsymbol{\omega}) dV(\mathbf{x}), \ = 0,$$

由此可以较容易地解释表达式 (2.9.4)。由上式得

$$\int \boldsymbol{\omega}' \mathbf{x}' \cdot \nabla \frac{1}{r} dV(\mathbf{x}')$$

$$= \frac{1}{2} \int \left(\boldsymbol{\omega}' \mathbf{x}' \cdot \nabla \left(\frac{1}{r} \right) - \mathbf{x}' \boldsymbol{\omega}' \cdot \nabla \left(\frac{1}{r} \right) \right) dV(\mathbf{x}')$$

$$= -\frac{1}{2} \left(\nabla \frac{1}{r} \right) \times \int \mathbf{x}' \times \boldsymbol{\omega}' dV(\mathbf{x}')。 \quad (2.9.5)$$

因而 $u_v(x)$ 的渐近表达式为

$$\mathbf{u}_v(\mathbf{x}) \sim \frac{1}{8\pi} \nabla \left\{ \left(\nabla \frac{1}{r} \right) \cdot \int \mathbf{x}' \times \boldsymbol{\omega}' dV(\mathbf{x}') \right\}, \quad (2.9.6)$$

可以看出此式与 (2.9.2) 为同样形式。对于强度为 κ 的、线元为 $\delta\mathbf{l}$ 的单个封闭线涡我们有

$$\frac{1}{2} \int \mathbf{x} \times \boldsymbol{\omega} dV(\mathbf{x}) = \frac{1}{2} \kappa \oint \mathbf{x} \times d\mathbf{l}(\mathbf{x})$$

$$= \kappa \int \mathbf{n} dA = \kappa \mathbf{A}, \quad (2.9.7)$$

其中 $\mathbf{n} dA$ 是为线涡所界的任何开放面的向量元 ($\mathbf{n}$ 的方向相对于 $\boldsymbol{\omega}$ 绕线涡的指向规定)，而 $\mathbf{A}$，即这一表面的总向量面积，只依赖于封闭线涡的形状。因此，$\mathbf{u}_v$ 的渐近式代表与位于原点的无穷小线性尺寸的单个封闭线涡相关联的无散速度分布，而为涡所界的向量面积和强度的乘积等于 $\frac{1}{2} \int \mathbf{x} \times \boldsymbol{\omega} dV(\mathbf{x})$。

总括起来,我们得到了,在总膨胀率 $\int \Delta dV(\mathbf{x})$ 为零的情况下,当 $r \to \infty$ 时 $\mathbf{u}_e$ 和 $\mathbf{u}_v$ 有共同的渐近形式,它的量级为 r^{-3},并代表了与位于原点的源偶极子或单个封闭线涡相关联的速度场。

φ 在大距离上的行为

当流体的速度在无穷远处为零时,且当膨胀率和涡量的分布使得 $\mathbf{u}_e$ 和 $\mathbf{u}_v$ 在无穷远处为零时,其余的贡献 $\mathbf{v}(\mathbf{x})=(\nabla \phi)$ 也应在那里为零。我们现将利用 $r \to \infty$ 时 $\mathbf{v} \to 0$ 的假设来决定大 r 值下 $\mathbf{v}$ 和 ϕ 的函数形式,所得的知识在以后考察无限广延的流体的外面部分已知是无旋的这种无散流动时是有用的。首先将证明,当 $r \to \infty$ 时,ϕ 以特定方式趋于一常数,这是 ϕ 满足方程 $\nabla^2 \phi = 0$ 这一事实的直接推论。我们暂时设 ϕ 是 $\mathbf{x}$ 的单值函数,当流体所占据的区域是单连通的时候,这是没有问题的;在下节中将考察当 ϕ 不是单值时所必需的修正。

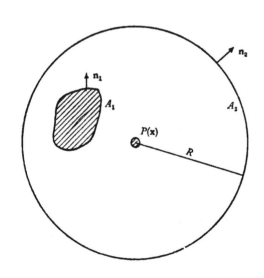

图 2.9.1　伸展到无穷远且在那里为静止的流体的示意图

流体的内边界仍如前标记为 A_1，$\mathbf{n}_1$ 为此面的一个面元的单位（外）法线。A_2 标记流体中以点 $P(\mathbf{x})$ 为中心，半径 R 足以把所有内边界包括在内的球面，$\mathbf{n}_2$ 为球的单位（外）法线；A_2 之外并包括 A_2 的区域完全为流体所占据（图 2.9.1）。我们可利用 Green 定理①，它的一个形式可以这样陈述：如果 F 和 G 与其空间导数一起为以 A_1 和 A_2 为界的体积 V 中位置的单值、有限和连续的标量函数，则

$$\int (F\nabla G - G\nabla F)\cdot \mathbf{n}_2 dA_2 - \int (F\nabla G - G\nabla F)\cdot \mathbf{n}_1 dA_1$$

$$= \int (F\nabla^2 G - G\nabla^2 F)dV。 \tag{2.9.8}$$

这里对 F 和 G 要作的特别选择为

$$F(\mathbf{x}') = \phi(\mathbf{x}'), G(\mathbf{x}') = s^{-1},$$

其中 $s = |\mathbf{x} - \mathbf{x}'|$ 是点 $P(\mathbf{x})$ 和积分元所在的点 $\mathbf{x}'$ 之间的距离。ϕ 具有在整个 V 内为单值、有限和连续等必需的性质，但 s^{-1} 在 P 处不是有限的；因此要把 P 用一小半径 ε 的球包围起来，并把这球从 V 中除去而其表面亦须包括到内边界中去。它对于 (2.9.8) 的左端的面积分的附加贡献为

$$-\int \left(\phi' \frac{\partial s^{-1}}{\partial s} - \frac{1}{s}\frac{\partial \phi'}{\partial s} \right)_{s=\varepsilon} \varepsilon^2 d\Omega(\mathbf{x}'),$$

$$\rightarrow 4\pi\phi(\mathbf{x})，当 \varepsilon \rightarrow 0 时， \tag{2.9.9}$$

其中 $\delta\Omega$ 是 P 处所张的立体角元，而一撇如前一样标记着在点 $\mathbf{x}'$ 的计算值。

现在 ϕ 和 s^{-1} 两者都满足 Laplace 方程，所以 (2.9.8) 的右端为零，我们得到

$$\phi(\mathbf{x}) = \frac{1}{4\pi}\int \left(\phi' \nabla_{\mathbf{x}'} \frac{1}{s} - \frac{1}{s}\nabla\phi' \right) \mathbf{n}_1 dA_1(\mathbf{x})$$

$$- \frac{1}{4\pi}\int \left(\phi' \nabla_{\mathbf{x}'} \frac{1}{s} - \frac{1}{s}\nabla\phi' \right)\cdot \mathbf{n}_2 dA_2(\mathbf{x})$$

---

① 向量分析和位势理论中周知的定理。关系式 (2.9.8) 可以通过对向量 $F\nabla G - G\nabla F$ 应用体积 V 上的散度定理而得到。

而由于在 A_2 上 $s = R$，

$$= -\frac{1}{4\pi}\int\left(\phi' \nabla_x \frac{1}{s} + \frac{1}{s}\nabla\phi'\right)\cdot \mathbf{n}_1 dA_1(\mathbf{x}')$$
$$+ \frac{1}{4\pi R^2}\int\phi' dA_2(\mathbf{x}') + \frac{1}{4\pi R}\int\mathbf{n}_2\cdot\nabla\phi' dA_2(\mathbf{x}')。$$

由于在 V 内到处 $\nabla\cdot\mathbf{v}=0$，我们有

$$\int\mathbf{n}_2\cdot\nabla\phi' dA_2(\mathbf{x}') = \int\mathbf{n}_1\cdot\nabla\phi' dA_1(\mathbf{x}'),=m \quad (2.9.10)$$

m 是与速度场 $\mathbf{v}$ 相关联的穿过内边界 A_1（在向外的方向上）的流体体积通量。我们还可以写

$$\frac{1}{4\pi R^2}\int\phi' dA_2(\mathbf{x}') = \bar{\phi}(\mathbf{x},R), \quad (2.9.11)$$

代表以 $\mathbf{x}$ 为中心，半径为 R 的球面 A_2 上的 ϕ 的平均值。于是

$$\phi(\mathbf{x}) = \bar{\phi} + \frac{m}{4\pi R} - \frac{1}{4\pi}\int\left(\phi' \nabla_x \frac{1}{s} + \frac{1}{s}\nabla\phi'\right)\cdot\mathbf{n}_1 dA_1(\mathbf{x}')。$$

$$(2.9.12)$$

这一关系式是决定大 r 值时 ϕ 的行为的合适的形式，因为除首项外所有右端项当 r（$=|\mathbf{x}|$），因而还有 s，变得很大时，均趋于零（还有 R 也要变得很大，以使以 $\mathbf{x}$ 为中心的球 A_2 总是包围了内边界）。但是，关于剩余的这项 $\bar{\phi}$ 我们需要知道更多的东西。这一信息由最早为 Gauss 对于引力势建立的定理所提供，引力势也满足 Laplace 方程。Gauss 的结果是下面的式（2.9.14），其证明如下。

通量关系式（2.9.10）可以写为

$$R^2\int\left(\frac{\partial\phi'}{\partial s}\right)_{s=R}d\Omega(\mathbf{x}') = R^2\frac{\partial}{\partial R}\int(\phi')_{s=R}d\Omega(\mathbf{x}') = m,$$

$$(2.9.13)$$

其中 $\delta\Omega$ 仍为 P 处所张的立体角元。因此，将（2.9.13）对 R 积分给出

$$\bar{\phi}(\mathbf{x},R) = \frac{1}{4\pi}\int(\phi')_{s=R}d\Omega(\mathbf{x}') = C - \frac{m}{4\pi R}, \quad (2.9.14)$$

其中 C 不依赖于 R。为了弄明白 C 是否依赖于球 A_2 的中心位置

$\mathbf{x}$，我们计算 C 对于 $\mathbf{x}$ 的任一分量，如 x_1 的导数，同时保持 R 为常数：

$$\frac{\partial C}{\partial x_1} = \frac{\overline{\partial \phi}}{\partial x_1} = \frac{1}{4\pi R^2} \frac{\partial}{\partial x_1} \int \phi' dA_2(\mathbf{x}')$$

$$= \frac{1}{4\pi R^2} \int \frac{\partial \phi'}{\partial x_1} dA_2(\mathbf{x}') 。 \qquad (2.9.15)$$

这最后一个表达式是速度分量 v_1 在整个球面 A_2 上的平均值，我们知道它在大的 R 值下应为零，因为 $\mathbf{v}$ 在无穷远处到处为零。因此，C 对于 R 和 $\mathbf{x}$ 均不依赖。

将 (2.9.14)代入 (2.9.12)，我们得到

$$\phi(\mathbf{x}) = C - \frac{1}{4\pi} \int \left(\phi' \nabla_{\mathbf{x}} \frac{1}{s} + \frac{1}{s} \nabla \phi' \right) \cdot \mathbf{n}_1 dA_1(\mathbf{x}'),$$

$$(2.9.16)$$

这是一个只依赖于位置 $\mathbf{x}$ 和内边界处的条件的表达式。当 $r \rightarrow \infty$ 时，s 也变大，(2.9.16)中的被积函数在有限表面 A_1 上变得到处为小量；因而

$$\text{当 } r \rightarrow \infty \text{ 时}, \phi(\mathbf{x}) \rightarrow C 。$$

$\nabla \phi$ 可以被唯一地决定的条件

ϕ 在无穷远处趋于一常值这一事实与 (2.7.6)一起可以用来建立 $\nabla \phi$ 的唯一性的条件。当把一包围所有内边界的大半径 R 的球选择为外界面 A_2 时，对于整个流体体积计算的 $\mathbf{v} \cdot \mathbf{v}$ 的积分变为

$$\int \mathbf{v} \cdot \mathbf{v} dV = \lim_{R \rightarrow \infty} \int \phi \mathbf{v} \cdot \mathbf{n}_2 dA_2 - \int \phi \mathbf{v} \cdot \mathbf{n}_1 d A_1 。$$

$\int \mathbf{v} \cdot \mathbf{n}_2 dA_2$ 之值为有限 （并等于经过内边界的流量 $\mathbf{m}$），所以

$$\int \mathbf{v} \cdot \mathbf{v} dV = \lim_{R \rightarrow \infty} \int (\phi - C) \mathbf{v} \cdot \mathbf{n}_2 dA_2 - \int (\phi - C) \mathbf{v} \cdot \mathbf{n}_1 d A_1$$

$$= - \int (\phi - C) \mathbf{v} \cdot \mathbf{n}_1 d A_1 。 \qquad (2.9.17)$$

这一关系式对于延伸到无穷远的流体代替了 (2.7.6)，而我们从此式见到，两个解 $\nabla\phi$ 和 $\nabla\phi^*$ 必定全同的条件也就是使下式

$$-\int(\phi - \phi^*)(\mathbf{v} - \mathbf{v}^*)\mathbf{n}_1 dA_1 + (C - C^*)(m - m^*) = 0$$

成立的条件，其中 C 和 C^* 是 ϕ 和 ϕ^* 在无穷远处的常值，而 m 和 m^* 是对应于这两个解的经过内边界的体积流量。我们再次见到，如在 §2.7 中已陈述过那样，当 $\nabla\phi$ 的法向分量之值在流体边界每点上被给定（这时边界完全是内边界）时，则 $\nabla\phi$ 被唯一地确定，因为这条件要求在 A_1 的每点上 $\mathbf{v}\cdot\mathbf{n}_1 = \mathbf{v}^*\cdot\mathbf{n}_1$ 及 $m = m^*$。同样地还有另一个虽不那么重要的保证 $\nabla\phi$ 为唯一的途径，即规定 A_1 上每点的 ϕ 值，以及规定或者流量之值 m 或者 ϕ 在无穷远所趋向的常值 C。

ϕ 的幂级数表达式

准确关系式 (2.9.16)已被用来证明 ϕ 在无穷远处趋于常值。这关系式本身也是有意义的，因为它以显式表明，ϕ 在整个流体中如何被内边界上的条件所决定。(但要注意，(2.9.16)并没有明显地只通过内边界上的 $\nabla\phi$ 的法向分量给出 $\phi(\mathbf{x})$；ϕ 在内边界上的分布也包含于其中。初看起来这像是与唯一性定理不相符合，该定理表明，除一可加常数外，$\phi(\mathbf{x})$ 为内边界上 $\mathbf{n}\cdot\nabla\phi$ 的给定分布所唯一地决定。解释在于这样的事实，$\mathbf{n}\cdot\nabla\phi$ 和 ϕ 在内边界上的分布不是独立的；原则上讲其中之一可以取消。)

我们将利用 (2.9.16)来得到以 s^{-1} 的幂级数表示的 $\phi(\mathbf{x})$，常数 C 是其首项。第一步是将 s^{-1} 写为 $\mathbf{x}'$ 的 Taylor 级数

$$\frac{1}{s} = \frac{1}{r} - x_j'\frac{\partial}{\partial x_i}\left(\frac{1}{r}\right) + \frac{1}{2}x_i'x_j'\frac{\partial^2}{\partial x_i\partial x_j}\cdot\left(\frac{1}{r}\right) + \cdots,$$

$$(2.9.18)$$

当 $r' < r$ 时，此级数显然对于 $\mathbf{x}\cdot\mathbf{x}' = \mp rr'$ 的情况，因而对于 $\mathbf{x}$ 和 $\mathbf{x}'$ 间的所有角度值，都是收敛的。级数 (2.9.18)可以代入 (2.9.16)，且当 r 比积分中的最大 r' 值为大时，积分可以逐项求得

而给出

$$\phi(\mathbf{x}) = C + \frac{c}{r} + c_i \frac{\partial}{\partial x_i}\left(\frac{1}{r}\right) + c_{ij} \frac{\partial^2}{\partial x_i \partial x_j}\left(\frac{1}{r}\right) + \cdots,$$

$$(2.9.19)$$

其中

$$\left.\begin{array}{l}
c = -\dfrac{1}{4\pi}\displaystyle\int \mathbf{n} \cdot \nabla \phi \, dA = -\dfrac{m}{4\pi}, \\[2mm]
c_i = \dfrac{1}{4\pi}\displaystyle\int (x_i \mathbf{n} \cdot \nabla \phi - n_i \phi) dA, \\[2mm]
c_{ij} = \dfrac{1}{4\pi}\displaystyle\int\left(-\dfrac{1}{2} x_i x_j \mathbf{n} \cdot \nabla \phi + x_i n_j \phi\right) dA\cdots
\end{array}\right\} \quad (2.9.20)$$

这些积分是对于流体整个内边界计算的，其面元现用 $\mathbf{n}dA$ 表示，因下标 1 已成多余。

这一有趣的级数表明，在以原点为中心的包围了内边界的球的外部区域中，位势 ϕ 可以写为 r^{-1} 的不同阶的积分的多个贡献之和，其中每一个都满足 $\nabla^2 \phi = 0$（因为 $\phi = r^{-1}$ 满足这一方程，因而 r^{-1} 的所有空间导数都满足这一方程），而且每一个都代表位于原点的、以 §2.5 中描述的方式由点源构造成的点奇异性所引起的位势。$\nabla^2 \phi = 0$ 的独立解系列

$$\frac{1}{r}, \frac{\partial}{\partial x_i}\left(\frac{1}{r}\right), \quad \frac{\partial^2}{\partial x_i \partial x_j}\left(\frac{1}{r}\right), \quad \cdots \qquad (2.9.21)$$

在调和函数理论[①] 中起着基本的作用，并被称为 -1，-2，-3，$\cdots$阶的**立体球谐函数**。写为一般形式

$$S_n = r^{n+1} \frac{\partial^n}{\partial x_i \partial x_j \cdots}\left(\frac{1}{r}\right), (n = 0, 1, 2, \cdots), \qquad (2.9.22)$$

其 r^{-1}，r^{-2}，$\cdots$的相应系数只依赖于向量 $\mathbf{x}$ 的方向，或等价地，依赖于中心在原点的球上的位置，并称为整阶的**表面**球谐函数。据球极坐标中 Laplace 方程的形式（见附录 2）立即得出，如果 $r^{-n-1}S_n$ 是解，则

---

① 例如，见 H. Jeffreys 和 B. S. Jeffreys 著 "Methods of Mathematical Physics"，第三版，第 24 章（Cambridge University Press, 1956）。

$$\phi(\mathbf{x}) = r^n S_n$$

也是解，即每一个阶为 $-n-1$ 的立体球谐函数有一个阶为 n（n 为正整数）的与之对应。为了在球外部的、且伸展到无穷远（流体在那里为静止）处的区域中表示 ϕ，需要用阶数为负的立体球谐函数，而且就足够了，而在球内部的流体区域中有阶数为正的立体球谐函数就足够了；在内外均有界的区域中两者都需要。

要注意，(2.9.19) 的右端第二项——它是 $\mathbf{v} = \nabla\phi$ 的相应级数中的第一项——代表着与原点处强度为 $\int \mathbf{n}, \nabla\phi \, dA$ 的点源相关联的速度场。换句话说，经过内边界的 $\mathbf{v}$ 的净流量的作用在距边界很大的距离上的 $\mathbf{v}$ 的表达式中起主导作用，而 $\mathbf{v}$ 在那里就像流量是从一个单点发出来的一样（就 $\mathbf{v}$ 的级数的首项而言，这一点的准确位置是任意的）。如我们已然指出，最一般的情况是，流体在内部以固体边界为界，而对于这样的边界之外的不可压缩流体的无旋流动（$\mathbf{v}$ 代表这种流动的真正的流体速度）总流量 m 必须为零；因而 $\mathbf{v}$ 这时在距边界很大距离上为 r^{-3} 的量级。对于 Δ 和 ω 不为零，而 $\mathbf{v}$ 为对于真正流体速度的三个贡献之一的一般情况，也是如此，因为对应于 $\mathbf{u}_e$ 和 $\mathbf{u}_v$ 贡献的通过固体内边界的总体积流量可以证明为零。这后一流量为

$$\int (\mathbf{u}_e + \mathbf{u}_v) \cdot \mathbf{n} \, dA = \int \nabla \cdot (\mathbf{u}_e + \mathbf{u}_v) \, dV ,$$

其中体积积分是对于封闭固体边界内的区域计算的；$\mathbf{u}_e$ 和 $\mathbf{u}_v$ 在这一区域中没有直接的物理意义，但是在这区域中的 $\mathbf{x}$ 点处它们为表达式 (2.4.5) 和 (2.4.11) 从数学上加以定义，并在那里为无散的。因而由 (2.9.10) 定义的 m 是经过内边界的流体体积的真正总流量，而当内边界为固壁时应为零。

作平移运动的刚体引起的无旋无散流动

如果内边界上所应满足的条件是，在给定封闭表面的所有点上

$$\mathbf{n} \cdot \mathbf{v} = \mathbf{n} \cdot \mathbf{U}$$

其中 **U** 是一个给定的向量常数，这是如果 **v** 代表由于刚体以速度 **U** 通过在无穷远处为静止的流体作平移运动而引起的无旋无散流动[①] 的真实速度时所应要求的，这时 **v** 取一特殊的形式。这时速度场的决定归结为求 $\nabla^2\phi=0$ 的满足以下条件的解的问题

当 $r\to\infty$ 时，$\phi(\mathbf{x})\to$ 常数

在物体表面 $\mathbf{n}\cdot\nabla\phi=\mathbf{n}\cdot\mathbf{U}$。

我们从唯一性定理知道，只有 $\nabla\phi$ 的一个解可以满足这些条件。一个任意常数可以加到 ϕ 上去而不影响 **v**，或 ϕ 的方程或内边界条件；因此，ϕ 在无穷远处所趋于的常数值可以任意地加以选择，而为了方便将其取为零。微分方程和在边界上要满足的关系式现在对 ϕ 和 **U** 是线性的和齐次的，由于解应对所有 **U** 的选择都为正确，故应具有形式

$$\phi(\mathbf{x})=\mathbf{U}\cdot\Phi(\mathbf{x}) \qquad (2.9.23)$$

这里 $\Phi(\mathbf{x})$ 是**不依赖 U** 的大小和方向的一个未知向量函数[②]。由于 Φ 被内边界条件决定，因而 Φ 只依赖于**相对于物体的流体中的位置**，即，只依赖于 $\mathbf{x}-\mathbf{x}_0$，其中 $\mathbf{x}_0$ 是物体某质点的瞬时位置向量。当刚体通过流体运动，而流体不伸展到无穷远而是在外以一刚性静止边界为界时，我们发现，ϕ 的 (2.9.23) 的形式仍然有效，虽然这时 Φ 不仅仅依赖于相对于刚体的位置。

关系式 (2.9.23) 在许多情况下都是有用的，甚至可以对于直接决定 ϕ 有所助益。例如，对于中心瞬时位于原点的球形刚体的情况，我们立即看到，在边界形状的描述中不出现向量或方向，而 **x** 是在 Φ 的表达式中可能出现的仅有向量。因而，独立解系列 (2.9.21) 中仅有一个可以与 **U** 组合起来以给出 (2.9.23) 形式的

---

① 这里再次提醒读者，由运动刚体引起的流动为无散和无旋的条件还要从动力学方程中定出。

② 一些读者可能发现，ϕ 应为 **U** 的三个分量的线性和齐次函数是显然的，但不习惯于对于向量作的这种论证。决定 ϕ 的方程和边界条件被表达为不依赖于坐标系的形式，而 ϕ 通过 **U** 的分量的表达式类似地也应不依赖于坐标系；这就是说，**U** 的三个分量只能以构成向量 **U** 所要求的组合形式出现，从而给出 (2.9.23)。

解，即 (2.9.21)中的第二个，从而

$$\phi(\mathbf{x}) = \alpha \mathbf{U} \cdot \nabla \frac{1}{r} = -\alpha \frac{\mathbf{U} \cdot \mathbf{x}}{r^3}, \qquad (2.9.24)$$

是所要求形式的解，其中 α 为一常数。用在 $\mathbf{U}$ 方向上 $\theta=0$ 的球极坐标来表达，相应的流体速度具有分量

$$\frac{\partial \phi}{\partial r} = \frac{\partial}{\partial r}\left(-\alpha \frac{U\cos\theta}{r^2}\right) = \alpha \frac{2U\cos\theta}{r^3},$$

$$\frac{1}{r} \frac{\partial \phi}{\partial \theta} = \alpha \frac{U\sin\theta}{r^3}. \qquad (2.9.25)$$

对于半径为 a 的球，如果

$$r = a \text{ 处}, \frac{\partial \phi}{\partial r} = U\cos\theta,$$

则内边界条件被满足，这要求

$$\alpha = \frac{1}{2}a^3;$$

从而

$$\phi(\mathbf{x}) = \frac{1}{2}V^3\mathbf{U} \cdot \nabla \frac{1}{r}$$

$$= -a^3 \frac{\mathbf{U} \cdot \mathbf{x}}{r^3} = -\frac{1}{2}a^3 U \frac{\cos\theta}{r^2}. \qquad (2.9.26)$$

这些公式给出的是在相对于无穷远处的流体为固定的坐标系中定义的位置上的速度，且坐标系在原点位于球心的瞬时的位置上。选取不同的原点，使球心位于 $\mathbf{x}_0$，当位置向量相对于 $\mathbf{x}_0$ 度量时速度分布显然是全同的，因而我们有

$$\phi(\mathbf{x}) = \frac{1}{2}a^3\mathbf{U} \cdot \nabla \frac{1}{|\mathbf{x} - \mathbf{x}_0|}$$

$$= -\frac{1}{2}a^3 \frac{\mathbf{U} \cdot (\mathbf{x} - \mathbf{x}_0)}{|\mathbf{x} - \mathbf{x}_0|^3}. \qquad (2.9.27)$$

为了以后的应用我们还指出，对于相对于与球一起运动且其原点位于球心的坐标系，流体的速度势为

$$\phi(\mathbf{x}) = -\mathbf{U} \cdot \mathbf{x}(1 + \frac{1}{2}\frac{a^3}{r^3}). \qquad (2.9.28)$$

2.10   伸展到无穷远处的二维流场

当流体在运动平面中不伸展到无穷远时，以上几节中的公式（特别是 §2.8 中的公式，那里流体以内表面为界因而占据着多连通区）可以容易地改写为适用于二维运动情况。在垂直于运动平面的方向上流体必须伸展到无限的距离（在对问题的数学描述中），但是速度在"无穷远"处的行为是已知的，并不存在什么困难；当要对流体的边界求面积分时，把流场想象为是以平行于运动平面（流体速度在其上的法向分量为零）的两个平面为界常是有用的。

但是，流体中以内表面为界并在运动平面中在所有方向伸展到无穷远的二维流动，却有一些需要加以分别考察的特性。我们将假设在运动平面中流体在距原点的远距离上静止，而原点置于靠近流体的内边界处。ϕ 的行为的那些公式的证明需要加以修正，因为它们是以流体速度在以靠近内边界某点为中心的大半径**球**上到处为小的假设为基础的。所要求的修正并不引起很大困难，因而仅只概要地给出。

类似于导出关系式 (2.9.1) 和 (2.9.2) 的推理再次导致这样的结论：只要 $|\Delta|$ 在距内边界远距离处适当地小，则与膨胀率 Δ 的给定分布相关联的速度场的渐近行为有如整个膨胀位于原点；而如果恰巧 $\int \Delta' \, dV(x') = 0$（其中体积元现在是单位深度的与运动平面垂直的柱体，其横截面积为 δV），距内边界远处的速度场就与有如源偶极子位于原点的流场相同。对于与二维给定涡量分布相关联的速度 $\mathbf{u}_v$ 也可以得到与由 (2.9.3) 和 (2.9.6) 所表示的结果相对应的结果。

在 $r \to \infty$ 时 $\nabla \phi \to 0$ 条件下决定 $\phi(\mathbf{x})$ 在大 r $(= |\mathbf{x}|)$ 值处行为的这一重要问题，可以用同样的一般方法研究。在对 F 和 G 的同样条件下，从 Green 定理得到的关系式 (2.9.8) 在二维仍然成

立，只是 δA_1 和 δA_2 现在是长度元而 δV 是运动平面中的面积元（准确地就如它们是对于与运动平面垂直的单位深度的流体层计算一样）；外边界 A_2 现是中心在 $P(\mathbf{x})$ 半径 R 足够大以包围所有的内边界的圆。我们选择

$$F(\mathbf{x}') = \phi(\mathbf{x}'), \quad G(\mathbf{x}') = \log s$$

两者均满足二维 Laplace 方程，其中 $s = |\mathbf{x} - \mathbf{x}'|$ 如前一样，而 ϕ 是一单值速度势。（具有多值位势的流动是有的，因为我们关心的区域是多连通的，但是我们暂时排除这种情况以便能应用 Green 定理。）点 $P(\mathbf{x})$ 被一小圆所围绕，在对 V 积分时要将圆的内部除去，代替 (2.9.9) 我们得到对于 A_1 的积分的一个附加贡献 $-2\pi\phi(\mathbf{x})$。流量关系式 (2.9.10) 没有改变，代替 (2.9.12)，我们得到

$$\phi(\mathbf{x}) = \bar{\phi} - \frac{m}{2\pi}\log R$$
$$+ \frac{1}{2\pi}\int (\phi' \nabla_{\mathbf{x}'}\log s + \log s \nabla \phi') \cdot \mathbf{n}_1 dA_1(\mathbf{x}'),$$

其中

$$\bar{\phi}(\mathbf{x} \cdot R) = \frac{1}{2\pi R}\int \phi' dA_2(\mathbf{x}') 。 \tag{2.10.1}$$

对于与 (2.9.13) 相应的流量关系式求积分，我们发现，代替 (2.9.14) 有

$$\bar{\phi} = C + \frac{m}{2\pi}\log R; \tag{2.10.2}$$

C 是不依赖 R 的积分常数，而与如前所述的类似的研究表明，当在无穷远处 $\nabla\phi$ 为零时，C 也不依赖于圆 A_2 的中心 $\mathbf{x}$ 的位置。于是我们有，代替 (2.9.16)，

$$\phi(\mathbf{x}) = C + \frac{1}{2\pi}\int (\phi' \nabla_{\mathbf{x}}\log s + \log s \nabla \phi') \cdot \mathbf{n}_1 dA_1(\mathbf{x}')。$$

$$\tag{2.10.3}$$

现在可以得到 ϕ 的渐近式。我们从 (2.10.3) 得到，当 $r \to \infty$ 时

$$\phi(\mathbf{x}) - C - \frac{m}{2\pi}\log r = \frac{1}{2\pi}\int \left(\frac{\mathbf{s}}{s^2}\phi' + \log\frac{s}{r}\nabla\phi' \right)$$

$$\cdot\, \mathbf{u}_1 dA_1(\mathbf{x}'),\; \rightarrow 0$$

ϕ 在无穷远处不趋于常数的结果是由这一事实引起的：相应于 (2.9.20)的 ϕ 的级数中的'源项'，即 $r\rightarrow\infty$ 时以最低速率下降的项，在二维空间中根本不下降反而有如 $\log r$ 一样增加。

尽管当 $r\rightarrow\infty$ 时 ϕ 的行为有这样的差别，$\nabla\phi$ 的唯一性条件与三维流场中有相同的形式。可以把量 $\phi-(m/2\pi)\log r$ 看作是流场的（单值）速度势，且该量在运动平面中的无穷远处趋于常值；因而对于以平行于运动平面的两个平面为界的流体体积，用导出 (2.9.17)的方法应用散度定理表明，当内边界每点处 $\phi-(m/2\pi)$ $\log r$ 的法向导数给定时，$\phi-(m/2\pi)\log r$ 的梯度是唯一地被决定的。但是如果内边界每点处 ϕ 的法向导数之值给定时，m（流体经过内边界的总体积流量）之值为已知，内边界每点上 $\phi-(m/2\pi)$ $\log r$ 的法向导数为已知。因此，在内边界每点上给定 ϕ 的法向导数就唯一地决定了 $\nabla\phi$ 在各处的值。（类似地，当在内边界每点上 m 之值及 ϕ 之值被给定时，最多只可能有 $\nabla\phi$ 的一个解）。

以上的陈述可应用于单值速度势，因而可应用于已知具有相同循环常数的两个多值速度势的差。因此我们可以像在§2.8中那样相当一般性地断言，在以内边界为界并伸展到无穷远处（那里速度静止）的区域内，当给定运动的循环常数（可能为多个，视连通重数为多少而定）和给定内边界每点处 $\nabla\phi$ 的法向分量的时候，二维无旋无散流动就到处被唯一地确定。对于单个柱体外的双连通区域中循环常数为 κ 的流动情况，我们可以更前进一步；Laplace 方程的具有同样循环性质（并对 m 无贡献）的简单解是 $\kappa\theta/2\pi$，其中 θ 是运动平面中相对于内边界原点的极角，因此在此情况下

$$\phi(\mathbf{x}) - \frac{\kappa}{2\pi}\theta$$

是单值的速度函数，对于此函数，以上的推导、尤其是准确关系式（2.10.3），是适用的。

我们可以再次通过把 ϕ 展开为 r^{-1} 的幂级数较详细地看到在

距内边界很大距离处 ϕ 的变化。当 $r'/r < 1$ 时，$\log s$ 可以写为类似于 (2.9.18) 的 Tayler 级数，而将级数代入 (2.10.3) 对于单值的 ϕ 给出，

$$\phi(\mathbf{x}) = C + c\log r + C_i \frac{\partial}{\partial x_i}(\log r) + c_{ij} \frac{\partial^2}{\partial x_i \partial x_j}(\log r) + \cdots,$$

$$(2.10.4)$$

其中

$$c = \frac{1}{2\pi}\int \mathbf{n} \cdot \nabla \phi dA = \frac{m}{2\pi}, c_i = \frac{1}{2\pi}\int (-x_i \mathbf{n} \cdot \nabla \phi + n_i \phi)dA,$$

$$c_{ij} = \frac{1}{2\pi}\int \left(\frac{1}{2}x_i x_j \mathbf{n} \cdot \nabla \phi - x_i n_j \phi \right) dA, \cdots.$$

这些积分是对于流体的内边界计算的，内边界元现用 $\mathbf{n}\delta A$ 标记。这级数各项产生的二维 Laplace 方程的基本解系列，即

$$\log r, \quad \frac{\partial}{\partial x_i}(\log r), \quad \frac{\partial^2}{\partial x_i \partial x_j}(\log r), \cdots \qquad (2.10.5)$$

称为整阶圆谐函数，并在各方面起着与 §2.9 中的球谐函数相似的作用。量

$$S_n = r^n \frac{\partial^n}{\partial x_i \partial x_j \cdots}(\log r) \quad (n = 0, 1, 2, \cdots)$$

只依赖于 $\mathbf{x}$ 的方向，而从 Laplace 方程在（二维）极坐标中的形式（见附录 2）得到，如果 $r^{-n}S_n$ 是一个解，则 $r^n S_n$ 也是解，并给出相应的 r 的正阶的基本解系列。

对于适合于柱体外的双连通区域中循环常数为 κ 的流动的多值 ϕ，级数 (2.10.4) 由下式代替

$$\phi(\mathbf{x}) = C + \frac{\kappa}{2\pi}\theta + \frac{m}{2\pi}\log r + c_i \frac{\partial}{\partial x_i}(\log r)$$

$$+ c_{ij} \frac{\partial^2}{\partial x_i \partial x_j}(\log r) + \cdots, \qquad (2.10.6)$$

其中系数 $m, c_i, c_{ij}, \cdots$ 等于 $\phi - (\kappa/2\pi)\theta$ 及其法向导数对于整个内边界的相应积分。(2.10.6) 的右端的第一个变量项代表由在原点强度为 κ 的点涡（即三维空间中的直线涡，见 (2.8.5)）引起

的位势，并是 ϕ 的多值特性的原因；第二项代表在原点处强度为 m 的点源引起的位势，并如已说明过的那样指明经过内边界的总流量（当内边界为刚体时，像在三维空间中一样，将为零）；第三项代表原点处（向量）强度为 $-2\pi c_i$ 的源偶极子引起的位势；如此等等。

这些结果中许多可以用 §2.7 中引进的复位势以自然的方式来表达。实部为 (2.10.6) 中的 '点涡' 和 "点源" 两项之和的、z $(=x+iy)$ 的解析函数为

$$\frac{1}{2\pi}(m - i\kappa)\log z$$

对应于这一复势的流函数是位置的多值函数，多值是由于通过内边界存在非零体积流量引起的，这可以从 §2.2 中 ψ 的定义预期到。ψ 的多值性与 ϕ 的多值性的类型相似。m 取代了循环常数 κ，这是二维无旋无散流动中 ϕ 和 ψ 两个函数共轭性的另一表现。对应于 (2.10.6) 中其它项的复势，可以借助下式识别出来

$$\frac{\partial^n \log r}{\partial x^m \partial y^{n-m}} = \mathscr{R}\left(\frac{\partial^n \log z}{\partial x^m \partial y^{n-m}}\right) = \mathscr{R}\left(i^{n-m}\frac{d^n \log z}{dz^n}\right),$$

此式还表明了，只有两个独立的 $-n$ 阶圆谐函数，即 $d^n \log z/dz^n$ 的实部和虚部，或 $r^{-n}\cos n\theta$ 和 $r^{-n}\sin n\theta$。因此，对应于整个 (2.10.6) 的复势可以写为

$$w(z) = \frac{1}{2\pi}(m - i\kappa)\log z + C + \sum_{n=1}^{\infty} D_n \frac{d^n \log z}{dz^n},$$

$$= \frac{1}{2\pi}(m - i\kappa)\log z + \sum_{n=0}^{\infty} A_n z^{-n}, \qquad (2.10.7)$$

其中常数 D_n 和 A_n 为复数。A_n 的实部和虚部与 (2.10.6) 中的系数 C，c_i，c_{ij}，$\cdots$ 相关联，例如

$$A_0 = C, \quad A_1 = c_1 + ic_2, \quad A_2 = c_{22} - c_{11} - ic_{12},$$

其中下标 1 和 2 相应地标记 x 轴和 y 轴方向上的分量。可以认出，(2.10.7) 中的级数是在以原点为中心的圆外的 z 平面区域中的、在无穷远处趋于常数的解析单值函数的 Laurent 级数。

作平移运动的刚体引起的无旋无散流动

像在§2.9中一样，当ϕ在内边界上的法向导数满足简单关系式

$$\mathbf{n} \cdot \nabla\phi = \mathbf{n} \cdot \mathbf{U}$$

时，我们可以得到关于ϕ的更为具体的结果。这里$\mathbf{U}$是作为流体的内边界的刚体的速度。一个当$r \to \infty$时趋于零的单值的ϕ，满足对于ϕ和$\mathbf{U}$为线性齐次的并将其唯一地决定的常微分方程和边界条件，因而它必须具有如下形式

$$\phi(\mathbf{x}) = \mathbf{U} \cdot \mathbf{\Phi}(\mathbf{x}) \qquad (2.10.8)$$

未知函数$\mathbf{\Phi}(\mathbf{x})$不依赖于$\mathbf{U}$而只依赖流体中相对于物体的位置。

在以a为半径而圆心瞬时地位于原点的圆形物体的特殊情况，规定边界的形状用不到什么向量或方向。因而在(2.10.5)系列中可以和$\mathbf{U}$结合起来以给出形式为(2.10.8)的解的只有第二个函数。因此解的形式为

$$\phi(\mathbf{x}) = a\mathbf{U} \cdot \nabla(\log r) = a\frac{\mathbf{U} \cdot \mathbf{x}}{r^2}$$

$$= a\frac{U\cos\theta}{r}, \qquad (2.10.9)$$

其中a为常数，r, θ为在$\mathbf{U}$方向上$\theta = 0$的极坐标。相应的流体速度的分量为

$$\frac{\partial\phi}{\partial r} = -a\frac{U\cos\theta}{r^2}, \quad \frac{1}{r}\frac{\partial\phi}{\partial\theta} = -a\frac{U\sin\theta}{r^2}, \quad (2.10.10)$$

而如果在$r = a$时，有

$$\frac{\partial\phi}{\partial r} = U\cos\theta$$

即如果

$$a = -a^2, \qquad (2.10.11)$$

则内外边界条件均被满足。这是当ϕ为单值时唯一可能的解。为了以后的应用我们提请注意，相对于与圆柱一起运动并且原点取在圆心的坐标系，流动的速度势为

$$\phi(\mathbf{x}) = -\,\mathbf{U} \cdot \mathbf{x}\left(1 + \frac{a^2}{r^2}\right)$$

$$= -\,U\cos\theta\left(r + \frac{a^2}{r}\right)\text{。} \qquad (2.10.12)$$

如果环绕以速度 **U** 运动的刚体有环量 κ，我们可以将速度势写为 ϕ_1 项和 ϕ_2 项之和，ϕ_1 代表由以速度 **U** 运动的同一个物体但环量为零时所引起的流动，ϕ_2 代表环绕静止的同一物体的环量 κ 引起的流动。对于 ϕ_1 我们有形式 (2.10.8)。ϕ_2 不以任何方式依赖于 **U**，且一定对 κ 为线性，所以我们可以令

$$\phi_2 = \kappa\left\{\frac{\theta}{2\pi} + \psi(\mathbf{x})\right\}, \qquad (2.10.13)$$

其中 ψ 是不依赖于 κ 的 **x** 的单值函数。ψ 满足 Laplace 方程，在无穷远处梯度为零，在物体表面满足条件

$$\mathbf{n} \cdot \nabla\left(\frac{\theta}{2\pi} + \psi\right) = 0, \qquad (2.10.14)$$

因而也可以唯一地决定（除一可加常数外）。对于中心瞬时地与原点相重合的圆柱物体的特例，ψ 的一个可能的函数形式为 $\psi = $ const.（譬如说，$=0$），所以这时总的速度势为

$$\phi = \frac{\kappa}{2\pi}\theta - a^2\frac{\mathbf{U} \cdot \mathbf{x}}{r^2}\text{。} \qquad (2.10.15)$$

这一流场和相关的流场的流线和其它性质将在第 6 章加以描述。

第 2 章 习　题

1. 证明：流体中点 P 处的质线元的伸长率随方向的变化有如 PQ^{-2}，其中 PQ 平行于线元，而点 Q 位于以 P 为中心的应变率二次曲面之上。

2. 证明：向量势

$$\mathbf{B}_v(\mathbf{x}) = \frac{1}{4\pi}\int\frac{\boldsymbol{\omega}'}{s}dV(\mathbf{x}') - \frac{1}{4\pi}\int\frac{\mathbf{n} \times \mathbf{u}'}{s}dA(\mathbf{x}')$$

在以表面 A 为界的体积 V 中处处与涡量 $\boldsymbol{\omega}$ 对应，其中标记与 §2.4 中所用的相同。

3. 利用 Green 定理证明，一给定区域中速度势 ϕ 的任何非循环无旋无散运动可以看做为由以下几种原因之一所引起的：i) 由于区域边界上在位置

x 处单位面积上的强度为 $\mathbf{n} \cdot \nabla\phi(\mathbf{x})$ 的源的分布,和单位面积上的强度为—$\mathbf{n}\phi(\mathbf{x})$ 的源偶极子的分布所引起的,其中 $\mathbf{n}$ 是边界的单位法线并指向流体之中;ii) 或由于边界上强度密度为 $\mathbf{n} \cdot \nabla (\phi-\phi^*)$ 的源的分布所引起,其中 ϕ^* 是无限空间其余部分中的非循环无旋无散运动的位势,且在两个运动的共同边界上 $\phi^*=\phi$,并在无穷远处 $\nabla\phi^*=0$(或者 $\nabla\phi=0$,同样适当);iii) 或由于强度密度为—$\mathbf{n}(\phi-\phi^*)$ 的源偶极子的分布所引起,其中 ϕ^* 是空间其余部分中非循环运动的位势,且在边界上 $\mathbf{n} \cdot \nabla\phi^*=\mathbf{n} \cdot \nabla\phi$,并有在无穷远处 $\nabla\phi^*$(或 $\nabla\phi$)$=0$。

4. 证明,由强度为 κ 的线涡引起的无旋无散运动,与由一个其边界线与线涡重合的开放表面上单位面积强度为 $\kappa\mathbf{n}$ 的源偶极子的分布引起的运动是相同的,其中 $\mathbf{n}$ 是表面的单位法线。因而片涡及分布在与涡面重合的表面上的并垂直于该表面的源偶极子是等价的,假如封闭的涡线在涡面上是可约的话;反之亦真。从而证明:任何无旋无散运动,不论其为非循环与否,可以看做为与运动区域边界相重合的某一片涡所引起。

第3章　流体运动的基本方程

3.1　运动流体中的物质积分

描述流体运动的动力学关系式主要涉及流体的特定质量或团块对于外界影响的反应。因此，发展一些方法来描述流体物质团块经历形状和位置变化的物理历史是有用的。

作为运动学初步，我们考察物质的**体元、面元和线元**由于流体运动而引起的大小和方位的改变。这些质元的线性尺度将假设为很小，因而在任何瞬间可以被视为受到纯应变运动和刚体旋转（还有平移运动），如（2.3.13）所指出的那样。但是，在考察质元的体积、向量面积和向量长度的变化时，目前不把它们明显分为纯应变和刚体旋转被证明是更为方便的。

首先考虑体积为 $\delta\tau$ 的一个流体质元。如 §2.2 中指出，这一体积的变化率为

$$\frac{d\delta\tau}{dt} = \int_{\delta\tau} \nabla \cdot \mathbf{u} d\tau = \nabla \cdot \mathbf{u}\delta\tau + o(\delta\tau), \qquad (3.1.1)$$

其中膨胀率 $\nabla \cdot \mathbf{u}$ 是在物质体积元的瞬时位置上计算的，而符号 $o(\delta\tau)$ 表示比 $\delta\tau$ 为较小量级的一个量。从（3.1.1）得到准确关系式的一个方便的方法是考察 $\delta\tau$ 与它在某一初始瞬间，譬如说 t_0，的值 $\delta\tau(t_0)$ 的比值，然后令后者趋于无穷小。因而

$$\frac{d\tau^*}{dt} = \nabla \cdot \mathbf{u}\tau^*, \qquad (3.1.2)$$

其中

$$\tau^* = \lim_{\delta\tau(t_0) \to 0} \frac{\delta\tau(t)}{\delta\tau(t_0)}。$$

τ^* 是质元中流体的瞬时比容的无量纲形式，显然等于 $\rho(t_0)/\rho(t)$，

其中 ρ 是同一部分流体的密度。

代表物质线元并近似地保持为直线的向量 $\delta\mathbf{l}$ 的变化率就是该质元两端的速度差，即

$$\frac{d\delta\mathbf{l}}{dt} = (\delta\mathbf{l}) \cdot \nabla\mathbf{u} + o(|\delta\mathbf{l}|) \text{。} \tag{3.1.3}$$

我们仍然可以用 $|\delta\mathbf{l}(t_0)|$ 除并取 $|\delta\mathbf{l}(t_0)| \to 0$ 来使这一关系式变为一个准确关系式。

质元的体积变化率依赖于其体积之值而不依赖于包围它的表面的形状。因此我们可以选取物质体元为柱体形状，其两个端面为向量面积由 $\delta\mathbf{S}$ 表示的全同的物质面元，其母线为物质线元 $\delta\mathbf{l}$；这样一个物质体元在纯应变和刚体转动的作用下仍然保持为柱体，虽然 $\delta\mathbf{l}$，$\delta\mathbf{S}$ 和这两个向量间的角度都有变化，且在所有时刻

$$\delta\tau = \delta\mathbf{l} \cdot \delta\mathbf{S} + o(\delta\tau) \text{。} \tag{3.1.4}$$

将 (3.1.4) 代入 (3.1.1)，藉助于 (3.1.3)我们得到

$$\delta l_i \left(\frac{d\delta S_i}{dt} + \delta S_j \frac{\partial u_j}{\partial x_i} - \delta S_i \frac{\partial u_j}{\partial x_j} \right) = o(\delta\tau) \text{。}$$

(这里如用向量标记将不那么方便)，且由于这一关系式要对所有 $\delta\mathbf{l}$ 的选择都成立，所以有

$$\frac{d\delta S_i}{dt} = \delta S_i \frac{\partial u_j}{\partial x_j} - \delta S_j \frac{\partial u_j}{\partial x_i} + o(|\delta\mathbf{S}|) \text{。} \tag{3.1.5}$$

通过除以 $|\delta\mathbf{S}(t_0)|$ 并取 $|\delta\mathbf{S}(t_0)| \to 0$ 时的极限，又可得到一个准确的关系式。可以用另外一种方法将物质面元变化率的这一表达式写出，这是从质量守恒方程 (2.2.3) 推出的：

$$\frac{d(\rho\,\delta S_i)}{dt} = -\rho\delta S_j \frac{\partial u_j}{\partial x_i} + o(|\delta\mathbf{S}|) \text{，} \tag{3.1.6}$$

其中 ρ 应在运动质元的位置上计算。

从 $\delta\mathbf{l}$ 和 $\rho\,\delta\mathbf{S}$ 的数值 δl 和 $\rho\,\delta S$ 的变化率的表达式可以进一步看到它们的性状的有趣的对偶性的例子。从 (3.1.3) 和 (3.1.6)我们得到

$$\delta l \to 0 \text{ 时，} \quad \frac{1}{\delta l} \frac{d\delta l}{dt} \to m_i m_j \frac{\partial u_i}{\partial x_j}, \tag{3.1.7}$$

及

$$\delta S \to 0 \text{ 时,} \qquad \frac{1}{\rho \delta S} \frac{d(\rho \delta S)}{dt} \to - n_i n_j \frac{\partial u_i}{\partial x_j}, \qquad (3.1.8)$$

其中 **m** 和 **n** 为分别平行于 $\delta \mathbf{l}$ 和 $\delta \mathbf{S}$ 的单位向量。标量 $m_i m_j \partial u_i / \partial x_j$ 为流体在 $\delta \mathbf{l}$ 方向的拉伸率,而 $-n_i n_j \partial u_i / \partial x_j$ 为流体在 $\delta \mathbf{S}$ 方向的收缩率。

在不可压缩流体的特殊情况下,ρ 和 $\delta \tau$ 对于质元均为不变量,因子 ρ 从关系式 (3.1.6) 和 (3.1.8) 中消失。

物质积分的变化率

某量沿着与流体一起运动并由同样流体质点组成的路径的线积分可以称为物质积分。面积分和体积积分也可以在同样的意义上是物质积分。物质积分经常在流体力学中碰到,有时是因为需要表示出某量与给定一团流体相关联的总量,它们相对于时间的变化率也是我们要知道的。现在我们来解释计算物质积分的变化率的一种以后要用到的简单而直接的步骤。

首先考察在连结两个物质点 P 和 Q 的物质曲线上计算的积分

$$\int_P^Q \theta d\mathbf{l},$$

其中 θ 代表流体的某种广延性质,并以通常方式表达为 **x** 和 t 的函数。物质曲线一经给定,积分就只是 t 的函数,不管是 θ 值在积分路径上的一个物质点上的变化还是积分的物质曲线的形状和方位的变化都将对该积分的时间导数产生贡献。为了计算这后一种贡献我们可以想象线积分在某瞬时由通常那样的简单方法定义,即定义为许多长度为 ε 的无穷小的亚区的贡献之和当 $\varepsilon \to 0$ 的极限。如果现在这些亚区,或者积分线元,被看做为质元,那么这些线元在随流体运动时将要变化,但尽管如此,仍可以用来形成一个和,其 $\varepsilon \to 0$ 时的极限定义任意以后时刻的积分。线元的长度在较迟的时刻是不相等的,但是它们均正比于 ε,且如果在与问题

有关的一段时间内亚区均不经受无限的拉伸,它们还都是无穷小。因此我们写

$$\frac{d}{dt}\int_P^Q \theta d\mathbf{l} = \frac{d}{dt}\Big\{\lim_{\delta\to o}\sum_n \theta_n \delta\mathbf{l}_n\Big\},$$

其中 θ_n 在物质线元 $\delta\mathbf{l}_n$ 的位置上计算,所以它的时间导数由 $D\theta_n/Dt$ 表示。于是从 (3.1.3) 得到

$$\frac{d}{dt}\int_P^Q \theta d\mathbf{l} = \lim_{\delta\to o}\sum_n \Big\{\frac{D\theta_n}{Dt}\delta\mathbf{l}_n + \theta_n \delta\mathbf{l}_n \cdot \nabla\mathbf{u}\Big\}$$

$$= \int_P^Q \frac{D\theta}{Dt}d\mathbf{l} + \int_P^Q \theta d\mathbf{l} \cdot \nabla\mathbf{u}。 \qquad (3.1.9)$$

将积分表达为连结 P 到 Q 的曲线的许多质元的贡献之和的极限不过是论述中的一个中间步骤,为了运算的目的我们可以想像 (3.1.9) 中的两项是从对被积函数 θ (在运动着的点上计算的) 和积分质元 $\delta\mathbf{l}$ 的微分直接得到的。

一个与作为基础的物理过程不那么直接有关的导致 (3.1.9) 的等价的推导方法,是利用物质积分曲线的参数表示法。令 $\mathbf{y}(s,t)$ 为曲线上物质点的瞬时位置向量,它由某一初瞬的参数 s 所确定,这一参数可以代表譬如说沿积分曲线从 P 量起的距离。于是我们可以写

$$\int_P^Q \theta d\mathbf{l} = \int_P^Q \theta(\mathbf{y},t)\frac{\partial \mathbf{y}}{\partial s}ds。$$

对于 t 的微分现可以用普通的方式进行,给出

$$\frac{d}{dt}\int_P^Q \theta d\mathbf{l} = \int_P^Q \Big(\frac{\partial\theta}{\partial t} + \frac{\partial\mathbf{y}}{\partial t}\cdot\nabla\theta\Big)\frac{\partial\mathbf{y}}{\partial s}ds + \int_P^Q \theta\frac{\partial^2\mathbf{y}}{\partial t\partial s}ds,$$

而由于 $\partial\mathbf{y}/\partial t$ 是位置 $\mathbf{y}$ 处的流体速度 $\mathbf{u}$,

$$= \int_P^Q \frac{D\theta}{Dt}\frac{\partial\mathbf{y}}{\partial s}ds + \int_P^Q \theta\frac{\partial\mathbf{u}}{\partial s}ds。$$

这两个积分不过是 (3.1.9) 的右端的积分的参数表示形式。

利用 (3.1.5) 和 (3.1.1),可以将同样的直接对积分质元进

行微分的方法使用于计算一个物质区域上的面积分和体积积分的变化率。于是

$$\frac{d}{dt}\int \theta dS_i = \int \frac{D\theta}{Dt}dS_i + \int \theta \frac{\partial u_j}{\partial x_j}dS_i - \int \theta \frac{\partial u_j}{\partial x_i}dS_j \quad (3.1.10)$$

及

$$\frac{d}{dt}\int \theta d\tau = \int \frac{D\theta}{Dt}d\tau + \int \theta \nabla \cdot \mathbf{u}d\tau。 \quad (3.1.11)$$

这后一关系式的另一种有用的形式可以通过把任意标量 θ 用 $\theta\rho$ 代替并利用质量守恒方程（2.2.3）把右端项简化而得到

$$\frac{d}{dt}\int \theta\rho \, d\tau = \int \frac{D\theta}{Dt}\rho \, d\tau。 \quad (3.1.12)$$

方程（3.1.12）当然可以看作积分质元的质量 $\rho \, \delta\tau$ 为常值的一个直接的推论。这些结果仍然可以用将积分变量变换到在初始瞬间规定积分区域位置的参数坐标的方法而得到，这方法与上述过程等价，但要冗长得多了。

运动着的流体的守恒定律

连续介质力学的许多定律告诉我们，与流体的质团相关联的某种量的总量，或者是不变量，或者在已知外界影响（如通过边界面的分子输运）的作用下以一定方式变化。如果外界影响的总效应可以用对流体质团的体积积分来表达，则借助于以上物质积分的变化率的表达式可以推导出控制这些量的分布的微分方程。

特定物质体积中流体的总质量是最明显的守恒的量。$\int \rho \, d\tau$ 为不变量，而当 $\theta = \rho$ 时，(3.1.11) 的右端对于体积 τ 的所有选择均应为零的必要性立即导致质量守恒方程（2.2.3）。

现在我们来考察流体的一个任意的广延性质（例如，动能或动量），其在流体的单位质量中的大小是用 $\theta(\mathbf{x}, t)$ 标记的局部量或广延量。这一广延量的与物质体积 τ 相关联的总量为 $\int \theta\rho \, d\tau$，我们将假设它在外界影响的作用下发生变化，这个作用的速率用 $\int Qd\tau$ 给出，其中 Q 为 $\mathbf{x}$ 和 t 的函数。Q 是有效源强度密度，

且可能以某种方式依赖于（瞬时的）流体运动。于是对应于 θ 的广延量的"守恒"定律为

$$\frac{d}{dt}\int\theta\rho\,d\tau = \int Qd\tau,$$

考虑到（3.1.2），即有

$$\int\frac{D\theta}{Dt}\rho\,d\tau = \int Qd\tau_{\circ} \qquad (3.1.13)$$

如果此式对于 τ 的所有选择均为正确，则得到 θ 所满足的微分方程为

$$\rho\frac{D\theta}{Dt} = Q_{\circ} \qquad (3.1.14)$$

通过考察与瞬时地在空间为固定的表面 A 所包围之流体相关的量之总值的改变，也能推导出（3.1.14）。这两种论证线索有细微的但是值得加以注意的差异。这时该量的总值为 $\int\theta\rho\,dV$，其中 V 为由 A 所界的体积，这一总值既因外界影响也因有流体通过面 A 而发生变化。由于流体运动引起的该量向外穿过 A 的通量为 $\int\theta\rho\mathbf{u}\cdot\mathbf{n}dA$，因此可以将守恒定律表达为

$$\frac{d}{dt}\int\theta\rho dV = -\int\theta\rho\mathbf{u}\cdot\mathbf{n}dA + \int QdV,$$

即

$$\int\frac{\partial(\theta\rho)}{\partial t}dV = -\int\nabla\cdot(\theta\rho\mathbf{u})dV + \int QdV_{\circ} \qquad (3.1.15)$$

这个关系式对所有体积 V 的选择应为正确的要求给出微分方程

$$\frac{\partial(\theta\rho)}{\partial t} + \nabla\cdot(\theta\rho\mathbf{u}) = Q_{\circ} \qquad (3.1.16)$$

我们看到，在应用质量守恒方程（2.2.2）以后这一关系式与（3.1.14）全同，当然在利用（3.1.12）推导（3.1.14）时也已经使用了质量守恒方程。

（3.1.14）中函数 Q 的精确形式依赖于与 θ 对应的广延量的性质，这里不需考虑。但是，如果与流体的给定微团相关联的该

量的总值只由于穿过边界平面的分子输运而改变，我们立即可以看到 θ 的微分方程形式的由流体运动引起的变化。在 §1.6 中得到了，对于静止流体，以 θ 为强度的物理量的分子输运正比于 θ 的梯度，θ 的相应值由 (1.6.4) 给出。在 §1.6 中所用的论据同样可以应用于运动中的流体[①]，所以当 Q 代表分子输运的效应时它所取的形式与静止流体中的相同。从而，流体运动对于微分方程 (3.1.14) 的形式的影响仅限于对左端项的影响，对于静止流体此项为 $\rho \partial \theta / \partial t$，而对于运动流体则为 $\rho D\theta / Dt$。

§1.6 中所得到的静止介质中经受分子输运的不同物理量的各种特定的微分方程现可以加以改变以适于运动流体的情况。因此，对于标记分子的数字比分 C 的微分方程 (1.6.7) 变为

$$\frac{DC}{Dt} = \kappa_D \nabla^2 C \text{。} \qquad (3.1.17)$$

当考虑热传导时，在无分子传热时其总值保持不变的量为熵，因此，如果在运动流体中热传导是唯一的改变熵的过程[②]，显然 (1.6.10) 对于运动流体的情况可以由下式代替

$$T\frac{DS}{Dt} = c_p \frac{DT}{Dt} - \frac{\beta T}{\rho}\frac{Dp}{Dt} = \frac{1}{\rho}\nabla \cdot (k_H \nabla T) \text{。} (3.1.18)$$

适用于所讨论情况的特定形式 (1.6.11) 和 (1.6.12) 类似地也要加以改变。

满足守恒关系式的向量的微分方程也可以从 (3.1.9) 和 (3.1.10) 中推导出来；在 §5.2 和 §5.3 中将举一个例子。

3.2 运动方程

以最基本形式写出的流体的"运动方程"是使流体的特定部

---

① 相对运动的存在意味着不存在流体的平衡，但 θ 的不均匀性的存在也意味着不存在流体的平衡，故论证所要求的仅有限制是与平衡的偏离为小量。

② 由动量的分子输运引起的内摩擦是另一种可能性，但一般情况下它对于熵的变化率只有可以忽略的贡献。

分的动量的变化率与作用在该部分流体上的所有力之总和相等的关系式。对于由物质面 S 包围的、体积为 τ 的一团流体，动量为 $\int \mathbf{u}\rho d\tau$，而其变化率，根据 (3.1.12) 为

$$\int \frac{D\mathbf{u}}{Dt}\rho \, d\tau,$$

这不过就是物质体积 τ 的所有元素的质量和加速度乘积之和。

如在 §1.3 中解释过的，一般讲，一部分流体既受到体积力又受到表面力的作用。我们把单位流体质量的体力的向量合力用 $\mathbf{F}$ 标记，因而作用在流体的特定部分上的总的体力为

$$\int \mathbf{F}\rho \, d\tau。$$

经过面积为 δS 法线为 $\mathbf{n}$ 的面元施加的面力或接触力的 i 分量可以表示为 $\sigma_{ij}n_j dS$，其中 σ_{ij} 为 §1.3 中引入的应力张量，因而周围物质施加于流体的特定部分的总面力为

$$\int \sigma_{ij}n_j dS, \; = \int \frac{\partial \sigma_{ij}}{\partial_{x_j}}d\tau。$$

因此，对于流体的该特定部分的动量平衡可以表达为

$$\int \frac{Du_i}{Dt}\rho \, d\tau = \int F_i\rho \, d\tau + \int \frac{\partial \sigma_{ij}}{\partial x_j}d\tau, \qquad (3.2.1)$$

其中所有三个积分都是对于体积 τ 计算的。

积分关系式 (3.2.1) 对于物质体积 τ 的所有选择均成立，这只有当在流体所有点上有

$$\rho \frac{Du_i}{Dt} = \rho F_i + \frac{\partial \sigma_{ij}}{\partial x_j} \qquad (3.2.2)$$

时，才是可能的。这一通过局部体力和应力张量给出流体加速度的微分方程，就是通常"运动方程"一词所指的关系式。这是由 (3.1.14) 表示的一类守恒方程中的一个，其中体积力和表面力导致实际上单位体积的动量以 (3.2.2) 的右端给出的速率产生。只有在应力张量随流体中的位置变化时，或精确些，只有当 σ_{ij} 相对于决定面元方向的第二个下标有不为零的散度时，面力才对流体

的加速度有贡献；当 $\partial\sigma_{ij}/\partial x_j = 0$ 时，面力对于流体质元的作用是趋于在不改变其动量的情况下使其变形。

除非对于 F_i 和 σ_{ij} 有更多的了解，否则方程（3.2.2）不能用来决定流体的速度分布。作用于流体的体力在许多情况下简单地只由地球的引力场所引起，这时 $\mathbf{F}=\mathbf{g}$；而在其它情况下，$\mathbf{F}$ 的合适的表达式通常根据给定的具体情况将是清楚的。应力张量却是个较大的问题，因为它是流体中内部反应的一种表现，本身受到流体运动的影响，其影响方式将在下节讨论。

积分形式动量方程的应用

虽然流体力学中大多数问题要求利用微分形式的方程 (3.2.2)或者它的某一特殊形式，但也存在一些重要情况，在这些情况下将一定流体区域中的动量平衡加以确定的积分关系式可直接导致所要求的信息。如果应用动量平衡的积分关系是成功的，则它通常可十分简单而迅速地达到目的，因而比应用微分运动方程更为可取。对于固定于空间的面 A 中所包含的流体来考察动量平衡，在实践中比对于流体的质团来考察要更为方便，所以我们从这样一个积分关系式

$$\int \frac{\partial(u_i\rho)}{\partial t}dV = -\int \rho\,u_iu_jn_jdA + \int F_i\rho\,dV + \int \sigma_{ij}n_jdA$$

(3.2.3)

开始，它与（3.2.1）的区别就像（3.1.15）与（3.1.13）的区别一样，其中两个体积分是对于以 A 为界的体积 V 计算的。

这一积分形式的动量平衡是有用的情况有这样一些，在这些情况下（3.2.3）的所有项可以写成对于边界面 A 的积分，因为这时被 A 包围的区域中的运动的细节是无关的。当 $\rho\mathbf{F}$ 可以写为一个标量的梯度时，例如当 ρ 为均匀而单位质量的体力为保守力时，则体力的贡献可以表达为面积分的形式；在这后一情况下

$$\rho\mathbf{F} = -\nabla(\rho\Psi),$$

Ψ 为单位质量的相关的势能。（3.2.3）的左端剩下的这个体积分

通常妨碍我们利用积分关系式，但对于定常运动的重要特殊情况它为零。在这些特殊情况下，(3.2.3) 可以写为

$$\int \rho\, u_i u_j n_j\, dA = \int (-\, \rho\psi n_i + \sigma_{ij} n_j)dA, \qquad (3.2.4)$$

这是对于如下事实的解析陈述：流出以 A 为界的区域的动量的对流通量等于周围物质在边界上施加的合成接触力与由等价于体力的应力系统产生的边界上的合力之和。

定常运动的关系式 (3.2.4) 通常称为**动量定理**，而可以自由选择的边界面 A，则称为**控制面**。利用动量定理的例子将在以后的章节中加以说明。虽然定理的原理是足够明显的，但用心选择控制面可以导致用其它方法难于得到的令人惊奇的有力结果。在 §5.15 中定理对之应用的特定流场包括起重要作用的粘性力，而 §6.3 中考察的流场则是不可压缩流体的近似无旋流动，其中粘性力可以忽略不计。

相对于运动坐标系的运动方程

如果流体的外边界在运动，则选择相对于它的边界为静止的参考系可能是方便的。相对于运动参考系的流体元的加速度这时可能不同于牛顿参考系中的绝对加速度，相应地，运动方程应加以改变。通常遇到的情况是作平移运动的坐标系和作匀速旋转的坐标系，但是得到相对于作一般运动的坐标系的流体元的加速度表达式没有什么困难。任何一本内容充实的质点力学的书都给出所要求的表达式，但是为完整起见我们在此给出它的推导。

我们假设，在考察的瞬间，运动的参考系以角速度 Ω 围绕点 O 旋转，而该点本身以加速度 $\mathbf{f}_0$ 相对于牛顿参考系运动。流体元的绝对加速度为

$$\mathbf{f}_0 + \mathbf{f}_1,$$

其中 $\mathbf{f}_1$ 为流体元相对于点 O 的加速度。$\mathbf{f}_1$ 和元素相对于旋转坐标系的加速度之间的关系式通过如下方法决定。

如果 $(\mathbf{i}, \mathbf{j}, \mathbf{k})$ 是与运动坐标系固联的三个正交单位向量，则

任何向量 **P** 可以写为

$$\mathbf{P} = P_1 \mathbf{i} + P_2 \mathbf{j} + P_3 \mathbf{k} .$$

P 随 t 的变化既作为运动坐标系中分量 P_1, P_2, P_3 的改变的结果，也作为当坐标系围绕 O 旋转时单位向量 $\mathbf{i}, \mathbf{j}, \mathbf{k}$ 的改变的结果而发生；这就是说，对于一个在 O 的观察者来说，**P** 的变化率为

$$\sum_i \left(\frac{dP_1}{dt} \mathbf{i} + P_1 \frac{d\mathbf{i}}{dt} \right) = \sum_i \left(\frac{dP_1}{dt} \mathbf{i} \times P_1 \Omega \times \mathbf{i} \right)$$

$$= \left(\frac{d\mathbf{P}}{dt} \right)_r + \Omega \times \mathbf{P} , \qquad (3.2.5)$$

其中 $(d\mathbf{P}/dt)_r$ 标记着旋转坐标系中的一个观察者看到的 **P** 的变化率。这一关系式可以首先应用于将 **P** 取为代表流体质元相对于 O 的位置即向量 **y** 的情况，然后应用于将 **P** 取为代表它相对于与 O 一起运动的非旋转坐标系的速度即向量 $\mathbf{v}_1$ 的情况，从而给出

$$\mathbf{v}_1 = \left(\frac{d\mathbf{y}}{dt} \right)_r + \Omega \times \mathbf{y} , \qquad (3.2.6)$$

且

$$\mathbf{f}_1 - \left(\frac{d\mathbf{v}_1}{dt} \right)_r + \Omega \times \mathbf{v}_1$$

$$= \left(\frac{d^2\mathbf{y}}{dt^2} \right)_r + 2\Omega \times \left(\frac{d\mathbf{y}}{dt} \right)_r + \left(\frac{d\Omega}{dt} \right)_r \times \mathbf{y} + \Omega \times (\Omega \times \mathbf{y}) .$$

$$(3.2.7)$$

现在 $(dy^2/dt^2)_r = \mathbf{f}$ 是流体元相对于正作平移和旋转的参考系的加速度，而 $(dy/dt)_r = \mathbf{v}$ 为这一坐标系中流体元的速度；同时 Ω 的变化率在绝对坐标系中和在旋转坐标系中是相同的。因而，流体元的绝对加速度为

$$\mathbf{f} + \mathbf{f}_0 + 2\Omega \times \mathbf{v} + \frac{d\Omega}{dt} \times \mathbf{y} + \Omega \times (\Omega \times \mathbf{y}) . \quad (3.2.8)$$

可以令这一表达式等于作用于流体单位质量的局部力而给出在运动参考系中的运动方程。

用流场的 Euler 表示法中的速度 **u** (**x**, t) 来表达，相对于运动的坐标系，我们有

$$\mathbf{f} = \frac{\partial \mathbf{u}}{\partial t} + \mathbf{u} \cdot \nabla \mathbf{u} = \frac{D\mathbf{u}}{Dt},$$

而 (3.2.8)中的流体元位置 y 和速度 v 可以用 x 和 u 所代替。因此，在运动坐标系中流体的运动方程在形式上将与在绝对坐标系中的相同，如果我们假设，除了真实的体力和面力外，还有单位质量的虚拟体力

$$-\mathbf{f}_0 - 2\Omega \times \mathbf{u} - \frac{d\Omega}{dt} \times \mathbf{x} - \Omega \times (\Omega \times \mathbf{x}) \quad (3.2.9)$$

作用于流体之上。$-\mathbf{f}_0$ 不过是抵销坐标系的平移加速度的表观体力；$-2\Omega \times \mathbf{u}$ 是与 u 和 Ω 均为垂直的偏转力或 Coriolis 力；$-\Omega \times (\Omega \times \mathbf{x})$ 为离心力。对于剩下的那一项 $-(d\Omega/dt \times \mathbf{x})$ 没有通用的名称。

相对于绝对坐标系作定常旋转且 $\mathbf{f}_0 = 0$ 的参考系是特别有意义的，以后的章节中将援引这一情况。这时虚拟体力 (3.2.9) 为

$$-2\Omega \times \mathbf{u} - \Omega \times (\Omega \times \mathbf{x})。 \quad (3.2.10)$$

3.3 应力张量的表达式

运动流体中压力的力学定义

在 §1.3 中已经证明，在静止流体中只有法向应力作用，法向应力不依赖于它所作用于的面元素的法线方向，应力张量的形式为

$$\sigma_{ij} = -p\delta_{ij}, \quad (3.3.1)$$

其中参数 p 是流体静压，它可能是流体中位置的函数。没有理由预期这些结果对于运动流体是正确的，而根据观测很清楚它们是不正确的。一般来说，这时切向应力不为零，而作用于面元上的应力的法向分量依赖于元素的法线的方向。相等地作用于所有方向的压力的简单概念在运动流体的大多数情况下不复存在。

尽管如此，能有一个在它是流体的"挤压"的局部强度这一意义上与流体静压相似的表征运动流体的标量是有用的。这样一

个量由任何一个正交坐标系的三个法向应力的（负的）平均值所提供。从张量理论中知道，$\frac{1}{3}\sigma_{ij}$ 在参考系旋转时是个不变量，也可以给出不与任何特定坐标系相关的 $\frac{1}{3}\sigma_{ij}$ 的一个物理解释。作用在位置 $\mathbf{x}$ 的面元上的应力的法向分量在该面元的法线 $\mathbf{n}$ 的所有方向上的平均值为

$$\frac{1}{4n}\sigma_{ij}\int n_i n_j d\Omega(\mathbf{n}), = \frac{1}{3}\sigma_{ij}\delta_{ij} = \frac{1}{3}\sigma_{ii},$$

其中 $\delta\Omega(\mathbf{n})$ 是 $\mathbf{n}$ 的立体角元。一个等价的解释是，$\frac{1}{3}\sigma_{ij}$ 是以 $\mathbf{x}$ 为中心的小球的整个表面上应力的法向分量的平均值。因此，当流体为静止时简化为流体静压的量 $-\frac{1}{3}\sigma_{ii}$ 具有这样一种力学意义，使对于应力法向分量不独立于面元方向的情况下它成为"压力"这一初等概念的合适的推广。因此，我们定义**运动流体中一点的压力**为带相反符号的平均法向应力，并为方便起见用 p 来标记它

$$p = -\frac{1}{3}\sigma_{ii}\,。 \qquad\qquad (3.3.2)$$

应指出，这是"压力"的纯力学定义，而暂时还没有说在这一力学量和热力学中所用的压力这一名词之间有什么样的联系。它们之间的精确联系不是个简单的联系，因为像流体状态方程这样的热力学关系式是针对平衡条件而言的，而处于相对运动的流体元不处于准确的热力学平衡。我们已然选来冠以运动流体中的压力这一名字的量是流体系统中的一个真正的参数而且是可以直接观测得到的，而从平衡关系式计算出的量最多不过是运动流体性质的一个近似。我们将在 §3.4 中讨论对于热力学平衡下的关系式的应用的时候回到这个问题。

现在把应力张量 σ_{ij} 看成为与静止流体中的应力张量一样具有相同形式的各向同性部分 $-p\delta_{ij}$（虽然运动流体中的 p 之值不一定要与同一流体静止时的值相同）以及对于切向应力做出贡献并给出对角线元素之和为零的余下的非各向同性部分 d_{ij} 之和：

$$\sigma_{ij} = -p\delta_{ij} + d_{ij}, \qquad\qquad (3.3.3)$$

非各向同性部分 d_{ij} 可以命名为**偏应力张量**，它具有突出的特点，即完全由流体运动的存在而产生。

牛顿流体的偏应力和应变率之间的关系式

由于流体中任何一点上的应力是该点附近流体的相邻部分的相互反作用力的表达，因而考察应力与流体的局部性质之间联系是很自然的。在静止流体的情况下，这是件简单的事，因为应力完全由流体静压这一标量 p 所决定，而 p 在两个状态参数（如密度和温度）为已知时由平衡状态方程局部地确定。如果作用于流体的单位体积的体力分布为已知时，没有必要在多于一点处考察局部状态变量，因为相对压力到处由力学平衡方程(1.4.2)所决定。在处于相对运动的流体情况下，应力和流体的局部性质之间的联系要在以下两个方面更为复杂：第一，应力张量有一各向同性部分，还有一非各向同性部分，第二，说明各向同性部分的标量 p 本身不是平衡热力学中所应用的状态变量之一。这两个对平衡偏离的表现中的第一个代表着动量或者内摩擦的输运，它在绝大多数流场中要重要的多，我们以后将看到这点。

在建立偏应力张量 d_{ij} 和流体的局部性质之间的关系式时所要使用的论证方法是已在§1.6中解释过的那种，与其不同之处仅在于与被输运量（即流体动量）的向量性质有关的解析上的细节。建议读者再读一遍§1.6，从而可以在头脑中记住这样一个事实，即运动流体中的内摩擦只是从与平衡的偏离中产生的数种相似的输运现象中的一种，尤其建议再读一遍§1.6末尾有关简单剪切运动情况下动量的分子输运的讨论。§1.7和§1.8有关表征气体和液体的像粘性系数这样的输运系数之值的部分也与这里的讨论有关，但在本节中，像在§1.6中一样，我们将采用**唯象的**处理方法并寻求形式与内摩擦的分子机理的本质无关的关系式。

物质面元两侧的物质因相对运动中的摩擦相互作用而产生的，且由偏应力表示的这一部分经该元的动量通量，像在§1.6中的一般假设一样，假设只依赖于该元附近的流体速度的瞬时分布，或者更精确些，只依赖于与该分布的均匀性的偏离。因而，典型分量为$\partial u_i/\partial x_j$的局部速度梯度是与偏应力最为有关的流场参数，而由于$\partial u_i/\partial x_j$通常在与动量的分子输运机理的特征距离相比为大的距离上是均匀的，所以我们假设它是**仅有的**有关的参数。此外，d_{ij}在静止流体中为零，所以它与$\partial u_i/\partial x_j$一起为零。

对于一般流体我们没有推导出d_{ij}对于$\partial u_i/\partial x_j$的依赖关系的方法，因而我们回到§1.6中引进的假设，即d_{ij}（它是§1.6中通量向量的对应物）对于足够小的速度梯度分量近似地是这些分量的线性函数。解析上可以将此假说表达为

$$d_{ij} = A_{ijkl}\frac{\partial u_k}{\partial x_l}, \tag{3.3.4}$$

其中四阶张量系数A_{ijkl}依赖于流体的局部状态，但不直接依赖于速度分布，并像d_{ij}一样相对于下标i和j一定为对称。这是与标量输运量的线性关系式（1.6.1）相对应的关系式。在目前阶段，像在§2.3中一样，把$\partial u_k/\partial x_l$写为它的对称部分$e_{kl}$（应变率向量）和它的反对称部分$-\frac{1}{2}\varepsilon_{klm}\omega_m$（其中$\boldsymbol{\omega}$为涡量）之和是方便的，所以（3.3.4）变为

$$d_{ij} = A_{ijkl}\,e_{kl} - \frac{1}{2}A_{ijkl}\varepsilon_{klm}\omega_m\,。 \tag{3.3.5}$$

当流体的分子结构统计地为各向同性时，即当由给定的速度梯度在流体元中产生的偏应力不依赖于该元的方位时，张量系数A_{ijkl}取简单的形式。所有的气体都具有各向同性结构，简单液体也是如此，虽然悬浮液和包含十分长的链状分子的溶液可能因为这些分子以依赖于运动过去历史的方式整齐排列而表现出对一定的方向的偏爱。我们将把注意力集中于各向同性结构的流体，在这种情况下A_{ijkl}是各向同性张量，具有所有方向上的差异性均不存在的形式。

在笛卡儿张量分析的书中证明[①]，基本的各向同性张量是

––––––––––––

① 见 H. Jeffreys 著 "Cartesian Tensors" (Cambridge University Press，1931).

Kronecker delta 张量，所有的偶次阶的各向同性张量可以写为 delta 张量的乘积之和。因此

$$A_{ijkl} = \mu\delta_{ik}\delta_{jl} + \mu'\delta_{il}\delta_{jk} + \mu''\delta_{ij}\delta_{kl}, \qquad (3.3.6)$$

其中 μ，μ' 和 μ'' 为标量系数，由于 A_{ijkl} 对于 i 和 j 是对称的，所以我们要求

$$\mu' = \mu。$$

我们注意到，这时 A_{ijkl} 也将对于 k 和 l 为对称，结果，包含 ω 这一项将从（3.3.5）中消失，从而给出

$$d_{ij} = 2\mu e_{ij} + \mu''\Delta\delta_{ij}, \qquad (3.3.7)$$

其中 Δ 如在第 2 章中一样标记膨胀率 e_{kk}，$= \nabla \cdot \mathbf{u}$。

各向同性结构流体的这一 d_{ij} 的表达式也可以从（3.3.5）用另一种方法得到，这一方法不明显使用恒等式（3.3.6）。首先考察作纯旋转的流体的情况。从（3.3.5）得到，将 ω 的方向改为相反方向导致偏应力的所有分量改变符号，这在各向同性流体中是不可能的，因为这一运算相当于令 ω 保持固定而选取流体的不同的方位；因此 A_{ijkl} 应具有使（3.3.5）中 ω 的这项恒等于零的形式[1]。然后，对于纯应变运动，我们可以这样论证，既然流体的结构不能分辨任何方向，d_{ij} 的主轴就应该由 e_{ij} 决定并且应与 e_{ij} 的主轴重合；这时（3.3.7）就是张量 d_{ij} 和 e_{ij} 之间的满足这一条件的唯一可能的线性关系式。

最后我们提醒一下，根据定义 d_{ij} 对于平均法向压力的贡献为零，从而对于 Δ 的所有值

$$d_{ij} = (2\mu + 3\mu'')\Delta = 0,$$

这意味着

$$2\mu + 3\mu'' = 0, \qquad (3.3.8)$$

将 μ 取为一个独立标量常数以后，我们得到偏应力张量的表达式

---

[1] 在大多数流体力学论述中做为当然的事，认为偏应力不可能由纯旋转所产生，不管流体的结构为何，简单地就是根据这时没有流体的变形；但是严格地证明这一信念是难以捉摸的。

$$d_{ij} = 2\mu\left(e_{ij} - \frac{1}{3}\Delta\delta_{ij}\right); \qquad (3.3.9)$$

括弧中的量就是应变率张量的非各向同性部分。d_{ij} 的这一关系式是在 Navier（1822）和 Poisson（1829）从关于内摩擦的分子机理的特殊假设中已经推导出来以后，由 Saint-Venant（1843）和 Stokes（1845）用本质上就是如上所述的方法得到的。对于各向同性弹性固体，在应力和应变量之间有着相似的线性关系式。

要注意，有 $e_{ij} = \frac{1}{3}\Delta\delta_{ij}$ 的球对称的应变运动是与零偏应力相关联的。这是运动的对称性和我们把 d_{ij} 定义为应力张量对各向同性形式的偏离的简单推论。这提出了一个问题：在一个各向同性膨胀中有没有什么非平衡效应？回答是，可能有，只是这种不平衡效应很少有什么重要性，而且在我们的分析中它们被包括在定义为由所有原因引起的平均法向应力的量 p 之中了。关于由各向同性膨胀表示的与平衡的偏离可能如何影响平均法向应力的问题，将在下节中加以研究。

依赖于流体的局部状态的参数 μ 的意义可以从关系式（3.3.9）在简单剪切运动的特定情况下所取的形式看出。设 $\partial u_1/\partial x_2$ 是一个非零速度导数，则除了切向应力

$$d_{12} = d_{21} = \mu\frac{\partial u_1}{\partial x_2} \qquad (3.3.10)$$

外 d_{ij} 的所有分量均为零。因此 μ 是当流体的平面层相互滑过时剪切率与单位面积的切向力之间的比例常数，它已在（1.6.15）中被引入并称为流体的**粘性系数**。μ 是 d_{ij} 的上述一般表达式中所需要的唯一的标量常数这一事实是与 §2.3 的结果有关的，这结果就是：任何点附近的一般相对运动可以表达为两个简单剪切运动，其中的每一个都产生一个由 μ 和相应的速度梯度所决定的切应力，以及一个刚体转动和一个各向同性膨胀之和，后两者中的无论哪一个（在各向同性结构的流体中）对应力张量的非各向同性部分都不产生任何影响；而（3.3.9）可以看作是 e_{ij} 和对角线元素之和为零的对称张量 d_{ij} 之间的包括一个标量参数的唯一可能的

线性张量关系式。

作为日常经验，作相对滑动运动的流体层之间的力总是反抗相对运动的摩擦力，这对应于 $\mu > 0$，而这点从流体分子的无规则运动或排列产生的动量的分子传递（不管其机理如何）总是趋于把平均速度的空间变化光滑这一事实中是可以预期的。关系式 (3.3.9) 表明，μ 的正值还对应于从这样符号的 d_{ij} 产生的主应力要反抗主应变率（比较 §1.7 中关于气体对于滑动活塞的压缩的反应的讨论）；就是说，被变形为一个椭球的小的物质圆球对于周围流体施加摩擦力，其法向分量在相对于与椭球具有相同体积的圆球表面向内（向外）运动的地方是向外（向内）的。

对于多种不同流体和流场的实验表明，应变率和应力的非各向同性部分之间的上述线性关系在十分宽广的应变率区域内都是成立的。对于在小半径的圆管两端保持压力差所造成的沿圆管的流体体积流量的观察（见 §4.2）对于这一目的是特别敏感的。虽然在 (3.3.4) 的右端中只保留线性项而排除所有其它项只是做为一个看来只在小速度梯度值方为准确的假设而提出来的，但是从观测来看，'小' 的速度梯度值可以包括实际中通常碰到的那些值。对于水和大多数气体，可能除了在像激波内部这样的最极端的条件之下外，在所有条件下线性律看来都是准确的。应力和应变张量的非各向同性部分之间的线性关系式 (3.3.9) 准确成立的流体通常称为 **Newton** 流体（以纪念对简单剪切运动的简单关系式 (3.3.10) 是由 Newton 所建议的这一事实）。对于有复杂分子结构的液体，尤其是由长分子链组成的液体，以及对于某些乳浊液和混合液体，偏应力的表达式 (3.3.9) 可能在中等应变率时就不再是准确的了；而对于某些类似橡胶的液体，应力显然除依赖于应变的瞬时改变率外还依赖于应变历史。关于对这样的液体应如何修正这表达式知道的还很少。化学工程师常常碰到在一般操作条件下为非 Newton 型的液体，但是尽管它们在工业上有着重要的意义，但已不在本引论性的教科书的讨论范围之内了。

当考虑到内摩擦的分子机制时，对于许多流体所观测到的在很大应变率范围内偏应力和应变率之间的线性关系就变得容易理解了。当整体运动的特征时间，即应变率的倒数，与分子运动的特征时间（对于气体这将由碰撞间的平均时间给出）相比为大量时，流体的整体相对运动只能引起分子运动的统计性质的小的变化。这正是得到（3.3.9）时所采用的那种扰动假设可以预期为正确的那种情况。对于标准温度和压力下的空气，碰撞之间的平均时间约为 10^{-10} 秒；至少对于气体，整体应变率的一般实际值在上述意义上显然确实是"小"的。对于液体，我们不能这样容易地估价出分子运动的相关的特征时间，但是任何与分子运动相关联的时间，当以与整体应变率的一般数值的倒数度量时，看来应是非常之小的。

对于不同条件下气体和液体的粘性系数的典型值在§1.7和1.8中进行了讨论，而空气、水和一些其它一般流体的 μ 的测量值在附录 I 中列出。对于标准温度和压力下的空气，μ 为 0.00018 克/厘米·秒，而对于水为 0.010 克/厘米·秒。在两种情况下 μ 均不随压力发生很大变化，但是对于空气，μ 值随温度增加，其增长率为温度每升高 1 度（摄氏）约增加 0.3%，对于水，在标准温度附近温度每升高 1 度，μ 下降约 3%。因而，在通常条件下，空气和水的粘性当表达为对于大多数其它力学量为"实际"的单位时是十分小的，从而很自然地要问，至少为了某些目的，是否可以把这两种普通的流体看成为具有零粘性的，也就是说看成为无粘的呢？这是一个很重要的并将在第 5 章考察的问题。暂时地，我们只需指出，对于无粘流体，切向应力到处为零，应力张量具有像任意的静止流体一样的各向同性的形式。

Navier-Stokes 方程

当偏应力张量用表达式（3.3.9）代入时，总应力（3.3.3）变为

$$\sigma_{ij} = -p\delta_{ij} + 2\mu(e_{ij} - \frac{1}{3}\Lambda\delta_{ij}), \qquad (3.3.11)$$

其中

$$e_{ij} = \frac{1}{2}\left(\frac{\partial u_i}{\partial x_j} + \frac{\partial u_j}{\partial x_i}\right), \text{而 } \Delta = e_{ii}.$$

代入运动方程（3.2.2）给出

$$\rho \frac{Du_i}{Dt} = \rho F_i - \frac{\partial p}{\partial x_i} + \frac{\partial}{\partial x_j}\left\{2\mu\left(e_{ij} - \frac{1}{3}\Delta\delta_{ij}\right)\right\}. \quad (3.3.12)$$

这通常称为 Navier-Stokes 运动方程。

对于许多流体，粘性系数 μ 显著地依赖于温度（见 §1.7 和 1.8），而当在流体中有可观的温度差时，有必要把 μ 看成位置的函数。但是，常常发生的是，温度差足够小使 μ 可以在整个流体中取为均匀值，在这种情况下（3.3.12）变为

$$\rho \frac{Du_i}{Dt} = \rho F_i - \frac{\partial p}{\partial x_i} + \mu\left(\frac{\partial^2 u_i}{\partial x_j \partial x_i} + \frac{1}{3}\frac{\partial \Delta}{\partial x_i}\right), \quad (3.3.13)$$

一个具有很大重要性的特殊情况是不可压缩流体的情况。这时质量守恒方程简化为 $\Delta \cdot \mathbf{u} = 0$，以向量标记表示，（3.3.13）变为

$$\rho \frac{D\mathbf{u}}{Dt} = \rho \mathbf{F} - \Delta p + \mu \nabla^2 \mathbf{u}. \quad (3.3.14)$$

如果我们可以认为 $\mathbf{F}$ 的形式和 μ 之值是给定的话，动量和质量守恒方程提供了将 $\mathbf{u}, \rho$ 和 p 确定为 $\mathbf{x}$ 和 t 的函数的四个标量方程。一般说，还需要另一个标量方程，且通常要在流体的状态方程和对于流体的内能（见 §3.4）的考察中寻求，因为在状态方程中又引入一新的变量（通常是温度）。但是，在流体的性状有如在不可压缩流体的情况（如真实流体在 §3.6 将要描述的情况下就是如此）下，每一质元的密度不为压力的变化所影响，因而当没有其它改变密度的过程（如热或溶质的分子输运）存在时，密度为不变量。于是我们有附加方程

$$D\rho/Dt = 0, \quad (3.3.15)$$

这当然不过是流体状态方程的特殊形式。对于（3.3.15）的显式形式的利用常常因如下的陈述而变得没有必要：初始时密度是均匀的因而它也保持为均匀。这样，对于不可压缩流体，当适当的边界条件为已知时，方程组对于决定 u 和 p 现即为足够的了。

在由内摩擦引起的作用在流体单位体积上的总力的上述表达式的形式中有一表观的佯谬，这在均匀粘性的不可压缩流体的情况下显示得最清楚了。这时总的粘性力为

$$2\mu \frac{\partial e_{ij}}{\partial x_j} = \mu \nabla^2 u_i,$$
$$= -\mu (\nabla \times \boldsymbol{\omega})_i 。 \qquad (3.3.16)$$

我们已经看到，粘性应力只是由于流体的变形产生的而与局部涡量无关。因此初看起来令人惊异的是发现了单位体积的总粘性力正比于涡量的空间导数。解释完全是运动学的，即在于（3.3.16）中所用的向量恒等式；e_{ij} 和 $\boldsymbol{\omega}$ 在应力的产生上起互不依赖的作用，但是 e_{ij} 的一定的空间导数恒等地与 $\boldsymbol{\omega}$ 的一定的导数相关联。

注意，当 $\boldsymbol{\omega}$ 到处有相同值特别是当 $\boldsymbol{\omega}=0$ 即当运动为无旋时，不可压缩均匀流体的单位体积的粘性力为零；但是这时粘性应力不为零。

物质边界上对于速度和应力的条件

如在 §1.9 中指出，对于每一可输运量一般在边界上有两个过渡条件，一个表示适当的强度经过表面的连续性，这是基于对平衡的局部偏离不是过于剧烈的假设而得到的；另一个表示通量向量的法向分量的连续性（允许有表面张力的效应存在）。流体的动量是这样的一个可输运量，与之关联的强度和通量向量分别为速度和应力。我们现在已经有了应力张量的表达式，我们可以以显式形式提出在以后用数学方法决定流体中的速度分布时所要应用的边界条件。

上述两个过渡关系式中的第一个不过是说，通过分隔流体和

另一介质的物质边界时速度的切向分量①是连续的。我们回忆一下§1.9中所说的,这一条件的证明可看做是寓于下列事实,经过物质面的速度间断会几乎立即引起（通过分子输运）面上的十分巨大的应力,其方向趋于消除两物质的相对速度。因而,速度连续的条件不是一个精确的定律,而是关于一般情况下近似地预期将发生什么情况的陈述。粘性应力在使流体速度中的间断光滑掉方面的有效程度依赖于粘性的大小和以后将加以研究的因素。显然会有一些特殊情况,这时粘性应力相对是弱的,而由其它原因引起的陡的速度梯度能得以保持。在此种情况下讲速度的"间断性"可能是方便的,只是不要从字面上理解这一措词。

实践中将流体和固体分隔开来的边界的情况是特别重要的。这时速度的切向分量经过边界时的连续性称为**无滑移条件**。流体-固体交界面上的无滑移边界的正确性在上世纪中争论了许多年,因为关于在这样的交界面上分子相互作用会不会导致与流体内部的面上相同本质的动量传递有一些怀疑;但是现在在刚壁处无滑移存在已被通常条件下的直接观测和许多它的推论的正确性所充分证实。一个重要的例外是气体在如此低的密度下的流动,以致分子的平均速度在一个分子平均自由程的距离上有显著改变。这时看来在刚壁上有速度以及温度的不为零的跳跃,这是可以理解的,因为分子在散布到流场的其它部位去以前,在一个体积元内的碰撞数目没有大到足以达到哪怕是近似的平衡。

两个过渡关系式中的第二个是,平行于边界的、且紧靠该边界的两侧的两个面元上的应力值之差是完全由如（1.9.8）所表示的表面张力引起的法向力。当利用张量 σ_{ij} 的表达式（3.3.11)使这一关系式变得较为明晰时,分别取垂直于边界（方向 **n**）的面力分量和与边界相切（方向 **t**）的分量是方便的。用图 1.9.4 中的标记,在两流体间边界的每一点上,对于切向分量我们有

---

① 如在§1.9中指出,法向分量当然是连续的,这是由于不涉及分子相互作用的运动学的原因。

$$\mu'' e_{ij}'' t_i n_j = \mu' e_{ij}' t_i n_j, \qquad (3.3.17)$$

以及，对于法向分量有

$$p'' - 2\mu'' \left(e_{ij}'' n_i n_j - \frac{1}{3} \Delta'' \right)$$

$$= p' - 2\mu' \left(e_{ij}' n_i n_j - \frac{1}{3} \Delta' \right) + \gamma (R_1^{-1} + R_2^{-1}) \,。 \qquad (3.3.18)$$

将物质边界上两个过渡关系式——速度的连续性和考虑到有表面张力存在的应力的连续——在两个极限情况下所采取的形式加以对比是有益的，这两个极端情况是边界一侧或者完全为刚性或者是具有可以忽略的密度和粘性。在流体-固体交界面上，速度的法向和切向分量两者都是连续的，所以如果刚性边界的速度是给定的，我们就有了加给流体中速度分布的可用的边界条件。但是，刚体中的应力是未知的，从而没有加给流体中应力分布的可用的边界条件。

另一极限情况可以用液体-气体交界面来代表，气体的密度和粘性在标准条件下要比液体的小得多。从 Navier-Stokes 方程 (3.3.12) 的形式明显看出，流体中的压力变化大小随 ρ 和 μ 一起减小，所以，如果气体和液体中的速度和速度导数均具有相仿的大小，则气体中的压力变化要比液体中的小得多；类似地气体中的摩擦应力也要小些。作为近似，气体中的应力到处可以取为 $-p_0 \delta_{ij}$，其中 p_0 是均匀气体压力。令经过交界面的应力的跳跃等于由表面张力产生的法向力，于是就给出液体中流动的如下近似边界条件（假设液体位于交界面的 **n** 从中指出的一侧）：在交界面每点处

$$e_{ij} t_i n_j = 0, \qquad (3.3.19)$$

$$p - 2\mu \left(e_{ij} n_i n_j - \frac{1}{3} \Delta \right) = p_0 - \gamma (R_1^{-1} + R_2^{-1}) \,;$$

$$(3.3.20)$$

而由于**液体**的实际的不可压缩性通常总可以令 $\Delta = 0$。关系式 (3.3.19) 和 (3.3.20) 适用于液体中的称为**自由表面**的情况。在这里，速度经交界面的连续的条件通常没有什么用，因为，如在

我们的气体的应力近似表达式中已隐含有这样的意思：气体中的速度分布是没有什么关系的，可以允许其保持为未知①。

只有当物质边界两侧的流体中的速度分布都要加以确定时，才将有必要利用交界面上的两个过渡关系式。

习　题

证明：初始时与液体的自由表面垂直的物质线元保持与其垂直。

3.4　运动流体内能的变化

考察物质面 S 内包含的体积 τ 的流体的能量平衡，可以使我们得到表面力对于流体的运动所起作用的进一步的理解。体积力和表面力均对这一流体物质作功，它同时也可以通过经边界的传递而得到热。这总的能量获得中的一部分作为流体动能的增加而表现出来，而其余部分，根据热力学第一定律（见§1.5），表现为流体内能的增加。我们将用解析方法表达这一平衡，从而用通常方法从给定流体质量的能量平衡得到对于每点均为正确的微分方程。

首先有必要对于非平衡条件下流体质元的某些热力学量的定义补充几句话。如在§1.6和§3.3中解释过的，在一般条件下，其中速度和温度为非均匀的流体质元可以看做是经历着一系列状态，在其中每一状态中与平衡的偏离都是小的。为了某些目的，任何瞬间与平衡的偏离可以忽略不计；为了另一些目的，（如在计算偏应力时）则偏离是重要的。这告诉我们在构成热力学量的定义时需要小心，以使它们不要依赖于准确平衡的存在。将密度 ρ 定义为质量和元素的瞬时体积之比没有什么困难，但是定义像温度等这样一些其它的量就不那么简单。定义单位质量的内能有着关

---

　　① 在热传导问题中的完全导热和完全绝缘边界的极端情况和动量输运问题中的刚性边界和自由边界的上述极端情况之间有着一个类比；当然表面张力不包括于类比之中。

键性的重要意义，将首先予以考察。由 (1.5.2) 表达的热力学第一定律实质上是质元的单位质量的内能之值在两个不同的平衡状态之差的定义。在两个时刻间对于质元所作的功的量和加于质元的热量是具体的"可以观测得到的"量，它们的定义不依赖于平衡的存在。因此我们可以继续利用 (1.5.2) 来定义一个质元（单位质量）的在任何瞬间的内能 E，不过要把 E 所瞬时地参照的平衡态理解为是通过把质元与周围流体突然绝缘令其不被作功也无热量获得地达到的平衡。

既然我们已以不依赖于平衡的存在的方法定义了两个状态性质 ρ 和 E，就可以把 ρ 和 E 看作两个状态参数并利用平衡状态方程（如果流体是均质的话）来定义其它的量。如，运动流体元的温度 T 可以定义为满足 ρ，E 和 T 之间的平衡关系式，其中 ρ 和 E 取为流体元的瞬时值。类似地对于单位质量的熵 S 也是如此。事实上，这也就是在像针对非平衡状况的 (1.6.10) 这样的表达式中我们用符号 T 和 S 所表示的东西。

现在我们来计算某一质点的均质流体的内能平衡。对物质体积 τ 中的流体的作功率为两种贡献之和，即从合体力而来的贡献

$$\int u_i F_i \rho \, d\tau$$

及从周围物质在边界上所施的面力而来的贡献

$$\int u_i \sigma_{ij} n_j dS, \quad = \int \frac{\partial(u_i \sigma_{ij})}{\partial x_j} d\tau$$

之和。因此，对一质元的总作功率，按单位流体质量计，为

$$u_i F_i + \frac{u_i}{\rho} \frac{\partial \sigma_{ij}}{\partial x_j} + \frac{\sigma_{ij}}{\rho} \frac{\partial u_i}{\partial x_j},$$

$$= u_i \frac{Du_i}{Dt} + \frac{\sigma_{ij}}{\rho} \frac{\partial u_i}{\partial x_j}, \tag{3.4.1}$$

这里利用了运动方程 (3.2.2)。我们看到，面力对于流体元作功率所产生的两项中的第一项，即 $\rho^{-1} u_i \, \partial \sigma_{ij} / \partial x_j$，是与在流体元相对两侧上作用的应力的微小差异相关联的，并且（与体力作功的速率一起）对于流体元整体运动的动能增加作出贡献；而第二项，即

$\rho^{-1}\sigma_{ij}\partial u_i/\partial x_j$，与流体元相对两侧上的速度差的微小差异相关联，并代表使流体元变形而又不改变其速度时所作的功。使流体元变形所作的功完全表现为流体的内能的增加。

我们将假设热量通过分子传导而传递到流体中来，一团流体经过物质边界面 S 获得热的速率为

$$\int k\,\frac{\partial T}{\partial x_i}n_i dS = \int \frac{\partial}{\partial x_i}\Bigl(k\,\frac{\partial T}{\partial x_i}\Bigr)d\tau,$$

其中 T 为流体局部温度，k 为流体的热传导系数（§1.6）。因此流体质元的单位流体质量的热量增加速率为

$$\frac{1}{\rho}\,\frac{\partial}{\partial x_i}\Bigl(k\,\frac{\partial T}{\partial x_i}\Bigr)。 \tag{3.4.2}$$

我们可以将（1.5.2）的所有项都看成为对于一个流体质元的每单位时间的变化。这时量 W 由（3.4.1）的第二项给出，而量 Q 由（3.4.2）给出。因此，流体质元的单位质量的内能变化率为

$$\begin{aligned}
\frac{DE}{Dt} &= \frac{\sigma_{ij}}{\rho}\,\frac{\partial u_i}{\partial x_j} + \frac{1}{\rho}\,\frac{\partial}{\partial x_i}\Bigl(k\,\frac{\partial T}{\partial x_i}\Bigr),\\
&= \frac{\sigma_{ij}e_{ij}}{\rho} + \frac{1}{\rho}\,\frac{\partial}{\partial x_i}\Bigl(k\,\frac{\partial T}{\partial x_i}\Bigr)。
\end{aligned} \tag{3.4.3}$$

将应力张量的表达式（3.3.11）代入（3.4.3）给出

$$\frac{DE}{Dt} = -\frac{p\Delta}{\rho} + \frac{2\mu}{\rho}\Bigl(e_{ij}e_{ij} - \frac{1}{3}\Delta^2\Bigr) + \frac{1}{\rho}\,\frac{\partial}{\partial x_i}\Bigl(k\,\frac{\partial T}{\partial x_i}\Bigr)。 \tag{3.4.4}$$

对于解释有用处的另一种形式为

$$\begin{aligned}
\frac{DE}{Dt} = \frac{1}{\rho}(-p\delta_{ij})\Bigl(\frac{1}{3}\Delta\delta_{ij}\Bigr)\\
+ \frac{2\mu}{\rho}\Bigl(e_{ij} - \frac{1}{3}\Delta\delta_{ij}\Bigr)\Bigl(e_{ij} - \frac{1}{3}\Delta\delta_{ij}\Bigr) + \frac{1}{\rho}\,\frac{\partial}{\partial x_i}\Bigl(k\,\frac{\partial T}{\partial x_i}\Bigr),
\end{aligned}$$

它指明对于使流体元变形所作的功的两个分别的贡献：一个是由与应变率的各向同性或膨胀部分相关联的、应力的各向同性或压力部分所作的贡献；另一个是由与应变率的非各向同性或剪切部分相关联的、应力的偏斜部分所作的贡献。这后一个贡献是非负

的，说明流体中的任何剪切运动不可避免地伴随有能量从引起运动的机械原动力单方向地转化为流体的内能，这从相关的应力的摩擦特性是可以预期的。由于粘性引起的、流体单位质量的机械能的这一耗散率可以写为

$$\Phi = \frac{2\mu}{\rho}\left(e_{ij}e_{ij} - \frac{1}{3}\Delta^2 \right), \qquad (3.4.5)$$

并注意，它在对于流体的作用上与热量的不可逆增加是等价的。

很自然地假设 (3.4.4) 的右端第一项代表压缩能（的变化率），当流体元膨胀时它能够不受损失地归还给力学系统。但这只是近似地正确，因为（一般讲）存在着与平衡的偏离对于 (3.4.4) 中的机械压力 p 的一阶效应，这点我们现在加以考察。p 定义为法向应力的（负的）平均值，且是一个可观测量。而如在本节早些时候解释过的，ρ 和 E 是流体元的两个状态函数，其定义不需修正，且当流体元不处于平衡时也具有确定的数值；与 ρ 和 E 的给定值相对应，有从流体平衡状态方程所得的压力的确定值。我们可以将这后一个量称为"平衡压力"，并用 p_e 来标记它。当流体中没有任何相对运动时，对于一个流体元，p 和 p_e 之值全等，但当有相对运动时它们可能有所不同。

运动流体元的 $p - p_e$ 的近似值可以用与决定偏应力张量时所用过的完全同样的推理来加以决定。我们假设 $p - p_e$ 只依赖于瞬时局部速度梯度，且对于足够小的速度梯度值，$p - p_e$ 是张量 $\partial u_i / \partial x_j$ 的不同分量的线性函数，就是说

$$p - p_e = B_{ij}\frac{\partial u_i}{\partial x_j}, = B_{ij}e_{ij} - \frac{1}{2}B_{ij}\varepsilon_{ijk}\omega_k, \qquad (3.4.6)$$

其中张量系数 B_{ij} 依赖于流体的局部状态而不直接依赖于速度分布。像以前一样，我们还假设，流体对于所加给它的速度梯度的反应没有方向的倾向性，所以 B_{ij} 是一个各向同性张量。二阶各向同性张量应该以所有方向为它的主轴方向，这只有在

$$B_{ij} = -\kappa\delta_{ij} \qquad (3.4.7)$$

时才有可能，其中 κ 为一个依赖于流体的当地状态的（与粘性系

数 μ 有相同量纲的）标量系数。这时关系式（3.4.6）简化为

$$p - p_e = - \kappa \Delta, \tag{3.4.8}$$

又一次表明流体的刚性转动不引起什么效应。

应力张量的各向同性部分作功（此功贡献于流体内能）的速率，按流体的单位质量计，可以写为

$$-\frac{p\Delta}{\rho} = -\frac{p_e\Delta}{\rho} + \frac{\kappa\Delta^2}{\rho} 。 \tag{3.4.9}$$

(3.4.9)的右端第一项代表能量的可逆转换，它只包括对应于 ρ 和 E 的瞬时值的平衡压力，而第二项则符号不变并代表（假如我们预期有正值的 κ 的话）机械能的耗散。局部速度梯度中与 $p-p_e$ 之值有关的仅有部分是膨胀率，因而 κ 是一个膨胀阻尼系数。也可以把 κ 称为流体的**膨胀粘性系数**[①]，为了区别，称 μ 为**剪切粘性系数**。在假设的条件下，（3.4.9）的右端两项中的第二项与第一项相比为小量，但是由于第二项符号不变，所以当膨胀率是周期性的并经历许多循环时，它可以产生可观的总耗散量。

动量的分子输运如何导致简单剪切运动中形成切向应力以及导致机械能耗散的方式是足够清楚的，这就是普通意义上的‘摩擦’。能够说明膨胀阻尼的存在的分子作用类型不那么明显，虽然分子机制的本质在我们从唯象的方法得到（3.4.8)时不起什么作用，但花一点时间考虑一下这个问题是值得的。如果要对于不同流体估计 κ 的数值，无论如何直接地对分子机制加以考察是必要的。

方程（3.4.8)可以解释为在包括有流体的膨胀的运动过程中机械压力适应于不断变化的 ρ 和 E 之值的滞后。推测起来，在机械压力依赖于与决定 ρ 和 E 的分子的运动和位形的方面为不同的流体中，κ 是非零的。事实上，在 §1.7 之末我们已经看到，在多原子分子的完全气体中,机械压力调整的滞后是如何发生的。这时平均法向应力正比于分子的平移能量，而内能还包括了分子的

---

① 被使用的其它名称是体粘性系数和第二粘性系数。

转动能以及（如果温度足够高时）分子运动的振动模；在不同模式间（经分子间的碰撞）建立能量平衡的滞后导致当气体被压缩时给定的 E 和 ρ 值下高于平衡值的平均法向应力值，也就是导致 κ 的正值。此外，由于 $\frac{1}{3}\rho\overline{\mathbf{u}^2}$（其中如在 §1.7 中那样 u 是分子的速度）是处于平衡或不处于平衡的完全气体中的平均法向应力，而 $(\gamma-1)\rho E$ 则是通过 ρ 和 E 表达的平均法向应力的平衡值，我们看到关系式（1.7.32）不过是（3.4.8）的适用于完全气体的一种变形；从而得到，对于其转动模的松弛时间为几个碰撞间隔且此模对于内能有重要贡献的多原子分子完全气体来说，μ/κ 为量级为 1 的常数。

对于相当高频的声波在一些双原子分子气体中的衰减的观测证明了线性关系式（3.4.8）的准确性，并给出了量级为 1 的 μ/κ 之值。但对于更高的频率（例如，在标准条件下的氮中频率高于 10^7 周/秒），对 Δ 的线性依赖关系就不复存在。在分子的振动模对于气体的内能有显著贡献的条件下，因振动模有十分长的松弛时间，（3.4.8）通常是不准确的。在这种情况下，需要另外一类计及运动历史的理论[①]。关于在液体中线性关系式（3.4.8）恰当与否以及 κ 之值我们知道的很少。

由于伴随同一体积变化平均法向应力的变化要比典型的切向应力大得多这一明显的原因，绝大多数流动系统中典型的膨胀率比起剪切率来要小得多。因此膨胀粘性系数起重要作用的情况是难得有的，这种情况主要限于对高频声波的衰减和激波构造的考察。在本书中除了在讨论包含有悬浮小气泡的液体性质（§4.11）时以外，我们没有机会再次涉及到膨胀阻尼现象，从而在以后章节中 p 与 p_e 将认为是全同的而不加注解。

最后，我们注意质元中单位流体质量的熵的变化率的表达式。

---

① 这就是首先由 Maxwell 提出，并由 M. J. Lighthill 在"有限振幅声波的粘性效应"一文中描述的那类理论，该文见 G. K. Batchelor, R. M. Davies 主编 "Surveys in Mechanics"（Cambridge University Press, 1956）。

描述状态改变的各种增量间的关系式（1.5.20）在我们讨论的情况下给出

$$T \frac{DS}{Dt} = \frac{DE}{Dt} + p_e \frac{D(1/\rho)}{Dt}$$

$$= c_p \frac{DT}{Dt} - \frac{\beta T}{\rho} \frac{Dp_e}{Dt} \, 。 \qquad (3.4.10)$$

现可利用方程（3.4.4）和质量守恒方程以得到

$$T \frac{DS}{Dt} = c_p \frac{DT}{Dt} - \frac{\beta T}{\rho} \frac{Dp_e}{Dt}$$

$$= \frac{\kappa \Delta^2}{\rho} + \Phi + \frac{1}{\rho} \frac{\partial}{\partial x_i} \left(k \frac{\partial T}{\partial x_i} \right), \qquad (3.4.11)$$

这是（1.6.10）的对于运动流体的对应方程，是比（3.1.18）更一般的形式。

（3.4.11)的最右端的所有项代表分子输运效应。我们将见到，有许多流场其中分子输运效应可以忽略不计，在这些情况下

$$T \frac{DS}{Dt} = c_p \frac{DT}{Dt} - \frac{\beta T}{\rho} \frac{D(p)}{Dt} \approx 0 \, 。 \qquad (3.4.12)$$

这类其中流体质元的熵为常数的流场称为**等熵**流场。另外一个有用的尚未被广泛采用的名称是均熵（homentropic）流场，意思是指在整个流体中单位质量的熵是均匀的。

3.5　无摩擦非导热流体定常流动的 Bernoulli 定理

质量为 m 的，在形如 $-m \nabla \Psi$，且只是空间位置的函数的力的作用下，孤立固体质点的运动方程给出如下的关系式

$$\dot{\mathbf{s}} \cdot \frac{d\dot{\mathbf{s}}}{dt} = - \dot{\mathbf{s}} \cdot \nabla \Psi = - \frac{d\Psi(\mathbf{s})}{dt},$$

其中 $\mathbf{s}(t)$ 是质点位置，而 $\dot{\mathbf{s}}(t)$ 是其速度。这一方程可以积分并给出"能量积分"

$$\frac{1}{2} \dot{s}^2 + \Psi(\mathbf{s}) = \text{const.}$$

而力势 Ψ 叫做质点的单位质量的"势能"。这种类型的关系式能够

存在的条件是,单位质量的质点运动所受的力等于标量函数$-\Psi$的空间梯度,**以及 Ψ** 只依赖于空间的位置。第二个要求在质点力学中是如此经常地得到满足,所以通常认为它是当然成立的。

在一定条件下,对于流体的单个质元有相似的能量积分成立。以速度 **u** 运动的流体质元的单位质量的总的真实能量(以与虚拟的"势能"相区别)为整个运动的动能 $\frac{1}{2}\mathbf{u}^2$ 和内能 E 之和。这一总能量可以因作用于质元的体积力和表面力所做的功和经过质元的边界面的热传递(假设只是因热传导而产生)而改变,且如§3.4中所证明

$$\frac{D}{Dt}\left(\frac{1}{2}\mathbf{u}^2 + E\right) = n_i F_i + \frac{1}{\rho}\frac{\partial(u_i\sigma_{ij})}{\partial x_j} + \frac{1}{\rho}\frac{\partial}{\partial x_i}\left(k\frac{\partial T}{\partial x_i}\right).$$

$$(3.5.1)$$

当单位质量的体力(**F**)可以写为 $-\nabla\Psi$ 的形式时且如果 Ψ 只是位置的而不是时间的函数时,我们可以写

$$u_i F_i = -u_i\frac{\partial\Psi}{\partial x_i} = -\frac{D\Psi}{Dt}$$

并把 Ψ 看做为体力场的"势能"。

现在,虽然压力作为法向应力作用于流体元的边界面上,但它对于质元产生一个等于 $-\nabla p$ 的与单位体积的体力相同的合力。这意味着,在一定条件下,就(3.5.1)的积分而言,压力可以起势能的作用。在(3.5.1)的右端,压力以如下形式出现

$$-\frac{1}{\rho}\frac{\partial(u_i p\delta_{ij})}{\partial x_j}, = \frac{p}{\rho^2}\frac{D\rho}{Dt} - \frac{u_i}{\rho}\frac{\partial p}{\partial x_i}$$

$$= -\frac{D(p/\rho)}{Dt} + \frac{1}{\rho}\frac{\partial p}{\partial t}, \qquad (3.5.2)$$

所以,当压力场为定常时,压力对于质元的能量的直接效应就像是如果质元在单位质量的势能为 p/ρ 的体力场中运动一样。注意,对于压力效应的这种表达既包括压力压缩流体元作的功也包括使其作为整体加速所作的功。

于是,当 $\mathbf{F} = -\nabla\Psi$ 且 Ψ 和 p 不依赖于 t 时,可以将能量方

程（3.5.1）写为如下形式

$$\frac{D}{Dt}\Big(\frac{1}{2}\mathbf{u}^2 + E + \frac{p}{\rho} + \Psi\Big) = \frac{1}{\rho}\frac{\partial}{\partial x_j}\Big\{2u_i\mu\Big(e_{ij} - \frac{1}{3}\Delta\delta_{ij}\Big)\Big\}$$

$$+ \frac{1}{\rho}\frac{\partial}{\partial x_i}\Big(k\frac{\partial T}{\partial x_i}\Big), \qquad (3.5.3)$$

应力张量 σ_{ij} 的表达式从（3.3.11）代入。如果恰好（3.5.3）的右端其余两项为零，则质元的能量方程可以积分出来，就像对于孤立固体质点积分出来一样。于是，我们得到十分重要的结果：对于压力分布为定常的、无摩擦、非导热的运动流体，由式

$$H = \frac{1}{2}q^2 + E + \frac{p}{\rho} + \Psi \qquad (3.5.4)$$

定义的 H 在质元的路径的所有点上具有相同的值，其中 q 代表速度 $|\mathbf{u}|$。当压力场为定常时，速度场通常也为定常，这时质元的路径为一条流线。用能量来表达时，我们可以这样说：对于无摩擦、非导热流体的定常运动，如果质元的单位质量的总能 H 不仅包括动能和内能，而且包括与外体力场和压力场相关联的虚拟势能的话，则这一总能为常值。在更为一般的情况下，质元的这一总能不为常值，这通常或是因为（a）粘性应力作用于质元的边界上且在加速质元（这时动能改变）时和使其变形（这时内能改变）时作功；或是因为（b）有热量传入或传出质元；或是因为（c）压力场不是定常的，而与之相关的"势能"以独立于质元其它形式的能量的改变的方式而改变。

在无摩擦、非传热流体的定常运动中沿流线 H 为常值这一事实称为 **Bernoulli** 定理，它是 Daniel Bernoulli 于 1738 年对于不可压缩流体的特殊情况首先得到的。

这一定理的另一种推导是来直接计算沿小横截面流管流动的无摩擦、非传热流体的能量平衡。如果 q, ρ, E, p 和 Ψ 是流管中横截面积为 δA 处的速度等值，则流体的能量（包括与外体力场相关联的通常的势能）通过截面对流的速率为

$$\Big(\frac{1}{2}q^2 + E + \Psi\Big)q\rho\,\delta A,$$

而法向面力在该截面作功的速率为

$$pq\delta A。$$

但在定常流场中，流管的两个固定横截面间包含的流体的能量是常值，而在一横截面处从对流进来的能量和压力作功之所获应准确地为在另一横截面处之所失平衡。因此

$$\left(\frac{1}{2}q^2 + E + \frac{p}{\rho} + \Psi\right)q\rho\delta A$$

沿流管为常值，且因质量流量 $q\rho\delta A$ 也为常值，从而得到 Bernoulli 定理。

足以使 Bernoulli 定理为正确的流体的特殊性质——粘性系数 μ 和热传导系数 k 为零，对于质元的熵变化率有所约束。常说完全不存在熵的改变的过程是使 Bernoulli 定理为正确的必要条件。这不是严格正确的，因为机械压力 p 适应内能 E 的变化时的滞后是一个熵增加的过程（其速率由 (3.4.11) 中包含膨胀粘性系数 κ 的那一项给出），但是尽管如此，它不引起 H 在定常流动中沿流线改变。然而，极少有流体中剪切粘性和热传导可以忽略而膨胀粘性不可忽略的情况，所以我们为了实用的目的可以宣称，当流动是等熵（指 $DS/Dt=0$）和定常时，且只有此时，Bernoulli 定理方为正确。

关于定常等熵流动中 Bernoulli 常数 H 如何从一条流线到另一条流线变化我们还没有讲过什么；也不能预期能作出一般的断言，因为每条流线上 H 之值应该依赖于流动是如何建立起来的。我们所能希望做到的最多是得到 H 和 S 经过流线的变化间的相容性关系式。当流体到处具有相同的物理组分时，流体的每一质元具有由两个独立变量决定的平衡态[①]，这两个变量在此可取为 E 与 ρ。任何瞬间两个不同质元的熵值 S 之间的差于是就可以通过 (1.5.8) 与相应的 E 和 ρ 之值之间的差关联起来，所以在流体

---

① 即通过令质元瞬时地绝缘并令其绝热地且在无外力对其作功的情况下达到平衡所得到的状态。

中任何一点

$$T\nabla S = \nabla E + p\nabla(1/\rho)。 \tag{3.5.5}$$

由 (3.5.4) 给出的量 H 也是位置的函数,所以还可以将 (3.5.5)换一种方式写为

$$\nabla H = p\nabla S + \nabla\left(\frac{1}{2}q^2 + \varPsi\right) + \frac{1}{\rho}\nabla p。 \tag{3.5.6}$$

这一关系式除了 $\mathbf{F} = -\nabla\varPsi$ 的假设外是相当一般性的。而当流动为定常和等熵时,运动方程 (3.3.12) 简化为

$$\rho\mathbf{u}\cdot\nabla\mathbf{u} = -\rho\nabla\varPsi - \nabla p,$$

它因有向量恒等式

$$\mathbf{u}\times(\nabla\times\mathbf{u}) = \frac{1}{2}\nabla q^2 - \mathbf{u}\cdot\nabla\mathbf{u}$$

而可以写成

$$\mathbf{u}\times\boldsymbol{\omega} = \nabla\left(\frac{1}{2}q^2 + \varPsi\right) + \frac{1}{\rho}\nabla p。 \tag{3.5.7}$$

代入 (3.5.6)于是给出

$$\nabla H = T\nabla S + \mathbf{u}\times\boldsymbol{\omega}, \tag{3.5.8}$$

这是首先由 Crocco (1937) 得到的关系式。我们看到,在定常等熵流动中,H 和 S 两者横过流线就像沿流线一样也都为均匀,只有或者当到处 $\omega = 0$(即在无旋流动中),或者当——可能性相当小——$\mathbf{u}$ 和 $\boldsymbol{\omega}$ 到处为平行向量时才有可能。

就像在整个流体中 S 为均匀的流场被称为均熵流场(§3.4)一样,在整个流体中 H 为均匀的流场可以称为**均能流场**。无摩擦、非导热流体的定常流动可以是均熵的或是均能的,或者既为均熵又为均能的,或者既不为均熵又不为均能,视具体情况而定。

关于式 (3.5.8)给出进一步的结果,在定常均熵流动中到处有

$$\nabla H = \mathbf{u}\times\boldsymbol{\omega}。 \tag{3.5.9}$$

因此,这时 H 还沿涡线为常值,且 H 的等值面与相交的流线和涡线族重合。如果另外速度分布还是无旋的,则 H 在整个流体中具有同样的值。

我们注意 Bernoulli 定理的一些不同的形式。在 §1.5 中，引入了由下式

$$I = E + \frac{p}{\rho}$$

定义的热力学函数，并称之为流体的单位质量的焓或者热函数。于是，定常等熵流动中沿流线为均匀的这个量可以写为

$$H = \frac{1}{2}q^2 + I + \Psi \text{。} \qquad (3.5.10)$$

在气体流动的情况下，常常发生势能 Ψ 的变化比起 $\frac{1}{2}q^2$ 和 I 的变化均小得多的情况，这时 Bernoulli 定理的近似形式为，沿流线

$$H = \frac{1}{2}q^2 + I \qquad (3.5.11)$$

为常值。在这种情况下，我们可以把任何一条流线上的常数 H 解释为**驻点焓**，即流线上 $q=0$ 这一点处的焓值，或者，如果在某特殊情形下不存在这样的点时，将其解释为如果把流线上任何质元等熵地停止下来它将会具有的焓值。

Bernoulli 定理的另一种其中不明显地出现热力学函数而只包含力学量的形式可以利用热力学第二定律（见 (1.5.8)）得到为

$$\frac{D}{Dt}\Big(E + \frac{p}{\rho}\Big) = T\frac{DS}{Dt} + \frac{1}{\rho}\frac{Dp}{Dt} \text{。} \qquad (3.5.12)$$

压力可以看做为两个状态参数 ρ 和 S 的函数，而由于在等熵流动中 $DS/Dt=0$，从而得到一个质元中 p 的变化这时完全由 ρ 的变化决定。在这种情况下 (3.5.12) 可以写为

$$\frac{D}{Dt}\Big(E + \frac{p}{\rho}\Big) = \frac{D}{Dt}\int\frac{c^2}{\rho}d\rho, \qquad (3.5.13)$$

其中积分是对于常值熵进行的，而

$$c^2 = (\partial p/\partial\rho)_s \qquad (3.5.14)$$

对于给定的 S 只是 ρ 的函数。将 (3.5.4) 和 (3.5.13) 结合起来就表明了，在定常等熵流动中量

$$H = \frac{1}{2}q^2 + \int \frac{c^2}{\rho}d\rho + \Psi \qquad (3.5.15)$$

在流线的所有点上具有相同的值。当流体的 p 和 ρ 之间的等熵关系式为已知时，Bernoulli 定理的这一形式常常被应用。

Bernoulli 定理的特殊形式

为了将来援引起来方便，我们在此写下 Bernoulli 定理在如下一些重要情况下的特殊形式：流体或者 (i) 为不可压缩，(ii) 为完全气体，或者 (iii) 相对定常转动坐标系作定常运动。

不可压缩流体的质元的密度不会只因压力的变化而受影响（§2.2）。因而质元的内能只能因热量传入或传出该元或因反抗内摩擦作功而变化，故，在没有这样的变化时，像在等熵流中那样，我们有

$$DE/Dt = 0。$$

于是 Bernoulli 定理断言，量

$$H = \frac{1}{2}q^2 + \frac{p}{\rho} + \Psi \qquad (3.5.16)$$

在定常等熵流动中的流线的所有点上具有同样的值。由于沿流线 ρ 不变化，而 Ψ 是位置的已知函数（在均匀重力体力的情况下为 $-\mathbf{g} \cdot \mathbf{x}$）这时 Bernoulli 定理提供了两个重要流动参数 q 和 p 之间在流线上的简单关系式。在真实流体的可压缩性可以不予考虑时，这一关系式，如我们在以后各章中所将见到的，确实是十分有用的。

对于完全气体，我们有热力学状态方程（见 (1.7.15) 和 (1.7.19)）

$$p = (c_p - c_v)\rho T, \qquad (3.5.17)$$

而 E，I 和 S 的积分表达式由 (1.7.20) 和 (1.7.21) 给出。利用 I 的那一个表达式，(3.5.10) 变为

$$H = \frac{1}{2}q^2 + \int c_p dT + \Psi。 \qquad (3.5.18)$$

比热 c_p 和 c_v 在此只是温度的函数。在 §1.7 中所描述的一般情况

下，c_p 和 c_v 近似为常值，这时 p 和 ρ 之间的等熵关系式变为 $p \propto \rho^\gamma$，于是

$$H = \frac{1}{2}q^2 + c_p T + \Psi = \frac{1}{2}q^2 + \frac{c^2}{\gamma-1} + \Psi。\quad (3.5.19)$$

对于气体情形运动速度与在所讨论的高程范围自由落下所得的速度相比为大量的，重力体积力可以忽略不计，我们就得到了定常等熵流动中任意一条流线上 q 和 T 之间的简单关系。气体在流线上流速较小的地方较热，在驻点（如果存在的话）处具有最大温度 T_0；$c_p T_0$ 是比热为常值的完全气体的驻点焓。

当在以定常角速度 Ω 转动的坐标系中考察运动时，要假设由 (3.2.10) 给出的附加体力作用在流体的单位质量上。Coriolis 力在 u 的方向上的分量为零，而离心力可以写为

$$-\Omega \times (\Omega \times \mathbf{x}) = \frac{1}{2}\nabla(\Omega \times \mathbf{x})^2。$$

因此，如果体力势 Ψ 包括由离心力产生的项 $-\frac{1}{2}(\Omega \times \mathbf{x})^2$，则导致 (3.5.3) 和 (3.5.4) 的论据可以应用于相对定常旋转坐标系作定常运动的情况。流动相对于绝对坐标系为非定常但相对于旋转坐标系为定常因而可以应用 Bernoulli 定理的情况常常发生于像涡轮机这样的旋转机械之中。我们还指出，对于相对于定常旋转坐标系的等熵定常流动，运动方程 (3.5.7) 要加以修正，除了 Ψ 的上述改变外，在左端要添加 Coriolis 力项 $-2\Omega \times \mathbf{u}$。因而在均熵流动的重要情况，代替 (3.5.9) 我们有

$$\nabla H = \mathbf{u} \times (\boldsymbol{\omega} + 2\Omega)，\quad (3.5.20)$$

其中 u 和 $\boldsymbol{\omega}$ 是相对于旋转坐标系的速度和涡量，而在 H 的表达式中出现的体力势 Ψ 包括了离心力的贡献。(3.5.20) 中的 $\boldsymbol{\omega} + 2\Omega$ 这一量等于流体相对于绝对参考系的局部涡量，而如果它到处为零，则 H 在整个流体中为常值，就像它在一个相对于不在旋转的坐标系为定常的流动中为常值一样。

一维定常流动中经过渡区域时 H 的不变性

我们现在来注意一个重要的结果，它在 Bernoulli 定理的范围

之外，不过在讨论激波和其它流动参数迅速变化的区域时它是与Bernoulli 定理一起被应用的。当流动为定常和一维（所有流动变量只是一个标量位置坐标 x 的函数且大小为 u 的速度到处平行于 x 轴）时，完全的能量方程（3.5.3）变为

$$\rho \frac{DH}{Dt} = \rho u \frac{\partial H}{\partial x} = \frac{\partial}{\partial x}\left(\frac{4}{3}\mu u \frac{\partial u}{\partial x}\right) + \frac{\partial}{\partial x}\left(k \frac{\partial T}{\partial x}\right), \quad (3.5.21)$$

而质量守恒方程简化为

$$\frac{\partial}{\partial x}(\rho u) = 0 \, 。$$

（3.5.21）在任意两个位置 x_1 和 x_2 之间的积分于是给出

$$\rho u [H]_{x_1}^{x_2} = \left[\frac{4}{3}\mu u \frac{\partial u}{\partial x} + k \frac{\partial T}{\partial x}\right]_{x_1}^{x_2}, \quad (3.5.22)$$

它表明，甚至当流体为粘性和导热时，在流动中 u 和 T 的梯度为零的任何两点上 H 具有相同的值；虽然这里 H 沿一流线变化，但是由粘性力和热传导引起的 H 在流线的不同部分上的增加和减少在以这两点为界的特定区域内准确地互相抵消。

这一结果的意义在于它能应用于 μ 和 k 为小量的流体的二维和三维定常流动情况，而流动中有一个各流动变量迅速改变的薄层。我们没有必要详细地探究此事，简短的叙述就将足够了。对于某些薄的过渡层，可以将靠近层的流动看作为局部一维的，而在层的每一侧可将流动变量看做为局部均匀的。在层本身之外，速度和温度梯度不大，Bernoulli 定理近似为正确，而经过层，如上面所见到，没有 H 之值的总变化，尽管在层内有大的梯度以及粘性和热传导的可以感觉到的效应。因此除了真正位于过渡层内部的那些点之外，在流线所有点上 H 具有同样的值。但要注意，在过渡层两侧熵 S 不是准确地具有同样的值，因为从（3.4.11）得到，在定常一维流动中

$$\rho u [S]_{x_1}^{x_2} = \left[\frac{k}{T} \frac{\partial T}{\partial x}\right]_{x_1}^{x_2} + \int_{x_1}^{x_2}\left\{\frac{\kappa \Delta^2}{T} + \frac{\rho \Phi}{P} + \frac{k}{T^2}\left(\frac{\partial T}{\partial x}\right)^2\right\}dx,$$

$$(3.5.23)$$

积分项一定不为零且代表着单位质量的熵沿流动的方向经过层的

增加。

除非激波是微弱的（指激波两侧的压力或密度或流体速度之大小的比值与 1 仅有很小的差别），构成跳跃的过渡层的宽度可能是如此之小，使上面利用的粘性应力和热传导的"Newton 型"表达式变为不正确。但是，（3.5.21）的右端的项均为散度，从而，与过渡层内的分子动量通量和分子热流量的形式无关，只要在 x_1 和 x_2 处应力和热流为零。而当 x_1 和 x_2 位于激波两侧的近似均匀区域中时情形确是如此，故我们仍然有 $H(x_1)=H(x_2)$。

3.6 控制流体流动的完全方程组

将已证明是表征均匀组分的 Newton 型流体的运动的各个方程放在一起会是有用的。

流体的质量守恒要求（见（2.2.3））

$$\frac{1}{\rho}\frac{D\rho}{Dt} + \nabla \cdot \mathbf{u} = 0。 \qquad (3.6.1)$$

作用在流体上的各种力产生的流体的加速度由（3.3.12）给出：

$$\rho \frac{Du_i}{Dt} = \rho F_i - \frac{\partial p}{\partial x_i} + \frac{\partial}{\partial x_j}\left\{2\mu\left(e_{ij} - \frac{1}{3}\Delta\delta_{ij}\right)\right\}, \qquad (3.6.2)$$

其中 e_{ij} 是（2.3.3）中定义的应变率张量，而 $\Delta = e_{ii} = \nabla \cdot \mathbf{u}$。

对于流体的内能和其它形式的能量之间的交换的考察导致（见（3.4.11），并注意，我们现在对膨胀阻尼效应不予考虑）如下关系式

$$T\frac{DS}{Dt} = c_p\frac{DT}{Dt} - \frac{\beta T}{\rho}\frac{Dp}{Dt} = \Phi + \frac{1}{\rho}\frac{\partial}{\partial x_i}\left(k\frac{\partial T}{\partial x_i}\right), \qquad (3.6.3)$$

其中由（3.4.5）定义的 Φ 是由剪切引起的流体单位质量机械能的耗散率，而

$$\beta = -\frac{1}{\rho}\left(\frac{\partial\rho}{\partial T}\right)_p$$

为流体的热膨胀率。

(3.6.2)和（3.6.3）中的分子输运系数 μ 和 k 是流体的局部状态的函数，根据对我们感兴趣的流体的前述的观测其形式可以认为是已知的（见§1.7和1.8）。如选 ρ 和 T 为两个方便的状态参数，我们有

$$\mu \equiv \mu(\rho, T), \quad k \equiv k(\rho, T)。 \tag{3.6.4}$$

(3.6.3)中的两个量 c_p 和 β 也是局部状态的函数，其形式可以认为是从以前的观测中已知的。

方程（3.6.1），（3.6.2）和（3.6.3）包含 $\mathbf{u}$，p，ρ 和 T 作为未知的因变量，需要另一个标量方程以使对流场的决定成为可能。这一附加关系式由流体的状态方程提供（§1.5），可以将其一般地写为

$$f(p, \rho, T) = 0。 \tag{3.6.5}$$

状态方程的函数形状依赖于流体的性质。

等熵流动

所有分子输运效应均不存在的流场形成解析流体动力学经常提及的一个重要特殊情况。因此我们暂时在上述方程中令 μ 和 k 为零，而在现阶段不去搞清在什么条件下这可以是一正确的近似。

方程（3.6.3)表明，在这种情况下 $DS/Dt = 0$；而如在§3.4中指出，这时流动称为等熵。(3.6.3)的剩余部分，即

$$c_p \frac{DT}{Dt} = \frac{\beta T}{\rho} \frac{Dp}{Dt}, \tag{3.6.6}$$

可以视为与（3.6.5)结合起来给出质元的等熵变化下 ρ 和 p 之间的状态方程：

$$\rho \equiv \rho(p, S), \tag{3.6.7}$$

其中熵 S 的出现提醒我们，当流场不是等熵时，ρ 对于不同的质元是 p 的不同的函数。方程(1.7.24)给出了(3.6.7)适用于常比热完全气体的特殊形式。当补充以 ρ 和 p 之间的这一关系(3.6.7)时，方程(3.6.1)和(3.6.2)就足以决定流场，而(3.6.6)用来决定与之关联的温度分布。等熵流动的简化特点是，内能和其它

形式能量间的交换是可逆的，而内能和温度只不过在响应质元的压缩而变化被动地起作用。

因而，控制等熵流动的方程可以写为

$$\frac{1}{\rho c^2} \frac{Dp}{Dt} + \nabla \cdot \mathbf{u} = 0, \qquad (3.6.8)$$

$$\rho \frac{D\mathbf{u}}{Dt} = \rho\mathbf{F} - \nabla p, \qquad (3.6.9)$$

以及 (3.6.7)，其中 $c^2 = (\partial p/\partial\rho)_s$ 是 ρ 的（或者是 p 的）已知函数，其形式可能对不同质元为不同。

在 ρ 因而还有 c 只是 p 的函数的**均熵**流场的重要情况下，这些方程较容易处理。

量纲为速度的参数 c 的物理意义可以通过如下方法看出。假设，均匀密度 ρ_0 的一团流体开始时静止，处于平衡，所以压力 p_0 由

$$\rho_0 \mathbf{F} = \nabla p_0$$

给出。然后，因某些或全部质元受压缩密度改变一小量而使流体受到轻微扰动（所有的变化都是等熵的），且后允许流体自由地回到平衡并在平衡态附近振荡[①]。扰动量 ρ_1（$= \rho - \rho_0$），p_1（$= p - p_0$）和 $\mathbf{u}$ 均为小量，而对于方程 (3.6.8) 和 (3.6.9) 一致的一个近似为

$$\frac{1}{\rho_0 c_0^2} \frac{\partial p_1}{\partial t} + \nabla \cdot \mathbf{u} = 0, \quad \rho_0 \frac{\partial \mathbf{u}}{\partial t} = \rho_1 \mathbf{F} - \nabla p_1,$$

其中 c_0 为 $\rho = \rho_0$ 处的 c 之值。将 $\mathbf{u}$ 消去后我们得到

$$\frac{1}{c_0^2} \frac{\partial^2 p_1}{\partial t^2} = \nabla^2 p_1 - \rho_1 \nabla \cdot \mathbf{F} - \frac{\mathbf{F} \cdot \nabla p_1}{c_0^2} \,。 \qquad (3.6.10)$$

体力通常由地球的引力场产生。在这种情况下 $\mathbf{F} = \mathbf{g}$，$\nabla \cdot \mathbf{F} = 0$，而 (3.6.10) 中的最后一项是可以忽略不计的，除非是在压力变化的长度尺度与 c_0^2/g 相比不为小量的不大可能的情况下（对于空气，标准条件下 c_0^2/g 约为 1.2×10^4 米，而对于水则更大）。因此在这

---

① 流体是弹性的，且没有能量消耗，所以应该预期有平衡态附近的振荡。

些通常的情况下，(3.6.10)简化为 p_1 的波动方程，[①] 同时 ρ_1 也满足相同的方程。这一方程存在有代表平面压缩波的解，此波以相速 c_0 传播，其中流体速度 **u** 平行于传播的方向。换句话说，c_0 是密度为 ρ_0 的未扰流体中声波的传播速度。(3.6.8)和(3.6.9)的所有解并不都代表小振幅的压缩波，但是记住 c 是声波通过流体传播的速度的**局部**值这一解释仍然是有用的。

速度分布为近似无散的条件

在§2.2中提到，在实践中质元的密度变化率常是可忽略的小，而在这种条件下质量守恒方程 (3.6.1) 化归为关于速度分布为无散的断言。这是一个重要的有价值的简化，其成立的条件现应加以仔细考察。

我们假设，**u** 和其它流动量的空间分布由长度尺度 L 表征（意思是一般讲在与 L 相比为小的距离上 **u** 只稍有改变），且 |**u**| 对于位置和时间的变化大小均为 U。于是通常 **u** 的分量的空间导数之值为 U/L，而如果

$$|\nabla \cdot \mathbf{u}| \ll U/L,$$

即，如果

$$\left| \frac{1}{\rho} \frac{D\rho}{Dt} \right| \ll U/L, \tag{3.6.11}$$

则可以说速度分布是近似无散的。对于均匀流体我们可以选择 ρ 和单位质量的熵 S 为两个独立状态参数，在这种情况下质元所经受的压力变化率可以表示为

$$\frac{Dp}{Dt} = c^2 \frac{D\rho}{Dt} + \left(\frac{\partial p}{\partial S} \right)_\rho \frac{DS}{Dt}. \tag{3.6.12}$$

因而，**u** 应近似为无散的条件是

$$\left| \frac{1}{\rho c^2} \frac{Dp}{Dt} - \frac{1}{\rho c^2} \left(\frac{\partial p}{\partial S} \right)_\rho \frac{DS}{Dt} \right| \ll \frac{U}{L}. \tag{3.6.13}$$

---

① 关于此方程已有许多数学结果；例如参见 A. Sommerfeld 著 "Partial Differential Equations in Physics" (Academic Press, 1949) 及 R. Courant 著 "Methods of Mathematical Physics", Volume 2 (Interscience, 1962)。

条件 (3.6.13)一般只有在当左端两项中的每一项与 U/L 相比为小量时才满足，我们现在就来逐个地研究这些辅助条件。

I. 当条件

$$\left| \frac{1}{\rho c^2} \frac{Dp}{Dt} \right| \ll \frac{U}{L} \qquad (3.6.14)$$

满足时，由于压力变化引起的质元密度的改变可以忽略不计，这就是说，**流体的行为有如它是不可压缩的**。这是 u 为无散向量的两个要求中实际上更重要的一个。在估价 $|Dp/Dt|$ 的大小时，如果假设流动为等熵，我们将不失去什么一般性，因为粘性和热传导的作用通常是改变压力分布而不是控制压力变化的大小。于是我们可以藉助 (3.6.9) 将 (3.6.14) 重写为

$$\left| \frac{1}{\rho c^2} \frac{\partial p}{\partial t} - \frac{1}{2c^2} \frac{Dq^2}{Dt} + \frac{\mathbf{u} \cdot \mathbf{F}}{c^2} \right| \ll \frac{U}{L}, \qquad (3.6.15)$$

这表明，一般地讲（即，在流场所有点 (3.6.15) 左端各项不互相抵消时），如果为使流体为实际上是不可压缩的，需要满足三个分别的条件，即左端每一项的大小应与 U/L 相比为小量。

I (i)　　首先考虑 (3.6.15)左端第 2 项。Dq^2/Dt 的量级将与 $\partial q^2/\partial t$ 或 $\mathbf{u} \cdot \nabla q^2$（两个中为较大的那个）的量级（即 U^3/L）相同。可能存在振荡流动，其中固定点上的变化频率要比 U/L 大得多的情况，但现在毋须考虑它们，因为我们将看到 (3.6.15)第一项与 U/L 相比为小量的要求这时将是更严格的。所以由 (3.6.15)第二项而来的条件是

$$U^2/c^2 \ll 1。 \qquad (3.6.16)$$

参数 c 是流体中位置的函数，如果 c 的变化是可观的，则应选取某一代表值用于 (3.6.16)。

在定常流动中，或在时间变化率不起主要作用的流动中，流体元的速度从零变化到 U 要求压力变化的量级为 ρU^2（Bernoulli 定理也表明这点），所以 $\delta \rho/\rho$，或者 $\delta p/\rho c^2$（$\delta \rho$ 和 δp 为质元经受的改变）当 $U^2/c^2 \ll 1$ 时与 1 相比为小量，这是得到 (3.6.16)的非正式的论据。比值 U/c 称为流场的 **Mach 数**（U 和 c 为此流场的有

代表性的参数），并在气体动力学中起重要的作用。对于 15℃和一个大气压下的空气，$c = 340.6$ 米/秒，而对于 15℃的水，$c = 1470$ 米/秒。可以预期，物体以约低于 100 米/秒的速度定常地通过空气运动时产生的流动只表现出很小的空气压缩性效应，如果有任何效应的话；而水中的一般定常流动最不可能会受到介质可压缩性的影响。

Ⅰ (ii)　(3.6.15)中第一项的值直接依赖于流动的非定常性。让我们假设，流场如果不是精确周期性的也在某种大致的意义上是振荡性的，并设 n 为主导频率的量度。如果注意到，流体在线性尺度为 L 的区域中具有大致为均匀的速度，它在量级为 n^{-1} 的时间内改变符号而在区域的边界上引起这一动量改变的压力差大小应为 $\rho L U n$，则可以估算出压力起伏的大小。这时 $\partial p/\partial t$ 的大小为 $\rho L U n^2$，而 (3.6.15)中第一项与 U/L 相比为小量的条件为

$$\frac{n^2 L^2}{c^2} \ll 1。 \qquad (3.6.17)$$

如果随时间变化的有代表性的频率为 U/L，则这一条件化为 (3.6.16)，表明在 $n \gg U/L$ 的情况下 (3.6.17)是较 (3.6.16)要求更为苛刻的条件，如早些时候所预计的那样。还请注意，当 L 等于频率为 n 的声波的波长时，nL/c 为 1，这对应于，声波通过而引起的流动可压缩性不可能是无关紧要的情形。

Ⅰ (iii)　如果我们把体力看作是由重力引起的，(3.6.15)左端的第三项，即 $\mathbf{u} \cdot \mathbf{F}/c^2$（它是平衡体力所要求的压力变化中产生的）具有 gU/c^2 的量级，所以它与 U/L 相比为小量的条件是

$$\frac{gL}{c^2} \ll 1。 \qquad (3.6.18)$$

在空气的情况下（而空气是这一要求有可能得不到满足的仅有的工作介质），我们可以利用等熵状态方程 (1.7.25)以得到

$$\frac{gL}{c^2} = \frac{\rho g L}{\gamma p}。$$

这表明，如果在垂直距离相距为 L 的两点上的流体静压之差是绝

对压力的一个小的部分的话，也就是说，如果速度分布的特征长度尺度 L 与 $p/\rho g$，即大气"标高"（见§1.4）相比为小量的话，则条件（3.6.18）满足；大气"标高"对于标准状态下的空气约为 8.4 公里。显然，对于在实验室中和厚度不超过几百米的大气层中发生的所有运动，这一条件将得到满足。

因此，当三个条件（3.6.16），（3.6.17），（3.6.18）均满足时，流体的行为将有如是不可压缩的。气体动力学领域主要地是对（3.6.16）不满足的情况感兴趣；在声学中所研究的情况下，（3.6.17）不满足；而（3.6.18）不满足的情况在动力气象学中发生。我们在本书中将不研究这些领域，尽管它们是有趣的和重要的。以下各章将讨论的是所有三个条件都得到满足，因而流体可以看做为不可压缩流体的情况。

Ⅱ 我们现在回到（3.6.13）并考虑 u 为无散的第二个辅助条件，即左端第二项与 U/L 相比为小量的条件。由于当流体为均质时（我们假设确是如此），p，S 和 ρ 之间有一个单一的函数关系式，故考虑到关系式（1.5.16），（1.5.17）我们可以写

$$\frac{1}{\rho c^2}\left(\frac{\partial p}{\partial S}\right)_\rho = -\frac{1}{\rho c^2}\left(\frac{\partial p}{\partial \rho}\right)_S\left(\frac{\partial \rho}{\partial S}\right)_p,$$

$$= -\frac{1}{\rho}\frac{(\partial \rho/\partial T)_p}{(\partial S/\partial T)_p} \qquad (3.6.19)$$

$$= \frac{\beta T}{c_p}.$$

将 DS/Dt 代入从方程（3.6.3）给出如下形式的条件

$$\left|\frac{\beta}{c_p}\left\{\Phi + \frac{1}{\rho}\frac{\partial}{\partial x_i}\left(k\frac{\partial T}{\partial x_i}\right)\right\}\right| \ll \frac{U}{L}, \qquad (3.6.20)$$

其实质意义在于，由于内耗散加热或由于分子热传导传入质元引起的质元密度的变化应为小量[1]。

---

[1]　如果我们允许流体为非均质，质元密度的变化也可能因分子扩散而发生，例如浓度为非均匀的含盐的水溶液的情况。在这种情况下 u 为无散的条件可用类似方法决定。

我们仍然假设，某量的空间微分效应是使其一般大小改变一个 L^{-1} 的因子，而(3.6.20)左端两项不在流场所有点上互相抵消。这时从 Φ 的表达式（3.4.5）得到，(3.6.20)与如下两个附属条件等价

$$\frac{\beta U^2}{c_p} \frac{\mu}{\rho L U} \ll 1,$$

$$\beta\theta \frac{\kappa}{LU} \ll 1, \qquad (3.6.21)$$

其中 $\kappa = k/\rho c_p$ 为热扩散系数，θ 为流体中温度差的大小的量级，而 β 假设为正值。在

$$L = 1\ 厘米，\quad U = 10\ 厘米／秒，\quad \theta = 10℃$$

的情况下，15℃ 和一个大气压下的空气和水的以下数值

	$\beta \frac{U^2}{c_p} \frac{\mu}{\rho L U}$	$\beta\theta \frac{\kappa}{LU}$
空气	5×10^{-10}	7×10^{-4}
水	4×10^{-13}	3×10^{-7}

给我们提示了条件(3.6.21)得不到满足的情况的一些指标。显然，最不可能的是耗散热会大到使(3.6.21)中的第一个条件得不到满足；而只有在相当不大可能的情况（如，气体中 θ 为 100℃ 的量级，而 LU 为 10^{-1} 厘米²/秒的量级）下，传入质元的热传导才将足够快而使第二个条件得不到满足。

因此为了实用目的可以忽略 (3.6.13) 左端第 2 项。当无明确限制时，可以把流体实际上为不可压缩的断言看作意味着速度分布为无散；而流体性状真的有如不可压缩的条件为 (3.6.16)，(3.6.17)和 (3.6.18)，其中第一个在实践中是最重要的。

3.7 第 1，2，3 章的结束语

此章的结尾标志着我们对流体力学的讲解中的一个转折。前三章描述了流体的一般性质，分别为物理的、运动学的和动力学

的，并以描述普通流体运动的微分方程组结束。除去某些小范围知识不足外，例如关于偏应力是应变率的线性函数的精确条件，可以讲我们有了相当可靠的和可以理解的一组规律，对于流体运动的研究可以建于其上。从一个仅对基本定律关心的"纯"科学家的观点看来，像是没有什么必要再前进了。但是这种观点对于流体动力学是相当不适宜的。这个学科的本质的和独有的特点包含许多不同的力学和物理过程，尽管它们中的每一个过程分别可以看作在基础物理的意义上已很好地被理解了，可是结合在一起它们可以产生许多预期不到的效果。知道 Navier-Stokes 方程描述流体的运动是一回事，但譬如说，知道在通过流体降落的大的刚性球上，薄的边界层只在上游一侧形成而不在下游一侧形成则完全是另一回事。在给定情况下如果不能给出数值细节也能粗线条地预言会发生什么，是知识的必不可少的部分，而如我们将看到的，精确地预言流动性质要求的东西比仅仅知道控制方程要多得多。给定的一团流体的运动只受边界的形状和性质的微弱的限制，而与比较明显的要求如质量守恒要求相一致的运动的可能形式太多，以致在给定情况下实际将发生什么样的流场并不是显然的。流体流动的形式对于产生它的环境是敏感的，并表现出各种各样的特性，而从控制方程中只能看到这些特性的某些提示。

因此，前面三章所做的不过是摆设好了舞台。我们现在已准备好来分析流体的运动了。关于将采用的计划需要讲几句。如前已指出，在 §3.6 中讲述的控制方程中给出了许多不同的物理和力学过程，而领会它们在给定情况下如何影响流动是困难的。同时控制方程组是太过于复杂了，使直接的数学方法行不通。迄今为止，理论流体动力学的进步主要是通过考察以尽可能孤立形式作用的物理和力学过程，和通过分析阐明这些分别过程之效应的许多具体流场而得到的。当把这些具体情况恰当地放在一起并加以解释时，它们就提供了对方程中给出的过程的范围和本质的理解和对它们所产生的效应的理解。理论流体动力学的许多公认的分支就是对应于对 般基本方程中给出的个别的力学过程的研究。"气体动力学"是对于绝对压力因而还有密度发生可观的变化的流场的研究，其中绝大部分是对于许多有代表性的或说明性的特殊情况进行的解析研究；"自由对流"是对于完全由作用于流体的浮力引起的运动的研究；"润滑理论"涉及到粘性应力占主导的某种流场；"磁流体动力学"是对于电磁场和速度分布互相影响的流动系统的研究；等等。还有像"流体动力学稳定性"这样的流体动力学分支，它并不涉及某些新的力学过程，但它因发展了合适的解析方法而具有某种特点。

对于流体动力学的完全的讲解应包含对于所有这些分支的讲述，其中许多还引伸出了许多明显的特殊下属分支。前面三章是在没有特别针对流体动力学的哪些分支的情况下写出的，并且希望它们提供不管是在本书以后各章还是在别处研究任何专门分支的一个基础。甚至如果前三章的一般性在以后对流体力学某一特殊分支的研究中没有直接应用时，能够看到该分支的思想和近似如何适合于整个学科的体系之中仍然是有益的。

在一本打算给学生使用的导论性的教科书中，篇幅是有限的，做出某些选择是不可避免的；把总页数为合理的篇幅分散给现代流体动力学的许多重要分支将不可避免在每一分支中只能做肤浅的叙述。在本书的以后各章中所采用的选择是基于下述看法之上的。首先，对于仅有惯性而不具其它物理性质[①] 的流体的流动性质得到一个彻底的了解是必不可少的。以惯性为仅有的物理性质的流体可能看起来代表着十分简单的情况，但实际上我们将看到存在有相应的各种各样的流动性质。作为一个特殊情形它是十分基本性的，因为只有在相当例外的条件下，流体的惯性作用才不重要的。此外，对仅具惯性的流体的流动的研究有着直接的实用价值，因为真实流体常常以不受其它物理性质显著影响的方式运动。第二，在除了惯性以外的流体物理性质之中，在一般情况下对流动有最大影响的是由剪切粘性量度的内摩擦力。不仅如此，

① 就是说，流体具有零可压缩性，零粘性和零热传导性。

预言粘性对于流动形状的影响被证明是相当困难的，用数学的语言讲其原因在于这一事实，即粘性系数 μ 与方程（3.6.2）中速度的最高阶导数相乘。把粘性加到流体具有的物理性质之中可能对于流动形态有奇异性的或间断性的影响，而为使流动性质成为为自然的和可以理解的，就需要对粘性流体的运动有相当的研究。

因此，在本书的剩余部分中，我们集中精力在具有惯性和粘性的但实际上为不可压缩的流体的流体。这一大纲可能显得要求不高，但它处于流体力学之中心，值得也要求对之进行严肃的研究。我们从考察流体的粘性作用开始，稍后些时候，在建立起粘性对于流动不具什么影响所需条件以后，我们将详细地描述仅具惯性之流体的运动。

第4章 均匀不可压缩粘性流体的流动

4.1 引　言

在本章和下章中将考察由于粘性引起的应力的效应。为了清楚地揭示这一效应并提高物理洞察力，我们将假设流体的行为就像它是不可压缩的那样；上面已经看到，这在很广泛的条件下是一个正确的近似，主要的限制是流体的速度到处要比声速小。还将假设，能够引起质元的密度发生显著变化的其它效应(见 §3.6)也不存在。在这些条件下，描述内能平衡的方程和热力学状态方程就与问题无关，它们由流体微元密度的不变性所代替：

$$D\rho/Dt = 0。 \tag{4.1.1}$$

质量守恒方程简化为（因有 (4.1.1)）

$$\nabla \cdot \mathbf{u} = 0, \tag{4.1.2}$$

而流体中应力表达式变为

$$\sigma_{ij} = -p\delta_{ij} + \mu\left(\frac{\partial u_i}{\partial x_j} + \frac{\partial u_j}{\partial x_i}\right), \tag{4.1.3}$$

从而给出运动方程

$$\rho\frac{Du_i}{Dt} = \rho F_i - \frac{\partial p}{\partial x_i} + \frac{\partial}{\partial x_j}\left\{\mu\left(\frac{\partial u_i}{\partial x_j} + \frac{\partial u_j}{\partial x_i}\right)\right\}。 \tag{4.1.4}$$

这些就是除了流体是不可压缩之外再没有其它假设的 Newton 流体流动的基本方程。要加到解上去的最一般类型的边界条件是经流体-固体边界时速度的所有分量连续。

从 (3.4.5) 式我们注意到，流体单位质量的由粘性引起的机械能的耗散率的表达式为

$$\Phi = \frac{2\mu}{\rho}e_{ij}e_{ij},\text{其中 } e_{ij} = \frac{1}{2}\left(\frac{\partial u_i}{\partial x_j} + \frac{\partial u_j}{\partial x_i}\right)。 \tag{4.1.5}$$

此能量从力学系统失去而以热的形式出现。

流体的粘性主要是随温度而改变的，所以当或者由于从边界传入热或者由于机械能的粘性耗散在内部产生热而有较大的温度变化时，有必要把 μ 看作为位置的函数，此函数是从温度分布得到的。但是，目前将假设粘性 μ 在整个流体中是均匀的。

体力 **F** 在绝大多数情况下将代表地球的引力场的作用，我们将在本章以后各节中令

$$\mathbf{F} = \mathbf{g},$$

并假设 **g** 在流体中各处为均匀。

在这些条件下，粘性流体的运动方程变为（利用了较简洁的向量标记）

$$\rho \frac{D\mathbf{u}}{Dt} = \rho\mathbf{g} - \nabla p + \mu\nabla^2\mathbf{u}, \tag{4.1.6}$$

其中 ρ 与 μ 是给定的常数。

要采用的一个进一步的简化是流体的密度为均匀。有些情况下，由于重力作用其上而引起的"浮"力成了流体运动的全部原因，对这种情况，均匀密度近似显然是不能允许的；但是这种"自由对流"情况将不在本书中讨论。

由给定的应变率产生的粘性应力对于质元的加速度的贡献显然由比值 μ/ρ 决定，而不是只由粘性 μ 决定。如在 §1.6 中已经提到，μ/ρ 有一专有名称**运动学粘性系数**，并标记为 ν。由于运动方程有如下形式

$$\frac{\partial\mathbf{u}}{\partial t} = \cdots + \nu\nabla^2\mathbf{u},$$

ν 实际上是速度 **u** 的**扩散率**，像所有扩散系数一样，其量纲为（长度）×（速度），它与"动力学"粘性系数 μ 的关系就像热扩散系数 $\kappa = k/\rho c_p$ 与热传导系数 k 的关系一样。不同条件下空气和水的 μ 和 ν 之值在附录 1 的表中给出，而一些普通流体在 15℃ 和一个大气压下的 μ 和 ν 之值在下面给出。值得注意的是空气、水和水银的 μ 值是依次增加的，而它们的 ν 值则依次减小；当后一个量与同

题本质有关时，水银实际上是一种比空气粘度小得多的流体。

	μ （克/厘米·秒）	ν （厘米^2/秒）
空　气	0.00018	0.15
水	0.011	0.011
水　银	0.016	0.0012
橄榄油	0.99	1.08
甘　油	23.3	18.5

两种普通流体空气和水的 μ 和 ν 的数值都是很小的。我们还不知道，在考虑粘性效应的是否重要时，要把这些量和什么相比较，但是有明显的暗示表明在许多情况下粘性效应是可以忽略不计的。一般地确定在什么条件下粘性效应可以忽略不计而不发生问题被证明是困难的，而在它们是不可忽略的情况下来预言这些效应也是困难的。因此，我们要研究粘性的效应，然后方能利用空气和水的 μ 和 ν 的数值小的特点。

计及体力效应的压力修正

从（4.1.6）可以看到，当 ρ 为均匀时，重力产生的单位体积的力准确地为等于 $\rho \mathbf{g} \cdot \mathbf{x}$ 的压力所平衡。这提示我们压力应写为

$$p = p_0 + \rho \mathbf{g} \cdot \mathbf{x} + P, \qquad (4.1.7)$$

其中 p_0 为常数，$p_0 + \rho \mathbf{g} \cdot \mathbf{x}$ 是当流体为静止时同一块流体中会存在的压力，而在运动流体中这压力产生的压力梯度与重力平衡。P 是压力的其余部分，显然是完全由流体运动的效应产生的，它由以下方程决定

$$\rho \frac{D\mathbf{u}}{Dt} = - \nabla P + \mu \nabla^2 \mathbf{u}。 \qquad (4.1.8)$$

对于 P 没有通用的名称，我们这里将称之为**修正压力**。要注意，只有在密度是均匀时方可以引入修正压力，这时单位体积的重力可以表达为一个标量的梯度。

当引入修正压力时重力不再出现于运动方程之中，如果它也不在边界条件里出现，那么我们就可以推断，重力对于流体中的

速度分布没有影响。但是，如果在边界条件里出现的是绝对压力，例如当边界的一部分是与另一种流体的交界面或特别地当它是一个自由面时，则要在边界条件中用整个 (4.1.7) 表达式，而重力效应通过这一途径重新进入问题之中。对于均匀密度流体引入修正压力只有当边界条件仅包括速度时才是有用的。当讨论的流体是空气时，差不多总是这样的。对于水，则可能不是这样。

在以下讨论均匀流体的运动时，当边界条件只包括速度因而重力对运动的效应只限于对压力贡献 $\rho \mathbf{g} \cdot \mathbf{x}$ 这一项（如公式 (4.1.7) 所示）时，则我们将引入修正压力而将运动方程写为 (4.1.8) 的形式。但是，按照一般惯例，这一修正压力将用在较普通的情况下代表绝对压力的同一个符号 p 来标记。

引入修正压力可为一有用手段的那些条件也就是 Archimedes（阿基米德）原理对于运动流体中的物体是正确的那些条件。流体作用于浸入其中的表面积为 A、体积为 V 的物体的总力为

$$- \int p \mathbf{n} dA$$

加上粘性应力的贡献，后者仅依赖于流体中的速度分布。将 (4.1.7) 代入后，并利用对于标量的类似散度定理的公式，这一积分变为

$$- \int \nabla (p_0 + \rho \mathbf{g} \cdot \mathbf{x}) dV - \int P \mathbf{n} dA$$

$$= - \rho V \mathbf{g} - \int P \mathbf{n} dA .$$

这样，如果 P 和流体中的速度分布不依赖于重力对流体的作用，像边界条件不包括绝对压力时就是这样，重力对流体作用的整个效应（就浸入流体中的物体而言），就是物体经受的失重等于物体排开的流体的重量。还可以证明，由于重力对周围流体作用而产生的作用于浸沉物体的力偶与重力对于排开流体会要产生的力偶大小相等方向相反。因此，一个浸沉于流体中的可以自由运动的物体将按照不受重力存在影响的方式自由运动，条件是它要与被

排开的流体有相同的总质量和相同的质心。

关于定常旋转对于二维流场的效应，有类似的但较不重要的结果。当相对于加速的坐标系观察流体的流动时，运动方程的形式的改变仅在于附加一个由 (3.2.9)式给出的表观的体力。在相对于以角速度 Ω 绕 z 轴作定常转动的直角坐标系中的流动情况，这单位质量的表观体力位于 (x, y) 平面中，其分量为

$$2\Omega v + \Omega^2 x, \quad - 2\Omega u + \Omega^2 y,$$

这里 (x, y) 与 (u, v) 为 x 和 u 的相应分量。而对于 (x, y) 平面中不可压缩流体的二维流动，我们可以通过写出

$$u = \frac{\partial \psi}{\partial y}, v = - \frac{\partial \psi}{\partial x}$$

来使质量守恒方程满足 (见 §2.2)。从而，在旋转参考系中运动方程与绝对参考系中的不同仅在于附加单位体积的体力

$$\rho \nabla \left\{ - 2\Omega \psi + \frac{1}{2}\Omega^2(x^2 + y^2) \right\}, \qquad (4.1.9)$$

而当 ρ 为均匀时，表观体积力像重力的效应一样可以为对压力的贡献所平衡；对压力的这一附加项，一部分是由 Coriolis 力产生的，一部分是由离心力产生的。这样，运动方程又可以写成(4.1.8)的形式，而条件仍是绝对压力不在边界条件中出现，这时表观体积力不参加对于速度分布的决定。换句话说，二维流动系统的定常转动，如果相对于旋转坐标系的边界条件没有改变，将不影响速度分布。

可以不困难地建立体力(4.1.9)的 Archimedes 原理的类比。对于(4.1.9)中离心力的贡献的情况，推理与重力的情况是全同的，因为这两种力都只是空间位置的函数。为了能够对 Coriolis 力对于(4.1.9)的贡献使用同样的推理，我们假设函数 ψ 延拓到被沉浸刚体占据的区域，延拓的方式相应于流体在该区作有如刚体的运动。由于体积力(4.1.9)对流体的作用而产生的作用在 (单位深度的) 物体上的附加力为

$$- \int \nabla \left\{ - 2\rho\Omega\psi + \frac{1}{2}\rho\Omega^2(x^2 + y^2) \right\} dA,$$

这里积分是对于物体在 (x, y) 平面中的面积求积的。这一力与如果被排开的流体像物体一样刚性地运动时会作用在此流体上的离心力和 Coriolis 力的合力大小相等方向相反。对于流体作用于物体上的力偶有一个相应的结果。从而，一个可以自由运动的刚体将不受整个系统的定常转动影响而自由运动，条件是它要具有与被排开流体相同的总质量和质心[①]。

习 题

1. 证明：在不可压缩流体中作用于刚性边界微元的偏应力是完全为切向的（利用其中一个坐标面与刚性边界重合的曲线坐标系）。

2. 对于不可压缩流体中作用于法线为 n 的表面微元上单位面积上的力，试得如下另一种表达式

$$- p\mathbf{n} + \mu(2\mathbf{n} \cdot \nabla\mathbf{u} + \mathbf{n} \times \boldsymbol{\omega}).$$

证明对于刚性边界这简化为 $-p\mathbf{n} - \mu\mathbf{n} \times \boldsymbol{\omega}$。

4.2 定常单方向流动

运动方程(4.1.6)(或(4.1.8))的引起最大解析分析困难的特性是速度 u 的非线性，这是由于确定流场的 Euler 方法中流体微元的加速度表达式(2.1.2)引起的。由完整的运动方程带来的数学困难是如此严重，以致大多数现有解答只适用于由于某种理由方程简化为线性形式的情况。这样的情况中最简单的一些就包括速度向量到处有相同方向且不依赖于流向上的距离这种情况。这时速度的迁移变化中恒等于零而流体微元的加速度等于 $\partial\mathbf{u}/\partial t$，且只

[①] 二维和三维运动在这方面的差别可以通过把一个具有与水相同密度的物体沿相对于流体为不变的水平方向拖过做定常转动的一盘水来显示出来(Taylor 1921)。结果发现，一个母线为铅直的圆柱体沿作用力的方向运动，有如在一个不转动的系统中一样，而一个球体则偏离直线路径，方向与盘子的转动方向相反（从而表明这里作用于流体的 Coriolis 力对流体压力的贡献不足以平衡作用于物体本身的 Coriolis 力）。还发现，一个在水平方向传播的涡环也相对于流体作曲线运动，其方向与系统的转动方向相反。

有一个不为零的分量。

作为开始，我们先讨论一下流体速度在一个长的柱形区域中严格为单方向的准确条件。我们感兴趣的是这样的情况：一个一般的在平行于母线的 x 方向上的流线运动已经"建立起来"，而不依赖于末端效应，因而直角坐标系中的三个速度分量 u，v，w 都不依赖于 x。运动方程表明，∇p 也不应依赖于 x。于是 v 和 w 是完全不受 x 方向运动影响的二维运动的速度分量。只有当在作切向运动的边界的一部分上作用的切向应力不断向流体提供能量时，亦即（容易证明）只有当

$$\mu \oint \{n_2(ve_{22} + we_{23}) + n_3(ve_{23} + we_{33})\} dl > 0,$$

时，横截面中这种二维运动才能克服能量的粘性耗散而存在下来，上式中 $(0, n_2, n_3)$ 是边界的单位法向量，而积分沿横截平面中封闭围线求积。因此，如果特别地边界是刚性的，或者不动或者沿 x 方向运动，或者边界是其上切应力为零的"自由"表面，那么流动最后就会到处都是在 x 方向的。

我们现在取 $v=w=0$，从而运动方程(4.1.8)的 y 和 z 分量简化为

$$\frac{\partial p}{\partial y} = 0, \quad \frac{\partial p}{\partial z} = 0, \tag{4.2.1}$$

其中 p 是 §4.1 中已解释过的修正压力。运动方程的 x 分量为

$$\rho \frac{\partial u}{\partial t} = -\frac{\partial p}{\partial x} + \mu \left(\frac{\partial^2 u}{\partial y^2} + \frac{\partial^2 u}{\partial z^2} \right), \tag{4.2.2}$$

而由于其中第一项和最后一项均不依赖于 x，我们可以写

$$\frac{\partial p}{\partial x} = -G(t)。 \tag{4.2.3}$$

当 G 为正时，压力梯度代表沿正 x 轴方向的均匀体力。

在本节要考虑的定常流动的情况下，$\partial u/\partial t = 0$，$-G$ 为常值压力梯度，(4.2.2)变为

$$\frac{\partial^2 u}{\partial x^2} + \frac{\partial^2 u}{\partial y^2} = -\frac{G}{\mu}。 \tag{4.2.4}$$

流体密度在(4.2.4)中不出现，因为每个流体微元的总的加速度为零。就力的 x 分量而言，在随 x 变化的法向应力（压力梯度）和随 y 及 z 变化的由粘性引起的切向应力的作用下，流体的每一微元处于平衡。（除此而外，还有一个法向应力，为引入修正压力而抵消了的，其随位置的变化是使它与作用在微元上的重力平衡。）

现在要做的是解 (4.2.4)，使之满足边界条件，一般说来后者将规定压力梯度 $-G$ 之值和一定 y 和 z 值下的 u 之值。

Poiseuille 流动

在加于管道两端的压力差作用下长的圆截面管道中的流动情况为 Hagen 于 1839 年和 Poiseuille 于 1840 年加以研究。这里可以假设流动有与边界条件相同的轴对称性，因而 u 只是距管道轴线的距离 r 的函数。(4.2.4) 的相应解为

$$u = \frac{G}{4\mu}(-r^2 + A\log r + B)。$$

除非取 $A=0$，否则在 $r=0$ 处有一奇点（它与在单位轴线长度流体上有有限力作用相关联），因此我们将 A 取为零。选择 B 以使在管道边界 $r=a$ 处 $u=0$，我们得到

$$u = \frac{G}{4\mu}(a^2 - r^2)。 \qquad (4.2.5)$$

实践中很重要的一个量是通过管道任一截面的体积流量，其值为

$$Q = \int_0^a u 2\pi r dr = \frac{\pi G a^4}{8\mu} = \frac{\pi a^4(p_0 - p_1)}{8\mu l}, \qquad (4.2.6)$$

其中 p_0 和 p_1 是在长度 l 这部分管道的起点和终端处的（修正的）压力。Hagen 和 Poiseuilli 藉助对水做的实验得以证明，流量正比于沿管道压力降的一次方和管道半径的四次方而变化（其中两次方幂是从横截面积对 a 的依赖关系而来，再进一步乘以两次方幂是从较大管道中在给定净粘性力时允许较高的 u 值而来）。观测给出的 Q/a^4 为常值，其精确性有力地证明了管壁上没有"滑移"存在的假设。同时，不那么直接地，还是实验条件下粘性应力随应

变率为线性变化的假设的证明。

管壁上的切向应力为

$$\mu\left(\frac{du}{dr}\right)_{r=a} = -\frac{1}{2}Ga,$$

因而在流动方向上的总摩擦力，在管道的长度 l 上为

$$2\pi al\left(\frac{1}{2}Ga\right) = \pi a^2(p_0 - p_1)。$$

作用在管道上的总摩擦力的这样一个表达式是可以预期的，因为在同一瞬时位于管道中这一部分中的所有流体微元在两个端面上的法向力 $\pi a^2 p_0$ 和 $\pi a^2 p_1$ 和管壁所施加的摩擦力作用下在作定常运动。我们还从（4.1.5）看到，流体的单位质量机械能的粘性耗散率为

$$\phi = \frac{M}{\rho}\left(\frac{du}{dr}\right)^2 = \frac{G^2 r^2}{4\rho\mu}。$$

因而，瞬时地充满圆管的长度 l 的流体的总耗散率为

$$\frac{\pi l G^2 a^4}{8\mu}, = lQG。$$

在管道中的流体是液体而其两端置于大气压力的情况下（就像如果液体从一个开放的浅水池进入管道然后从管道的末端排出来的情形），管道中的压力梯度实际上是由重力所提供的。这里绝对压力在两端是相同的因而在整个流体中是常值，所以修正压力为 $-\rho g x \cos\alpha$，而

$$G = -\frac{dp}{dx} = \rho g \cos\alpha, \tag{4.2.7}$$

其中 α 是管道与向下的垂直线的夹角。在占据管道长度 l 的流体中耗散率的以上表达式此处等于同样一块流体损失重力位能的速率，如应有的那样。

非圆形横截面管道

类似的关系式适用于具有不同的横截面的管道中的定常单方向流动，虽然只有在少数特殊情况下才能以解析形式得到速度分

布。

速度分布

$$u = \frac{G}{2\mu(b^{-2} + c^{-2})}\Big(1 - \frac{y^2}{b^2} - \frac{z^2}{c^2}\Big) \qquad (4.2.8)$$

是方程 (4.2.4) 的一个解，同时满足半轴为 b 和 c 的椭圆截面管道叠所要求的边界条件。

为了得到边为 $y = \mp b$，$z = \mp c$（设 $c > b$）的矩形截面管道中的速度分布，我们注意到量

$$u - \frac{1}{2}G(b^2 - y^2)/\mu$$

对 y 和 z 都是偶函数，它满足 Laplace 方程且在 $y = \mp b$ 处为零。因此它可以写为 y 的如下形式的 Fourier 级数

$$\sum_{n\text{取奇数}} A_n \cosh \frac{n\pi z}{2b} \cos \frac{n\pi y}{2b},$$

而系数 A_n 可以从 $z = \mp c$ 处的边界条件定出。这种过程在下面的油漆刷问题中加以解释。

在这两种情况下都能容易地得到体积流量和压力梯度之间的关系。

二维流动

这里控制方程为

$$\frac{d^2u}{dy^2} = -\frac{G}{\mu}, \qquad (4.2.9)$$

而我们可以不失一般性而假设流动是在平面 $y = 0$ 和 $y = d$ 之间发生。如果两个边界平面是刚性的并在 x 方向分别以速度为零和 U 运动，(4.2.9) 的适当的解为

$$u = \frac{G}{2\mu}y(d - y) + \frac{Uy}{d}。 \qquad (4.2.10)$$

当两个刚性平面不处于相对运动状态时，速度剖面是抛物线型的，而当施加的压力梯度 G 为零时，我们得到具有线性剖面的简单剪切运动，流体的每一薄层在其两面上的大小相等方向相反的摩擦

力作用下作定常运动（图 4.2.1）。显然可以把这些抛物线型和线性剖面在压力梯度和两平面的相对运动的方向不是平行的情况下叠加起来，虽然得到的流动将不是二维的。

当液体沿一倾斜平面的上表面以均匀厚度 h 流下时，也可以产生定常单方向二维流动。在（平面的）自由表面上应该满足的边界条件是切向应力为零（见 §3.5），所以在该处有 $du/dy=0$。于是速度剖面为

$$u = \frac{G}{2\mu}y(2h - y) \tag{4.2.11}$$

（与两个相距为 $2h$、相互无相对运动的刚性平面间的二维流动有相同的形式），G 具有（4.27）给出的值。在实际中可能发生这样的情况：边界的倾斜度和通过与流动垂直的平面的单位宽度体积流量 Q 是仅有的给定量。我们从（4.2.11）得到

$$Q = \int_o^h u dy = \frac{Gh^3}{3\mu}, \tag{4.2.12}$$

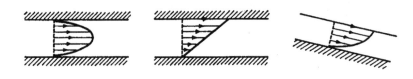

(a)   (b)   (c)

图 4.2.1（a）两个固定刚性平面间在压力梯度下的,（b）两个刚体平面相对运动引起的，以及（c）在倾斜平面上的层中由重力引起的定常二维流动）

表明，当层的厚度为

$$h = \left(\frac{3\mu Q}{G}\right)^{\frac{1}{3}} = \left(\frac{3\mu Q}{\rho g cos\alpha}\right)^{\frac{1}{3}} \tag{4.2.13}$$

时，作用于层上的重力和粘性力将处于平衡。

如果向倾斜平面上倾倒流体的速率突然改变一个小量 δQ 时，将形成厚度增加了量 $(dh/dQ)\delta Q$ 的一层。从一个厚度到另

一厚度的转换区沿平面以速度 V 前进,而在转换区的每一侧相对于以速度 V 运动的坐标系来考察定常体积流量,这将表明

$$V\delta h = \delta Q,$$

即

$$V = \frac{dQ}{dh} \approx \left(\frac{9Q^2 \rho g \cos\alpha}{\mu} \right)^{\frac{1}{3}}。 \qquad (4.2.14)$$

油漆刷的一个模型

当沾了油漆的刷子与刚性壁面保持接触地拖过时,一些油漆被刚性边界上的摩擦力从刷子上拉下来,而留在刷子后面的一层中,其厚度很快即由表面张力作用而成为均匀。留在壁上的油漆量是一件有实际重要性的事,而了解这一数量如何依赖于油漆和刷子的性质是有用的。下面这个刷子的简单模型(它并不自命为十分现实的)给出了有关诸因素的一个粗略的指南,在这里可以作为定常单方向流动的一个例子。

我们假设刷子是由许多平行等距的薄刚性平板所构成,它们沿着在壁面的接触线的方向一齐滑过平面壁面(图 4.2.2)。平板

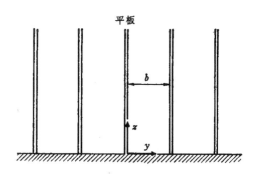

图 4.2.2 油漆刷模型简图

间的空间充满液体,而当平板被拖过壁面时,液体被壁面上的切

向应力带动而相对于平板运动起来。首先，我们设平板在 x 和 z 方向是无限广延的，因此得到的运动是单方向的和定常的。这里没有压力梯度作用，控制方程为

$$\frac{\partial^2 u}{\partial y^2} + \frac{\partial^2 u}{\partial z^2} = 0。 \tag{4.2.15}$$

将坐标系固定于平板上是方便的，这时两个相邻平板间的通道中的流动的边界条件为

$$在 \; y = 0, y = b, 0 < z < \infty \; 处, u = 0$$
$$在 \; z = 0, 0 < y < b \; 处, u = U$$

其中 U 为刷子和壁的相对速度。

这一数学问题具有熟悉的边值形式，[①] 我们可以从考察变量已经分离的方程的解着手。满足 $y=0$ 和 $y=b$ 处的齐次边界条件的一个这样的解为

$$u = \sin \frac{n\pi y}{b} (A_n e^{-n\pi z/b} + B_n e^{n\pi z/b}),$$

其中 n 为整数。由于物理条件，当 $z \to \infty$ 时有大速度的情况要排除掉，所以所要求的解为

$$u = \sum_{n=1}^{\infty} A_n e^{-n\pi z/b} \sin \frac{n\pi y}{b}, \tag{4.2.16}$$

只是我们要能够选择 A_n 以满足 $z=0$ 处的其余条件。这后一条件要求

$$A_n = \frac{2U}{b} \int_0^b \sin \frac{n\pi y}{b} dy = \begin{cases} 0 & (n \; 偶数) \\ \dfrac{4U}{n\pi} & (n \; 奇数) \end{cases},$$

从而我们得到

$$u(y,z) = \frac{4U}{\pi} \sum_{n取奇数} \frac{1}{n} e^{-n\pi z/b} \sin \frac{n\pi y}{b}。 \tag{4.2.17}$$

这一级数以及从它通过逐项对 y 或 z 微商得到的级数当 $z>0$ 时

① 例如，见 R. V. Churchill 著的 "Fourier Series and Boundary Value Problems" (McGraw-Hill, 1941)。

是收敛的；当 $z=0$ 时，级数（4.2.17）是收敛的，但是当然 u 在 $y=0$ 和 $y=b$ 处有间断，而逐项微商不给出收敛的级数。

这一速度分布现可以用来得到刷子后面留在壁上的液体层厚度的估值，如果想像所有平板的后缘都在同一个 x 值上。这里我们假设液体只占据平板间的间隙，只是靠近壁面处它被壁面上的摩擦从这一间隙中拉出来，并假设以上分布一直到平板的后缘都保持不变。从一条通道的后端流出的体积流量为

$$Q = \int_0^b \int_0^\infty u\, dy\, dz$$

$$= \frac{8Ub^2}{\pi^3} \sum_{n\text{取奇数}} \frac{1}{n^3} \approx 0.27Ub^2,$$

因此留在壁面上的液层的平均厚度为 $0.27b$。平板的间隙起的作用是明显的。流体的粘性不在液层的厚度的表达式中出现，这在一个假设流体每一微元上作用的净粘性力为零的模型中是可以预期的。实际上油漆的性质可能是有关系的，无疑是因为油漆离开刷子的方式比这里假设的要较为复杂，同时可能还因为油漆的应力和应变率间的关系不总具有这里假设的牛顿的线性形式。

关于稳定性的注解

对本节（以及以后许多节）的结论需要加如下说明以使之完整：即大多数定常单方向流动实际上在一定条件下被发现是不稳定的。实际上，Poiseuille 流动这一简单情况是用来系统研究流体动力学不稳定性的第一个流动。Reynolds 于 1883 年通过实验确定了，在沿管道的流体流量足够小时，上面描述的流场是现实的，偶然的扰动会被消除掉，但在较高的速度下，流动表现出间歇性的振荡且最后变得持久地不稳定和十分不规则（此即湍流现象）。当然各种定常单方向流动能保持稳定因而实际上可以实现的条件，不是在所有情况下都是精确已知的，但一般讲，这些流动对无量纲量 UL/ν 的足够小的值是稳定的，其中 U 和 L 是问题中运动和（横向）流动范围的具有代表性的速度和长度。对于 Poiseuilli

流动，Reynolds 对这一参数的临界值的估值（其中 L 等于管道直径而 U 等于整个横截面上的平均速度）约为 13 000，这意味着他得以在 20℃ 下对于小于约 130cm²/s 的 UL 之值观察到水的定常单方向流动。因此在这里，像在其它情况下一样，稳定定常流动存在的条件是在自然界和实验室所碰到的条件范围以内的，因而以上的解具有实际价值；关于在定常流动为不稳定的条件下发生的湍流的性质的知识也是需要的，但这不属于本书涉及的范围。

4.3 不定常单方向流动

如在 §4.2 中所表明的那样，单方向流动中的压力梯度是沿着流线的方向而且只是 t 的函数。在本节所要讨论的几乎所有单方向流动的情况中，流体运动完全由于边界的某种不定常运动所引起，远上游和远下游处的压力在整个运动中保持相等。于是在这些情况下，$G=0$，而（4.2.2）简化为

$$\frac{\partial u}{\partial t} = \nu\left(\frac{\partial^2 u}{\partial y^2} + \frac{\partial^2 u}{\partial z^2}\right)。\qquad (4.3.1)$$

这一"扩散方程"与热扩散系数为 ν 的静止介质中的二维温度分布的基本方程是完全相同的，因此我们可以利用这方面的已然建立的许多数学结果[①]。这些最有用的结果中有一个是描述在整个 (y, z) 平面中温度为均匀的介质中由于在时间 $t=0$，在点 $y=y'$，$z=z'$ 处，释放有限热量（"初始源"）而产生的温度分布的解；令 u 为位置 (y, z) 处，时刻 t 的温升，这一解为

$$u(y, \dot{z}, t) = \frac{A}{4\pi\nu t}\exp\left\{-\frac{(y-y')^2}{4\nu t} - \frac{(z-z')^2}{4\nu t}\right\},$$

$$(4.3.2)$$

其中常数 A 是所释放的热量的量度，并通过下式

---

① 见 H. S. Carslaw, J. C. Jaeger 著 "Conduction of Heat in Solids" (Oxford, 1947)。

$$A = \iint_{-\infty}^{\infty} u(y,z,t)dydz = \iint_{-\infty}^{\infty} u(y,z,o)dydz$$

从初始条件定出。从这一简单解我们可以构造一个积分式，它通过初始瞬时在整个 (y,z) 平面的温度分布来表示任何时刻 t 的温度分布，即

$$u(y,z,t) =$$

$$\frac{1}{4\pi\nu t} \iint_{-\infty}^{\infty} u(y',z',0)\exp\left\{ -\frac{(y-y')^2}{4\nu t} - \frac{(z-z')^2}{4\nu t} \right\} dy'dz'。$$

$$(4.3.3)$$

这一解的重要之点在于，由于方程(4.3.1)是线性的，并且由于没有需要满足的边界条件，最初在 (y,z) 平面的每一面元释放的热量好像从一个孤立初始点源扩展开来，只是(4.3.2)中的因子 A 要用 $u(y',z',0)\delta y'\delta z'$ 代替。对于一维和三维空间中的扩散方程可以得到类似的解，一维的情况可以从(4.3.3)中选择 $u(y',z',0)$ 不依赖于 z' 并对 z' 积分而得到。

沿平面的速度间断的平滑化

可以应用 (4.3.3)的一个简单而基本的问题是关于粘性对于从一个流动中的定常均匀速度向另一相邻流动中的定常均匀速度过渡的影响。我们将假设，过渡层在开始时厚度为零（这本身不是一个现实的初始条件，但是这样做就有办法利用这个解），因而是与 $y=0$ 平面重合的片涡。然后令坐标系以两个流动的平均速度运动，而经过过渡层有值为 $2U$ 的速度跳跃，我们应将

$$对于 \ y' \lessgtr 0, \quad u(y',z',0) = \mp U$$

代入 (4.3.3) 而给出

$$u(y,t) = \frac{U}{(\pi\nu t)^{\frac{1}{2}}} \int_0^y \exp\left(-\frac{y'^2}{4\nu t} \right) dy' = U\text{erf}\left\{ \frac{y'^2}{(4\nu t)^{\frac{1}{2}}} \right\}。 \quad (4.3.4)$$

这一速度分布只是 $y/(\nu t)^{1/2}$ 的函数，其形式如图 4.3.1 所示。只是过渡层的宽度随时间变化，其变化有如 $t^{1/2}$；如果我们决定将过渡层定义为从 $u=0.99U$ 的地方到 $u=-0.99U$ 的地方，则过渡

层的宽度为 $8.0(\nu t)^{\frac{1}{2}}$。

应该预期速度分布将只是 $y/(\nu t)^{1/2}$ 的函数，因为在问题中没有足够的量纲参数使有对于 y 和 t 的分别的依赖关系存在。将因变量变换为 $u/U = f(y,t)$，则所解的问题变为

$$\frac{\partial f}{\partial t} = \nu \frac{\partial^2 f}{\partial y^2}, \text{同时对于} y \lessgtr 0, f(y,o) = \mp 1. \quad (4.3.5)$$

而除了 y 和 t 外，ν 是 f 可以依赖的仅有的量纲量。从此三量只能形成一个无量纲组合 $y/(\nu t)^{1/2}$，故速度分布不依赖所用单位的要求必然地导致它只依赖于 $y/(\nu t)^{1/2}$。基于此结论，我们原也可将

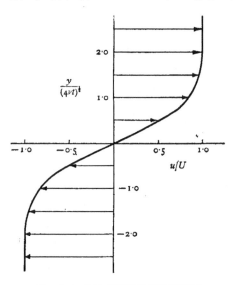

图 4.3.1　两个平行流动间的过渡层

(4.3.5)变换为一个以 $\eta = y/(\nu t)^{1/2}$ 为唯一自变量的常微分方程，而表达式(4.3.4)仍为方程的解。有许多流体力学问题，在解它们时以量纲为依据而认识到以下这点是很有用的：各种空间和时间变量在解中只以某些组合的形式出现而基本微分方程可以从偏微分类型化为常微分类型。这样的解，其中时间仅在与空间变量的组合中出现，常常称为**相似解**，因为在所有时间，速度分布的形

状相对于空间变量来说是相似的。

表达式（4.3.4）描述过渡层中的速度，它从两个流动的共同边界上的初始间断发展而来，而且不难看出，它还给出过渡层的任何初始形状下的速度的渐近分布（当 $t \rightarrow \infty$ 时）。因为，假如在 $t=0$ 时过渡层中的速度分布为

$$u = \frac{y}{|y|}U + F(y), \qquad (4.3.6)$$

其中当 $y \rightarrow \mp \infty$ 时 $F(y) \rightarrow 0$，而 $\int_{-\infty}^{\infty} F(y)dy = 0$（后一条件可以通过适当选择原点 $y=0$ 的位置而加以满足）。解（4.3.4）现由下式所代替

$$u(y,t) = U\mathrm{erf}\{y/(4\nu t)^{\frac{1}{2}}\} + f(y,t),$$

其中

$$f(y,t) = \frac{1}{(4\pi\nu t)^{\frac{1}{2}}}\int_{-\infty}^{\infty} F(y')\exp\left\{-\frac{(y-y')^2}{4\nu t}\right\}dy'.$$

$$(4.3.7)$$

为了得到 $t \rightarrow \infty$ 时 $f(y,t)$ 的渐近形式我们可以将指数因子 $\exp\{(2yy'-y'^2)/4\nu t\}$ 表达为指数的幂级数。级数的首项对积分无贡献，而起主要作用的第 2 项的这部分对于固定的 $y/(\nu t)^{\frac{1}{2}}$，给出，当 $t \rightarrow \infty$ 时，

$$f(y,t) = \frac{1}{\nu t}\frac{y}{(\pi \nu t)^{\frac{1}{2}}}\exp\left(-\frac{y^2}{4\nu t}\right)\int_{-\infty}^{\infty} y'F(y')dy'. \quad (4.3.8)$$

这一表达式说明，对于固定的 $y/(\nu t)^{\frac{1}{2}}$，衰减为 t^{-1}，这正是对于"热"偶极子初始源所应预期的。因而，过渡层中的速度分布渐近地就与它是从速度的简单间断发展而来一样。

非定常单方向流动的这个例子表明了这种和某些其它类型的粘性流动的一些有代表性的特征。首先，穿越流线的速度改变是逐渐地的扩展开来或扩散开来的，而这是通过作用在与 y 轴垂直的平面上的切向力而发生的。经过时间 t 后这种速度变化向均匀速度区穿透的距离为 $(\nu t)^{\frac{1}{2}}$ 的量级。随 t 增加此穿透速率下降，因

为速度梯度及其空间变化率变得越来越小，穿透速率对于较小的运动学粘性要小些。其次，过渡层中的速度分布渐近地趋向于只依赖于 $y/(\nu t)^{\frac{1}{2}}$ 的相似性的形式，而与过渡的初始形状无关。这一渐近形状之所以建立起来是因为初始速度分布与简单间断的偏离等价于总源强度为零的一组初始"源"和"汇"，当它们扩展开来并互相交迭时其效果就逐渐互相抵消。

在静止流体中突然运动起来的平面边界

假设静止流体的半无穷区域以一刚性平面（譬如，在 $y=0$ 处）为界，此平面突然得到在其本身平面内的一个速度 U，并在以后保持这一速度。流体通过平板上粘性应力的作用而被带动起来，速度分布如上例一样为如下方程制约

$$\frac{\partial u}{\partial t} = \nu \frac{\partial^2 u}{\partial y^2},\tag{4.3.9}$$

并满足边界条件

$$\left.\begin{array}{l}\text{对于 } y>0,\quad u(y,0)=0,\\\text{对于 } t>0,\quad u(0,t)=U。\end{array}\right\}\tag{4.3.10}$$

通过利用 u/U 作为因变量，实际上可以把参数 U 从问题中除去，这时我们基于量纲分析认识到，如上面解释过的那样，u/U 应仅为 $y'/(\nu t)^{1/2}$ 的函数。但是，没有必要再分析一遍细节，因为，通过选取相对平板固定的坐标系，我们可以将问题变换，使之与前一问题全同。这时边界条件为

对于 $y>0, u(y,0)=-U,$

对于 $t>0, u(0,t)=0,$

这与一个过渡层的一半的边界条件等价，这一过渡层是从速度为 $-U$ 和 $+U$ 的两个流动的共同边界上的简单间断发展起来的，考虑到相对于 $y=0$ 的反对称性，$y=0$ 处的速度永远为零。这样 (4.3.9) 和 (4.3.10) 所表示的问题的解为

$$u(y,t)=U-U\mathrm{erf}\{y/(4\nu t)^{1/2}\},\tag{4.3.11}$$

其定性特点可以如前一样加以解释。流体对于平板单位面积作用

的摩擦力为

$$\mu\left(\frac{\partial u}{\partial y}\right)_{y=0} = -\pi^{-\frac{1}{2}}\rho U^2\left(\frac{\nu}{U^2 t}\right)^{\frac{1}{2}},$$

其有如 $t^{-\frac{1}{2}}$ 的下降是速度改变区域变厚的结果。

一个刚性边界突然运动而另一个保持不动的情形

现在假定流体以 $y=0$ 和 $y=d$ 处的两个刚性边界为界，开始时处于静止。如前一样，由于下平板突然在其本平面内以定常速度 U 运动起来而引起流体的运动，上平板则保持不动。基本微分方程仍为 (4.3.9)，其边界条件为

对于 $t>0$，$u(0,t)=U$，$u(d,t)=0$，

对于 $0<y\leqslant d$，$u(y,0)=0$。

由于问题中包含了量纲参数 d，故 $y/(\nu t)^{\frac{1}{2}}$ 不再是可供选择的参数的唯一的无量纲组合，从而我们没有理由期望一个相似解。

首先转换到新的因变量

$$w(y,t) = U(1-y/d) - u,$$

它满足同样的微分方程且在 $y=0$ 和 $y=d$ 处有齐次的边界条件。这样可以方便地得到 (4.3.9) 的合适的解。w 的满足这两个边界条件的特解为

$$\exp\left(-n^2\pi^2\frac{\nu t}{d^2}\right)\sin\frac{n\pi y}{d}, \tag{4.3.12}$$

其中 n 为整数。我们现在尝试通过利用这种解的整个集合来满足 w 在 $t=0$ 时的条件，即，我们寻求这样的常数 A_n 之值，以使

$$\sum_{n=1}^{\infty}A_n\sin\frac{n\pi y}{d} = w(y,0) = U\left(1-\frac{y}{d}\right)。$$

这要求

$$A_n = \frac{2}{d}\int_0^d U\left(1-\frac{y}{d}\right)\sin\frac{n\pi y}{d}dy = \frac{2U}{\pi n}。 \tag{4.3.13}$$

从而速度分布由下式给出

$$u(y,t) = U\left(1-\frac{y}{d}\right) - \frac{2U}{\pi}\sum_{n=1}^{\infty}\frac{1}{n}\exp\left(-n^2\pi^2\frac{\nu t}{d^2}\right)\sin\frac{n\pi y}{d};$$

$$\tag{4.3.14}$$

这一Fourier（级数的形式反映了在$t=0$时$y=0$处u相对于y的间断性。这一级数解不很适于对$\nu t \ll d^2$进行计算，因为这时级数只是缓慢地收敛，而对于这种情况以更方便的形式给出的解，是针对静止介质中的热传导问题用Laplace变换得到的。

图4.3.2中的不同$\nu t/d^2$值的速度剖面表明了静止的上边界的作用，虽然开始时它是可以忽略的，但逐渐地影响着速度变化

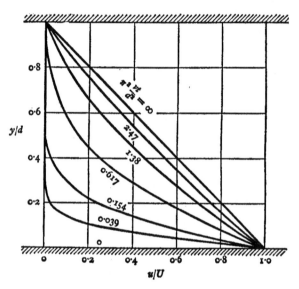

图4.3.2　相对运动的平行平板间的流体从静止发展为定常运动

的扩散。如应预期到的那样，速度渐近地趋向于相对运动的两个刚性平面间的定常流动的速度（见§4.2）。作为对照，在上边界不存在的前一种情况下，速度变化无限期地继续扩散到未受扰动的流体中去。(4.3.14)中的级数各项趋于零的速率随着n增加而增加，而第一项（$n=1$）保持时间最长。这第一项一旦在级数中占主导地位，与渐近定常状态的偏离就近似地以指数律衰减，其"半衰期"等于$d^2/(\pi^2\nu)$。

振动平面边界引起的流动

一个清楚地显示出粘性扩散的内在的阻尼或光滑作用的情况是一刚性平面边界在其平面中以正弦变化的速度运动而产生的二维流动。我们可以假设 (x,y) 平面的上半部分被流体所占据,固体边界在 $y=0$ 处并具有速度 $U\cos nt$。实际上流体的运动将从静止被带动起来,且在运动开始以后一段时间内,速度场包含有由这些初始条件决定的"瞬时状态"。可以证明流体速度逐渐变为 t 的简谐函数,其频率与边界的速度相同,而我们在这里将仅考虑这一定常周期状态。

为此我们令

$$u(y,t) = \mathscr{R}\{e^{int}F(y)\} \qquad (4.3.15)$$

其中 $\mathscr{R}$ 标记其后面的表达式的实部,这里为了方便采用了复数的形式。从微分方程 (4.3.9) 我们得到

$$inF = \nu \frac{d^2F}{dy^2},$$

在 $y \to \infty$ 时保持为有限的仅有解为

$$F(y) = A\exp\{-(1+i)(n/2\nu)^{\frac{1}{2}}y\}.$$

为使流体在 $y=0$ 处的速度等于振动边界的速度,我们必须有 $A=U$,这时解为

$$u(y,t) = U\exp\{-(n/2\nu)^{\frac{1}{2}}y\}\cos\{nt - (n/2\nu)^{\frac{1}{2}}y\}.$$

$$(4.3.16)$$

这一速度剖面可以描述为波长为 $2\pi(2\nu/n)^{1/2}$、以相速度 $(2\nu n)^{\frac{1}{2}}$ 在 y 方向"传播"的阻尼横向"波",阻尼使振动幅度如 $\exp\{-(n/2\nu)^{\frac{1}{2}}y\}$ 下降。n 和 ν 进入波长和相速度公式的方式可以通过回忆起以下这点加以说明:在时间 t 内速度变化可以扩散的距离是 $(\nu t)^{\frac{1}{2}}$ 的量级;但是阻尼公式不那么容易解释,除非利用一般的量纲分析来说明。在相距为一个波长的两点上,即在振动为同相位的两相邻点上的振动幅度之比为 $e^{-2\pi}(\approx 0.002)$,而由于

这一比值非常小。运动实际上局限于一个"穿透深度"之内，其量级等于波长的一部分，即为 $(\nu/n)^{1/2}$ 的量级。

要注意，由于微分方程和边界条件是线性的，上述对于刚性边界的任意简谐速度分量的解可以用来构成刚性边界的一般周期运动的解。

解（4.3.16）有其它一些直接应用，包括在太阳对地表辐射作用下大地表层的周日温度变化。土壤的热扩散系数之值可以粗糙地取为 0.01 厘米²/秒，表明周日温度波动的波长（表面温度取为 t 的简谐函数）约为一米；温度的周日变化在这样大小的深度上将是十分小的。我们以后（§5.14）还将看到，在一定条件下处于平移振荡中的刚性表面附近的流动近似地由解（4.3.16）所描述，而在物体运动的一个周期中克服摩擦所做的功可以由它推导出来。

管道中的起动流动

最后，我们考虑流动不是由于运动边界而是由于压力梯度的作用而引起来的情况。在圆截面长管道中包含的流体开始时处于静止，而被外界突然加到管道两端并加以保持的压力差所带动起来。这一压力差在整个流体中产生一个均匀轴向压力梯度，设为 $-G$，因而轴向速度 u 要满足的方程是

$$\frac{\partial u}{\partial t} = \frac{G}{\rho} + \nu \left(\frac{\partial^2 u}{\partial r^2} + \frac{1}{r} \frac{\partial u}{\partial r} \right), \qquad (4.3.17)$$

其中 G 为常数。边界和初始条件为

在 $r = a$ 处，对于所有的 t，$u = 0$，

在 $t = 0$ 处，对于 $0 \leqslant r \leqslant a$，$u = 0$。

我们通过把速度与它本身的定常渐近值的偏离作为因变量，可以把方程（4.3.17）变成齐次的，定常渐近值当然就是由方程（4.2.5）给出的。当新变量 w 由

$$w(r, t) = \frac{G}{4\mu}(a^2 - r^2) - u$$

给出时，要解的方程变为

$$\frac{\partial w}{\partial t} = \nu\left(\frac{\partial^2 w}{\partial r^2} + \frac{1}{r}\frac{\partial w}{\partial r}\right).$$

且

$$w(a,t) = 0, \quad w(r,0) = \frac{G}{4\mu}(a^2 - r^2).$$

这一方程的满足 $r=a$ 处的边界条件的特解为

$$J_0\left(\lambda_n \frac{r}{a}\right)\exp\left(-\lambda_n^2 \frac{\nu t}{a^2}\right),$$

这里 J_0 为零阶第一类 Bessel 函数，而 λ_n 是 $J_0(\lambda)=0$ 的正根之一。通过利用这种特解的整个集合，还可以满足 $t=0$ 处的条件。这样 w 就由 Fourier-Bessel 级数[①] 给出

$$w(r,t) = \frac{G}{4\mu}\sum_{n=1}^{\infty}A_n J_0\left(\lambda_n \frac{r}{a}\right)\exp\left(-\lambda_n^2 \frac{\nu t}{a^2}\right), \quad (4.3.18)$$

其中系数 A_n 如此选择以使下式满足

$$a^2 - r^2 = \sum_{n=1}^{\infty}A_n J_0\left(\lambda_n \frac{r}{a}\right),$$

即

$$A_n = \frac{2a^2}{J_1^2(\lambda_n)}\int_0^1 x(1-x^2)J_0(\lambda_n x)dx = \frac{8a^2}{\lambda_n^3 J_1(\lambda_n)}.$$

于是速度分布由下式给出

$$u(r,t) = \frac{G}{4\mu}(a^2 - r^2) - \frac{2Ga^2}{\mu}\sum_{n=1}^{\infty}\frac{J_0\left(\lambda_n \frac{r}{a}\right)}{\lambda_n^3 J_1(\lambda_n)}\exp\left(-\lambda_n^2 \frac{\nu t}{a^2}\right).$$

$$(4.3.19)$$

对于一些不同的 $\nu t/a^2$ 值 u 沿管道截面的变化示于 4.3.3。开始时整个流体有加速度 G/ρ，但随着速度增加，壁面的抑制影响向流体中进一步扩展。其速度如 Gt/ρ 一样增加的流体的中心部分随 t 增加而变得越来越狭窄，直到 t 变为 $a^2/(\nu\lambda_1^2)$（其中 $\lambda_1 = 2.41$）

---

① 见 G. N. Watson 著的 "Theory of Dessel Functions" 的第18章 (Cambridge University Press, 1958)。

的量级，流体的全部都受到壁的作用而 $r=0$ 处的速度不再增加。像前面几个情况一样，(4.3.19)中级数的首项很快就占主导并使流动接近定常状态。

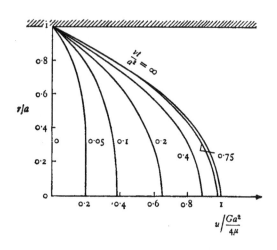

图 4.3.3　圆管中的起动流动。不同瞬间的速度剖面
(引自 Szymanski 1932)

习　　题

1. 半径为 a 的无限长圆柱体沉浸到处均为静止的液体中，并突然以平行于其长度方向的定常速度 U 运动起来。证明，在运动开始 t 时间后作用于圆柱单位长度上的摩擦力为

$$\frac{8\mu U}{\pi}\int_0^\infty \frac{\exp(-k^2\nu t)dk}{k\{J_0^2(ka)+Y_0^2(ka)\}},$$

其 $t\to\infty$ 时的渐近形式为 $4\pi\mu U/\log(\nu t/a^2)$。

2. 试求在一长的直圆管中由于振荡轴向压力梯度 $-G+C\cos nt$ 引起的流动的速度分布的 Bessel 函数表达式，G，C 和 n 均为常值，并考察 $n\to0$ 和 $n\to\infty$ 的极限情况。

4.4　旋转流体中边界上的 Ekman 层

　　我们来考察这样一种情况：初始在重力作用下处于静止的一

大片水在施加于水平自由表面上的定常均匀切应力的作用下被带动起来。这是一个简单的非定常单方向流动问题，其中速度 $u(y, t)$ 满足微分方程（4.3.9）和边界条件

$$u(y, 0) = 0, \quad \text{及对于所有} \; t \begin{cases} y = 0 \; \text{处} & \dfrac{\partial u}{\partial y} = S, \\ y \to -\infty \; \text{时} & u \to 0, \end{cases}$$

其中 μS 是自由面上的常值应力。将（4.3.9）对 y 微商，我们得到对于变量 $\partial u / \partial y$ 的一个方程和一组边界条件，且方程与边界条件与在半无限流体中由于以常速在本身平面中运动的平面刚性边界引起的流动问题中的变量 u 的方程和边界条件完全等同。因此现在所讨论这问题中的速度 u 从（4.3.11）略加改变而得到

$$\frac{\partial u}{\partial y} = S + S \operatorname{erf} \left\{ \frac{y}{(4\nu t)^{\frac{1}{2}}} \right\}, \tag{4.4.1}$$

$$u = Sy + Sy \operatorname{erf} \left\{ \frac{y}{(4\nu t)^{\frac{1}{2}}} \right\} + 2S \left(\frac{\nu t}{\pi} \right)^{\frac{1}{2}} \exp \left(-\frac{y^2}{4\nu t} \right). \tag{4.4.2}$$

在合适的条件下，这一解可以用于被不停地吹过水的自由表面的空气所带动的水中的速度分布；自由表面的速度随时间增加，因而风对水作用的应力可能会随之发生变化，但空气速度通常要比水速大得多，从而应力的改变不大。那么很自然地要问，(4.4.2) 是否可以用于大尺度系统，特别是可否用于由于吹过海面的风引起的海面上的漂流。大气和海洋中的流动系统很少像上面假设的那样是不受扰动的，或者在水平的平面中保持均匀，而且由于流体速度的随机起伏（"湍流"）引起的动量输运通常要比粘性应力重要得多。但是完全撇开这些使问题复杂化的特点，可以看到，地球的旋转对于海面漂流运动有着巨大的影响。相对于固定在地球表面上的坐标系的运动方程包含着虚拟力，我们从(3.2.9)中见到为：(a) Coriolis 力 $-2\Omega \times \mathbf{u}$（单位流体质量的），其中 Ω 为地球的角速度；以及 (b) 离心力，此力在地球表面相当大的区域中是近似为均匀的，从而其作用等价于重力加速度的一个（小的）改变。

在由（4.4.2）描述的运动中，速度在量级为 $(\nu t)^{\frac{1}{2}}$ 的距离上有显著的改变，而单位流体质量的粘性力为 $|u|/t$ 的量级。因此，当 t 为一天的量级时 Coriolis 力变得在数量上与粘性力大小相仿，显然在地球物理学漂移运动中要加以考虑。

当把 Coriolis 力对由（4.4.2）表示的运动的作用加以考虑的时候，将导致一个新的、十分简单的速度分布，这一分布在许多旋转系中起着重要作用，有必要在这里加以描述。这一新的速度分布的关键特性是：它是定常的，而且速度变化局限于与边界相邻的有限厚度的一层内。以下的事实使定常性成为可能：如果流体速度仅只是铅直坐标的函数，且大小和方向都发生变化，则粘性力像作用于流体的仅有的另一种力 Coriolis 力一样可能到处均与局部速度垂直。也可以通过分析流动从静止开始的发展来发现定常流动，但是我们将姑且承认定常流动的存在，而只简单地来探究它的性质。

自由表面处的 Ekman 层

我们先像上面那样假设流体以一水平自由表面为界，在其上作用着一常值均匀应力 $\mu S'$。我们利用以角速度 Ω 定常旋转的直角坐标系，以 z 为铅直坐标（向上为正方向），并令 x 轴沿表面上作用着的应力的方向。显然，流体速度到处均位于水平平面之中，其分量为 (u, v, o)，且只是 z 的函数。需要满足的边界条件为

$$z = 0 \text{ 处,} \quad \frac{du}{dz} = S, \quad \frac{dv}{dz} = 0 \tag{4.4.3}$$

及 $z \to -\infty$ 时， $u, v \to 0$。

压力（以把重力和离心力考虑进去，修正过的）在水平平面中也是均匀的，因而在水平平面中相对于旋转轴的定常运动方程为

$$-2v\Omega_3 = \nu \frac{d^2 u}{dz^2}, \tag{4.4.4}$$

$$2u\Omega_3 = \nu \frac{d^2 v}{dz^2}, \tag{4.4.5}$$

其中 Ω_3 是参考坐标系的角速度 Ω 的 z 分量。在地球表面附近运动的情况中，$\Omega_3 = \Omega\cos\theta$，$\frac{1}{2}\pi - \theta$ 为纬度，Ω_3 在整个流场仅近似为均匀。Coriolis 力在 z 方向的分量为一不具有动力学兴趣的压力梯度所平衡。

方程 (4.4.4) 及 (4.4.5) 足以将 u 及 v 作为 z 的函数定出。将 (4.4.5) 乘以 i $(= (-1)^{\frac{1}{2}})$ 并与 (4.4.4) 相加给出

$$\nu\frac{d^2(u+iv)}{dz^2} = 2i\Omega_3(u+iv), \qquad (4.4.6)$$

而满足无穷远处条件的解为

$$u + iv = A\exp\{k(1+i)z\}, \qquad (4.4.7)$$

其中 $k = (\Omega_3/\nu)^{\frac{1}{2}}$，$\Omega_3$ 设为正，相应于北半球。复常数 A 从自由表面条件 (4.4.3) 得出为

$$A = \frac{S(1-i)}{2k}, \qquad (4.4.8)$$

从而给出解为

$$u = \frac{S}{k\sqrt{2}}e^{kz}\cos\left(kz - \frac{1}{4}\pi\right), \qquad (4.4.9)$$

$$v = \frac{S}{k\sqrt{2}}e^{kz}\sin\left(kz - \frac{1}{4}\pi\right)。 \qquad (4.4.10)$$

因而在表面附近厚度为 k^{-1} 量级的层中的定常流动是可能的。在表面，流体速度具有其最大值 $S/k\sqrt{2}$，且具有一个与作用应力顺时针（从上方看）成 45°角的方向。相当令人惊奇的是，这一角度不依赖于旋转速率（这使我们奇怪当 $\Omega_3 \to 0$ 时会发生什么情况；这时，从静止起建立定常状态所要求的时间会无限制地增加，定常状态下表面处的速度值也会无限增加）。当自由表面下的深度增加时，速度的方向沿顺时针（对于 $\Omega_3 > 0$）方向均匀转动，而速度值则指数下降；在等于 π/k 的可称之为穿透深度的地方，方向与表面处的方向相反，而大小下降为表面值的 $e^{-\pi}$ 倍（≈ 0.04）。图 4.4.1(a) 给出在许多彼此等距的深度上速度向量向一水平平面

的投影，向量的端点勾绘出的曲线是一对数螺旋线。

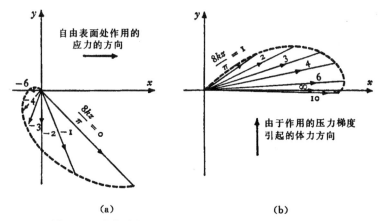

图 4.4.1　在作用有切向应力的自由表面下不同深度处的（a），
及在作用有压力梯度的刚性平面上不同高度处的（b）旋转流体中的速度向量

　　这一显示出摩擦力和 Coriolis 力之间的平衡的定常流动是 Ekman (1905) 首先注意到的[①]，并且用来讨论旋转地球上的风生洋流。任何这种对于海洋的应用的弱点在于假设作用于各个水平平面上的切应力是由于分子粘性引起的。像上面已经指出的，在海洋和大气中经过水平平面的动量输运通常主要是由于不同来源产生的流体速度的不规则涨落引起的。为了考虑这一事实，一种可能的对以上的解所做的校正是将 (4.4.9)和(4.4.10)中出现的 ν 看作为代表了由于速度涨落引起的有效运动学粘性系数（而如果可以得到这一有效粘性系数随着深度的变化的知识的话，我们可以回到(4.4.4)和(4.4.5)并重新进行积分）。螺旋线的穿透厚度正比于 $\nu^{\frac{1}{2}}$，而当 ν 代表 15℃时水的分子运动学粘性系数在南北极为 0.39 米；由于海的表面层中的湍流混合引起的有效粘性系数因

――――――――――

　　[①]　还可参看 A. Defant 著 "Physical Oceanography", vol. 1, p. 400 (Pergamon Press, 1961)。

情况而有范围很广的变化，但它几乎总比分子粘性要大得多，有时要大一个 10^5 的因子，而穿透深度相应地要大得多。

海洋学中感兴趣的流动参数之一是表面层中经过铅直平面的海水体积净流量。这可以从如下积分得到

$$\int_{-\infty}^{0}(u+iv)dz = -\frac{iS}{2k^2} = -\frac{i\mu S}{2\rho\Omega_3}, \qquad (4.4.11)$$

且当施加应力（μS）给定时不依赖于 ν，因而对 ν 的有效值不了解在此没有什么关系。要注意，在作用应力方向上的总流量为零。这一点因如下事实而可以预料到：在这一方向上的净运动会产生与之垂直方向上的净 Coriolis 力，而它不能为任何其它外力所平衡。

刚性平面边界处的 Ekman 层

现在假设相对于均匀转动坐标系为静止的一大片流体被修正压力的均匀梯度带动起来，压力梯度而后又为 Coriolis 力所平衡。如果均匀压力梯度位于水平（x, y）平面之中，并具有分量（O，$-G$），而转动向量则与前同，那么定常状态下的均匀速度具有分量（U, 0），其中

$$2U\Omega_3 = G/\rho。 \qquad (4.4.12)$$

如果除此之外流体还为一相对于旋转坐标系为静止的水平刚性平面为界，则靠近刚性平面的"Ekman 层"中对均匀流动的偏离像前一情况一样包括粘性力和 Coriolis 力，并仍然恰好有定常流动存在。

给出刚性平面（在 $z=0$ 处）附近定常流动中作为 z 的函数的速度分量（u, v）的方程与（4.4.4）和（4.4.5）的不同仅在于要加上施加的均匀压力梯度，因此

$$-2v\Omega_3 = \nu\frac{d^2u}{dz^2}, \quad 2u\Omega_3 = \frac{G}{\rho} + \nu\frac{d^2v}{dz^2}。$$

第二方程可以重写为

$$2(u-U)\Omega_3 = \nu\frac{d^2v}{dz^2}。 \qquad (4.4.13)$$

因而相应于距离刚性平面足够远处的均匀流动的解（本情况下流体位于平面 $z=0$ 之上，以适合于对地球表面附近的大气流动的应用）为

$$u - U + iv = A\exp\{-k(1+i)z\}, \qquad (4.4.14)$$

其中如前一样有 $k=(\Omega_3/\nu)^{\frac{1}{2}}$。在 $z=0$ 平面我们要求 $u=v=0$，因而

$$A = -U,$$

从而得到速度分量为

$$u = U(1 - e^{-kz}\cos kz), \qquad (4.4.15)$$

$$v = Ue^{-kz}\sin kz。 \qquad (4.4.16)$$

刚性表面附近 $(u-U, v)$ 的这一螺旋分布的一般特性与前一情况差不多相同。在刚性平面之上不同高度处的速度向量在图 4.4.1（b）中绘出。这里靠近 $z=0$ 处的速度对 z 为线性，并从由于作用的压力梯度引起的体力方向按顺时针方向偏转 $45°$ 角。Ekman 层中在与层外的均匀流动垂直的方向上的总流体体积流量（x 方向上单位宽度流量）为

$$\int_0^\infty v dz, \quad = U/2k = \frac{1}{2}U(\nu/\Omega_3)^{\frac{1}{2}}。 \qquad (4.4.17)$$

在数公里量级的距离上近似为均匀的水平压力梯度，在大气中因大尺度的气旋和反气旋扰动，还因大气的差异加热引起的水平温度变化而自然地产生，所产生的流动一般总伴随有地表附近的 Ekman 螺旋这样的东西。这里同样地只有当把 ν 解释为由于不同水平流体层的不规则湍流混合而产生的有效运动学粘性系数时，简单的理论速度分布才是可应用的。当 ν 之值对应于空气的分子粘性系数时，穿透厚度 π/k 在两极为 1.4 米[1]，而观测到的大气中的穿透厚度可能为从 500 米到 1000 米，因条件而异。对于风的方向和大小随地面上高度变化的观测，与(4.4.15)和(4.4.16)一起，被用来作为获得由于湍流混合引起的有效粘性系数之值的手

---

① 原书误为 14 米——译者。

段 (Taylor, 1915)。可以将分析类似地应用于海底附近的摩擦层，虽然在这一情况下很少有什么观测结果。

4.5 具有圆形流线的流动

另一简单类型的流体运动是其中所有流线为以共同对称轴为中心的圆的流动。这种运动可能是定常的或非定常的，且通常是因形状是圆柱的外边界或内边界的旋转而引起的。如果要将运动保持为纯粹的旋转运动，其轴向速度分量为零，那么轴向压力梯度必须为零，而运动方程表明，为使这点成立，运动应为二维。于是速度只依赖于距对称轴的距离。由于与流成垂直的加速度分量在这类流动中起被动的作用，而速度的改变完全是由于相邻流体柱层间的摩擦力引起的，这种运动在力学方面等价于单方向流动。

表达在极坐标 (r, θ) 中的（二维）运动方程在附录 2 中给出，当假设速度在 θ 坐标线方向的分量 v 仅为 r 和 t 的函数，且 $u=0$，我们就得到

$$\frac{\rho v^2}{r} = \frac{\partial p}{\partial r},$$

$$\frac{\partial v}{\partial t} = \nu \left(\frac{\partial^2 v}{\partial r^2} + \frac{1}{r} \frac{\partial v}{\partial r} - \frac{v}{r^2} \right), \qquad (4.5.1)$$

这两个方程中的第一个表明，压力的径向变化简单地提供了保持流体微元沿圆形路径运动所必需的力。第二个方程实质上是柱形流体壳层在其内外表面上的摩擦力产生的力偶作用下角动量增长率的关系式。我们可以通过注意到如下情况而看清这点。作用于坐径为 r 的圆柱表面微元上的切向应力（见附录 2）为

$$\sigma_{r\theta} = \mu \left(\frac{\partial v}{\partial r} - \frac{v}{r} \right),$$

因此在半径为 r 的圆柱表面内部的流体受到其外部的流体施加的（每单位圆柱长度）的力偶为

$$2\pi \mu r^2 \left(\frac{\partial v}{\partial r} - \frac{v}{r} \right). \qquad (4.5.2)$$

令一圆柱壳层中（单位长度和单位厚度）的流体的角动量变化率与作用于其上的力偶相等，于是得到

$$\frac{\partial(2\pi\rho r^2 v)}{\partial t} = \frac{\partial}{\partial r}\left\{2\pi\mu r^2\left(\frac{\partial v}{\partial r} - \frac{v}{r}\right)\right\}, \qquad (4.5.3)$$

从而导出 (4.5.1)。

把半径为 r 的物质柱形壳的角速度 $\Omega(r,t)$ 用作因变量，可以得到 (4.5.1) 或 (4.5.3) 的稍微简单些的形式。在 (4.5.3) 中令 $v=\Omega r$，我们得到

$$\frac{\partial \Omega}{\partial t} = \frac{\nu}{r^3}\frac{\partial}{\partial r}\left(r^3\frac{\partial\Omega}{\partial r}\right)。 \qquad (4.5.4)$$

用涡量之值

$$\omega = \frac{\partial v}{\partial r} + \frac{v}{r} = \frac{1}{r}\frac{\partial(r^2\Omega)}{\partial r} \qquad (4.5.5)$$

作为因变量，还有另一形式

$$\frac{\partial\omega}{\partial t} = \nu\left(\frac{\partial^2\omega}{\partial r^2} + \frac{1}{r}\frac{\partial\omega}{\partial r}\right), \qquad (4.5.6)$$

它与二维（具有圆形对称）热传导方程具有相同的形式。从 (4.2.2) 可以看到，在单方向流动中，涡量的垂直于流线的两个分量也满足热传导方程。这样，单方向流动和具有圆形流线的流动问题可以通过涡量的横向分量经过流线的扩散完全描述。在任何特定情况下，从以上可供选择的方程中选取哪一个，通常将由边界条件中包括的因变量所决定。

具有圆流线的定常流动必须因刚性边界的运动才得以维持，我们可以通过假设流体位于半径为 r_1 和 r_2（$>r_1$）的，并以角速度 Ω_1 和 Ω_2 定常转动的刚性圆柱之间，而描述出所有通常的情形。这时容易发现，当令不管是 (4.5.3) 还是 (4.5.4) 的左端为零时，其满足在两个边界上的无滑移条件的解为

$$v(r) = \frac{1}{r}\left(\frac{\Omega_1 - \Omega_2}{r_1^{-2} - r_2^{-2}}\right) + r\left(\frac{\Omega_1 r_1^2 - \Omega_2 r_2^2}{r_1^2 - r_2^2}\right)。 \qquad (4.5.7)$$

这种流动可以藉助于共同长度比其半径大许多的两个圆柱在实验室中建立起来，且对于不同的 r_1，r_2，Ω_1 和 Ω_2 的选择证实了

(4.5.7)的速度分布。在（4.5.7）中粘性系数不出现，因为作用在每一柱形流体壳层上的总的摩擦力偶为零；在这点上，具有圆形流线的定常流动是处于相对滑移运动的平行刚性平面之间的流动的圆形类比（而且平面情况事实上当 $r_2-r_1 \ll r_1$ 时可从（4.5.7）重新得到）。从（4.5.2）和（4.5.7）我们发现，半径为 r 的圆柱表面的单位长度上所受的摩擦力偶为

$$- 4\pi\mu\left(\frac{\Omega_1 - \Omega_2}{r_1^{-2} - r_2^{-2}}\right), \qquad (4.5.8)$$

且如所预期，它不依赖于 r；特别地，这就是内刚性圆柱所受的力偶，亦即外圆柱所受力偶的负值。

从（4.5.7）可以得到定常流动的各种特殊情形下的速度分布。令 $r_1=0$（同时 Ω_1 不大到使 $\Omega_1 r_1^2$ 为非零值），以描述单个旋转圆柱之**内**的流动情况，我们得到

$$v = \Omega_2 r, \qquad (4.5.9)$$

这是其中切应力到处为零的刚体转动。令 $r_2 \to \infty$，及 $\Omega_2=0$，得到单个旋转圆柱之**外**的无限流体中的另一极限流动情况，这时

$$v = \frac{r_1^2 \Omega_1}{r}。\qquad (4.5.10)$$

这是无旋速度分布，其中沿所有环绕圆柱一次的封闭曲线的环量均为 $2\pi r_1^2 \Omega_1$。流体受圆柱单位长度作用的摩擦力偶为 $4\pi\mu r_1^2 \Omega_1$，这意味着流体的总角动量持续增长；这与所假设的运动的定常性是一致的，因为与分布（4.5.10）相联系的总角动量是无穷大，而圆柱持续地施加着的力偶设想是用来在距离圆柱越来越远的距离上产生这一速度分布。

方程（4.5.1），或它的某个等价方程，可以用来研究起动或停止两个圆柱的旋转所产生的流动改变以及随后的向定常状态的趋近。作为例子，我们来考察半径为 a 的单个圆柱内的流体从静止起产生的运动，圆柱以定常角速度 Ω_0 旋转。这里 $v(r, t)$ 要满足的条件为

对于 $0 \leqslant r < a$,　$v(r, 0)=0$,
对于 $t>0$,　$v(a, t)=\Omega_0 a$。

解法就是§4.3中用过多次的解法，(4.5.1)的形式提示 v 应展开为一阶 Bessel 函数的级数。较方便些，仍是考察函数

$$w(r,t) = \Omega_0 r - v(r,t),$$

由于对于所有 t 在 $r=a$ 处 $w=0$，且当在旋转轴上没有任何奇点时，在 $r=0$ 处也有 $w=0$。w 的方程与 v 的方程相同，而满足这一方程并同样满足 $r=0$ 和 $r=a$ 处条件的解是 Fourier-Bessel 级数

$$w(r,t) = \sum_{n=1}^{\infty} A_n J_1\left(\lambda_n \frac{r}{a}\right) \exp\left(-\lambda_n^2 \frac{\nu t}{a^2}\right), \quad (4.5.11)$$

这里 J_1 为一阶第一类 Bessel 函数，而 λ_n 为使 $J_1(\lambda)=0$ 的 λ 的正值。如果对 $0 \leqslant r \leqslant a$ 有

$$\sum_{n=1}^{\infty} A_n J_1\left(\lambda_n \frac{r}{a}\right) = \Omega_0 r,$$

则上一表达式还满足 $t=0$ 时的条件，这时，利用标准公式[①]

$$A_n = \frac{2a}{J_0^2(\lambda_n)} \int_0^1 \Omega_0 x^2 J_1(\lambda_n x) dx$$

$$= -\frac{2\Omega_0 a}{\lambda_n J_0(\lambda_n)}。$$

于是速度分布由下式给出

$$v(r,t) = \Omega_0 r + 2\Omega_0 a \sum_{n=1}^{\infty} \frac{J_1\left(\lambda_n \frac{r}{a}\right)}{\lambda_n J_0(\lambda_n)} \exp\left(-\lambda_n^2 \frac{\nu t}{a^2}\right)。$$

$$(4.5.12)$$

级数中保持时间最长的项是 $n=1$ 这一项，而对刚体转动的偏离很快就以指数衰减，其"半衰期"为 $a^2/(\lambda_1^2 \nu)$（其中 $\lambda_1 = 3.83$）。

对于两圆柱间流体从静止产生的流动（这时速度要表达为第一类和第二类两种 Bessel 函数的 Fourier-Bessel 级数）以及单个圆柱外的流体从静止产生的流动（这时速度要表达为两类 Bessel 函数的 Fourier-Bessel 积分）可以得到类似的但较为复杂的解[②]。

---

① 见 G. N. Watson 著 "Theory of Bessel Functions" (Cambridge, 1958)。
② 见 E. C. Titchmarsh 著 "Eigenfunction Expansions", §§1.11 及 4.10 (Oxford, 1962)。

最后，作为（4.5.6）是更有用的方程的情形，我们考察初始时除了在轴 $r=0$ 上有一强度为 C 的线涡（见 §2.6)外，涡量到处为零的流动。开始时沿着中心在轴上的所有圆周的环量具有相同值 C，因而 $v=C/2\pi r$。这里涡量从一条线上的初始集中处沿径向向外扩散，而在以前在 §4.3 讨论的情况下，扩散是从一平面上的初始集中处发生的。从数学上讲，这一线涡的扩展问题与均匀固体中从开始时集聚了有限热量 C 的一点发生的二维热传导问题完全等同。解直接从(4.3.2)得到：

$$\omega(r,t) = \frac{C}{4\pi\nu t}\exp\left(-\frac{r^2}{4\nu t}\right)。 \qquad (4.5.13)$$

这时速度分布为

$$\begin{aligned} v(r,t) &= \frac{1}{r}\int_0^r \omega r dr \\ &= \frac{G}{2\pi r}\left\{1 - \exp\left(-\frac{r^2}{4\nu t}\right)\right\}, \end{aligned} \qquad (4.5.14)$$

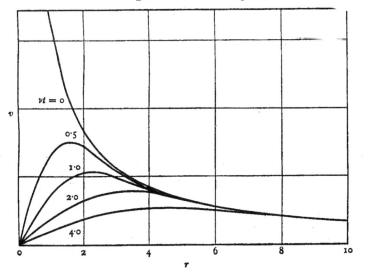

图 4.5.1 与扩展线涡相联系的速度分布。r 与 νt 的单位是一致的

此分布对于 t 的一些数值在图 4.5.1 中绘出。在小的 r 值

（≪ $(4\nu t)^{\frac{1}{2}}$）处，运动为刚体转动，其角速度为 $C/(8\pi\nu t)$，而在大的 r 值（≫ $(4\nu t)^{\frac{1}{2}}$）处，运动与其在初瞬时一样是无旋的。将可观察到，沿着以原点为中心的圆周路径的环量，即 $2\pi r v$，在所有时间 t 具有相同形状的分布。这点根据量纲分析也是可以预言的，事实上，rv/C 为一仅依赖于 ν，r 和 t 的无量纲因变量，因而必须仅为 $r^2/\nu t$ 的函数。

4.6 从一个动量点源射出的定常射流

我们现在转而研究不太简单的流动，并来考察运动方程 (4.1.8) 的除了单方向流动以外的少数已知准确解中的一个解。

面对求解非线性偏微分方程的困难，比较明智的计划是寻找这样的特解，其中所有独立变量除了一个外，或者根本不存在或者以某种简单方法通过量纲分析被确定，于是对所剩的一个变量的依赖关系由一个常微分方程给出。为取一简单的例，我们可以通过选择相对于坐标原点具有球对称性的一个定常流动来消去独立变量 t 和角位置，而只剩下径向距离 r 作为独立变量。这时只有径向速度分量 u 可以不为零，而质量守恒方程立即表明 $u \propto r^{-2}$；在这种情况下，动量方程仅用来确定压力。这一简单解在原点处具有奇异性，从物理上讲可以将其解释为一个定常质量流。用类似方法，我们可以考察相对一个轴为对称的定常流动，保留 r 和 θ（矢径和对称轴的夹角）为仅有的独立变量，进而提出更多限制以使对于 r 或 θ 的依赖关系变为显然的。本节中要讨论的流场可以通过假设流体速度如 r^{-1} 一样变化而得到，对 θ 的依赖关系就由一常微分方程给出。这种处理方法是间接的，因为只有在解释数学解以后我们才知道将得到什么样的流场，或者它是否在物理上有意义，但是在有经验的人手中它可以是很有目的性的。

我们假设没有流体绕流动对称轴的旋转。引入 Stokes 流函数 ψ 是合适的，这时球坐标系 (r, θ, ϕ) 中速度分量 $(u, v, 0)$ 由下式给出

$$u = \frac{1}{r^2\sin\theta}\frac{\partial\psi}{\partial\theta}, \quad v = -\frac{1}{r\sin\theta}\frac{\partial\psi}{\partial r}, \tag{4.6.1}$$

质量守恒方程因而被完全满足（见 §2.2）。为使运动方程可解要加的另外的限制是 u 与 v 如 r^{-1} 一样变化，从而 $\psi \propto r$。因此我们写为

$$\psi(r,\theta) = r\nu f(\theta), \tag{4.6.2}$$

之所以加了因子 ν 是为使未知函数 f 为无量纲的。

于是球坐标中的运动方程对于没有方位角"旋动"（swirl）的定常轴对称流动有如下形式（见附录 2）：

$$u\frac{\partial u}{\partial r} + \frac{v}{r}\frac{\partial u}{\partial\theta} - \frac{v^2}{r}$$

$$= -\frac{1}{\rho}\frac{\partial p}{\partial r} + \nu\left(\nabla^2 u - \frac{2u}{r^2} - \frac{2}{r^2}\frac{\partial v}{\partial\theta} - \frac{2v\cot\theta}{r^2}\right), \tag{4.6.3}$$

$$u\frac{\partial v}{\partial r} + \frac{v}{r}\frac{\partial v}{\partial\theta} + \frac{uv}{r}$$

$$= -\frac{1}{\rho r}\frac{\partial p}{\partial\theta} + \nu\left(\nabla^2 v + \frac{2}{r^2}\frac{\partial u}{\partial\theta} - \frac{v}{r^2\sin^2\theta}\right), \tag{4.6.4}$$

其中

$$\nabla^2 = \frac{1}{r^2}\frac{\partial}{\partial r}\left(r^2\frac{\partial}{\partial r}\right) + \frac{1}{r^2\sin\theta}\frac{\partial}{\partial\theta}\left(\sin\theta\frac{\partial}{\partial\theta}\right)。$$

当将表达式 (4.6.1) 和 (4.6.2) 代入这两个标量方程时，除了包含 p 的项外，发现所有项均被乘上了 r 的相同幂次；这是关系式 (4.6.2) 的显著特性，在其右侧选择了 r 的一次幂则正是基于这点。我们可将 p 写如下式而把 r 从运动方程完全消除掉

$$\frac{p - p_0}{\rho} = \frac{\nu^2}{r^2}g(\theta), \tag{4.6.5}$$

其中 p_0 为距原点远距离处的压力，这时 (4.6.3) 和 (4.6.4) 变为

$$g = -\frac{f^2}{2(1-\xi^2)} - \frac{1}{2}\frac{d}{d\xi}\{ff' - (1-\xi^2)f''\}, \tag{4.6.6}$$

$$g' = -f - \frac{1}{2}\frac{d}{d\xi}\left(\frac{f^2}{1-\xi^2}\right), \tag{4.6.7}$$

其中 $\xi = \cos\theta$，而一撇代表对 ξ 的微商。

将 g 从方程 (4.6.6) 和 (4.6.7) 消去并积分三次，我们得到

$$f^2 - 2(1 - \xi^2)f' - 4\xi f = c_1\xi^2 + c_2\xi + c_3, \quad (4.6.8)$$

其中 c_1, c_2, c_3 为任意积分常数。

这样，我们的方法导致了基本方程的解（假设 (4.6.8) 可以求解，如果必要可用数值方法），现在我们必须考察对它的解释。三个常数 c_1, c_2 和 c_3 仍可供我们支配，以求得到物理上有意义的特定流场。现在，如果要使流动除了在 $r = 0$ 处（在那里 (4.6.1) 和 (4.6.2) 表明奇异性是不可避免的）外，在对称轴上没有奇异性，则 v 应在那里为零，而在 $\xi = 1$ ($\theta = 0$) 附近 f 的行为应有如 $(1 - \xi)$，而在 $\xi = -1$ ($\theta = \pi$) 附近应有如 $(1 + \xi)$；作为推论，(4.6.8) 的左端的表达式在 $\xi = 1$ 附近应如 $(1 - \xi^2)$ 变化，而在 $\xi = -1$ 附近应如 $(1 + \xi^2)$ 变化，但除非 $c_1 = c_2 = c_3 = 0$，对其右端表达式来说这是不可能的。因此，在对称轴上奇异性数目最少的流动，且很可能是最简单的流动，是满足

$$f^2 - 2(1 - \xi^2)f' - 4\xi f = 0 \quad (4.6.9)$$

的流动。变换 $f = (1 - \xi^2) \, h(\xi)$ 表明

$$h^2 - 2h' = 0,$$

由此 (4.6.9) 的解为

$$f(\xi) = \frac{2(1 - \xi^2)}{1 + c - \xi}, \quad (4.6.10)$$

其中 c 为任意常数。

由 (4.6.1)，(4.6.2) 和 (4.6.10)（首先为 Landau(1944) 并独立地为 Squire(1951) 所得到）所描述的流场的特性可从 $\psi = \text{const}$ 流线族的形状清楚看出，在图 4.6.1 中给出的流线是对于 $c = 0.1$ 的情况计算出来的。显然，此解描绘离开原点速度运动的流体射流，而且它带动射流外的缓慢运动的流体。射流的外缘可以方便地定义为流线距轴线为最小距离的地方，且从 (4.6.10) 可容易看出此外缘出现在 $\theta = \theta_0$ 处，其中

$$\cos\theta_0 = (1 + c)^{-1};$$

对于图 4.6.1 中绘出的流线，$\theta_0 = 24°37'$。当 c 值给定时，ψ/r 仅为 θ 的函数，所以图4.6.1中的所有流线具有相同的形状，通过改变 r 的尺度可以从一个流线得到另外一个。因此，为了表示出对应于不同 c 值的流场，只需对于每一 c 值给出一条流线，如图 4.6.2 所示。当 $c \to 0$ 时，射流变得更为集中于对称轴附近。

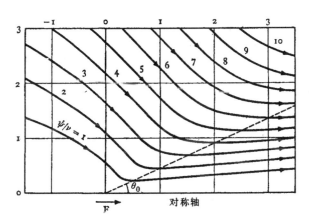

图 4.6.1 对于 $c=0.1$ 时的流动的流线，$\theta_0 = 24°37'$

（ψ/ν 和 r 的单位是一致的。）

除在原点外，速度分布无奇异性，而在距原点的大的距离处压力为均匀。这样，$r=0$ 处的奇异性显然是使整个运动能够产生的推动者，而我们必须较仔细地对之进行研究。只有当某种外部因素持续地对流体提供能量时，才能产生射流，而流体速度正比于 r^{-1} 这一事实证明了这正是 $r=0$ 处的奇异性所做的。为了仔细地看清这点，我们以 §3.2 中描述过的方式利用积分形式的动量方程。瞬时地位于环绕原点的封闭表面 A 之内的流体以力 $-\int \sigma_{ij} n_j dA$ 作用于表面之外的流体，而动量经过这一表面向外流出的速率是 $\int \rho u_i u_j n_j dA$；此二量之和为

$$F_i = \int (\rho u_i u_j - \sigma_{ij}) n_j dA, \qquad (4.6.11)$$

而既然流动为定常,故 F_i 对于围绕原点的所有封闭表面具有同样的值。我们可以将 **F** 看成为在原点上作用于流体的力,尽管奇异性所起的作用在某种程度上有如一个直接的动量源。

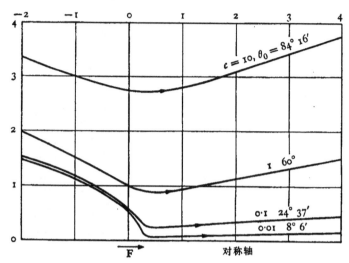

图 4.6.2　对于 $c=0.01,0.1$ 和 1.0 时的 $\psi/\nu=rf(\theta)=1$ 流线,

和对于 $c=10$ 时的 $\psi/\nu=rf(\theta)=\frac{1}{2}$ 流线 (ψ/ν 和 r 的单位是一

致的。)

为了计算 F_i,我们将此封闭表面选择为以原点为中心、半径为 r 的球。由于对称性,只有力的轴向分量 F 不为零,而对于这一分量我们有

$$F = \int_0^\pi \{\rho u(u\cos\theta - v\sin\theta) - (\sigma_{rr}\cos\theta - \sigma_{r\theta}\sin\theta)\} 2\pi r^2 \sin\theta d\theta,$$

其中下标 r 和 θ 代表在 r 和 θ 坐标线正方向上的分量。利用附录 2 中给出的 σ_{rr} 和 $\sigma_{r\theta}$ 的公式,并将 (4.6.1),(4.6.2) 和 (4.6.5) 代入,我们有

$$\frac{F}{2\pi\rho\nu^2} = \int_{-1}^1 \{f'(\xi f' - f)$$
$$+ \xi(g - 2f') + 2f + (1 - \xi^2)f''\}d\xi$$

且，在利用（4.6.6）及解（4.6.10）以及一些简单运算后，我们得到

$$\frac{F}{2\pi\rho\nu^2} = \frac{32}{3}\frac{1+c}{c(2+c)} + 4(1+c)^2\log\left(\frac{c}{2+c}\right) + 8(1+c).$$

$$(4.6.12)$$

这样，在原点处施加于流体的力 F 和（4.6.10）中的常数 c 就单值地相互联系起来，从而原点处的奇异性的整个效果由这个力所代表。

要注意，由于 $f(0) = f(\pi)$，经过围绕原点的任意封闭表面的总质量流量为零；$r=0$ 处的奇异性只代表着动量的而不是质量的产生。

关系式（4.6.12）通过射流的锥形边界的半角 θ_0 的另一种表达方法为

$$\frac{F}{2\pi\rho\nu^2} = \frac{32}{3}\frac{\cos\theta_0}{\sin^2\theta_0} + \frac{4}{\cos^2\theta_0}\log\left(\frac{1-\cos\theta_0}{1+\cos\theta_0}\right) + \frac{8}{\cos\theta_0},$$

$$(4.6.13)$$

并在图 4.6.3 中用图形绘出。对于大的 F 值，射流变得非常快而狭窄，而（4.6.13）变为

$$\frac{F}{2\pi\rho\nu^2} \sim \frac{32}{3}\theta_0^{-2}。$$

$$(4.6.14)$$

在这些同样条件下，在射流内部 $\theta \leqslant \theta_0$ 处的流动由（4.6.10）的以下渐近形式给出

$$f(\theta) \sim \frac{4\theta^2}{\theta^2+\theta_0^2},$$

$$(4.6.15)$$

而在射流外 $\theta \gg \theta_0$ 外，由

$$f(\theta) \sim 2(1+\cos\theta)$$

$$(4.6.16)$$

给出。相应于（4.6.16）的径向速度为 $u = -2\nu/r$，这是为代替被带动到射流中去的流体而要求的流体的向内的流动。

容易从导致（4.6.12）的计算中看出，当 θ_0 为小量及 $c \ll 1$ 时，对 F 的主导贡献（即（4.6.12）中的第一项）是从动量通量而来的。这一事实使得有可能对从小孔中射出的真实射流估计 F 之值。如

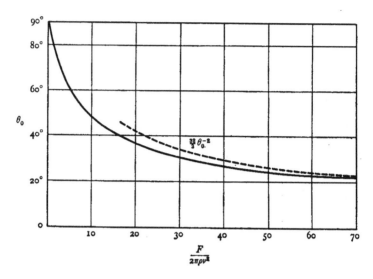

图 4.6.3　原点处作用的力和由之产生的射流的半角之间的关系

果流体从面积为 A 的小孔以均匀速度 V 射出，我们有

$$\frac{F}{2\pi\rho\nu^2} \approx \frac{1}{2\pi}\frac{AV^2}{\nu^2},\qquad (4.6.17)$$

如果欲使对 F 的估计为自洽的，上式与 1 相比应为大量。通过小孔的质量流量为 $\rho AV = F/V$，而在给定的（大的）F 值下当 V 增加（或等价地，当 A 下降时），解 (4.6.15) 和 (4.6.16) 显然变为小孔产生流动的更好的近似。由 (4.6.15) 表示的射流中的质量流量在距原点的距离为 r 处为 $8\pi\rho\nu r$ 的量级，因此带有由 (4.6.15) 给出的速度剖面的、在真实小孔下游某距离处发展起来的射流，看起来像是从小孔上游距离约为 $AV/8\pi\nu$ 处的一个原点发出来的。

　　(4.6.17) 表明，无量纲参数 $(F/2\pi\rho\nu^2)^{\frac{1}{2}}$ 是流动在小孔处的 "Reynolds 数"，在 §4.7 中对于此数的解释使下面这点变得可以理解：当 $F/2\pi\rho\nu^2 \gg 1$ 时粘性力应该不能使由小孔产生的集中射流减速和使之扩散开来。

　　对于相反的极限情况，我们有 $c \gg 1$，而 θ_0 接近于 $90°$。从

(4.6.10)得到的 $f(\theta)$ 的相应的渐近形式为

$$f(\theta) \sim \frac{2}{c}\sin^2\theta,$$

从(4.6.12)发现 c 与原点处作用的力之间的关系为

$$\frac{F}{2\pi\rho\nu^2} \sim \frac{8}{c}, \quad \ll 1。$$

因此，我们可以在这一渐近情况下将流函数写为

$$\psi = \frac{F}{8\pi\mu}r\sin^2\theta。 \qquad (4.6.18)$$

一个通过流体运动的物体施力于流体，而如果物体的速度足够小使力的作用点实际上是静止的话，我们可以预期（4.6.18）与物体产生的流动有某种关系。在 §4.9 中将表明，(4.6.18) 事实上确实描述了以力 F 作用于流体的运动物体在大距离上（在这里物体形状的细节不起作用）所产生的流型，条件是 F 与 $2\pi\rho\nu^2$ 相比为小量。

4.7 动力学相似与 Reynolds 数

实际上为不可压缩的、具有均匀密度的流体的运动为如下方程所制约

$$\rho\left(\frac{\partial u_i}{\partial t} + u_j\frac{\partial u_i}{\partial x_j}\right) = -\frac{\partial p}{\partial x_i} + \mu\frac{\partial^2 u_i}{\partial n_j\partial x_i}, \qquad (4.7.1)$$

$$\frac{\partial u_i}{\partial x_i} = 0, \qquad (4.7.2)$$

其中 p 为修正压力。我们打算考察参数 ρ 和 μ 的（均匀）数值上的改变对流动的影响。为此目的将这些方程通过无量纲变量写出是有用的，这样 ρ 和 μ 数值改变的影响就与纯粹的单位改变的影响分离开来了。在以上方程中没有量纲为长度和速度的参数出现，所以我们必须在边长和初始条件中寻找用来使 x 和 u 无量纲化的量纲量。

让我们假设，对一特定流动，边界和初始条件的提法中包含着某个有代表性的长度 L（它可能是内边界的最大直径，或者是围绕流体的边界间的距离）和某个有代表性的速度 U（它可能是刚性边界的定常速度），使得这些条件可以表达为无量纲形式

$$\mathbf{u}' = 给定的 \ \mathbf{x}' 处的 \ t' \ 的给定函数，$$
$$\mathbf{u}' = 给定的 \ t' \ 时刻的 \ \mathbf{x}' \ 的给定函数，$$

其中 $\mathbf{u}' = \dfrac{\mathbf{u}}{U}$，$t' = \dfrac{tU}{L}$，$\mathbf{x}' = \dfrac{\mathbf{x}}{L}$。

那么引入这些新的变量，以及

$$p' = \frac{p - p_0}{\rho U^2},$$

其中 p_0 是流体中（修正）压力的某一有代表性的数值，则基本方程变为

$$\frac{\partial u'_i}{\partial t'} + u'_j \frac{\partial u'_i}{\partial x'_j} = - \frac{\partial p'}{\partial x'_i} + \frac{1}{R} \frac{\partial^2 u'_i}{\partial x'_j \partial x'_j}, \tag{4.7.3}$$

$$\frac{\partial u'_i}{\partial x'_i} = 0, \tag{4.7.4}$$

其中

$$R = \frac{\rho L U}{\mu}。$$

现在方程以显式形式仅包含无量纲参数 R，而因变量 $\mathbf{u}'$ 和 p' 的满足边界条件的解只可能依赖于

（a）独立变量 $\mathbf{x}'$ 和 t'，

（b）参数 R，

（c）为确定边界和初始条件所需要的无量纲比值（例如，形成流体边界的椭圆柱的长短轴的比值，所有这些比值都可以描绘为确定边界和初始条件的"几何"）[①]。

[①] 当速度分布受到重力的影响（可能是通过自由表面的存在而影响到流体）而由重力引起的体力必须以显式保留在运动方程之中（见 §4.1）时，称为 Froude 数的无量纲参数 U^2/gL 也应包括到问题中去。

向无量纲变量的这种变化,表面上看起是肤浅的一个步骤,却很能说明问题。它首先表明,一特定流场的解一旦已知并表达为无量纲的形式,那么通过选择 ρ, L, U 和 μ 使 R 之值不变就可由它得到三重无穷系族的解。满足表达为无量纲形式的边界和初始边界的、其相应的 ρ, L, U 和 μ 之值不同但使组合 $\rho L U/\mu$ 之值保持不变的所有那些流动,均为同一个无量纲解所描述;而所有这样的流动称为**动力学相似**的,因为在运动方程中代表在流体中给定无量纲位置和时刻作用着的力(粘性力,压力和"惯性"力)的各个项的大小,在所有这些流动中成相同比例。

　　这一动力学相似原则作为从"模型试验"来获得未知流场的知识的手段被广泛应用。所谓"模型试验"即在比未知流场的物理条件较为方便的物理条件下进行的试验。例如,水力学和化学工程师常常希望能预言小的固体粒子从水的悬浮体中沉降下来的速度。并且作为开始,他们需要知道在水中下降的、大小和密度已知的、形状简单的、球形的、单个小粒子的终端速度。直接测量一个粒子的沉降是困难的,因为譬如说淤泥粒子的十分小的尺寸使得很难对之进行操作和观测。这时动力学相似可以用来证明,当把流动用球速 U 和直径 L 表达时,沉降球形粒子周围的流动与一个大得多的球的周围的流动相同,只要后者以这样的速度通过这样的流体运动,以使在两种情形下 $\rho L U/\mu$ 具有相同的值。润滑油的 μ/ρ 值为水的 400 倍,而甘油约为 680 倍;因而在这两种液体的某一种中用较大的因而较方便的尺寸的球可以得到动力学相似的流场,并且可以对于许多 L 和 U 之值观测流体作用于球的减速力或"阻力" D。我们有关系式

$$D = -\int m_i \sigma_{ij} n_j dA$$
$$= -\rho U^2 L^2 \int m_i \left\{ -p' \delta_{ij} + \frac{1}{R} \left(\frac{\partial u_i'}{\partial x_j'} + \frac{\partial u_j'}{\partial x_i'} \right) \right\} n_j dA',$$

(4.7.5)

其中单位向量 **m** 表示球运动的方向,积分对于球面 A 进行,$\delta A'$

$=\delta A/L^2$。关系式（4.7.5）表明，无量纲"阻力系数"$D/\rho U^2 L^2$ 对于对应于给定 R 值的所有动力学相似的流场是相同的，而模型试验提供了对于包括适用于沉降的淤泥粒子的 R 数在内的 R 数范围的这一阻力系数值。这样，淤泥粒子的终端速度就可以从其已知的大小和密度而计算出来。

其次，以无量纲变量表达的方程（4.7.3）和（4.7.4）还表明，对于边界和初始条件的给定的几何形状，无量纲形式的不同解仅有一单重的无穷系族，这系族的不同成员相应于不同的 R 值。换句话说，对于边界和初始条件的给定几何形状，改变 ρ，L，U 或 μ，或者一起改变这些参数中的某几个对于流场的影响，可以仅通过最终 R 的改变而唯一地刻画。关于 R 是给定了边界形状决定流场的参数这一事实，是首先被 Stokes（1851）所认识到的，虽然 Reynolds（1883）关于通过管道的流动中湍流的发生的较晚的工作导致了将之称为 Reynolds 数。

作用于运动物体上的阻力关系式（4.7.5）因而可以表达为一般的形式

$$\frac{D}{\rho U^2 L^2} = \text{仅为 } R \text{ 的函数}, \qquad (4.7.6)$$

它对于具有几何相似的边界和初始条件的一系列流场都是正确的。流动的所有其它无量纲参数也同样仅只是 R 的函数。粘性流体动力学中的一个实际问题经常归结为在 R 值的一定范围内用理论或实验方法决定有关的对于 R 的未知函数的形式。

Reynolds 数 R 之值可以看作为提供了一个作用于单位流体体积的非粘性力和粘性力的相对重要性的估计。运动方程（4.7.1）在右端包含压力项 $-\partial p/\partial x_i$ 和粘性力 $\mu \partial^2 u_i/\partial x_j \partial x_j$，这两者之和等于负的所谓惯性力 $-\rho Du_i/Dt$。这三种力一起处于平衡，而通过给出任意两个力的比值可以指出它们之间的对比。压力是由于刚性边界运动或由于摩擦应力存在的结果才出现于流体之中（虽然在像 Poiseuille 流这样的因施加的压力梯度而引起的流动情况下并非如此），故压力通常起一种被动的作用，所以习惯上用惯性力

和粘性力大小的比值来表示流动的特性。在流体中任意一点上这一比值为

$$\frac{|\rho Du_i/Dt|}{|\mu \partial^2 u_k/\partial x_j \partial x_j|} = R \frac{|Du_i'/Dt'|}{|\partial^2 u_k'/\partial x_j' \partial x_j'|} \text{。}$$

因而如果 Du'/Dt' 和 $\partial^2 k_x'/\partial x_j' \partial x_j$ 均为 1 的量级,而且如果流场是简单的流场,而 L 和 U 真是有代表性的参数时,看来它们就会如此(虽然通常会在流体中有个别地点,在那里这些无量纲量是十分小的),那么 R 就量度出惯性力和粘性力的相对大小。对于边界条件和初始条件的给定几何,R 的改变对应于惯性力和粘性力的相对大小的改变——虽然这种推理又一次是不很严谨的,因为 Du_i'/Dt' 和 $\partial^2 u_k'/\partial x_j' \partial x_j'$ 本身依赖于 R 而我们必须假设它们保持为 1 的量级。特别地,令 $R \ll 1$ 的效果是使惯性力远小于粘性力,因而压力和粘性力在流场中占主导地位;而令 $R \gg 1$ 的效果是使惯性力远大于粘性力,因而惯性力和压力占主导地位。当 R 值为 1 的量级时,可推测所有三种力在运动方程中均起重要的作用。

本章中迄今为止研究过的流场中没有一个很好地说明了这些一般的论断,因为它们在某种程度上都是特别简单的(而实际上也正是为此原因而被选中的)。在它们当中的某些情况下(例如,单个运动平面边界产生的从静止开始的运动),为确定边界条件只需要速度而不需要长度,所以 Reynolds 数没有进入问题之中;而在 §4.6 中研究的射流的情况下,可以从边界条件所提供的参数形成一个有效 Reynolds 数 $(F/\rho \nu^2)^{\frac{1}{2}}$,但是没有可以藉以把位置坐标无量纲化的长度存在。在定常单方向流动的情形下,惯性力到处为零,因而这里不可能通过改变边界参数来影响诸力间的对比;在由运动边界引起的非定常单方向流动的情形下也没有这种可能性,因为压力到处为零。在流体介于一个以速度 U 做定常运动的平面边界和一个在距离 d 之外的静止平面之间由前一平面引起从静止开始的运动情况下,速度分布(见(4.3.13))可以写为

$$\frac{u(y,t)}{U} = 1 - \frac{y}{d} - \frac{2}{\pi} \sum_{n=1}^{\infty} \frac{1}{n} \exp\left(-\pi^2 n^2 \frac{tU}{d} \frac{1}{R}\right) \sin\left(\pi n \frac{y}{d}\right),$$

其中 $R = \rho d U / \mu$。它具有在为了确定边界条件只需一个长度和一个速度的情况下所预期的一般形式。如已指出的，压力到处为零，因而，不管 R 值为何，惯性力和粘性力的大小到处相等。在这种情况下，改变 R 在其效果上完全等价于改变时间尺度，较大的 R 值对应着接近于最终的定常状态较慢。

其它具有动力学意义的无量纲参数

在以上的讨论中 Reynolds 数是作为为了确定具有几何相似的边界和初始条件的流场的动力学状态所需的唯一的无量纲参数而出现的，因 L，U，ρ 和 μ 被看作是从一流场到另一流场仅有的在变化的参数。如果考察其它物理因素对流动系统的影响，则其它无量纲参数进入分析并以与 Reynolds 数一样的一般方式提供动力学相似的数据。这些参数中许多是以首先利用它们的人命名的，而对这样一些数的详尽的汇集可以在流体力学的文献中找到。但是，几乎所有在本书中考察的流场为了确定它们的动力学状态都只要求 Reynolds 数，它是其变化能导致流型有最大变化的无量纲数。

当确定边界和初始条件必须包括三个量纲因子 L，U 以及譬如一个可以独立变化的频率时，则尽管作用于流体的力仍仅为惯性力、压力和粘性力，也会有一个附加的无量纲参数出现。这种流场的一个例子，由以速度 U 在静止空气中行进并以频率 n 在某一平均姿态附近振荡的长度为 L 的（二维）平板所提供。在这种情况下，两个流场的动力学相似性要求 Reynolds 数和 Strouhal 数

$$S = nL/U$$

对于两个流场有相同的数值。应该指出，只有当所有三个因子 L，U 和 n 的独立变化加于流动时 Strouhal 数才是流场的动力学状态所依赖的独立量。有这样的情况，其中流动的振荡自发地产生（如 Reynolds 数近似为 40 到 4×10^5 的范围内流经圆柱的流动），这时振荡的频率是流动系统的一种性质因而可以写作

$$n = \frac{U}{L} \times R \text{ 的函数};$$

这时仍把 nL/U 叫作流动的 Strouhal 数是方便的，但是它这时只是流动的一个特殊的性质而不是一个起决定作用的参数。

4.8 惯性力可以忽略的流场

如已经指出的,加速度表达式中的非线性项 $\mathbf{u} \cdot \nabla \mathbf{u}$ 的存在使运动方程的求解除了对于最简单的流场外对任何流场都是十分困难的。在一些有实际意义的情况下，非线性项虽不恒等于零但为小量，作为近似可以忽略不计。如果除此之外流动还为定常，或近似为定常从而 $|\partial u/\partial t|$ 不比 $|\mathbf{u} \cdot \nabla \mathbf{u}|$ 大很多，则整个惯性力与压力或粘性力相比在数量上到处为小量。本节和下节将涉及在某些定的条件下惯性力为可忽略地小的情形；而较困难的有可观的惯性力的情况将在下一章中详细地加以研究。

当惯性力到处为可以忽略时，基本方程变为

$$\nabla p = \mu \nabla^2 \mathbf{u}, \tag{4.8.1}$$

$$\nabla \cdot \mathbf{u} = 0。 \tag{4.8.2}$$

如果主要的边界条件（指的是规定产生流体运动的推动力量的那些边界条件）只包含 $\mathbf{u}$，问题在于寻求

$$\nabla^2(\nabla \times \mathbf{u}) = 0, \quad \nabla \cdot \mathbf{u} = 0 \tag{4.8.3}$$

的合适的解，压力然后从 (4.8.1) 中求得。另一方面，如果主要边界条件只通过 p 给出，要解的方程为

$$\nabla^2 p = 0, \tag{4.8.4}$$

然后速度从(4.8.1)以及(4.8.2)得到。不管是哪一种情况，p 和 $\mathbf{u}$ 的分布都不依赖于 μ，而 μ 只决定 $\mathbf{u}$ 和 p（或者更准确些，$\mathbf{u}$ 和相对压力 $p - p_0$）的相对大小。上节中关于解的一般形式的论断这时显然归结为:

当主要边界条件只包括 $\mathbf{u}$ 时，

$$\frac{\mathbf{u}}{U} = \text{函数}\left(\frac{\mathbf{x}}{L}, \text{边界条件的几何}\right),$$

$$\frac{p-p_0}{\rho U^2} = \frac{\mu}{\rho L U} \times \text{函数}\left(\frac{\mathbf{x}}{L}, \text{几何}\right), \tag{4.8.5}$$

当主要边界条件只包括 p 时，

$$\frac{\mathbf{u}}{U} = \frac{\rho L U}{\mu} \times \text{函数}\left(\frac{\mathbf{x}}{L}, \text{几何}\right)$$

$$\frac{p-p_0}{\rho U^2} = \text{函数}\left(\frac{\mathbf{x}}{L}, \text{几何}\right) 。 \tag{4.8.6}$$

缓慢变化的管道中的流动

在这第一个例中，运动方程中的非线性项到处为小量，因为由于本质上是几何性质的原因速度 **u** 沿流线仅只缓慢地变化。在距离较远的两端上作用的压差引起的柱形管道中的流动情形下，**u**·∇**u** 恒等于零；如果管道截面沿其长度有改变，则 **u**·∇**u**≠0，但是因为对于柱形管道粘性力不为零，我们总可以通过选择截面的变化率足够小使 |**u**·∇**u**| 与粘性力之比小到可以忽略。

首先来考察沿圆管的定常流动，其半径 a 随沿中心线上的距离 x 缓慢变化。在相距较小的两端上的压力间保持恒定的压差，而总的轴向压力梯度 $-G$ 也将随 x 缓慢变化。在任何位置 x 的附近，譬如说，在该点上游和下游的几个管道半径范围内，管道半径和轴向压力梯度近似为均匀，其值为 $a(x)$ 和 $-G(x)$，忽略惯性力而得到的轴向速度的近似表达式（见（4.2.5））为

$$u(x,r) = \frac{G}{4\mu}(a^2 - r^2), \tag{4.8.7}$$

其中 r 标记距中心线的径向距离。于是，如果 Q 是沿管道的（常值）体积流量，

$$Q = \frac{\pi a^4 G}{8\mu}, \tag{4.8.8}$$

可以将（4.8.7）写为

$$u(x,r) = U\left(1 - \frac{r^2}{a^2}\right), \quad U = \frac{2Q}{\pi a^2}。 \tag{4.8.9}$$

流线不是准确地单方向的,而是对轴线倾斜一个小的角度,其大小为 da/dx,譬如说 $=\alpha$ (x) 的量级,所以除去速度的轴向分量 u 外,还有一个量级为 αu 的径向分量 v。从 (4.8.8) 得到

$$p_1 - p_2 = \frac{8\mu Q}{\pi}\int_{x_1}^{x_2} a^{-4}dx,$$

所以,如果在两个末端位置 $x=x_1$,$x=x_2$ 上压力 p_1,p_2 是给定的,而且管道几何为已知,则 Q,从而 G (x),可以计算出来。

表达式 (4.8.9) 显然对于足够小的 α 之值是正确的近似,通过用 (4.8.9) 本身来计算被忽略的惯性力的大小的方法我们可以得到 (4.8.9) 成立的具体条件。从 (4.8.9) 得到,$\rho u \partial u/\partial x$ 和 $\rho v \partial u/\partial r$ 每一项的有代表性的数值大小为 $\alpha \rho U^2/a$。另一方面,对于运动方程中保留的粘性力 $\mu \nabla^2 u$ 我们有代表性的数值 $\mu U/a^2$,这表明如果

$$\alpha \frac{\rho a U}{\mu} \ll 1, \tag{4.8.10}$$

则解 (4.8.9) 与忽略惯性力是一致的。类似的关系式对于两个倾斜平面间的区域中的定常流动也适用,而在 §5.6 中将加以描述的这种情况下的控制方程的准确解直接表明,当条件 (4.8.10) 满足时,与 (4.8.7) 或 (4.8.9) 类似的近似解如何被重新推导出来。

得到 (4.8.7) 时所用的这种近似,即管道宽度和压力梯度在局部意义上为均匀的近似,在许多不同情况下是有用的。当流体局限在两个分隔开的边界间时,两个边界上相邻点的相对速度是可以随位置缓慢变化的第三个参数,例如,在两个靠得很近的圆盘间的流动,其中之一在其自身平面内旋转的情况下(以及在下面讲的滑润层的情况下)就是这样。有一些情况,其中管道条件随时间缓慢变化,如当两个平面盘被压向一起而其间的流体被沿径向挤出时,也可以用同样的近似处理。在所有情况下,粘性力主要受由流动区域横向尺度决定的速度梯度支配,而惯性力则涉

及被相对大的长度（沿流线的参数有明显变化的距离）或被长时间决定的速度变化率。

润滑理论

人们都有这样的经验，当两个固体间有一薄层流体时，它们互相间可以容易地滑动，而且在一定条件下在流体层中产生高的正压力。例如，掉落到光滑地板上的一片纸在停下来前将能水平地滑过一段距离。表面间流体层中存在着这种高的压力这一事实，作为用流体-固体摩擦来代替互相接触的两个固体间的大得多的摩擦的一种手段，在工程实践中应用甚广；流体层一经形成，它就对自己被挤出来产生很大的阻力，而作为两个表面间的"润滑"薄膜而保留下来。在某些情况下，流体层可以用来支持有用的负载，这时被称为润滑支承。

现象的本质是，由于两固体边界间的流体层的厚度是这样小，结果流体层中的应变率和由粘性引起的应力非常大，于是通过选取流体层的外形可将这一大的应力用来产生大的压力。为了弄清楚这是怎样发生的，我们将考察一个具有平表面的固体定常地滑过另一固体的简单情况，滑块表面在运动方向有有限的长度 l，而宽度很大，因而运动可看作是二维的；这一情况首先由 Reynolds 于 1886 年分析过。经验表明，平表面要相互有些倾斜，而我们将看到果真如此，所以流体边界将假设为如图 4.8.1 中那样配置。坐标系将选择固定于上面的固体；下面的固体表面在其自身平面中以速度 U 运动，整个流场相对于该坐标系是定常的。

流体层的厚度 d 到处与 l 相比为小量，所以我们看一下有无这样的可能，即在层的厚度和压力梯度为一定值的任何截面处的速度分布，与厚度和压力梯度到处有这些同样值的均匀层中的速度分布近似相同。假如流体速度到处有与 U 相同的量级，而下面我们将看到果真如此，则导致 (4.8.10) 的论据在这里是可用的。因此，上面建议的近似为正确的条件为

$$\alpha \frac{\rho d U}{\mu} \ll 1.$$

这一要求在润滑的实际条件下通常是满足的。因而我们可以利用以上描述方法得到的均匀管道的解。

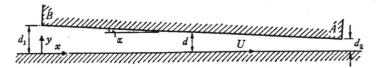

图 4.8.1 作相对运动的两平面间的润滑层

在流体层厚度为 d 而压力梯度为 $-G$ 的任何位置附近，根据（4.2.10）我们有

$$u = \frac{G}{2\mu}y(d-y) + U\left(\frac{d-y}{d}\right). \qquad (4.8.11)$$

流体层单位宽度的体积流量为

$$Q = \int_0^d u dy = \frac{Gd^3}{12\mu} + \frac{1}{2}Ud, \qquad (4.8.12)$$

而 Q 应不依赖于 x。这要求压力梯度要根据下式

$$\frac{dp}{dx} = -G = 6\mu\left(\frac{U}{d^2} - \frac{2Q}{d^3}\right) \qquad (4.8.13)$$

随 d 变化，其中 $d = d_1 - \alpha x$。积分（4.8.13）给出

$$p - p_0 = \frac{6\mu}{\alpha}\left\{U\left(\frac{1}{d} - \frac{1}{d_1}\right) - Q\left(\frac{1}{d^2} - \frac{1}{d_1^2}\right)\right\}, \quad (4.8.14)$$

其中 p_0 是 $x = 0$ 及 $d = d_1$ 处的压力。可以假设滑块完全浸于流体之中，只是在块的一侧有狭窄的流体通路，所以在两端点 A 和 B 处压力近似地相同。这一条件，即当 $d = d_2$ 时 $p = p_0$，使我们可以从（4.8.14）决定 Q：

$$Q = U\frac{d_1 d_2}{d_1 + d_2}, \qquad (4.8.15)$$

这时压力的表达式变为

$$p - p_0 = \frac{6\mu U}{\alpha}\frac{(d_1 - d)(d - d_2)}{d^2(d_1 + d_2)}. \qquad (4.8.16)$$

由 (4.8.11)和(4.8.16)表示的解有着(4.8.5)这样的一般形式，这对应于主要边界条件只通过 u 给出的事实。

现在，当已知滑动速度 U 和滑块的倾角时，可以计算出润滑层中的体积流量和压力分布。压力升 $p-p_0$ 在整个层中是同号的，且仅当 $d_2 < d_1$ 时为正，如在图 4.8.1 中可以预期的那样。于是，只有当润滑层是这样安排以使两表面的相对运动趋于（用粘性应力）把流体从层的较厚一端拖向较薄一端时，润滑层才将产生正的压力而能支持垂直作用于层的负荷。压力升在层中有一单个极大值，其值为 $\mu lU/d_2^2$ 的量级（假设 $(d_1-d_2)/d_1$ 为 1 的量级），表明在很薄的层中可以产生很高的压力。

流体层施加于两边界中随便哪一个的总法向力为

$$\int_0^l (p - p_0)dx = \frac{6\mu U}{\alpha^2}\left\{\log\frac{d_1}{d_2} - 2\left(\frac{d_1 - d_2}{d_1 + d_2}\right)\right\}。$$

(4.8.17)

流体对下平面施加的总切向力为

$$\int_0^l \mu\left(\frac{\partial u}{\partial y}\right)_{y=0} dx = \frac{2\mu U}{\alpha}\left\{3\left(\frac{d_1 - d_2}{d_1 + d_2}\right) - 2\log\frac{d_1}{d_2}\right\},$$

而对上边界的切向力为

$$-\int_0^l \mu\left(\frac{\partial u}{\partial y}\right)_{y=d} dx = \frac{2\mu U}{\alpha}\left\{3\left(\frac{d_1 - d_2}{d_1 + d_2}\right) - \log\frac{d_1}{d_2}\right\};$$

两个切向力不是大小相等方向相反，因为一个平面上的法向力有一（小的）平行于另一平面的分量。因此

$$\frac{\text{作用于滑块的切向力}}{\text{作用于滑块的法向力}} = \alpha \times \left(\frac{d_1}{d_2}\right) \text{的函数}, \qquad (4.8.18)$$

而，如果$(d_1-d_2)/d_1$ 是 1 的量级，这一"摩擦系数"的量级为d_1/l。多少有点令人惊异的是，力的两个分量的比不依赖于流体的粘性，而可以令 d_1 变小保持 d_2/d_1 不变使其变为无限小。

在以上分析中我们把 α 看作是一个给定量，虽然在滑块在给定负荷作用下可以自由运动的任何情况下它可能是个变量；给定负荷被润滑层中的压力所支持住时的滑块的姿态和位置应该是稳定平衡状态。对于这些实际的问题以及转动圆轴（或"轴颈"）和

半径稍微大一点的圆轴承间的润滑层这一重要情况的考察超出了本书的范围①。

Hele Shaw 盒子

Hele Shaw 盒子提供了流场中惯性可以忽略的一个有关的例子。这是两个靠得十分近的平行平板做成的一种装置,平板间的间隙部分地充满流体,部分地为母线垂直于平板的柱体形状的"障碍物"所占据。流体受到作用于两端间的定常压力差被强制从层的一端流向另一端。层的厚度 d 与障碍物的线性长度 L(在平板平面内量度的)相比是小量,所以我们再次考察一下这种可能性:即流动是否能到处与如果局部压力梯度延伸到无限远的流动近似相同。这一近似为正确时,局部速度和局部压力梯度之间的关系为

$$u \approx -\frac{1}{2\mu}\frac{\partial p}{\partial x}z(d-z),$$

$$v \approx -\frac{1}{2\mu}\frac{\partial p}{\partial y}z(d-z), \qquad (4.8.19)$$

其中坐标 z 与平板垂直。

在沿流线的距离上,流体的速度在量级为 L 的距离内有显著的改变,因而惯性力的量级为 $\rho(u^2+v^2)_{\max}/L$。因此,与粘性力(在 z 的任意有代表性的值处)相比惯性力为小量的条件为

$$\frac{d}{L}\left(\frac{\rho d^3|\nabla p|}{\mu^2}\right) \ll 1。 \qquad (4.8.20)$$

这一条件实质上与 (4.8.10) 的形式相同,只是在一种情况下决定粘性和惯性力的两个长度比为 α,而在另一情况下为 d/L,它不难由实验室设备加以满足。

Hele Shaw (1898) 指出,由 (4.8.19) 给出的在 z 的某一常值处 (或对于 z 求平均)的 u 和 v 之值定义了一个二维速度场,此

---

① 可参见 A. G. M. Michell 著 "Lubrication; Its Principle and Practice" (Blackie, 1950)。

场是无旋的，且满足（x，y）平面中刚性边界上法向分量为零的条件，虽然并不是这样边界上的无滑移条件。因此，Hele Shaw 盒子中绕过障碍物的定常流动的流线，在形状上与涡量为零的无粘流体绕过同样形状的障碍物的假想二维流动的流线相同。在进口端处一些点上放入有颜色的物质（源在平板法向的位置的选择不重要），Hele Shaw 盒子可以用来作为使这一假想流动流线形状可视化的表演[①]。

类似的关系式可以用于敞开的水平盘子里的很浅的一层液体（可能深度仅为几毫米）的流动，液面的水平在一端因液体从那里流入而保持高一些；这一装置可能对于表演的目的是更方便的。

通过多孔介质的渗透

当地下水在压力梯度强迫下通过土壤时，水的每一质元在流经土壤颗粒间的不规则排列的间隙时都走出一条迂回曲折的路程。如果 d 为间隙尺度的代表长度，而 U 为间隙中流体的有代表性的速度，则可预期，在定常运动中惯性力将为 $\rho U^2/d$ 的量级，而粘性力将为 $\mu U/d^2$ 的量级。当

$$\rho dU/\mu \ll 1$$

时，前者与后者相比为小量，控制方程简化为(4.8.1)和(4.8.2)。这一条件在大多数土壤水运动的情况和流体通过多孔固体渗透的许多其它情况下是得到满足的，而惯性力可以忽略的流动的相应定律有着很大的实际重要性。

由于流体所占据的间隙形状的细节的知识是得不到的，而且因其复杂性总之是没有什么用处的，因而习惯上引入实际上是对许多间隙求出的平均因变量。在通过多孔介质的定常流动中，我们可以定义速度$\bar{\mathbf{u}}$令其分量分别等于具有通过三个正交平面的每单位面积流体体积流量，而每一平面的线尺度与 d 相比均为大

[①] 小粘性的流体是否真会像（4.8.19）所要求的那样那怕近似地做无旋运动并具有单值和连续的速度势，这很苛刻地依赖于障碍物的形状，我们将在下章中见到。

量；而如要使这一速度仍能作为整个流场的"局部量"，我们应当还要选择这些表面的线性尺度与外边界的线性尺度相比为小量。用类似的方法我们定义"局部的"压力$\bar{p}$，它是对于大到足以装入许多间隙的流体体积求出的p的平均值，而体积的线性尺度与整个流场比还应是小量。

控制间隙内外的实际流动的方程是线性的，可以预期，流体通过大到足以包含许多间隙的一块多孔介质的流量正比于所作用的经过它的压力梯度，并反比于μ，就像如果介质是由许多小直径管道所组成一样。在其中的流动为 Poiseuille 类型。如果多孔介质具有统计上讲是各向同性的结构，因而在不同方向上作用的压力梯度产生相同的流量，则我们可以写出

$$\nabla \bar{p} = -\mu \bar{\mathbf{u}}/k, \qquad (4.8.21)$$

其中k为一称作**渗透性**（permeability）的常数，它依赖于间隙的大小和形状（对于给定形状，正比于间隙的线性尺度的平方）。关系式 (4.8.21) 称为 Darcy 定律（Darcy 1856），对于类型广泛的多孔介质的土壤力学有着很久的应用历史。这一定律的确证，部分地以上面的理论性推理为依据，部分地以与均匀介质如砂中作用的压力梯度产生的流动的测量验证为依据。

关系式 (4.8.21) 意味着，当多孔介质统计上讲为均匀而k不依赖于位置时，$\bar{\mathbf{u}}$是无旋的，速度势ϕ正比于压力，就像在 Hele Shaw 盒子的情况中一样。用以上方法求平均的质量守恒方程导致$\nabla \cdot \bar{\mathbf{u}} = 0$，所以

$$\nabla^2 \phi = 0 \, 。 \qquad (4.8.22)$$

这一方程要在不可渗透表面上ϕ的法向导数为零的条件和流体的自由表面上ϕ（或$\bar{p}$）为一给定常值的条件下求解。（在水通过土壤渗透的情况下，在土壤内部可能存在空气-水边界形成的水的自由表面，或"水台"。）用这种方法，解决了许多与堤坝渗漏、井附近水台的水平面的变化、由压力的潮汐变化引起的海岸附近地下水的运动等有关的实际问题。

角中的二维流动

假设一个刚性平面与另一平面成一常值的倾角 θ_0 而定常地滑过它,如图 4.8.2 中是对于 $\theta_0 = \frac{1}{2}\pi$ 的情况绘出的。两平面间的区域中的流体被带动,就像在有活塞在运动着的汽缸里一样,或用来刮掉桌子上的液体的刀刃附近会发生的情况一样。在交点 O 附近,速度梯度变得十分大,因为速度在两个固体边界上有不同的值,并且认为粘性力占主导是一合理的假设。O 附近的速度分布将基于这一假设被确定,然后再对这个假设加以检验。

将坐标原点选择在 O(并随它运动)可使问题变为一个定常运动。在惯性力可忽略的二维情况下,引入流函数 ψ(§2.2)使质量守恒方程恒等满足而涡量的非零分量变为 $-\nabla^2\psi$ 是方便的。(4.8.3)方程中的第一个这时是

$$\nabla^2(\nabla^2\psi) = 0, \tag{4.8.23}$$

而通过极坐标 (r, θ) 表示的边界条件为

$$\theta = 0 \; 处, \quad \frac{\partial\psi}{\partial r} = 0, \quad \frac{1}{r}\frac{\partial\psi}{\partial\theta} = -U,$$

$$\theta = \theta_0 \; 处, \quad \frac{\partial\psi}{\partial r} = 0, \quad \frac{1}{r}\frac{\partial\psi}{\partial\theta} = 0_\circ$$

这些边界条件的形式是这样的,使 ψ 可以到处正比于 r,值得探讨一下,是否微分方程允许这种可能性实现。因而我们写出

$$\psi(r,\theta) = rf(\theta), \tag{4.8.24}$$

并代入 (4.8.23) 而得到

$$\nabla^2\left\{\frac{1}{r}(f + f'')\right\} = \frac{1}{r^3}(f + 2f'' + f^{iv}) = 0_\circ$$

f 这一微分方程的解为

$$f(\theta) = A\sin\theta + B\cos\theta + C\theta\sin\theta + D\theta\cos\theta, \tag{4.8.25}$$

我们需要选择 A,B,C,D 之值,以使

$$f(0) = 0, f'(0) = -U, f(\theta_0) = O, f(\theta_0) = O_{0\circ}$$

所要求的值为

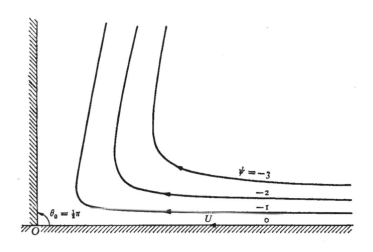

图 4.8.2　由一刚性平面滑过另一平面引起的角内的二维流动
（ψ 的单位任意）

$$A,B,C,D = (-\theta_0^2, 0, \theta_0 - \sin\theta_0\cos\theta_0, \sin^2\theta_0) \times \frac{U}{\theta_0^2 - \sin^2\theta_0}。$$

$$\text{(4.8.26)}$$

这样，我们得到了满足边界条件和忽略了惯性力的运动方程的解。根据此解计算出来的任意一点上的流体的加速度分量正比于 U^2/r，比例常数随 θ 变化，是 1 的量级。同样根据这一解计算出来的粘性力为 $\mu U/r^2$ 的量级，所以，如果 $\rho r U/\mu \ll 1$，关于惯性力可以忽略的假设就是自洽的，这就是说，在交点 O 的由下式定义的邻域内

$$r \ll \mu/\rho U,$$

所得的解是正确的。对于正常温度下的润滑油，且 $U = 10\text{cm/s}$ 时，这一条件为 $r \ll 0.4\text{cm}$。

对于（4.8.24）形式的任何流动，速度分量不依赖于 r，而且有相等 ψ 增值的诸流线在等距点处截断任何一条径线。运动是可逆的，因为控制方程和边界条件为线性和齐次的。在 $\theta_0 = \frac{1}{2}\pi$ 的特殊情况下，解变为

$$\psi = \frac{rU}{\frac{1}{4}\pi^2 - 1}\left(-\frac{1}{4}\pi^2\sin\theta + \frac{1}{2}\pi\theta\sin\theta + \theta\cos\theta\right),$$

$$(4.8.27)$$

而这一情况下（相对于 O 的运动的）流线在图 4.8.2 中绘出。

要注意，流体中应力的法向和切向分量都有如 r^{-1} 变化，因而流体施加于 $\theta = 0$ 和 $\theta = \theta_0$ 平面的总力是对数无穷大。在实践中，两个平面刚性边界不会有完全的几何接触，从而最大应力是有限的；我们从以上的解得知，平面边界上的总力依赖于十分接近它们交点处的两个边界的准确形状，而当其间的间隙减小时力要增加。

方程 (4.8.23) 的形如 $\psi = r^2 f(\theta)$ 的一个类似的解可以用来描述两个直线刚性边界绕它们的交点作相对转动时在交点附近的二维流动。还有另一个形如 $\psi = r^3 f(\theta)$ 的解，可以用来描述直线刚性边界上切向应力为零的点附近的流动；而由于这后一流动与 §5.10 的讨论有些关系，所以这里将简短地描述一下这个解。

在零摩擦力点 O 处，壁面的速度梯度 $\partial u/\partial y$（y 轴为边界的法线方向）改变符号，那里应有一条流线 OP 存在，它把从右和从左走向 O 点的流动分隔开来，如图 4.8.3 中所绘出的那样。如果这一分离流线对边界倾斜角度取为 θ_0，则容易发现，在壁面满足无滑移条件并在 $\theta = \theta_0$ 处满足 $\psi = 0$ 的 (4.8.23) 的解为

$$\psi(r,\theta) = Ar^3\sin^2\theta\sin(\theta_0 - \theta), \qquad (4.8.28)$$

其中 A 为任意常数。对应于这一解的流线在图中对于 $\theta_0 = \frac{1}{3}\pi$ 和 $A < O$ 的情况绘出。速度还可取为到处指向相反的方向。点 O 附近解 (4.8.28) 为自洽的区域由 $r^3 \ll \mu/\rho|A|$ 给出。这一解中的 A 和 θ_0 之值显然由解为正确的区域之外的情况所决定。但是，可以容易地推导出，不管 A 和 $\cos\theta_0$ 的符号为何，压力梯度（根据解 (4.8.28) 它是均匀的）的方向和 $\theta = \theta_0$ 处的速度方向指向同一象限。

唯一性定理和最小耗散定理

我们将证明，对于给定区域内惯性力可以忽略的流动，且流

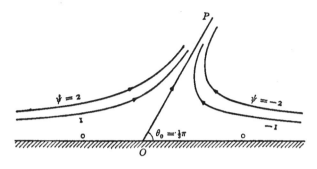

图 4.8.3 根据(4.8.28)所得的平面刚性边界上零

摩擦力点附近的二维流动，$\theta_0 = \frac{1}{3}\pi$ 而 $A < 0$

（ψ 的单位为任意）

动与区域的边界（当流体无限广延时还包括无穷远处的假设边界）处的给定速度向量的规定值相一致时，不可能有速度分布的多于一个的解。论据与§2.7中用来确定满足某些规定边界条件的无散无旋速度场的位势 ϕ 之解的唯一性所使用的论据在形式上十分相似。与此相关的一个有趣的结果是，惯性力可以忽略的流动，与同一区域中在区域边界上到处具有相同速度向量值的任何其它不可压流动比较，具有较小的总扩散率。（两结果都是首先由Helmholtz（1868a）给出的。）

首先让我们假设，u_i，p，e_{ij}和 u_i^*，p^*，e_{ij}^*是体积 V 的某一区域中的速度，压力和应变率张量的两组分布，两者都满足方程(4.8.1)和(4.8.2)；并进一步假设，在区域的边界（A）上所有点上 $u_i = u_i^*$。于是

$$\int (e_{ij}^* - e_{ij})(e_{ij}^* - e_{ij})dV$$

$$= \int \frac{\partial(u_i^* - u_i)}{\partial x_j}(e_{ij}^* - e_{ij})dV$$

$$= \int (u_i^* - u_i)(e_{ij}^* - e_{ij})n_j dA$$

$$-\frac{1}{2}(u_i^* - u_i)\nabla^2(u_i^* - u_i)dV$$

$$=-\frac{1}{2\mu}\int(u_i^* - u_i)\frac{\partial(p^* - p)}{\partial x_i}dV$$

$$=-\frac{1}{2\mu}\int(p^* - p)(u_i^* - u_i)n_i dA = 0,$$

表明，应变率 e_{ij}^* 和 e_{ij} 应到处为恒等。因此，速度差 $u_i^* - u_i$ 代表这样的流动，其中没有流体元被变形而应是一刚性平面和刚性转动的组合；这样一种速度差运动为边界条件所排除，所以到处有 $u_i^* = u_i$。

现在假设，u_i，p，e_{ij} 满足方程(4.8.1)和(4.8.2)，但是 u_i'，p'，e_{ij}' 对应于同一区域中的任何一种不可压缩流动（即 $\nabla \cdot \mathbf{u}' = 0$，但 (4.8.1)不满足）；如前，在区域边界的所有点上 $u_i = u_i'$。我们从类似于上面所用的分析中看到

$$\int(e_{ij}' - e_{ij})e_{ij}dV = 0。$$

于是，由 u_i' 表示的流动中粘性作用在整个区域中的机械能总耗散率为

$$2\mu\int e_{ij}'e_{ij}'dV = 2\mu\int\{e_{ij}e_{ij} + (e_{ij}' - e_{ij})(e_{ij}' - e_{ij})\}dV,$$

这是由 u_i 表示的流动中的总耗散率和一个不为负的项之和，该项仅当 $e_{ij}' = e_{ij}$ 时为零。因此，给定区域中惯性力可以忽略的流动中的耗散率，与同一区域中在区域边界所有点上具有同样速度值的任何其它无散速度分布（包括满足完全运动方程的速度分布）的耗散率相比，是最小的。

习　题

1. 半径为 a 的圆盘，平行于一刚性平面并与之相距一小距离 h ($\ll a$)，它们之间的空间为流体占据。圆盘边缘处的压力是大气压力。证明，圆盘在与平面垂直的方向上的运动产生一个作用于圆盘的反向力，其值为

$$\frac{3\pi}{2}\frac{\mu a^4}{h^3}\frac{dh}{dt}, \quad 如果 \frac{\rho h}{\mu}\frac{dh}{dt} \ll 1。$$

从而证明，最初在距离 h_0 上作用于圆盘的常值力 F，将在时间 $\frac{3}{4}\pi\mu a^4/h_0^2 F$ 内把它从平面拉开。（当 h_0 为小时这时间很大的这一事实，是在像"苏格兰胶带"这样的胶粘剂中以及将精确研磨的表面挤在一起所利用的粘性附着力现象的基础。）

类似地，证明，阻止两个半径为 a 和 b 的几乎接触的球表面间最小距离 h 改变的力为

$$6\pi\frac{\mu}{h(a^{-1}+b^{-1})^2}\frac{dh}{dt}, \quad \text{如果} \frac{\rho h}{\mu}\frac{dh}{dt} \ll 1。$$

2. 两个刚性平面 $\theta=\mp\alpha$ 之间的区域内，流体处于由距角很远处的原动力引起的定常二维运动之中。研究流函数为 $r^\lambda f(\theta)$ 形式的角附近的运动，其中 $f(\theta)$ 是 θ 的偶函数，而 λ 是一待定的数。证明，只有当 $\alpha>73°$（近似地）时，对于 λ 存在实数解。对应于当 $\alpha<73°$ 时所得到的复数解，是当接近角时其尺度和强度不断下降的一系列旋涡（Moffatt 1964）。

4.9 小 Reynolds 数下运动物体引起的流动

当有代表性的线性尺度为 d 的物体以速度 U 通过原先本为未扰动的流体作定常平动运动时，d 和 U 是流场作为一个整体的代表性长度和速度。因此作用在流体上的惯性力很可能为 $\rho U^2/d$ 的量级，而粘性力为 $\mu U/d^2$ 的量级。这两个估值的比值为 $\rho dV/\mu = R$，所以当 $R\ll 1$ 时，惯性力可能可以忽略不计。我们打算在这个假设下研究流场，但带有这样的条件：如此得到的解应加以检验，看它是否与最初的假设前后一致。通常由于物体尺寸十分小，物体通过流体引起的 R 值很小的运动，在很多物理情况下（像沉积物在液体中的沉降，以及空气中雾滴的下降）是很重要的流动问题。有最大实际意义的量，是流体施加于物体的阻力，因为从这阻力出发可以计算出重力作用下自由降落的终端速度。物体的速度在这些实际问题中不总是定常的，但除非物体或周围流体被带动以远大于 U^2/d 的加速度运动（如像高频声波通过流体可能会发生的情况），关于惯性力和粘性力的相对大小的上述估值将继续有效。

需要求解的方程为(4.8.1)和(4.8.2)，我们将其重写为

$$\nabla\left(\frac{p-p_0}{\mu}\right) = \nabla^2\mathbf{u} = -\nabla\times\boldsymbol{\omega}, \qquad (4.9.1)$$

$$\nabla\cdot\mathbf{u} = 0, \qquad (4.9.2)$$

其中 p_0 是远离物体处的均匀压力。这些方程的推论为

$$\nabla^2 p = 0 \qquad 及 \quad \nabla^2\boldsymbol{\omega} = 0。$$

我们选择坐标系，相对于它流体在无穷远处为静止。以速度 $\mathbf{U}$ 运动的**刚体**的边界条件为

$$\left.\begin{array}{l} 在物体表面 \quad \mathbf{u} = \mathbf{U} \\ 当 \, |\mathbf{x}|\to\infty 时，\quad \mathbf{u}\to 0, 及 \, p-p_0\to 0。 \end{array}\right\} \qquad (4.9.3)$$

我们从上节末得到的一般结果认识到，不会有多于一个的 (4.9.1) 和 (4.9.2) 的解满足边界条件 (4.9.3)。

我们将以显式形式利用一下事实，即方程(4.9.1)和(4.9.2)以及边界条件(4.9.3)对于 $\mathbf{u}$，$(p-p_0)/\mu$，和 $\mathbf{U}$ 是线性和齐次的。$\mathbf{u}$ 和 $(p-p_0)/\mu$ 的表达式对于 $\mathbf{U}$ 因而必须是线性和齐次的。(对于 §2.9 中的无旋流动利用过相似的论据，见 (2.9.23))。

刚性球

球体的情况是重要的，而且是少数容易处理的情况之一。平移运动中的刚性球引起的流场首先为 Stokes (1851) 所研究。

我们选取坐标系原点在球心的瞬时位置，而球的半径为 a。$\mathbf{u}$ 和 $(p-p_0)/\mu$ 的分布应对于通过球心并平行于 $\mathbf{U}$ 的轴为对称，而 $\mathbf{u}$ 位于通过该轴的平面之内。(4.9.1)和(4.9.2)中的微分算子不依赖于坐标系的选择，所以 $(p-p_0)/\mu$ 和 $\mathbf{u}$ 依赖于向量 $\mathbf{x}$ 而不依赖于 $\mathbf{x}$ 的分量的任何其它组合。再加上参数 $\mathbf{U}$ 和 a，就给全了 ($p-p_0)/\mu$ 和 $\mathbf{u}$ 可以依赖的所有的量(虽然如果物体不是球形而是其它形状，规定物体方位的向量和一些标量形状参数就应包括进来)。

从而得到，$(p-p_0)/\mu$ 应该具有形式 $\mathbf{U}\cdot\mathbf{x}F$，其中 $a^2 F$ 是只依赖于 $\mathbf{x}\cdot\mathbf{x}/a^2$ ($=r^2/a^2$) 的一个无量纲函数。由于 ($p-p_0$) 满

足 Laplace 方程,并在无穷远为零,可以将它表示为 r 的负阶的立体球谐函数 (见 (2.9.19));而级数中与这样形式相容的仅有的项是 -2 阶的项 ("偶极子"项)。因此

$$\frac{p-p_0}{\mu} = \frac{C\mathbf{U}\cdot\mathbf{x}}{r^3},\qquad (4.9.4)$$

其中 C 是常数。

完全相同类型的论证也适用于简谐函数 $\boldsymbol{\omega}$,它是方位角方向的一个向量且应正比于 $\mathbf{U}\times\mathbf{x}/r^3$。比例常数从 (4.9.1) 得出应为 C,所以

$$\boldsymbol{\omega} = \frac{C\mathbf{U}\times\mathbf{x}}{r^3}。\qquad (4.9.5)$$

对应于这一涡量分布的速度,最方便是通过流函数 ψ 求出。利用球极坐标 (且 $\theta=0$ 在 $\mathbf{U}$ 方向),$\boldsymbol{\omega}$ 的方位角分量 (或 ϕ^-) 定义为

$$\frac{1}{r}\frac{\partial(ru_\theta)}{\partial r} - \frac{1}{r}\frac{\partial u_r}{\partial\theta},$$

在用表达式 (2.2.14) 置换 u_r, u_θ 后,我们从 (4.9.5) 求得

$$\frac{\partial^2\psi}{\partial r^2} + \frac{\sin\theta}{r^2}\frac{\partial}{\partial\theta}\left(\frac{1}{\sin\theta}\frac{\partial\psi}{\partial\theta}\right) = -\frac{C U\sin^2\theta}{r}。$$

ψ 的特解显然正比于 $\sin^2\theta$;而内边界条件也要求 ψ 在 $r=a$ 处以这种方式依赖于 θ。因此我们令

$$\psi = U\sin^2\theta f(r),\qquad (4.9.6)$$

可以看出,这等价于速度向量具有形式

$$\mathbf{u} = \mathbf{U}\left(\frac{1}{r}\frac{df}{dr}\right) + \mathbf{x}\frac{\mathbf{x}\cdot\mathbf{U}}{r^2}\left(\frac{2f}{r^2} - \frac{1}{r}\frac{df}{dr}\right)。\qquad (4.9.7)$$

未知函数 f 的方程为

$$\frac{d^2f}{dr^2} - \frac{2f}{r^2} = -\frac{C}{r},\qquad (4.9.8)$$

其通解为

$$f(r) - \frac{1}{2}Cr + Lr^{-1} + Mr^2。\qquad (4.9.9)$$

包含新常数 L 和 M 的项代表无旋运动。

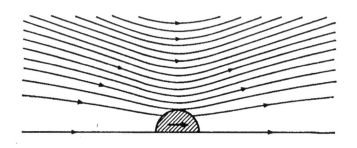

图 4.9.1　$R \ll 1$ 时运动圆球引起的流动在轴平面中的流线
（完全忽略惯性力）

　　而外边界条件要求 $r \to \infty$ 时，$f/r^2 \to 0$；而运动学条件在球表面上 $u_r = U\cos\theta$ 要求 $f(a) = \dfrac{1}{2}a^2$。因此

$$M = 0, \quad L = \frac{1}{2}a^3 - \frac{1}{2}Ca^2。 \qquad (4.9.10)$$

还有球表面上无滑移条件，即

$$r = a \text{ 时},\, u_\theta = -\frac{1}{r\sin\theta}\,\frac{\partial\psi}{\partial\theta} = -U\sin\theta,$$

这当

$$C = \frac{3}{2}a, \quad L = -\frac{1}{4}a^3 \qquad (4.9.11)$$

时得到满足。

　　因而，表示运动的流函数为

$$\psi = Ur^2\sin^2\theta\left(\frac{3}{4}\,\frac{a}{r} - \frac{1}{4}\,\frac{a^3}{r^3} \right)。 \qquad (4.9.12)$$

流线的示意图绘于图 4.9.1。流线对于一个与 **U** 垂直的平面为对称，这当然是由于 **u** 对 **U** 为线性所带来的结果；仅仅将 **U** 的方向

逆转导致 u 的符号到处改变。还要指出，由球引起的扰动延伸到距球相当远的地方，在大 r 值下速度如 r^{-1} 一样趋近于零。因此，外刚性边界的存在，例如母线平行于 U 的柱形外边界，可以明显地改变流体运动，甚至当它是在距离圆球几个直径之外时也是如此。类似地，两个相距许多个直径的运动圆球间的相互作用也是可以感觉到的。

解的这些特性是在运动方程中忽略惯性项的结果。涡量方程，即 $\nabla^2\omega=0$，表明，由 (4.9.12) 所表示的流动实际上主要是由涡量在所有方向上向无穷远作定常分子扩散所引起的；作为无滑移边界条件的结果，球是涡量的一个源。这里忽略了 $\partial\omega/\partial t$ 这一项，它在 ω 的完全方程中出现，并代表圆球位置着相对于坐标轴连续改变的效应，分子扩散把涡量向球的前方和向其后方传播得同样地远，就像球是静止的而仅只像一个涡量源一样作用。涡量分布表明，对于每一 ω 分量从偶极子性质的静止定常源的扩散，应预期它的下降有如 r^{-2} 一样（ω 的每一分量的相等的正的和负的量在球面上产生）。

我们还应该证实，在惯性力可以忽略的假设下所得到的解真的与此假设是前后一致的。根据解 (4.9.12)，粘性力 $\mu\nabla^2 u$ 的大小的估值为 $\mu Ua/r^3$。如果球速是准确定常的，而 u 在一固定点的变化率只是由于球相对于该点在改变位置，那么算符 $\partial/\partial t$ 与 $-U$ · ∇ 等价，而惯性力为

$$\rho(-U \cdot \nabla u + u \cdot \nabla u)。 \tag{4.9.13}$$

对于这两项中的第一项，利用 (4.9.12) 所得的量级估计为 $\rho U^2 a/r^2$，而第二项为 $\rho U^2 a^2/r^3$。这两项在球附近是相同的量级，但第一项在离球远的地方占主导地位。因而，被忽略的惯性力和保留的粘性力的量级的比值为

$$\frac{\rho U^2 a}{r^2} / \frac{\mu Ua}{r^3} = \frac{\rho aU}{\mu} \frac{r}{a} = \frac{1}{2}R\frac{r}{a}。 \tag{4.9.14}$$

在靠近球的位置上，当 $R\ll1$ 时，我们的解的确是自洽的，但是看来在与球距离为 a/R 量级的地方，对应于解的惯性力变得与粘性

力大小相仿。解 (4.9.12) 显然在距球这样大的距离上是不正确的，不过这本身可能是无关紧要的，因为在那里流体速度和惯性力以及粘性力都是很小的。事实上，在 §4.10 中我们将看到，有可能得到这样一个速度分布，当 $R \ll 1$ 时，在流体中各处它都是完全运动方程解的一个正确的近似，而当 r/a 为 1 的量级时，在一致的近似下它与上面的解重合。

为了求得流体施加于球上的力，我们现在来计算 $r=a$ 处的应力张量。在由 $\mathbf{x}=a\mathbf{n}$ 标记的位置上施加于球的单位面积的力的之分量为

$$n_j(\sigma_{ij})_{r=a} = n_j \left\{ -p\delta_{ij} + \mu \left(\frac{\partial u_i}{\partial x_j} + \frac{\partial u_i}{\partial x_i} \right) \right\}_{r=a},$$

而对于 (4.9.7) 形式的速度，经一些运算后可以求得上式变为

$$= \left\{ -pn_i + \mu n_i \mathbf{U} \cdot \mathbf{n} \left(-\frac{f''}{r} + \frac{6f'}{r^2} - \frac{10f}{r^3} \right) \right.$$
$$\left. + \mu U_i \left(\frac{f''}{r} - \frac{2f'}{r^2} + \frac{2f}{r^3} \right) \right\}_{r=a},$$

$$(4.9.15)$$

其中 f' 标记 df/dr。将 p 和 f 用 (4.9.4) 和 (4.9.9) 代入并利用 (4.9.10)，给出

$$n_j(\sigma_{ij})_{r=a} = n_j \left\{ -p_0 + \frac{3\mu \mathbf{U} \cdot \mathbf{n}}{a} \left(\frac{2C}{a} - 3 \right) \right\} + \frac{3\mu U_i}{a} \left(1 - \frac{C}{a} \right),$$

$$(4.9.16)$$

而，将 C 值用无滑移条件要求的值代入

$$= -p_0 n_i - \frac{3\mu U_i}{2a}。 \qquad (4.9.17)[①]$$

由运动产生的、作用在球的单位面积上的力具有相同的向量值，为 $-3\mu \mathbf{U}/2a$，这看起来是令人吃惊的结果，但对于不同形状的物体或对于非刚性表面的球并不是这样。(4.9.17) 的右端的第一项不

[①] 这一结果也可以很容易地从 §4.1 末习题 2 中给出的刚性边界上应力表达式得到。

过是与流体在无穷远处相同的均匀法向应力，对于作用于球的总力无贡献。而总力是平行于 $\mathbf{U}$ 的、大小为

$$D = 6\pi a\mu U \qquad (4.9.18)$$

的减速力或阻力。

表达式 (4.9.18) 通常称为运动球的阻力的 Stokes 定律。实践上通常把流体施加于运动物体的力表达为无量纲系数的形式，把力除以 $\frac{1}{2}\rho U^2$ 和物体向垂直于 $\mathbf{U}$ 的平面的投影面积。于是阻力系数为

$$C_D = \frac{D}{\frac{1}{2}\rho U^2 \pi a^2} = \frac{24}{R} \qquad \left(\text{其中 } R = \frac{2aU\rho}{\mu}\right). \quad (4.9.19)$$

现在，根据 Stokes 定律计算在重力作用下自由降落的球的终端速度就是一个简单的事了。在估计施加于球的浮力（§4.1）后，我们求得密度为 $\bar\rho$ 的球的终端速度 $\mathbf{V}$

$$6\pi a\mu\mathbf{V} = \frac{4}{3}\pi a^3(\bar\rho - \rho)\mathbf{g},$$

即

$$\mathbf{V} = \frac{2}{9}\frac{a^2\mathbf{g}}{\nu}\left(\frac{\bar\rho}{\rho} - 1\right), \qquad (4.9.20)$$

其中 $\nu = \mu/\rho$。以末速降落的球的相应 Reynolds 数值为

$$\frac{2aV\rho}{\mu} = \frac{4}{9}\frac{a^3 g}{\nu^2}\left(\frac{\bar\rho}{\rho} - 1\right). \qquad (4.9.21)$$

对于通过 20℃ 的水降落的砂粒，有 $\bar\rho/\rho \approx 2$，$\nu = 0.010$ 厘米²/秒，使雷诺数为 $4.4\times10^6 a^3$，a 以厘米为单位；而对于通过空气降落的水滴（假设为刚性），我们有 $\bar\rho/\rho \approx 780$，$\nu = 0.15$ 厘米²/秒，使雷诺数为 $1.5\times10^7 a^3$。在水中砂粒的情形下，当 $a \ll 0.006$ 厘米时，而在空气中水滴的情形下，当 $a \ll 0.004$ 厘米时，忽略惯性力所依据的假定条件即 $R \ll 1$ 得到满足。以上分析为适用的条件因而局限于十分小的球。但是，从已知大小的球的观察到的和计算出的终端速度的比较（见图 4.9.2）看来，当 $R < 1$ 时，阻力的 Stokes 定律对于大部分目的还算准确；而当 $R < 0.5$ 时没有可觉察的误差。因

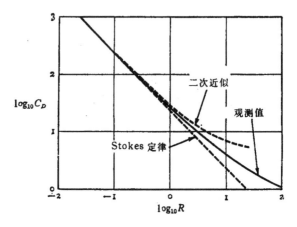

图 4.9.2　球阻的测量值（取自 Castleman，1925）与两个理论
估值——Stokes 定律 $C_D=24/R$，和二次近似 $C_D=24R^{-1}$
$\left(1+\dfrac{3}{16}R\right)$ 的比较，其中 $R=2a\rho U/\mu$

此，上面所用的理论要求"相比为小量"实际上通常可以用"比
……为小"来代替，至少就阻力而言是如此。

从图 4.9.2 要注意这样一点，即 Stokes 定律代表的曲线位于
测量的阻力值的下面，也位于其它理论估值（下节中将讲到）的
下面。这是从 §4.8 之末建立的一般结果所应预期的。忽略惯性力
而得到的速度场，和在流体边界上到处具有相同速度向量值的任
何其它无散速度分布比起来，应伴随有较小的总耗散率，因而伴
随有以给定速度 U 运动的球对流体的力的较小的作功率。

不同流体的球形滴

在许多有实际意义的情况下，在小雷诺数下作平移运动的球
本身由流体构成，在该流体中可能产生差速运动，而看一看这一
内部环流是否会显著影响阻力是我们所希望的（Hadamard
1911）。我们将假设，两种流体是不能混合的，且交界处的表面张

力足够强使得"液滴"不受粘性力任何变形的影响而近似地保持为球形。为使这成立的条件是，γ/a（其中 γ 为表面张力系数）与由运动引起的法向应力相比应为大量，后者量级为 $\mu U/a$，这就是说，应有

$$\nu \gg \mu U; \qquad (4.9.22)$$

我们将在本节之末再次援引这一要求。还将假设，液滴中的运动的 Reynolds 数与 1 相比为小量，就像液滴外的运动一样。

用来在刚性球情况下决定速度和压力分布的论据可以加以修正而不遇到什么困难。球内和球外的运动都是轴对称的，且满足方程（4.9.1）和（4.9.2）（虽然粘性之值不同）。$\mathbf{u}$ 和 $p - p_0$ 在无穷远处应为零，如以前那样，而 $\overline{\mathbf{u}}$ 和 $\overline{p} - \overline{p_0}$（其中上面一横表示有关内部流体及其运动的量）则在球内到处为有限。交界处的共同运动学条件为

$$r = a \text{ 处}, \quad \mathbf{n} \cdot \mathbf{u} = \mathbf{n} \cdot \overline{\mathbf{u}} = \mathbf{n} \cdot \mathbf{U}。 \qquad (4.9.23)$$

代替刚性球表面上的无滑移条件的，是某些动力学匹配条件。在交界面处不可能产生两种流体的相对运动，外部流体在交界面处施加的切向应力应与内部流体所施加的大小相等方向相反[①]。考察交界面处的法向应力不能得到什么信息，因为我们假设了在那里不能为 $\overline{p_0}$ 的适当选择所消除的法向应力的任何间断，均会被作用在稍有变形的交界面上的表面张力平衡。因此

$$\text{在 } r = a \text{ 处}, \quad \mathbf{x} \times \mathbf{u} = \mathbf{x} \times \overline{\mathbf{u}}, \qquad (4.9.24)$$

$$\text{在 } r = a \text{ 处}, \varepsilon_{mki} n_k n_j (\sigma_{ij} - \overline{\sigma_{ij}}) = 0。 \qquad (4.9.25)$$

方程和边界条件对于 $\mathbf{u}$, $p - p_0$, $\overline{\mathbf{u}}$, $\overline{p} - \overline{p_0}$ 和 $\mathbf{U}$ 为线性和齐次，所以关系式（4.9.4）至（4.9.10）仍然成立，而补充有内部运动的类似的关系式。$\overline{p}$ 像 p 一样满足 Laplace 方程，而与（4.9.4）类似的适当的解为

$$(\overline{p} - \overline{p_0})/\overline{\mu} = \overline{C} \mathbf{U} \cdot \mathbf{x},$$

---

① 我们在这里作的假设是，交界面仅有的力学性质是均匀表面张力；实际上污染物分子可能在交界面集中而引起其它特性（§1.9）。

其中$\overline{C}$为常数。球内部的流函数和速度的形式为(4.9.6)和(4.9.7)，但内部涡量为

$$\overline{\boldsymbol{\omega}} = -\frac{1}{2}\overline{C}\mathbf{U}\times\mathbf{x},$$

所以，与（4.9.8）类似的$\overline{f}$的微分方程的右端为$\frac{1}{2}\overline{C}r^2$。因此

$$\overline{f}(r) = \frac{1}{20}\overline{C}r^4 + \overline{L}r^{-1} + \overline{M}r^2。 \qquad (4.9.26)$$

在$r=0$处避免有奇异性出现的必要性和$r=a$处的运动学条件要求

$$\overline{L}=0,\quad \overline{M}=\frac{1}{2}-\frac{1}{20}\overline{C}a^2。$$

球内部的速度因此为

$$\overline{\boldsymbol{u}} = \mathbf{U} - \frac{1}{10}\overline{C}\{\mathbf{U}(a^2-2r^2)+\mathbf{x}\mathbf{U}\cdot\mathbf{x}\}。 \qquad (4.9.27)$$

剩下来的事就是从动力学匹配条件决定C和$\overline{C}$。从（4.9.24）我们有

$$C - \frac{1}{2}a = \frac{1}{10}\overline{C}a^3 + a。$$

经交界面的应力的一般表达式（4.9.15）中，只有包含U_i的那一项对于切向分量有贡献，从而这一切向分量的匹配要求给出

$$\frac{3\mu}{a^2}(a-C) = \frac{3}{10}\overline{\mu}a\overline{C}。$$

因此

$$C = \frac{1}{2}a\frac{2\mu+3\overline{\mu}}{\mu+\overline{\mu}},\quad \overline{C}=-\frac{5}{a^2}\frac{\mu}{\mu+\overline{\mu}}。 \qquad (4.9.28)$$

外部流体施加于交界面的合力通过对交界面A求单位面积上的力（4.9.16）的积分而得到：

$$\int n_j(\sigma_{ij})_{r=a}dA = -4\pi\mu U_i C$$

$$= -4\pi a\mu U_i\frac{\mu+\frac{3}{2}\overline{\mu}}{\mu+\overline{\mu}}。 \qquad (4.9.29)$$

于是在重力作用下作自由运动的、密度为 $\bar{\rho}$、粘性为 $\bar{\mu}$ 的流体球的末速 $\mathbf{V}$ 为

$$\mathbf{V} = \frac{1}{3} \cdot \frac{a^2 \mathbf{g}}{\nu} \left(\frac{\bar{\rho}}{\rho} - 1 \right) \frac{\mu + \bar{\mu}}{\mu + \frac{3}{2} \bar{\mu}}。 \qquad (4.9.30)$$

令 $\bar{\mu}/\mu \to \infty$，可以重新得到刚球的情况。在液体中运动的球形气泡的情况对应于（近似地）另一极限，$\bar{\mu}/\mu = 0$，以及 $\bar{\rho}/\rho = 0$。因而在重力作用下定常上升的球形气泡的速度由 $\frac{1}{3} a^2 g / \nu$ 给出。但是，对于十分小的气泡的末速的观测却表示出阻力常常更近于 $6\pi a\mu V$ 之值，而不是所预期的 $4\pi a\mu V$ 之值。人们相信这是因为在液体中存在的任何表面活性杂质在泡的表面积聚，在尾部有较高浓度从而形成表面张力梯度，而后者能抵抗表面的运动[1]。

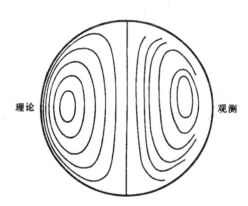

图 4.9.3　在蓖麻油中降落的球形甘油滴中，流线的理论形状和观测形状的比较（取自 Spells 1952）

对在重力作用下通过另一种液体下落的液体球内部流动的一般形状作了观测，尽管测量速度分布是很困难的。图 4.9.3 给出一个球形液滴内部相对于与液滴一起运动的坐标系观察到的流线

---

① 关于在液体中上升的小气泡表面的吸附物质的影响的一般讨论可以在 V. G. Levich 著 "Physico-chemical Hydrodynamics" (Prentice-Hall, 1962) 中找到。

的草图。对应于 (4.9.27) 的相对于这一坐标系的理论流线是这样的线，在其上

$$\psi \propto \frac{1}{2}Ur^2(a^2 - r^2)\sin^2\theta \qquad (4.9.31)$$

为常值，这些理论流线也在图上绘出；符合程度是令人满意的。

最后，关于在流体球表面上的应力的法向分量我们指出有趣的一点，迄今对它尚未加任何限制。让我们回忆本节方程中给出的压力是修正压力，而为了得到绝对压力（或与之仅差一常数的量）我们应该在修正压力上对于球外流场添加 $\rho \mathbf{g} \cdot \mathbf{x}$ 这样一项，而对于球内部的流场添加 $\bar{\rho}\mathbf{g} \cdot \mathbf{x}$ 这样一项。于是，当从内外两侧接近球表面时，绝对应力的法向分量值之间的差异可从一般表达式 (4.9.15) 得到为

$$n_i n_j (\sigma_{ij} - \bar{\sigma}_{ij})_{r=a} = \overline{p_0} - p_0 - \mathbf{n} \cdot \mathbf{g}a(\rho - \bar{\rho}) +$$

$$\mathbf{n} \cdot \mathbf{U}\left\{\frac{3\mu}{a^2}(C - 2a) + \frac{3}{5}a\,\bar{\mu}\overline{C}\right\}$$

$$= \overline{p_0} - p_0 - \mathbf{n} \cdot \mathbf{g}a(\rho - \bar{\rho})$$

$$- \mathbf{n} \cdot \mathbf{U}\frac{3\mu}{a}\frac{\mu + \frac{3}{2}\bar{\mu}}{\mu + \bar{\mu}}, \qquad (4.9.32)$$

表面张力的贡献未考虑在内。表达式 (4.9.32) 的引人注意的特点是，当圆球以内 (4.9.30) 给出的平移速度在重力作用下定常运动时，应力的法向分量只相差一常值 $\overline{p_0} - p_0$。因此，在交界面上应力没有使球变形的趋势，事实上没有必要假设表面张力是如此之强，而可使液滴或气泡保持为球状；表面张力仅仅通过关系式 $\overline{p_0} - p_0 = 2\gamma/a$（见 (1.9.2)）起作用，将 $\overline{p_0}$ 确定。假定两个流体的粘性和密度使流动 Reynolds 数如此小，以致惯性力可以忽略不计，则我们看到对于流体球的大小没有什么限制。在十分粘的液体像糖浆中上升的空气泡被观测到是球形的，甚至当它们的半径是如此之大，使得表面张力不可能占主导地位时也是如此。

任意形状的物体

虽然对于不是圆球形状[1] 的在小 Reynolds 数下运动的物体引起的流动给出流场细节是困难的,但可以得到一些一般结果。以下的描述仅只针对惯性力可以完全忽略的情况。

与本节开始时所用类似的论据表明,对于以速度 **U** 作平移运动的任意形状的物体,**u** 和 $(p-p_0)/\mu$ 对 **U** 都是线性和齐次的。此外,在不改变物体形状情形下改变其大小只不过改变整个流场的长度尺度,因而对于一给定形状的物体,**u**/U 和 $(p-p_0)d/\mu U$ 是 **x**/d 的(无量纲的)函数,其中 d 是物体的特征线性长度。

流体中的切向和盈余法向应力对 **U** 都是线性的,所以物体所施加的、由对整个表面积分

$$F_i = - \int \sigma_{ij} n_j dA \qquad (4.9.33)$$

给出的(向量)合力正比于 $\mu U d$。惯性力可以忽略的控制方程 (4.9.1) 等价于

$$\partial \sigma_{ij}/\partial x_j = 0,$$

而利用散度定理可以推出 (4.9.33) 中的积分对于流体中任何包围物体的表面,其中包括以原点为中心的大半径的球,都具有相同的数值。因此

$$F_i = - \int \lim_{r\to\infty} (r\sigma_{ij}\mathbf{x}_j) d\Omega(\mathbf{x}), \qquad (4.9.34)$$

其中 $\delta\Omega(\mathbf{x})$ 是 **x** 方向上的立体角元素。这一关系式表明,在对流体施加一有限力的运动物体引起的流动情况下,$(p-p_0)$ 和应变率张量在 $r\to\infty$ 时下降至少像 r^{-2} 一样快。

我们还知道,$p-p_0$ 是调和函数并可以表达为类似 (2.9.19) 那样的级数。这级数的第一个非零项显然对于 r 为 -2 阶,因此

---

① 刚性椭球情况的解在 H. Lamb 著 "Hydrodynamics" 第 6 版 (Cambridge University Press, 1932) 中给出。

$$\frac{p - p_0}{\mu} \sim \frac{P_{ij}U_j dx_i}{r^3} \qquad (4.9.35)$$

是 $r \to \infty$ 时的渐近形式，P_{ij} 是只依赖于物体形状的数值张量系数。涡量 ω 也满足 Laplace 方程，可以表示为类似的级数（考虑到它的轴向量特性）。$(p - p_0)/\mu$ 和 ω 的级数中的同阶项由控制方程 (4.9.1) 联系起来，可以看出，如果 $(p - p_0)/\mu$ 的级数的首项为 $\alpha \cdot \nabla r^{-1}$，则 ω 的首项为 $\omega \times \nabla r^{-1}$。从而我们有，当 $r \to \infty$ 时

$$\omega_i \sim \varepsilon_{ikl} \frac{P_{ij}U_j dx_k}{r^3}。 \qquad (4.9.36)$$

最后我们可以得到速度的渐近形式，它由 (4.9.36)（未考虑一个无旋贡献，当经物体表面的体积流量为零时这贡献不可能是比 r^{-3} 大的量）和 u 为无旋的要求所决定。我们求得，当 $r \to \infty$ 时，

$$u_k \sim \frac{1}{2} P_{ij} U_j \left(\frac{d}{r} \delta_{ik} + \frac{d}{r^3} x_i x_k \right)。 \qquad (4.9.37)$$

现在有可能通过计算一个大半径的球面上的应力来把系数 P_{ij} 和力 F 关联起来（见 (4.9.34)）。推导是容易的，并导致结果

$$F_i = 4\pi\mu P_{ij}U_j d， \qquad (4.9.38)$$

看来，当给定形状的物体以平移速度 U 运动时，一个数值张量 P_{ij} 就足以确定作用在流体上的总力和压力及速度的渐近表达式；而在由粘性为 $\bar{\mu}$ 的流体构成的半径为 $\frac{1}{2}d$ 的球形物体的情况下，我们从前面的计算知

$$P_{ij} = \frac{1}{2}\delta_{ij} \frac{\mu + \frac{3}{2}\bar{\mu}}{\mu + \bar{\mu}}。$$

在距物体大距离处的流动对于向量 $P_{ij}U_j$ 的方向有轴对称性。因而我们可以在这区域中用流函数来表示流动。利用球极坐标 (r, θ, ϕ)，其中 $\theta = 0$ 轴选为向量 $P_{ij}U_j$ 的方向，这也就是力 F 的方向，我们从 (4.9.37) 和 (4.9.38) 得到在此区域中

$$\psi = \frac{F}{8\pi\mu} r \sin^2\theta， \qquad (4.9.39)$$

其中 F 为 **F** 的数值。现在 (4.9.38) 表明，$F/\rho\nu^2$ 与 Ud/ν 有相同的量级，而后者已假定与 1 相比为小量。因此就不奇怪，我们现在应重新得到与 $\rho\nu^2$ 相比为小的、在原点作用于流体的力引起的流场 (4.6.18) 了。当任意形状的物体以小 Reynolds 数经流体运动时，远处的流场只依赖于施加于流体的合力，而不受物体的位置连续变化的影响。

这些一般结果对于小粒子（不管是固体的还是液体的）在重力作用下自由降落的情况下，具有对于应用很方便的形式。如果粒子的体积 τ 和密度 $\bar{\rho}$ 已知，远离粒子处的速度和压力分布通过令

$$\mathbf{F} = (\bar{\rho} - \rho)\tau\mathbf{g}$$

就马上从以上的公式中得出；粒子的形状的细节是无所谓的，而且粒子是否不断在翻转并改变它相对于重力方向的方位，或者它是否在沿着一条非铅直的路径前进，看来也都是不重要的。

(4.9.39) 表示的流场有时被称为是由于在原点处有一个 "Stokes 子"（Stokeslet）存在而引起的。

习　题

1. 证明 **U·F′＝U′·F**，其中 **F** 与 **F′** 为相应地以速度 **U** 和 **U′** 运动的物体所施加的力（两个情况下 Reynolds 数均为小量），从而证明 (4.9.38) 中的系数 P_{ij} 是对称张量。

2. 半径为 a 的刚性球以角速度 **Ω** 在流体中转动，流体在无穷远处为静止。证明，当 $\rho a^2 \Omega/\mu \ll 1$ 时，球施加于流体的力偶为 $8\pi\mu a^3\Omega$。

4.10　小 Reynolds 数下运动物体引起的流动的方程的 Oseen 改进

我们已经看到，在以速度 U 运动的、线性尺度为 d 的任意形状物体引起的运动中完全忽略惯性力时，在距物体的距离 r 为大值处流体的速度为 Ud/r 的量级。但是惯性力的表达式 (4.9.13) 的第一项包含一阶空间导数，而粘性力包含二阶导数，从而得到，

当 r 为 d/R ($R=\rho Ud/\mu$) 的量级时,从这一解得到的局部惯性力事实上与粘性力大小相仿,这在球的情况下在前面已经看到。

对于利用方程 (4.9.1) 来表示由于在无限广延的、且否则就不受扰动的流体中运动的物体引起的流动,Oseen (1910) 提出了上述批评,他还表明了,如何能把方程加以改善从而去掉这个自相矛盾之点。Oseen 的改善适用于物体以定常速度 $\mathbf{U}$ 运动,且相对于物体流动为定常的情况,在这种情况下,局部惯性力在 (4.9.13) 中给出,即

$$\rho(-\mathbf{U}\cdot\nabla\mathbf{u}+\mathbf{u}\cdot\nabla\mathbf{u}), \qquad (4.10.1)$$

其中 $\mathbf{u}$ 如前一样是相对于与无穷远处流体固连的坐标系的流体速度。既然这两项中的第一项在大 r 处变为起主导作用,而且是由于它才使得惯性力在足够大的 r 处与粘性力大小相当,所以 Oseen 建议,在对于惯性力的两种贡献中是它应在运动方程中被保留下来。第二项,因其相对 $\mathbf{u}$ 为非线性而带来较大的数学困难,在 $R\ll 1$ 假设的基础上仍然加以忽略;假定在 r 增加时 $|\mathbf{u}|$ 下降得至少像 r^{-1} 一样快,则不管 r 可能为多大,这第二项相对于粘性力总是小量。在物体附近,(4.10.1) 中的两项为相同的量级,两者与粘性力相比,只要 $R\ll 1$,均为小量,所以在这区域内,所建议的方程与 (4.9.1) 相比既不更加精确也不更加不准确。

因此小 Reynolds 数下运动物体引起的流动的 Oseen 方程为

$$\left.\begin{array}{c}\rho\dfrac{\partial\mathbf{u}}{\partial t}=-\rho\mathbf{U}\cdot\nabla\mathbf{u}=-\nabla p+\mu\nabla^2\mathbf{u},\\[2mm]\nabla\cdot\mathbf{u}=0,\end{array}\right\} \qquad (4.10.2)$$

对于刚性物体的边界条件为:

在物体表面,$\mathbf{u}=\mathbf{U}$,

当 $r\rightarrow\infty$ 时,$\mathbf{u}\rightarrow 0$,$p-p_0\rightarrow 0$。

虽然这些方程对于因变量 $\mathbf{u}$ 和 p 仍为线性的,但它们对于 $\mathbf{u}$,p 和 $\mathbf{U}$ 不再是线性的,比起 (4.9.1) 和 (4.9.2) 解起来要困难些。

刚性球

这组新方程对于运动着的球的情况封闭形式下的解尚为未

知，但与方程本身中所用的近似程度一致的近似解为 Lamb (1911) 所得到。通过流函数表达的、我们将直接援引在此的这一近似解为，在球心与原点重合的瞬间

$$\psi = Ua^2 \left[-\frac{1}{4}\frac{a}{r}\sin^2\theta + 3(1-\cos\theta) \right.$$

$$\left. \cdot \frac{1-\exp\left\{-\frac{1}{4}R(1+\cos\theta)\frac{r}{a}\right\}}{R} \right], \qquad (4.10.3)$$

其中如前一样 $R=2aU\rho/\mu$。容易看出，这一表达式准确地满足方程（4.10.2），而且它还在 $r\to\infty$ 时给出 $\mathbf{u}\to 0$。在球附近，r/a 为 1 的量级而 $Rr/a\ll 1$，此表达式变为

$$\psi = Ua^2\sin^2\theta\left\{ -\frac{1}{4}\frac{a}{r} + \frac{3}{4}\frac{r}{a} + O\left(R\frac{r}{a}\right) \right\}, (4.10.4)$$

因而以量级为 R 的相对误差与 Stokes 解（4.9.12）符合，特别是还满足内边界条件。而这相对误差恰恰与用（4.10.2）代表运动方程的近似程度一致，因此（4.10.3）是（4.10.2）的如所希望的那样准确的解。

图 4.10.1 绘出对应于解（4.10.3）中忽略方括号中第一项的流线，该项在 $R\ll 1$ 时仅在靠近球处方为重要。流场的较外部分中 Oseen 解和 Stokes 解之间的定性差别是很明显的。流线对于 $\theta = \frac{1}{2}\pi$ 平面不再为对称，这从控制方程在改变 $\mathbf{u}$ 和 $\mathbf{U}$ 的符号后不再继续被满足的事实应可预期得到。在离球较远处，流动趋于变为径向的，除了直接在球后面的"尾迹"中以外，流动就好像是由在球处的流体源发出的一样。从解析上讲，我们从（4.10.3）看到，当 $Rr/a\gg 1$ 时，根据 $1+\cos\theta$ 与 1 相比是否为小量，流动具有不同的形状。在 $1+\cos\theta$ 不为小量之处，流函数变为

$$\psi \sim Ua^2\frac{3}{R}(1-\cos\theta), \qquad (4.10.5)$$

它描述在原点处每秒钟发出 $12\pi a^2 U/R$ 个体积单位的源引起的向外径向流动。另一方面，在尾迹内，其中 $1+\cos\theta$ 与 $4a/rR$ 有相同

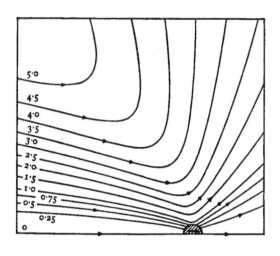

图 4.10.1　运动球体引起的流场的较外部分在轴平面内的流体，据 Oseen 方程。ψ 等于某一常数乘以流线上所示的数字

的量级（也就是说，$\pi-\theta$ 为小量且为 $(8a/rR)^{1/2}$ 的量级时），我们有

$$\psi \sim Ua^2 \frac{6}{R}\left[1 - \exp\left\{-\frac{R}{8}\frac{r}{a}(\pi-\theta)^2\right\}\right], \quad (4.10.6)$$

它描述一个朝向球的补偿流动，入流速度在轴 $\theta=\pi$ 上为 $3Ua/2r$。

离球很远处，涡量在源流动区域中为零而被局限在尾迹内，这尾迹可以认为以旋成抛物球面为界，在其上 $(\pi-\theta)^2 r/a$ 为 R^{-1} 的量级。在 Stokes 近似中，涡量从实际上为静止的球向所有方向向外扩散，而现在球的运动可加以考虑，这可以从由 (4.10.2) 得到的 ω 的方程看出：

$$\frac{\partial \omega}{\partial t} = -\mathbf{U} \cdot \nabla \omega = \nu \nabla^2 \omega_{\circ} \quad (4.10.7)$$

这一方程对于 ω 的每一分量，与静止导热介质中定常热源（在这情况下有偶极子性质）以定常速度 $\mathbf{U}$ 运动时温度所满足的方程有相同的形式。球面产生的涡当球运动时留在球的后面的尾迹内，当 R 增加时尾迹变窄。

我们现在可以用确证 Stokes 解不为自洽的方法来确证解（4.10.3）是自洽的，即我们来证明，当 $R \ll 1$ 时，用（4.10.3）计算出的被忽略掉的项 $\rho \mathbf{u} \cdot \nabla \mathbf{u}$ 与运动方程中任何保留下来的项相比都是小量。在 r/a 为 1 的量级的球附近的区域内，（4.10.3）简化为 Stokes 解（准确到 R 的量级），对于这个解已知 $\rho |\mathbf{u} \cdot \nabla \mathbf{u}|$ 与 $\mu |\nabla^2 \mathbf{u}|$ 相比为小量，这两项的比为 R 的量级。离球很远处，在 Rr/a 为 1 的量级的区域内，也就是（4.10.3）与 Stokes 解首先有显著差别的地方，由（4.10.3）给出的 $\mathbf{u}$ 的数值为 Ua/r 或 UR 的量级；因而忽略掉的项 $\rho |\mathbf{u} \cdot \nabla \mathbf{u}|$ 与保留下来的项 $\rho |\mathbf{U} \cdot \nabla \mathbf{u}|$ 之比为 R 的量级，仍然是小量。离球更远的地方，当 $r/a \gg R^{-1}$ 时，$|\mathbf{u}|$ 与 U 相比要更加小。

于是看来，Oseen 所建议的运动方程的近似形式具有这样的解，当 $R \ll 1$ 时其近似在整个流场内是自相一致的。靠近球此解与 Stokes 解有相同的形式，因而导致球所受的阻力的相同的表达式[①]，相对误差为 R 的量级，这正是用 Oseen 方程代替运动方程带来的误差。由于（4.10.3）是完全运动方程的解在整个流场中对于 $R \ll 1$ 为正确的近似，很自然地把（4.10.3）看作是这些方程的解的逐次逼近过程的出发点。这点已然做到（见 Kaplun 和 Lagerstrom 1957；Proudman 和 Pearson 1957），并求得球阻系数的二阶近似为

$$C_D = \frac{24}{R}\left(1 + \frac{3}{16}R\right)。 \qquad (4.10.8)$$

（这一准确到 R^0 阶的 C_D 的表达式也可以从 Oseen 方程推出，这初看起来是令人奇怪的；解释是这样的，Oseen 方程对于 $\mathbf{u}$ 的解和完全方程的解的二阶近似的差中的量级为 R 的项，对于前后对称物体的阻力没有贡献。）如图 4.9.2 中指出，(4.10.8)式与测量的

---

① 需要指出，阻力是用 ρU 乘以远下游处尾迹中的向内的体积流量。这一关系式从动量的一般性考虑得来（见 §5.12 关于尾迹的讨论），并在任何 Reynolds 数下对于任何物体均为正确，只要物体作定常运动并在其后留下涡量不为零的尾迹，其宽度增加得不如其长度快。

阻力相符的 Reynolds 数范围比 Stokes 定律与之相符的范围为大。

刚性圆柱体

对于在流体中定常运动的物体的一些其它情况，也研究了利用方程(4.9.1)和(4.9.2)所带来的困难和如何通过利用 Oseen 方程克服这些困难。这里我们将提一下以速度 **U** 垂直于轴运动的半径为 a 的圆柱的情况，因为这一情况表现出来在小 Reynolds 数下典型的二维流动与球的情况的显著差异。

方程(4.9.1)和(4.9.2)的解可以完全像对于运动圆球那样来寻求，即利用解对 **U** 的线性以及只依赖于 **x**，**U** 和 a。代替关系式(4.9.4)和(4.9.5)我们得到

$$\frac{p - p_0}{\mu} = \frac{C\mathbf{U} \cdot \mathbf{x}}{r^2}, \quad \boldsymbol{\omega} = \frac{C\mathbf{U} \times \mathbf{x}}{r^2}, \quad (4.10.9)$$

其中 C 是常数，而 (r, θ) 为二维向量 **x** 的极坐标。涡量同样可以通过流函数 ψ 表达。与 (4.9.6) 对应我们有

$$\psi = U\sin\theta f(r), \quad (4.10.10)$$

而函数 f 满足的方程为

$$\frac{d^2 f}{dr^2} + \frac{1}{r}\frac{df}{dr} - \frac{f}{r^2} = -\frac{C}{r}。$$

通解为

$$f(r) = -\frac{1}{2}Cr\log r + Lr + Mr^{-1}, \quad (4.10.11)$$

这时产生这样一个困难，即与涡分布相关联的特解给出在无穷远发散的速度。如果暂时我们不去理会对于 **u** 的外边界条件，我们发现内边界所要求的条件，即

在 $r = a$ 处，$f/r = 1$，$df/dr = 1$，

当

$$L = 1 + \frac{1}{4}C + \frac{1}{2}C\log a, \quad M = -\frac{1}{4}a^2 C$$

时，得到满足。于是速度分布为

$$\mathbf{u} = \mathbf{U} + C\mathbf{U}\left(-\frac{1}{2}\log\frac{r}{a} - \frac{1}{4} + \frac{1}{4}\frac{a^2}{r^2} \right)$$

$$+ C\mathbf{x}\frac{\mathbf{U}\cdot\mathbf{x}}{r^2}\left(\frac{1}{2} - \frac{1}{2}\frac{a^2}{r^2} \right). \tag{4.10.12}$$

从表达式(4.10.9)和(4.10.12)推导出来的圆柱表面上的法向和切向应力对圆柱施加一个力，发现这是一个在圆柱单位长度上大小为

$$D = 2\pi\mu UC \tag{4.10.13}$$

的阻力。

$(p - p_0)/\mu$ 和 $\mathbf{u}$ 的表达式(4.10.9)和(4.10.12)满足方程(4.9.1)和(4.9.2)，内边界条件，对 $\mathbf{U}$ 的线性条件和对 $\theta=0$ 的对称条件，但是 $\mathbf{u}$ 的表达式当 r 为大量时像 $\log r$ 一样发散，而没有一个对剩余任意常数 C 的选择会使当 $r \to \infty$ 时 $\mathbf{u} \to 0$。但是，解（4.10.12）不是无用的。根据（4.10.12），被忽略的惯性力的两个贡献（见（4.9.13））当 r 为大时具有如下的大小：

$$\left| \rho\frac{\partial\mathbf{u}}{\partial t} \right| \sim \frac{\rho U^2 C}{r}, \quad \left| \rho\mathbf{u}\cdot\nabla\mathbf{u} \right| \sim \frac{\rho U^2 C^2}{r}\log\frac{r}{a}.$$

$$\tag{4.10.14}$$

另一方面，保留下来的粘性力大小为

$$\left| \mu\nabla^2\mathbf{u} \right| \sim \frac{\mu UC}{r^2}.$$

对惯性力的两个贡献在离圆柱足够大的距离上都变得与粘性力相似，第一个贡献是在 r/a 为 R^{-1} 的量级时（其中 $R = 2a\rho U/\mu$），第二个贡献是在 $(Cr/a)\log(r/a)$ 为 R^{-1} 的量级时。解（4.10.12）因而无论如何在大的 r 值下不是流场的自洽的近似，因此它不能满足外边界条件这点可能不见得本身是个致命的欠缺。显然，在大 r 下，需要对于运动方程的某种另外的近似，而（4.10.12）应在 $r \to \infty$ 时与这一近似方程的解匹配。

详细的计算表明，运动方程的 Oseen 近似形式的确有一个解（Lamb，1911），此解在如下意义上在整个流场是自洽的：根据所得解计算出来的被忽略掉的项 $\rho\mathbf{u}\cdot\nabla\mathbf{u}$，当 $R \ll 1$ 时可以证明与方

程中保留下来的项相比到处为小量。在圆柱附近这一解给出的 u/U，准确到绝对误差为 R 的量级，趋近于（4.10.12）的形式，条件是（4.10.12）中的常数要选取为

$$C = \frac{2}{\log(7.4/R)} \text{。} \qquad (4.10.15)$$

注意，当 C 取这一值时，根据"内"解（4.10.12）计算出的 $\rho \mathbf{u} \cdot \nabla \mathbf{u}$ 的大小不变得与 $|\mu \nabla^2 \mathbf{u}|$ 相似，除非 r/a 大到 R^{-1} 的量级，而 r/a 的这一数值也就是对方程（4.9.1）的 Oseen 修正的必要的 r/a 之值，也是 Oseen 方程的解开始与（4.10.12）有差异时的 r/a 之值。

从 Oseen 方程得到的远离圆柱处流动的一般特性类似于球情况下的特性，特别是在圆柱的后面有一涡量为有限的抛物线形的尾迹。

由于圆柱附近 Oseen 方程的解近似地由（4.10.12）给出，因其精度与用 Oseen 方程代替运动方程所包含的精度有相同量级（即 $O(R)$），对于阻力的估值（4.10.13）仍然是适当的。将（4.10.5）代入，我们得到圆柱单位长度的阻力系数

$$C_D = \frac{D}{\frac{1}{2}\rho U^2 2a} = \frac{8\pi}{R\log(7.4/R)} \text{。} \qquad (4.10.16)$$

主要由于有限长度圆柱的不希望有的末端效应，使在小 Reynolds 数下测量圆柱阻力比测球阻要更加困难，但是关系式（4.10.16）给出 $R=0.5$ 附近的与观测相符的数值（见图 4.12.7）。

在最近的一些研究中，提出了得到绕圆柱流动和阻力系数的较高阶近似的方法[1]。

从这些研究中发现，（4.10.12）（与（4.10.15）一起）以量级为 $(\log R)^{-2}$ 的绝对精度代表圆柱附近的真正的（无量纲的）速度分

---

[1] 关于这一可以应用到流体力学某些其它问题的方法的一般描述，可参见 M. D. Van Dyke 著 "Perturbation Methods in Fluid Mechanics"（Academic Press, 1964）。

布。

4.11　小粒子稀薄悬浮液的粘性

一种物质以小粒子的形式，或为固体、液体，或为气体，随机地散布于另一种流体物质中而构成的混合体，在自然界和工业中是相当常见的现象。"悬浮液"这一名词通常是指液体中的小固体粒子这样的系统，但是这两种介质的本性从动力学观点看来没有什么特殊的重要性，我们在这里用将这个词也包括气体中的固体粒子构成的系统，一种液体的微滴散布于另一种液体中（乳浊液）或气体中所成的系统，以及液体中的气泡构成的系统。弄清楚这样的系统如何对作用力和运动的边界作出反应是有意义的。如果悬浮体运动的特征长度与粒子间的平均距离相比为大量，而以后我们将假设正是这种情况，则我们可以把悬浮体看成为均匀流体，其力学性质与粒子在其中悬浮的周围流体的性质不同。球形粒子的随机分布并不给介质带来什么方向性（拉长的棒状粒子由于有将自己相对局部速度分布摆成一定方向的倾向有可能带来方向性，但是悬浮粒子的 Brown 运动则趋于消灭任何方向上的偏爱），所以如果周围流体是 Newton 流体，则与近乎球形粒子的悬浮体等价的均匀流体也是 Newton 流体，并为剪切粘性（可能还有膨胀粘性）所表征。

在本节中我们的目的是计算包含悬浮粒子的不可压缩流体的实效粘性系数，这些悬浮粒子的线性尺度是如此之小，使得（a）重力和惯性对粒子运动的影响可以忽略不计，因而粒子与当地周围流体一起运动，（b）由一个粒子存在引起的扰动运动的 Reynolds 数与 1 相比为小量。为简单计，将假设粒子精确地为球形，在小半径的液体或气体粒子的情况下，表面张力趋于反抗运动的变形效应而将粒子保持为球形，所以关于形状的假设仅对固体粒子才是需要的。最后,悬浮液将假设为稀薄(dilute)[①],粒子间的平均距离与其线性尺度相比为大量。

在这些条件下,由于一个特定的粒子的存在引起的扰动流动所迭加于其上的周围流体的背景流动近似地由均匀平动、均匀旋转和均匀纯应变运动所构成。粒子随周围流体一起平移和旋转,因而只有背景纯应变运动引起扰动流动。看来不可避免的是,由一个粒子的存在引起的应变运动的改变要伴随以总耗散率的增加,而悬浮液的实效粘性系数(不管是剪切还是膨胀粘性)要比周围流体的**为高**;我们将发现真是这样。

首先我们假设粒子是不可压缩的,所以悬浮液同样是不可压缩的,需要决定的只是剪切粘性的实效值。由一单个不可压缩粒子引起的扰动流动的显式表达的知识是需要的,以决定悬浮液的实效粘性,因此我们首先考虑以下惯性力可忽略的流动问题。

置于纯应变运动中的球引起的流动

粘性为 μ 密度为 ρ 的流体占据半径为 a 的球外的空间,在距球的远处流体处于纯应变运动中,此运动为应变率张量 e_{ij} 所规定,其中 $e_{ii}=0$。流体中的速度和压力可以写为

$$u_i = u_i' + e_{ij}x_j, \quad p = p' + P, \qquad (4.11.1)$$

其中 P 是在没有球时由 e_{ij} 所代表的纯应变运动中的压力;u_i' 和 p' 代表由球存在引起的改变,且当 $r(=|\mathbf{x}|) \to \infty$ 时

$$u_i' \to 0, \quad p' \to 0。 \qquad (4.11.2)$$

我们选择球心在原点,所以由于对称性,球没有平移的趋向,且球的表面总由 $r=a$ 给出;因此

$$r = a \text{ 处}, \quad \mathbf{n} \cdot \mathbf{u} = 0。 \qquad (4.11.3)$$

在球表面上还有另外一些依赖于粒子的本性的条件。通过假设球包含着粘性为 $\bar{\mu}$ 的不可压缩流体,我们可以把我们打算分析的粒

---

① 读者应注意此处稀薄(dilute)的概念与稀薄(rarefied)气体概念的差异,后者要求气体的平均自由程与流动的特征长度相比不为小量。——译者注

子的各种类型都包括进去（如 §4.9 中一样，刚性球情况对应于 $\bar{\mu}/\mu \to \infty$）。速度经交界面应为连续，而如果我们如 §4.9 中一样假设交界面除均匀表面张力外不具其它力学性质，那么应力的切向分量也应为连续。于是

$$在 r = a 处，\quad \begin{matrix} u_i = u_i' + e_{ij}x_j = \bar{u}_i, \\ \varepsilon_{kli}n_ln_j(\sigma_{ij} - \bar{\sigma}_{ij}) = 0, \end{matrix} \right\} \quad (4.11.4)$$

其中上面一杠表示与球内运动有关的量，$\mathbf{n}$ 为交界面的法线。$\bar{p}$ 与 $\overline{n_i}$ 在 $r = 0$ 处还应为有限。

速度 $\mathbf{u}$ 和 $\bar{\mathbf{u}}$ 满足 Navier-Stokes 方程（粘性值不同），但是对于小的球形粒子，我们显然可以利用这一方程的近似形式，就像在由于平动的球引起流动的情况中一样（§4.9）。对于球外的流动，在将 (4.11.1) 代入以后，Navier-Stokes 方程变为

$$\rho \left\{ \frac{\partial u_i'}{\partial t} + (u_j' + e_{jk}x_k) \frac{\partial u_i'}{\partial x_j} + e_{ij}u_j' \right\} = -\frac{\partial p'}{\partial x_i} + \mu \nabla^2 u_i'。$$

$$(4.11.5)$$

现在，在为粒子所占据的区域内未扰动速度的变化为 $|e_{ij}|a$ 的大小，而且显然，在距粒子不远的区域内扰动速度 u' 也是这样大小。因此，当半径 a 满足条件

$$|e_{ij}|a^2\rho/\mu \ll 1 \quad (4.11.6)$$

时（且如果所加的应变率不是改变很快时），在粒子附近的流动由如下近似方程所控制

$$\nabla p' = \mu \nabla^2 \mathbf{u}'。 \quad (4.11.7)$$

在同样的条件下，球内部的速度 $\bar{\mathbf{u}}$ 和压力 $\bar{p}$ 也满足忽略惯性项的运动方程，即

$$\nabla \bar{p} = \bar{\mu} \nabla^2 \bar{\mathbf{u}}。 \quad (4.11.8)$$

最后，质量守恒给出两个方程

$$\nabla \cdot \mathbf{u}' = \nabla \cdot \mathbf{u} = 0, \quad \nabla \cdot \bar{\mathbf{u}} = 0。 \quad (4.11.9)$$

控制扰动运动的方程 (4.11.7)，(4.11.8) 和 (4.11.9) 及边界条件 (4.11.2)，(4.11.3) 和 (4.11.4) 对于 $\mathbf{u}'$，p'，$\bar{\mathbf{u}}$，p 和 e_{ij} 是线性和齐次的。在描述交界面时没有向量出现，于是用在 §4.9 曾用

过的论据可知，压力（为调和函数）和速度有如下形式：

$$
\left.
\begin{aligned}
p' &= C\mu e_{ij}x_i x_j / r^5, \quad \overline{p} - \overline{p_0} = \overline{C}\mu e_{ij}x_i x_j, \\
u_i' &= e_{ij}x_j M + e_{jk}x_i x_j x_k Q, \\
\overline{u_i} &= e_{ij}x_j \overline{M} + e_{jk}x_i x_j x_k \overline{Q},
\end{aligned}
\right\}
\tag{4.11.10}
$$

其中 $M,Q,\overline{M}$ 和 $\overline{Q}$ 仅为 r 的函数，而 $C,\overline{C}$ 和 $\overline{p_0}$ 为常数。容易得到满足控制方程和远离粒子处及 $r=0$ 处的条件的函数形式为

$$
\left.
\begin{aligned}
M &= \frac{D}{r^5}, \qquad\qquad Q = \frac{C}{2r^5} - \frac{5D}{2r^7}, \\
\overline{M} &= \overline{D} + \frac{5}{21}\overline{C}r^2, \qquad \overline{Q} = -\frac{2}{21}\overline{C},
\end{aligned}
\right\}
\tag{4.11.11}
$$

而如果当

$$
\frac{C}{(2\mu + 5\overline{\mu})a^3} = \frac{D}{\mu a^5} = -\frac{2\overline{C}a^2}{21\mu}
$$

$$
= \frac{2\overline{D}}{3\mu} = -\frac{1}{\mu + \overline{\mu}}
\tag{4.11.12}
$$

成立时，则交界面 $r=a$ 处的条件得到满足。我们顺便指出在距粒子远距离处

$$
u_i' = \frac{1}{2}Ce_{jk}\frac{x_i x_j x_k}{r^5} + O(r^{-4}),
\tag{4.11.13}
$$

表明扰动速度比由于作平移运动的球引起的流动的情况要小一个量级，这从此情况下球表面处 u′ 的条件的"偶极子"本性（见（4.11.3）及（4.11.1））也是可以预期的。

以上的解是在忽略运动方程（4.11.5）中代表惯性力的项以后而得到的，解的自洽性可以通过利用它来估计已忽略掉的项的量级而加以研究。用这种方法我们发现，忽略掉的惯性力与保留下来的粘性力之比为 $|e_{ij}|r^2\rho/\mu$ 的量级。这一比值当条件（4.11.6）满足时在球附近与 1 比为小量，但在流场的外区，当 r/a 为 $(|e_{ij}|a^2\rho/\mu)^{-\frac{1}{2}}$ 的量级时这一比值不是小量。所以（4.11.7）在外区不是完全运动方程（4.11.5）的正确近似，但我们在观察到完全运动方程中所有项在同一区域中均为小量（在用参数 a 和 $|e_{ij}|$ 无量纲化后）以后可以将疑虑消除。从方程

$$\rho \left(e_{jk}x_k \frac{\partial u_i'}{\partial x_j} + e_{ij}u_j' \right) = - \frac{\partial p'}{\partial x_i} + \mu \nabla^2 u_i'$$

可能会得到速度分布的（对于定常应变运动）改善了的、完全自洽的近似，此方程对 u′ 仍为线性，但我们姑且认为，这一改善了的近似在粒子附近将与以上的解没有显著差别。

不可压缩悬浮液中耗散率的增加

我们现在着手用以上结果来计算小的不可压缩球形粒子的悬浮液在作给定的整体运动时的实效剪切粘性。说明并决定实效粘性的正确方法不是明显的，应小心地加以描述。

将假设悬浮液的容积 V_1 以一挠性表面 A_1 为界，在其上速度规定为位置的线性函数；为了具有完全确定了的系统，我们取这一速度准确地为 x 的线性函数。边界上运动的旋转部分在分析中不出现，所以为了方便我们选择边界上的速度（的 i 分量）为 $e_{ij}x_j$，其中 e_{ij} 是对称张量，且 $e_{ii}=0$。悬浮液作与边界的运动可以相容的运动，而如果悬浮液是均质流体的话，在体积 V_1 内速度就会到处为 $e_{ij}x_j$；由于粒子的存在，周围流体的速度只是在平均的意义上有这样的值，而可以写为

$$e_{ij}x_j + u_i'。$$

类似地，如果悬浮液是具有相同平均密度的均质流体，则悬浮液中的压力将具有某一值，譬如说 P，而实际上周围流体中的压力对于位置有着较复杂的依赖关系，可将其表达为

$$P + p'。$$

如果粒子相距很远，每一个粒子都置身于由应变率张量 e_{ij} 表征的纯应变运动之中，靠近一个粒子，u_i' 和 p' 有（4.11.10）中以及其后各式中给出的形式；但是现在还不需立即代入。

在周围的粘性为 μ 的流体中任一点上的应力张量为

$$\sigma_{ij} = - P\delta_{ij} + 2\mu e_{ij} + \sigma_{ij}',$$

其中

$$\sigma'_{ij} = -p' \delta_{ij} + \mu \left(\frac{\partial u'_i}{\partial x_i} + \frac{\partial u'_i}{\partial x_j} \right). \qquad (4.11.14)$$

另一方面,如果悬浮液是具有相同密度的、粘性为 μ^* 的均质流体的话,应力张量将为

$$-P\delta_{ij} + 2\mu^* e_{ij}.$$

我们希望能这样选择粘性 μ^* 之值,使得它以物理上有意义的方式代表由于悬浮液中所有粒子存在引起的扰动流动的总效应。有一个恰当的量当用两种不同方法计算时会给出悬浮液的实效粘性系数之值,这一恰当的量就是 V_1 中的机械能的耗散率;这一耗散率是内摩擦的直接结果而且它具有我们所希望的将由体积 V_1 中所有粒子引起的扰动流动的效应都包括进去的性质。

而在距一个粒子距离为 r 处单位体积的附加耗散率在无界流体中渐近地如 r^{-3} 变化(见 (4.11.13)),因而对于流体体积的积分不是绝对收敛的。这使得在稀薄悬浮液中将体积 V_1 内的总的附加耗散率作为不同粒子的贡献(每个贡献有如粒子单独置于无界流体中而计算出)之和而计算出来受到阻碍。因此,我们应采用不同的方法。边界 A_1 上力作功的速率为

$$\int_{A_1} e_{ik} x_k \sigma_{ij} n_j dA, = e_{ik} \int_{A_1} (-P\delta_{ij} + 2\mu e_{ij} + \sigma'_{ij}) x_k n_j dA;$$

而如果悬浮液为同样密度和粘性为 μ^* 的均质流体的话,边界上作功速率将会是

$$e_{ik} \int_{A_1} (-P\delta_{ij} + 2\mu^* e_{ij}) x_k n_j dA.$$

包含 P 的项在两个表达式中是共同的,且是与线性速度场相关联的动能的任何增加的原因。两个表达式中的其余项代表 V_1 内的耗散率,而实效粘性系数 μ^* 将定义为具有这样的值,以使两个表达式相等。这就是说,在利用散度定理后,

$$2\mu^* e_{ij} e_{ij} V_1 = 2\mu e_{ij} e_{ij} V_1 + e_{ik} \int_{A_1} \sigma'_{ij} x_k n_j dA. \qquad (4.11.15)$$

(4.11.15) 的最后一项代表由于粒子存在引起的 V_1 中的附加耗散率,它可以变换为对于粒子表面的积分。我们有

$$e_{ik}\int_{A_1}\sigma'_{ij}x_kn_jdA = e_{ik}\int_{V_1-\sum V_0}\left(\frac{\partial\sigma'_{ij}}{\partial x_j}x_k + \sigma'_{ik}\right)dV$$

$$+ e_{ik}\sum\int_{A_0}\sigma'_{ij}x_kn_jdA,$$

其中 A_0 和 V_0 是一个粒子的表面和体积，$\mathbf{n}$ 为 A_0 的向外的法线，而 $\sum$ 表示对于 V_1 中所有粒子求和。每个粒子存在引起的扰动运动当条件（4.11.6）满足时由方程（4.11.7）所控制，而我们将假设（4.11.6）满足，所以 $\partial\sigma'_{ij}/\partial x_j = 0$。此外，因为在边界 A_1 上 $\mathbf{u}' = 0$，故

$$e_{ik}\int_{V_1-\sum V_0}\sigma'_{ik}dV = e_{ik}\int_{V_1-\sum V_0}2\mu\frac{\partial u'_i}{\partial x_k}dV,$$

$$= -e_{ik}\sum\int_{A_0}2\mu u'_in_kdA。$$

于是关系式（4.11.15）变为

$$2(\mu^* - \mu)e_{ij}e_{ij} = \frac{e_{ik}}{V_1}\sum\int_{A_0}(\sigma'_{ij}x_kn_j - 2\mu u'_in_k)dA,$$

$$(4.11.16)$$

其右端代表由粒子存在引起的单位体积的平均附加耗散率。各向同性悬浮液的实效粘性的这一表达式对于粒子在 V_1 中的任何间距都是正确的。

如果现在我们假设悬浮液包含球形粒子，其相互间距离与其直径相比为大量，则一个粒子附近的扰动流动近似地不依赖于其它粒子的存在，我们可以利用以前得到的结果来计算（4.11.16）中的积分。从(4.11.14)，(4.11.10)和(4.11.11)容易得到

$$\sigma'_{ij}x_jx_k - 2\mu u'_ix_k = \mu e_{ij}x_jx_k\left(\frac{C}{r^3} - \frac{10D}{r^5}\right)$$

$$+ \mu e_{jl}x_ix_jx_kx_l\left(-\frac{5C}{r^5} + \frac{25D}{r^7}\right)。 \quad (4.11.17)$$

表面 A_0 是半径为 a 的球，并利用众所周知的恒等式

$$\int n_jn_kd\Omega = \frac{4}{3}\pi\delta_{jk}, \int n_in_jn_kn_ld\Omega$$

$$= \frac{4}{15}\pi(\delta_{ij}\delta_{kl} + \delta_{ik}\delta_{jl} + \delta_{il}\delta_{jk}), \quad (4.11.18)$$

其中积分是对于球心处所张的完全立体角计算的，我们得到

$$\int_{A_0} (\sigma'_{ij}x_k n_j - 2\mu u'_i n_k)dA = -\frac{4}{3}\pi\mu C e_{ik}.$$

因此

$$\frac{\mu^*}{\mu} = 1 - \frac{2\pi}{3V_1}\sum C,$$

继而，从(4.11.12)，

$$= 1 + \frac{1}{V_2}\sum\left(\frac{\mu + \frac{5}{2}\bar{\mu}}{\mu + \bar{\mu}}\right)V_0. \quad (4.11.19)$$

(4.11.19)中的求和对于不同的粒子求和，这些粒子假设均为球形但未假设在其它方面为相似的。如果所有粒子均具有相同的内粘性

$$\frac{\mu^*}{\mu} = 1 + \alpha\left(\frac{\mu + \frac{5}{2}\bar{\mu}}{\mu + \bar{\mu}}\right), \quad (4.11.20)$$

其中 $\alpha = \sum V_0/V_1$ 为粒子的体积浓度。对于刚性粒子的悬浮液实效粘性比周围流体的粘性大一个 $\frac{5}{2}\alpha$ 的分数（首先为爱因斯坦(Einstein 1906, 1911)得到的结果），而对于气泡悬浮液相应的分数为 α。

公式(4.11.19)和(4.11.20)都受到 $\alpha \ll 1$ 条件的限制；当浓度与1相比不为小量时，相邻粒子的存在影响一个粒子引起的扰动流动，而表达式 (4.11.17) 这时需要加以修正。关系式 (4.11.20) 的正确性的实验验证看来还不是决定性的，但是人们相信，小刚球悬浮液的粘性对于 α 约小于 0.02 是由"爱因斯坦公式" $\mu\left(1 + \frac{2}{5}\alpha\right)$ 表示的[1]。

由于不受力的作用又不受力偶作用的刚性椭球置于纯应变运

---

① 有关较高浓度的悬浮液的粘性系数的知识在 J. Happel 和 H. Brenner 著 "Low Reynolds Number Hydrodynamics" (Prentice-Hall，1965) 一书的第 9 章中给出。

动中引起的流动被 Jeffery（1922）研究过，他的结果可以用来得到当粒子的所有方位是等概率时刚性椭球粒子的稀释悬浮液的与(4.11.20)对应的公式。发现一个椭球引起的贡献近似地正比于其长度的立方，所以以实效粘性系数表达式中的体积比分系数 α 在细长椭球悬浮体的情况下是非常大的。

含有气泡的液体的实效膨胀粘性系数

作为对于以上分析的有趣的补充，我们现在考察当粒子、而不是周围的流体是可压缩时，悬浮液对于给定整体运动的响应。

让我们假设，包含有大量的悬浮小气泡的液体体积 V，受到边界的纯应变运动的作用，纯应变运动如前一样为应变率张量 e_{ij} 所规定，但现在 $e_{ii}=\Delta\neq 0$。如果悬浮液是均质流体的话，膨胀率在 V 中将到处为 Δ，但实际上膨胀完全在气泡之中发生。在任何一个半径为 a 的（球形）气泡附近，由该气泡的膨胀引起的液体中的相对运动是径向速度为

$$u(r)=\frac{a^2}{r^2}\frac{da}{dt} \qquad (4.11.21)$$

的球对称膨胀。与这一运动相关联，液体中有粘性应力，特别是在气泡表面上有等于 $2\mu(\partial u/\partial a)_{r=a}$ 的法向应力，它反抗膨胀运动。作为结果，气泡中的压力与距气泡一定距离上液体中的压力相差一个大小依赖于膨胀率的量。因此在悬浮液边界上作用的机械压力与从悬浮液在其密度的瞬时给定值下的平衡状态方程所得到的压力不同，而不管其状态方程的形式如何。这正是悬浮液的膨胀粘性所描述的那种响应（§3.4）。

用令均质流体会具有的总耗散与围绕气泡的液体中由起作用的普通剪切粘性引起的总耗散相等的同样方法，可以得到膨胀粘性实效值的一个估值，本情况下计算要简单得多，因为液体中的耗散较强地集中于气泡附近，因而可以通过直接积分而得到。

在距一个气泡中心距离为 r 的一点上，液体的径向速度为 u (r)，一个主应变率为 du/dr，而另外两个相等的主应变率中的

每一个应为 $-\dfrac{1}{2}du/dr$。因此，液体的当地单位体积耗散率为

$$3\mu\left(\frac{du}{dr}\right)^2 = \frac{12\mu a^4 \dot{a}^2}{r^6},\qquad(4.11.22)$$

其中 $\dot{a}$ 代表 da/dt。一个气泡引起的液体中的总耗散率为

$$\int_a^\infty \frac{12\mu a^4 \dot{a}^2}{r^6}4\pi r^2 dr = 16\pi\mu a\dot{a}^2,$$

而含有许多球形气泡的悬浮液的体积 V 中的耗散率为 $16\pi\mu\Sigma a\dot{a}^2$。

另一方面，如果我们想象悬浮液是经受均匀膨胀率为 Δ 的对称膨胀的均质流体，将没有剪切粘性引起的耗散，且根据（3. 4. 9），由于膨胀粘性 κ^* 的存在引起的单位体积耗散率将为 $\kappa^*\Delta^2$。因而悬浮液的实效膨胀粘性系数由下式给出

$$\kappa^* = 16\pi\mu\frac{\sum a\dot{a}^2}{V\Delta^2}。\qquad(4.11.23)$$

但是，悬浮液的膨胀是由每个气泡的体积改变引起的，故

$$\Delta = \frac{1}{V}\sum\frac{d}{dt}\left(\frac{4}{3}\pi a^3\right) = \frac{4\pi}{V}\sum a^2\dot{a},\qquad(4.11.24)$$

求和仍是对体积 V 中的所有的气泡求和。因此我们有

$$\kappa^* = \frac{\mu}{\pi}\frac{V\sum a\dot{a}^2}{(\sum a^2\dot{a})^2}。\qquad(4.11.25)$$

在悬浮液中单位体积内有 n 个大小相等并具有相似结构（因而它们以同样速率膨胀）的气泡的简单情况下

$$\kappa^* = \frac{\mu}{\pi na^3} = \frac{4\mu}{3\alpha},\qquad(4.11.26)$$

其中 α 仍为粒子的（瞬时）体积浓度。如果将液体的可压缩性考虑进来，这一模型在 $\alpha\to0$ 时 $\kappa^*\to\infty$ 的不真实特性可以得到修正。

本节中的分析除给出了一定实际价值的结果外，还表明了介质的微观性质（此处指已知形状和构成的粒子的存在）和等价均质流体的宏观或总体性质之间存在着某种联系。如果能够想像一个会产生某种宏观性状的微观结构来，一种介质的观测到的宏观性质常常变得更加容易理解。而设想出微观模型是流变学这

门科学的通常的传统作法,尤其在考察非牛顿流体的性质的时候。

4.12　当 R 从 1 增加到 100 时由运动
物体引起的流动中的变化

我们已经看到（§4.7），当一个给定形状的刚体以速度 U 通过无限广延的流体作定常平移运动而流体不受其它扰动时,描述流场的无量纲量只依赖于 Reynolds 数 $R=\rho LU/\mu$（其中 L 代表物体线性尺度的长度）而不是分别地依赖于 ρ, L, U, μ。因而,只要物体的形状和它相对于运动方向的姿态一经确定, R 的值就表征了流场。流体力学的最重要的任务之一就是在 R 值的整个区域来决定简单形状的运动物体引起的流动的性质,尤其是对于对应于普通大小的、在空气和水——两者都是运动学粘性很小的流体中运动的物体的大 Reynolds 数区域。对十分小的 Reynolds 数下的流动的描述,对于球和圆柱（在§4.9 和§4.10）中已经给出,现在我们将简述一下当 R 增加时在这些流场中发生的变化。上述两节中的分析是基于这样的近似:当 $R\ll1$ 时,在整个流场中惯性力与粘性力相比是可以忽略不计的。考虑到可将 R 理解为这两种力的比值的量度,我们可以预期,当 $R\gg1$ 时将出现相反的情况,粘性力在某种意义上将可忽略不计。这一近似是下章讨论的对象。在这两种假设均不正确的中间区域,即在十分粗略地看来可由 $1<R<100$ 规定的区域,分析工作遇到巨大的困难,而我们关于流动的知识主要是靠观测、部分地是靠数值积分完全运动方程而得到的。

在与 1 相比为小量的 Reynolds 数下,流动中的占主导的过程是涡量离开物体的扩散。与物体直接接触的流体被拉着以与物体相同的速度运动,这导致在物体处产生涡量。§4.9 的 Stokes 近似就在于,物体运动的影响仅限于这种产生涡量的作用,涡量从实际上是静止的源向所有方向扩散。这导致在远离物体的流动中有前后对称性（如果物体表面有同样的对称性,则在物体附近也是如此）的这样一种流动。§4.10 中由 Oseen 改善了的近似则部分地考虑惯性力，这时涡量从定常运动的源扩散。涡量从源在量级为 l^2/ν 的时间内扩散一段距离 l（为了这一定性论据的目的，略去了经受分子扩散的标量和向量间的任何差别），而在这一段时间内物体向前运动了一段距离 $l(lU/\nu)$。对于扩散距离 l 为物体尺度 L 的量级、并对于 $LU/\nu \ll 1$ 的情况，扩散占主导地位，涡量分布在靠近物体的由物体形状所定的范围内有着近似的前后对称性。另一方面，对于扩散距离 $l \gg L$，物体的运动有这样的效应：它把涡量留在一个区域之中，此区域随着离开物体向下游的距离的增加而变得更加接近于抛物线形状（物体位于焦点上）。因此，对于 $R \ll 1$，当 Stokes 和 Oseen 近似是可用时，流动在有同样前后对称性的物体附近有前后对称性，但距离越远则越有明显的非对称性。

这种论据意味着，在 R 取较大的值时，非对称性变得更为显著并影响物体附近的流动（这种情况不是 Oseen 近似所能描述的）。观测证实了这点，并给出了流动所取的有趣的形状，尤其在涡量集中的物体后部。这里将首先对于运动圆柱的情况描述对应于不同 R 值的流场系列，因圆柱比起球来更容易对流场进行观测。在注意力集中在物体附近的这种情况下，如果将运动相对于物体加以描述，则更加容易认识到流动特性；这时流场可以称为"流经物体的流动"而不是"由物体引起的流动"。这时无穷远处的流体有均匀速度 U，同时在本节中将假设流动是从左到右的。

图 4.12.1（图版 1）展示出了不同 Reynolds 数 R（$=2aU/\nu$）下流过直径为 $2a$ 的圆柱的流体中，当照相底片曝光时，小固体粒子所留下的短的路径。流动相对于圆柱是定常的，所以这些粒子路径是流线的一部分，并且可能除了在流速低而粒子移动的路程短的区域中之外，有可能看到整个连结起来的流线的形状。在 $R=0.25$ 时，前后非对称性不是很容易辨别得出来的，但是当 $R=3.64$ 时，非对称性是十分明显的。当 $R=9.10$ 时，在圆柱的紧后方有一个缓慢地作环流运动的流体区域，且当 R 进一步增加时，看来这一区域变长而在其中一定的运动形态得到加强。从这些照

片中对于紧靠圆柱后面的流动细节不完全清楚，但完全运动方程的数值积分表明,那里的流线是封闭的并组成排列对称的两组,每组构成一个"驻涡",其环流的方向与流过圆柱的流线协调一致。

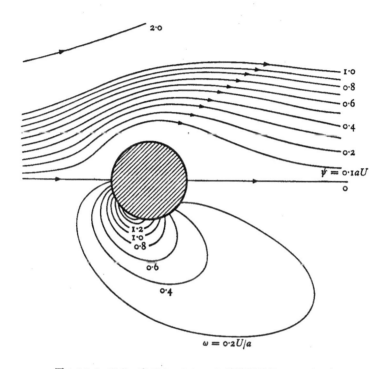

图 4.12.2　Keller 和 Takami (1966) 计算所得的 $R=4$ 时,流经圆柱的流动中的流线 (图的上半部) 和等涡量线 (下半部)

还对如下 Reynolds 数进行了流过圆柱的流动的数值计算:由 Thom (1933) 对于 $R=10$ 和 20,水口 (Kawaguti, 1953) 对于 $R=40$, Apelt (1961) 对于 $R=40$ 和 44, Keller 和 Takami (1966) 对于 $R=2,4,5$ 和 15 进行了计算。所有这些作者都利用对完全基本方程的有限差分近似,这些方程在二维情况下可以化为以流函数 ψ 为因变量的微分方程。当 R 增加时计算变得十分困

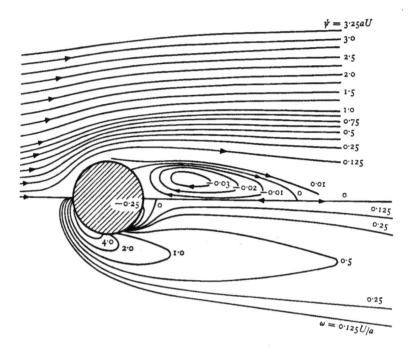

$\psi = 3 \cdot 25 aU$
3·0
2·5
2·0
1·5
1·0
0·75
0·5
0·25
0·125

$-0 \cdot 03$ 0·02 $-0 \cdot 01$ 0·01

$-0 \cdot 25$ 0 0·01 0 0

0·125

0·25

4·0 2·0 1·0

0·5

0·25

$\omega = 0 \cdot 125 U/a$

图 4.12.3   Apelt (1961) 计算所得的 $R = 40$ 时, 流经圆柱
的流动中的流线 (图的上半部) 和等涡量线 (下半部)

难, 但是这些计算出的流场形状与观测所得的相符得十分好, 这
点从比较图 4.12.2 和图 4.12.3 中绘出的 $R = 4$ 和 $R = 40$ 的计算
所得的流线和 $R = 3.64$ 与 $R = 39.0$ 时观测到的流线 (图 4.12.1,
图版 1) 可以看出。在图 4.12.4 中, $R = 40$ 时圆柱表面上计算所得
的压力分布与 $R = 36$ 和 $R = 45$ 时观测到的 (Thom, 1933) 分布相
比较。注意, 最小压力值发生在圆柱的侧面, 这当如果流体为无粘
时是可以从 Bernoulli 定理预期的 (因为从图 4.12.3 很显然, 那里
的速度为最大值), 而当 $R \ll 1$ 时, 压力最小值产生于后驻点 (见
(4.10.9))。图 4.12.2 和图 4.12.3 还给出了对于 $R = 4$ 和 $R = 40$
情况下, 计算出的涡量 ω 为常值的曲线。显然, 当 R 增加时, 对流

作用在把从物体扩散开来的涡量扫向下游上变得更为有效了。

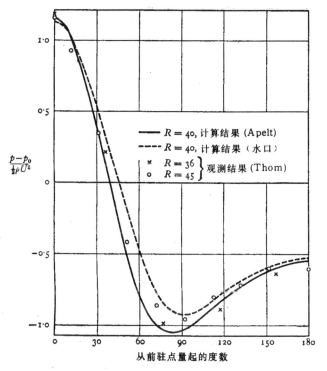

图 4.12.4　圆柱表面上的压力分布。P_0=无穷远处的压力

　　看来有这样一个确定的 R 值，在这一数值下在圆柱的后面出现封闭流线[①]。Taneda（1956a）从许多类似于图 4.12.1（图版

　　[①] 一般都相信，这一临界 Reynolds 数的值依赖于物体侧面的曲率。在长轴与流动垂直的椭圆柱体的情况下，发现当椭圆短轴长度减小时此临界值也下降，且当椭圆退化成为在流动中横放的一个平板时此临界值变为零。在这方面，Dean（1944）所作的一些计算是有趣的。Dean 表明，当在有流体的简单剪切运动流过的平面壁上添加一简单形状的（二维）固体突起时，当 Reynolds 数高于某一定值时在突起的背风面发生回流；而当把突起的顶部作得较尖锐时，此临界值下降，且在有尖角的顶部的极限下临界值变为零。

1) 的流线的照片上测量了驻涡的长度，他的结果（见图 4.12.5）表明，驻涡首先在 $R=6$ 附近出现。给出驻涡形成的简单解释不是那么容易，尽管在所有大于量级为 10 的某值（其大小依赖于物体形状）的 Reynolds 数下，不管流动是二维还是三维，在经过大多数物体的流动中它们都出现（例外只有横向尺度与流向尺度相比为小量的细长体）。粗略地讲，我们可以说，当 R 增加时，涡量的对流变得比涡量的扩散更为有效，有越来越多的涡量被带到了圆柱的后面，在靠近上面的表面处涡量为负（或顺时针旋转），而靠近下表面处涡量为正。终于，在圆柱后面的两种符号的涡量变得比在那里为满足无滑移条件所需的涡量为多，从而在表面附近诱导出了回流。回流遇到向前运动的流体并把它从圆柱后部推开，这反过来又加强了驻涡中的旋转运动。

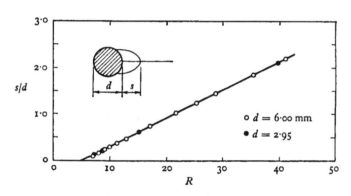

图 4.12.5　圆柱后面封闭流线区域的观测所得的长度

（取自 Taneda，1956a）

当 R 值为 30 到 40 之间时，定常流动显得对于小扰动是不稳定的了；如我们已指出过，这是一种 R 数足够大时会影响几乎所有定常流动的现象（这时粘性的耗散或阻尼作用变得相对微弱）。在本情况下，不稳定性首先在从柱体向下游的某一距离上影响尾流，使尾流产生慢的振荡，这振荡在时间上和流向距离上都近似地是正弦的，其振幅随向下游的距离增加。图 4.12.6（图版 2）中用圆柱上释放出的有色物质被带到下游的尾迹中所形成的色线清楚地显示出这样的振荡。当 R 超过不稳定性首先出现的临界值而增加时，尾流的振荡朝接近柱体的方向运动，且当 R 接近于 60 时，开始影响紧靠柱体后面的两个驻涡。两个驻涡一起作横向位置上的振荡，并且看来在每一半周期之末交替地在柱体的每一侧使一些旋转流体脱落下来。这一阶段尾流的行为是十分令人惊奇的，这可从后三张照片看出。靠近柱体流过的大部分流体看来自己团聚成为离散开来的团块，这些团块在通过圆柱轴的沿流向的直线两侧排列成规则的交错分布的两排，而其它的观测已毫无疑问地表明，尾流中的大部分涡量都集中在这些团块之中，每排中的所有团块有着相同符号的涡量。带有涡量的离散的流体元（不严格地称为涡）组成的这种规则的列阵（整个列阵称为"涡街"）以小于 U 的速度向下游运动，并且比图 4.12.6 所显示出的往下游持续得更远，只是两排之间的距离和相邻涡之间的距离缓慢地增加。在 R 值比 100 大许多时，紧靠柱体后面的两个旋涡不再可清楚地辨认出，虽然直到大得多的 Reynolds 数仍有涡街在尾流中继续形成。

R 增加时流动形状的这些变化还伴随有作用在圆柱上总阻力 D 的变化。图 4.12.7 给出了由 Tritton（1959）所做的表达为 R 的函数的范围很大的一组阻力测量，以及从 Oseen 方程得到的理论关系式(4.10.16)和现有的计算结果之值。从显示出法向压力（从在柱面上测量 p 的时间平均值得到的（Thom 1929）或计算得到的）和切向粘性或"表面摩擦"力（作为测得的总力和压力合力之差而得到的）对 C_D 的分开的贡献的曲线看来，前者的贡献当 R 近似地位于从 50 到 110 的区域时是 R 的增函数。这一不正常的行为推测起来是与柱后面的两个驻涡的增长着的振荡有关的。我们知道，驻涡的振荡还伴随有相当大的垂直于流动方向和柱体轴的侧向力（对时间平均为零）。

当 R 从 1 附近的值增加时，在流过大多数其它物体的流动中

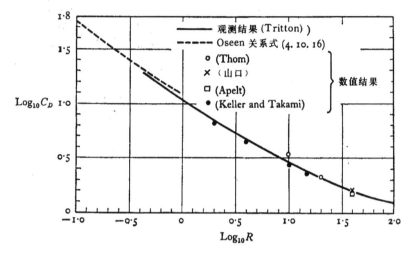

图 4.12.7 施加在半径为 a 的圆柱上的阻力；

$$C_D = D/\frac{1}{2}\rho U^2 2a, \quad R = 2aU/\nu$$

也发生类似的一系列变化。图 4.12.8（图版 3）给出了流过圆球的流动中流线的一些照片，流线位于通过球心的包含流动方向的平面内（仍有 $R = 2aU/\nu$，$2a$ 为圆球直径）。球后面的封闭流线区域（这一区域据图 4.12.9 在 R 约等于 24 时形成），这时包含有驻（不动的）环状涡，涡的环量方向仍是这样，以在与外流的共同边界上给出与外流相同的流动方向。同样，当 Reynolds 数大于一临界值时，流动形状不稳定，不稳定性可能是在尾流中产生的；而 Taneda（1956b）发现，环状涡首先大约在 $R=130$ 时开始轻微地振荡。在更大的 Reynolds 数下，环状涡以更大的振幅振荡，而封闭流线区域中的流体脱落下来并被带向下游。在圆球（或任何三维物体）的尾流中看来没有类似于涡街那样的规则运动形态发生，虽然有一种总的印象，涡量以某种类似于对于中心轴不是对称的一系列变形了的涡环的形式从驻环状涡脱落下来。作用于圆球上的阻力随 Reynolds 数变化的方式已在图 4.9.2 中给出。

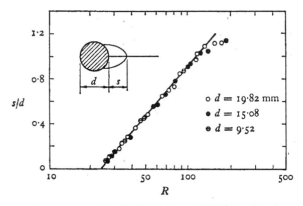

图 4.12.9　圆球后面的封闭流线区域的观测所得的长度

（据 Taneda，1956b）

图 4.12.10（图版 4）中的照片提供了进一步的证据，证明几乎对于所有物体形状均产生上面那种流动形态，这些是流过长度为 l 的、宽度（与照片垂直）十分大的、横置于流动中的薄直角平板的定常流动中的流线的照片。此外，作为沿着流动放置的细长物体（其后不形成驻涡）这种例外物体的例子，同一图中显示了长度为 l 的、沿流动放置的薄平板在 $lU/\nu=3$ 时的流线。当 R 进一步增加大约 10^5 倍时，这后一流动的流线的变化也很小。变化只限于减速流体层的厚度的连续下降，这一流体层从图 4.12.10 中可见很接近于平板，而平板对流体的均匀流动引起的可见扰动变得越来越小。我们顺便指出，沿着流动放置的薄平板是一个纵向和横向尺寸大小十分不同的物体，而基于这两个长度所形成的相应的 Reynolds 数可能意味着流动型的不同性质；要注意选择有最重要意义的 Reynolds 数。就流动的前后对称性而言，基于平板长度的 Reynolds 数更加重要，因为平板长度是"流动整体"的尺度的特征长度。就流动的某种局部特性而言，如我们关心靠近平板前缘处的压力分布，则基于平板厚度的 Reynolds 数可能具有较大的重要性。

习　题

1. 证明，在流体完全被静止刚性边界所包围的情况下，由粘性引起的耗散率为

$$\mu \int \omega^2 dV,$$

其中积分是对于整个流体体积计算的。

2. 平面刚性表面为均匀厚度等于 h_0 的一薄层液体所润湿，表面保持铅直，液体流将下来。证明，距平板上缘距离为 x 处的层的厚度 h 满足近似方程

$$\frac{\partial h}{\partial t} + V \frac{h^2}{h_0^2} \frac{\partial h}{\partial x} = 0,$$

其中 $V=\rho g h_0^2/\mu$，而在下流开始 t 时刻后

对于 $x \leqslant Vt$，$h=h_0(x/Vt)^{\frac{1}{2}}$；　对于 $x \geqslant Vt$，$h=h_0$。

3. 一长的圆管，有一均匀厚度的柱状液体层粘附于其内壁。为了除去液体，在圆管两端空气中施加压力差以使空气吹过管道。确定离开管端的空气定常体积流量和液体定常体积流量的比值。

4. 一薄层粘性流体位于两平行刚性平面之间，其中之一静止，另一平面在其自身平面内以频率 n 作振荡平移运动。确定两平面上的（振荡）摩擦力大小的比值，并考察 n 为大值和小值的情况。

5. 一轴向长度为 l，最大直径为 d ($\ll l$) 的细长刚性轴对称物体，以速度 U 通过流体作平移运动，且 $\rho l U/\mu \ll 1$。证明，当物体垂直于其长度运动时施加于它的阻力近似地为当它平行于其长度运动时的两倍。

6. 当物体大小和流动速度改变但它们的乘积（和物体形状）不变时，物体后面流体流动中的"涡街"中涡的间隔发生什么样的变化？

第 5 章　大 Reynolds 数流动：粘性效应

5.1　引　言

本章将继续讨论均质不可压缩粘性流体的流动。

空气和水的运动粘性的值是如此之小，致使无论在自然界还是在工程技术上或实验室中，绝大多数重要的流动系统的 Reynolds 数都远大于 1。譬如，要使 Reynolds 数达到 10^3，那么对于 20℃ 的空气其 UL 只须具有很一般的值 150 厘米^2/秒，而对于水其 UL 只须为 10 厘米^2/秒就够了；这里的 U 和 L 分别是指对于流动系统中出现的速度变化以及发生这个速度变化的距离来说具有代表性的数值。超过这样小的 UL 值是如此容易和经常的，因而大 Reynolds 数流动应当视为很通常的情形。

如同在 §4.7 中我们曾看到的那样，Reynolds 数 $R=UL/\nu$ 的大小包含有运动方程中不同项的相对重要性的意思。只要无量纲量 $|Du'/Dt'|$ 和 $|\nabla^2 u'|$ 在大部分流场中量级为 1（这当然就排除了某些简单流场，例如管道中的定常单方向流动，在那里流体加速度处处为零），那么 R 就是作用在流体上的惯性力及粘性力之比值的一个量度；$R\gg 1$ 的流场可以认为是在其绝大部分上惯性力都比粘性力大得多的流场。于是很自然地，在研究大 Reynolds 数流动时可以假设把粘性力从运动方程中整个丢掉。事实上，在流体力学历史上的很长一段时间内，这也确实曾是被广泛接受的作法，因而，无粘性流体流动的理论得到了高度的发展。

但是，大 Reynolds 数下的流动和无粘性流体流动近似相同的假设，在解释实际观察到的现象方面却并不十分成功。特别是无粘性流体流动理论完全不能解释水流中静止不动物体的尾部附近存在的反向流动；而这是在所有 Reynolds 数下（除非极小）对于所有类型的物体（除了沿流向放置的极细长的物体）都存在的一个突出特征。现在我们知道，假想的粘性为零的流体与粘性虽小但不为零的流体的行为是十分不同的，而且除了一些相当特殊的情形以外，不能把真实流体在极大 Reynolds 数下的流动看作是无粘性流体的流动的微扰形式。一般而论，这两类流动特性的差异在于：在固体边界附近处真实流体及假想流体的行为不同。对于真实流体，无论粘性怎样小，在固体边界上也必须满足无滑移条件，而无粘性流体则不满足这个条件。我们无法用在无粘性流动的数学分析中保留无滑移条件的方法来绕过这个物理上的差异。因为从运动方程（4.1.6）中略去粘性力就使微分方程降低一阶，因而使一个边界条件成为多余的了。

在本章中我们将会看到，在极大 Reynolds 数的流动中保留刚性边界处无滑移条件会怎样对整个流动产生重大的影响，从而使得除某些情形外，对流体作无粘性假设是不适当的。我们特别有兴趣的当然还是确立一些条件，使得在这些条件下，真实流体的行为确实近似地像是没有粘性似的，因为正是无粘性流动的某些特性，尤其是流动中的物体受到的阻力为零的特性会给航空以及涉及在流体中推进的其它领域带来实际好处。此外，关于无粘流体流动已经有了整套的数学结果，我们很希望在研究真实流体流动时能加以利用。

在本章中我们将要应用定常等熵无粘性流动的 Bernoulli 定理（§3.5）。为讨论方便，这里重新给出其公式及推导（针对本章均质不可压缩流动的情形）。利用向量恒等式

$$\mathbf{u} \times (\nabla \times \mathbf{u}) = \frac{1}{2} \nabla (\mathbf{u} \cdot \mathbf{u}) - \mathbf{u} \cdot \nabla \mathbf{u},$$

密度和粘性都均匀的流体的运动方程（见（4.1.6））可写为

$$\frac{\partial \mathbf{u}}{\partial t} - \mathbf{u} \times \boldsymbol{\omega} = \mathbf{F} - \nabla \left(\frac{p}{\rho} + \frac{1}{2} q^2 \right) + \nu \nabla^2 \mathbf{u}, \quad (5.1.1)$$

其中 $\boldsymbol{\omega} = \nabla \times \mathbf{u}$ 是涡量，$q^2 = \mathbf{u} \cdot \mathbf{u}$。如果 $\mathbf{F}$ 可写为 $-\nabla \Psi$ 的形式（当 $\mathbf{F}$ 表示重力时正是这种情形），运动为定常，则（5.1.1）变成为

$$\nabla H = \mathbf{u} \times \boldsymbol{\omega} + \nu \nabla^2 \mathbf{u}, \qquad (5.1.2)$$

其中

$$H = \frac{1}{2}q^2 + \Psi + p/\rho。$$

Bernoulli 定理即由(5.1.2)式导出；在没有粘性力时，H 沿任一流线为常数（沿任一涡线亦如此）。如果我们引进 §4.1 中叙述过的修正压力 $P = p + \rho\Psi$（其变化完全是由流体的运动引起的），并且为方便起见仍用 p 表示，则定理为：量

$$H = \frac{1}{2}q^2 + p/\rho \qquad (5.1.3)$$

沿任意流线为常数。

当粘性力不能忽略时，(5.1.2)给出

$$\mathbf{u} \cdot \nabla H = \nu \mathbf{u} \cdot (\nabla^2 \mathbf{u})。 \qquad (5.1.4)$$

当 $\mathbf{u} \cdot \nabla^2 \mathbf{u} < 0$ 时，也就是说当单位体积的局部纯粘性力是趋于使流体减速，而流体元沿流管运动要反抗粘性力作功时，H 沿流动方向减小；反之，当纯粘性力趋于使流体加速时，H 沿流线增加。H 的这种变化和 §3.5 中把 Bernoulli 定理解释为沿流管运动的质元能量的平衡是一致的。在无穷远处为均匀的流体定常流过固体的特殊情形中，上游很远处的 H 在所有流线上的值都相同，而在固体附近流过的流体微元则一般要受到使其减速的纯粘性力，在这些流线上，H 的值将沿流动方向减小。这样在下游很远处，当流体又成为单向、压力又成为均匀时，H（因而还有 q），除了在那些曾流过固体附近并经受了粘性力作用的流线以外，也都具有同一值；这些经受过粘性力作用的流线就构成物体的尾迹，它们的 H 与 q 的值一般均较小些。

5.2　涡量动力学

通过涡量分布来描述大 Reynolds 数流动，在许多情况下被证明是有用的而且是富有启发性的。基本原因在于：如像我们将看

到的，在通常条件下涡量不能在均匀流体内部产生或消失，要产生也只能在边界上。我们已经具有了关于与一定流体质元相联系的涡量在流体运动过程中变化的规律，因而常可以从考察边界条件来形成对整个流体涡量分布的定性看法。此外，从§3.3我们知道，在（不可压缩）流体元上作用的净粘性力由局部涡量梯度决定。当流体粘性不大时，净粘性力仅仅在涡量梯度大的地方才是重要的；如果由于某种原因流动的某个区域上涡量为零，则粘性应力对于作用于流体元上的净力就没有贡献，从而在大多数场合就可以略去它。鉴于上述原因，作为本章的准备我们将针对涡量来研究运动方程的一些直接推论。

对形如(5.1.1)的运动方程，两端取旋度就可得到"涡量方程"

$$\frac{\partial \boldsymbol{\omega}}{\partial t} = \nabla \times (\mathbf{u} \times \boldsymbol{\omega}) + \nu \nabla^2 \boldsymbol{\omega}$$

$$= -\mathbf{u} \cdot \nabla \boldsymbol{\omega} + \boldsymbol{\omega} \cdot \nabla \mathbf{u} + \nu \nabla^2 \boldsymbol{\omega}, \qquad (5.2.1)$$

其中利用了辅助关系式

$$\nabla \cdot \mathbf{u} = 0, \nabla \cdot \boldsymbol{\omega} = 0,$$

并假设了 $\mathbf{F}$ 具有 $-\nabla \Psi$ 的形式。方程(5.2.1)亦可写为

$$\frac{D \boldsymbol{\omega}}{Dt} = \boldsymbol{\omega} \cdot \nabla \mathbf{u} + \nu \nabla^2 \boldsymbol{\omega}。 \qquad (5.2.2)$$

用涡量来描述流动变化的优点之一就在于，在(5.2.1)及(5.2.2)中不出现压力。一个在某瞬时为球形的流体质元，其角动量的变化率仅由切向粘性应力决定；这个角动量为 $\frac{1}{2}\omega I$ （参见 (2.3.12)），其中 I 是该微元绕任意轴的惯性矩，而(5.2.2)式实质上就等于说：质元的 $\frac{1}{2}\omega I$ 的变化率等于所受的切向应力力偶，等式右端第一项表示由于该微元形状的改变而引起的 I 的变化率。

我们现在进而来解释(5.2.1)式右端三项对于空间指定点处的 $\boldsymbol{\omega}$ 的变化率的贡献。第一项是我们所熟悉的，即由于涡量不均匀，流体经过指定点对流所引起的变化率。$\nu \nabla^2 \boldsymbol{\omega}$ 这一项亦不需作

多少新的说明，正如 $\nu\nabla^2\mathbf{u}$ 代表速度（或动量）的扩散对加速度所作的贡献一样，它代表涡量的分子扩散引起的 $\boldsymbol{\omega}$ 的变化率。涡量，或者流体的角速度，初看起来不像是能由分子迁移而从一部分流体运送到另一部分流体的可输运量，但是既然 $\mathbf{u}$ 的所有分量在流体中的所有点上都是可输运量，因而 $\mathbf{u}$ 的空间导数同样也是可输运量，同样地，涡量也就是可输运量了。

（5.2.1）及（5.2.2）中的 $\boldsymbol{\omega}\cdot\nabla\mathbf{u}$ 是动量方程中没有相对应的一项，也正是它使得涡量变化具有独特的性质。如果我们把它写成如下形式 则其意义可更明显

$$\boldsymbol{\omega}\cdot\nabla\mathbf{u}=|\boldsymbol{\omega}|\lim_{PQ\to0}\frac{\delta\mathbf{u}}{PQ},\qquad(5.2.3)$$

其中 P 和 Q 是局部涡线上的两相邻点（图 5.2.1），$\delta\mathbf{u}$ 是相对于 P 点的 Q 点处流体速度。因此它对于涡量的相对变化率，亦即对

$$\frac{1}{|\boldsymbol{\omega}|}\frac{\partial\boldsymbol{\omega}}{\partial t}\ \text{或者}\ \frac{1}{|\boldsymbol{\omega}|}\frac{D\boldsymbol{\omega}}{Dt}$$

的贡献就和从 P 到 Q 的质线元向量的比分变化率完全相同，此时把 P 和 Q 视为质点（见（3.1.3））。

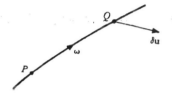

图 5.2.1　涡线的一部分

$\boldsymbol{\omega}$ 就像和一瞬时地与一段涡线重合的质线一样行为，$\boldsymbol{\omega}$ 的变化一部分来自质线元的刚性旋转（由 $\delta\mathbf{u}$ 垂直于 $\boldsymbol{\omega}$ 的分量引起）；另一部分来自线元的伸长或缩短（由 $\delta\mathbf{u}$ 平行于 $\boldsymbol{\omega}$ 的分量引起）。

值得注意的是，在二维运动的情形中 $\boldsymbol{\omega}$ 到处垂直于流动平面，而 $\boldsymbol{\omega}\cdot\mathbf{u}=0$；（5.2.2）因而化为标量方程

$$Dw/Dt=\nu\nabla^2w,\qquad(5.2.4)$$

在形式上它和随流体一起对流并在其中扩散的某种守恒物质的密度所满足的方程（见（3.1.17））完全一样。$\boldsymbol{\omega}\cdot\nabla\mathbf{u}=0$ 的另一场合是单方向流动，因为，对于一速度 $(u,0,0)$，其中 u 依赖于横向平面内的直角坐标 y 及 z，向量

$$\omega = (0, \partial u/\partial z, - \partial u/\partial y) \text{ 和}$$

$$\nabla u = (0, \partial u/\partial y, \partial u/\partial z)$$

是正交的。

当只考虑(5.2.2)式右端第一项时,ω 就像代表着该瞬时与当地一段涡线相重合的质线元的那个向量那样变化。这个事实也可以藉助流体质面上涡量积分的行为来解释。因为假设瞬时位置在 $\mathbf{x}$ 处的质面元为 $\delta \mathbf{S}$ (t) 而环绕该面元边界封闭曲线的环量为 δC (t);δC 及 $\omega \cdot \delta \mathbf{S}$ 都等于我们称为面元 $\delta \mathbf{S}$ 的涡强度的量。这一涡强度的变化率为

$$\frac{d\delta C}{dt} = \frac{D\omega}{Dt} \cdot \delta \mathbf{S} + \omega \cdot \frac{d\delta \mathbf{S}}{dt}$$

从(3.1.6)(ρ 为常值)及(5.2.2)式可知它能化为

$$= \nu \delta \mathbf{S} \cdot (\nabla^2 \omega) + o(\delta S)$$

$$= -\nu \delta \mathbf{S} \cdot \{\nabla \times (\nabla \times \omega)\} + o(\delta S). \qquad (5.2.5)$$

由此看来,一质面元的涡强度变化仅仅是分子扩散的结果;面元 $\delta \mathbf{S}$ 的大小及方向的变化对于涡通量的影响恰好由(5.2.2)式右端第1项引起的 ω 的变化所平衡。

当然,我们可以在任意开启质面上积分(5.2.5),并据此确定绕其边界的环量的变化率。不过这里还是重新开始讨论更为有益。在流体中绕一封闭质线的环量为

$$C(t) = \oint \mathbf{u} \cdot d\mathbf{l},$$

其中典型的积分元素可以视为一质线元 $\delta \mathbf{l}$,按照§3.1所述步骤,该线元变化率为 $\delta \mathbf{l} \cdot \nabla \mathbf{u}$,因此

$$\frac{dC}{dt} = \oint \left(\frac{D\mathbf{u}}{Dt}\right) \cdot d\mathbf{l} + \oint \mathbf{u} \cdot (d\mathbf{l} \cdot \nabla \mathbf{u}),$$

$$= \oint \mathbf{F} \cdot d\mathbf{l} + \oint d\mathbf{l} \cdot \nabla \left(-\frac{p}{\rho} + \frac{1}{2} q^2\right) + \nu \oint (\nabla^2 \mathbf{u}) \cdot d\mathbf{l}$$

$$(5.2.6)$$

因为 ρ 是均匀的。只要 $\mathbf{F} = -\nabla \Psi$ 并且只要如同 p,ρ,q 一样 Ψ

是位置的单值函数（当 **F** 代表重力时即为如此），我们就有

$$\frac{dC}{dt} = \nu \oint (\nabla^2 \mathbf{u}) \cdot d\mathbf{l} = -\nu \oint (\nabla \times \boldsymbol{\omega}) \cdot d\mathbf{l}. \quad (5.2.7)$$

这个关系式显然与(5.2.5)式是一致的。当对于一封闭的质线可找到一个以它为界的开启面，并且此面完全处于流体之中时（用§2.6的术语，这样的封闭曲线通常是**可约的**），那么在这样的质面上积分(5.2.5)，并且运用 Stokes 定理，就准确地重新得到(5.2.7) 式。关系式(5.2.7) 实际上比(5.2.5) 稍强一些，因为对**不可约的**封闭质线的情形（例如环绕一无限长刚性柱体的封闭曲线）由任意两个可由——对应关系协调的不可约曲线围成的开启面上积分(5.2.5) 式导致结论：

$$\frac{dC}{dt} + \nu \oint (\nabla \times \boldsymbol{\omega}) \cdot d\mathbf{l}$$

在所有这样的可协调封闭曲线上具有相同的值，而由(5.2.7) 提供的进一步结论是，这个公共值为零。出现这个差别的原因是，(5.2.7)式用到了一个假设：力的位势 Ψ 是位置的单值函数，而(5.2.1)及(5.2.5)却没有作这样的假设，因而它们允许一种比重力更为普遍类型的体力作用在多连通区域内的流体上产生环量（但不是涡量）的可能性。电磁体力（在一定条件下）就是这种情况。例如在一平盘水银中，通过在内外柱壁面间维持一径向电场，在垂直于水银面有磁场的情况下就可能产生具有环形流线的无旋运动。不过，在本章中我们假定仅有一个从单值位势导出的体力作用在流体上。

（5.2.7)式的有趣而且重要的特点在于，环量 C 全然不受不靠近封闭质线的点上的条件的影响。无论重力还是压力对于 C 都没有任何直接影响，只有作用在物质曲线邻域的粘性力能够改变 C。这些事实的简单特例，我们已经在讨论具有圆形流线的流动时遇到过了(§4.5)，在那里涡量的径向分子扩散显然对应于在摩擦力偶作用下流体质环的角加速度。在更普通的情况下，涡量的扩散过程会由于 $\boldsymbol{\omega}$ 是一向量而看起来似更为复杂。不过，$\boldsymbol{\omega}$ 的每一

个分量（相对于直线坐标系）就像温度那样是作为一个标量扩散的，故而这种复杂性很大程度上是属于表面形式上的。在由(5.2.5)式所的通过质面元涡强度的变化的情形中，如公式所表明的那样，只有 ω 的瞬时平行于 δS 的分量的扩散能够影响涡强度。在由(5.2.7)式所描述的绕一封闭质线的环量变化的情形中，我们只要选取 x_1 轴（直线的）平行于封闭质线上某点的线元 δl，就能把扩散过程看得更加清楚。因为这时这个线元对于(5.2.7)式右端的贡献变为

$$-\nu\left(\frac{\partial \omega_3}{\partial x_2}-\frac{\partial \omega_2}{\partial x_3}\right)\delta l,$$

这清楚地表明：这个贡献由两部分组成，一个是 ω_3 沿 x_2 方向（此即携带 ω_3 通过线元的方向）的梯度扩散，而另一个是 ω_2 沿 x_3 方向的梯度扩散，式中已经计及了它们对于封闭曲线所围的涡管强度贡献的符号。

最后值得提一下的是，(5.2.1)和(5.2.7)两者都是在流体密度均匀的假设下得到的。如果流体不是均质的，即使仍为不可压缩，还会由于重力及压力梯度对不同密度流体微元的作用亦不同而产生出的对于 $\frac{D\omega}{Dt}$ 及 $\frac{dC}{dt}$ 两者的贡献。在大气中（在其中，由于热效应密度常发生变化）由于重力作用在密度不均匀的流体上而产生出涡量和环量是一个很重要的过程。

涡线伸长引起的涡量强化

在不涉及粘性影响时，一质元在局部涡线方向上伸长其涡量就要增加这一事实意味着：在一团流体中涡量的总"量"有净增的可能。包含在物体体积 τ 中的总涡量的一个合适的量度由积分 $\int\frac{1}{2}\omega^2 d\tau$ 给出。于是(5.2.2)给出

$$\frac{d}{dt}\int\frac{1}{2}\omega^2 d\tau = \int\omega\cdot\frac{D\omega}{Dt}d\tau$$
$$= \int\omega\cdot(\omega\cdot\nabla\mathbf{u}+\nu\nabla^2\omega)\,d\tau.$$

我们用下标记号重写此式并应用散度定理，这个关系式就变得更为明了，

$$\frac{d}{dt}\int\frac{1}{2}\omega_i\omega_i d\tau$$

$$=\int\omega_i\omega_j\frac{\partial u_i}{\partial x_j}d\tau-\nu\int\left(\frac{\partial\omega_i}{\partial x_j}\right)^2 d\tau+\frac{1}{2}\nu\int\frac{\partial(\omega_i\omega_i)}{\partial x_j}n_j dS,\quad(5.2.8)$$

其中 S 是包围 τ 的质面。不出所料，粘性的光滑化效应除了由穿过流体团边界的扩散输运引起的变化（由(5.2.8)式最后一项表示）之外，只能导致总涡量的减少。另一方面，流体膨胀率在 ω 方向为正值的地方，$\omega_i\omega_j\dfrac{\partial u_i}{\partial x_j}$ 亦为正。一般说来，在任意时刻流体中总是某些质线在伸长而另一些在缩短。显然，涡线的某种适当置放（不是在二维流场中！）能够导致 $\int\omega_i\omega_j\dfrac{\partial u_i}{\partial x_j}d\tau$ 的值为正，也能导致(5.2.8)式整个右端的值为正。

有许多流场其总涡量会增加，并且，在涡量分布变化使粘性损失能够平衡涡线伸长所增加的涡量以前，总涡量能够继续显著地增加。这也是湍流的突出特征之一，在那里，在粘性作用引起的损失等于或超过由涡线伸长引起的涡量增加以前，单位体积流体内 ω^2 的积分值可达到很大的值（正比于流动 Reynolds 数的一个正幂指数）。

关于涡量强化的普遍性讨论已超出本书的范围，我们这里要做的只是考察一个定常流场中涡线伸长的简单例子。在这个例子中，涡量向量具有单一方向并在柱坐标 $(x,\ \sigma,\ \phi)$ 内其分量为 $(\omega,\ o,\ o)$，而其中 ω 仅依赖于 σ 及 t。速度分布同样也是轴对称的，其分量为 $(u_x,\ u_\sigma,\ u_\phi)$。既然只有当 $\omega\cdot\nabla u$ 为平行于 x 轴的向量时涡量才能保持单一方向，因此必须假设 u_σ 及 u_ϕ 与 x 无关。于是在轴平面内运动的形式为

$$u_x=\alpha x,\quad u_\sigma=-\frac{1}{2}\alpha\sigma,$$

它代表一驻点附近的轴对称无旋流动（§2.7）其上叠加了具有涡量为 ω 的方位角运动，α 是须取为正值的任意常数。

在这种情况下，涡量方程(5.2.1)可以简化为一个标量方程：

$$\frac{\partial \omega}{\partial t} = \frac{\alpha}{2\sigma} \frac{\partial (\omega \sigma^2)}{\partial \sigma} + \nu \left(\frac{\partial^2 \omega}{\partial \sigma^2} + \frac{1}{\sigma} \frac{\partial \omega}{\partial \sigma} \right) . \qquad (5.2.9)$$

我们特别感兴趣的是有可能存在这样一类定常流动，其 ω 只是 σ 的函数，因而显然满足方程

$$\frac{1}{2} \alpha \omega \sigma^2 + \nu \sigma \frac{d\omega}{d\sigma} = \text{常数}。 \qquad (5.2.10)$$

为避免在 $\sigma = o$ 处 ω 的奇点，取常数为零，方程的解为

$$\omega(\sigma) = \omega_1 \exp \left(- \frac{\alpha \sigma^2}{4\nu} \right) . \qquad (5.2.11)$$

可表明，(5.2.11)实际上是任意一个 ω 对于 σ 的初始分布当 $t \to \infty$ 时所趋于的分布，只要它满足当 $\sigma \to \infty$ 时 $\omega \to 0$ 比 $\sigma^{-2} \to 0$ 更快，以及 $\int_0^\infty \omega 2\pi\sigma d\sigma$ 是有限且非零的条件。我们从(5.2.9)看到，涡量在与 x 轴垂直的平面内的积分是一不变量，这样就可以根据初始条件决定常数 ω_1。

解(5.2.11)代表着这样一个定常流动，其中涡量集中在距对称轴量级为 $(\nu/\alpha)^{\frac{1}{2}}$ 的径向距离内，并且其中由涡线伸长而引起的涡量的加强最终要被由粘性扩散引起的涡量横向散布造成的减小率所平衡。这个定常的涡量分布与一向横向散布开的线涡中 ω 对于 σ 的瞬时分布相同（见(4.5.13)），因而方位角速度对于 σ 的分布在这两种情形中就都是(4.5.14)式的形式（见图4.5.1）。(5.2.11)式的一个有趣结果是：不论开始时涡量如何分散，最终它必集中在距 x 轴可能很小的距离之内。如果初始时在距离 σ_0 以内 ω 大致是均匀的且取值为 ω_0 而在其它处为零，则在垂直于 x 轴的平面上涡量的积分的不变性给出

$$\omega_1 \approx \omega_0 \frac{\alpha \sigma_0^2}{4\nu} . \qquad (5.2.12)$$

在导出(5.2.11)的分析中所假设的一些条件，亦即涡量为单方向的轴对称的，施加的应变运动是导致涡线的均匀伸长等等，表面上看来都是相当特殊的。但是近似于这些条件的情况在局部会

相当经常地出现.当上述假设的条件在相当大的区域得以实现时,后果会十分令人惊讶。龙卷风可能近似地就是这类定常流动,涡线的伸长是由上升热气流造成的。当喷气发动机在静止的飞机上起动时,在地面与发动机入口之间常看到出现一个强烈的涡旋。在日常生活中常见的澡盆泄水涡就是一个定常的集中的涡量分布,它是由于在澡盆中偶然的初始运动引起的涡线在泄水过程中伸长造成的。在所有这些例子中,涡线的伸长都是由近似轴对称的离开平面边界的运动引起的。

类似于(5.2.11)的解可以在下述情形中得到:在垂直于涡线的 (y, z) 平面内的收缩完全是在一个方向,比如说在 y 方向。于是涡量与 z 无关且具有形式:

$$\omega(y) = \omega_1 \exp\left(-\frac{\alpha y^2}{2\nu}\right), \tag{5.2.13}$$

这对应于一个厚度量级为 $(\nu/\alpha)^{\frac{1}{2}}$ 的片涡。

习 题

在一轴对称定常流场中,涡线为围绕 x 轴的螺旋线,在轴平面内流函数形式为

$$\psi = x\sigma^2 f(\sigma)。$$

试考察:在轴平面及方位角平面内由下式给出的双核涡旋的流线:

$$f(\sigma) = \frac{1}{2}\alpha - \delta\nu(1 - e^{-\alpha\sigma^2/4\nu})/\sigma^2,$$

其中 α 是正常数 (Sullivan 1959)。注意此时有些涡线在收缩。

5.3 Kelvin 环量定理及无粘性流体的涡量定律

既然在某些条件下流体的大 Reynolds 数运动近似于完全无粘性流体的运动,因此考察前节得到的结果当 $\nu=0$ 时所具有的形式是很有用的。其中有些结果会变得惊人地简单而有效。首先,(5.2.7) 成为

$$\frac{dC(t)}{dt} = 0; \tag{5.3.1}$$

即在无粘性流体中环绕一封闭质线的环量是不变的。这就是 **Kelvin 环量定理**（Kelvin 1869）。在这里，这个定理是针对无粘性均质不可压缩流体，其上作用着的每单位质量的体力可写为位置的一单值标量函数的梯度的情形建立的。

涡量方程(5.2.2)在这里可化为

$$\frac{D\boldsymbol{\omega}}{Dt} = \boldsymbol{\omega} \cdot \nabla \mathbf{u} 。 \tag{5.3.2}$$

对于由一可约封闭质线包围着的开启质面 S 位于流体之中的情形，(5.3.1)式等价于

$$\frac{d}{dt}\int \boldsymbol{\omega} \cdot d\mathbf{S} = 0 。 \tag{5.3.3}$$

因此，由此质线环绕的涡管强度是不变量。这个结果表明在某种意义上涡管是永恒的，下面的论证表明确实如此。

考虑一质管，它在某初始时刻与一具有任意横截面的涡管相重合。起始时没有涡线穿过管壁，沿任何位于管表面上并且环绕管 p 次的封闭曲线计算的环量等于 p 乘上涡管强度。如果把这些封闭曲线看作为质线，则绕每一个这样的质线的环量根据 Kelvin 定理应为常量。特别地，沿每一个初始位于涡管表面上而又不环绕涡管的小的线尺度的封闭曲线计算的环量保持为零。这也就是说，每一个用这种封闭曲线围成的面元的涡旋强度保持为零。而这只有当封闭质线保持在涡管表面上而又不环绕它才有可能。而且，沿那些初始环绕涡管的质线计算的环量之不变性表明：由一系列质线所确定的涡管的强度也是不变的。

这样看来，在某一时刻与涡管表面重合的质面将继续保持为涡管的表面。我们可以说，在均匀密度无粘性流体中，**涡管与流体一道运动，其强度保持不变**。这一论断概括了 Helmholtz（1858）首先叙述的非常重要的动力学涡量定律。

如果一涡管的横截面收缩至零，则我们在极限情形得到一涡线。上述结果表明，初始时与一涡线重合的质线将继续保持与涡线重合在一起。因此，把涡线看作与流体一起运动的连续体既是

可能的又是方便的。(在粘性流体中,当然也可以画出在任意时刻的涡线形态,但没有办法在不同时刻认识出同一条特定涡线) 一小截面涡管的强度在随流体运动时保持不变的事实对于涡线也有其含义。因为如果与涡线重合的一个质线在其长度上伸长一部分,则相关联的涡管的微小截面必须按质量守恒相应地减小,因而涡量的大小必然增加。很清楚,与一涡线相重合的质线元的长度与局部涡量大小**保持相同的比例**,两者均与相联系的涡管的无穷小横截面成反比。于是,在一质元内的 ω 的方向及大小随时间的变化分别地已被表明和代表一质线元的向量 δl 的方向及大小以随时间的变化相同,它在初始时刻 t_0 选得使其平行于局部涡量。因而对于一质元内的涡量我们有

$$\frac{\omega(t)}{|\omega(t_0)|} = \frac{\delta l(t)}{|\delta l(t_0)|};$$ (5.3.4)

在这里的论述中意味着当 $|\delta l(t_0)| \to 0$ 时,(5.3.4)将变为精确关系式。

这里有一明显的引诱,要把这些结果中的某些部分解释为涡管内流体的角动量守恒的结果。当涡管的横截面是很小的圆形并且一直保持为圆形时,这样一种解释是有可能的,因为这时涡管的边界上的 (无粘性)应力对于涡管内的流体不施加力偶。在更为普遍的情形中,涡管强度不是简单地正比于单位长度管内流体的角动量,上述结果中包含着比简单的角动量守恒要多的内容。

上述结果是如此之根本,值得我们在此指出它们对于可压缩流体的可应用性。可以表明,压缩性对于无粘性流体的涡旋运动的影响是不大的,只要我们限于考虑均熵流场(§3.6)。

在一均熵流场中,任一点处的密度只是(绝对)压力的函数,因而我们可写

$$\frac{1}{\rho} \nabla p = \nabla(\int \frac{1}{\rho} dp).$$

对于没有粘性并且体力 **F** 可以表示为 $-\nabla \Psi$ 的情况,运动方程成为

$$\frac{Du}{Dt} = - \nabla \left(\Psi + \int \frac{1}{\rho} dp \right). \tag{5.3.5}$$

导致(5.3.1)式的论述并未受到影响，Kelvin 环量定理仍可得到。同样可导出涡管与流体一道运动并保持强度不变。对于(5.3.5)式两端取旋度得到的涡量方程（利用导出(5.1.1)的恒等式后）是

$$\frac{\partial \omega}{\partial t} + u \cdot \nabla \omega + \omega \nabla \cdot u - \omega \cdot \nabla u = 0,$$

它与质量守恒方程联合给出

$$\frac{D}{Dt} \left(\frac{\omega}{\rho} \right) = \left(\frac{\omega}{\rho} \right) \cdot \nabla u. \tag{5.3.6}$$

注意方程(5.3.3)并没有变化；压缩性对于 ω 及 δS 的变化的影响彼此抵销。同样又一次地导出涡线随流体一道运动，而且对一质元，ω 的变化紧密地与一初始局部平行于 ω 的质线元的变化联系在一起。容易看到，(5.3.4)式的对应物是

$$\frac{(\omega/\rho)_t}{|\omega/\rho|_{t_0}} = \frac{\delta l(t)}{|\delta l(t_0)|} \tag{5.3.7}$$

注意到如果 a 及 $X(a, t)$ 分别是质线元的一个端点在不同时刻 t_0 及 t 的位置向量，$\delta l(t)/|\delta l(t_0)|$ 等于 X 在 $\delta l(t_0)$ 方向上对于 a 的导数，我们得到(5.3.4)及(5.3.7)的一个 Lagrange 形式。于是我们有纯几何关系

$$\frac{\delta l(t)}{|\delta l(t_0)|} = \frac{\omega_i(t_0)}{|\omega(t_0)|} \frac{\partial X}{\partial a_i} \tag{5.3.8}$$

当 $\delta l(t_0)$ 平行于局部涡量向量时，代入(5.3.7)后给出

$$\left(\frac{\omega}{\rho} \right)_t = \left(\frac{\omega_i}{\rho} \right)_{t_0} \frac{\partial X}{\partial a_i} \tag{5.3.9}$$

这个方程（对于不可压缩流体）首先由 Cauchy 得出。

无旋性的持续性

在某初始时刻绕流体内所有的可约封闭曲线的环量均为零的特殊情形具有极大的重要性。我们曾表明（§2.7），一运动若在某区域内绕所有可约封闭曲线的环量均为零，则该运动在该区域内

必为无旋。(5.3.1)这一结果表明,若把这些封闭曲线考虑为质线则绕它们的环量在所有后来时刻亦继续保持为零。于是在其后所有时刻在这同一流体中的运动保持为无旋,**作无旋运动的一无粘性流体将继续无旋地运动**[①]。无旋运动的这个普遍性质首先是无旋运动经常发生(也许是以近似的形式,因为真实流体不是完全无粘性的)的原因,也是无旋运动在流体力学中具有很大重要性的原因。比如,当一运动是在一无粘性流体中从静止开始(许许多多的运动实际上正是如此开始),我们就能断言,这个运动必然是无旋运动,因为运动的初始状态是无旋的(尽管是以一最简单的方式)。

使无旋运动继续保持为无旋的条件与使 Kelvin 环量定理成立的条件是一样的。和 Kelvin 定理的情形类似,我们应特别注意,无旋的持续性是指对于一定的流体**物质**体而言而不是针对占据空间中固定区域的流体而言的。

我们还可以从(5.3.2)表明,与一流体质元相联系的涡量若初始为零,则继续保持为零。(因而作无旋运动的流体将继续无旋地运动。)作如下的断言还不是很充分的:如初始时有 ω=0 则根据(5.3.2)在初始时刻有 Dω/Dt=0,所以 ω 保持为零;如 Stokes(1845;论文集 I 第 106 页)所指出,下述类型的更为完整的论证是需要的。从(5.3.2)我们有

$$\frac{D\omega^2}{Dt} = 2\omega_i\omega_j\frac{\partial u_i}{\partial x_j} = 2\omega^2\lambda_i\lambda_j\frac{\partial u_i}{\partial x_j}, \qquad (5.3.10)$$

其中 ω 为 ω 的量值,ω=ωλ。于是,如果 K 是在所考虑质元的位置处从 t_0 到 t 时间间隔内 $\lambda_i\lambda_j\partial u_i/\partial x_j$ 的最大的正值,(5.3.10)的解应满足

$$\omega^2(t) \leqslant \omega^2(t_0)e^{2K(t-t_0)}。$$

如果我们能置 $\omega(t_0)=0$,只要 K $(t-t_0)$ 为有限就得出 $\omega(t)=$

---

① 这个结果是由 Lagrange 获得,尽管第一个严格的证明是 Cauchy 于 1815 年给出的。

0。如我们在§3.1中对物质积分变化速率讨论中提到过的，在这里，从(5.3.1)证明无旋的持续性中，也有对于速度梯度量值的一个类似的限制。关系式(5.3.4)（或(5.3.7)或(5.3.9)）也表明一质元的涡量在一定时间间隔内的增大是有限的，因此若初始时涡量为零则继续保持为零，条件是质元的线性尺度保持为有限。

5.4   从静止产生的运动中的涡量源

§5.2中的讨论确立了：一个质面元的涡量强度的变化只可能是作为由粘性造成的涡量局部扩散的结果而发生。当单位质量的体积力是由一单值位势导出时，围绕一封闭质线的环量的变化仅由穿越此曲线的涡量之粘性扩散所致，而不管这个曲线是否包围着一个整体都位于流体之内的开启面。涡量强度或环量不能在流体内部产生，一旦存在了，它就要由粘性的作用而散布开。

这就提出了一个重要的问题，即由静止起动的均匀密度的流体运动中，涡量的最终来源在哪里？起初涡量到处为零，运动也必然整个地是无旋的，除非通过包围流体的边界面有涡量扩散进来。在实际流体运动中，至少在其一部分上具有涡量的情形是常见的：（例如，当一小刀刀刃在一盘水的表面处由静止而运动时，水表面上就可清楚地看到一些旋转的部分），因而这就引导我们预期存在着某种机制使在流体边界处产生涡量。

当流体全部地或部分地由固体边界包围，而其余的边界部分均在无穷远处，在那里流体为静止，这样的一种机制是由无滑移条件来提供的。在其它类型的边界上，例如其上压力为常值切应力为零的所谓"自由"面上(§5.14)，也存在着产生涡量的机制，不过固体边界的情形要远为常见得多，这里我们仅对于它进行详细的讨论。流体的无旋运动完全是由其固体边界每一部分上无质量通量的条件所决定的[①]，而这个唯一的无旋运动几乎不可避免地在固体边界处具有一非零的流体相对速度的切向分量（因为除非偶然的巧合，否则没有任何理由说明它们将不是这样）。于是，如果穿过流体边界没有涡量扩散，那么由静止起动的运动总伴随着在边界处有一非零的切向相对速度。既然无论粘性多么小，无滑移条件都要求在固体边界上的每一点处相对速度的切向分量为零，故而在边界处的流动中的涡量为无穷大。这个在边界处的无穷大涡量的片涡就是涡量的源——一旦粘性能起作用，涡量就由它向流体的内部扩散。

内部具有涡量的流体流动的发展，通过考察下述特述情形可以容易地加以理解：设流体初始为静止，在 $t=0$ 时由于有一固体，其速度从零陡然增加到某有限值并继续维持此值而引起了流体的运动。流体相对于固体的最终的定常运动可以认为是经历了三个阶段。第一阶段是流体中瞬时间所产生的运动，它满足通过物体表面任何部分均无质量通量的条件。物体是突然地或"冲击式"地具有了有限速度，流体必然与物体一起突然运动[②]。流体内部在 $t=0$ 时必然是无旋的，因为在 $t<0$ 时涡量为零。如前所述，初始的无旋流动完全由固体边界的已知运动所决定，而这一在 $t=0$ 时建立起的唯一的流动的速度在边界处的切向分量实际上是肯定地与该处固体的切向速度不同。于是 $t=0$ 时，在边界处就有一切向速度的间断，它等价于在物体表面上的一个片涡。在边界上任一点沿其法向的 ω 的线积分，在量值上等于局部切向速度跳跃，因

---

① 只要流体所占据的区域是单连通的（见 §2.7 及 §2.9）。当区域是双连通时，例如绕无限长柱体的情形，当围绕流体中一不可约封闭曲线的环量为给定时所作的论述亦为正确（§2.8，§2.10），正如对从静止产生的全部为无旋的运动的情形确为正确那样。

② 在实际上，仅是直接与物体接触的那部分流体立即处于运动状态，而流体的其余部分是通过压缩波的作用被带动的，这种压缩波以有限的速度离开物体向外传播。不过当流动速度小于压缩波的最小速度时（此即流体中的声波速度），流体实际上可以视为不可压缩的，压缩波具有无穷大的速度。

关于一边界的突然运动如何在不可压缩流体中处处建立起压力梯度并藉以使流体突然运动的细节将在 §6.10 中考虑。

而也是有限值。

在发展的第二阶段中，$t=0$ 时集中在边界上的涡量在粘性作用下向流体内扩散。如果在某一固定点处涡量的变化单纯是因粘性扩散而致，则 ω 对于一直角坐标系的每一个分量都将满足热传导方程，并且如在第四章的例子中充分表明的那样（在那些例子中，由于某种原因 ω 的其它变化不存在）在时间 t 内涡量离开物体所扩散的距离①的量级为 $(\nu t)^{\frac{1}{2}}$。事实上涡量还要随同质元一道对流（产生了由 (5.2.1) 式右端第一项所代表的对一固定点处的对 $\frac{\partial \omega}{\partial t}$ 的贡献），它还因流体的局部变形、旋转而改变((5.2.1)式右端第二项)。这第二个附加效应不影响涡量分布的范围，但第一个则可能要影响。不过，在靠近物体处，流体相对于物体的速度的法向分量很小，所以在 t 的值不大时，即当扩散距离$(\nu t)^{1/2}$很小时，对流的主要作用是把涡量沿平行于物体表面的方向输运，而不是把它从物体移开。因此在小的 t 值时，流体涡量在一环绕着物体厚度为 $(\nu t)^{1/2}$的层内不为零。在此层内涡量为有限，因为此时有限的速度跳跃已布在一厚度非零的层上了。

在第三阶段中，$(\nu t)^{1/2}$ 已不再是一个小距离了（与边界的任一相关的线性尺度相比较而言），对流已能把涡量运向或带离边界。随着 $t \to \infty$，流体相对于物体将（常常）建立起定常运动，这时相对于物体为固定的某一点处 ω 的因随流体对流、因流体的局部变形及旋转以及因粘性扩散而致的变化的总和就为零了。在这三种效应中，流体局部变形及旋转引起的变化只改变局部的涡量，对于整个涡量分布的总特征的影响是第二位的。其它两个因素——对流及扩散，显然决定着在定常状态中涡量是否遍布流体的所有部分。有些运动具有这样的形式，其对流并不抵消粘性扩散引起的涡量向流体的所有部分的散布。而另一些运动则不然；而在固

---

① 当然，这不是一个确定的距离，因为对于 $t>0$ 流体中没有一点处如理论关系式给出的那样有 ω 恒为零。这里所说的距离是指在如 §4.3 中的例子里已说明白的意义上的"穿透深度"。

体引起的流体运动的情形中，显然地在物体前面的流体的相对速度是指向物体的，并且由于随着与源的距离不断增大，由扩散造成的输运也变得越来越弱，所以涡量向物体前方只散布在一有限距离之内。在强对流（大的物体速度）或弱扩散（小的流体粘性）的情形中，在物体前面和物体旁边将有很大的一个流体区域，其中流动的最终定常状态是近似无旋的。

上述对于具有分布的涡量的定常流动发展的一般性讨论，大部分能够以类似的形式应用到流过一热物体的流体的定常温度分布发展的情况中，有些读者也许会觉得后面这种较熟悉的情况更易于理解。对于二维情形，这种比拟更为接近，此时 ω 的唯一的非零分量的方程全同于（见(5.2.4)式）具有热扩散系数 ν 的运动介质中温度分布的方程。为比较这两种情况，我们考虑物体形状为一可忽略厚度的平板，其宽度为无限，长度为 l。在初始时刻 $t=0$，此平板在其自身所在平面内突然被给予速度 U，同时也突然加热到比环境流体高的某一温度上。流体初始的无旋运动，是相对于物体具有均匀速度 $-U$ 的运动。在发展的第二阶段，涡量和温度均向离开物体的方向扩散，且在一（小的）时间间隔 t 后，向流体穿透的距离量级为 $(\nu t)^{1/2}$。然而这种类比并不是完全的，因为首先速度与涡量分布用 $\omega = \nabla \times \mathbf{u}$ 联系在一起，而温度则是一个独立的量，其次涡量的边界条件实际上是由无滑移条件提供的，这与对温度的边界条件不同；不过，如果温度的边界条件能够保证有连续的离开物体的温度通量，如像在物体的温度总维持在比无穷远处流体的温度高的某一值的情形中那样，那么这种类比就有定性的正确性。在发展的第三阶段，对流把温度和涡量的超出量输运到下游远离物体的点去；至于温度和涡量的超出量在物体前面及旁边能穿透的范围有多大，则要取决于对流及扩散过程两者的相对重要性，如在图5.4.1指出的那样。

在定常状态中，流体速度的量级处处为 U，且接近平行于平板，所以板附近一流体质元运动所花费的时间量级为 l/U。在这一时间间隔中，扩散就把涡量及温升向侧面穿过流线散布开一个距离，其量级为 $(\nu l/U)^{\frac{1}{2}}$。于是，在定常状态下涡量及温升区域的侧向范围当 Ul/ν 的量级为1时就与平板长同量级。如果 $Ul/\nu \gg 1$，则涡量及热量在它们还来不及在侧向散布开很远时就已被从板"吹"走，而在物体的直接下游处形成一个狭窄的涡量和热量的"尾迹"（尾迹愈窄，在尾迹中涡量及温升的量值就愈大）；而如果 $Ul/\nu \ll 1$，则对流是可以忽略的，涡量及温升在所有方向上大致是同样地远离物体散布开去。关于在物体的直接上游处的分布，对流项要与扩散项平衡就表明涡量及温升一般地在物体前面达到的距离量级为 ν/U；在上面进行过的关于选取不同的 Ul/ν 的值有不同效果的定性讨论，在这里也适用，尽管定量的估计有所不同。

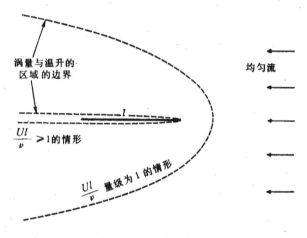

图 5.4.1　涡量与热置于动流中的平板离开的扩散与对流

我们现在回过头来引用在第 4 章中已经考察过的若干特定的流动系统，以便看看它们如何具体体现本节中所作的普遍论述的各个方面。在 §4.3 中我们分析了若干从静止开始的单方向流动的发展情况，在 §4.5 中则分析了具有圆形流线的流动之发展。在所有这些情形中都没有沿流线的涡量变化，也没有涡线的弯曲与伸缩，所以涡量的变化仅仅是由于扩散而致。然而，固体边界是涡量的源而且涡量逐渐从边界向初始是无旋的流动中扩散这些事实在这些例子中却清楚地以解析形式表现出来。在大多数这类情形中，最终的定常状态是在整个流体中涡量非零，从某一固体边界流出的定常涡通量与流入另一边界的相等的定常涡通量相平衡。一个有趣的例外是一定常旋转的单独圆柱外产生的从静止开始的流动。在这种情形中，运动初期阶段穿过圆柱面扩散的涡量全部向无穷远处散开，在一与圆柱同心的不断扩大的区域内流动成为定常和无旋（见(4.5.10)）。此时正巧有这样一个定常状态在其中刚性边界不再作为起涡量源起作用。

关于 Reynolds 数的值如何影响一定常流动中涡量分布总特性，在 §4.9，§4.10、§4.12 中关于圆球或圆柱在无穷远处为静止的流体中作定常运动所引起的流动的研究提供了富有教益的例子。这些研究表明：随着 Reynolds 数从比 1 小的某值增加，涡量分布采取一越来越不对称的形式，而且趋于限制在以物体为焦点向下游延伸的一抛物线中，这与本节中关于这类从静止起动的定常流发展所得到的普遍结论相符合。我们迄今一步一步努力要达到的非常重要的一点是：在对流与扩散都起作用的情形中，增大Reynolds 数到与 1 相比为大量的值的效果是使从固体边界扩散出来的涡量，至少在流体中运动物体的前面及部分侧面部分，局限在一厚度相对小的层中。随着 Reynolds 数的增大，层变得越薄而层内涡量值也越大。

5.5　对流阻止固体表面处产生的涡量向远方扩散的定常流动

基本方程组有少数几个解，它们可以解析地表明涡量如何在定常流动中的一部分场中被局限在固体边界的附近。这种局限是由于涡量朝向边界的对流正好与使涡量从其在边界上的源散布开去的粘性扩散方向相反所造成。对于这类解，在所考虑的整个流动区域上流体速度必须有一朝向固体边界的分量。而这一点要与质量守恒方程相容，只有当在边界处积累的流体或者通过壁本身或者被随沿边界距离之增长而不继增大的切向速度移走才为可能。下面就给出前一类型流动的一个例子和后一类型的两个例子。

(a) 沿穿过壁有抽吸的平面及圆形壁的流动

有些固体材料，如烧结铜或打了许多小孔的金属板，具有多孔性质同时又是刚性的，能被加工成特定的形状。如果用一层这类固体材料作流体流动区域的边界，而且在此层的离开流动的另一侧维持一低压，流体将穿过边界被吸走。于是对于流动区域的合适的边界条件就是：在边界处流体与固体的相对速度的法向分量应该等于由孔隙率（porosity）和所施的压降所决定的某一个值；为简便，我们令这个给定的法向相对速度在边界的所有点上取相同值 $-V$（于是边界处**抽吸**时 V 为正）。至于表面处相对速度的切向分量所必须满足的条件，实验研究表明无滑移条件仍然适用；既然实际中常用的"抽吸"速度 V 比起主要流动的速度值无论如何要小得多（由于通过多孔固体时流动受到的阻力很高），看来保留无滑移条件是合理的，至少它是一个很好的近似。

下面首先要给出的解代表沿平面固体边界的二维定常流动，在固体边界上有一均匀的抽吸速度 V。因为我们将要假设（用流体力学中常常使用的"试试看"的方法）流动变量在平行于边界的平面上与位置无关，故流动的上游历史暂时予以忽略。如果 (x, y, z) 是直角坐标，y 垂直于边界，则流体速度为 $(u, -V, 0)$，涡量是 $(0, 0, \omega)$，其中 $\omega = -du/dy$。涡量方程(5.2.1)成为

$$-V \frac{d\omega}{dy} = \nu \frac{d^2\omega}{dy^2},$$

或积分后：

$$V(\omega_0 - \omega) = \nu \frac{d\omega}{dy}, \tag{5.5.1}$$

它的含意简单地就是：通过 (x, z) 平面上单位面积由以 $-V$ 为速度的对流移走多余涡量的输运率恰好抵消粘性扩散的输运率。再一次积分给出：

$$\omega - \omega_0 = -\frac{du}{dy} - \omega_0 = Ae^{-Vy/\nu}, \qquad (5.5.2)$$

其中 A 和 ω_0 为常数。非均匀涡量的区域延伸到距边界量级为 ν/V 的距离处，这是从关于流向边界的对流与离开边界的粘性扩散之间的平衡的一般推理可以预期到的。

于是看来所假设形式的有意义的解是存在的。为使解适合实际中可能出现的情况，我们可以选择特定的 ω_0 和 A。常数 ω_0 显然是代表着远离边界处的（均匀）涡量，一个明显的选择是 $\omega_0 = 0$，它对应于在从边界的扩散可达到的区域之外流动为无旋的情况。采用 $\omega_0 = 0$，我们在靠近物体的非均匀涡量区域之外必须有 $u = U$（常量）。积分(5.5.2)式并应用边界条件

$$在 \ y = 0 \ 处 \qquad u = 0,$$
$$当 \ y \to \infty \ 时 \qquad u \to U,$$

就得到速度分布：

$$u = U(1 - e^{-Vy/\nu})。 \qquad (5.5.3)$$

为完成这个解，我们应从运动方程中注意到，在整个所涉及的流场区域内压力是均匀的。解(5.5.3)，由于下述事实还具有附加的重要性：它据信是两种意义下的**渐近解**；既是流动变量与 x 无关时各种不同初始条件下的对于时间的渐近解（这一点通过把 $\partial\omega/\partial t$ 项包括进来解对于 ω 的上述线性方程就可容易地看到），同时又是各种不同的上游条件下的对于 x 的渐近解，只要在所有这些情形中远离边界处涡量为零。

ω_0 不为零的情形也值得顺便提一下。积分(5.5.2)式给出

$$u = B - \omega_0 y + \frac{A\nu}{V}e^{-Vy/\nu},$$

常数 ω_0 的解释可由运动方程得出，在现在的情形中运动方程化为

$$-\frac{1}{\rho}\frac{dp}{dx} = -V\frac{du}{dy} - \nu\frac{d^2u}{dy^2}$$
$$-V\omega_0。$$

当流体局限于一管道或渠道中时，一个非零的均匀压力梯度（设等于 $-\rho G$）是一种实际的可能性，于是我们把 u 的边界条件

取为

$$在 y = 0 \quad 及 \quad y = d 处 \qquad u = 0;$$

在 $y = d$ 处管壁法向速度为 $-V$，这样，流体是被强迫通过这个壁流入通道的。由这些边界条件我们有

$$u = \frac{G}{V}\left(-y + d\,\frac{1 - e^{-Vy/\nu}}{1 - e^{-Vd/\nu}} \right)。 \tag{5.5.4}$$

当 $Vd/\nu \ll 1$ 时，在 y 方向的扩散远大于对流，速度分布 (5.5.4) 式化为预期的抛物线形式。对于另一个极端情形即 $Vd/\nu \gg 1$，我们发现除了在 $y = 0$ 附近（在该处 u 急剧地降为零）以外，有 $u \approx G$ $(d-y)/V$。在靠近 $y = 0$ 处 u 的梯度很陡，这是由于在此边界处产生的涡量局限在很薄的一层内的缘故，在此层外的均匀的相对小的涡量是在边界 $y = d$ 处产生的并且横穿过通道对流。从动量观点看，在大部分管道中 u 的均匀梯度是由于流体质元从 $y = d$ 壁上流出直到它们进入 $y = 0$ 附近粘性起作用区域之前，在压力梯度作用下的连续的（均匀的）加速度所造成的。

也可以求得转动圆柱面（该柱面上由于通过壁的抽吸有向内的径向速度 V）外面的流动的解。在 §4.5 中曾得到：由一个定常旋转的刚性柱（无抽吸）所造成的从静止起始的流动最终要成为无旋，因为在固体表面上所产生的涡量全部扩散到无穷远处。我们可以预料，当施加了抽吸，涡量向无穷远处的扩散将受到阻止并且将会建立起来一个在柱附近具有非零涡量的定常状态。从假设一定常状态确实存在出发，对应于 (5.5.1)，我们有

$$\frac{Vr_1}{r}(\omega_0 - \omega) = \nu\,\frac{d\omega}{dr},$$

这里 ω 是轴向的涡量分量，r_1 是柱的半径。解的形式为

$$\omega - \omega_0 = A\left(\frac{r_1}{r} \right)^R, \tag{5.5.5}$$

其中 $R = r_1 V/\nu$，而 ω_0 同样地可置为零以便与定常状态是从某一在大 r 值处 $\omega = 0$ 的初始状态建立起来的情况相对应。这个解具有所预期的特性：涡量极大值位于柱面上，但要注意到当 Reynolds

数 R 很小时 ω 随 r 之增大仅仅是缓慢地减小。再积分一次(5.5.5)（取 $\omega_0=0$）给出

$$rv = r_1^2 \Omega_1 - \frac{Ar_1^2}{R-2}\left(\frac{r_1}{r}\right)^{R-2},\qquad (5.5.6)$$

其中 Ω_1 为一常量，它表明仅当 $R \geqslant 1$ 时，周向速度 v 在无穷远处才为有限；仅当 $R>2$ 时环量 $2\pi rv$ 才为有限，除非 $A=0$。如果这个定常状态是作为初始条件为在无穷远处环量是有限（或许为零）的依赖于时间的解的渐近形式而得到的，那么我们就应当发现涡量将保持为有限，于是对于 $R<2$ 就必有 $A=0$。因此当 $R<2$ 时定常状态是无旋的，正像没有抽吸的情形一样，这表明在柱面上产生的涡量由扩散而向无穷远处的散布没有被对流所阻止住。这种情况是由于随着距柱的距离的增加向内的径向对流速度 Vr_1/r 减小而成为可能的。

（b）指向刚性边界上的一"驻点"的流动

在此我们将研究固体表面上这样一点的直接邻域内涡量的（定常）分布，在这个点上流向该表面的流体分开为离开该点的流线。在没有无滑移条件时，这个分离点的特征是流体相对于固体的速度在此处为零；通常把在其邻域处的流动称为"驻点流"，尽管在实际上固体边界上所有点都同样是实际流体的相对速度为零的点。我们把注意力集中在这个分离点的充分小的邻域上，这样就可以把固体边界看成为平面（除非正好在这点处边界有一斜率的间断）。

显然，这是一种在所考虑区域内与边界垂直的速度分量处处为指向边界的情形，因而在边界处产生的涡量将朝向边界对流，与粘性扩散的（远离边界的）方向相反。于是我们有理由假设，在定常状态中边界产生的涡量将局限在边界附近的一层内，其厚度会随对流效应的相对增强而减小，而在此层外涡量的值由远离边界处的流动条件决定；我们将取后者为零，正如置于一无穷远处速度为定常、均匀的流动中的一个固体的前驻点的情形。

首先考虑刚性边界上驻点附近的二维流动。事实证明，为解决这类问题，先决定外面的无旋区域（由于无旋这一很强的局限，一般说这是一件比较容易的事），然后用这一流动作为涡量非零的层内流动的外边界条件的作法是较为方便的。当涡层厚度很小时（相对于所考虑的区域的线性尺度），其存在对于无旋流动的影响甚微。于是我们将完全略去涡量非零层的存在（也略去引起这一层存在的无滑移条件）来寻找无旋流动的近似形式。在此基础上，外区流动就简单地化成在一平面边界上的驻点附近的无旋流动。我们将看到，所得解的形式提供了一个改进近似以考虑涡层存在对无旋流的影响的方法。

　　我们知道（见(2.7.10)）无旋区的流动可由下述流函数描述

$$\psi = kxy, \tag{5.5.7}$$

其中 x 及 y 为平行及垂直于边界的直角坐标（参见图5.5.1），对应的速度分布为

$$u = kx, \qquad v = -ky。 \tag{5.5.8}$$

k 是一正常数，对于固定于流动中的物体上的驻点的情形，根据量纲关系它必须正比于物体的速度且已知尚需依赖于物体整体的形状。

　　下一个步骤是根据下列方程及边界条件来决定在边界附近薄层内的涡量分布

$$u \frac{\partial \omega}{\partial x} + v \frac{\partial \omega}{\partial y} = \nu \left(\frac{\partial^2 \omega}{\partial x^2} + \frac{\partial^2 \omega}{\partial y^2} \right), \tag{5.5.9}$$

边界条件是 $y=0$ 处 $u=0$ $v=0$，而在层的外缘，流动要趋于(5.5.8)的形式。现在无滑移条件肯定要改变速度分量对 y 的依赖关系，但是看不出来它定会改变速度分量对于 x 的依赖关系；因此值得看一看是否存在一个解在整个涡层内有 $u \propto x$。对于这样的解我们可以写为

$$\psi = xf(y), \tag{5.5.10}$$

它对应于

$$u = xf'(y), \qquad v = -f(y),$$

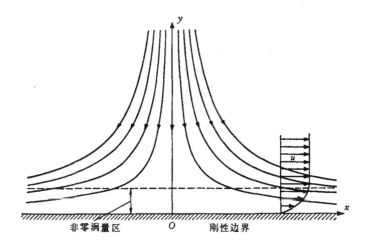

图 5.5.1   流向刚性边界驻点的定常二维流动

以及

$$\omega = \frac{\partial v}{\partial x} - \frac{\partial u}{\partial y} = - x f''(y),$$

其中 $f(y)$ 是一未知函数，一撇表示对于 y 的微分。代入(5.5.9)式后表明，只要我们能找到一个 $f(y)$ 使之满足

$$- f' f'' + f f''' + \nu f^{IV} = 0 \qquad (5.5.11)$$

及边界条件

$$y = 0 \text{ 处} \qquad f = f' = 0,$$
$$y \to \infty \text{ 时} \qquad f \sim ky,$$

则我们的猜想就是成功的。

对(5.5.11)积分一次并利用外边界条件就给出

$$f'^2 - f f'' - \nu f''' = k^2 。 \qquad (5.5.12)$$

这个方程中的系数可以通过下述变换化成为纯数

$$y = \left(\frac{\nu}{k} \right)^{\frac{1}{2}} \eta, \quad f(y) = (\nu k)^{\frac{1}{2}} F(\eta),$$

这时方程成为

$$F'^2 - FF'' - F''' = 1, \qquad (5.5.13)$$

边界条件为

$$\eta = 0 \text{ 处} \qquad F = F' = 0,$$

$$\eta \rightarrow \infty \text{ 时} \qquad F \sim \eta_\circ$$

Hiemenz（1911）用数值方法表明，可以找到满足全部边界条件的此方程的解，其结果示于图 5.5.2。对应的流线及 u 沿一坐标线的分布示于图 5.5.1。流动方程在上述边界条件下的解的唯一性证明还没有得到，不过我们对于问题的提法在物理上似乎是完整的，我们有理由接受上述找到的那个解作为实际存在的流动的描述。

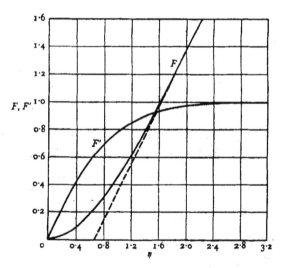

图 5.5.2　给出涡层内流动的函数 $F(\eta)$ 的值

涡量非零层的厚度，为方便把它定义为 $u = 0.99kx$ 的 y 值处，从数值解（由 Howarth（1935）改进过的）中求得为

$$\delta = 2.4(\nu/k)^{\frac{1}{2}}_{\circ} \qquad (5.5.14)$$

我们看到：如我们早先所假设过的，这个厚度与沿边界的距离无

关，当对流的作用（由 k 代表）远比扩散作用（由 ν 代表）大时，层厚要趋于零。层厚 δ 与 x 无关的事实表明：涡层对于无旋流动的影响（这一影响在我们开始计算时曾不得不完全略去）近似地是在 y 方向把层移动一下，就像把边界简单地位移一下一样；关于这一点的一个证实可从图 5.5.2 得到，在该图中，当 $\eta \to \infty$ 时 F 的一改进的渐近估计为

$$F \sim \eta - 0.65,$$

于是对应的 u 及 v 的渐近形式为

$$u \sim kx, \quad v \sim -k(y - \delta_1),$$

其中层的"位移厚度"δ_1 由下式给出

$$\delta_1 = 0.65(\nu/k)^{\frac{1}{2}}。 \tag{5.5.15}$$

整个无旋流场的这种简单位移并不改变该场内的速度分布。

现在就很清楚了，为使涡层内流动的上述解为正确，对于 k/ν 的限制为：在驻点附近，当没有无滑移条件时流动具有 (5.5.8) 形式的区域应当延伸到比涡层的边缘更远离边界的地方。对于均匀流中物体前端驻点的情形，一般讲这等价于下列形式的条件：

$$(\nu/k)^{\frac{1}{2}} \ll 驻点处物体的曲率半径。$$

最后，值得注意的是涡层厚度的均匀性显然地是由于层外缘处流向边界的速度对于 x 的均匀性所致；或者等价地，是由于涡量的平行于边界并远离开驻点的对流是以随 x 线性增长的速度进行的。在以后我们将看到（§5.9），当在涡层边缘处切向速度分量 u 作为 x^m 变化时，则当 $m < 1$ 时层厚将随 x 增加，因而对流的强度不足以阻止由扩散造成的层厚增长，而当 $m > 1$ 层厚将随 x 减小。

对于定常轴对称流（没有周向运动）流向一固体平面边界上"驻点"的类似的解也可以找到（Homann 1936b），这种情形以近似的形式当旋转对称体平行于其对称轴穿过无穷远处为静止的流体中运动时在其前端发生。涡层外区域的无旋流动此时由关系式 (2.7.11) 描述，边界在 $x = 0$，而涡层内流动的计算仅能用数值差

分方法进行。二维及轴对称的解都是一般驻点流动（Howarth 1951）的特殊（也是简单）情况，对于普遍情形，无旋区域内的速度具有(2.7.9)形式的分量。

(c) 旋转盘引起的离心流动

在上述二例的第一个例中，涡量向边界的对流是由于穿过边界的抽吸造成的，在第二个例子中则是由于外加了一个朝向边界的流动；在这里的第三个例子中）朝向边界的运动是由作用在涡层上的离心作用引起的。我们考虑一个大直径平面盘并设法使其在自身平面内以定常角速度 Ω 在流体内旋转，初始时流体处处为静止。盘与流体间的相对运动造成粘性应力，它趋于拉着流体与盘一起旋转。靠近盘处流体做准确圆形运动是不可能的，因为没有径向压力梯度提供向内的径向加速度，故而接近盘的流体沿螺旋线向外流。接近盘处的这种朝外的径向运动必伴随有一朝向圆盘的轴向运动以便满足质量守恒，这样一来在边界上产生的涡量就被阻止不得离开边界散布开来。盘就象离心风扇一样把流体沿径向抛开而又把另一些流体拉向自己以便再抛开。

这样造成的定常运动初看起来在解析上是很复杂的，但是凑巧的是盘速度与径向距离 r 的线性关系导致了流体径向速度与 r 的类似关系并且作为其后果如像在"驻点流"中一样，涡层具有了均匀的厚度。von Kármán（1921）首先注意到基本方程及适当的边界条件允许有一个解使得 u/r，v/r 及 w 全都仅是 z 的函数，其中 (u, v, w) 是一个在盘的轴上取 $r=0$ 的柱坐标系中平行于 (r, ϕ, z) 坐标线的速度分量。用这种形式的速度分量，从 z 坐标线方向的运动方程得出：压力必为如下形式

$$\frac{p}{\rho} = \nu \frac{d\omega}{dz} - \frac{1}{2}w^2 + F, \qquad (5.5.16)$$

其中 F 仅为 r 的函数。由于在远离盘外流体没有转动，推测在该处亦无径向运动，因此当 z 很大时 p 必须与 r 无关；因而有 F = 常量。在 r 及 ϕ 坐标线方向上的运动方程变成为

$$\left(\frac{u}{r}\right)^2 + w\frac{d(u/r)}{dz} - \left(\frac{v}{r}\right)^2 = \nu\frac{d^2(u/r)}{dz^2}, \quad (5.5.17)$$

$$\frac{2uv}{r^2} + w\frac{d(v/r)}{dz} = \nu\frac{d^2(v/r)}{dz^2}。 \quad (5.5.18)$$

此外我们尚有质量守恒方程

$$\frac{2u}{r} + \frac{dw}{dz} = 0,$$

它可以把 u 从(5.5.17)及(5.5.18)式中消去。

这些方程的解要满足的边界条件为

在 $z=0$ 处， $u=w=0$， $v=\Omega r$，

这代表无滑移条件，以及

$z \to \infty$ 时 $u \to 0$， $v \to 0$。

我们避免在 $z \to \infty$ 时给 w 附加任何条件，因为我们预料在远离盘处的轴向运动是一个由靠近盘处的离心作用引起的入流(inflow)；作为这个推测的证实，上述方程及边界条件事实上确实完全决定了 w。

ν 及 Ω 是问题中出现的仅有的量纲因子，通过它们可决定出流动的速度及长度的尺度。我们令

$$z = \left(\frac{\nu}{\Omega}\right)^{\frac{1}{2}}\zeta, \quad \frac{v}{r} = \Omega g(\zeta), \quad w = (\nu\Omega)^{\frac{1}{2}}h(\zeta),$$

$$(5.5.19)$$

给出(5.5.17)与(5.5.18)的无量纲形式为

$$\frac{1}{4}h'^2 - \frac{1}{2}hh'' - g^2 = -\frac{1}{2}h''', \quad (5.5.20)$$

$$-gh' + g'h = g'', \quad (5.5.21)$$

边界条件为

在 $\zeta=0$ 处， $h=h'=0$， $g=1$，

$\zeta \to \infty$ 时， $h' \to 0$， $g \to 0$。

满足这些方程及边界条件的准确数值解已由 Cochran (1934) 获得， g， $-h$ 及 $-\frac{1}{2}h'$ (u 与它成比例)的值示于图 5.5.3。这些数

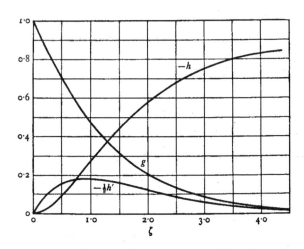

图 5.5.3 给出旋转盘引起的流动中速度分量的无量纲函数

据表示了我们已预料到的盘作为离心风扇的作用，即具有一诱导出的指向盘的轴向运动，它阻止了涡量向远离盘处散开。如果我们为方便把涡层边缘定义为 $\nu/\Omega r = 0.01$ 的地方，则层厚是均匀的且等于 $5.4\ (\nu/\Omega)^{\frac{1}{2}}$。涡层外轴向速度均匀且等于 $-0.89\ (\nu\Omega)^{\frac{1}{2}}$；这一入流速度随粘性 ν 的减小而减小，因为这时涡层变薄，只要求较少的流体流入以取代径向抛出的流体。穿过半径为 r 的柱形面的向外的总体积通量是 $0.89\pi r^2\ (\nu\Omega)^{\frac{1}{2}}$。

有一种方法检验上述解和一实验流动系统之间的对应关系，就是测量作用在具有有限半径 a 的旋转薄盘上（两侧）的扭矩。上述解严格地适用于无限盘情形，不过只要涡层厚度与盘半径相比为很小，亦即只要 $a\Omega^{\frac{1}{2}}/\nu^{\frac{1}{2}} \gg 1$，我们可以合理地认为盘的边缘效应是小的。作用在盘上的切应力是

$$\sigma_{z\phi} = \mu\left(\frac{\partial v}{\partial z}\right)_{z=0} = \rho\nu^{\frac{1}{2}}\Omega^{\frac{3}{2}}rg'(0),$$

流体作用在半径为 a 的盘两侧上的扭矩为

$$2 \int_0^a \sigma_{z\phi} \quad 2\pi r^2 dr = \pi a^4 \rho \nu^{\frac{1}{2}} \Omega^{\frac{3}{2}} g'(0) 。 \qquad (5.5.22)$$

Cochran 的数值解表明 $g'(0) = -0.616$。我们发现这个扭矩的值与测量值符合得很好，只要 $a^2\Omega/\nu$ 约小于 10^5（同时还要大于 1）；对于更大的 $a^2\Omega/\nu$ 值流动成为不稳定，实际上不能达到定常运动。

当旋转盘是作为距其很远处为绕同样的轴以角速度 Γ 作刚性旋转的流体的边界时，一种具有(5.5.19)式"相似性"形式的定常轴对称流动也存在，尽管迄今还未对于所有的 Γ/Ω 值把流场详细地决定下来。从解析上看，这个问题与上面叙述的问题没有太大不同。在离盘距离很大处压力现为 $\frac{1}{2}\rho^2\Gamma^2 r^2$，所以在(5.5.16)中我们必须置 $F = \frac{1}{2}\Gamma r^2$ 且须在(5.5.17)式右端再加上一项 $-\Gamma^2$。其它的必要的更动只是把边界条件中的 $\zeta \to \infty$ 时 $g \to 0$ 换为 $\zeta \to \infty$ 时 $g \to \Gamma/\Omega$。然而事实证明，这时的数值积分要困难得多，特别是当 Γ 与 Ω 具有相反的符号时。

对于盘与无穷远处的流体以接近于同一角速度作刚性旋转的情形，方程能够以显式解出。这个显式解并不是我们关于因有朝向边界的对流涡量而受到局限这个课题的一个示例，不过我们还是扼要地把它加以叙述，因为它与前面的工作有相当意外的联系。在此我们显然有：

$$g = 1 + g_1, \qquad |g_1| \ll 1 \qquad (5.5.23)$$

从方程(5.5.21)可知 $|h| \ll 1$。对于小量 $|g_1|$ 及 $|h|$ 的一阶量，方程(5.5.20)（如前已说明过的，它要包括压力项）及(5.5.21)成为

$$1 + 2g_1 = (\Gamma/\Omega)^2 + \frac{1}{2}h''',$$

$$-h' = g_1''。$$

容易看出，满足所有边界条件的解是

$$g_1(\zeta) = \frac{\Gamma - \Omega}{\Omega}(1 - e^{-\zeta}\cos\zeta), \qquad (5.5.24)$$

$$h'(\zeta) - 2\frac{\Gamma - \Omega}{\Omega}e^{-\zeta}\sin\zeta。 \qquad (5.5.25)$$

可以看到，我们的近似方程的解全同于旋转流体中有流动流过刚性边界时边界附近的速度的 Ekman 螺旋线分布（见 §4.4）。这里的径向及周向速度分量为 u 和 v，其中

$$u = -\frac{1}{2}r\frac{dw}{dz} = -\frac{1}{2}r\Omega h', \quad v = r\Omega(1 + g_1),$$

它们代替了在(4.4.16)及(4.4.15)给出的在边界平面内的速度分量 $-v$ 和 u。当盘引起的流动以及相衔接的以几乎相同速度旋转的流体是参考于以盘的角速度 Ω 旋转的坐标系时，速度的径向和周向分量的量值与 Ωr 相比就很小，并且平行于旋转轴的涡量分量量值与 Ω 相比也很小。这些正好是使 Coriolis 力之值比惯性力大很多的条件（从而给出所谓地转流动，关于它在 §7.6、§7.7 我们还要更多地谈到），我们的近似(5.5.23)等价于假设速度沿流线的变化不产生局地的影响。在一旋转系统中速度沿流线的均匀性曾是 §4.4 中的分析所基于的假设，所以这两个解的等同性是可以理解的。可注意到在 Ekman 层中的纯漂流是在修正压力梯度的相反方向，而在目前这个问题中，这意味着在径向的一个纯漂流，当 $\Gamma > \Omega$ 它朝向内而当 $\Gamma < \Omega$ 它向外，其量值正比于 r。这种漂流能够发生在旋转盘上的摩擦层内，如果有一补充的**均匀**轴向速度分量当 $\Gamma > \Omega$ 时把流体从层中取走而当 $\Gamma < \Omega$ 时把流体注入层中，这也正是我们在上面得到的。可方便地表明，在摩擦层外均匀的入流或出流速度，亦即由积分(5.5.25)式给出的当 $z \to \infty$ 时的 w 的极限值准确地等于在 Ekman 层中为了与质量守恒及与压力梯度相反方向上的体积通量(4.4.17)相容所要求的值。

5.6　在汇聚或发散通道中的定常二维流动

在两个相交平面壁之间的区域中的二维流动提供了另一个关于刚性壁附近产生的涡量对流和扩散联合作用的例子。壁是静止的，定常流动是由于两壁相交处存在着一流体体积源或汇所造成。实际上，流动平面中的这种点源或点汇可由交点附近的一个小孔

——通过它流体可以注入或抽走——来近似；也可以由在通道的狭窄端处与壁的另一平行通道的连接来近似。位于交点处的源给出发散通道中的流动,而位于该处的汇则给出汇聚通道中的流动。对于这类流场的运动方程,已经得到了一组相似性解（首先由 Jeffery (1915) 及 Hamel (1917) 所探讨）,它们包括了壁间夹角及流动有效 Reynolds 数数值的整个范围。这些解在数学上与 §4.6 中给出的由一动量点源发出的定常射流的解类似,因为速度的诸分量正比于 r^{-1}, r 在这两种情况下均为距奇点的距离。如同所有的相似性解一样,这些解的用处在于给出动力学上可能的速度分布。在实际中,速度分布无疑将要依赖于具体的上游条件。也可能有这样一些情况：下面将叙述的解是在距离实际给定条件处下游很大距离的地方成立的渐近解,尽管这一点还不清楚。

我们采用极坐标 (r, θ),使 $\theta = \mp \alpha$ 正好在两平面壁上；(u, v) 为对应的速度分量。我们寻找这样的解,使流动是纯径向的；由质量守恒方程有

$$u = r^{-1}F(\theta), \qquad (5.6.1)$$

把 u 的这个表达式代入两个运动方程中（其极坐标形式在附录2中给出）考虑到 $v = 0$,消去压力就得到

$$2FF' + \nu F''' + 4\nu F' = 0, \qquad (5.6.2)$$

其中的一撇记号代表对 θ 的微分。由于流体的涡量是 $-F'/r^2$,这个方程中的三项就分别代表对流、周向扩散及径向扩散对于某一点处涡量（负）变化率的贡献。这个方程须在无滑移条件

$$在 \theta = \mp \alpha 处 \qquad F = 0 \qquad (5.6.3)$$

下求解。

尚须提出某种规定流动强度的条件。作法之一是规定从原点处的源流入管道的总体积流量

$$Q = \int_{-a}^{a} ur d\theta = \int_{-a}^{a} F d\theta。 \qquad (5.6.4)$$

由于下面要找到的一些流场表明其中有一些流体沿径向向外运动而另一些向内运动,因而流动强度的一个更为直接的量度由 F 在

$|F|$ 的某一局部极大值处的值，例如 F_0（$=u_0r$）所提供；如果在 $-\alpha \leqslant \theta \leqslant \alpha$ 范围内 F 仅有一个稳定值，$|F_0|/r$ 就是在距原点距离为 r 处的最大流体速度。$|Q|/\nu$ 可视为流动的 Reynolds 数，而 αr 是通道宽度的一个尺度，所以 $\alpha|F_0|/\nu$ 也可同样视为流动的 Reynolds 数。我们令

$$R = \alpha F_0/\nu,$$

而 R 的符号指明了在选定的 $|F|$ 的极值处流动的方向。

现在引入无量纲变量是便利的

$$\eta = \theta/\alpha, \qquad f = F/F_0,$$

因而（5.6.2）成为

$$2\alpha R f f' + f''' + 4\alpha^2 f' = 0, \qquad (5.6.5)$$

其中一撇代表对于 η 的微分。f 要满足的条件是

$$\text{在 } \eta = \mp 1 \text{ 处}, \qquad f = 0, \qquad (5.6.6)$$

$$\text{在 } f = 1 \text{ 处}, \qquad f' = 0 \text{。} \qquad (5.6.7)$$

方程（5.6.5）显然可以积分一次，乘以 f' 以后再积分一次给出

$$f'^2 = (1 - f)\left\{\frac{2}{3}\alpha R(f^2 + f) + 4\alpha^2 f + c\right\}; \qquad (5.6.8)$$

c 是一积分常数，而另一积分常数已由（5.6.7）式确定。（5.6.8）式的进一步积分的结果可表示为椭圆函数，不过由于我们的讨论目标有限，这些函数就不再引入了[1]。c 及进一步积分所产生的常数由条件（5.6.6）来定，因而依赖于 α 及 R。显然 c 是非负实数，因为

$$\text{在 } \eta = \mp 1 \text{ 处} \qquad f'^2 = c \text{。}$$

（5.6.8）式的解的形式依赖于右端花括弧中的表达式（例如，令其为 $P(f)$）的零点的位置。当 $R \geqslant 0$，很明显在 f 的任意正值处 $P(f)$ 无零点。对于任意 R，在 $f=1$ 处 $f(\eta)$ 有一局部极大

---

[1] 这一分析的进一步细节可在 Rosenhead（1940），Millsaps 和 Pohlhausen（1953），及 Fraenkel（1962）的论文中找到。

值，所以在此处 $P>0$；而在 $f=0$ 处 $P=c\geqslant 0$。由于当 $R<0$，$f\rightarrow$ 干∞时 $P\rightarrow-\infty$，因此可知当 $R<0$ 时二次函数 P 在 $0<f\leqslant 1$ 范围内不能为零。$P(f)$ 的可能的形状绘于图 5.6.1。因此在 $f=0$ 及 $f=1$ 之间对于所有的 R 的值，f 是单调地变化的。我们看到在入流或出流的区域中，$f(\eta)$ 只能有一个局部极大值存在。当在通道中只有 f 的一个极值时，考虑到解对于极大值的对称性，极值必须在 $\eta=0$ 处。

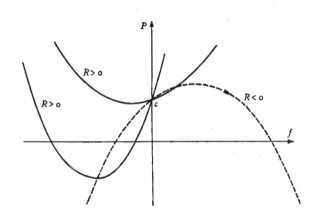

图 5.6.1　函数 $P(f)=\dfrac{2}{3}aR(f^2+f)+4a^2f+c$ 对于不同 R 值的图形

　　顺便要注意的是，在这里可以得到我们在 §4.8 中所作的关于近于平行的任意形状边界间单方向流动的假设的某种证实。因为：

　　当　　　　　　　　$a\ll 1$，　　　$a|R|\ll 1$，

满足边界条件的(5.6.8)式的近似解是

$$c=4,\qquad u/u_0=f=1-\eta^2,$$

这就是说，横穿通道方向上速度是抛物线形变化的，这正和从假设中得出的一样。此外，$a|R|(=a^2r|u_0|/\nu)\ll 1$ 的限制与在 §4.8 中得到的关于在一缓慢变化的通道中单方向流动近似成立所必须

的限制是全同的。

在本章中我们特别感兴趣的是大 Reynolds 数的情形。因为 f 是 1 的量级，当 $|R| \gg 1$ 时，方程(5.6.5)所取近似形式为

$$2aRff' + f''' = 0, \qquad (5.6.9)$$

于是代表在流动方向的涡量扩散的项是可忽略的。等价地，(5.6.8)取近似形式为

$$f'^2 = \frac{2}{3}aRf(1 - f^2) + c(1 - f)。 \qquad (5.6.10)$$

因而其解仅依赖于单参数 aR，而不是分别地依赖于 a 和 R。

现在我们进而来考察(5.6.8)的解在 $R < 0$ 及 $R > 0$ 每种情况下的形式，并对于这两种情形中的大 $|R|$ 值给以特别的注意。

纯汇聚流动

在这种情况下，通道中处处存在具有汇聚流线的入流，且 $F_0 < 0, R < 0$。通道中只存在一个 $|F|$ 的极大值，速度分布关于 $\theta = 0$ 是对称的。边界条件(5.6.6)式因而要求

$$1 = \int_0^1 \frac{df}{(1 - f)^{\frac{1}{2}} \{\frac{2}{3}aR(f^2 + f) + 4a^2 f + c\}^{\frac{1}{2}}}。$$

$$(5.6.11)$$

如果对于固定的 a，我们允许 $|R|$ 变成很大，我们看到：仅当大括弧中的表达式的零点之一趋于 $f = 1$（因而积分趋于成为发散）时，上述关系才能满足。于是，当 $R \to -\infty$ 时必须有

$$c \to -\frac{4}{3}aR,$$

我们可以把 c 的这个渐近值作为在任一积分中对于大 $|R|$ 成立的一个近似，该积分因而不发散。于是当 $|R| \gg 1$，我们从(5.6.8)有

$$1 - \eta \approx \left(-\frac{2}{3}aR\right)^{-\frac{1}{2}} \int_0^f \frac{df}{(1 - f)(f + 2)^{\frac{1}{2}}}$$

$$= \left(-\frac{1}{2}\alpha R \right)^{-\frac{1}{2}} \left\{ \operatorname{artanh} \left(\frac{f+2}{3} \right)^{\frac{1}{2}} - \operatorname{artanh} \left(\frac{2}{3} \right)^{\frac{1}{2}} \right\},$$

在 $0 \leqslant \theta \leqslant \alpha$ 的范围内速度的近似表达式是

$$\frac{u}{u_0} = \frac{F}{F_0} = f$$

$$= 3 \tanh^2 \left\{ \left(-\frac{1}{2}\alpha R \right)^{\frac{1}{2}} \left(1 - \frac{\theta}{\alpha} \right) + \operatorname{artanh} \left(\frac{2}{3} \right)^{\frac{1}{2}} \right\} - 2。$$

$$(5.6.12)$$

看起来在大 Reynolds 数下一纯会聚流动；除了在非常接近壁即满足

$$O(\alpha - |\theta|) = \left(-\frac{R}{\alpha} \right)^{-\frac{1}{2}}$$

$$= \left(\frac{r|u_0|}{\nu} \right)^{-\frac{1}{2}}。 \qquad (5.6.13)$$

的层外的整个区域都是可能的，在这种流动中径向速度近似地与 θ 无关并等于中心处 u_0 的值。在上述两层之外的流动是无旋的，壁上产生的全部涡量都被限制在层内。由于速度到处为径向，所以速度在靠得较近的壁面的法向上的分量是指向该壁的，因而对流的作用在此处是与使涡量离壁的扩散作用相反的，它的作用是如此之强致使随着沿流动方向距离的增长，层的厚度要减小。沿通道横向的速度分布示于图 5.6.2。参数 Q，ν 及 R 之间的关系此时为：

$$Q \approx 2\alpha u_0 r = 2\alpha F_0 = 2\nu R。$$

可注意到，由 (5.6.12) 代表的速度剖面可以延拓到大于 α 的 θ 值，进入一出流区，其速度在

$$\theta/\alpha = 1 + 2 \left(-\frac{1}{2}\alpha R \right)^{-\frac{1}{2}} \operatorname{artanh} \left(\frac{2}{3} \right)^{\frac{1}{2}}$$

处又返回到零，如图 5.6.2 中虚线所示。这个 u 的第二个零点是对应于不同 α 值的通道壁的另一个可能的位置。明显地，在通道的

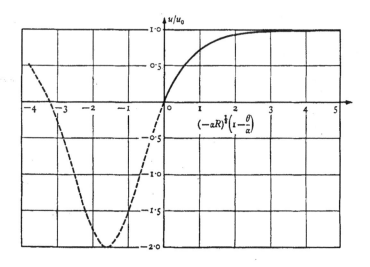

图 5.6.2 大 Reynolds 数下汇聚通道中的流动

宽阔的中心区域内的近似均匀的入流的边界可能是在每个壁面附近的一狭窄的出流区。剖面的进一步延拓会导致另一汇聚流动区域，其速度分布为 $0 \leqslant \theta \leqslant \alpha$ 范围内剖面的重复。

纯发散流动

现来考虑对于 $|\theta| < \alpha$ 具有发散流线且 $F_0 > 0, R > 0$ 的出流情形。同样地，仅有一个 $|F|$ 的极大值，速度分布对于 $\theta = 0$ 对称，关系式 (5.6.11) 也同样必须满足，但后果却是十分不同的。(5.6.11) 式中大括弧内的表达式的所有项现在都为正，因而显然不是对于 α 及 R 的所有选择，方程都可以满足。c 可以在 $c \geqslant 0$ 的限制下由我们支配；在给定的 α 值下，使关系式得以满足的 R 的极大值 R_m 显然出现在 $c = 0$ 时，且由下式给出

$$\left(\frac{2}{3} \alpha R_m \right)^{\frac{1}{2}} = \int_0^1 \frac{df}{\{f(1-f)(f+1+6\alpha R_m^{-1})\}^{\frac{1}{2}}}。$$

(5.6.14)

这个积分是与"第一类完全椭圆积分"相联系的，因而对于给定的 α 及 R_m 值，积分的数值可以从已有的表格中查到。图 5.6.3 表示出由(5.6.14)代表的 α 及 R_m 之间的关系，这个关系实际上是在一给定角度的通道中对于纯出流强度的一个限制。

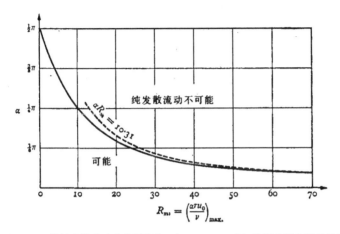

图 5.6.3　使纯发散流动成为可能的 α 与 R ($=\alpha r u_0/\nu$) 的极大值之间的关系

当 $R_m \gg 1$ 时，关系式(5.6.14)成为

$$\alpha R_m \approx \frac{3}{2} \left\{ \int_0^1 \frac{df}{f^{\frac{1}{2}}(1-f^2)^{\frac{1}{2}}} \right\}^2 = 10.31 \qquad (5.6.15)$$

这里如所预期的那样，α 及 R 仅以 αR 的组合形式被包括进来。由于 αR 是具有近乎平行的流线的流动中（§4.8）惯性力与粘性力量值之比值的一个量度，故(5.6.15)意味着在纯发散流动中当 Reynolds 数趋于无穷时，粘性力的相对量值并不无限地减小，没有一个 R 的值能使粘性力成为可忽略的。在另一极端，当 $R_m \to 0$ 时，

$$\alpha \to \frac{1}{2} \int_0^1 \frac{df}{f^{\frac{1}{2}}(1-f)^{\frac{1}{2}}} = \frac{1}{2}\pi,$$

表明当通道壁夹角超过 π 时，无论如何纯发散流动也是不可能的。

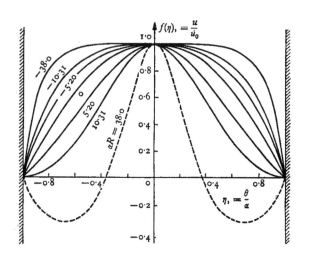

图 5.6.4 　在 $\alpha = \pi/36$ 的发散通道中在不同
αR （$= \alpha^2 r u_0/\nu$）值时的径向速度的对称分布。αR
的正值代表在通道中心处的出流

　　图 5.6.4 中的速度剖面图揭示了在一个半顶角为 $\pi/36$ 的通道中当 αR 从很大的负值（此时为纯汇聚流）增加到满足 $|\alpha R| \ll 1$ 的值（此时速度剖面为抛物线）然后再增加到不超过 (5.6.14) 所允许的极限的正值时，速度分布的性质上的改变。这些剖面是 Millsaps 和 Pohlhausen(1953) 通过直接积分 (5.6.8) 计算出来的。对于纯汇聚流，增加 Reynolds 数的作用是在中心处产生更扁平的剖面而在近壁处产生较陡的梯度；而在纯发散流中，这个作用却是使近壁处有较小一些的梯度而把体积通量集中到通道中心处。由 $c = 0$ 及 $R = R_m$ 代表的极限情形对应于壁上应力为零。体积通量 Q 可据这些剖面及下述关系式计算出来

$$Q = \int_{-\alpha}^{\alpha} F d\theta = \nu R \int_{-1}^{1} f d\eta,$$

很明显，在 $-\infty < \alpha R < 10.31$ 的范围内，$\alpha Q/\nu$ 近似地是 αR 的一个线性函数，在此区间的上端比线性增长慢一些。

同时具有入流及出流的解

关于当 $R \gg 1$, $\alpha R > 10.31$, 同时剖面还须对于 $\theta = 0$ 为对称时的速度分布的性质的信息实际上都已包括在上述关于纯会聚流及纯发散流的讨论中了。在图 5.6.4 中所示的所有解都可以延拓到 $\eta > 1$ 的区域, 那些 f' 具有第二个零点因而 f 有第二个零点的解可以解释为在一个其宽度选得使之适合 f 有第二个零点的位置的通道中的出流与入流的组合。这种具有一个宽阔得近乎均匀速度的入流区域连接着一狭窄的出流区域的组合流动的例子可以简单地通过把剖面(5.6.12)延拓到 θ 的值超过"壁面"值 $\theta = \alpha$ (图5.6.2)来得到。另一个例子为图 5.6.4 中用间断线表示的曲线; 它是由延拓 $\alpha R = 5.20$ 的解到 $\eta = 1$ 的区域, 然后收缩横坐标尺度使 f 的第二个零点发生在 $\eta = 1$ 处而得到的, 相应的 αR 的值可根据所要求的 α 的改变得到 (用这种方法我们可以看到解系列应如何延拓到 αR 大于临界值 10.31 的值)。超过 f 的第二个零点后, 解就开始自我重复, 交替地给出出流及入流的区域, 所有出流的剖面都彼此全同, 所有入流的剖面也彼此全同。无论是出流还是入流, 每一个区域都全同于上面讨论过的在适当的 αR 值时的(只要 $|R| \gg 1$)的纯发散流或纯汇聚流。

很明显, 随着 αR 的增加, 找到 f 的零点位于 $\eta = \mp 1$ 的复合流动的可能性也增加, 并且对于一给定的 αR 的(大的)值, 有若干对称解存在。例如当 $\alpha R = 114$, 能找到三个可能的对称分布使在中心处出流, 这些分布的组合是 (i) 一个出流区和两个入流区; (ii) 三个出流及两个入流; (iii) 三个出流及四个入流。可能的分布的数目随 αR 的增大而增大, 虽然并非以一种可简单确定的方式增大。类似的结论对于具有奇数个速度零点的非对称分布的情形也成立。

一个有趣的实际问题是: 当流体流入两(弯曲)壁间的一个通道而壁间张角从接近入口处满足条件 $\alpha R \ll 1$ 的小的值非常缓慢地增大时, 将发生什么情况呢? 在通道入口处, 应有一抛物线速度分布，可以预料随着 αQ 因而 αR 的有效值随沿下游距离之增长而加大时，剖面将经历由图 5.6.4 给出的对应于 $0 \leqslant \alpha R \leqslant 10.31$ 范围内的一系列形状。当局部 αR 的值达到并超过 10.31 时，纯发散流动成为不可能，可预期在一侧或双侧近壁区有一个入流区出现。实验表明，类似这样的现象确实发生，虽然通道中的发散流常呈不稳定，且在近壁处建立具有入流区的稳定态是很难的。

从本章总题目的观点看，上述相似性解族的下述几个方面是重要的。很清楚，在通道中的纯发散流与纯汇聚流具有重大的差别，或者等价地说：在近于平行的刚性壁间的流动中，所有质元连续加速和连续减速的运动之间存在重大差别。在连续加速的流动中，涡量由对流输运向壁，而壁面上产生的涡量永远局限在紧靠壁的一层中，这一层的厚度随着 Reynolds 数趋于无穷大而趋于零。在该层之外的广大区域内速度分布具有可用无粘性流动来预言的形式。然而在连续减速的流动中，当 Reynolds 数超过一个临界值后，就不再可能有一相似性解使其中流动速度处处是在离开源的方向；相反地我们找到了有反向流区域的相似性解。这是具有发散流线的所有流动的一个典型而有实际重要性的性质，同样具有典型意义的是（由对于三维发散管道中流动的数值研究所证实）对发散流不带有反向流动流体的区域的准则具有如下形式

$$\alpha \times \text{Reynolds 数} < \text{量级为 10 的数},$$

其中 Reynolds 数是按局部最大速度及所考虑的区域的局部宽度计算的。如果使得通道中的出流强度很大，可能的相似性解包含许多相同的出流及入流区域，每个出流区域的宽度都是如此之小使得在这个区域中粘性作用到处都很显著。于是在其中的速度分布无论如何也不具有可由无粘性流体所预言的形式。

5.7 边界层

关于靠近固壁有一个薄层，其中涡量由于粘性扩散及对流的联合作用的结果而很快变化，而在其外涡量为零（或者虽非零但

变化很慢）的这样一个概念，已经在前几节中讲清楚了。现在我们可以进而把所谓**边界层**作为一个在其中无论流动 Reynolds 数有多么大粘性影响总很重要的一个薄层的更加普遍的概念引进来。

我们曾经考察过一运动物体以一最终为定常的速度穿过无限流体时引起的流体从静止状态开始的流动发展过程，并注意到固体边界如何作为涡量源而起作用，而这涡量通过粘性扩散开来同时随流体对流输运向下游（一般说来，涡量同时还因涡线的旋转及伸缩而改变，尽管对于现在的目的而言这些变化可以略去）。随着这样一个流动的 Reynolds 数的增加，任意一点处对流的作用相对地变得更加重要。我们也曾看到，在某些包含刚性边界的流动系统的情形中（例如 §4.3 中由振动平面壁产生的流动或 §5.5 中平面壁驻点附近的流动，或 §5.6 中通道中的会聚流）当 $\nu \to 0$ 时，粘性对于流动有影响的区域收缩成边界上一个薄层，这些以及其它许多特定的情形都启示着由 Prandtl（1905）首先提出的重要假说：在相当广泛的条件下，粘性影响（即指由粘性引起的应力、力、涡量扩散等）是在紧邻固体边界的层和某些其它层中才是重要的，并且在大小上与对流及其它"惯性力"的表现是可以比拟的，这些层的厚度随着流动 Reynolds 数趋于无穷大而趋于零；在这些层外，粘性的作用是很小的。这一假说自首次提出以来已被广泛地应用到各种不同的流场。关于边界层假说的一般数学证明现在还不具备，但它得到了对于许许多多特定流动系统的观察以及完整的运动方程的一些已知的解的支持。在 §5.6 中考察过的通道中的纯会聚流给我们提供了一个有用的提示就是边界层假设并非适用于所有流动系统。现在还不能给出关于可应用这一假说的流场的种类的一个简单陈述，不过，关于如何应用这一假说的一些实用规则会在本章中其余部分的讨论中变得清楚起来。

边界层假设帮助我们把下述两方面协调一致起来，即一方面从直觉上我们预期当粘性 ν 很小时粘性对流动的影响是不重要的，至少对大部分流场是如此；另一方面，无论粘性系数 ν 如何小，在固体边界上总要满足无滑移条件。事实上这种协调确曾是 Prandtl 的主要目标，也是流体力学发展中的一个里程碑。边界层实际上是这样一个层，在其中流体速度从（相对于固体）所必需的零值变到某个在一定意义上（以后还要更仔细地考察）与无粘流体相适合的有限值。

与边界线性尺度相比边界层很薄这一事实使得在运动方程中作某些近似成为可能，这些也归功于 Prandtl，因而使在某些情形下边界层内的流动能够确定。为了解释这些近似，我们取边界为一平面壁（在 $y=0$ 上）并认为流动是二维的。假设边界层厚度（无论以何种方便的形式定义）与平行于边界方向上流动速度发生可观的变化的距离相比处处均是很小的。穿越边界层，流动速度从边界处的零值变到表征一无粘流体的某有限值，而且一般说流动量相对于 y 的导数比相对于 x 的导数大得多。因此在边界层内的点上我们可以使用近似

$$\left|\frac{\partial u}{\partial x}\right| \ll \left|\frac{\partial u}{\partial y}\right|, \qquad \left|\frac{\partial^2 u}{\partial x^2}\right| \ll \left|\frac{\partial^2 u}{\partial y^2}\right|,$$

于是 x 方向的运动方程变为

$$\frac{\partial u}{\partial t} + u\frac{\partial u}{\partial x} + v\frac{\partial u}{\partial y} = -\frac{1}{\rho}\frac{\partial p}{\partial x} + \nu\frac{\partial^2 u}{\partial y^2} \quad 。 \quad (5.7.1)$$

垂直于边界的速度分量 v 也必须很小，质量守恒方程即

$$\frac{\partial u}{\partial x} + \frac{\partial v}{\partial y} = 0, \qquad (5.7.2)$$

表明 v 与边界层厚度为同一量级的小量[①]，因此(5.7.1)左端没有一项可以有把握地略去。

边界层方程(5.7.1)与对应的边界层外无粘性流动的运动方程的差别在于在(5.7.1)中保留了 $\nu\frac{\partial^2 u}{\partial y^2}$ 这一项，它代表着横穿边界层的粘性扩散。按定义，边界层是这样的一个区域，在其中涡量的粘性扩散是重要的，所以我们预料在边界层内(5.7.1)式中的

---

① 这是一种含混的说法，因为它们的量纲不同，不过很快就可使它变得更精确。

$\nu \dfrac{\partial^2 u}{\partial y^2}$ 的大小是与左端的"惯性项"可比较的。如果 $u\dfrac{\partial u}{\partial x}$ 是(5.7.1)左端诸"惯性项"的代表,我们可以把边界层视为当整体流动的 Reynolds 数很大时由量值关系

$$O\left(u\,\frac{\partial u}{\partial x} \Big/ \nu\,\frac{\partial^2 u}{\partial y^2} \right) = 1,$$

所表征的区域。

如果 U_0 是流场作为一个整体的 u 的代表性值,L 代表在 x 方向上 u 有显著的变化的一个距离,那么 U_0^2/L 就是 $u\,\partial u/\partial x$ 大小的一个量度。而如果 δ_0 是边界层厚度[①]的一个代表性的小长度,则 $\nu U_0/\delta_0^2$ 就是 $\nu \partial^2 u/\partial y^2$ 大小的一个量度。于是上述关系可以写为

$$O\left(\frac{\delta_0^2}{L^2}R \right) = 1, \quad \text{其中 } R = \frac{U_0 L}{\nu}。 \qquad (5.7.3)$$

R 是把流动作为整体的代表性 Reynolds 数,由于边界层概念所基于的一些近似随着 $R \to \infty$ 而改善,明显地,我们可将(5.7.3)写成

$$\text{当 } R \to \infty, \quad \delta_0/L \sim R^{-\frac{1}{2}}。 \qquad (5.7.4)$$

当 ν 小时,边界层厚度以 $\nu^{\frac{1}{2}}$ 来变化这一事实已经出现在若干特殊情形中,因而我们已熟悉了。其内在的原因本质上是一量纲的原因,它赋于结果以巨大的普遍性,但我们也看到,在某些情况下这一点也可以认为是由于对于在时间间隔 t(它等价于上述讨论中的 L/U_0)内发展起的一层中有以下关系的结果:

扩散距离(对于涡量或速度) $\propto (\nu t)^{\frac{1}{2}}$。

有了对 δ_0 量级的这样的估计因而亦有了对于 y 的导数的估计之后,(5.7.2)表明 v 的量级为 $U_0 R^{-\frac{1}{2}}$。现在我们就有条件来考察在 y 方向上的运动方程。除了一项之外其它各项显然都很小,因而我们得到近似关系式

$$\partial p/\partial y = 0; \qquad (5.7.5)$$

---

① 一般而言,边界层厚度随在边界上位置的不同而有变化,δ_0 应视为一平均厚度。

更准确地说是 $\partial p/\partial y$ 为与 δ_0 同量级的小量。于是压力在横穿边界层方向近似地是均一的；如果在边界层外紧邻处压力随 x 的变化是已知的——可以是从边界层外无粘性流动方程的考虑得到亦可认为是从测量得到，那么(5.7.1)式中的压力项就可以视为已知。这样，方程(5.7.1)及(5.7.2)就可用来决定整个边界层内的 u 及 v 了。

关于边界条件，首先是

$$在 y = 0 处 \qquad u = v = 0; \qquad (5.7.6)$$

其次，边界层必须光滑地连接到它以外的无粘性流动区域。如果 U 为边界层外紧邻处的速度的 x 分量（U 不是随 y 变化很快的函数，因此边界层的"边缘"不可能精确地确定也不要紧）我们可以把第二个条件表示为

$$当 y/\delta_0 \to \infty 时, \quad u(x,y,t) \to U(x,t). \qquad (5.7.7)$$

在单独考虑边界层时，如同对 p 一样，U 须视为给定，而且这两者由下述近似方程式联系

$$\frac{\partial U}{\partial t} + U \frac{\partial U}{\partial x} = -\frac{1}{\rho} \frac{\partial p}{\partial x}, \qquad (5.7.8)$$

此即描述边界层外紧邻处无粘性流动在 x 方向的方程（这里的 v 是小量，因此 $v\dfrac{\partial v}{\partial y}$ 可以略去）；当流动为定常，(5.7.8)等价于 Bernoulli 定理，即 $p/\rho + \dfrac{1}{2}U^2$ 在沿边界层外缘的流线上为常量。此外还需要有第三个条件用以描述涡量以何种方式从上游对流输运到边界层的任一部分，这就是必须在 x 的某个值处规定 $u(y)$。最后，如果运动不是定常的，还需在 $t = 0$ 时刻规定 $u(x, y)$。

(5.7.4)式给出的 δ_0 的渐近变化，可以用来变换边界层方程式使之不包含 Reynolds 数（或粘性系数）。为了得到一个更为自然的坐标系使在其中侧向距离和速度可以用（代表性）边界层厚度作为长度单位来度量，我们定义无量纲量

$$x' = \frac{x}{L}, \quad y' = R^{\frac{1}{2}} \frac{y}{L}, \quad t' = \frac{tU_0}{L},$$

$$u' = \frac{u}{U_0}, \quad v' = R^{\frac{1}{2}} \frac{v}{U_0}, \quad p' = \frac{p - p_0}{\rho U_0^2}, \tag{5.7.9}$$

其中 p_0 为流体中某一方便的参考点处的压力值。根据这些新变量，在 x，y 方向上完全的运动方程及质量守恒方程式为

$$\frac{\partial u'}{\partial t'} + u' \frac{\partial u'}{\partial x'} + v' \frac{\partial u'}{\partial y'} = -\frac{\partial p'}{\partial x'} + \frac{1}{R} \frac{\partial^2 u'}{\partial x'^2} + \frac{\partial^2 u'}{\partial y'^2},$$

$$\frac{1}{R} \left(\frac{\partial v'}{\partial t'} + u' \frac{\partial v'}{\partial x'} + v' \frac{\partial v'}{\partial y'} \right) = -\frac{\partial p'}{\partial y'} + \frac{1}{R^2} \frac{\partial^2 v'}{\partial x'^2} + \frac{1}{R} \frac{\partial^2 v'}{\partial y'^2},$$

$$\frac{\partial u'}{\partial x'} + \frac{\partial v'}{\partial y'} = 0。$$

$$(5.7.10)$$

如果现在设 R 很大，而且当 $R \to \infty$ 时，无量纲量 u'，v'，p' 及它们对于 x'，y'，t' 的导数在 x'，y'，t' 的给定值处仍保持有限并且非零（正如边界层假说中所含的意思一样），那么上述诸方程的一个近似形式是（它在 $R \to \infty$ 时成为精确的）

$$\frac{\partial u'}{\partial t'} + u' \frac{\partial u}{\partial x'} + v' \frac{\partial u'}{\partial y'} = -\frac{\partial p'}{\partial x'} + \frac{\partial^2 u'}{\partial y'^2},$$

$$0 = -\frac{\partial p'}{\partial y'},$$

$$\frac{\partial u'}{\partial x'} + \frac{\partial v'}{\partial y'} = 0。$$

$$(5.7.11)$$

它们不过就是(5.7.1)，(5.7.5)及(5.7.2)变换后的形式。方程(5.7.11)不显含 R，而且在大多数情形下当用上述无量纲变量表示时，边界条件也不显含 R，因此在解中也不显含 R。Reynolds 数的作用仅仅就是决定边界层厚度。当用共同的厚度来度量时，对应于不同 R 值但同样的（无量纲）边界条件的一组边界层是全同的。

为了阐述简单起见，我们在这一讨论中假设了边界层流动为紧贴一刚性平面壁的二维流动。这些限制并不是本质的。当流场作为整体是三维时，边界层在邻近刚性壁处形成，且一般说在这

种边界层内速度向量在保持近乎平行于壁的同时，在沿壁的法向要改变方向。同样地，描述边界层内流动的诸方程也可以变换得使之消去 Reynolds 数。当边界层是贴近一弯曲壁时，在二维体系中，自然地我们要把直角坐标 x, y 换为正交曲线坐标 x, y 使得 $y=0$ 的线与弯曲壁重合。这样，壁的曲率就进入了完全的运动方程之中，但可以表明（相当显然地）壁的曲率 κ 对于二维流动的近似方程的唯一影响是改变 (5.7.5)，它成为

$$\partial p/\partial y = \rho\kappa u^2 \qquad (5.7.12)$$

只要 κ 为有限，则穿越边界层压力的总变化为 δ_0 的量级，因而仍是可以略去的，所以边界层内压力与边界层外紧邻处速度 U 的关系 (5.7.8) 仍然成立。

更进一步地，边界是否为刚性并不是边界层存在的必要条件（虽然刚性壁是形成边界层的最通常的原因，而且也是 Prandtl 形成其边界层假说时他头脑中思考着的原因），刚性只是通过边界条件 (5.7.6) 影响上述的讨论。一般而言，在任何边界上只要由无粘性流动方程导出的速度分布不能精确满足边界性质所要求的条件，边界层将在那里存在。边界层可以存在于"自由"表面，在其上切应力必须为零（见 §5.14）。粘性作用显著的薄层也能存在于两个流动区域之间，其中在每一个区域中流动都可以近似地视为无粘性流动，在这种情形下，(5.7.7) 类型的边界条件适用于这一层的两侧。在 §4.3 中讨论过的具有不同速度的平行均匀流间的过渡层就是这种脱体的或自由的"边界"层，虽然在那种情形中，上述边界层中略去的诸项正好恒为零，故而不必借助于近似。在特定条件下，这些条件相当于要求相应的 Reynolds 数要大，射流及尾迹也可以视为自由"边界"层。明显的是，这里必然至少有一个脱体的涡层是从穿过流体运动的物体处向下游延伸出来的，因为在边界上产生的涡量被向后扫去最终从物体尾部被移开；如果在与物体边界相邻的层内涡量的侧面梯度很大，则在物体下游的脱体层或尾迹中这个侧向梯度也必然很大，因而涡量的粘性扩散在那里将很重要，无论怎样，在沿下游的一定距离内是如此，

一直到脱体层大大地变宽为止。

在本章的下面几节内，将扼要地阐述边界层的性质，在大Reyholds 数流动中边界层所起的主导作用将在若干特定流场的讨论中表现出来。边界层这个题目既十分重要又十分广泛，在这里我们只能提供一个引论。为了简略的缘故，我们只讨论二维的或轴对称流动的情形。在这些情形中不会发生涡线的转动，而涡线的伸缩（在轴对称流中）具有特别简单的特性。读者不要得到这样的印象，似乎它们是仅有的有兴趣的或者可以解析地处理的情形。

5.8　平板上的边界层

把一长为 l 而宽度大得多的非常薄的平板置于流体的定常均匀流动中（意思是如果没有平板，这一流动的速度将是均匀的）使来流平行于长度 l 而垂直于板的前缘，一个定常二维边界层流动的简单情形就出现了。这种情形是很重要的，因为它提供了一个扁平物体，比如顺流动方向放置的机翼的表面摩擦力的比较标准。作为对于实际情形的一个方便的理想化，我们将把平板看成是零厚度的。在没有任何粘性效应的情况下，平板对流动没有扰动，因而流体速度是均匀的，设其大小为 U。对于真实流体而言，它必须满足无滑移条件，靠近平板的流体受到阻滞，或者等价地，涡量从平板扩散出去，于是一个其中速度不同于 U、涡量不为零的流体层就在板附近形成了。在所形成的定常状态中，边界层的厚度与 l 相比到处都是很小的，只要 $lU/\nu \gg 1$。作为流体在平板附近受到阻滞的结果，边界层外的流线要朝侧向偏转；对于无粘性流动区域而言，就好像是在板上加上了一定的厚度，而流线必须绕过这个厚度。不过，只要边界层厚度处处都是很小的，那么它对于无粘性流动区域内速度分布的扰动也是很小的，可以在首次近似中略去。

采用这样的近似后，边界层外的速度是均一的且等于 U。类似地，在边界层外紧邻处的压力也是均一的，因此在整个边界层内它也是近似均一的。这样，边界层方程(5.7.1)及(5.7.2)（再加上流动为定常的假设）化为

$$u \frac{\partial u}{\partial x} + v \frac{\partial u}{\partial y} = \nu \frac{\partial^2 u}{\partial y^2}, \tag{5.8.1}$$

$$\frac{\partial u}{\partial x} + \frac{\partial v}{\partial y} = 0 \tag{5.8.2}$$

这两个方程中的后一个可以通过写出 $u = \partial \psi / \partial y$，$v = -\partial \psi / \partial x$ 而得到恒等满足，于是方程(5.8.1)就只包含一个因变量(ψ)。如果我们置坐标原点于板前缘处，因而后缘在 $x = l$，$y = 0$ 处，则在层的两侧的边界条件是

$$\text{对于 } 0 \leqslant x \leqslant l \quad \begin{cases} \text{在 } y = 0 \text{ 处，} \quad u = v = 0, \\ \text{当 } y/\delta_0 \to \infty \text{ 时，} \quad u \to U, \end{cases}$$

描述上游条件的边界条件简单地就是

$$\text{对于所有 } y \text{ 值，} \quad \text{在 } x = 0 \text{ 处，} \quad u = U。$$

这就是完整的方程及边界条件。

以任何方便的方式定义的边界层局部厚度 δ，在这里是 x 的函数。显然，δ 必须随距板前缘的距离 x 而增长，因为板的每一增加部分所施的摩擦力都要对流过板的流体动量的损失有所贡献。既然接近于板的流体微元当以（常）速度 U 运动时所花费时间是 x/U，那么通常的扩散论据就引导我们去预期：局部边界层厚度是以 $(\nu x/U)^{\frac{1}{2}}$ 增长。达到这个重要结论的另一途径是注意这样的事实，既然在 x 处边界层内的速度分布完全由在 y 方向的涡量粘性扩散和从上游位置而来的涡量对流所决定，它不能依赖下游处固体边界的存在，除非后者对于边界层外紧邻处的速度分布有了影响（在这里没有这种影响），即 $\delta(x)$ 不能依赖于 l。另一方面我们从(5.7.4)知道，作为整个板上边界层的厚度的代表性长度 δ_0 是正比于 $(\nu l/U)^{\frac{1}{2}}$，所以出于一致性的要求必须有

$$\delta \propto \left(\frac{\nu x}{U} \right)^{\frac{1}{2}}。 \tag{5.8.3}$$

近似的运动方程(5.8.1)现在可按导出无量纲方程(5.7.11)中第一个的同样方式进行变换。在离板的前缘距离为 x 处的边界层内的速度分布与板总长度无关的事实使得我们能够对于目前这一特殊情形大大简化无量纲方程。我们说，使无量纲速度分量 u' 及 v' 对于无量纲变量 x' 及 y' 的依赖关系能和 u 及 v 与 l 无关这个事实相一致的唯一方式是 u' 对于 x' 及 y' 的依赖关系是通过下述组合形式的

$$\eta = \frac{y'}{x'^{\frac{1}{2}}} = \left(\frac{U}{\nu x}\right)^{\frac{1}{2}} y, \qquad (5.8.4)$$

而 v' 应为 $x'^{-\frac{1}{2}} \times \eta$ 的函数。这对应于取下述形式的流函数

$$\psi(x, y) = (\nu U x)^{\frac{1}{2}} f(\eta)$$

以及 $\qquad u = U f'(\eta), \quad v = \frac{1}{2}\left(\frac{\nu U}{x}\right)^{\frac{1}{2}} (\eta f' - f), \qquad (5.8.5)$

其中 f 是一无量纲函数，一撇表示对于 η 的微分。由此我们得出这样一个解：在不同 x 值处它均有相同形状的速度剖面。

把 u 及 v 的表达式(5.8.5)代入方程(5.8.1)中去，得出：

$$\frac{1}{2} f f'' + f''' = 0, \qquad (5.8.6)$$

f 要满足的边界条件是

在 $\eta = 0$ 处，$f = f' = 0$，

当 $\eta \to \infty$ 时，$f' \to 1$。

在 $x = 0$ 处 $u = U$ 的条件已由 f（因而 $u = \partial\psi/\partial y$）仅是 $y/x^{\frac{1}{2}}$ 的函数解所满足。(5.8.6)式的数值积分确实表明，满足上述边界条件的解可以找到[①]，得到的速度分布示于图5.8.1。对于小心地顺流置于流动中的一个光滑的小厚度平板上的边界层内速度 u 的分布，已经进行了许多测量，结果表明与示于图5.8.1的分布符合得很好。由(5.8.3)式表示的边界层厚度的抛物线增长，也已由测量结

---

① 这个解首先由 Blasius(1908)接着 Prandtl 关于边界层的早期工作以级数形式找到，后来的作者们用数值方法改进了它。

果相当充分地证实。

这个解的有用的特点之一是它所给出的对于由流体施于板的切向力的估计。在至前缘距离为 x 处，单位面积的摩擦力根据数值解是

$$\mu\left(\frac{\partial u}{\partial y}\right)_{y=0} = \rho U^2\left(\frac{Ux}{\nu}\right)^{-\frac{1}{2}} f''(0)$$

$$= 0.33 \rho U^2\left(\frac{Ux}{\nu}\right)^{-\frac{1}{2}} \quad (5.8.7)$$

其以 $x^{-\frac{1}{2}}$ 变化的关系显然简单地就是边界层厚度以 $x^{\frac{1}{2}}$ 增加的反映，因为速度剖面的形状与 x 无关。所以单位宽度的长为 l 的板的两侧面的阻力就是

$$D = 2\int_0^l \mu\left(\frac{\partial u}{\partial y}\right)_{y=0} dx = 1.33 \rho U^2 l\left(\frac{Ul}{\nu}\right)^{-\frac{1}{2}}。 \quad (5.8.8)$$

这个对于总摩擦阻力的估计近似地适用于任何以顺流方式放置的长为 l 的二维薄体（§5.11）。

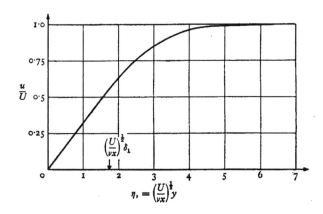

图 5.8.1 平板上边界层内的速度分布

边界层厚度的数值也可以求得。图 5.8.1 表明，在接近 $y = 4.9 \, (\nu x/U)^{\frac{1}{2}}$ 处 u/U 达到 0.99。一个边界层厚度任意性较小的尺

度是所谓**位移厚度**，它的定义为

$$\delta_1 = \int_0^\infty \left(1 - \frac{u}{U}\right) dy, \qquad (5.8.9)$$

它可以设想为由于边界层内流体被阻滞而边界层外紧邻处流线朝侧向被位移的距离。数值解表明

$$\delta_1 = 1.72 \left(\frac{\nu x}{U}\right)^{\frac{1}{2}}, \qquad (5.8.10)$$

它示于图 5.8.1 中。对于 $U=100$ 厘米/秒，$x=10$ 厘米这个公式给出：在常温下空气的 δ_1 为 0.21 厘米而水的 δ_1 为 0.06 厘米。

我们可以回忆到，近似的边界层方程仅当基于壁面线性尺度的 Reynolds 数很大而且 $\partial u/\partial x$ 与 $\partial u/\partial y$ 相比很小时才成立。当 $Ul/\nu \gg 1$ 时，对于长度为 l 的平板，这些条件处处可得到满足，而且随着 $x \to \infty$，精确度也增加，只有在前缘 $x=0$ 的邻域是例外。在这个小区域内，Reynolds 数 Ux/ν 是 1 的量级，δ（如由 (5.8.3) 所估计）与 x 同量级，诸量相对于 x 的变化与相对于 y 的变化相比并不缓慢。由于这些原因，我们不能指望关于流动的上述描述在**距前缘 ν/U 的量级**的距离内也成立。在这个区域内关于流动的改进的近似在有关这个问题的专门著作中有介绍[①]。

也可以通过考虑边界层的存在对边界层外速度分布的影响来改进对于某位置 x 处流动的描述（x 的值须使 $Ux/\nu \gg 1$）。为了得到边界层内流动的第一级近似，我们曾略去了这种影响，假设了在边界层外紧邻处的 u 与 x 无关。在这个基础上具有由 (5.8.10) 给出的位移厚度的边界层在板上形成。我们显然应该通过寻求置于远上游处速度为 U 的来流中的半厚度为 1.72 $(\nu x/U)^{\frac{1}{2}}$ 的抛物形柱周围的无旋流动来得到无粘性区域的流动的一更好的近似。在柱形边界上对应的切向速度分布可以在重新积分边界层方程时用作当 $y/\delta \to \infty$ 时 u 所趋于的速度。

---

① 参阅 L. Rosenhead 编著的 "Laminar Boundary Layers" (Oxford University Press, 1963)。关于本章题目的进一步的一般性知识也可参阅此书。

在上述沿平板的定常流动——其中的边界层厚度为 $(\nu x/u)^{\frac{1}{2}}$ 且保持相同的速度剖面——和一无限平板在初始为静止的流体中被突然置于速度 U 所引起的非定常流动之间，存在着若干明显的相似之处。对后者，如 §4.3 所述，"边界层"厚度为 $(\nu t)^{\frac{1}{2}}$，对于所有的 t 速度分布保持相同形状。Rayleigh 曾经提出无限平板依赖于时间的流动中只要把 t 代之以 x/U 就可以看作为定常流流过半无限板的一个近似（两种情形中的坐标系相对于板均为固定），这种近似有时被用到（由于缺乏更为精确的解）边界层外速度为均匀的流过半无限体的定常流动的其它问题中。这两类流动之间的相似仅仅是定性的，这可以从比较两种情形下算出的单位面积板上的摩擦力值看出来：对于无限板是 $0.56\rho U^2 (U^2 t/\nu)^{-\frac{1}{2}}$ 而对于半无限板是 $0.33\rho U^2 (Ux/\nu)^{-\frac{1}{2}}$。两种流动间的差别可以根据压力近乎均一并在 x 方向变化缓慢的流动的运动方程来说明，亦即

$$\frac{\partial u}{\partial t} + u\frac{\partial u}{\partial x} + v\frac{\partial u}{\partial y} = \nu\frac{\partial^2 u}{\partial y^2}.$$

对于流过半无限板的定常流，左端为 $u\partial u/\partial x + v\partial u/\partial y$，而对于流过无限板的依赖于时间的流动它成为 $\partial u/\partial t$，如令 $\tau = Ut$ 则成为 $U\partial u/\partial\tau$。对于流动速动 (u, v) 很接近于均匀流速度 $(U, 0)$ 的情形，$u\partial u/\partial x + v\partial u/\partial y$ 可以很好地用 $U\partial u/\partial x$（用到 $\tau = x$）来近似（当然，这曾经是 Oseen 方程 (4.10.2) 的基础，它们是特意用来代表远离置于均匀流中物体的区域内的流动的），但对于其它的情形则不然，因为用 U 代替 u 和用零代替 $v\partial u/\partial y$ 一般说是同方向的改变。

上述关于靠近平板处速度分布的计算及对于与之联系的摩擦力和位移厚度的估计，仅当边界层内的流动在整个平板表面上是定常或"层流"时才成立。事实上，当局部 Reynolds 数 $\delta_1 U/\nu$ 超过约为 600 的数值时，边界层内的流动变成为不稳定。在这种情形下边界层内的扰动将增长，在下游的某距离处将发生向一种不

同类型流动的转换。观测表明，在这一新状态下的流动是以持久的和随机的不定常性为特征的，尽管定常平均速度分布仍具有通常的边界层特别。在这样一个湍流边界层中，壁面上的摩擦力与同样外流速度下的层流边界层相比要大得多，因为边界层内的随机横向流把较外层中快速运动的流体输运到壁面附近因而在促进横向输运方面要比分子扩散有效得多。

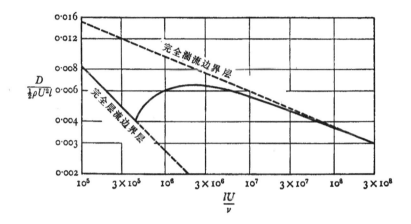

图 5.8.2　置于速度为 U 的流中的长度为 l 的光滑平板单位宽度上的总阻力 D。弯曲的转换线是观测到的典型的形状，但其位置还依赖于实验条件

　　湍流流动问题超出了本书范围，但鉴于平板总摩擦力作为对于所有二维薄体的比较标准的重要性，有必要在此扼要地给出一些数据。根据上述的稳定性判据及公式(5.8.10)得出，在长度为 l 的平板上，当 lU/ν 约小于 1.2×10^5 (在常温下对应于 100 厘米/秒空气流中的 180 厘米长的板及同样速度水流中的 13 厘米长的板)则平板上的边界层内处处为层流。当 Reynolds 数超过此值，向湍流的转换首先发生于近尾缘处，然后逐渐向上游移动，与其伴随的是平板总摩擦力的增长。图 5.8.2 表示出总阻力随 Reynolds 数变化的情况，它是从风洞及水槽中的观测中得来的。在很大的

Reynolds 数下，平板的大部分上均为湍流且（无量纲的）总摩擦力随 Reynolds 数的增加也是减小的，尽管不像全部为层流边界层时减小得那么快。在固定的 Reynolds 数下，来流的稳定程度可能对边界层内层流向湍流的转捩位置产生显著的影响。在图 5.8.2 中，连接全部层流及全部湍流的总阻力线的曲线的位置因而还要依赖于具体情况；对于有相当扰动的来流，测量到的阻力开始偏离全层流线的位置可发生在 $lU/\nu = 10^5$ 附近，而在用现代风洞技术得到的非常平滑的来流中则可以在 $lU/\nu = 4 \times 10^6$ 时仍不发生这种偏离。平板的光滑程度及前缘形状细节都可能和边界层内层流向湍流的转捩位置有关，在具有很低扰动度的来流中尤其是如此。

5.9 外流的加速和减速的效应

在 §5.5 中考虑过的"驻点"附近的二维定常流动是这样一种流场的例子，在其中刚性表面上产生的涡量向离开壁面方向的扩散受到了对流作用的阻止。结果所造成的涡量非零的层可视为外流速度具有 $U = kx$ 形式的边界层；层内的速度分布满足近似的边界层方程 (5.7.1) 同时也满足完全的运动方程，这是因为在这种情形下被略去的项 $\partial \hat{u}/\partial x^2$ 恒为零。如已见到的那样，由向壁的对流及离壁的粘性扩散两个相反作用所决定的涡量非零的层的厚度是均匀的，而单位面积的壁面上的摩擦力随 x 而增加。在通道中大 Reynolds 数纯汇聚流动的情形中（§5.6），涡量向壁的对流更强一些，因此在流动方向随距离的增加边界层厚度减小。平面壁上边界层的另一种情形是在 §5.8 中分析的，其外流速度为均匀；这时在壁的法向没有涡量对流（除了由于边界层本身的存在所引起的很小的横向速度以外），因此，单独在扩散作用下边界层厚度随 x 而增加，而壁摩擦力随 x 的增加而减小。

第三种可能的边界层形式，关于它还没有给过示例，是外流速度随 x 的增加而减小的情形。从质量守恒关系

$$v(y) = -\int_0^y \frac{\partial u}{\partial x} dy \qquad (5.9.1)$$

导出：在这种情形中速度的（小的）法向分量是**指向离开**壁面的，至少在边界层的靠外部分（在那里 $\partial u/\partial x$ 肯定与 $\partial U/\partial x$ 同号）也许在整个边界层中均如此。这时对流与扩散就联合起来把涡量从壁面输运走，因而可以预期边界层厚度随 x 迅速增加。在某些情况下增厚的速率是如此之高以至根本上阻止了边界层的形成（如在发散通道中的流动那样，见 §5.6）；而在另一些情形中，如我们将要看到的，将会发生边界层的分离现象，此时外流在超过某一点后就不再近似平行于边界而流动。分离的可能性及其对于**整**个流场性质造成的根本性影响使得减速外流的情形具有特殊的重要性。

外流的加速或减速对于边界层的影响也可用动力学的术语来表述。压力在穿过边界层方向上近似地是均一的，因此造成外流加速的压力梯度同样地作用于边界层内的流体。根据无粘性流体运动方程，在定常流动中速度 q 随着沿流线距离 s 的变化率由下式给出

$$\frac{\partial q}{\partial s} = -\frac{1}{pq}\frac{\partial p}{\partial s},$$

对于给定的压力梯度，近壁处流体的慢速运动的这个量从数值上讲要大于外流。这样，一个负的（或加速的）压力梯度就力图减小穿过边界层的速度变化，减小边界层厚度；而正的压力梯度则具有相反的趋向。在压力梯度的效应之上还必须加上粘性的效应，特别是壁面摩擦的效应，后者连续不断地从边界层中吸取动量并趋于使边界层增厚。对于一速度与 x 成正比地增加的外流，就边界层厚度而言，这两个效应正好完全平衡。

外流速度正比于 x^m 时的相似性解

外流的加速与减速如何对于边界层厚度及表面摩擦力随沿边界的距离的变化产生影响，可以从 Falkner 和 Skan (1930) 给出

的关于二维定常流的一族解中清楚地看到。这两个作者注意到在外流速度为

$$U = cx^m \tag{5.9.2}$$

的情形下，其中 c（>0）和 m 为常数，能够得到边界层方程的形为下述的一个解：

$$\psi = (\nu U x)^{\frac{1}{2}} f(\eta), \quad \eta = (U/\nu x)^{\frac{1}{2}} y。 \tag{5.9.3}$$

用这个变换及利用 U 和 p 的关系式(5.7.8)消去压力后，边界层方程(5.7.1)变为

$$m f'^2 - \frac{1}{2}(m+1) f f'' = m + f'''。 \tag{5.9.4}$$

当 $m=1$，这个方程就化成对应于流向平面壁"驻点"的流动的(5.5.13)式；而当 $m=0$，它就对应于顺流置于均匀流中的平板上的流动。在 §6.5 中我们将会看到，速度变化(5.9.2)发生在一个对称地置于无粘性流体的无旋流中的半顶角为 $\pi m/(m+1)$ 的楔面上（x 从顶点量起）；于是(5.9.4)式可视作决定这样的楔面上的边界层内的流动的关系式，m 为负值时对应于当平板离开来流斜放时流过其上的流动（尽管当 $m<0$ 在 $x=0$ 处 U 所具有无穷大值，在实际中是不会实现的）。不过，所得结果的那种可能的应用并不是我们这里的直接兴趣所在。

在边界层内缘和外缘必须满足的边界条件是

当 $\eta \to \infty$ 时，$f(0) = f'(0) = 0$，$f'(\eta) \to 1$。

在 $x=0$ 处不能再提条件，因为对解所假设了的形式(5.9.3)使得 U 随 y 的变化对所有 x 值具有同样形状。在这些边界条件下，对于许多的 m 值(5.9.4)的数值解已由 Hartree (1937) 得到，其中若干个这样的值所对应的速度分布示于图 5.9.1；图中的横坐标为 $\left\{ \frac{1}{2}(m+1) \right\}^{\frac{1}{2}} \eta$，因为在数值积分时用它比用 η 更方便些。当 $m<0$ 时，解不唯一，而示于图 5.9.1 中的负的 m 值的解据信是物

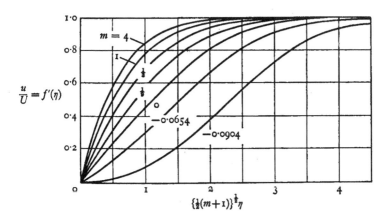

图 5.9.1　外流速度为 $U=cx^m$ 时，横穿边界层的方向上速度的相似性分布

理上"合理的"并光滑地与正 m 值解连结的那些解[①]。

对于每一个 m 值，解的两个重要参数是位移厚度（δ_1）及壁面上的摩擦力（如可记为 τ_0）。从（5.9.3）我们可以得到

$$\delta_1 = \int_0^\infty \left(1 - \frac{u}{U}\right) dy = \left(\frac{\nu x}{U}\right)^{\frac{1}{2}} \int_0^\infty (1 - f') d\eta, \alpha x^{\frac{1}{2}(1-m)},$$

$$(5.9.5)$$

及
$$\tau_0 = \mu \left(\frac{\partial u}{\partial y}\right)_{y=0} = \rho \left(\frac{\nu U^3}{x}\right)^{\frac{1}{2}} f_0'',$$

$$\alpha x^{\frac{1}{2}(3m-1)}$$

$$(5.9.6)$$

这些表达式清楚地表示出层厚及壁面应力对于 x 的依赖关系如何随着外流加速或减速的程度而变化。当 $m = \dfrac{1}{3}$ 时，壁面应力看来是均匀的；外流加速引起的壁面处速度梯度增大的趋势此时正

---

① Stewartson（1954）对于 $-0.0904 < m \leqslant 0$ 找到了第二组解，它们光滑地与上述 $m = -0.0904$ 的解连结，但当 $m \rightarrow 0$ 时它们不给出 §5.8 中描述过的平板边界层的解。此第二组解中的每一个解都表明在壁面附近有一反向流动区，它们的物理意义还不清楚。

好由边界层的扩散增厚引起的相反趋势所平衡。

(5.9.5)及(5.9.6)没有表示出对于负的 m 值,δ_1 及 τ_1 有什么急剧的变化,但在图 5.9.1 中所示的剖面中却有这种变化的迹象。我们将会看到,对于减速外流剖面有一拐点。这个特征实际上是具有普遍性的,如从运动方程在边界上所取的形式可以看到的一样,亦即

$$\nu\left(\frac{\partial^2 u}{\partial y^2}\right)_{y=0} = \frac{1}{\rho}\frac{\partial p}{\partial x}, \quad \approx -\frac{1}{2}\frac{dU^2}{dx}。 \quad (5.9.7)$$

于是对于减速外流,$\partial^2 u/\partial y^2$ 在壁面上为正,同时,既然当 $y\to\infty$ 时 $u\to U$,所以 $\partial^2 u/\partial y^2$ 必在某 y 值处变号。在 $U=$ 常数(即 $m=0$)的情形中拐点出现在边界上。随着 m 从零不断减小,在壁面上的 $\partial^2 u/\partial y^2$ 的正值要增加,这一点再加上 $y\to\infty$ 时 $u\to U$ 的约束就导致 $(\partial u/\partial y)_{y=0}$ 的连续减小。在 $m=-0.0904$(它是已有的完全数值解中最小的 m 的值)时,壁面上的速度梯度为零,从而给出一个相当奇特的边界层,在其中任意 x 处摩擦力均为零。

从 Falkner-Skan 解族中得到的一个重要结论是:对于外流速度形为 x^m 的情形可以得到,边界层内不发生反向流的相似性解的外流最大减速度是对应于 $m=-0.0904$。对于 m 的这个值,外层流体施加的向前的摩擦力刚好能阻止靠近壁面的流体由正的(通称为"逆"压梯度)压力梯度引起的反向流动。值得注意的是这个 m 的临界值很接近于零。

对于形为(5.9.2)而 $c<0$ 的外流速度也可以得到边界层方程的相似性解。在变换(5.9.3)中 U 须代之以 $-U$,对于(5.9.4)式的影响是改变 f''' 项的符号。这时外流是流向 x 的原点,而当 $m<0$ 时它是加速。这一分析的一个有趣的副产品是,当 $m=-1$ 时我们就很方便地重新得到解(5.6.12),它是在大 Reynolds 数下处处为定常径向向内流动的楔形通道的一个壁面附近的速度分布。

流体中运动物体上定常边界层的计算

现在我们有可能来一般地考察边界层流动如何随物体表面上

位置变化,此物体在无穷远处为静止的流体中以大 Reynolds 数定常地运动,而 Reynolds 数是以物体运动速度 U_0 及其线性尺度 L 计算的。边界层可以认为是在来自远上游处的分离[①] 流线与物体表面的相交点处",初期发展的性质依赖于物体表面的局部几何特性。如果表面是一局部地可视为平面的圆滑的表面,边界层的初始发展就像在§5.5 中分析过的"驻点"流一样;如果它是一个朝向前方的尖缘,同时分岐流线与之相会于顶点处,边界层的初始发展将如像 $m \geqslant 0$ 的(5.9.4)解族中的一个,而可忽略厚度的平板顺流置于来流中的情形则对应于 $m=0$。在边界层的这个起始处的下游,外流的速度将以不同的方式变化,它由物体的整体形状来决定,可能既有加速又有减速,因而也具有边界层厚度的及边界层内速度分布也有相应变化。在物体表面上的有限部分内,边界层内的速度分布大致地与 Falkner-Skan 方程所给出的相似,但 m 的值要选得能代表局部条件,除非外流的减速不再是微小的。

已经设计[②] 出许多数值计算方法去求对于给定的定常外流速度分布的边界层的发展。所有这些方法都利用了这样的事实,即边界层方程(5.7.1)是二阶抛物型偏微分方程(不像完全的运动方程那样对 x, y 为椭圆型),因此允许对于 x 进行前向积分,在任一 x 值处的条件,一般是由边界层上游的历史决定。这种计算的重要的实际目标是边界层厚度及壁面切应力,后者对于流体作用于物体的总力的任何估计中都是必需的。边界层方程的无量纲形式(5.7.9)及(5.7.11)表明,对于在速度为 U_0 的流中的二维物体,在沿物体表面距离前驻点为 x 处的边界层位移厚度是

$$\delta_1(x) = \int_0^\infty \left(1 - \frac{u}{U}\right) dy = L R^{-\frac{1}{2}} \int_0^\infty \left(1 - u' \frac{U_0}{U}\right) dy',$$

$$(5.9.8)$$

其中 L 可以取为物体长度。同样地,壁面上局部切应力是

---

① 仅当物体是二维时,流动才分开为两部分绕过物体的不同侧,这也是最容易作一般性描述的情形。二维物体上的边界层要复杂得多,除非流动具有轴对称性。

② 参阅由 L. Rosenhead 编著的 "Laminar Boundary Layers"。

$$\mu \left(\frac{\partial u}{\partial y} \right)_{y=0} = \rho\, U_0^2 R^{-\frac{1}{2}} \left(\frac{\partial u'}{\partial y'} \right)_{y'=0} \qquad (5.9.9)$$

在 (5.9.8) 与 (5.9.9) 式中，带一撇记号的量是无量纲的，与
Reynolds 数无关。数值地积分边界层方程将给出作为 x' 的函数的

$$\int_0^\infty (1 - u'U_0/U)dy' \quad \text{及} \quad (\partial u'/\partial y')|_{y'=0}$$

的数值。虽然在这里我们不去介绍各种各样的计算边界层的发展
的方法，但我们将注意一个首先由 von Kármán（1921）给出的积
分关系式，它已成为许多近似方法的基础。这个关系式是 §3.2 中
给出的积分形式的动量方程的特殊形式，它可通过穿越边界层对
y 来积分边界层方程 (5.7.1) 来得到。这个方程的有些项在边界层
外不为零，不过我们通过先从 (5.7.1) 式中减去 (5.7.8) 式（它是
(5.7.1) 式在边界层外紧邻处所取的形式）的办法能够避免使结果
有赖于积分的精确范围。于是要积分的方程就是

$$\frac{\partial(u-U)}{\partial t} + u\frac{\partial u}{\partial x} + v\frac{\partial u}{\partial y} - U\frac{\partial U}{\partial x} = \nu\frac{\partial^2 u}{\partial y^2} \quad , \qquad (5.9.10)$$

对 y 的积分限可取为 0 及 ∞，因为我们理解到，在边界层外 u 可
以看作与 y 无关并且等于 U（当使用在 §5.7 中引入的更加自然
的横向坐标 $y' = R^{\frac{1}{2}}y/L$ 时，可以看到当 $R \rightarrow \infty$ 时这一点成为越来
越精确的假设）。

积分的结果是

$$\begin{aligned}
\nu \left(\frac{\partial u}{\partial y} \right)_{y=0} &= \frac{\partial}{\partial t}\int_0^\infty (U-u)dy \\
&+ \int_0^\infty \left\{ (U-u)\frac{\partial U}{\partial x} + u\frac{\partial(U-u)}{\partial x} + v\frac{\partial(U-u)}{\partial y} \right\}dy \\
&= \frac{\partial(U\delta_1)}{\partial t} + \frac{\partial U}{\partial x}U\delta_1 \\
&+ \int_0^\infty \left\{ u\frac{\partial(U-u)}{\partial x} + (U-u)\frac{\partial u}{\partial x} \right\}dy, \qquad (5.9.11)
\end{aligned}$$

上述最后一步中使用了质量守恒方程。量

$$U^{-2}\int_0^\infty u(U-u)dy$$

是一个类似于位移厚度的长度，通常称为动量厚度，记为 θ。于是关系式(5.9.11)可以写为

$$\nu \left(\frac{\partial u}{\partial y} \right)_{y=0} = \frac{\partial (U\delta_1)}{\partial t} + \frac{\partial U}{\partial x} U\delta_1 + \frac{\partial (U^2\theta)}{\partial x} \text{。} \quad (5.9.12)$$

一个常能给出足够精度的简单处理方法是假设：对于所有 x，相对于 y 的速度分布都具有同样的形状，这个形状的选择要使得能够满足尽可能多的边界条件，然后把(5.9.12)看作为对于规定这一形状的参数之一的微分方程。例如，我们可以选定剖面为

$$u = \begin{cases} U\sin\alpha y, \text{对于 } 0 \leqslant y \leqslant \pi/2\alpha \\ U, \qquad \text{对于 } y \geqslant \pi/2\alpha, \end{cases}$$

这个剖面对于一外流为均匀或增加不太快的边界层的情形，定性地说是合适的。对于这一剖面我们得到

$$\delta_1 = \int_0^{\pi/2\alpha} (1 - \sin\alpha y) dy = \left(\frac{1}{2}\pi - 1 \right) \Big/ \alpha,$$

$$\theta = \int_0^{\pi/2\alpha} \sin\alpha y (1 - \sin\alpha y) dy = \left(1 - \frac{1}{4}\pi \right) \Big/ \alpha \text{。}$$

我们可以取均匀外流的情形作为一个检验，对于它由(5.9.12)给出

$$\nu\alpha = U\left(1 - \frac{1}{4}\pi \right) \frac{d\alpha^{-1}}{dx},$$

由此可以定出 α。于是

$$\delta_1 = \frac{0.571}{\alpha} = 0.571 \left(\frac{8}{4-\pi} \right)^{\frac{1}{2}} \left(\frac{\nu x}{U} \right)^{\frac{1}{2}}$$

$$= 1.74 \left(\frac{\nu x}{U} \right)^{\frac{1}{2}},$$

这与 (5.8.10) 给出的值非常接近。

如果外流的减速不小时，全部现有的定常边界层内流动的计算方法都要遇到困难，因为边界层厚度增加的速度变为如此之大使得边界层近似不再能成立。

在初始为无旋的流动中边界层的增长

作为考察边界层外缘处流体减速的特殊后果的另一种方法，

我们考虑具有一给定外流速度分布 U 的边界层流动从一个处处涡量为零的初始状态随时间的发展情形。为确切起见，我们设一浸于无限静止流体的固体开始作平移运动。在最初一段时间内，流体的运动除了在紧连接物面的一薄层以外到处都是无旋的，与这一无旋流场相联系的在表面处的流体相对速度可以由物体的形状及其瞬时速度决定。于是，在涡层外缘处的速度 U 作为沿物面距离 x（为简单，假设物面为二维）及时间 t 的函数是已知的。边界层内的相对于物体的运动由方程 (5.7.1) 及 (5.7.2) 所制约，结合 (5.7.8) 可以给出压力梯度，解所须满足的条件是 (5.7.6)，(5.7.7) 以及新的要求

当 $t = 0$ 时，对于 $y > 0$：$u(x,y,t) = U(x,t)$。

对于物体的速度是突然地从零跳跃到 U，并在其后时刻保持不变的简单情形，U 与 t 无关，(5.7.1) 及 (5.7.8) 化为

$$\frac{\partial u}{\partial t} + u \frac{\partial u}{\partial x} + v \frac{\partial u}{\partial y} = U \frac{dU}{dx} + \nu \frac{\partial^2 u}{\partial y^2}。 \quad (5.9.13)$$

显然，在前缘驻点和 $U(x)$ 的第一个极大值处之间的物面部分上，解是平滑地趋向于定常边界层而不会有什么不寻常的特性。我们希望知道的是具有 $dU/dx < 0$ 的物体后部会发生什么。

在小 t 值下用迭代法（由 Blausius 1908 年首先使用）寻找所要求的 (5.9.13) 的解的一个方法已经设计出来，其物理基础是：在初始时边界层极薄，对于 $\partial u / \partial t$ 的主要贡献来自粘性扩散。在由 (5.9.13) 式给出的 $\partial u / \partial t$ 的表达式的四项中，$t \rightarrow 0$ 时只有 $\nu \partial^2 u / \partial y^2$ 成为无穷大。（一般说，对于边界层 $v \partial u / \partial y$ 与 $u \partial u / \partial x$ 同量级，因而保持有限，大的 $\partial / \partial y$ 恰好与小的 v 相平衡。）于是对于 u 的第一级近似——记以 $u_1(x, y, t)$ 满足下述方程

$$\frac{\partial u_1}{\partial t} = \nu \frac{\partial^2 u_1}{\partial y^2} ,$$

其满足上述边界条件的解是

$$u_1(x, y, t) = U(x) \frac{2}{\sqrt{\pi}} \int_0^{\eta} e^{-\eta^2} d\eta = U(x) \text{erf} \eta \quad (5.9.14)$$

其中 $\eta = \frac{1}{2}y/(\nu t)^{\frac{1}{2}}$。流体相对速度的这一分布及在位置 x 处的边界和一个平面刚性壁在自身所在的平面内其速度突然变成并保持为 $-U(x)$ 时在半无限流体中所产生的完全一样,在后一种情形中对流及压力梯度的影响均恒为零(§4.3)。

现在我们可以用这个第一级近似去估计(5.9.13)式中的对流项。例如,速度在局部地平行于边界的方向上的分量的第二级近似是 $u=u_1+u_2$,其中

$$\frac{\partial u_2}{\partial t} - \nu \frac{\partial^2 u_2}{\partial y^2} = U\frac{dU}{dx} - u_1\frac{\partial u_1}{\partial x} - v_1\frac{\partial u_1}{\partial y}, \quad (5.9.15)$$

第一级近似的法向速度 v_1 是由(5.9.14)及质量守恒关系(5.9.1)得出。u_2 须满足的边界条件是

$$u_2(x, y, 0)=0, \quad u_2(x, o, t)=0,$$

当 $y \rightarrow \infty$ 时, $\quad u_2(x, y, t) \rightarrow 0$。

(5.9.15)式的右端具有形式

$$U\frac{dU}{dx} \times \eta \text{ 的函数}$$

表明 u_2 可以写为 $tU(dU/dx)f(\eta)$。决定函数 $f(\eta)$ 使其满足(5.19.15)以及上述边界条件是一件直接了当的事[1],这里就不再叙述。这样,第二级近似就是

$$u = U \text{erf}\eta + tU\frac{dU}{dx}f(\eta). \quad (5.9.16)$$

这样的步骤可以继续进行下去以提高近似程度,第 n 步的结果是在 u 的表达式上加上形为下述的项:

$$t^{n-1} \times x \text{ 的函数} \times \eta \text{ 的函数}.$$

对于考察外流减速区域中边界层内反向流发展的目的而言,近似关系式(5.9.16)已经足够了。误差函数 erfη 及 $f(\eta)$ 两者均是处处非负的,$f(\eta)$ 对 erfη 的比值在 $\eta=0$ 处达到最大。所以仅当 $dU/dx<0$ 反向流才能存在,而且首先出现在 $\eta=0$ 亦即 $y=0$ 处,

———————————
[1] 例如可参阅 L. Rosenhead 编著的 "Lamrinar Boundary Layers" § Ⅶ. 7.

这也正是我们已见到过的可适用于定常边界层的结论。对于任意位置 x，反向流出现之前的时间间隔是使 $(\partial u/\partial y)_{y=0}$ 成为零的 t 值，根据 (5.9.16) 及 $f(\eta)$ 的已知解，它是

$$-\frac{1}{dU/dx}\left\{\frac{d(\mathrm{erf}\eta)/d\eta}{df(\eta)/d\eta}\right\}_{\eta=0}, = -\frac{0.70}{dU/dx}。$$

在物面上反向流出现的时间及地点依赖于函数 $dU(x)/dx$，而它是由物体的形状完全决定的。一个简单的示例是半径为 a 的圆柱。在全部为无旋流动中绕柱环量为零时，在圆柱面上流体相对速度为（见 (2.10.12)）

$$U(x) = 2U_0 \sin\frac{x}{a},$$

这里 x 为从前驻点沿柱表面度量的，U_0 是圆柱相对于无穷远处流体的平动速度。在这种情形下，$-dU/dx$ 的极大值是位于后驻点 $x=\pi a$ 处，反向流即在此处于时间 $0.35a/U_0$ 后发生，亦即在柱运动了 $0.35a$ 距离后发生（对于 u 的第三级近似，0.35 这个数成为 0.32）。在其后的时间里，在柱后部的有限部分表面上，例如在 $\frac{3}{4}\pi a < x \leqslant \pi a$ 范围反向流发生的时间为 $0.50a/U_0$，且随 $t \to \infty$ 反向流延伸至 $x = \frac{1}{2}\pi a$ 处。不过值得怀疑的是 t 的幂级数中的前几项对于 t 大于 $0.5a/U_0$ 的值是否还能提供对于 u 的值的精确估计。这种计算的价值在于发现边界层内反向流即在一定的时间间隔以后在物体后部发生，这个时间与 $-dU/dx$ 的极大值成反比，它不依赖于粘性。在一边界层内反向流的发展在实际中一般是边界层无限加厚的先兆，故而这里的启示是：绕过圆柱并且有一个连接整个物面的薄边界层的定常流是不可能的。

其它更有启发性的论证也确实表明，在一定时间以后涡量将被带动远离物体。在初始无旋流动的后驻点附近，垂直于表面的速度分量（指向离开表面）是等于 ky，其中对于圆柱 $k=2U_0/a$；因而非零涡量层的厚度一旦成为如此之厚使涡量输运主要靠对流以后，它就如 $\exp(kt)$ 增长。但是为在最初时刻把涡量从柱面传出

去粘性是必需的，根据量纲分析的考虑，后驻点（此处外流仅仅由参数 k 决定）涡层厚度的表达式是

$$\text{常数} \times (\nu/k)^{\frac{1}{2}e^{kt}}$$

因此对于一圆柱可以预料在量级为

$$k^{-1}\log\frac{a^2b}{\nu}, \quad \text{或者} \quad \frac{a}{U_0}\log\frac{aU_0}{\nu}$$

的时间，层厚度可能与柱半径大小相比拟，实际上，这个时间与 a/U_0 并无显著不同。

已经进行了关于初始为无旋运动的流过圆柱的流动发展情况的计算，它们是通过在完全的运动方程中用有限差分近似时间及空间导数，借助高速计算机按时间一步一步地在全流场积分这些

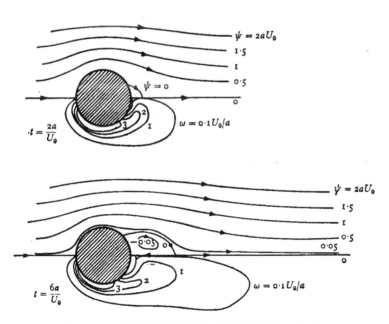

图 5.9.2 圆柱突然以常速 U_0 开始运动后的 $2a/U_0$ 及 $6a/U_0$ 时刻，相对于柱体的流动的流线及涡量 ω 的分布；$2aU_0/\nu=100$（引自 Payne 1958）

方程而进行的。Payne（1958）用这种方法数值地积分了涡量方程（用这个方程的好处是计算可以限制在柱体后一有限的涡量非零的区域），时间步长用 $0.1a/U_0$，在圆柱突然地被置于其定常速度 U_0 以后的时刻 $2a/U_0$ 及 $6a/U_0$，在 Reynolds 数 $2aU_0/\nu=100$ 下，算出的涡量 ω 及流函数 ψ 的分布示于图 5.9.2。这个 Reynolds 数还不足够大得使薄边界层得以形成（如果真是形成很薄的边界层，有限差分方法会遇到困难），不过涡量首先被带到后部然后由此移向下游的这种方式可能对于大 Reynolds 数也差不多。由此看来，在柱面附近与反向流相联系的封闭流线区域内，非零涡量层的厚度增长是很快的。

由静止开始运动的钝体后部涡层的这种快速增长是可以观测到的。图 5.9.3（图版 5）显示了钝体在开始运动后的不同时刻体后的运动情形。第一幅是在开始运动后很短时间拍摄的，以至于边界层还不能辨认。其后的照片则显示了在边界层内反向流的发生及强化。[它们也表示出涡量在不断加厚的边界层内积聚以及明显地是由于局部流动的不稳定性而形成大约像圆形的旋涡（eddies）或"涡"（vortices）的典型趋势。这些涡与十分活跃的反向流相联系，这可以从最后两幅照片中主涡上游的次级反向涡旋推断。] 很清楚，在尾区涡层的增长很快，这就使得边界层近似在该处不再成立，最终的定常状态亦不是那种在物体前表面上边界层内的流体沿物面一直流到后驻点的那种状态。

5.10 边界层的分离

现在我们要来讨论大 Reynolds 数下层流流动的理论上非常困难的问题。

首先回顾一下在 §4.1.2 中得到的事实是有益的，即当定常流流过物体的 Reynolds 数在 1 到大约 100 的范围中时，物体尾部的反向流动是其典型特征，而且随 Reynolds 数在这一范围内增加，这一特征变得更加显著。图 4.12.1（图版 1）、图 4.12.8（图版 3）及图 4.12.10（图版 4）都显示出了相对于物体为静止的大环形旋涡的出现。邻近物体迎风面的流线在某点开始离开物体而绕过这些大的驻涡。在 §4.12 中讨论的流场的 Reynolds 数还不够大，因而在物面上的边界层还不能清楚地辨认（根据对于平板的公式（5.8.10），当 $Ul/\nu=100$ 时我们有 $\delta_1/l=0.17$）。

当流过物体的定常流的 Reynolds 数更高些时，即在迎风面处边界层厚度与物体尺度相比很小时，观测表明在靠近物体侧面某处表面流线也有同样的脱离现象，虽然在物体尾部的尾迹内的流动常呈不定常（定常流的不稳定性所导致的结果），而附体的具有规则闭合流动的驻涡也变得越来越不明显。图 5.10.1（图版 6）提供了一个具有钝尾的长旋成体的侧面上表面流线定常脱离开的细致图像，在此情形中，附体部分的边界层的厚度是非常小的。

当钝体被置于大 Reynolds 数流动中时，流过物体迎风面附近的流线在侧边离开物体并把缓慢而不定常运动的流体包围起来的这种观察到的现象就是**边界层分离**的一个例子。如我们所已经见到，甚至在 Reynolds 数为 10 左右时也能发生表面流线的脱体；但对于大 Reynolds 数情况它具有特殊的重要性，因为这时离开表面的流线从表面移走很大的涡量。边界层的分离并不只局限于物体在无限流体中运动时引起的流动中。例如在流过一短通道或管道（短到使壁面上边界层还未达到通道中央）的流体在发散段被减速时也发生，如图 5.10.2（图版 6）所示。在平面或弯曲的没有尖锐前缘的壁面上边界层的分离也已被观察到，只要当边界层外紧邻处实效上为无粘性的流体的速度在流动方向的减速充分快和足够大。至于外流的减速必须准确地是多快多大的问题则还不能回答，因为看来分离与边界层过去的历史也有关系，但是从实际的角度说，一个定常边界层一般地在外流有非常小的阻滞后就会分离。诚然，Falkner-Skan 解族中的某些解提出了这样一些边界层，尽管外流有不确定的减速，它们仍然继续保留在平面壁上，然而此时的减速是非常缓慢的，而且为此边界的初始断面还须具有特定的形状。

图 5.10.3 中的两幅照片（图版 7）提供了一个图象示例，表明分离基本是由于固体表面的存在所引起的，在此固体表面上必须满足无滑移条件并在此产生涡量。第一幅照片表示的是二维流动流向一平面刚性壁的"驻点"的情形（属于 §5.5 分析过的类型），第二幅表示的是当在对称平面处置入一薄的刚性平板时流动又如何变化。平板与第一个流动的流线重合，故如果流体全无粘性在板上允许滑移的话，则流动不应该发生任何变化。然而事实上无滑移条件是起作用的，在平板上要形成边界层。在对称平面上原有的流动的减速很强，使得在平板上一个薄的定常边界层的存在成为不可能；越来越多的涡量在越来越厚的边界层内积聚起来，最后在平板的顶端附近产生分离，因而无旋流不再流近原先的壁面。

尽管边界层分离具有很大的普遍性而且它对整个流动的影响具有很大的重要性，但对这一现象的恰当的理解及解析描述至今还没有。无疑，分离是和这样一个经验事实相联系的，即当外流速度有相当大的下降时，与固壁相连的边界层的定常状态就成为不可能。看来在流动建立起来的初始阶段外流的速度降相当大的情形中，从固体边界向外输运涡量进行得如此之快，涡量很快就不再局限于一薄层。流动的整个特性也就发生变化而呈这样一种形态，使得边界层仅在它的外面没有或很少有减速的地方继续保留在壁面上。困难在于我们缺少一个能够看到其最终形态是什么的手段。

人们已试图从数学上把分离的发生与定常状态的边界层的上游历史联系起来，在其中把压力分布视为已知。如同在 §5.9 谈到过的那样，边界层方程的数值积分的通常步骤是从某一初始 x 值出发，在此位置上给定速度相对于 y 的分布（初始位置可以是字面意义上的边界层开始处），在给定压力分布或者等价地给定外流速度分布下前进到较大的 x 值处。结果发现，所有这类方法在外流有持续减速的区域都遇到困难，通常是数值过程行不通，如一个迭代过程的不收敛以及当接近壁面上的零摩擦应力位置时计算上的困难急剧增加。对于一个外流速度为 $U=U_0-\alpha x$ 的特定情形的边界层，其中 U_0 及 α 为常数，非常细心的数值研究结果 (Hartree 1949; Leigh 1955) 表明，边界层方程在这一点上具有代数奇异性。我们知道有一个具有 $(\partial u/\partial y)_{y=0}=0$ 的正则解，这就是 $m=-0.0904$ 时的 Falkner-Skan 相似性解（§5.9），不过在该解中 $(\partial u/\partial y)_{y=0}=0$ 是对于所有 x 成立，因而使它不具有代表性。

如果在某个流场中，$(\partial u/\partial y)_{y=0}$ 随着 x 的增加光滑地从正值通过零变为负，则零壁面摩擦位置也就是反向流开始处[①]。二维运动方程（无论是精确的形式还是边界层近似的形式）可以看作是把任一点处流体的涡量变化表示为由涡量的扩散和涡量与流体一起的对流两种贡献所引起的结果。因此可以预料，边界层方程的前向数值积分，其中某 x 值处的条件是从较小 x 值处的条件决定出来的，一般说只有当流体速度在整个积分区域是在 x 增加的方向时才有成功的希望；如果在某个点 x_1 处发生反向流，那么从**较大的** x 位置处来的对流就会对 x_1 处的涡量平衡作出贡献，这个贡献不是由 $x<x_1$ 处的条件决定的，这与我们采用的计算中假设的基本点矛盾。

现在我们的处境是：首先从观测上我们知道，在外流速度最大值位置或其下游一小段距离处定常边界层要从光滑形状的固体边界"分离"或脱离开，其次，在沿外流方向前向积分边界层方程时当积分到达壁面零摩擦力点的邻域时确有实际困难。在文献中通常把如下一点视为当然，尽管这个假设还缺乏证实，即分离点和壁面零摩擦力点重合。根据观测我们至多只能说这两点通常是接近的，实验总受到分离点下游的流动不稳定性的妨碍，有时也被附着在壁面上的边界层的不稳定性所妨碍。据目前的认识水平，一个谨慎的观点是：零壁面摩擦是定常边界层分离的必要的前导或伴随物，它可以发生在分离点位置处或其上游。无论怎样，

[①] 关于在壁面上 $\partial u/\partial y$ 变号的点的非常小的（在边界层内）邻域内的一维流动作为具有可忽略惯性力的流动的情形在 §4.8 中已描述。

从边界层理论得出的一个重要结论是：只要外流速度分布保持为不变，零壁面摩擦点的位置就与 Reynolds 数无关；因此某点处零表面摩擦力的出现，并且推测起来还有与之还相联系的分离现象的发生，在 $\nu \to 0$ 的极限情况下也继续存在。

先不论定常边界层方程在零壁面摩擦点处的解具有奇异性的可能性如何，单从边界层方程的演绎的分析是不足以确定分离点的位置的。如我们上述所定义的，边界层分离涉及的是来自物体前部边界层内流线从物面邻域脱离开的问题，它是作为一个整体的流动的特征，因而需要通过考虑边界层内及边界层外的流动两者以及分离了的边界层两侧的流动后才能决定。边界层外的流动是由椭圆型偏微分方程所制约（当流动为无旋时它简单地就是 Laplace 方程），因此处处均受到这个流动区域的整个边界形状的影响，其中也包括分离了的边界层所提供的部分边界。因此，分离的存在也影响到附体边界层部分的压力分布。流体力学之主要的未解决问题之一就是在具有边界层分离的定常流动情形中如何决定既包括边界层内又包括其外的流动的问题。

对于从平滑几何形状物体分离的情形，观察到表面流线或多或少地是切向地离开表面，如图 5.10.4 (a) 所示，该图中的尺度是取物体尺度量级为 1，而边界层看起来就像是无厚度的一条线。如果在分离点 S 处离去的流线与上游物面构成一小于 $180°$ 的角，

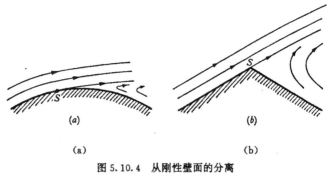

图 5.10.4　从刚性壁面的分离
(a) 无尖角边缘 (b) 有尖角边缘

可以方便地看到（如我们把（5.9.2）式解释为无旋流动中一楔上速度分布时所谈到），假设为无旋流动一部分的外流的速度在 S 处将为零，于是在到达 S 以前将有相当大的外流减速。如我们已看到的，这就导致一反向流动以及大得不能限制在一薄层之内的涡量积聚积。换言之，边界层流线的切向分离是定常流动中唯一可以自恰的可能性。

具有尖角边缘的壁或物体表面的情形具有一些独特的性质值得分别来讨论。此时我们发现，边界层总是在尖角边缘处分离（如在图 4.12.10 图版 4 所示的两个最大 Reynolds 数流动），边界层沿上游面的切向离开尖角边缘，如图 5.10.4(b) 所示。看来，对于边界层内和边界层外的流动，除了靠近壁面的流线切向地离开边缘的状态以外不会有别样的定常状态，流动作为一个整体把自身调整得使分离以这种方式发生。另外还发现，与具有平滑形状的刚性边界情形不同，边界层外紧邻处的无粘流体的速度在接近分离点时并不减小。（从上游某点用实测的外流速度分布数值地前向积分边界层方程不会给出在边缘处分离的先兆。）

在 §5.9 中关于物体穿过静止流体的运动开始后边界层增长的分析在此也有关系。在通过具有尖角边缘的物体的整个为无旋的流动中，在边缘处流体速度的量值是很大的（如果尖角边缘处曲率半径为零，理论上它应为无穷大，这在 §6.5 中将会看到）。因此，要代入（5.9.16）式的 dU/dx 在尖角边缘紧下游处是负的且量值很大。几乎在物体刚开始运动后反向流就产生了而且很强。在背风面形成一驻涡，这一旋涡的作用是把流来的流体如图 5.10.4b 所示的那样从尖角边缘抛开。

关于具有尖角边缘物体刚刚开始运动后，分离的发展的一些细节情况在图 5.10.5（图版 8）中给出；在其中流经物体前表面附近的空气用从物面释放不同密度的蒸气的办法而变得可见，因为这些蒸气在强闪光下造成阴影。涡从尖角边缘处的脱落进行得如此之快，使某些带有涡量的流体元仍大约在物体的初始位置处。这些图片揭示了来自尖角边缘的流体粒子的螺旋线状的特征，这是与发自边缘处的涡量诱导速度相联系的。这些照片还表明了片涡具有明显的不稳定性，形成波动，然后蒸气（设想也就是涡量）规则地积聚取代了均匀的片涡。这一系列图片中的最后四张是当物体已达到其最终定常速度时所摄，但是从尖角边缘处脱落的大涡旋还没有向下游移动得足够远，也许除了流场的前半部分以外，物体附加的流动尚未完全达到它的（统计上的）定常的形式。

图 5.10.6（图版 9）给出了较不那么细致的示例，它表明了从静止开始流过一个具有尖顶的房屋的模型的流动的不同发展阶段。在图 5.10.6（b）中可以看到在屋顶正后面有一个小的闭合旋涡，这个旋涡的尺寸不断长大直到其内部结构消失在示于图 5.10.6（e）中的不规则脉动之中。图 5.10.6（d）的一个有趣特点是在房屋与地面的两个相接处出现较小的闭合涡；在房屋的上游一侧的闭合涡是和外流减速区内边界层从地面分离有关，而下游一侧的闭合涡推测是和由大的驻涡引起的流向房屋的流动的减速相关（尽管这一个二次流的 Reynolds 数并不足以大得能使一明显的边界层在该处形成）。从图 5.10.6（e）看得很清楚的是，当刚性边界有一尖角边缘时，缘的上游一侧的边界切线方向对于最终的统计地为定常的流动形态可以有决定性影响。

在尖角边缘处边界层分离的必然性及这种分离对于流场作为一个整体的强烈影响是平动物体的升力理论中的重要因素。在 §6.7 中我们将看到，使边界层分离趋于这样发生，使得定常状态下附体边界层部分的外流减速几乎不存在，这一点可以进行探讨在航空中利用。

5.11 流体中定常运动的物体所引起的流动

决定由一定常地穿过无穷远处为静止的流体的运动物体所引起的大 Reynolds 数流动，或者等价地，决定无穷远处为均匀和定常的流动流过固定物体的问题是许多工程技术领域中有实际重要性的流体力学的一个基本问题。正如前节所表明的那样，当有分离发生时，理论还不能处理整个流场；而在大 Reynolds 数下边界层和尾迹不稳定性所造成的不可避免的湍流，使得理论更为软弱无力。因此，关于钝体绕流的知识最主要地是来自观测，涉及的是流场总的特性对于 Reynolds 数的依赖关系而不是速度分布的细节。

在无穷远处为静止的流体中定常平动的刚体所引起的流动的有重要实际意义的特性是流体对于物体所施加的总力。对于这个总力的贡献来自在整个物面上积分的物面切向应力及法向应力。由切向应力构成的总力通常总是大致在物体速度的相反方向，故被称为**摩擦阻力**，因为它完全是流体粘性或内摩擦的直接结果。而定常运动物体表面上法向应力造成的总力则有比较复杂的来源，除了由作用于流体的重力造成的浮力之外（§4.1）我们区分下述诸贡献是有益的。

(a) 物体**升力**。它是总力在物体运动方向的垂直方向的分量，对于某些特定形状该力可以很大。升力的存在有赖于在刚性表面上涡量的产生。这在§6.7 将予以考虑。

(b) **诱导阻力**。三维物体的升力的基本伴随物是从物体向下游拖出的涡的存在。随着这些尾涡长度的增长，物体连续不断地向流体提供能量，这一能量是物体反抗总力的称为诱导阻力的那一部分所作功的表现。这个阻力贡献我们将于§7.8 讨论。

(c) **型阻**。它是压力合力在平行于（方向相反于）物体速度方向的分量减去诱导阻力的结果。型阻强烈地依赖于物体的形状及姿态；与诱导阻力不同，当希望减小阻力时，它提供了通过恰当设计降低阻力的余地。

作为对于不同形状物体的摩擦力及型阻的讨论的一个开始，我们注意到：当定常平动物体通过无粘性流体所引起的运动整个是无旋时，物体所经受的总阻力（浮力除外）为零。这个重要结果是由下述事实而来：即整个无旋流场对于有限尺度三维物体而言，唯一地由物体瞬时速度 $\mathbf{U}$ 决定（§2.9），对于柱体或二维物体而言唯一地由 $\mathbf{U}$ 及绕物体的环量决定（§2.10）。当 $\mathbf{U}$ 为常量

（根据 Kelvin 环量定理，绕柱的环量无论怎样也总是常量），整个流型就是简单地跟随物体运动，而相对于物体瞬时位置的流体速度分布并不改变。因此流体的总动能也保持为常量①。在无粘性流体中不存在耗散能量的途径，在不可压缩流体中不可能存在声波，在没有密度变化或流体没有自由面时不可能存在重力波把能量向无穷远处辐射；因此，物体反抗非零阻力作的功只能表现为流体动能的增加，既然当物体定常运动时这一动能应为常量，那么在这些条件下流体施加于物体的阻力必须为零（这一论证当然对于物体所受力在垂直于 U 方向的分量没有限制）。

关于当流动处处为无旋时无粘性流体对于作定常平动运动的物体不提供阻力的这个结果有时称为 d′Alembert 佯谬，因为刚体在实际流体中运动实际上是要受到阻力的。这个结果是和钝体情形中的观测严重冲突的，这并不太令人惊异，因为钝体尾区的流动永远不是所假设的无旋形式。但是这个结果对于细长体在大 Reynolds 数下穿过实际流体运动引起的流动则是很有关系的。

无分离的流动

我们首先来考虑相对简单的情形：物体的形状及姿态使得在定常状态下没有边界层分离发生。在这种情况下，接近物面的不同流线是从物体前部的一个或若干个附着点行进到下游一侧的一个或若干个脱体点的；边界层在这些地方离开物体成为"尾迹"，尾迹的厚度在靠近物体位置处是边界层厚度的量级。这种没有边界层分离的情况仅当边界层外紧邻处流体速度的总下降很小时才能发生，如以前讨论过的那样。特别地，在物体尾部必须没有外流的驻点，为此物体表面（无论是二维还是三维）在尾部必须具有会切点。物体必须细长并且大致置放于无穷远处的流动的方向

---

① 对于一环量非零的二维物体，速度随距物体的距离以 r^{-1} 减小，因而理论上流体总动能应为无穷大。因而上面的论述就不完善，不过结果仍是正确的，这可在 §6.4 中的研究中看到。

上，因为否则的话，在物体横侧面就将有大的速度极大值，因而从该处到物体尾区就会有外流速度的大的总下降。图 5.11.1(a)（图版 7）表示了流动绕过翼型（即通常用作飞机机翼的一般形状的二维物体）时被流体所带动的小粒子在短时间曝光下的照片，在物体后半部边界层是那些非常短的条纹的集合，可以辨认。（具有减速外流的定常边界层，如图 5.11.1(a)中翼剖面的上表面上的边界层，一般是不稳定的，将成为湍流边界层；湍流边界层比较不容易分离，因为脉动的横向流能够从外层把向前的动量输运给接近壁面的缓慢运动的流体层，但是关于何时发生分离的同样的普遍规律还是可以定性地加以应用的。）

当不发生边界层分离时，在物体表面上产生的涡量就保持限制在紧接表面的一薄层内以及一薄尾迹中，涡量在其中向下游对流。物体表面上的层流或湍流[①] 边界层的厚度 （相对于物体长度）随着流动 Reynolds 数趋于无穷大而减小到零，对于层流，这种减小更快。因此在无穷大 Reynolds 数的极限下，除了在这些流面上之外，流动实际上是到处无粘和无旋的，这些流面可以认为有奇异性，因为一般而言，速度的切向分量通过每一个这种面时要有间断。有一个奇异面就是物体表面 （边界层的极限形状）另一个则是包含来自一个或多个脱离点并向远下游延伸的所有流线的层 （尾迹的极限形状）。只有在这些奇异流面的邻域涡量梯度才足够大，使在大 Reynolds 数时粘性影响仍是重要的。

在二维物体或者说柱体的情形中，在穿过与从物体尾部脱体点流向下游的流线重合的奇异面时流体速度的方向必须连续，压力也必须连续。根据 Bernoulli 定理 （流动为定常），速度的大小也必须如此，因为这个面的两侧的流线同来自在远上游处一个有均匀条件因而具有同一 Bernoulli 常数的区域。从物体延伸向下游的这个奇异面是一个退化的奇异面，穿过它时所有流动特征均为连

---

① 物体表面上的小粗糙元可使湍流边界层的厚度在 Reynolds 数趋于无穷时趋于一个小的但非零的极限。

续；正好在这个奇异面上的 Bernoulli 常数及速度的量值较之其它地方均要小，这是无穷大 Reynolds 数下的尾迹所遗留的唯一痕迹，但这个奇异性对于流动没有影响。因而我们可以不管流体中的奇异面的存在而进行关于无旋流动的计算。无旋流动在绕柱的环量没有给定之前当然是不能唯一确定的（§2.10）。观测表明，只有一个环量的值能够使边界层内的定常流动（对于湍流边界层则是统计上的定常流动）成为可能，这个值就是使后驻点既不在（二维）物体的上表面也不在其下表面发生的值，也就是使流体通过物体的两侧并且都在尖锐尾缘切向地离开的环量的值。在§6.7我们还要更多地谈到与机翼升力相关的决定循环常数的这个重要问题。

对于三维物体，这个由物体上诸脱体点流向下游的所有流线所组成的奇异面就可能不是这样无关紧要了。在这种情形中，它可能把在物面上产生的在局部流动方向具有非零分量的涡量通过对流带走——当有升力或者说横向力作用于物体时它总是这样作的，这时，穿过奇异面速度方向有一跳跃。物体上作用有升力的情形需要专门考虑，这将在§7.8中简要地给出，在这里我们想说的是：物体形状的知识，原则上（尽管实际方面的困难也可能是难以逾越的）可以决定跳跃的性质，因而决定整个无旋流动。当无升力作用于物体时，流向的涡量通常不是在物面上产生，当穿过奇异面时，流体速度的方向是连续的，这时的奇异面如同二维物体的情形那样也具有退化的特点。

因此，对于物体上无分离的所有情形，在物体、薄边界层和尾迹之外的无旋流动是可以根据物体形状近似地决定的（精确程度随 Reynolds 数的增大而提高，因为在无旋区域的内边界上应用法向速度为零的条件时忽略了边界层）。在第六章中将介绍若干显式地寻求这个无旋流动的解析方法。

·当边界层外紧邻处的无旋流场内的速度分布为已知，则在物体表面上每个点处的切应力 $\mu\,(\partial u/\partial y)_{y=0}$ 可以按§5.9中提到的数值积分边界层方程的方法计算出。如（5.9.9）中一样引入无量

纲边界层变量并沿物面积分这一表面力在流动方向的分量，我们
得到在速度为 U_0 的流中一长度为 L 的二维物体在垂直流动平面
方向上每单位宽度上有

$$\text{总摩擦力} = k\rho U_0^2 L R^{-\frac{1}{2}}, \qquad (5.11.1)$$

其中 k 为只依赖于物体形状的数，$R = LU_0/\nu$。对于三维物体也有
类似的公式，只是（5.11.1）中的 L 由某个表征物体表面面积的
量度代替。

在一个流线型物体上外流速度的变化是很平缓的（除了前驻
点附近之外，在该处有较快的加速），因而二维物体上的边界层的
发展不会很不同于在同样 Reynolds 数值下（基于流向的固体表面
长度）一个顺流置放的平板上的边界层的发展；而对于平板，公
式（5.8.8）给出（5.11.1）中的系数 k 的值为 1.33。观测表明，
只要 Reynolds 数不超过某一个值，对于厚度很小的二维物体，k
的确很接近于 1.33，并且这个值随物体的厚度而增加，这部分地
是因为边界层外紧邻处的速度在大部分表面上均超过 U_0 一个
量，此量随厚度而增加。如在 §5.8 中已注意到的，当基于局部边
界层厚度的 Reynolds 数超过一个值时——此值对于平板边界层
剖面为 600，边界层内的流动将变为湍流，壁面摩擦力也会大为增
加。在外流为减速的物体后部，边界层内的速度分布类型是更有
利于不稳定性的。因此在一给定的 Reynolds 数下，细长体厚度的
增加以及伴随着的外流减速的加大可能引起更早向湍流转换，因
而亦引起更大的摩擦阻力。

在无穷大 Reynolds 数的极限下，边界层厚度及尾迹厚度为
零，物体的型阻和全部无旋流动一样为零值。在有限 Reynolds 数
下，薄边界层及尾迹的存在对于周围的无旋流动的形式有一个小
的影响，对于物体表面上压力分布的亦有一个对应的小影响。无
旋流动的流线既被固体也被边界层向横向排开，而边界层厚度一
般是从物体前缘起渐次增加，因此在物体的流线较为密集的一侧
面，速度的增加和压力的降低在尾部会比无边界层时更为突出，在

尾部的这个较大的压力降使得由法向应力而致的总阻力成为非零并为正值。物体表面上任一点处的压力与完全无旋流动的压力的差别显然是正比于边界层的位移厚度,因此和摩擦阻力一样型阻也正比于 $R^{-\frac{1}{2}}$。型阻的大小依赖于物体的形状,对于零迎角的平板它为零,一般而言,物体越厚它也越大。在没有边界层分离的条件下,型阻通常比摩擦阻力小得多。

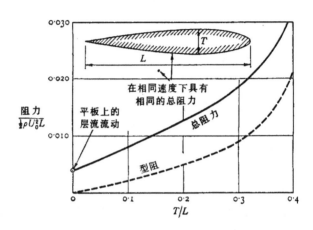

图 5.11.2　迎角为零时图中所示对称翼剖面族的总阻力
及型阻的观测值;$U_0L/\nu = 4 \times 10^5$

(引自 Fage,Falkner 及 Walker (1920))

图 5.11.2 表示了一典型的对称二维翼型或者翼剖面族(为实用起见,它们具有尖楔形的尾缘)在零迎角下的总阻力及型阻如何随其厚度变化的测量结果,其中有些剖面是相当厚的,无疑地边界层分离已经发生。对于厚翼型情况,靠近尾缘表面部分上的边界层内的流动也可能是湍流。

从能量平衡的观点看,定常流中薄体上的小的阻力必伴随有由粘性应力所致的相对应的流体动能的耗散率。在大 Reynolds 数下,长为 L 的物体上的边界层厚度为 $LR^{-\frac{1}{2}}$ 的量级,所以边界层内速度梯度为 $U_0R^{\frac{1}{2}}/L$ 的量级。因此边界层内每单位体积的能量耗

散率为 $\rho\nu U_0^2 R/L^2$ 的量级，边界层内每单位物体表面积的总耗散率的量级为

$$\frac{\rho\,\nu\,U_0^2 R}{L^2}\times\delta \quad \text{或} \quad \rho\,U_0^3 R^{-\frac{1}{2}}。 \quad (5.11.2)$$

(尾迹对总耗散也有贡献，但是较小，因为一旦无滑移条件不再必须满足时，速度梯度很快就变得较小；无旋区域对总耗散的贡献可忽略，因为它与 μ 成线性因而以 R^{-1} 变化)。这个估计和当物体以速度 U_0 运动反抗量级为 $\rho\,U_0^2 R^{-\frac{1}{2}}$ 的每单位物体表面积的总阻力对流体所作的功率的估计（见（5.11.1））相同。

有分离的流动

当有边界层分离存在时，流动具有十分不同的特征，如在当物体不十分细长时（示于图 5.10.1 图版 6）或当物体虽然细长但不是顺流放置时（示于图 5.11.1(b) 图版 7）的情形那样。对于这种物体，边界层不可能在整个物体表面附体，因为在物体尾部的外流有相当大的阻滞，它与边界层的定常状态是不相容的。对于图 5.11.1(b) 中的倾斜机翼的情形，距前缘不远处的上表面边界层外紧邻处存在着速度的一个极大值，边界层分离产生在此点下游不远处；边界层和上表面只连接很小一部分，此时机翼称为"失速"，这个术语和伴随发生的机翼的严重的升力下降相联系。

图 5.11.3（图版 10）中的照片是关于使一个圆柱陡然地开始运动后不同的时刻的流动情况，它们表示了在 §5.9 中曾经描述过的初始阶段及分析方法所不能处理的较晚期的阶段；在后者中，涡层的增长已经根本地改变了无旋流动区域的边界。图 5.11.3(b) 看来是正当边界层内反向流动开始的瞬间拍摄的。在图 5.11.3(c) 中，边界层已经分离，涡量正从柱的后半部分被对流带走。两条分离流线所包围的区域不断增大，在图 5.11.3(e) 中它比柱本身还要大。然后不稳定性就打断了向一个定常状态的趋近。柱后的两个驻涡发展起不对称的振动（它们也许是被在尾迹中更早期发展起来的振动强加到驻涡上去的，如在 §4.12 所阐述过的），

较大的旋涡中的一些旋转流体最终从柱体上脱落并向下游运动。如此大量的涡量从柱的邻近脱离开去对柱体附近的流动的影响是使得具有相反旋转方向的驻涡有变大的趋势并使一些旋转流体脱落出来。在 Reynolds 数（$R=2aU/\nu$）不超过 2 500 时，这些脱落出来的旋涡或涡在下游一定距离处可以辨认出来，而在 4 至 5 倍柱直径下游处可观察到它们形成了规则的"涡街"，同种符号的涡居于两平行直列中的一列。当 Reynolds 数约大于 70 时，在圆柱尾迹中就可观察到涡街的形成（图 4.12.6 图版 2），而图 5.11.4（图版 11）表明在大得多的 Reynolds 数下的类似流场中它们的样子。在柱体附近的流动中可以观察到一种确定的周期振动，直到 R 达到 4×10^5 的值附近为止，这时连接柱面的边界层就成为湍流的了。

对于定常地穿越流体的运动钝体引起的流动进行分析的主要障碍是如图 5.11.1(b)（图版 7）及图 5.11.3(f)（图版 10）所揭示的那种在物体后面流动中的大尺度的不定常性。对于"流线型"或薄物体情形，由不稳定性造成的湍流是局限在（附体的）边界层及薄的尾迹之中的，而在钝体情形中所造成的湍流包含着大的涡旋及与之相联系的速度脉动，它们伸展在两条分离流线之间的宽阔的尾迹中。这些大涡旋对于平均（时间平均）流动的特性有显著的影响，这种影响的方式很难解析地加以表达；加之流动的测量也变得越益困难，其结果的解释也成为不肯定。对于这类流场的知识绝大部分是经验性的①。关于在上游一端的流场，物面所产生的涡量限于薄的边界层中而这个层外流动为无旋的结论仍是正确的；但是由分离流线所构成的那部分无旋流区域的部分的形状是复杂的、脉动的、也是未知的，因而无旋流动也不能确定。

尽管钝体后之流动实际上是不定常的，但是没有理由怀疑运动方程的一个定常（不稳定）解确会存在。不过，尽管人们对它有真正的兴趣，但是这种大 Reynolds 数下理论的定常流动的形态

① 有些实验数据叙述于 S. Goldstein 编著的 "Modern Developments in Fluid Dynamics"（Oxford University Press，1938）中。

还不知道。有一种普遍的信念，即如同许多其它大 Reynolds 数下定常流动一样，它是由一些薄层分割开的实际为无粘性流动的广阔区域所组成，这些薄层在 $R \to \infty$ 的极限情形变成奇异面，而且能够包围具有涡量的（无粘性）流动区域。流动的主要未知因素是从物体上边界层诸分离点向下游延伸的奇异面的形状。我们甚至不能有信心地说出：当 $R \to \infty$ 时，由分离流线包围的区域会在流动方向无限地增长还是要趋近于某个有限形状。一种关于这个极限流动的假设——由 Kirchhoff（1869）和 Rayleigh（1876）提出，认为在由通过分离点的诸流线所包围的广阔尾迹中的流体处处为静止，而且具有与上游无穷远处相同大小的均匀压力。于是这些流线的无旋流动一侧的流体速度必须等于自由流速度（根据 Bernoulli 定理），而尾迹的宽度可以表明要随向下游的距离的增加而无限地增加。关于这个由 Kirchhoff 提出的模式我们将在以后（§6.13）结合水流过气体的或其它的空穴的流动问题给予更详细的叙述，而在那些情形中此模式中的假设的正确性是较少值得怀疑的。

对于细长体而言，摩擦阻力是阻力中的主要贡献者，而对于钝体则其阻力大部分来自型阻。单位表面积上的钝体摩擦阻力和细长体的大小基本一样，而钝体的型阻却比细长体的大许多倍。图 5.11.2 所示的结果表明了随着一细长体厚度有一大的增加时其阻力的相应的变化。

当边界层从一钝体的侧面分离，通过诸分离点向下游流去的流线围成一个广阔的区域，在其中压力变化不大，因为此处的速度比 U_0 要小得多。这个近似为均匀的压力的值大致和分离了的边界层外紧邻处无旋流动的压力相等。因此在物体尾部大部分表面上的压力也具有在物体横侧面速度超过自由流速度处的较低的值。在物体的迎风面亦即驻点附近，压力是大的，这种压力分布的前后不对称造成了作用于物体上的相当可观的型阻。同时也因为绕物体表面压力变化基本上是和 U_0 同量级的速度的变化的结果，其联系由 Bernoulli 定理给出（至少对于物体的迎风部分是如此），我们可以预料：总型阻与 $\frac{1}{2}\rho\,U_0^2$（这是驻点压力与无穷远处压力相比的超过量）乘以物体迎风面积同一量级。在这种估计下，通常引用钝体阻力数据的作法是把它们写成如下定义的阻力系数形式：

$$C_D = \frac{D}{\frac{1}{2}\rho\,U_0^2 A},$$

其中 D 为在无穷远处速度为 U_0 的流中的总阻力，A 为物体在垂直于无穷远处流向的平面内物体的投影的面积。对于二维情形，D 和 A 是参考于在垂直于流动平面方向上的单位宽度的。无论在哪种情形，无量纲系数 C_D 只是 Reynolds 数的函数（§4.7）（在不考虑物体表面粗糙度及环境流体的脉动时）。对于钝体情形，当 Reynolds 数超过约 100 时，阻力系数具有量级为 1 的这种方便的特性。

上述这些一般的论述得到示于图 5.11.5 的圆柱表面压力分布测量值的支持；我们可特别注意到在柱体的大部分尾区的压力近乎于均匀，这和完全无旋流动中的压力分布形成强烈对照。在这段近乎均匀压力区域的上游，边界层紧贴柱体的表面，边界层外紧邻处流动的速度 U 可以从测得的压力再利用 Bernoulli 定理得到

$$\frac{p - p_0}{\frac{1}{2}\rho\,U_0^2} = 1 - \left(\frac{U}{U_0}\right)^2. \qquad (5.11.3)$$

图 5.11.6 示出一圆柱上的阻力在很宽的 Reynolds 数范围内的测量值，Reynolds 数范围和图 4.12.7 所包括的范围有一点重叠。在 Reynolds 数大于约 100 时，在柱的迎风面形成一个可以辨认的边界层，在 Reynolds 数更大时，我们看到阻力系数为 1 的量级，有如上面已经提到过的。通过使物体成为流线型也就是使物体形状成为能够避免边界层分离，阻力系数可以有极大的下降，这种显著的阻力下降的情况可从一个二维机翼与圆柱阻力的比较看出；图

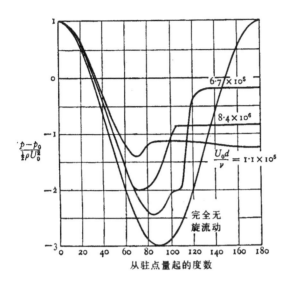

图 5.11.5　在流速为 U_0 下, 不同 Reynolds 数的圆柱表面
压力分布测量值；$p_0 =$ 无穷远处压力

5.11.2 中的小黑圆点表示的是一个在同样速度下其总阻力与图
中画的翼剖面（翼剖面 Reynolds 数约为 4×10^5）相等的圆柱体，
尽管翼剖面的体积与表面积都比前者要大得多。

大致类似的论点及观测也适用于三维物体。图 5.11.6 表示的
是一个球体上的阻力随 Reynolds 数的变化以及一垂直于流动的
圆盘的这种变化的观测值。在后一种情形中, 不论 Reynolds 数为
多少, 尖角缘都固定了边界层分离的位置；因此 Reynolds 数的变
化几乎不影响阻力。可以看出圆盘的阻力系数接近于若当整个迎
风面完全是驻点压力而整个背风面完全是自由流中的压力时的阻
力系数的值（为 1）；事实上, 从迎风面中心的驻点到边缘压力是
连续地下降的, 但是背风面上的压力亏损（相对于自由流的值）抵
消了这一点以外还有余。

图 5.11.5 及图 5.11.6 揭示了一个有趣的现象。在图 5.11.5

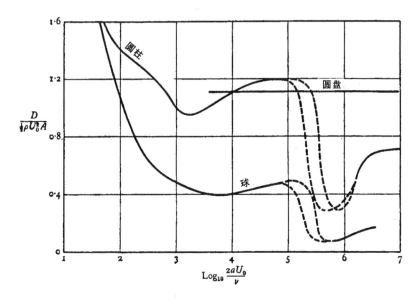

图 5.11.6　半径同为 a 的单位轴向长度的圆柱（$A=2a$），
球（$A=\pi a^2$）及垂直于流动的圆盘（$A=\pi a^2$）上的阻力的
测量值。间断线表示在不同风洞中得到的测量值

中可以看到在 Reynolds 数高于 10^5 以后，Reynolds 数的增加导致
在柱体背后广阔尾迹中近乎于均匀的压力的一个明显的增加。圆
柱阻力系数的测量值表明：当 Reynolds 数通过一个通常为 10^5 到
4×10^5 之间的某个值——此值还依赖于测量所使用的风洞——
而增加时，阻力系数有一个相对应的很大的下降。对于球，类似
的阻力系数下降发生在大约相同的 Reynolds 数；同样地，对于大
多数分离位置不会因有尖角缘而固定的钝体，也都存在这样的阻
力系数下降。在所有这些情形中，当 Reynolds 数通过一临界值增
加时，阻力系数的减小率是如此之大，使得阻力绝对值也是 U_0 的
递减函数。

　　Prandtl（1914）提出，解释要从柱表面上的边界层的行为中

寻找。当把物体作为一个整体的 Reynolds 数超过某一定值时，边界层内的定常或层流流动就成为不稳定，可能由湍流脉动流所代替。湍流边界层内的不同层流体之间的动量交换率由于流体元的随机的横向运动而极大地提高，因而当外流速度减小时，湍流边界层在抵抗零壁面应力及分离的发展方面比层流边界层要有效得多。于是当边界层内发生向湍流的转捩时，边界层分离的位置向后移动。根据圆柱上压力分布测量值（图 5.11.5）判断，当 R 从 10^5 增大到 7×10^5 时，分离点约从距前驻点 80° 处移到了 120°。由于一些和物体几何形状有关的原因，分离点的任何后退，一般均意味着更窄一些的尾迹因而更小一些的型阻。临界 Reynolds 数因所用风洞的不同而略有不同，这是由于风洞中气流的安定程度不同；气流中的扰动越大，边界层内不稳定流就会在越低的 Reynolds 数发展成大的振动，使在分离发生之前就出现了湍流。我们可以把金属丝或粗糙条纹固定在物体前部以显示故意扰动边界层的效果；图 5.11.7（图版 11）表示出一根金属丝如何推迟了球上的分离并导致一较窄的尾迹。高尔夫球表面的沟纹的目的就是便边界层成为湍流以减小阻力。

在图 5.11.5 及图 5.11.6 中包括了对于圆柱在 Reynolds 数为 10^6 至 10^7 范围内的新近的测量值（Roshko 1961），它们表明了尾部压力的下降及对应的阻力系数的增加，一直增加到约为 0.7 的极限值。根据这些测量看来，在 $R=10^5$ 和 $R=7\times10^5$ 之间出现的变化很可能是由于分离点直接下游处的**脱体的**边界层内流动转捩到湍流状态，以及作为湍流造成的散布程度增大的结果，边界层（现为湍流）再附于柱体表面上。根据这个观点，在 10^6 到 10^7 范围内的进一步变化应该解释为是由于边界层附体部分内的流动转捩为湍流，因此最终的分离推迟要小一些。这种层流边界层分离及在脱体层中向湍流的转捩并继而发生再附，在某些翼剖面绕流的情形中也存在，这时翼剖面相对于流向倾斜很大，使得在上表面的边界层在相当接近前缘处分离（如示于图 5.11.1b 图版 7 的例子）。在更朝后处，还可能有边界层的第二次分离，但无论如何，再附的效果是阻止阻力的大的增加（以及更重要的是机翼上升力的大的减小）。

这些例子表明，流动作为一个整体是如何强烈地依赖于边界层的发展，尤其是依赖于分离的位置。虽然，当 $R \to \infty$ 时理论上绕过物体的定常流动趋于一极限形式，而且当 R 约为 10^3 或 10^4 时就可能很接近于这个渐近形式。但是，尾迹、脱体及附体边界层的不稳定性在大 R 数下实际流动中导致了许多重要的变化。在流场的不同部分中，湍流代替层流会对于整个流场产生影响，当还要涉及到分离位置的变化时，其对于阻力及升力的影响可能是十分剧烈的。

5.12 射流、自由剪切层及尾迹

固壁是涡量的最通常的源，当流场 Reynolds 数相当大时还引起附壁边界层。但是，附近有固壁存在并非应用边界层理论的思想及近似所必需的。有三种不同类型的定常流动，在其中尽管没有固壁存在，但其涡量的横向梯度却是相对大的。这三种流动是(a) 狭窄射流：在其中一孔隙处产生了涡量的很陡的梯度，穿过层的速度总变化为零；(b) 自由剪切层：它们是具有不同速度的两个流动的共同边界的过渡层；(c) 尾迹：它们是由从置于流中的物体上被带向下游的涡量形成的，穿过层的速度总变化也是零。这三种边界层类型的流动系统将简要地依次予以叙述。

狭窄射流

在 §4.6 中，我们曾得到过描述由一个定常地产生流体的动量但不产生质量的奇点所引起的定常射流的完全运动方程的一个精确解。这个流动可以看作是流体以高速度通过一小孔排放出来的流动的一个理想化。在这种特定情形中，没有必要去用运动方程的近似形式，不过注意一下完全运动方程的这个解是如何与由边界层方程得到的解联系在一起是颇有教益的。

对于一个由(4.6.1),(4.6.2)及(4.6.10)描述的定常轴对称射流流动,在距小孔的径向距离为 r 处的恰当的 Reynolds 数为

(最大径向速度)×(射流半宽度)/ν

$$= \left(\frac{df/d\theta}{\sin\theta_0}\right)_{\theta=0} \sin\theta_0 = \frac{4\sin\theta_0\cos\theta_0}{1-\cos\theta_0},$$

其中 $\theta=\theta_0$ 规定了射流的锥形边界的半角。这个 Reynolds 数与 r 无关(并且实际上和在 §4.6 中求得的应用于孔处的 Reynolds 数 $(F/\rho\nu^2)^{\frac{1}{2}}$ 一样,只要 F 是大量),所以大 Reynolds 数的任何结果可以应用到距孔任意距离处。在狭窄射流的情形中,Reynolds 数很大而且为 θ_0^{-1} 的量级,存在一些场合,在其中可指望边界层近似成立。包围着狭窄射流的流体近似地为静止并处于均匀压力下,于是相应的运动方程的边界层形式简单地就是(5.7.1)的轴对称形式再加上 $\partial u/\partial t=0$, $\partial p/\partial x=0$。事实上,在人们知道(4.6.15)为完全运动方程的一个解的渐近形式(当 $\theta_0\to 0$)之前,Schlichting(1933)就表明了上述方程有一个解为(4.6.15)。

对于从一个长狭缝中排放出的二维定常射流而言,还没有一个完全的运动方程的解,因而就必须转向方程的近似形式。与轴对称射流相同地,在周围的近乎静止的流体中压力是均匀的,边界层方程(5.7.1)成为

$$u \frac{\partial u}{\partial x} + v \frac{\partial u}{\partial y} = \nu \frac{\partial^2 u}{\partial y^2}, \qquad (5.12.1)$$

x 轴的正方向是在原点处作用于流体的总力的方向。对于快速窄射流,在原点作用于流体上的力主要体现为穿过包围了原点的表面的动量通量。我们选择此表面使其在 (x, y) 平面上的交线由线 $x=$ 常数 (>0), $-\infty<y<\infty$ 及一个大部分位于负 x 区域的大半径的半圆组成,对于作用于每单位狭缝长度流体上的力 F,我们有

$$F \approx \rho \int_{-\infty}^{\infty} u^2 dy. \qquad (5.12.2)$$

既然包围原点的面是任意选取的,这个积分也必与 x 无关。

引入流函数 ψ 是方便的，其中 $u = \partial\psi/\partial y$，$v = -\partial\psi/\partial x$，因而质量守恒方程恒等地满足。考虑到求解如(5.12.1)这种偏微分方程的困难，我们探求是否存在着依赖于这两个独立变量的某种组合的解。一个适当的假设是：在不同 x 值的截面上的速度剖面具有相同形状，这也就是说解具有"相似"形式。

$$\psi(x, y) \propto x^p f(y/x^q),$$

其中 p 及 q 为未知数。从(5.12.1)的形式可以立即推导出 $p + q = 1$，根据(5.12.1)式和 x 无关的事实导出 $2p - q = 0$，因此我们必须选

$$p = \frac{1}{3}, \qquad q = \frac{2}{3}。$$

于是我们的假设是

$$\left.\begin{aligned} \psi &= 6\nu x^{\frac{1}{3}} f(\eta), \quad \eta = y/x^{\frac{2}{3}}, \\ u &= 6\nu x^{-\frac{1}{3}} f', v = 2\nu x^{-\frac{2}{3}}(2\eta f' - f), \end{aligned}\right\} \tag{5.12.3}$$

其中 6ν 这个因子被引入是为了今后的方便。方程(5.12.1)现在就可化为

$$f''' + 2ff'' + 2f'^2 = 0。 \tag{5.12.4}$$

对于上面引入的假设的考验在于是否能找到这个方程的一个解使其满足

$$当 \eta \to \mp\infty \ 时，\quad f'(\eta) \to 0,$$

及对称条件 $f'(\eta) = f'(-\eta)$。这样的解是

$$f(\eta) = \alpha \tanh\alpha\eta, \tag{5.12.5}$$

其中 α 是一个常数，(5.12.2)表示它由下式给出

$$F = 36\rho\nu^2\alpha^4 \int_{-\infty}^{\infty} \text{sech}^4\alpha\eta \, d\eta = 48\rho\nu^2\alpha^3。 \tag{5.12.6}$$

从位于原点的奇点处出来的质量通量求出为零，这和圆射流情形一样。

于是代表二维窄射流的一个解就找到了，其速度剖面形为 $\text{sech}^2\alpha\eta$，宽度如 $x^{\frac{2}{3}}$ 增大。这个解的唯一局限是，既然它具有假设

了的相似形式,因而不能用以去决定在某初始 x 值处具有给定速度剖面的射流的发展。不过,如果当 $x \to \infty$ 时,某初始值 x 处的任意速度分布都渐近地趋近上述解,许多相似形式也确实如此,那么所谈的限制也就不是一个严重的缺陷了。Andrade (1939) 得到的测量结果表明情形确实是如此,因为在压力作用下通过长狭缝排放流体形成的射流中确已找到了类似于(5.12.5)式给出的那种速度分布。

对距离原点为 x 处的射流的 Reynolds 数:除一数值因子(此因子依赖于射流宽度如何精确规定)外同样根据最大速度和射流宽度规定的是

$$\frac{(6\nu x^{-\frac{1}{3}}\alpha^2) \times (x^{\frac{2}{3}}/\alpha)}{\nu} = 6\alpha x^{\frac{1}{3}} = \left(\frac{9}{2}\frac{Fx}{\rho\nu^2}\right)^{\frac{1}{3}} \quad (5.12.7)$$

因而能够应用边界层方程,或者换句话说,射流具有小扩张角的准则就是

$$\left(\frac{Fx}{\rho\nu^2}\right)^{\frac{1}{3}} \gg 1。$$

对于 个给定的 F 的值,随着 x 的增加解也变得更加精确,尽管在接近原点处总是有一个区域,其中边界层方程不成立。在 $x=0$ 附近解失去正确性这一点并不太重要,因为实际射流中在孔隙处给定的速度分布无论如何也不大可能具有(5.12.5)的形式。当在 x 的值充分大处速度剖面稳定到(5.12.5)的形式后,那么射流沿下游距离的进一步发展就会像它是从某个假想的原点处从一开始就按边界层方程及相似性剖面发展而来一样。

当 Reynolds 数超过某个临界值时,二维或三维射流都是不稳定的,在这些条件下定常层流流动被代之以湍流流动,后者也具有射流状的特征,尽管其散布率要更大一些。因为二维射流的一部分的 Reynolds 数总随 x 不断地增大,这种射流在距原点一定距离以后总要变成湍流;而经验也的确表明二维射流仅仅在很小的 x 值范围内才是既稳定又能被边界层方程所描述。

自由剪切层

两个均匀流之间的过渡层的最简单的例子是在§4.3中考虑过的扩散片涡。在那里流体速度在平行于层的诸平面上为均一,流动的发展仅随时间 t 发生,而不是像在边界层流动那样随流动方向上的距离 x 发生。运动方程的边界层形式中略去了的项 $\nu \partial^2 u/\partial x^2$ 恒等于零,压力在横穿层方向精确地是常值的;因而§4.3中给出的解也是边界层方程的一个解,而且是一个特别简单的解,因为非线性项消失了。

一个定常的自由剪切层必然要随 x 变化,因而边界层方程是有用的。一个具有相当普遍性的情形是相同流体的两个均匀层,同向 x 增加的方向运动,但它们具有不同的速度 U_1 及 U_2 ($<U_1$),而且在 $x=0$, $y=0$, $-\infty<z<\infty$ 处彼此接触(图5.12.1)。当 $U_2=0$ 时,这就可以看作为在一宽缝边缘处的二维流动,通过这个缝一个初始为均匀的流被排放出来。对于上述一般情形的边界层方程是(5.12.1),因为在层外面压力是均匀的因而层内亦如此,故边界条件是

$$当 y \to \infty 时, \qquad u \to U_1,$$
$$当 y \to -\infty 时, \qquad u \to U_2。$$

容易证明,满足这些边界条件的相似性解是存在的,过渡层厚度正比于 $(x\nu/U_1)^{\frac{1}{2}}$,不过所得到的关于速度剖面的常微分方程还得用数值方法求解。速度剖面依赖于比值 U_2/U_1,在图5.12.2示出 $U_2/U_1=0$ 和 0.5 的情形。上方区域中的流体不可能由于和下方的流动接触而被加速,下方区域中亦没有被减速的部分,因此两区域的流体的接触面处加速度总是零,这一接触面就是通过原点的流线,剖面在这里应有一拐点。

对于具有不同密度及粘性的两种不同的流体的平行流以上述方式相互接触的情形,也同样可能得到相似性解 (Lock 1951)。对于上方的流体独立变量是 $\eta_1 = y \, (U_1/\nu_1 x)^{\frac{1}{2}}$,对于下方的流体是

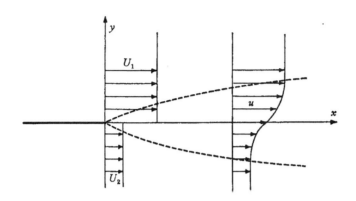

图 5.12.1　在 $x=0$ 处相接触的两平行流之间的定常过渡层

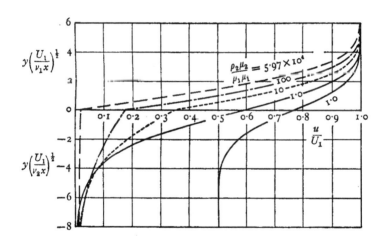

图 5.12.2　两个具有不同密度及粘性的平行流之间的定
常过渡层中的速度剖面（引自 Lock 1951）

$\eta_2 = y\left(U_1/\nu_2 x\right)^{\frac{1}{2}}$（而不是 $y\left(U_2/\nu_2 x\right)^{\frac{1}{2}}$，因为 U_2 可能为零），一个必须对于上方和下方每个区域求解类似于(5.12.1)的方程，而在接触面上要有速度和应力为连续的条件。当 $\mu_1 \neq \mu_2$ 时，切应力

$\mu \, \partial u/\partial y$ 的连续就意味着在接触面处 $\partial u/\partial y$ 的不连续,尽管如以前一样,从上和从下 $\partial^2 u/\partial y^2$ 在那里都要达到零。用相似性变量表达,应力条件为

$$(\rho_1\mu_1)^{\frac{1}{2}}\left(\frac{du}{d\eta_1}\right)_{\eta_1 \downarrow 0} = (\rho_2\mu_2)^{\frac{1}{2}}\left(\frac{du}{d\eta_2}\right)_{\eta_2 \uparrow 0},$$

这表明解依赖于比值 $(\rho_2\mu_2/\rho_1\mu_1)^{\frac{1}{2}}$ 以及 U_2/U_1。

这个解可以用来代表空气在水面上的流动,当然这要受到两股流动间刚一接触时速度分布的相似性形式所包含的限制。在一均匀流体中的自由剪切层表现了明显的不稳定性,但在空气-水交界面上的剪切层却由于重力对于交界面处扰动的遏制作用而较少不稳定性。图 5.12.2 表示出对于 $U_2/U_1 = 0$,$\rho_2\mu_2/\rho_1\mu_1 = 10,100$ 及 5.97×10^4 诸情形的计算出的速度剖面,最后一种情形对应于空气在水上流过的情形。

尾迹

尾迹这个词一般是指置入均匀流中的物体下游一侧的涡量非零的整个区域。尾迹中靠近物体处的速度分布可能是很复杂的,即使流动为定常亦如此,这一点可以根据 §4.12,§5.11 中描述的流场判断。然而在远下游处,物体存在的直接影响已经消失,流线也重新变得近似于直线且互相平行。在这个区域中,由物面脱落出的涡量通过对流在流动方向传递同时被粘性所扩散;既然涡量是连续不断地散布,可以推论最终对流要比沿流向的扩散更重要,流向的梯度要比横向平面内的梯度为小。于是不论基于物体尺寸计算的 Reynolds 数如何,边界层近似渐近地都可以适用;当然,在下游多大的距离上才开始适用还要依照具体情况而是,对于小 Reynolds 数及钝体,这个距离要更大一些。

和尾迹连续散布相伴随的一个进一步的效应是摩擦力使速度均匀化的趋势。因此,除了边界层近似外我们还可以假设:在下游充分远的位置处的速度与自由流速度的偏离很小。现在我们来叙述一下只有阻力作用于其上的物体的这个渐近区域内的定常流

动的若干解析结果。

设自由流速度大小为 U，方向平行于 x 轴。尾迹外的无旋流动中的速度和压力都近似为均匀的（对于充分大的 x），因而在尾迹内压力也近似地为均匀。此外 $|U-u| \ll U$，在 x 方向的加速度分量近似地由 $U \partial u / \partial x$ 给出。于是在一定常尾迹的远下游处，运动方程化为线性方程

$$U \frac{\partial u}{\partial x} = \nu \left(\frac{\partial^2 u}{\partial y^2} + \frac{\partial^2 u}{\partial z^2} \right), \qquad (5.12.8)$$

尾迹边缘处的边界条件是

$$\text{当} (y^2 + z^2)^{\frac{1}{2}} \to \infty \text{ 时}, \qquad u \to U \text{。}$$

方程(5.12.8)在形式上和一个固体内的 (y, z) 平面内的热传导方程相同（(5.12.8)中的 x/U 对应于热传导方程中的时间），对于后者我们知道其无限区域的解趋向于一个渐近形式，此形式除了一个倍数因子外与初始条件无关（见 §4.3 中 (4.3.6) 后的说明），这个渐近解是当 $x \to \infty$ 时

$$U - u \to \frac{QU}{4\pi\nu x} \exp \left\{ - \frac{U(y^2 + z^2)}{4\nu x} \right\}. \qquad (5.12.9)$$

这里的 Q 是一个常数，它由 x 的某个初始值处的条件，以及考虑到如从积分(5.12.8)两端可看出的那样，积分

$$\iint_{-\infty}^{\infty} (U - u) dy dz = Q \qquad (5.12.10)$$

和 x 无关的事实来决定。对于二维尾迹的相应公式，不同处仅在于在(5.12.8),(5.12.9)及(5.12.10)中含 z 的运算和含 z 的项不存在，而(5.12.9)中因子 $(U/4\pi\nu x)$ 变成其 $\frac{1}{2}$ 次幂方。尾迹宽度定义为速度亏损 $U-u$ 比其极大值的某一百分数大的区域，于是在二维和三维情形中都随下游距离按抛物线式地增加。

可以证明我们能够得到一个关于常数 Q 和作用于产生尾迹的物体上的总阻力之间的关系，尽管有这样的事实，即在比(5.12.8)式可以应用的地方更接近于物体的位置处 Q 和尾迹中条件之间的关系还不清楚。我们将以在 §3.2 中阐述过的（以及将

在 §5.15 中说明的）方式运用动量方程的积分形式。我们选择一个其母线平行于未扰流的柱面及面积为 A 的垂直于流动的平面作为"控制面"，如图 5.12.3 所示，柱的弯曲表面 S 距物体足够远以使它全部地在尾迹之外。在瞬时地位于这个控制面之内的流体上作用着控制面上的力及物面上的力，而后者的合力在 x 方向是 $-D$。令这些力的 x 分量等于穿过控制面的总的向外的 x 动量通量，我们得到

$$D = \int (p_1 + \rho u_1^2 - p_2 - \rho u_2^2) dA - \rho \int u\mathbf{u} \cdot \mathbf{n} dS$$
$$+ \text{作用于控制面的粘性力} \qquad (5.12.11)$$

这里 u_1，p_1 及 u_2，p_2 分别是在上游面及下游面处的 $\mathbf{u}$ 的 x 分量及压力。通过控制面的质量通量必须准确为零，所以一个附加的条件是

$$\int \mathbf{u} \cdot \mathbf{n} dS + \int (u_2 - u_1) dA = 0 。 \qquad (5.12.12)$$

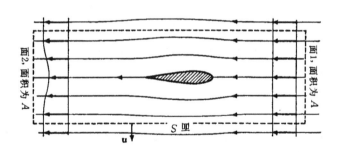

图 5.12.3　包围要计算其动量平衡的流体的控制面（间断线）

·我们可以假设控制面的所有部分离物体距离很远以保证控制面上的粘性力相对地小，而且这样也可以去近似 (5.12.11) 中的 u，u_1，u_2，p_1 及 p_2。在弯曲柱面上与自由流的条件的偏差是很小的，我们可以在 (5.12.11) 中的第二个积分中置 $u = U$。借助于 (5.12.12) 我们有

$$D = \int \{ p_1 + \rho u_1(u_1 - U) - p_2 - \rho u_2(u_2 - U) \} dA。$$

$$(5.12.13)$$

尾迹中速度亏损的存在等价于在均匀流上叠加一个朝向物体的"入流"。这个入流的体积通量是在(5.12.10)中定义的量 Q；相对于固定于无穷远处流体的坐标系，Q 是被拖过一个位于物体后面的静止平面的流体体积速率。尾迹中的这个入流必须如(5.12.12)所表示的那样在效果上由尾迹外无旋流区域中离开物体的相等的体积通量来补偿。于是尾迹的存在和对于无旋流场的一个源状贡献联系在一起，有效的源强度为 Q，而且（见 §2.9, §2.10）在远离物体处不能再有对于均匀流偏离的更大来源。在离物体大距离 r 处的流动显然是一个均匀流和一个绘于图 5.12.4 的运动的叠加；而在尾迹外的区域中，速度的对于均匀流值的偏差在三维情形中是以 r^{-2}、在二维情形中是以 r^{-1} 衰减。在这个区域中 Bernoulli 定理可以应用，(5.12.13)的被积函数成为

$$\frac{1}{2} \rho \{ (u_1 - U)^2 - v_1^2 - w_1^2 - (u_2 - U)^2 + v_2^2 + w_2^2 \},$$

$$(5.12.14)$$

这表明在面积 A 的尾迹外的部分上的积分，随着柱的端面至物体的距离的增加而趋于零。

远离物体处流线近乎平行，横穿尾迹的压力的变化非常小。当柱变得无限长时，u_1，u_2，p_1 及 p_2 都趋于自由流的值，而其中 u_2 趋近得最慢，(5.12.13)中的积分的极限形式是

$$D = \rho U \int (U - u_2) dA = \rho U Q; \qquad (5.12.15)$$

而 Q 可以通过仅在尾迹断面上积分求值。这就决定了在渐近尾迹剖面(5.12.9)中的常数。物体上的阻力与其尾迹中入流率之间的关系(5.12.15)我们曾经作为关于小 Reynolds 数下绕球流动的 Oseen 近似其推论遇到过（§4.10）。此处给出的普遍的动量论证表明，(5.12.15)式对于任何定常地穿过无穷远处为静止的流体的运动的无升力物体在任何 Reynolds 数下都是成立的。

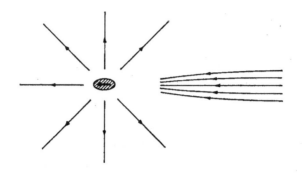

图 5.12.4　在远离穿过无穷远处为静止的流体的运动（从右向左）物体处的流动，表示出尾迹及远离物体的源状补偿流动

速度剖面(5.12.9)也与 §4.10 中甩 Oseen 近似计算的定常运动的物体的速度分布有联系。容易看出，在运动球体的远下游 $(r/a \gg R^{-1})$ 以及在其上 $(\pi-\theta)^2 r/a$ 为 $8/R$ 的量级的旋转抛物面以内，流动的流函数(4.10.6)给出了和(5.12.9)同样的纵向速度分布，只要 Q 是通过(5.12.15)及关系式 $D=6\pi a \mu U$ 确定，而后者是小 Reynolds 数下适用于球体的关系式。表面上看来很不相同的两组条件下所得到的尾迹中的两个速度分布之间的等同性，尽管两者用到的方程中的非线性项 $\mathbf{u} \cdot \nabla \mathbf{u}$ 都被代之以 $\mathbf{U} \cdot \nabla \mathbf{u}$（$\mathbf{u}$ 为流体相对于物体的速度），可以用以下两点来解释。首先，代表从一球体向外的源流及在尾迹中入流的渐近的 $(r/a \gg R^{-1})$ 流函数(4.10.5)及(4.10.6)对于物体形状的依赖**仅仅**在于其对入流大小的影响，而这个影响如(5.12.15)所表明是由总阻力来决定的。其次，在 Oseen 方程(4.10.2)的第一个中所保留的而在(5.12.8)式中没有保留的诸项，随向下游距离的增加而变得相对地越来越小，所以当 $x \to \infty$ 时，两个方程的解就会变成全同的了。

定常尾迹的不稳定性严重地限制了上述速度分布表达式的适应用性，尽管(5.12.15)作为脉动尾迹中平均阻力及平均入流率之间的关系式仍是正确的。在一个圆柱的尾迹中，当其 $2aU_0/\nu$ 的值约在 70 至 2500 之间时，形成的有趣的旋涡的规则排列或"涡街",我们已经提到过了(见图4.12.6,图版2及图5.11.4,图版11)。当Reynolds数超过2500时,圆柱体后尾迹成为湍流并包含着不规则的脉动速度,甚至在较低的Reynolds数,在超过涡街阶段的远下游处,也常发现流动是湍流。柱体后湍流尾迹的宽度已知是按$x^{\frac{1}{2}}$增长,这和定常层流情形一样,不过两者的比例常数不同。在下游给定距离处决定尾迹的稳定性及保持为湍流的能力的尾迹特征是按尾迹宽度和尾迹中的代表性速度计算的Reynolds数。对于二维柱体后的层流和湍流尾迹,这样一个Reynolds数都是独立于x的,故而尾迹是无限地或者为层流或者为湍流。于是(5.12.9)式的二维形式的应用限于这样的物体Reynolds数,它使得定常尾迹是稳定的,对于圆柱情形,它要求$2aU_0/\nu$小于40。

三维物体后尾迹不稳定的条件还未搞清楚,尽管也许可以说物体Reynolds数的临界值要比柱的高。三维物体后湍流尾迹的宽度按$x^{\frac{1}{3}}$增长,平均速度亏损的极大值按$x^{-\frac{2}{3}}$减小;于是尾迹的一部分的有效Reynolds数就要以$x^{-\frac{1}{3}}$减小,因而尾迹内的流动在离开物休一定的距离以后就不再是湍流的了。因此速度剖面(5.12.9)式可以指望能够应用于(对于稳定性而言)充分小的Reynolds数下三维物体后的定常尾迹,也可望应用于距离初始尾迹为湍流的物体的下游很远处。

5.13 振动边界层

在许多实际的大Reynolds数流动问题中,常有由于固体边界的强迫振动而引起速度的随时间的周期性变化。在某些周期性流动的情形中,基本方程恰巧可以线性化,因而导出许多有趣的结果。对于无平均流加于流体上的情形,我们在这里要作的基本假设是

$$|\partial u/\partial t| \gg |\mathbf{u} \cdot \nabla \mathbf{u}|。 \qquad (5.13.1)$$

如果速度到处都是以频率n及以U_0为代表的振幅周期性的变化,

又如果 L 表示沿着流线速度 u 有明显变化的代表性距离，则 $|\mathbf{u} \cdot \nabla \mathbf{u}|$ 的量级是 U_0^2/L（边界层内 u 的大的梯度是在横穿流线方向）当

$$nL/U_0 \gg 1, \qquad (5.13.2)①$$

(5.13.1)就可得到满足。当 u 的周期性变化是由固体边界在垂直于边界的方向上以距离量级为 ε 的振动而强加在流体上时，U_0 是 $n\varepsilon$ 的量级因而(5.13.2)等价于

$$\varepsilon \ll L。 \qquad (5.13.3)$$

（回忆 §3.6 中的讨论，如果速度分布不受流体压缩性影响的话，$nL/c \ll 1$ 条件也必须满足，这里 c 为流体中声波传播速度，在此我们也作这样的假设）。

全部涡量产生在边界上，而且如果在边界处流体的相对速度是纯周期性的，那么在该处的涡量产生率也是正负交替的。在这种情况下我们可以合理地假设——至少作为一个狭穿区域近似——在一个周期中没有净涡量产生，而且在除去接近边界的一个外涡量为零，而在此区内交替的正涡量层和负涡量层扩散在一起扩散并彼此抵消②。对于一种符号的涡量而言，从边界扩散的时间是 $2\pi/n$，所以非零涡量层的厚度 δ 的量级为 $(\nu/n)^{\frac{1}{2}}$。我们将假设

$$\delta \ll L, \qquad (5.13.4)$$

这等价于假设 Reynolds 数 $L^2 n/\nu$ 比 1 大得多。在 §4.3 中对于一个在自身平面内振动的平面刚性边界的情形我们曾经显式地得到穿透深度 δ 的变化形式为 $(\nu/n)^{\frac{1}{2}}$。

---

① 无量纲数 nL/U_0 是在 §4.7 中提到过的 Strouhal 数。

② 总有一部分边界处的对流把涡量向离开边界的方向输运，我们这里假设的是当涡量还没有远离边界时对流速度就反过方向来了。在没有边界层分离发生时，这样的假设是许可的。具有尖角缘的物体因而就被排除在外，因为那样的物体一运动就立即发生边界层分离。当频率 n 变得较大时，可允许的缘的曲率半径也就小。我们在 §5.9 中曾经看到，如果一个圆柱突然地被置于一定常的有限速度中，在直到圆柱运动了约三分之一半径距离之前边界层内处处都没有反向流发生，而分离的开始也许更晚些；所以对于一个振动圆柱，在它运动了一个与其半径相比为小量的距离后立即反转运动方向是不大会发生分离的。

当 $\delta \ll L$，在几乎整个流场内流动是无旋的，速度势可以根据边界的瞬时速度及位置确定。与这一无旋流动相对应，在边界处将有流体的相对于边界的非零切向速度分量，对于正弦振动它可以写成如 Ue^{int} 的实数部分，其中复数 U 随在边界上位置的不同而变化；对于涡量非零的边界层，切向速度现在就成了"外流速度"。考虑到近似关系(5.13.1)对于边界层内外均成立，于是我们对于边界层内的流动就有（见(5.7.1)及(5.7.8)）

$$\frac{\partial u}{\partial t} = \frac{\partial}{\partial t}(Ue^{int}) + \nu \frac{\partial^2 u}{\partial y^2}, \qquad (5.13.5)$$

其中复数 u 的实部是流体相对于边界的速度在平行于边界方向的分量（与"外流"同方向），而 y 表示垂直于边界方向的距离。u 所需满足的边界条件是

$$\text{当 } y \to \infty \text{ 时,} \qquad u \to Ue^{int},$$

假设边界为刚性时，

$$y = 0 \text{ 处,} \qquad u = 0。$$

方程(5.13.5)及伴随的边界条件表明在物面上一给定位置处, $Ue^{int} - u$ 相对于 y 及 t 的分布和无穷远处为静止以无限刚性平面壁为边界的流体当此边界（平行于自身）的速度为为 Ue^{int} 的实部时的速度分布完全相同；因此，利用(4.3.16)式我们有

$$u(y,t) = Ue^{int}\{1 - e^{-(1+i)y/\delta}\}, \qquad (5.13.6)$$

其中我们为方便已令

$$\delta = \left(\frac{2\nu}{n}\right)^{\frac{1}{2}}。 \qquad (5.13.7)$$

U 随边界上位置不同而变化的事实并不影响 u 的局部分布，因为我们已经假设了边界层厚度与 L 相比是很小的，而 L 是 U 发生明显变化的距离。外面的无旋流动及与之联系的边界层流动(5.13.6)合在一起就表示了在假设条件(5.13.2)及(5.13.4)下完全的速度分布的一个近似。

振动物体上的阻尼力

从(5.13.6)式知，在边界上的摩擦应力为

$$\mu\left(\frac{\partial u}{\partial y}\right)_{y=0} = \mu(1+i)\frac{U}{\delta}e^{int} \qquad (5.13.8)$$

的实部。表面摩擦对于外流速度 Ue^{int} 有 $\frac{1}{4}\pi$ 的相位超前（亦即提前八分之一周期完成其循环），因为施加的振动压力梯度同样地作用于所有的流体层上，而它作为加速度在接近边界的较慢运动层内比靠外的层内更快地产生出同样方向的速度。位相差不是 $\frac{1}{2}\pi$ 这件事意味着，对于围绕固定位置作振动的刚体情形，在每一个循环中物体反抗摩擦应力都作了一非零的功，并且有一阻尼力作用于振动物体上。在无穷远处为静止的流体中以等于 $U_0\mathbf{k}e^{int}$ 的实部的（其中 U_0 为实量而 $\mathbf{k}$ 为常单位向量）平动速度振动的物体上作用的力，此力是由于在物面上由(5.13.8)式给出的应力的切向分量而致，可以方便地根据物体形状及外部无旋流动引起的边界处速度 Ue^{int} 的知识而得出。

然而还有来自表面上法应力的对于作用于物体上的力的贡献。物体表面上的压力近似地和流体好象完全为无粘性而且流动处处为无旋的时的情形一样；这个近似随着 $\delta/L \to 0$ 亦即 $Ln^{\frac{1}{2}}/\nu^{\frac{1}{2}} \to \infty$ 而变得越来越精确。由物体表面压力引起的净力的第一级近似因而就等于在无粘性流动中振动的物体上作用着的总力。但是在无粘性流体中物体运动所引起的无旋流动唯一地由其瞬时速度所决定，必须与物体速度一样地以同样频率 n 周期地变化；流体动能同样地也具有一纯周期性的值，既然不存在一个吸收能量的机制，所以物体在全部为无旋的流动中反抗法应力作的功在一个循环中是零。（也可参见 §6.4，在该处直接地表明了无粘性流体中加速运动物体上作用的阻力的位相和物体速度的位相相差 $\frac{1}{2}\pi$。）因此有必要寻找一个对于表面压力的更好的近似。物面上的切应力对阻尼力的（无量纲）贡献是某个 Reynolds 数的 $-\frac{1}{2}$ 次方的量级，这可以从粘性系数在表达式(5.13.8)中的形式看出。法应力的贡献必须也估计为这个量级。这一点并不容易。Stokes

(1851) 曾对于一个作小振幅振动的球和柱的整个流场进行了计算，他没有对 Reynolds 数的大小作任何假设。从其结果可以看到，当 $\delta \ll L$ 时有一个由于边界层的存在而对物面压力的贡献；在这里对于表面压力的无旋流动值的修正和对于下述情况的修正是相同的：即好像球或柱被赋予了一个加大了量级为 δ 的量的新的半径（这就引起法应力所致的瞬时合力的一个小的增加）同时好像加大了的物体的有效中心位置比实际物体的中心在位置上滞后了一个量级为 δ 的量（这引起了对于与物体速度同位相的压力力的贡献，因而也是对阻尼力的一个贡献）。

我们将采用一个与上述不同又是大大简化了的方法确定阻尼力。如已注意到的，无旋流动及与之联系的边界层流动(5.13.6)合在一起给出了在整个流场上的速度分布的一很好的近似。于是我们能够估计流体总的耗散率，从而可以确定物体的平均作功率。边界层内的总耗散率（厚度为 δ 外流速度为 U_0）每单位体积是 $\mu U_0^2 / \delta^2$ 量级，对于面积为 A 的整个物体，它是 $\mu U_0^2 A / \delta$ 的量级；而来自无旋流场的贡献，每单位体积为 $\mu U_0^2 / L^2$ 的量级对于整个流场它是 $\mu U_0^2 A / L$ 的量级，这就表明后者的贡献是可以忽略的。在边界层内速度近似地局部平行于边界，因而边界层内一点处每单位体积的耗散率由(5.13.6)导出为：

$$\mu \left\{ \mathscr{R} \left(\frac{\partial u}{\partial y} \right) \right\}^2 = \frac{2\mu U^2}{\delta^2} e^{-2y/\delta} \cos^2 \left(nt + \frac{\pi}{4} - \frac{y}{\delta} \right),$$

$$(5.13.9)$$

其中 $\mathscr{R}$ 表示"……的实部"；这里的 U 为实量，因为外面的无旋流动的各部均是以相同位相振动。其无旋流动速度以 U 为振幅振动的一点处单位面积物体表面的在一个循环内平均的边界层内的耗散率是

$$\int_0^\infty \frac{\mu U^2}{\delta^2} e^{-2y/\delta} \, dy = \frac{\mu U^2}{2\delta}, \qquad (5.13.10)$$

平均的总耗散率可以通过在物面 A 上积分得到。但是如果 $F\mathbf{k}e^{int}$ 是作用在物体上的和物体速度 $U_0 \mathbf{k} e^{int}$ 同位相的阻尼力，物体反抗

流体作用于其上的力的平均作功率是 $\frac{1}{2}U_0F$；于是

$$\frac{1}{2}U_0F = \frac{\mu}{2\delta}\int U^2 dA \text{。} \tag{5.13.11}$$

要进一步进行下去我们需要知道物体的形状，从而知道 U。对于一个球，根据(2.9.28)得到（相应地改变记号）

$$U = \frac{3}{2}U_0\sin\theta, \qquad \int U^2 dA = 6\pi a^2 U_0^2$$

而对一（单位长的）圆柱，根据(2.10.12)有

$$U = 2U_0\sin\theta, \qquad \int U^2 dA = 4\pi a U_0^2$$

其中 a 是半径，θ 为极角，两种情形下都有在 $\mathbf{k}$ 的方向 $\theta=0$。于是我们有：

对于球，　$F = 6\pi a^2 \mu\, U_0/\delta$，

对于单位长度的圆柱，　$F = 4\pi a \mu\, U_0/\delta$。

从(5.13.8)容易发现，物面切应力对 F 的贡献对于球是上述总值的 $\frac{2}{3}$，而对于圆柱为 $\frac{1}{2}$，其余部分显然是要由受边界层存在影响的法应力来解释。用通常表示为无量纲系数的方式，上述阻尼力成为

$$\text{对于球，}\frac{F}{\pi a^2\, \frac{1}{2}\rho\, U_0^2} = 12\,\frac{\mu}{\rho\, U_0\delta} = 6\sqrt{2}\left(\frac{\nu}{U_0\varepsilon}\right)^{\frac{1}{2}},$$

$$\tag{5.13.12}$$

$$\text{对于圆柱，}\frac{F}{2a\, \frac{1}{2}\rho\, U_0^2} = 4\pi\,\frac{\mu}{\rho\, U_0\delta} = 2\pi\sqrt{2}\left(\frac{\nu}{U_0\varepsilon}\right)^{\frac{1}{2}},$$

$$\tag{5.13.13}$$

其中 $\varepsilon=U_0/n$ 是物体中心振动的区间的一半。对于无分离的边界层流动，随 Reynolds 数的 $-\frac{1}{2}$ 次方的变化是可以预料到的，尽管这里的 Reynolds 数是按振动振幅 ε 而不是按物体尺寸来计算，这是一个新特点。

对于一个如像钢琴弦那样的自由振动的弹性圆柱，若其密度为 ρ_s，则单位长度的柱的平均总能量为 $\frac{1}{2}\pi a^2 \rho_s U_0^2$，由于流体粘性而造成的振动衰减的方程[①] 是

$$\frac{d}{dt}\left(\frac{1}{2}\pi a^2 \rho_s U_0^2\right) = -\frac{1}{2}U_0 F = -2\pi\frac{a\mu U_0^2}{\delta}。$$

于是 $U_0^2 \propto e^{-\beta nt}$，在每一循环中柱的能量的衰减百分率近似地是

$$2\pi\beta = 8\pi\frac{\mu}{a\rho_s n\delta} = 4\pi\frac{\rho}{\rho_s}\left(\frac{2\nu}{na^2}\right)^{\frac{1}{2}}。 \qquad (5.13.14)$$

自由振动圆柱体在大的 a^2n/ν 值下由于流体阻尼而致的能量损失率的测量表明，所给出的阻尼力和上述对于振幅 ε 小于 $0.1a$ 的估计符合得很好。

振动边界层造成的定常漂流

具有有趣结果的速度分布(5.13.6)的另一个特征是振动振幅横穿边界层有迅速的变化。当二维流动中的"外流"速度 Ue^{int} 的振幅或相位在这个外流方向上随 x 坐标变化时，质量守恒关系表明在整个边界层内必须有一个垂直于边界的非零速度分量，其量级为 $\delta\,dU/dx$，它由下式之实部显式地给出：

$$v = -\int_0^y \frac{\partial u}{\partial x}dy = -e^{int}\frac{dU}{dx}\int_0^y \{1 - e^{-(1+i)y/\delta}\}dy$$

$$= -e^{int}\frac{dU}{dx}\left\{y - \frac{\delta}{1+i} + \frac{\delta}{1+i}e^{-(1+i)y/\delta}\right\}。 \qquad (5.13.15)$$

如果在某个点处 $-U$ 和 v 的实部正好以不是 $\frac{1}{2}\pi$ 的相位差振动，因而两者的乘积的平均不为零，那么在一个振动的循环内穿过法向为 y 方向的面元必有一个 x 方向的动量的净输运。u 的振幅随至边界的距离而增加，结果，这个实效的应力在穿过边界层方向将有变化，因此造成一个施加于流体的非零的平均力。这样造成

[①] 振动圆柱能量损失也还由于直接在流体中产生声波而损失能量，但一般说来这要小得多，然而通过音箱间接地损失于声辐射的能量则可能不能忽略。

的流体定常运动可能是弱的，不过既然它导致在表面上看来是纯振动系统中的流体元的广泛的迁移，其影响有时会成为重要的。这样一个漂移运动或"定常漂流"很可能在任何振动流动中都发生，只要在其中有穿过流体面的非零平均动量通量。而且我们预期，当存在一个边界层其中速度的振动振幅的横向梯度（因而应力梯度）是大的时候，它可能成为很显著的。

为了决定漂移运动，我们必须回到不略去非线性项的边界层方程。为表达方便，假设流动为二维。设 u_1 及 U_1 分别为边界层内及其外紧邻处的实的（即非复的）相对于边界作正弦变化的速度，它们是由上述线性理论所决定的，u_1+u_2 及 U_1+U_2 分别满足适用于边界层内及其外紧邻处的完全的非线性方程。因为据推测有 $|u_2|$ 及 $|U_2|$ 与 $|u_1|$ 及 $|U_1|$ 相比为小量，u_2 的方程近似地是

$$\frac{\partial u_2}{\partial t} - \nu \frac{\partial^2 u_2}{\partial y^2} - \frac{\partial U_2}{\partial t} = U_1 \frac{\partial U_1}{\partial x} - u_1 \frac{\partial u_1}{\partial x} - v_1 \frac{\partial u_1}{\partial y}。$$

(5.13.16)

显然，u_2 及 U_2 的表达式由正比于 $\sin 2nt, \cos 2nt$ 的项及常数项所组成。后者正代表着现在所考虑的定常漂流，于是我们在一个循环内来平均(5.13.16)式中的所有项以便得到

$$-\nu \frac{\partial^2 \overline{u_2}}{\partial y^2} = \overline{U_1 \frac{\partial U_1}{\partial x}} - \overline{u_1 \frac{\partial u_1}{\partial x}} - \overline{v_1 \frac{\partial u_1}{\partial y}}。 \quad (5.13.17)$$

这里的 U_1 是 $U(x)e^{int}$ 的实部（其中 U 一般是复量），并且可以写为

$$U_1 = \frac{1}{2}(Ue^{int} + U^* e^{-int}),$$

其中星号表示复共轭；

$$\overline{U_1^2} = \frac{1}{2}UU^*。$$

u_1 及 v_1 是(5.13.6)和(5.13.15)所给出的 u 及 v 的实部，它们也可以类似地写出。把(5.13.17)式中右端的三项按这种办法求值就给出

$$-\nu\frac{\partial^2 \overline{u_2}}{\partial y^2}=\frac{1}{4}\frac{d(UU^*)}{dx}\{1-(1-e^{-\alpha y})(1-e^{-\alpha^* y})\}$$

$$+\frac{1}{2}\mathscr{R}\{U^*\frac{dU}{dx}\frac{\alpha^*}{\alpha}e^{-\alpha^* y}(\alpha y-1+e^{-\alpha y})\},$$

$$=G(x,y),\qquad\qquad (5.13.18)$$

其中 $\alpha=(1+i)/\delta$。定常漂流速度 $\overline{u_2}$ 由这个方程和当边界为刚性时的边界条件

$$y=0\ \text{处}\qquad \overline{u_2}=0$$

以及表示当 $y/\delta\to\infty$ 时 $\overline{u_2}$ 趋向于一常值的条件一起决定。

方程(5.13.18)的一个形式上的解释是：$\overline{u_2}$ 是由单位流体质量的体力 G 所引起的定常的实际为单方向流动在 x 方向的速度，这个力简单地就是单位时间内由于流体在 y 方向微小振动运动所产生的 x 方向动量的净增加。$G(x,y)$ 随 x 缓慢地但随 y 迅速地变化，在边界层外则为零，这表明整个定常漂流运动的场是由作用于边界附近一薄层内流体上的实效切向力所驱动。既然横穿边界层方向上 G 迅速变化，$\overline{u_2}$ 也将随 y 迅速变化，这就赋予 $\overline{u_2}$ 的分布以一种明显的边界层性质。应当注意，我们没有假设这种次级漂流运动的 Reynolds 数是大的以及与漂流运动相关的涡量的粘性扩散除了在接近边界处之外均可忽略。u_1 的分布表示了由于通常知道的在横穿靠近边界的薄层时 u_1 的迅速变化，而 $\overline{u_2}$ 在横穿这同一薄层方向的迅速变化则完全是由实效体力 G 的分布特性而致的。

在以 u_1 所代表的对速度的第一级近似中，边界层内的分布由边界层外的分布决定。然而对于"修正"项 $\overline{u_2}$，情形正好反过来。在积分(5.13.18)中，$\overline{U_2}$ 是未知的，于是我们不得不取以下外边界条件

$$y\to\infty\ \text{时}，\qquad\frac{\partial\overline{u_2}}{\partial y}\to 0,$$

它所对应的事实是：在边界层外没有使漂流速度迅速变化的源。

满足这些边界条件的(5.13.18)式的解已经找到(Schlichting 1932)而且展示出一种对于 y 的复杂的依赖关系。这

个解的最有趣的特点是当 $y \to \infty$ 时 $\bar{u}_2$ 趋于非零值, 在此我们也仅给出这一点。从 (5.13.18) 及上述边界条件我们有

$$\overline{\nu u_2} = \int_0^y \left\{ \int_{y''}^\infty G(y') dy' \right\} dy''$$

它表明当 $y \to \infty$ 时 $\bar{u}_2 \to \bar{U}_2$, 其中

$$\bar{U}_2 = \frac{2}{\delta^2 n} \int_0^\infty y G(y) dy \text{。} \qquad (5.13.19)$$

代入 G 的表达式 (5.13.18), 简单演算后就有

$$\bar{U}_2 = \frac{3}{8n} \left\{ -\frac{d(UU^*)}{dx} + i \left(U^* \frac{dU}{dx} - U \frac{dU^*}{dx} \right) \right\}$$

$$= \frac{-3}{8n} \left(\frac{dA^2}{dx} + 2A^2 \frac{d\nu}{dx} \right) \qquad (5.13.20)$$

如果我们写 $U = Ae^{i\nu}$ 而且允许振幅 A 及相位角 ν 都是 x 的函数。(5.13.20) 式给出了边界层外紧邻处各点的平均速度值, 这个速度值是由作用于接近边界的流体上的实效力 G 和由 $\bar{u}_2$ 的横向变化而来的粘性力的平衡而施加在该处流体上的。$\bar{U}_2$ 与 U_0 之比。(速度脉动的代表性振幅) 是 U_0/nL 的量级, 它与 1 相比为小量。$\bar{U}_2$ 的一个显著特点是与粘性无关。

边界层外整个区域的平均速度分布, 当用 (5.13.20) 作为该分布的边界条件之一时, 原则上是可以确定的。如果边界层外流动精确地是无旋的, 则在那里不存在定常漂流, 因为一无旋流动完全地由边界上的瞬时法向速度所决定, 因而必须具有与边界相同的振动特征。然而, 作为靠近边界处定常流动的结果, 有一离开边界的涡量的缓慢输运, 最后, 亦即在从静止开始运动后若干时间作, 在整个流体中将到处有第二阶的定常涡量。边界层外区域中平均速度所满足的方程的形式依赖于定常流动的实效 Reynolds 数 $\bar{U}_2 L/\nu$。考虑到 (5.13.20), 这个 Reynolds 数可以写为

$$U_0^2/n\nu \qquad \text{或者} \qquad \varepsilon^2/\delta^2$$

(对于固体振动为流动的源的情形, 这里的 ε 和以前一样表示固体位置振动的振幅), 它们据假设条件 (5.13.4) 及 (5.13.2) 或者 (5.13.3) 相应地可以为与 1 相比的大量或者小量。在前一种情形

中，和定常漂流有关的涡量输运主要是粘性扩散，而在后一种情形中，除了某些薄层之外对流到处都占主导地位，而这些薄层之一紧贴着边界，其厚度比主要振动流动的边界层的厚度要大得多。在这两种情形中，基本方程的相应近似形式及其解的问题都已超出我们讨论的范围[①]。

定常漂流理论的应用

如前所述，定常漂流运动之所以具有实际兴趣，主要是因为它导致流体元的广泛迁移。这个漂移和一给定流体元的平均速度联系在一起，它不一定和一点处的平均速度相同，所以需要把这两个速度联系起来。设 $\mathbf{w}(\mathbf{x}_0, t)$ 是一质元在时刻 t 的速度，该流体元在先前的时刻 t_0 曾在 $\mathbf{x}_0$ 处，并且设 $\mathbf{u}(\mathbf{x}, t)$ 是时间 t 在点 $\mathbf{x}$ 处的速度。于是不包含任何近似地，我们有

$$\mathbf{w}(\mathbf{x}_0, t) = \mathbf{u}\left(\mathbf{x}_0 + \int_{t_0}^{t} \mathbf{w} dt, t\right)。$$

对于量级为振动周期的 $t-t_0$ 值，微元的位移和 L 相比是很小的，所以

$$\mathbf{w}(\mathbf{x}_0, t) \approx \mathbf{u}(\mathbf{x}_0, t) + \left\{\left(\int_{t_0}^{t} \mathbf{w} dt\right) \cdot \nabla \mathbf{u}(\mathbf{x}, t)\right\}_{\mathbf{x}=\mathbf{x}_0},$$

$$(5.13.21)$$

在一致的近似程度下右端的 $\mathbf{w}$ 可以用 $\mathbf{u}$ 来代换。第二阶漂移可以通过用第一阶运动去求非线性项的值来得到，如像导致 (5.13.16) 时用过的那种方法一样。在一个周期内取平均，我们得到在边界层外紧邻处（在该处 $\mathbf{w}$ 和 $\mathbf{u}$ 都差不多平行于边界）流体元的平均速度

$$\overline{W}_2 = \overline{U}_2 + \frac{i}{4\pi}\left(U^* \frac{dU}{dx} - U \frac{dU^*}{dx}\right)$$

---

① 这个问题在 Longuet-Higgins (1953) 及 Stuart (1966) 的论文中有进一步的探讨。

$$= \overline{U}_2 - \frac{A^2}{2n} \frac{d\gamma}{dx}, \qquad (5.13.22)$$

如果我们再一次写 $U = Ae^{i\gamma}$。于是初始在点 $\mathbf{x}_0$ 处的微元的平均速度与 $\mathbf{x}_0$ 处的平均速度，由于运动学的原因，是不同的，只要当速度脉动的相位随着在速度方向上的距离而变化，两者的差——这个差与粘性没有直接的关系——和(5.13.20)中两项中之一项有相同的形式，而这两项都确是由于在刚性边界处粘性的作用所产生的。

许多振动流动或者为"驻波"型，其中振动的相位 γ 与位置无关，或者为"行进波"型其中振幅 A 与位置无关。一个围绕着一固定平均位置振动的刚体引起的是驻波型流动振动；对于它，根据(5.13.20)和(5.13.22)，在边界层外紧邻处的点有

$$\overline{U}_2 = \overline{W}_2 = \frac{-3}{8n} \frac{dA^2}{dx}, \qquad (5.13.23)$$

表明流体元向着振幅为极小的位置漂移。在一半径为 a 的圆柱情形中，若其中心的速度为 $U_0 e^{int}$（的实部）且在垂直于轴的 $\theta = 0$ 方向，我们有

$$U = A = 2U_0 \sin\theta,$$

所以边界层外紧邻处的漂移速度是

$$\overline{U}_2 = \overline{W}_2 = -\frac{3U_0^2}{2na} \sin2\theta \qquad (5.13.24)$$

（正值表示 θ 增加方向的速度）。这个沿着表面朝向前后驻点的漂移在每个象限的流体中建立起一环流，当使一圆柱体在水槽中振动而在水面上洒上可见的微粒时，就可以定性地看到这一环流。

当一静止不动的刚体浸入流体，而在流体中有一平面声波通过时，驻波型流动振动也会建立起来，只要声波波长比物体尺寸要大[①]；在这种情形下定常的次级运动称为"声学漂流"。另一个可以用上述讨论过的效应解释的声学现象是在一个有驻声波在其

———————————

① 声学中一个普通的结果是：在这个相同条件下在物体附近的相对流动近似地和流体好像是不可压缩时一样，从而上述结果仍可以应用。

内的（所谓 Kundt 尘管）的管壁上，细微尘粒有集聚在（速度的）节点上的趋势。基于流体为不可压缩假设的分析这里还是可以应用的，只要 λ（声波波长）$\gg\delta$。因为 $A=A_0\sin(2\pi x/\lambda)$，(5.13.23)成为

$$\overline{U}_2=\overline{W}_2=-\frac{3A_0^2}{8c}\sin\frac{4\pi x}{\lambda}, \qquad (5.13.25)$$

其中 $c=n\lambda/2\pi$ 是声波传播的速度。伴随这个在边界层外紧邻处朝着节点 $x=0$，$\frac{1}{2}\lambda$，λ，…的定常流动，在流体内区有一环流，在反节点（anti-nodes）处流向管壁而在节点处从管壁流开，这种情形下定常漂流的整个场曾由 Rayleigh（1883）计算过，他没有借助于近壁处一阶运动的边界层近似。细微尘粒可以在壁上不受周期性的一阶振动扰动的位置上沉积下来，也就是在速度节点处沉积下来，而且它们是被二阶漂移给输运到这些点去的。

等深度水中由一行进表面波通过所引起的流动振动提供了一个另一种类型即其中 ν 随位置变化的例子。流体元的伴随漂移在此可能有实际的重要性，比如近底处的沉积物的输运。在水平刚性边界的边界层外紧邻处（正弦）振动的振幅与边界上位置无关，所以从(5.13.20)及(5.13.22)我们有

$$\overline{U}_2=-\frac{3A^2}{4n}\frac{d\gamma}{dx}, \qquad \overline{W}_2=-\frac{5A^2}{4n}\frac{d\gamma}{dx}。 \qquad (5.13.26)$$

这里我们还有 $\gamma=-2\pi x/\lambda$（表面行进波的方向是在 x 增加的方向），其中 λ 是波长。所以在水体的接近刚性底处边界层外紧邻诸点处的速度及流体元的速度分别成为

$$\overline{U}_2=\frac{3A^2}{4c}, \qquad \overline{W}_2=\frac{5A^2}{4c}, \qquad (5.13.27)$$

其中 c 是表面波传播的速度。振动振幅 A 已知是随深度指数减小的，而粘性所致的附加漂移仅仅对于距底小于一个波长的深度才是显著的。观测已经表明了在接近底处小固体颗粒的定常漂移的存在，方向是在波的前进方向而且速度和预言的 $5A^2/4c$ 差不多。

如我们在下节中将会看到的，在自由面有一个"边界层"，而

这个边界层也会导致靠近水表面——在该表面上波在前进——的流体的漂移运动（Longuet-Higgins 1953）。

5.14 具有自由面的流动系统

自由面上的边界层

虽然刚性边界是涡量的最常见的源，因而也是在大 Reynolds 数流动中边界层的最常见的根源，但是切应力在其上为零的边界的情形也具有一些有趣的不同点并值得简要地予以考察。在流体的一个"自由面"上（§3.3）要求满足的条件是：应力的法向分量为一常项及任何来自表面张力的贡献的和，而切向分量为零。

按前几节的计划，一种有用的作法是想象一个由于所有边界被置于指定速度而建立起来的由静止状态而达到的流动。在边界刚刚开始运动之后，无旋运动处处存在于流体之中。我们要问，这样的运动是否能够满足全部边界条件，如要是这样，则无旋运动可以持续，而且定常状态也是处处为无旋流动的。假如自由表面事先被规定，则无旋运动就会完全被决定，在边界上应力的法向和切向分量须满足的条件一般而言就不能得到满足了。事实上，自由边界本身是受流体运动影响并依照边界条件而调整自身的。在两个边界条件中，无旋流动要满足的是关于应力法向分量的条件；因为在边界的流体一侧的法向应力对于指定值的任何偏离都意味着在边界处的流体在沿边界法向的无穷大加速度，因而边界形状的改变将极快地发生，于是我们可以假设自由边界的形状在任何时候都是使得边界处的法向应力等于一常量再加上表面张力引起的任何压力跳跃。一般说，这就完全决定了初始的无旋运动和边界形状。

还剩下边界上切向应力为零的条件，而且一般说来它不能由初始的无旋运动满足。在接近边界处的点上，无旋运动中的任何不为零的切应力都意味着在边界上存在着平行于边界方向的无穷大的流体加速度，其方向是使流体中的切应力更接近于零。这个由粘性力导致的流体加速度就在边界上产生涡量，而且这个涡量以我们已熟知的方式向流体内部扩散。对于固体边界，在无旋流动区域内要求在边界上有一个非零的速度跳跃，因而产生一个涡量为无穷（初始时）的涡层，而对于自由边界，它要求一个**速度导数**的非零跳跃，因而产生有限的涡量。自由面上产生的涡量可以用下述方法方便地计算。

我们选用正交曲线坐标系 (ξ, η, ζ)，使得自由面瞬时地和 ζ 为常量的坐标面重合。用 (u, v, w) 代表对应的速度分量，h_1，h_2，h_3 为通常含义，那么涡量的 ξ 分量的定义（参见附录2）是

$$\omega_\xi = \frac{1}{h_2 h_3}\left\{\frac{\partial(h_3 w)}{\partial \eta} - \frac{\partial(h_2 v)}{\partial \zeta}\right\},$$

它可以改写为

$$-\left\{\frac{h_2}{h_3}\frac{\partial(v/h_2)}{\partial \zeta} + \frac{h_3}{h_2}\frac{\partial(w/h_3)}{\partial \eta}\right\} + \frac{2}{h_2}\frac{\partial w}{\partial \eta} - \frac{2v}{h_2 h_3}\frac{\partial h_2}{\partial \zeta}.$$

$$(5.14.1)$$

在花括弧中的量等于应变率张量的非对角线元素之一的二倍（见附录2），在自由面上它为零，因为应力张量的切向分量在那里必须为零。穿过自由面处的一薄层时，法向速度分量 w 须为连续，因而 $\partial w/\partial \eta$ 也须连续；不要求切向速度分量 v 有跳跃因而(5.14.1)式中最后一项也可以认为是连续的。于是，在穿越自由面处形成的薄边界层时，ω_ξ 的跳跃值简单地就是(5.14.1)式中花括弧中的量在无旋流动区域边界处的值：

$$\Delta\omega_\xi = -\left\{\frac{h_2}{h_3}\frac{\partial\left(\frac{1}{h_2^2}\frac{\partial\phi}{\partial \eta}\right)}{\partial \zeta} + \frac{h_3}{h_2}\frac{\partial\left(\frac{1}{h_3^2}\frac{\partial\phi}{\partial \zeta}\right)}{\partial \eta}\right\}_{\text{边界}}, \quad (5.14.2)$$

其中 ϕ 是无旋流动的速度势。此外也有对应的 ω_η 跳跃量的表达式，而 ω_ζ 跳跃量为零。

在自由面为定常的情形中，或者在通过适当选取坐标系的平动和转动速度（应变率和这种坐标系的运动无关）而使自由面成为定常的情形中，在边界上的所有点上我们有 $\partial\phi/\partial\zeta = 0$，且(5.14.2)化成为

$$\Delta\omega_{\xi} = \left(\frac{2}{h_2^2 h_3} \frac{\partial h_2}{\partial \zeta} \frac{\partial \phi}{\partial \eta}\right)_{\text{边界}} = \left(\frac{2\kappa_{\eta}}{h_2} \frac{\partial \phi}{\partial \eta}\right)_{\text{边界}} \qquad (5.14.3)$$

其中 κ_{η} 是自由面和与 ξ 坐标线垂直的平面的交线的曲率。附带地，我们看到在自由面上没有涡量跳跃。这是因为在直角坐标中无旋区域内 $\partial v/\partial \zeta = \partial w/\partial \eta$，如果在自由面所有点上有 $w=0$，则必也有 $\partial v/\partial \zeta = 0$，这表示无旋流动中的切向应力在自由面上为零。因此，在平面定常的自由面的情形中，例如在一容器或水池中，当水的运动很轻微不足以使表面变形，水中的无旋运动就可以满足自由面上的**全部**边界条件，在自由面上既不产生涡量也不形成边界层。在一定常的弯曲自由面上，我们可以选一坐标局部地平行于 $\nabla\phi$，因此涡量跳跃为一位于自由面切平面内的向量而且与局部流线正交，其大小为

$$\Delta\omega = (2\kappa q)_{\text{边界}}, \qquad (5.14.4)$$

其中 κ 是自由面与垂直于它而平行于 $\nabla\phi$ 的平面之交线的曲率，$q=|\nabla\phi|$。

于是在自由面上形成的边界层是这样的一层，其中的涡量是因粘性而扩散和为流动所输运的（同时在三维场中还由于转动或伸缩而改变），在自由面上的涡量总比边界层外紧邻处的涡量大一个量，此量视情况由 (5.14.2) 或 (5.14.4) 表示（如果边界层外的运动不是无旋的则由 (5.14.2) 的一显见的修改形式所表示）。通过边界层的速度跳跃，明显地是 $\delta\Delta\omega$ 的量级，其中 δ 是边界层的厚度，因而在许多情形中如 $R^{-\frac{1}{2}}$ 变化，只要在其中涡量的扩散是使得 δ 以这种规律变化。

通过边界层速度这种变化的微小性有三重值得注意的含义 (a) 在边界层中运动方程可以通过与边界层外紧邻处值的偏差来线性化。例如，对于二维边界层用 §5.7 的记号，质量守恒方程 (5.7.2) 给出

$$v \approx -y \frac{\partial U}{\partial x} \qquad (5.14.5)$$

根据同样的近似，(5.7.1) 及 (5.7.8) 给出

$$\frac{\partial u'}{\partial t} + u'\frac{\partial U}{\partial x} + U\frac{\partial u'}{\partial x} - y\frac{\partial U}{\partial x}\frac{\partial u'}{\partial y} = \nu\frac{\partial^2 u'}{\partial y^2}, \quad (5.14.6)$$

其中 $u' = u - U$。如果流动为定常，U 作为 x 的函数为已知，则按常规方法，对于 u' 的这个线性方程求解是可能的。(b) 当外流为减速时，在自由面边界层内发展反向流的趋势比在刚性壁处的边界层内要弱得多，分离几乎不大会发生，除非在某点边界的曲率很大。(c) 既然边界层内的速度梯度比层外的值的量级并不大，单位体积的能量耗散率在整个流体内是同量级的。因此总的耗散率主要由范围更大的无旋流区域的贡献所占据，这和刚性壁面上的边界层的情形正好相反，在那里无旋流区域对于总耗散率的贡献是小的。

具有自由面的大 Reynolds 数流动的这些结果的两个应用如下所述。

定常穿过液体上升的球形气泡上的阻力

一个自由地穿过液体上升的气泡所引起的流动，当气泡直径如此之小使得粘性力为最重要时的情形在 §4.9 我们就曾经研究过。流动 Reynolds 数随着气泡的尺寸增加而迅速增大，因而考虑在 Reynolds 数（基于泡直径和上升速率计算）足够大使得边界层的想法可以应用的那种流动是很有用的。我们将假定，泡毕竟很小，使得在表面张力作用下它近似地保持为球形。在泡的边界上由运动而致的液体中压力变化趋于使泡变形。不过观测表明，在纯水中对于半径大到 0.05 厘米（或者体积大到 6×10^{-4} 厘米^3）的泡变形还是很小的。对于接近于这一上限的泡，Reynolds 数肯定远大于 1。基于上述讨论，我们还将假定边界层不从泡表面分离。对于我们现在涉及的尺寸范围的上升泡附近流动的定性观察表明，只要液体是纯的，反向流无论如何也不发生 (Hartunian 及 Sears 1957)。(现在已知，水中的体积大于约 5 厘米^3. 的气泡形状像从一个球体切下的一片，边界层在球冠尖锐边缘处分离（见 §6.11）；这种气泡当然是在我们目前的讨论范围之外。) 最后，我们认为气体在泡内的运动对于液体运动没有影响。

在上述假设下，涡量就局限在泡表面处的一薄边界层内及一轴对称的狭窄的尾迹中，这个区域之外的无旋流动近似地和液体假定完全为无粘性时的情形一样。因此，对于一个半径为 a 以速度 U 穿过无穷远处为静止的液体的球形泡，在边界层及尾迹之外的流动近似地（见 (2.9.26)）由下述速度势给出

$$\phi = -\frac{1}{2}Ua^3\frac{\cos\theta}{r^2}, \qquad (5.14.7)$$

其中 r, θ 为原点在瞬时球心位置的球坐标。

为了估计定常运动的泡上的阻力 D，我们并不需要分析边界层内的流动，因为作用于泡上的浮力作功的功率 UD 必须等于在液体中的总耗散率，如我们已见到的，它单从无旋流场就能够近似地决定。在不可压缩流体中，耗散率的一般表达式由 (4.1.5) 式给出，在现在讨论的这种无旋流场情形中，在以表面 A 为界的体积 V 内流体的耗散率是

$$2\mu\int\frac{\partial^2\phi}{\partial x_i\partial x_j}\cdot\frac{\partial^2\phi}{\partial x_i\partial x_j}dV, \quad = \mu\int\frac{\partial^2 q^2}{\partial x_i\partial x_i}dV$$
$$= \mu\int\mathbf{n}\cdot\nabla q^2 dA, \quad (5.14.8)$$

其中 $q^2 = (\partial\phi/\partial x_i)^2$，法向量 $\mathbf{n}$ 是从体积 V 指向外。$\mathbf{n}\cdot\nabla q^2$ 在无穷远处流体的外边界上的积分为零，所以作用在气泡上的阻力由下式给出

$$UD = -\mu\int_0^\pi\left(\frac{\partial q^2}{\partial r}\right)_{r=a}2\pi a^2\sin\theta d\theta。$$

对于由 (5.14.7) 描述的运动来求这个积分值得到：

$$D = 12\pi\mu aU, \qquad (5.14.9)$$

对应的阻力系数为

$$C_D = \frac{D}{\pi a^2\,\frac{1}{2}\rho U^2} = \frac{48}{R}, \qquad (5.14.10)$$

其中 $R = 2aU\rho/\mu$。一个边界层不分离的刚体的阻力系数正比于

$R^{-\frac{1}{2}}$(§5.11)而一个具有自由面的"物体"的阻力系数则具有较小的量级,因为自由面在阻滞边界层内的流体方面不如一个固体表面那样有效。

如果计及气泡表面边界层内及尾迹内的能量耗散,则可以获得作用于气泡上的阻力的改进的估计,这个新结果(Moore 1963)是

$$C_D = \frac{48}{R}\left(1 - \frac{2.2}{R^{\frac{1}{2}}}\right)。 \qquad (5.14.11)$$

在单独重力作用下,气泡运动的终端速度可由令阻力等于作用于体积为 $\frac{4}{3}\pi a^3$ 的泡上的浮力来决定。利用由(5.14.9)式给出的阻力的一级近似,我们有

$$V = \frac{1}{9}\frac{ga^2}{\nu} \qquad (5.14.12)$$

对于不同尺寸的泡通过不同种类无杂质液体的上升速率进行了观测,在图 5.14.1 中画出对于两种液体的阻力系数的推断值作为 Reynolds 数(在其中长度 a 取为与泡同体积的球的半径)的函数的变化情形。在 Reynolds 数大于约 20 及小于阻力开始陡升的临界值时与(5.14.10)的符合还可以,而与(5.14.11)的符合则是相当好的。Reynolds 数的这个临界值因不同液体而异,而且它似乎标志着气泡将发展为非球形状。在以定常速度 U 在水中上升的泡表面上压力的变化近似地为 ρU^2,在表面张力 ν 作用下,仅当 $\rho U^2 \ll \gamma$ 时才可指望气泡保持球形,这就是说,假设 U 为(5.14.12)式给出的终端速度,则仅当

$$\frac{\rho g^2 a^5}{\nu^2 \gamma} \ll 81$$

时才有上述。对于纯水,气泡半径的这一限制为

$$a \ll (6.1 \times 10^{-7})^{\frac{1}{5}} \text{ 厘米} = 0.06 \text{ 厘米},$$

这个值事实上接近于纯水中首次观察到空气泡为非球形时的气泡半径。

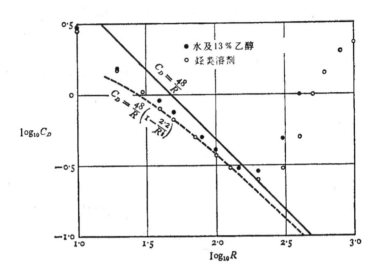

图 5.14.1　液体中上升气泡的阻力。对于两种特定液体的实验点
取自 Haberman 及 Morton（1953）的实验曲线

当压力变化开始变得与表面张力应力大小差不多时，气泡在
前后因受驻点压力而被压扁呈扁椭球形。我们可以计算由运动扁
椭球引起的无旋流动的总耗散，从而得到终端速度的新的估计，不
过这样作的结果的实际价值可能并不大，因为这时气泡形状及终
端速度都依赖于表面张力。不过，理论确实很好地解释了观测到
的阻力系数随气泡体积变化的极小值。

重力波的衰减

液体表面上的重力波不是本书范围内的课题，不过，把和重
力波产生的边界层有关的若干特征在此作一简要的叙述还是适合
的。我们这里仅考虑这样一种简单情形，即由于波的通过，质元
速度作正弦振动（除了很慢的衰减以外），频率为 n，且在粘性允
许的范围内运动为无旋。

如果驻波或行进波在具有刚性侧壁的通道中发生，或者具有

小于一个波长的水深，而且如果频率足够高，则前节讨论过的那种振动边界层在每个刚性壁上就会建立起来；由于边界层内的耗散而致的波的衰减及边界层外紧邻处定常漂流速度可以用已叙述过的方法来进行估算（只要波动运动的频率及振幅满足条件(5.13.2)）。另一方面，如果侧壁可以看作不存在并且水深大于一个波长，则在自由面上的边界层的相当弱的效应就单独起作用了。可以表明，自由面上的一个振动边界层能够引起一个定常的二阶运动，而且这个定常运动同样是不限于在边界层之内；对于一个刚性面，在边界层外边缘的定常漂流速度趋向于一固定值，此值仅依赖于局部条件，而对于自由面的对应结果却是：定常速度的法向梯度趋于一固定值 (Longuet-Higgins 1953, 1960)。自由面上边界层的存在也能引起作用在无旋流动区域边界上的法向应力的位相的一个小变化，因此在自由面一涨一落的一个循环中，这个法向力作功不为零且为负。这样，波动运动的振幅就缓慢地减小，对于行进波其减小率可以由下述简单办法决定。

在一个循环中，液体总能量（动能加势能）的损失必须等于每个循环中能量的粘性耗散率，只要进入所考虑的体积内液体的净能量通量为零。这个耗散主要存在于无旋流动区域中，因而可以借助该处的速度势的知识来得到；这样一来，波动衰减可以不用直接考虑自由面上的边界层内的流动就能算出来。假定液体的速度相对于一个水平坐标 x 作正弦变化（以波数 k）而且位于 (z, x) 平面内，其中 z 为低于自由面平均位置的垂直深度。那么在无旋流动区域中我们有

$$\phi = A(t)\sin(kx - nt)e^{-kz}, \qquad (5.14.13)$$

对于 z 的依赖关系是要求 ϕ 满足 Laplace 方程的直接结果；振幅 A 随着波动损失能量而缓慢变化。我们可以再一次用表达式(5.14.8)表示耗散率，这样就发现，水平面单位面积上整个运动的耗散率是 $2\mu k^3 A^2(t)$，只要波幅与波长相比为小量因而(5.14.8)积分式可以在未扰动平面 $(z=0)$ 上求值。

每单位水平面面积的在一个循环中平均的液体总动能为 $\frac{1}{4}\rho RA^2(t)$。液体也还具有势能,既然所有质元在重力及相互作用下进行着小振动,平均总势能应等于平均总动能,从而能量的逐渐损失方程是

$$\frac{d\left(\frac{1}{2}\rho kA^2\right)}{dt} = -2\mu k^3 A^2,$$

表明 A 以 $e^{-\beta nt}$ 减小,其中

$$\beta = 2\nu k^2/n。 \qquad (5.14.14)$$

根据表面波理论,波长为 $2\pi/k$ 的深水波的频率由下式给出

$$n = (gk)^{\frac{1}{2}},$$

所以波动的阻尼在一个周期后使振幅减小到初始值的 $\exp\left\{-4\pi\nu\ (k^3/g)^{\frac{1}{2}}\right\}$。

根据前节的讨论,长度 $(\nu/n)^{\frac{1}{2}}$ 可以看作为振动边界层厚度的量度。上述分析仅当这个厚度与整个流场的代表性长度 $2\pi/k$ 相比为小量时,也就是说仅当

$$\left(\frac{\nu k^{\frac{3}{2}}}{4\pi^2 g^{\frac{1}{2}}}\right)^{\frac{1}{2}} \ll 1$$

时为正确;满足这个条件就保证了在一个周期中波动振幅的变化是小的。

举一个数值的例子,假设波长为 10 米周期约为 0.25 秒,代表边界层厚度的长度 $(\nu/n)^{\frac{1}{2}}$ 对于水为 0.02 厘米,一个周期后振幅减小率为 0.0022。在实际中,自由面上的边界层作为表面波衰减的主要原因以及上述 β 的估计值可以应用的情形并不常见,因为对于实验室中产生的波而言,容器侧壁上的边界层内的耗散一般说占主要部分;对于湖及海中的波的情形,由风引起的偶然的扰动通常是更为有效的耗散波动能量的途径。

5.15 动量定理的应用之举例

如在§3.2中所述,存在不少这样的情形,其中应用"动量定理",亦即动量方程的积分形式 (3.2.4) 就能够得到关于定常流动系统的很强的有用结果。成功与否取决于能否选取到这样的控制面,使根据已知条件可以求出控制面上所有点上的动量通量及应力。在本节中给出的两个应用动量定理的例子是关于从一均匀流到另一均匀流的过渡,这是定理显然很适用的流动类型。

作用在流中规则排列物体上的力

在这第一个非常简单的例子中,上游很远处均匀速度为 U 的流动冲击到一列彼此相似的刚体上,这些刚体规则地排列在垂直于流动的平面上 (图 5.15.1)。这些刚体的线性尺度很小,彼此相距很近,例如像线网那样,流动在两侧由平行于流向的侧壁所限制。在像这样的流动情形中,可发现在距刚体列下游一定距离处流体速度重又成为均匀,而且如质量守恒所要求的那样 (在流体密度不发生任何显著变化的情况下)同样具有速度 U。流体所施力于物体列上,当每个刚体相对于物体列的法向是对称的,流体施于刚体的力指向下游方向,我们现在要问,单位物体列面积上平均的力是否可以由上、下游观察到的条件来决定。

我们选如图 5.15.1 中的间断线所示的控制面,这个控制面包括一内边界 A_1 及一个外边界 A_2,A_2 为柱面而且其横断面须充分大足以包含许多物体列元在内;对于上述系统应用 (3.2.4),略去由重力体力产生的项,因为它可以吸收到修正压力中去。流出 A_1 与 A_2 间的区域的净动量通量为零,因此我们有:

作用在由 A_1 包围的物体列部分上的总力的 i 方向分量

$$= -\int \sigma_{ij} n_j dA_1 = \int \sigma_{ij} n_j dA_2,$$

法向量 **n** 在边界所有部分上都是指向远离区域的方向。应力 σ_{ij} 在

柱面 A_2 的两个端面上纯粹是法向应力，该处速度是均匀的而在远上游压力为 p_1 在远下游为 p_2，同样地，在柱面的侧面应力也是纯法向应力除了在物体列紧邻处之外，于是，如果我们把柱面的**横断面**取得充分大，使柱面侧面处的切应力对于积分的贡献变得（相对）很小，则我们有

作用在单位物体列面积上的平均法向力 $= p_1 - p_2$。

(5.15.1)

这样一来，流体作用于物体列上的法向力就可以不必对组成物体列的物体附近的流动作理论的或实验的考察而得到。

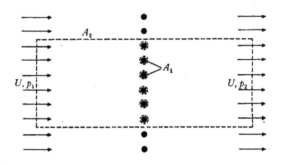

图 5.15.1 运用动量定理决定作用在规则排列的刚体上的力

(5.15.1) 式显然对于来流不垂直于物体列平面或者单个刚体的形状不对称的情形也是成立的，因为在远离物体列处来流与出流同样是均匀的，上述论述对于在物体列的两侧上的流速法向分量及作用在物体上的力的法向分量而言，仍然是可以应用的。在每一种这些新情形中，流体作用于物体列以一个力，它在物体列平面上有一非零分量，在物体列处流动也相应存在一个偏转。

管道突然增大的效应

第二个例子是关于当流体以近似均匀的速度 U_1 流经一长度不大的管道时，若管道横断面积有一突然增大，其影响如何的问题（图 5.15.2）。在一般情况下，当 $U_1 d/\nu \gg 1$ 时，此处 d 为管道

横断面的线性尺度的一个量度，流是以一直线射流的形式泻入较宽的一段（如同图 5.10.2，图版 6 所显示的流动）。不规则的旋涡运动在射流的侧面发生，周围的流体逐渐地被挟卷并与射流混合，最终地，流又重新具有大致为均匀的速度，记之以 U_2。这种不定常的混合过程的细节很复杂，不能计算；那么在不具备关于突然增大处附近流动的知识的情况下，能否对远下游处的情况说些什么吗？速度 U_2 要遵照质量守恒得出（同样这里用了密度是均匀的假设），我们希望能根据突然增大处上游的给定的压力 p_1 来决定远下游处的压力 p_2。

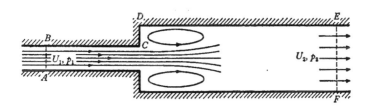

图 5.15.2 管道中流向截面突增处的均匀流动

可以用动量积分定理来达到这个目的，不过还需要借助于直接观测很容易证实的一个论据，即由于在截面突增处的流体在通过突增处时并没有显著的横向速度，故修正压力在那里近似地保持均匀不变。我们把控制面选为如图 5.15.2 中间断线所示的横断面及其间的管壁，并且分别用 S_1 及 S_2 表示上游及下游的横断面。在管道突增处下游紧邻处，流体速度与压力由于该处的混合过程的不定常性而脉动，但是这种脉动是围绕着定常平均值的，我们可以假设关系式（3.2.3）是在一个长时间上平均而给出类似（3.2.4）式的平均量间的关系式的。不过更方便的是把横断面 AB 及 EF 选在脉动区以外，这样脉动的存在对于我们这个例子就没有任何影响了。

在向下游方向流出控制面的动量通量是

$$\rho U_2^2 S_2 - \rho U_1^0 S_1 = \rho U_2 S_2 (U_2 - U_1).$$

作用在以 AB 及 CD 表示的控制面部分上的应力是纯粹法向的压力 p_1, 而在 EF 部分上的应力也是纯法向的压力, 记以 p_2。边界层是在管壁的 BC 及 DE 部分形成。我们假设, 当以 ρ, d 及 U_1 进行无量纲化后流动的 Reynolds 数充分大, 使得应力的切向分量成为可忽略的小量 (这等价于我们已经作过的假设, 即横穿过管的速度分布在 BC 段上近似地是均匀的)。于是动量平衡由下式代表

$$\rho U_2 S_2 (U_2 - U_1) = p_1 S_1 + p_1 (S_2 - S_1) - p_2 S_2,$$

给出下游均匀流区域的压力为

$$p_2 = p_1 + \rho U_2 (U_1 - U_2)。 \qquad (5.15.2)$$

截面突增引起的这个压力增加可以和截面逐渐由 S_1 增大到 S_2 引起的压力增加进行比较。对于后者, 流动到处为定常, 除了管壁附近外粘性可以忽略, 所以我们可应用对于实际为不可压缩流体的 Bernoulli 定理 (见 (3.5.16)) 得到

$$p_2 = p_1 + \frac{1}{2}\rho(U_1^2 - U_2^2), \qquad (5.15.3)$$

其中 p_1 与 p_2 为修正压力。于是, 突然增大截面情形中的最终压力比缓慢增大截面积的压力小一个量, 此量为

$$\frac{1}{2}\rho(U_1 - U_2)^2, \ = \ \frac{1}{2}\rho U_1^2 \left(1 - \frac{S_1}{S_2}\right)^2。 \qquad (5.15.4)$$

换言之, 我们可以说在截面缓慢增加的情形中 Bernoulli 常数没有变化, 而截面突增则引起旋涡混合流动, 与它伴随着要使 Bernoulli 常数下降 (5.15.4) 式那么多。根据 Bernoulli 常数可衡量单位质量流体的总机械能这一事实, 我们可以推断, 在截面突增处的射流引起的涡旋挟卷是和 (由摩擦造成的) 机械能的耗散联系在一起的。耗散发生的细节并不清楚, 但动量定理表明, 每单位质量流体的由耗散而致的能量损失是由总体条件决定的。

(5.15.4) 式可以应用到第一个例子中考虑过的那种类型的流动问题中。因为刚体组成的某种排列可以看作为一个许多狭窄通道的规则排列, 流体在遇到下游的截面突增前必须首先通过这些

通道。比如考虑刚性平板的情形，当在平板上在规则分布的位置上钻有直径和板厚差不多的许多小孔（图 5.15.3），而且这样的板垂直地放置于一来流中，流体速度为 U，流体在板背后作为许多射流流出，这些射流最终要以一种不规则的旋涡运动和周围流体混合，并再次形成速度为 U 的均匀流。因此，对于管道截面突增的分析在这里也可以应用，并且表明：流体从小孔流出的过程伴随着 Bernoulli 常数的一个总下降，其值为

$$\frac{1}{2}\rho U^2\left(\frac{1-\alpha}{\alpha}\right)^2 \qquad (5.15.5)$$

其中 α 是板上小孔面积占板面积的百分比。另一方面，在平板上游及流入小孔的流动，如我们在本章中已经看到的，是一种粘性不起重要作用的情况（只要孔径不太小），其绝大部分上 Bernoulli 定理可以应用，所以（5.15.5）就是平板远上游处及远下游处 Bernoulli 常数的差额；既然在这两处流速均为 U，所以（5.15.5）就也是这两处压力的差。这样一来，考虑到（5.15.1），作用在单位面积平板上的阻力也就是（5.15.5）式了。这一理论结果与流过这种板总压降的观测值相符。

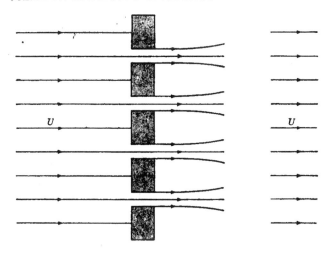

图 5.15.3　作用于均匀流中的开孔板上的力的计算

类似的简单理论也可以用来给出作用于其它类型开孔板上的力及作用在一列柱体及其它物体上的力。当从板上流出的每一射流的断面面积可由边界几何形状很好地确定时，如像上述开孔板的情形中那样，这种理论就会变得更为精确。

关于积分形式的动量方程的进一步应用，将在§6.3和§6.8中对于可忽略粘性影响的流场的讨论中加以叙述。在这些情况中，动量定理往往是提供有用结果的一个简捷干净的途径，而在如上述两个例子中粘性起本质作用（虽然在应用动量定理的分析中粘性并不明显出现，这也是动量定理的优点）的情形中，一般而言直接计算流场是不可能的，要想得到结果，应用动量定理是具有根本意义的。

表示除了线性动量以外的诸量的总平衡的积分关系有时也很有用，能量及角动量就是这方面明显的例子，而后者在考虑像泵、透平机及其它有旋转部件的机械的作用时特别重要。

第5章的进一步阅读材料

L. Prandtl 及 O. G. Tietjens 著 "Applied Hydro-and Aeromechanics" (McGraw-Hill, 1934; 及 Dover Publications, 1957)。

S. Goldstein 主编 "Modern Developments in Fluid Dynamics" (Oxford University Press, 1938)。

L. Prandtl 著 "The Essentials of Fluid Dynamies" (Blakie, 1952)。

L. Rosenhead 主编 "Laminar Boundary Layers" (Oxford University Press, 1963)。

第5章 习 题

1. 一刚性长柱体置于定常均匀流动中，柱体母线与流向成 α 角（所谓"偏航"的柱）。截面为流线型，没有边界层分离。试证明在垂直于母线的平面内的速度分量 u 对于所有 α 值（除了接近于 0 及 π 的值以外）具有同样的速度分布，在边界层内及边界层外都是如此。并证明在边界层内平行于母线的速度分量 w 的方程是

$$\mathbf{u} \cdot \nabla w = \nu \partial^2 w / \partial y^2,$$

其中 y 是距边界的垂直距离。

2. 一定常狭窄二维射流与一平面刚性壁相邻，流体在远离壁处为静止。运用边界层方程表明量

$$\int_0^\infty u \left\{ \int_{-\infty}^\infty u^2 dy \right\} dy, = P,$$

与沿壁的距离 x 无关。证明仅依赖于 P 及 ν 的相似性速度分布的形式为

$$\psi = (P\nu x)^{\frac{1}{4}} f(\eta), \quad \eta = (P/\nu^3 x^3)^{\frac{1}{4}} y,$$

其中有

$$4f''' + ff'' + 2f'^2 = 0.$$

证明在类似的沿径向向外流出的轴对称壁射流中，速度及射流厚度分别随 $x^{-\frac{3}{2}}$ 及 $x^{\frac{5}{4}}$ 变化，而且横穿射流的速度分布与平面情形中的速度分布相同。(Glaurt 1956)。

3. 一个三维物体置于沿 x 方向速度为 U 的均匀流中，阻力 D 及沿 y 方向的升力 L 作用于物体之上。证明 在远下游处，速度的近似表达式为

$$u = U - \frac{D}{4\pi\mu\,x} e^{-\eta^2}, \quad v = \frac{\partial \phi}{\partial y} - \frac{L}{4\pi\mu\,x} e^{-\eta^2}, \quad w = \frac{\partial \phi}{\partial z},$$

其中

$$\phi = \frac{L}{8\pi\mu\,x} \frac{y}{\eta^2}(1 - e^{-\eta^2}), \quad \eta^2 = \frac{(y^2 + z^2)U}{4\nu x}。$$

注意在尾迹中有流向涡量，在尾迹外远处的 (y, z) 平面内的无旋运动与强度为 $L/\rho U$、平行于 z 轴、位于上述平面原点处的点涡偶极子诱导的无旋运动相同。

第6章　无旋流动理论及其应用

6.1　无粘性流体流动理论的作用

我们已完成了有关流体粘性的一般效应的研究，现在可以利用常见流体——空气和水的粘性十分小这一事实了。Reynolds 数 $\rho LU/\mu$（用 §4.7 中的标记）通常是惯性力的典型大小比粘性力的典型大小的比值的一种量度；当这 Reynolds 数与 1 相比为大量时，在几乎整个流场中，运动方程中的粘性力的作用常常是微不足道的。在不发生边界层从刚性边界分离的许多情况下，当 $\rho UL/\mu \rightarrow \infty$ 时，在流体占据的整个区域内，流场趋于与无粘流场的形式一致；无论 Reynolds 数是多大粘性力都只在流体的一定薄层内保持为重要，对于许多目的来讲，没有太大影响。但是，在有边界层从刚性壁面分离的情况下，极限是奇异性的，并且，虽然当 $\rho LU/\mu \rightarrow \infty$ 时粘性力在其中为重要的流体区域的大小可能减小到零，但流场的极限形状与完全无粘流体的流场形状是不同的。这一奇异极限行为之所以可能，从数学上讲，是由于粘性在运动方程中做为高阶导数的系数出现，以及不论粘性多么小，粘性流体必须在刚性边界上满足无滑移边界条件这样的事实。

于是，无粘流体的理论结果可以直接用于前面这种不发生边界层分离的情况[①]；这里无粘流体理论给我们提供了在大 Reynolds 数下整个流体区域中真实流体（满足相同的初始和边界条件）的流动的很好近似，只在一薄层中除外，此薄层厚度当 $\rho LU/\mu \rightarrow \infty$ 时趋近于零，其位置从无粘流体解中可知。分析无粘流

---

① 边界层分离不存在是流场的极限形状与无粘流体相同的必要的、但可能不是完全充分的条件。作出既有用又可靠的一般性论断是困难的。

体流动要比分析粘性流体流动容易得多，因而最重要的是我们应该能够预言，通过审视和应用一般规则而不是通过详细的计算，无粘流动理论是否可用。更具体地讲，必要的是我们应能通过审视来判断，真实流体流动在一定的边界和初始条件下是否伴随有边界层分离。如果不发生分离，我们即可以利用无粘流体理论的众多结果。决定粘性不为零的流体在一定情况将如何行为的这种需要，要求在认识无粘流体理论的作用和价值之前先了解粘性流体的流动。正是由于这一原因，本书是在研究粘性流动之后才来讨论无粘流体理论，尽管后者更为简单。

甚至在边界层分离确实发生的真实流体流动的情况中，流动仍有很大一部分局部地不随流体的粘性显著改变，而无粘流体理论对之仍可以应用。但是，这里的困难正在于真实流体流动中分离了的边界层的位置和形状通常是不知道的，因而，虽然除去在一定的奇异表面（某些这样的表面位于流体内部）上外，粘性效应局部地是到处可以忽略的，但实际上无粘流动的区域的边界形状是未知的，而且一般不能从考察无粘流体而得到。无粘流体理论的应用范围在这种情况下因而受到限制。不仅如此，如在一些场合已然提到，分离了的边界层对小扰动一定是不稳定的并形成脉动的湍流流动。速度的湍流脉动的影响可能不直接扩展到整个流场（例如，通过流体作定常运动并在其后产生湍流尾迹的钝体的前驻点附近的流动可能是相当稳定的），但是由湍流引起的非零平均动量通量确实对于流动的总的形态有影响；同样确实的是，流动的某些区域是定常的，而且局部地讲不受流体粘性的影响，但是决定这些区域之一的边界的形状和决定该边界上的条件肯定不是能通过严格计算而达到的，于是我们常常不得不求助于看来合理的推理或者靠经验行事。

在本章和下章中，将讨论完全无粘的① （且为不可压的）流体流动的各个方面。给出的结果只是在它们代表在大 Reynolds 数下真实流体流动的近似这点上是有意义的，而每个结果的局限性应视为与结果本身同样重要的信息。

本章专门讨论无旋运动这个特殊情况。虽然无旋性可能看起来是很特殊的，但由于 Kelvin 环量定理（§5.3），即从静止开始运动的均匀流体的质元，除非运动到粘性力为重要的区域之中，将保持无旋，因之无旋性有着很大的实际重要性。对于无旋流动理论的透彻的了解以及对其多种应用的正确估价在流体动力学的所有分支中都是重要的。第 7 章则讨论局部涡或分布涡在流动中起重要作用的较一般的情况。在这两章中，无刚性边界的流场的例子占主导地位，因为它们提供了无粘流体理论应用的宽广范围，也讨论了具有自由表面的液体的无旋流动情况，尽管重力波这一课题要求分别处理而在本书中被忽略了。细长体通过流体运动产生升力的理论——航空学的科学基础之一在§6.7和§7.8中加以展开。这里通过利用以第 5 章中的考虑为基础的、关于物体上流线的分离的发生和后果的简单规则，而使应用无粘流体理论变为可能。作一般旋转的流体的特殊动力学性质在第 7 章中描述，同时描述了与它们相关的一些地球物理学现象。

最后，让我们回忆一下控制无粘流体运动的亦即第六第七章的工作将基于的关系式。

我们将继续认为流体是不可压缩的（这一假设为正确的条件如§3.6所述），因此质量守恒方程为

$$\nabla \cdot \mathbf{u} = 0 \text{。} \tag{6.1.1}$$

我们还将继续假设密度 ρ 在整个流体中为均匀的。

作用于流体的体力将假设为由重力引起的，因而 $\mathbf{F} = \mathbf{g}$。在我

---

① 在许多情况下，作为问题的提法的一部分仍将假设有源于粘性作用的流动的某些特性存在。例如，将"无粘"流体通过薄板上的小孔流出设想为在其边界上有片涡存在的集中射流是合适的。

们将要考察的一些流场中，流体有自由表面，这时重力影响流体中的速度分布。

在没有粘性时，流体中切应力到处为零，应力张量简化为 $-p\delta_{ij}$，运动方程变为

$$\frac{D\mathbf{u}}{Dt} = \mathbf{g} - \frac{1}{\rho}\nabla p。 \qquad (6.1.2)$$

当均匀的 ρ 值给出时，$\mathbf{u}$ 和 p 两个量作为 $\mathbf{x}$ 和 t 的函数要从方程 (6.1.1) 和 (6.1.2) 中求得。

6.2 无旋流动的一般性质

不可压缩流体的无旋流动的许多一般运动学性质在§2.7至§2.10中讨论任意速度分布的无散无旋那一部分时已经给出。下面叙述的结果补充那里的讨论。

当速度 $\mathbf{u}$ 为无旋时，如§2.7中阐明，我们可以引入由下式给出的速度势 ϕ

$$\mathbf{u} = \nabla\phi, \qquad (6.2.1)$$

在这种情况下不可压缩流体的质量守恒方程变为

$$\nabla^2\phi = 0。 \qquad (6.2.2)$$

虽然运动方程 (6.1.2) 对于 $\mathbf{u}$ 是非线性的，但这时速度分布完全由从无旋的限制条件和质量守恒方程导出的一个线性方程所决定。这种线性性质是无旋流动的特有性质，使我们可以利用许多强有力的数学方法。这里只是为了在决定速度分布后来计算压力时，才需要非线性的运动方程；并且我们将看到运动方程可以被积分以给出压力的显式表达。

由于方程 (6.2.2) 是线性的，所以速度势 ϕ 的不同解可以叠加起来以形成新的解。相应的速度分布同样可以叠加，但由于 p 对于 $\mathbf{u}$ 的非线性依赖，压力分布则不可以叠加。特别地，新的无旋流场可通过把在§2.5和§2.6中被证明是与膨胀率 Δ 和涡量 $\boldsymbol{\omega}$ 的一定奇异分布（Δ 与 $\boldsymbol{\omega}$ 除了在一个点上、一条线上或一表面

上有有限值外，到处均为零）相联系的速度势叠加起来而构造成功。对于 Δ 或 ω 分布中的点或线奇异性的情况，位置 **x** 上的"诱导"速度当 **x** 接近该点或该线时会无限增大；显然这对于与 Δ 和 ω 的一些叠加起来的奇异分布相联系的总的诱导速度也是对的。例如，与 **x′** 点上强度为 $m′$ 的点源和 **x″** 点上强度为 $m″$ 的点源相联系的无旋速度分布为（见（2.5.2））

$$\mathbf{u}(\mathbf{x}) = \frac{m′}{4\pi} \frac{\mathbf{x} - \mathbf{x}′}{s′^3} + \frac{m″}{4\pi} \frac{\mathbf{x} - \mathbf{x}″}{s″^3},$$

其中 $s′^2 = (\mathbf{x} - \mathbf{x}′)^2$，$s″^2 = (\mathbf{x} - \mathbf{x}″)^2$；这一速度场当 **x** 靠近 **x′** 时，源 $m′$ 的贡献占主导地位，而当 **x** 靠近 **x″** 时，$m″$ 的贡献占主导地位。

在 §2.5 和 §2.6 中讨论过的 Δ 或 ω 的分布中的点或线奇异性意味着 ϕ 在无散无旋流动区域的边界上有奇异性。例如，当强度为 m 的点源位于点 **x′** 时，无散无旋流动区域不包括点 **x′**，这一点应看做为一封闭面所围绕，经过这一面的体积流量是给定的，具有 m 值；而由于 **x′** 附近的速度主要由 **x′** 处的点源诱导的速度所决定，故准确的边界条件为：在围绕 **x′** 的具有无穷小线性尺度的封闭面上的所有 **x** 点上

$$\mathbf{u} \sim \frac{m}{4\pi} \frac{\mathbf{s}}{s^3}, \text{或} \phi \sim -\frac{m}{4\pi s},$$

其中 **s** = **x** − **x′**。类似地，对于 **x′** 点上强度为 μ 的源偶极子，无散无旋流动区域边界上的合适的条件为（见（2.5.3））：在围绕 **x′** 的具有无穷小线性尺度的封闭面上的所有 **x** 点上

$$\phi \sim -\frac{\mathbf{\mu} \cdot \mathbf{s}}{4\pi s^3}。$$

但是，ϕ 及其对于 **x** 的所有导数在无散无旋流动区域的**内点**上是有限的和连续的，这是微分方程（6.2.2）的众所周知的一般性质。

在 §2.7 至 §2.10 中得到了存在不超过一个速度 $\nabla\phi$ 的解的条件。那里发现的一个最重要的结果是，当 **u** 的法向分量之值在边界所有点上给定时，在可以向所有方向扩展至无穷远且流体在那里为静止的流体单连通区域中，$\nabla\phi$ 的解唯一地被确定。在这些条件下，如果 ϕ 之值在所有边界点上给定，而流体扩展至无穷远且

在该处为静止的情况下,如果通过内边界的总体积流量给定时,唯一性也是得到保证的。当无散无旋流动区域不是单连通区域时,必须把流动的循环常数之值的规定加到上述唯一性条件之中。

运动方程的积分

向量恒等式

$$\frac{1}{2}\nabla(\mathbf{u}\cdot\mathbf{u})=\mathbf{u}\cdot\nabla\mathbf{u}+\mathbf{u}\times\boldsymbol{\omega}$$

使我们可将 (6.1.2) 写为另一种形式

$$\frac{\partial\mathbf{u}}{\partial t}-\mathbf{u}\times\boldsymbol{\omega}=-\nabla\left(\frac{1}{2}q^2+\frac{p}{\rho}-\mathbf{g}\cdot\mathbf{x}\right),\quad(6.2.3)$$

其中 $q^2=\mathbf{u}\cdot\mathbf{u}$。当 $\mathbf{u}=\nabla\phi$ 而 $\boldsymbol{\omega}=0$ 时,这变为

$$\nabla\left(\frac{\partial\phi}{\partial t}+\frac{1}{2}q^2+\frac{p}{\rho}-\mathbf{g}\cdot\mathbf{x}\right)=0,\quad(6.2.4)$$

表明括弧中的量应该仅为 t 的函数,例如 $F(t)$。这一未知函数的形式是不重要的,因为我们可以定义一个新的速度势 ϕ',以使

$$\phi'=\phi-\int F(t)dt,\quad\nabla\phi'=\nabla\phi,$$

从而去掉 t 的函数而不影响速度分布。习惯上一般忽略掉 t 的任意函数而将 (6.2.4) 的积分写为:在整个流体中

$$\frac{\partial\phi}{\partial t}+\frac{1}{2}q^2+\frac{p}{\rho}-\mathbf{g}\cdot\mathbf{x}=\text{const。}\quad(6.2.5)$$

容易看出,当无旋流动还是定常时,(6.2.5) 的左端简化为以前标记为 H 的量,且在整个流体中为常数。这也就是从 Bernoulli 定理(见 §5.1)的证明所应预期的结果。在定常流动中 H 沿任意流线和任意涡线为常数,而当除此而外到处 $\boldsymbol{\omega}=0$ 时,H 应在整个流体中到处为常值。

当速度分布已知时,关系式 (6.2.5) 给出压力的显式表达式。它在这方面是非常有用的,因为 ϕ 满足 Laplace 方程并由加于 ϕ 或 $\nabla\phi$ 上的一定类型的边界条件所唯一地决定,因而可以不依赖 p 而被确定。

以表面积分表示的动能表达式

这里大部分有关的分析也是已经在 §2.7 至 §2.10 中给出了的。对于以内轮廓线和外轮廓线为边界的单连通区域中的流动，我们从 (2.7.6) 知，流体的总动能为

$$T = \frac{1}{2}\rho\int\phi\mathbf{u}\cdot\mathbf{n}_2 dA_2 - \frac{1}{2}\rho\int\phi\mathbf{u}\cdot\mathbf{n}_1 dA_1, \qquad (6.2.6)$$

这里积分是对于整个内边界 A_1 和外边界 A_2 计算的，而单位法线 $\mathbf{n}_1$ 和 $\mathbf{n}_2$ 对于它们所属的封闭表面都是向外的。如果流体没有外轮廓为界，而是向所有方向伸展至无限远并在其处为静止，我们从 (2.9.17) 可见

$$T = \frac{1}{2}\rho\int(C - \phi)\mathbf{u}\cdot\mathbf{n}dA, \qquad (6.2.7)$$

其中 A 是内边界，而 C 是 ϕ 在无穷远处所趋近之常值。如果通过内边界的体积流量为零，(6.2.7) 化简为

$$T = -\frac{1}{2}\rho\int\phi\mathbf{u}\cdot\mathbf{n}dA。 \qquad (6.2.8)$$

如果流动区域是双连通的，而 ϕ 具有循环常数 κ，则如 (2.8.8) 式表明，对于以内外边界为界的流动的 (6.2.6) 式应附加一项

$$\frac{1}{2}\rho\kappa\int\mathbf{u}\cdot\mathbf{n}dS, \qquad (6.2.9)$$

这里积分是对于整个（拓扑学）隔板 S 计算的。或者，在 $\mathbf{u}$ 的法向分量在边界上所有点都是确定的情况下，可以利用 (2.8.10) 式，它包括对 ϕ 的两个贡献，一个是单值的，另一个是具有适当的循环常数的多值函数。如果流体无外边界，而是向三维空间所有方向伸展至无穷远且在该处为静止，(6.2.7) 或 (6.2.8) 所代表的那种修正仍是可用的。但在二维空间流体向所有方向伸展的情况下，我们则须比较谨慎地行事，因为在大的 $|\mathbf{x}|$ 值下，速度之值一般为 $|\mathbf{x}|^{-1}$ 的量级，这时动能的积分表达式是不收敛的。这种情况在 §6.4 中再进行讨论。

Kelvin 最小能量定理

对于在边界每点上 $\nabla\phi$ 的法向分量具有一指定值的单值速度势,解的唯一性与总动能的最小值相关,这为如下首先由 Kelvin (1849) 所得到的结果所证明。

令 $\mathbf{u}(\mathbf{x})$ 和 $\mathbf{u}_1(\mathbf{x})$ 是流体占据的给定区域中的两个无散速度分布,在区域边界的每点上它们的法向分量具有相同的值(而如果流体伸展至无穷远,则在那里其值为零);并且假设 $\mathbf{u}$ 是无旋的,具有单值位势 ϕ。这时对应于这两个速度分布的总动能之差为

$$T_1 - T = \frac{1}{2}\rho \int (\mathbf{u}_1^2 - \mathbf{u}^2)dV$$

$$= \frac{1}{2}\rho \int (\mathbf{u}_1 - \mathbf{u})^2 dV + \rho \int (\mathbf{u}_1 - \mathbf{u}) \cdot \mathbf{u} dV。$$

(6.2.10)

对于第二个体积分我们有

$$\int (\mathbf{u}_1 - \mathbf{u}) \cdot \nabla\phi dV$$

$$= \int \nabla \cdot \{(\mathbf{u}_1 - \mathbf{u})\phi\}dV - \int \phi \nabla \cdot (\mathbf{u}_1 - \mathbf{u})dV$$

$$= \int \phi(\mathbf{u}_1 - \mathbf{u}) \cdot \mathbf{n} dA,$$

这里的面积分是对于流体的整个边界进行(对于流体伸展至无穷远的情况,在无穷远处的假想边界的贡献为零),因此为零。因而如果 $\mathbf{u}_1 \neq \mathbf{u}$,则 $T_1 - T > 0$,表明边界上速度法向分量之值给定的运动都不能具有像一个可能的无旋运动所具有的那么小的总动能。

对于边界上每一点速度法向分量之值给定的多值位势的情况,显然上述定理适用于 §2.8 之末所描述过的单值部分 ϕ_1。

q 极大值和 p 极小值的位置

我们首先证明,ϕ 不能在流体内部点上具有简单的局部极大

值或极小值。从（6.2.2）有

$$\int \mathbf{n} \cdot \nabla \phi dA = 0$$

对于包围作无散无旋运动的流体所完全占据的区域的任一封闭曲面 A 均成立。因而，在任一这样的封闭面上 $\mathbf{n} \cdot \nabla \phi$ 不可能为单一符号的，从而 ϕ 在某点为极值，同时在围绕这点的小的封闭面上 ϕ 具有某一不同的均匀值是不可能的。

在这一讨论中，ϕ 的仅有的有关性质是它满足 Laplace 方程。因而相同的结论对于 $\partial \phi / \partial x$ 也成立，从而在流体的任一内点 P 附近有可能找到另一点 P'，使得

$$|\partial \phi / \partial x|_{P'} > |\partial \phi / \partial x|_P.$$

我们可以选择直角坐标 x 的方向与 P 点处的 $\nabla \phi$ 平行，这时，更毋容置疑地

$$(\nabla \phi)^2_{P_1} > (\nabla \phi)^2_P,\ \text{及}\ q_{P'} > q_P.$$

从而速度值 q 的最大值仅只能在边界点上发生。q 的极小值发生于内点的可能性没有排除；实际上，其处 q 具有最小可能值的驻点的确出现在流体内部。

与此有关的一个结果可以对于压力 p 得到。从（6.2.5）有

$$\nabla^2 p = -\frac{1}{2}\rho \nabla^2 q^2 = -\rho \frac{\partial u_i}{\partial x_j}\frac{\partial u_i}{\partial x_j}, \qquad (6.2.11)$$

因此，对于包围完全为流体占据的区域的任一封闭面 A，

$$\int \mathbf{n} \cdot \nabla p dA = -\rho \int \frac{\partial u_i}{\partial x_j}\frac{\partial u_i}{\partial x_j}dV, \quad < 0. \qquad (6.2.12)$$

现如果 p 在流体某一内点具有极小值的话，$\mathbf{n} \cdot \nabla p$ 将在围绕该点的小的封闭面的所有点上为正，在同一面上计算的积分 $\int \mathbf{n} \cdot \nabla p dA$ 之值为正，而这根据（6.2.12）是不可能的。因此，p 具有极小值的点应位于边界上，虽然极大值可能在一内点上发生。p 的极小值的位置一般并不与 q 的极大值的位置相重合，虽然当流动为定常而 $\mathbf{q} \cdot \mathbf{x}$ 的变化为可以忽略时，它们是重合的。

这些结果可以定性地用于这样一些情况，其中，流体中压力

为极小值或速度为极大值的地方发生一定的物理现象。例如，当绝对压力降至低于一临界值时，在水中发生气穴现象，对于（无旋）流动的给定边界我们可以推断，当压力到处下降时，气穴将首先在边界上某点发生。类似地，众所周知，激波的发生与局部流体速度超过声波速度有关。当流体速度到处为足够小以使流体实际上可以视为不可压缩时，对于流动的给定边界，速度的极大值发生于边界上的某点；当速度到处增加时，激波将首先发生于（当可压缩性效应没有趋于改变极大值的位置时）边界的附近。

速度值的局部变化

从局部涡量在由与 u 的局部方向、流线的主法线（指向曲率中心）和流线的仲法线组成的直角坐标系中的表达式立即可以得到一些简单的但有用的结果。如果 (s, n, b) 代表这三个方向上的坐标，而 (u, v, w) 为相应的速度分量，我们有，在当地坐标中

$$v = w = 0, \quad u = q, \quad \frac{\partial v}{\partial s} = \frac{q}{R}, \quad \frac{\partial w}{\partial s} = 0,$$

其中 R 是流线的当地曲率半径。于是，当地的涡量分量为

$$\omega_s = \frac{\partial w}{\partial n} - \frac{\partial v}{\partial b}, \quad \omega_n = \frac{\partial u}{\partial b}, \quad \omega_b = \frac{u}{R} - \frac{\partial u}{\partial n}.$$

此外，在当地

$$\left(\frac{\partial}{\partial s}, \frac{\partial}{\partial n}, \frac{\partial}{\partial b} \right) u = \left(\frac{\partial}{\partial s}, \frac{\partial}{\partial n}, \frac{\partial}{\partial b} \right) q.$$

因此在无旋流动中我们有

$$\frac{\partial q}{\partial n} = \frac{q}{R}, \quad \frac{\partial q}{\partial b} = 0. \tag{6.2.13}$$

(6.2.13) 的第一关系式表明，当流线为曲线时，速度 q 在转弯的内侧比在外侧大。水沿着管子的直线段流动且在横截面各处速度近似为均匀。在管子的转弯处，最大速度因而最小压力以及气穴的最早出现均发生在弯曲部内侧的管壁上。类似地，当流体流过突起边缘时，如果边缘附近流动近似为无旋，则最大速度发生在边缘本身处；边缘下游一侧的边界上的流体因而受到减速，从

而导致边界层的分离（且在一定时候导致在突起边缘处无速度最大值的新的流动状态），如在§5.10中已经指出的那样。

6.3 定常流动：Bernoulli 定理和动量定理的一些应用

在无粘流体定常流动的特殊情况下，我们有 Bernoulli 定理（§3.5和§5.1）以及积分形式的动量方程（§3.2）。当流场的一般特性根据其它考虑为已知时，譬如下面要加以描述的无旋运动的情况就是如此，这两个关系式经常足够用来决定在实践中为重要的流动性质。这两个关系式均不包含流动的细节知识，而在转向讨论较复杂的研究方向之前考察有关它们的应用的几个简单例子是很合适的。

对于有重力作用于其上的均匀质量的不可压缩无粘流体，Bernoulli 定理断言，量

$$H = \frac{1}{2}q^2 + \frac{p}{\rho} - \mathbf{g} \cdot \mathbf{x} \qquad (6.3.1)$$

在定常流动的任何流线上为常数，其中如前一样 $q^2 = \mathbf{u} \cdot \mathbf{u}$。在现在讨论的**无旋**定常流动的具体情况下，$H$ 之值如§6.2中指出的那样在整个流体中为均匀。当在流体边界上所要满足的条件中不出现绝对压力时（即无液体的自由表面时），组合 $p - \rho\mathbf{g} \cdot \mathbf{x}$ 将定义为"修正压力"，如在§4.1中所解释过的那样，并用符号 p 表示，于是重力项不复出现。

定常运动中不可压缩均匀无粘流体的动量方程的积分形式为（见（3.2.4））

$$\rho \int \mathbf{u}\mathbf{u} \cdot \mathbf{n} dA = \int (\rho\mathbf{g} \cdot \mathbf{x} - p)\mathbf{n} dA, \qquad (6.3.2)$$

其中 $\mathbf{n}\delta A$ 为自由选择的包围被流体完全占据的体积 V 的控制面的面元，而 $\mathbf{n}$ 指向体积 V 的外侧。包含 $\mathbf{g}$ 的这一项可以变换为体积分，给出

$$\rho \int uu \cdot ndA = \rho V g - \int pndA, \qquad (6.3.3)$$

并明显地表明，当考虑的是动量通量和总力在水平平面内的分量时，重力可不予考虑。

§5.15 中给出的应用动量定理的例子涉及的是其中粘性力起重要作用的定常流场，可以通过选择其上粘性应力为小的控制面从而避免对粘性效应的详细讨论。甚至当粘性力不起重要作用而可以有把握地到处予以忽略时（如在以下给出的例子中就是如此），有时应用动量方程的积分形式也是方便的。当流体为无粘时，通过对流场的详细解通常可以得到相同的结果，但是，当积分方法是成功的时，它通常较迅速并较省力地达到这点。

流体从敞开容器的圆孔中的流出

当盛有水的容器在其一侧壁上有一小孔时，可观察到水以光滑射流的形式定常地流出。对于圆孔的情况，射流在距小孔的短距离上变为圆柱状，并且保持这种形状直到被重力作用所偏转或加速[①]。流体容积通过小孔的流出为容器中水面的相应缓慢下降所平衡。所有通过小孔的流线应从自由表面开始，在表面处速度小到可以忽略不计，而压力是均匀的且等于大气压力 p_0（对于敞开容器）；Bernoulli 参数 H 对于所有形成的流线具有相同的值，只是那些从容器壁附近的边界层发出的流线除外，对之我们将不予考虑。

现在我们可以利用 Bernoulli 定理来确定射流的圆柱截面中的速度 q_0，在那里压力必定是均匀的（那里的加速度和粘性力是可以忽略的）且等于 p_0。在自由表面上一点以及在射流中一点上计算 H 值，给出

---

① 当小孔不为圆形时，流线的会聚将导致横截面形状的复杂改变；例如，方形孔的角落处的会聚比方形的边的中点处的会聚要大，射流的截面发展成为一种四角缩向内侧的十字形状。如果表面张力的作用重要，从非圆孔流出的射流截面会沿下游距离周期地振荡。

$$\frac{p_0}{\rho} = \frac{p_0}{\rho} + \frac{1}{2}q_0^2 - gh,$$

其中 h 是这两点间的铅直距离（图 6.3.1），从而

$$q_0 = (2gh)^{\frac{1}{2}} \text{。} \qquad (6.3.4)$$

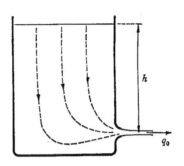

图 6.3.1　流体从敞开容器小孔中的流出

这也就是水的质元从高度 h 自由下落时将获得的速度，正如从能量考虑出发确实所应该预期到的那样。流体压力起的作用在这里是使射流向与器壁垂直的方向射出，而不影响它的速度。(6.3. 4) 这一结果常常称为 Torricelli 定理，这是他在 Bernoulli 的工作很早以前就得到的。

在实际问题中人们愿意利用 q_0 的上述表达式来决定通过圆孔的质量流量。于是产生只用 Bernoulli 定理是解决不了的另一个问题，即求出射流为圆柱状而水速为 q_0 这一区域的射流的横截面的问题。对于从圆孔射出的射流的考察表明，孔的上游一侧的流线的会聚在下游还持续几个直径的距离，而当射流为圆柱状时,其横截面积比孔的面积要小些,譬如要小 α 这样一个因子。收缩系数 α 只依赖于小孔附近的刚壁的准确形状，在薄平面壁上圆孔的简单情况下观察到为 0.61 到 0.64。我们将从动量定理看到，除了一些特别的边界形状外对于所有边界形状，α 在 $\frac{1}{2}$ 和 1 之间。用将在 §6.13 中描述的方法，对于二维流场的一些简单边界形状可以详

细推得 α 之值和射出射流的形状。

我们现在转而讨论动量定理的应用。水从容器壁孔的流出伴随有在射流轴向的动量通量（射流轴假设为水平的），这意味着在容器上有水平方向上的反作用力存在。与容器接触的流体作用于其上的总力，或由压力为 p 的浸湿表面 A' 上水的作用产生，或由压力为均匀值 p_0 的其余的未浸湿表面 A'' 上空气的作用产生；这总力为

$$\mathbf{R} = \int p \mathbf{n} dA' + \int p_0 \mathbf{n} dA'',$$

其中 $\mathbf{n}$ 总是离开流体指向外侧。由于 $A' + A''$ 是封闭表面，而对于整个封闭面常数的积分为零，我们得到

$$\mathbf{R} = \int (p - p_0) \mathbf{n} dA' 。 \tag{6.3.5}$$

$\mathbf{R}$ 的铅直分量代表容器中所盛的流体的重量，我们对之不感兴趣；水平分量是射流的反作用力，我们将藉助于动量定理将其定出。

我们选择由下列四部分组成控制面 A：(1) 容器中水的自由面，(2) 容器的浸湿表面 A'，(3) 包围小孔及射流为圆柱形的任意位置之间的这部分射流的表面，以及 (4) 在这后一位置上的射流横截面。在控制面的 (1)，(3) 和 (4) 部分上，压力为 p_0，因此

$$\int p \mathbf{n} dA = \int (p - p_0) \mathbf{n} dA' = \mathbf{R} 。 \tag{6.3.6}$$

考察 (6.3.3) 的各项在射流轴线方向 $\mathbf{k}$ 上的分量表明

$$\mathbf{k} \cdot \mathbf{R} = - \rho q_0^2 \alpha S$$
$$= - 2 \rho g h \alpha S, \tag{6.3.7}$$

其中 S 是圆孔的面积，而 αS 是射流在圆柱形区域的截面积。

在容器中与射流轴线在同一水平平面的水中各点上，在不太靠近小孔的地方，速度小到可以忽略，压力为 $p_0 + \rho g h$。反作用力 (6.3.7) 中一部分应归结为在容器的一侧有面积 S 的小孔，而在直接相对的另一侧有相同面积的壁，其上作用着多余的压力，反作用的这一部分因此应为 $-\rho g h S$。对于反作用力的进一步贡献是

由于小孔附近的容器壁上压力的下降（相对于静流体值 $p_0 + \rho g \cdot x$ 的下降）而引起的，这压力降伴随水向小孔运动时速度的增加而产生。这后一贡献的大小依赖于小孔处容器壁的准确形状，一般来说不能从上述那种积分形式的推理中决定。由于（6.3.7），对于反作用力第二种贡献的计算实际上是计算收缩系数 α。

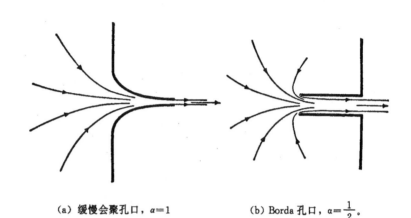

（a）缓慢会聚孔口，$\alpha = 1$ （b）Borda 孔口，$\alpha = \dfrac{1}{2}$。

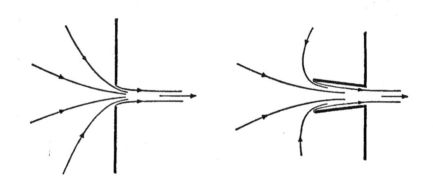

（c）平面壁上的孔，$\alpha \approx 0.6$（观测）   （d）$\alpha < \dfrac{1}{2}$ 的孔口

图 6.3.2 流体从圆孔的流出

对于两种特殊的孔的形状,恰巧可以立即得到 α 之值。一种形状是长的缓慢会聚的孔口情况,这时流线在流出前变直而且平行(图 6.3.2 (a))。显然这里 $\alpha=1$,而 (6.3.7) 表明,由于小孔附近器壁压力降产生的对容器的反作用的贡献,与由于在小孔对面的面积为 S 的器壁上没有被对消掉的压力产生的贡献有同样的大小。另一个特殊情况是插到容器的内部的(图 6.3.2 (b))由柱状管道做成的开孔(内截面积为 S),称为 Borda 孔口。这里水的速度为可观的区域是在管道的入口附近,而除管道上外容器壁所有点上压力近似地具有静流体压力值 $p_0+\rho\mathbf{g}\cdot\mathbf{x}$。管道上的压力对于在管道轴线方向上 $\mathbf{R}$ 的分量没有贡献[①],因此直接计算(6.3.5)中的积分给出

$$\mathbf{k}\cdot\mathbf{R}=-\rho ghS。 \tag{6.3.8}$$

与 (6.3.7) 的比较表明这时 $\alpha=\dfrac{1}{2}$。

对于大多数其它小孔形状,α 在 $\dfrac{1}{2}$ 和 1 之间,因为靠近小孔处器壁上压力与静流体压力值的差异不会是不同于吸力的别种情况,剩下的只是一个几何形状问题。对于图 6.3.2 (d) 中所示的不平常的小孔(对于此孔,面积 S 取为锥形孔口的内端或较宽的一端处的面积),孔口的浸湿一侧上作用的相对吸力对容器的反作用力作出的贡献是与射流同方向而不是与其相反,所以这里我们从 (6.3.7) 可见,α 应该比 $\dfrac{1}{2}$ 稍小。

流经堰上的流动

水力工程师常常需要知道定常流过敞开的渠道或流经水库闸门的水量。近似地得到这一数据的一个简单方法是用一浸没的障

---

① 十分有趣的是,在绕过外角的 2π 的尖锐边缘的无旋流动中,在边缘处的无穷大的速度和无穷大的吸入的确会对于边界产生一个非零的力(见 §6.5);但是,由于射流从尖锐边缘分离,这里靠近边缘的流体占据的区域的角度范围假设比 2π 要小,于是在管道轴线方向上作用在边界上的力为零。

碍物或堰在渠道中某一点或在水库闸门处阻塞水的流动，并且观察其上游被拦截的缓慢运动的水面的高度。

一种普通类型的堰是如图 6.3.3 （a）中所画出的"宽脊式"。堰和自由水面的倾斜在这里都是小的，我们可以假设堰上任意点上方的整个水流中的水速 q 为近似均匀的。于是，如果 d 是这一水流的深度，则流经堰的与图面垂直方向上单位宽度的水体积的流出率为

$$Q = qd。 \tag{6.3.9}$$

我们从表面上流线的 Bernoulli 定理还知道

$$\frac{1}{2}q^2 - gh = 0, \tag{6.3.10}$$

其中 h 是相对上游一定距离上速度为小到可以忽略的地方的水平面下降。因而，流出量为

$$Q = (2gh)^{\frac{1}{2}}d, \tag{6.3.11}$$

且可由任意点上 h 和 d 的观测值计算出来。

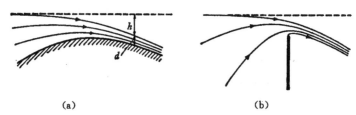

图 6.3.3　流经堰上的定常流动
（a）宽脊堰，（b）尖脊堰

如果注意到,堰上任一点到被阻拦的水的水平面的铅直距离，即

$$d + h, \quad = \frac{Q}{g} + \frac{q^2}{2g}, \tag{6.3.12}$$

对于 q 具有一极小值，则可以推导出进一步的数据。这时，如果上游和下游的条件为如此，使得质元的速度从水库中的零增加到当

其流过堰之后比 $(gQ)^{\frac{1}{3}}$ 为大的值，则速度 $(gQ)^{\frac{1}{3}}$ 发生在 $d+h$ 为最小值的地方，即在堰的最高点的上方[①]。在这样的条件下，h，d 和 q 在堰的最高点处的值为

$$h_1 = \frac{1}{2}(Q^2/g)^{\frac{1}{3}}, \quad d_1 = (Q^2/g)^{\frac{1}{3}}, \quad q_1 = (gQ)^{\frac{1}{3}}。 \qquad (6.3.13)$$

从而测量 h_1 或 d_1（或者更为方便地是测量 h_1+d_1，因为这一量可以在水中几乎为静止的位置上测量）就足以决定 Q。

类似 (6.3.13) 这样的公式对于不是宽脊式的堰也是正确的（实际上最可能像是可用量纲方法证明），虽然数值系数是不同的。有时利用像图 6.3.3 (b) 中所示的具有尖锐边缘的堰，这时通过观测发现

$$Q = cg^{\frac{1}{2}}(h_1 + d_1)^{\frac{3}{2}}, \qquad (6.3.14)$$

其中 c 近似地比宽脊堰的理论值 $\left(\frac{2}{3}\right)^{\frac{3}{2}}$ 大 5%。这里有必要让空气可以自由地达到射流下面的区域，因为如果这一区域是封闭的，那么其中的空气会逐渐地被射流带走，而射流则被吸向下方。

打到平面壁上的液体射流

如果为空气包围的定常圆柱状的水射流打到一倾斜的平面刚壁上，射流变成为贴近壁的水层，其中流动到处为从冲击点向四外流开。我们假设射来的射流中水的速度是均匀的，且具有足够大的 U 值，以使重力效应可以忽略不计。根据 Bernoulli 定理，速度在自由表面上到处等于 U。在距冲击点一定距离上在水层内部速度也应近似地为均匀（除了在靠近壁面的薄边界层内以外），因为在那里速度近似地为单一方向的，而又是根据 Bernoulli 定理，

---

① 速度 $(gQ)^{\frac{1}{3}}$ 的重要性在于这样的事实，即它还是当深度为 d_1 时小振幅表面波传播的最大速度，扰动可以从堰的最高点之上游任意点传播到水库中去，而正是通过这一途径堰的存在拦阻住水，但从其下游任何点则不能传播过去，因水速在这里比 $(gQ)^{\frac{1}{3}}$ 大。

压力在整个水层中是均匀的。于是，在距离冲击点一定距离上关于水层所需决定的所有的量，不过是流动从冲击点流开的各方向上水层的厚度分布。离开冲击点的总质量流量当然等于射流中的流量，但其方向分布仍然是未知的。

具有圆形截面的射流有特殊的意义，因为它可以在实验室中容易地产生。在实验室工作中，平面刚壁可以用对称平面代替，这就是说，用两个相似的圆形射流使它们的轴线相交。这时所得到的水层将不经受刚壁上粘性效应的影响，并沿径向向外散布开来，直到它的厚度（它与径向距离成反比，以满足质量守恒）变为如此之小而在表面张力作用下崩溃为离散的水滴。

显然动量方程对于射流受壁影响而改变方向的方式要提出限制。由于没有由边界在平行于壁面的方向上作用于水上的力，水层的动量等于射流动量在壁的平面内的分量。这个进一步的关系在一般情况并不能使水层厚度的方向分布被确定，但在二维射流情况下它却是足够的了，二维射流产生水层，其厚度分布仅被两个数值所确定，其中每一个数值用来确定从冲击点流开的两股水流中的一股。因此，作为应用积分形式动量方程的进一步说明，我们来讨论二维情况，尽管它的物理重要性有限。

图 6.3.4 绘出了宽度为 b 的二维射流，与壁面法线成 α 角打到壁面而分为两股流动，其宽度最终变为均匀且等于 b_1 和 b_2。我们取图中虚线绘成的面为控制面，其上速度等于 U，而压力等于周围空气的压力（p_0），只是在靠近中心冲击点 O 的壁面各点处除外。这样，向量方程（6.3.3）平行于壁面的分量化简为

$$\rho U^2(-b\sin\alpha + b_1 - b_2) = 0。 \qquad (6.3.15)$$

水的质量守恒要求

$$b_1 + b_2 = b, \qquad (6.3.16)$$

这两个关系式一起给出

$$b_1 = \frac{1}{2}b(1 + \sin\alpha), \quad b_2 = \frac{1}{2}b(1 - \sin\alpha)。 \quad (6.3.17)$$

还有可能得到关于 O 点附近的壁面压力分布的一些情况。方

程（6.3.3）垂直于壁面的分量变为

$$\rho U^2 b\cos\alpha = \int (p - p_0)dA_w = F, \qquad (6.3.18)$$

其中积分是对于壁面计算的，而 F 是射流作用于壁上的法向力的大小（积分和力都是对于垂直于图面的单位宽度计算）。此外，考虑进入和离开这同一控制区域的动量和作用在这区域内的流体的力相对于 O 产生的力矩，表明压力中心 C（即在其处壁上法向集中力 F 具有与壁上压力分布产生的同样逆时针方向力矩的那一点）是在法线的逆时针方向一侧的一点，其与 O 的距离为

$$OC \times F = \frac{1}{2}\rho U^2 b_1^2 - \frac{1}{2}\rho U^2 b_3^2。$$

从而

$$OC = \frac{1}{2}b\tan\alpha。 \qquad (6.3.19)$$

这样如果刚壁以铰链安装于 O，它将会趋于把自己摆得与射流成为直角。

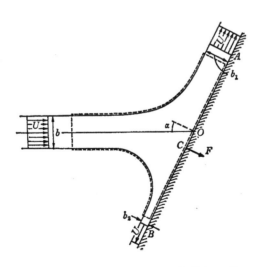

图 6.3.4　打在倾斜平面壁上的液体射流（一维）

这后一定性结果对于浸沉在很宽的水流中的铰接于平分线上的有限宽度的刚性平板也是正确的；此外，在无限流体中降落的矩形平板趋于平摆着下落。其解释要从壁面上或板上压力为最大值处的驻点位置去寻求。当 α 从零增加时，有两个原因使驻点从中心点 O 移向图 6.3.4 中的点 B。第一个原因是，来流射流中的流体有较大部分流向 A 点，所以射流中的分隔流线（它稍晚些时候必须在驻点与平板相交）位于射流轴的 B 点一侧。第二个原因是，在驻点与平板相交的流线应以直角与之相交（因为无旋流动中通过驻点的流线应与当地应变率张量的一个主轴平行，而平板表面处的流线是这样一个主轴），这要求流线接近平板时转向 B 点。

在"锥形装药"理论[1]中，有一个轴对称射流的特殊情况，其中动量方程的确给出所需的大多数情报。一个典型的锥形装药是具有开放底的空心金属锥，而炸药填充于锥的外侧，如图 6.3.5 (a) 所示。当整个炸药差不多是同时发生爆炸时，在巨大压力下锥的金属壁被推向内侧，并变成塑性的，在非常大的应力作用下能够像液体一样流动。锥壁的每一部分一开始均向内法线的方向运动，因而金属层仍然有锥的形状（但壁厚增加），只是靠着运动的锥顶处除外，在那里金属积聚起来。当我们相对于与锥的顶点一起运动的坐标系考察流动时，情况就变得更清楚了。此时金属层看起来像是朝顶点运动的锥形壳状射流，后果必然是形成两个圆锥面的离开锥顶沿锥的轴线运动的射流，如图 6.3.5 (b) 所示（在空心金属楔的二维情况下，流动简图如图 6.3.4 所示，那里的壁面 AB 是楔的对称轴）。

如果我们为简单计，想象原来金属层有等于 $A/2\pi r$ 的厚度，其中 r 是距锥的轴线的距离而 A 为常数，而锥壁以常法向速度 V 向内运动，则相对于与锥顶点一起运动的坐标系的流动是定常的。在距顶点一定距离以外所有射流中的速度这时均为 $V\cot\beta$，其中

---

[1] 在第二次世界大战中为了使用在厚金属板上穿孔的反坦克和爆破武器而发展的一种理论。

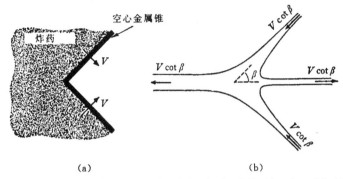

图 6.3.5 锥形装药。在 (b) 中，速度是相对于与锥顶点一起运动的坐标系

β 是锥的半顶角，而轴向射流的横截面积 A_1, A_2 可以从质量和 (轴向) 动量守恒得到为

$$A_1 = \frac{1}{2} A (1 + \cos\beta), \quad A_2 = \frac{1}{2} A (1 - \cos\beta)。 \qquad (6.3.20)$$

这样，锥形金属层的质量的 $\frac{1}{2}$ $(1-\cos\beta)$ 这样一部分通过锥的开放底部以狭窄的射流的形式相对于锥顶以速度 $V\cot\beta$ 射出，即，相对于未爆炸的炸药以速度 V $(\cot\beta + \operatorname{cosec}\beta)$ 射出。用炸药可以得到很大的 V 值，而锥形装药的特性在于，这一高的速度可以赋予金属，令其以具有很大穿透力的射流的形式向一选定的方向运动。

通过选择旋转坐标系可以变为定常的无旋流动

有时会发生这样的情况，在像涡轮机和泵这样的机器中，流体从一个不动的管道或渠道通向一个做为整体在旋转着的封罩中去。如果流体在静止的管道中作无旋的运动，它在系统的旋转部分中将是没有涡量的。为在旋转部分中决定流动，使用流动对之为定常的旋转坐标系将是方便的。相对这新的坐标系，涡量将不是零，但在 §3.5 中指出，经过修正以包含离心力贡献的 Bernoulli

量 H，在整个定常流动区域仍将是常数。

当表征流场的所有量均以以定常角速度 Ω 旋转的坐标系为参考系时，包含虚拟体力（3.2.10）的运动方程（6.2.3）变为

$$\frac{\partial u}{\partial t} - \mathbf{u} \times (\boldsymbol{\omega} + 2\Omega) = -\nabla \left\{ \frac{1}{2} q^2 + \frac{p}{\rho} \cdot \mathbf{g} \cdot \mathbf{x} - \frac{1}{2}(\Omega \times \mathbf{x})^2 \right\}.$$

因此，当流动相对于这坐标系为定常且具有涡量 -2Ω（对应于相对绝对坐标系的涡量为零）时，量

$$H = \frac{1}{2} q^2 + \frac{p}{\rho} - \mathbf{g} \cdot \mathbf{x} - \frac{1}{2}(\Omega \times \mathbf{x})^2 \qquad (6.3.21)$$

在整个流场中为常数。从而可以得到压力通过速度表示的简单显式表达，并可以不同方式加以利用。

作为一个用做说明的例子，我们考察图 6.3.6（a）中所示的管路系统。流体沿铅直管道被推向上方，在水平管道中分为两股流动，水平管道以定常角速度 Ω 围绕铅直 z 轴转动。我们假设横穿铅直管道速度是均匀的，因而相对于绝对坐标系流动到处是无旋的。相对于与水平管道一起旋转的 x 轴和 y 轴，涡量大小为 -2Ω 且平行于 z 轴，因而当距联结处一定距离上速度在水平管道中变成单方向的时候，速度的 x 分量为

$$u = U + 2\Omega y;$$

流体在旋转管道的领先的一侧运动得要快一些。根据以上形式的 Bernoulli 方程，旋转管道中的压力为

$$\frac{p}{\rho} = H - \frac{1}{2}(U + 2\Omega y)^2 + \frac{1}{2}\Omega^2(x^2 + y^2), \qquad (6.3.22)$$

其中重力项忽略不计。如直观上可以预期，管道的靠后一侧的压力将较高，而应有一力矩作用在管道上以保持其旋转并持续提供流体流动围绕 z 轴的动量矩。如果旋转管道有半径为 a 的圆截面，则应作用在长度为 $2l$ 的直管道上以保持其旋转的力矩，容易从（6.3.22）得出为

$$2\int_0^l 2\pi\rho U\Omega a^2 x dx, \quad = 2\pi\rho U\Omega a^2 l^2。$$

旋转管道的两端可能是对大气开放的，那里的压力为 p_0。如

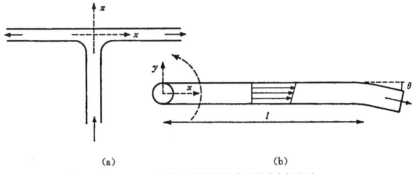

(a)   (b)

图 6.3.6 在围绕 z 轴旋转的分支管道中的流动

果管道长度与其半径比为大量，则从旋转管道两个开放端抛出的
流体的平均轴向速度从（6.3.22）得到为由下式给出

$$U^2 = 2\left(H - \frac{p_0}{\rho}\right) + \Omega^2 l^2, \qquad (6.3.23)$$

其中 H，即从铅直管道向上运动的水的单位质量的总能量，可以
认为是给定的。甚至当流体从速度非常小而压力小于 p_0 的容器中
流出（且不管重力的贡献），因而 $H < p_0/\rho$ 时，流体仍可以从容器
中'抽吸'出来。这本质上讲是离心泵的作用。

如果旋转管道在靠近其两个开放末端处的轴线不通过旋转
轴，则可利用喷出射流的反作用力来使管道旋转，在喷水器和凯
瑟琳旋转轮焰火中情形就是如此。在图 6.3.6（b）所示的简单情
况下，两射流与 x 轴成 θ 角以平均速度 U（相对于旋转坐标系）射
出，作用在弯管上的力相对于旋转轴产生的力矩近似为 $lU\sin\theta$ 乘
以每秒钟从管道射出的流体质量（$2\pi\rho a^2 U$）。使这一力矩与保持管
道以角速度 Ω 旋转所需的力矩相等，我们得到

$$\Omega l = U\sin\theta;$$

因而相对于不旋转的坐标系流体以纯径向速度射出，正如因无任
何作用力矩而可以预期的那样。这时从（6.3.23）得出

$$\Omega l = U\sin\theta = \left\{2\left(H - \frac{p_0}{\rho}\right)\right\}^{\frac{1}{2}}\tan\theta.$$

射出流体在通过旋转轴的直线方向上的速度分量为

$$U\cos\theta, \quad = \left\{ 2\left(H - \frac{p_0}{\rho} \right) \right\}^{\frac{1}{2}},$$

这表明，仍然如根据其它分析而可以预期的那样，可以被这样一个喷水器所浇洒到的土地面积与 θ 无关。

习　题

长度为 l 密度为 ρ 的圆柱状液体沿着平行于其母线的方向运动，以足够大的速度与固壁相碰，速度高到足以引起固壁的材料的行为在局部上有如密度为 ρ_s 的液体。证明，射流透过固壁的深度近似为 $l\,(\rho/\rho_s)^{\frac{1}{2}}$。

6.4　运动刚体引起的无旋流动的一般特性

在向所有方向伸展到无穷远且在该处为静止的流体中由刚体运动所引起的无散无旋流动在理论和实际问题中都常常碰到，并且是十分重要的。相应的数学结果可以直接用于大 Reynolds 数下边界层分离不发生的流动情况（这将包括平行于其长度而运动的细长体，从静止加速的或围绕固定位置作小振幅平移或转动振荡的任意形状物体），并且在许多间接方面也是很有意义的。数学理论发展很完备，为决定流场有多种多样的解析的和数值的方法[1]。在本节和以下几节中我们将考虑问题的主要特点和一些有启发性的特殊情况。

在本节中我们给出有关远离物体处速度分布的渐近形式，流体的总能量，以及作用在作平动运动的物体上的总力的一些结果，而不明显地注意物体的形状，只是假设它是单连通的。这些结果的一般性使它们具有相当大的价值。

由运动物体产生的二维和三维流场的性质之间有着重大的差

---

① 对于解析方法和结果的最详细的描述可在 H. Lamb 著 "Hydrodynamics" 第 6 版 (Cambridge Univ. Press 1932, and Dover Publications) 中找到。

别，这是由于这一事实产生的：在一种情况下流体占据的区域是双连通的而在另一种情况下则是单连通的，而讨论问题的论据和结果大多需要对于两种情况依次分别加以陈述。三维流场通常有较为简单的性质将首先加以讨论。

距物体很大距离处的速度

做为开始，我们先回忆一下 §2.9 中的内容，在 $\nabla\phi$ 于无穷远处为零的三维流场中，在包围了内边界的球面外的区域中，可将速度势写为负阶立体球谐函数的无穷级数。具体说，在这区域中我们有

$$\phi(\mathbf{x}) - C = \frac{c}{r} + c_i \frac{\partial}{\partial x_i}\left(\frac{1}{r}\right) + c_{ij}\frac{\partial^2}{\partial x_i \partial x_j}\left(\frac{1}{r}\right) + \cdots,$$

$$(6.4.1)$$

其中 $r = |\mathbf{x}|$，而张量系数 c，c_i，c_{ij}，…通过 ϕ 和 $\nabla\phi$ 在无旋流动区域的内边界上的积分表示由 (2.9.20) 给出。在现在我们感兴趣的情况中，内边界是物体表面，经内边界的总体积流量为零；从而如在 §2.9 中已经讲过 $c = 0$。因此，在距物体很大距离处，一般讲我们有

$$\phi(\mathbf{x}) - C \sim \mathbf{c} \cdot \nabla\left(\frac{1}{r}\right), \quad = -\frac{\mathbf{c} \cdot \mathbf{x}}{r^3}, \quad (6.4.2)$$

其中

$$4\pi\mathbf{c} = \int (\mathbf{x}\mathbf{n} \cdot \nabla\phi - \mathbf{n}\phi)dA, \quad (6.4.3)$$

积分对于整个物体表面 A 计算，$\mathbf{n}$ 为向外的法线。在距物体很大距离处，速度分布与位于原点的强度为 $4\pi\mathbf{c}$ 的源偶极子的具有的形式相同，速度值的量级为 r^{-3}。在球心瞬时地位于原点的球的特殊情况下，c_i 是级数 (6.4.1) 中仅有的不为零的系数（且 $c_i = \frac{1}{2} a^3 U_i$，其中 a 为球的半径，而 $\mathbf{U}$ 为瞬时速度），因而这时 (6.4.2) 这一形式在整个流体中都可应用。

对于二维流场，在无限流体中运动刚体引起的流动，可以得

到类似的结果，只要我们适当地考虑到运动的循环常数即环绕物体的环量 κ 即可。代替（6.4.1）我们有级数（2.10.6），即

$$\phi(\mathbf{x}) - C = \frac{\kappa}{2\pi}\theta + c\log r + c_i\frac{\partial}{\partial x_i}(\log r)$$
$$+ c_{ij}\frac{\partial^2}{\partial x_i\partial x_j}(\log r) + \cdots, \qquad (6.4.4)$$

其中系数 c，c_j，c_{ij}，…不是做为 ϕ 和 $\nabla\phi$ 的，而是做为 $\phi-(\kappa/2\pi)\theta$ 和 $\nabla\{\phi-(\kappa/2\pi)\theta\}$ 的，由整个物体表面的积分给出。这一级数可用于以原点为中心的包围内边界的圆之外侧的区域。由于第一个系数 c 仍然正比于流经内边界（与运动平面垂直的单位深度上）的总体积流量，因而这时为零，所以与（6.4.2）对应的渐近式为

$$\phi(\mathbf{x}) - C - \frac{\kappa}{2\pi}\theta \sim \mathbf{c}\cdot\nabla(\log r), = \frac{\mathbf{c}\cdot\mathbf{x}}{r^2}, \qquad (6.4.5)$$

在 r 为大量时

$$-2\pi\mathbf{c} = \int\left\{\mathbf{x}\mathbf{n}\cdot\nabla\left(\phi - \frac{\kappa\theta}{2\pi}\right) - \mathbf{n}\left(\phi - \frac{\kappa\theta}{2\pi}\right)\right\}dA。$$

$$(6.4.6)$$

在距离物体很远处，对速度分布的占主导的贡献为 r^{-1}，并具有与原点处强度为 κ 的"点涡"相同的形式；而如果 $\kappa=0$，占主导的贡献为 r^{-2} 的量级，并具有与原点处强度为 $-2\pi\mathbf{c}$ 的点源偶极子相同的形式。对于中心瞬时地位于原点的运动圆柱的情况，c_i 是仅有的不为零的系数（且 $c_i=-a^2U_i$），而（6.4.5）式在整个流体中可以应用。

（6.4.3）或（6.4.6）中代表物体在很大距离上所对应的实效源偶极子强度的积分的值得注意的特点为，它也可以在流体中瞬时地包围物体的任何封闭面 S 上计算出来。因为我们有

$$\int(\mathbf{x}\,\mathbf{n}\cdot\nabla\phi - \mathbf{n}\phi)dA$$

$$= \int\{\mathbf{n}\cdot\nabla(\mathbf{x}\phi) - 2\mathbf{n}\phi\}dA$$

$$= -\int \{\nabla^2(\mathbf{x}\phi) - 2\nabla\phi\}dV + \int \{\mathbf{n} \cdot \nabla(\mathbf{x}\phi) - 2\mathbf{n}\phi\}dS$$

$$= \int (\mathbf{x}\mathbf{n} \cdot \nabla\phi - \mathbf{n}\phi)dS,$$

而在二维流场情况下用 $\phi - (\kappa/2\pi)\theta$ 代替 ϕ 可得类似的式子，其中 $\mathbf{n}$ 代表 A 和 S 的内法线，而对 V 的积分是对于由 A 和 S 所界的流体体积计算的。

当我们在物体表面每一点上给定 $\mathbf{n} \cdot \nabla\phi$ 之值和环绕二维流场中物体的环量时，速度分布就被唯一地决定。物体的瞬时运动一般由它的角速度 Ω 和物体的某一质点的速度 $\mathbf{U}$ 给出，为了方便我们这一质点选择为物体的体心，其瞬时位置向量为 $\mathbf{x}_0$；在这种情况下，内边界条件为，在 A 的所有点上

$$\mathbf{n} \cdot \nabla\phi = \mathbf{n} \cdot \{\mathbf{U} + \Omega \times (\mathbf{x} - \mathbf{x}_0)\}。 \tag{6.4.7}$$

这时三维流场中物体的 $4\pi\mathbf{c}$ 的表达式由（6.4.3）变为

$$4\pi\mathbf{c} = \int \mathbf{x}\mathbf{n} \cdot \{\mathbf{U} + \Omega \times (\mathbf{x} - \mathbf{x}_0)\}dA - \int \phi\mathbf{n}dA$$

$$= \int \{\mathbf{U} + \Omega \times (\mathbf{x} - \mathbf{x}_0)\} \cdot \nabla\mathbf{x} - \int \phi\mathbf{n}dA,$$

其中第一个积分对于物体的体积 V_0 计算。因此

$$4\pi\mathbf{c} = V_0\mathbf{U} - \int \phi\mathbf{n}dA, \tag{6.4.8}'$$

而在二维流场中相应的关系式为

$$-2\pi\mathbf{c} = V_0\mathbf{U} - \int \left\{\mathbf{n}\left(\phi - \frac{\kappa\theta}{2\pi}\right) + \mathbf{x}\mathbf{n} \cdot \nabla\left(\frac{\kappa\theta}{2\pi}\right)\right\}dA。$$

$$\tag{6.4.8}''$$

在物体于三维流场中对于三个正交平面的每一个为对称，且环绕这三个平面中任两个的交线旋转（因而 $\mathbf{U}=0$）的特殊情况下，A 上的位于通过物体的体心的直线两端的两点上，ϕ 之值必然相等，同时单位法向量是反平行的；因而 $\int \phi\mathbf{n}dA$ 与 $\mathbf{c}$ 两者均为零，于是距物体很大距离处的速度为 r^{-4} 的量级。在二维流场中对于两个正交平面中的每一个为对称的物体，且当 $\mathbf{U}=0$ 时，我们用相似

的对称性推理得到 $c=0$。

关于 ϕ 因而还有 c 对于 U，Ω 和 κ 的依赖关系的进一步知识可以从类似（2.9.23）和（2.10.3）的关系式中得到。我们可以把速度势写为 $\phi_1+\phi_2$，其中 ϕ_1 是满足给定的内边界条件（现在这条件为（6.4.7））的单值速度势，而 ϕ_2 是满足在 A 上 $\mathbf{n}\cdot\nabla\phi_2=0$ 且循环常数为 κ（仅对于二维流动不为零）的一个多值速度势。ϕ_1 可以表示为两个单值速度势之和，其中之一在 A 上的法向导数之值为 $\mathbf{n}\cdot\mathbf{U}$ 因而具有（2.9.23）的形式，另一个在 A 上的法向导数之值为 $\mathbf{n}\cdot\{\Omega\times(\mathbf{x}-\mathbf{x}_0)\}$ 因而对于 Ω 为线性。ϕ_2 不以任何形式依赖于 $\mathbf{U}$ 或 Ω，必定对 κ 为线性，因而如 §2.10 中指出，可以将之写为

$$\phi_2(\mathbf{x}) = \kappa\left(\frac{\theta}{2\pi} + \varPsi\right), \qquad (6.4.9)$$

其中 $\varPsi$ 是只依赖于 $\mathbf{x}-\mathbf{x}_0$ 和物体的形状的单值速度势。对于二维流场，以及当令 κ 等于零时对于三维流场的完全速度势为

$$\phi(\mathbf{x}) = \mathbf{U}\cdot\varPhi + \Omega\cdot\varTheta + \kappa\left(\frac{\theta}{2\pi} + \varPsi\right), \qquad (6.4.10)$$

其中 $\varPhi$，$\varTheta$ 和 $\varPsi$ 均为 $\mathbf{x}-\mathbf{x}_0$ 的函数，依赖于物体形状而不依赖于 $\mathbf{U}$，Ω 和 κ，而 $\varTheta$ 是像 Ω 一样的轴向量，在二维流场情况下与运动平面垂直。通过将（6.4.10）代入边界条件（6.4.7），并利用这两关系式对于所有的 $\mathbf{U}$ 和 Ω 均正确这一事实，得到 $\varPhi$ 和 $\varTheta$ 的内边界条件为：在所有 A 点上

$$\mathbf{n}\cdot\nabla\varPhi = \mathbf{n}, \quad \mathbf{n}\cdot\nabla\varTheta = -\mathbf{n}\times(\mathbf{x}-\mathbf{x}_0). \quad (6.4.11)$$

把（6.4.10）代入（6.4.8）我们看到，c 是 U，Ω 和 κ 的线性函数；在三维流场

$$4\pi c_i = U_j\left(V_0\delta_{ij} - \int\varPhi_j n_i dA\right) - \Omega_j\int\varTheta_j n_i dA, \quad (6.4.12)'$$

而在二维流场

$$-2\pi c_i = U_j\left(V_0\delta_{ij} - \int\varPhi_j n_i dA\right) - \Omega_j\int\varTheta_j n_i dA$$

$$-\kappa\int\{\varPsi n_i + x_i\mathbf{n}\cdot\nabla(\kappa\theta/2\pi)\}dA.$$

$$(6.4.12)''$$

构成 U_j 的系数的二阶张量的一个重要性质是它对于下标 i 和 j 是对称的,因为从(6.4.11)导出

$$\int \Phi_j n_i dA - \int \Phi_i n_j dA$$

$$= \int \left(\Phi_j \frac{\partial \phi_i}{\partial x_k} - \Phi_i \frac{\partial \Phi_j}{\partial x_k} \right) n_k dA$$

$$= \int \left(\Phi_j \frac{\partial \phi_i}{\partial x_k} - \Phi_i \frac{\partial \Phi_j}{\partial x_k} \right) n_k dS - \int (\Phi_j \nabla^2 \Phi_i - \Phi_i \nabla^2 \Phi_j) dV,$$

其中体积分为零,因为 Φ 满足 Laplace 方程,而对于表面 S 的积分也可以看出等于零,为此只需将 S 选择为无限大半径的球(或圆)。

流体的动能

流体的动能通过面积分的表达式在§6.2中已给出。在此我们将这些关系式改写为适应于流体在内部与作给定运动的刚体为界的情况。相当出乎意料的是,对于作平移运动的物体在动能和级数(6.4.1)或(6.4.4)中的系数 c_i 之间可以得到简单的关系式。

首先来看在三维流场中运动的单连通物体或二维流场中环绕物体的环量为零的物体的情况。这时 ϕ 是单值的,而流体的动能的一般表达式(见(6.2.8))为

$$T = -\frac{1}{2} \rho \int \phi \mathbf{u} \cdot \mathbf{n} dA,$$

积分对于物体表面计算。对于既作平移又作转动的运动物体,$\mathbf{u} \cdot \mathbf{n}$ 在物体表面之值由(6.4.7)给出,因此

$$T = -\frac{1}{2} \rho \int \phi \mathbf{U} \cdot \mathbf{n} dA - \frac{1}{2} \rho \int \phi \{\Omega \times (\mathbf{x} - \mathbf{x}_0)\} \cdot \mathbf{n} dA。$$

$$(6.4.13)$$

把一般形式(6.4.10)(其中 $\kappa = 0$)代入表明,T 是 $\mathbf{U}$ 和 Ω 的二次函数,像刚体的动能一样,可以写为

$$T = \frac{1}{2} \rho V_0 (a_{ij} U_i U_j + \beta_{ij} U_i \Omega_j + \gamma_{ij} \Omega_i \Omega_j), \quad (6.4.14)$$

其中V_0如前一样是物体的体积,而张量系数依赖于物体的形状和大小。α_{ij}是无量纲的,只依赖于物体形状,并由下式给出

$$\alpha_{ij} = -\frac{1}{2V_0}\int(\Phi_j n_i + \Phi_i n_j)dA, \quad = -\frac{1}{V_0}\int \Phi_j n_i dA$$

(6.4.15)

因为我们上面见到这后一积分对于i和j为对称。

在物体作无转动运动(且仍有$\kappa=0$)这一简单而重要的情况下,我们可以更前进一步。我们有

$$T = -\frac{1}{2}\rho U_i \int \phi n_i dA, \quad = \frac{1}{2}\rho V_0 \alpha_{ij} U_i U_j。 \quad (6.4.16)$$

于是,由于物体平动运动引起的流体的动能等于$\frac{1}{2}\rho V_0|\mathbf{U}|^2$乘以$\alpha_{ij}U_iU_j/|\mathbf{U}|^2$这一因子,这因子依赖于物体的形状和其运动的方向。对于球和圆柱的Φ的已知表达式表明,在这两种情况下α_{ij}分别等于$\frac{1}{2}\delta_{ij}$和δ_{ij}。其它的特殊数值将在本章较晚时指出。在轴对称物体情况下,α_{ij}的主轴与物体的对称轴以及任何两个正交轴一致。

通过比较(6.4.16)和(6.4.8)可以得到$\Omega=0$,$\kappa=0$情形的进一步的结果。我们看到在这种情况下,对于三维流场有

$$T = \frac{1}{2}\rho(4\pi\mathbf{U}\cdot\mathbf{c} - V_0\mathbf{U}\cdot\mathbf{U}), \quad (6.4.17)$$

而对于三维流场有一类似的关系式成立,只是要将$4\pi\mathbf{c}$用$-2\pi\mathbf{c}$代替。显然,在物体的体积与它在大距离上在流体中引起的扰动的大小之间有联系,尽管不是简单的联系;代表物体在大距离上的效应的源偶极子的强度在$\mathbf{U}$方向上的分量的大小,不管在二维或是三维流场中,不可能比$V_0|\mathbf{U}|$小。T和$\mathbf{c}$间的这一关系的另一种表达式从(6.4.12)(其中$\Omega=0$,$\kappa=0$)和(6.4.15)得到,对于三维流场

$$4\pi c_i = V_0 U_j(\delta_{ij} + \alpha_{ij}), \quad (6.4.18)$$

而对于二维流场要把$4\pi c_i$用$-2\pi c_i$代替。

在环绕物体环量不为零的二维流场的情况下,在距物体很大

距离处，流体的速度为 r^{-1} 的量级，从理论上讲流动具有无限的动能。这对于真实流动系统意味着，流体中动能之值受远处外边界的位置和形状的影响。在 §2.8 末尾所描述的将速度势分为两部分的作法是有用的，因为单值部分 ϕ_1 对于动能有有限的贡献。我们从 (2.8.10)（其中 A 的法线是离开流体的）得到

$$T = -\frac{1}{2}\rho \int \phi_1 \mathbf{n} \cdot \nabla \phi_1 dA_1 + \text{与环量 } \kappa \text{ 和边界上零法向速度分}$$

量相关联的动能, （6.4.19）

其中右端第二项是无限的，但它不影响第一项的值而且与 $\mathbf{U}$ 和 Ω 均无关。(6.4.19)右端第一项是对应于 $\mathbf{U}$ 和 Ω 的给定值且 $\kappa = 0$ 的运动的动能，所以以上的陈述对之可以直接应用。

作用在作平移运动的物体上的力

我们现在来考察周围流体施加于不作转动的运动物体上的总力 $\mathbf{F}$。这一力是由物体表面上的压力产生的，藉助于(6.2.5)我们有

$$\mathbf{F} = -\int p\mathbf{n}dA$$

$$= \rho \int \frac{\partial \phi}{\partial t}\mathbf{n}dA + \frac{1}{2}\rho \int q^2\mathbf{n}dA - \rho \int \mathbf{g} \cdot \mathbf{x}\mathbf{n}dA,$$

（6.4.20）

积分对于瞬时地与物体表面重合的固定表面 A 计算。(6.4.20)中的最后一个积分代表物体上的浮力（§4.1），在以后的讨论中将不予考虑。

而 $\partial \phi / \partial t$ 不为零，甚至对于作定常平移运动的物体也是这样，因为我们用的坐标系是固定在无穷远处的流体之中的，而物体的位置相对于这个坐标系是在改变的。(6.4.10)中的未知函数 Φ 和 Ψ 是 $\mathbf{x} - \mathbf{x}_0$ 的函数，其中 $\mathbf{x}_0$ 是物体的质点的瞬时位置向量，且

$$d\mathbf{x}_0/dt = \mathbf{U}。 \quad （6.4.21）$$

速度 $\mathbf{U}$ 也可能依赖于 t，但 κ 随 t 的变化因完全无旋流动中的 Kelvin 环量定理而被排除。在相对于无穷远处流体为固定的一点

处 ϕ 的变化率从 (4.4.10)（取 $\Omega = 0$）得出为

$$\frac{\partial \phi}{\partial t} = \dot{\mathbf{U}} \cdot \mathbf{\Phi} + \frac{\partial (\mathbf{x} - \mathbf{x}_0)}{\partial t} \cdot \nabla \phi$$

$$= \dot{\mathbf{U}} \cdot \mathbf{\Phi} - \dot{\mathbf{U}} \cdot \mathbf{u}, \qquad (6.4.22)$$

其中 $\dot{\mathbf{U}}$ 代表 $d\mathbf{U}/dt$。

关系式 (6.4.20)（不计浮力的贡献）变为

$$F_i = \rho \dot{U}_j \int \Phi_j n_i dA + \rho \int \left(\frac{1}{2} q^2 - U_j u_j \right) n_i dA。 \qquad (6.4.23)$$

只有当 $\mathbf{U}$ 在变化时，右端的这两项中的第一项才不为零，而第二项之值则不依赖于 $\mathbf{U}$ 可能在变化这一事实。因此第一项所代表的是可以称为**加速度反作用力**的力，第二项是定常运动中作用于物体上的力。现在我们暂时把关于加速度反作用力的进一步讨论推迟一下。

为了得到有关当平移运动速度为定常时所保留下来的力的贡献的确定结果，我们在流体中引入一个瞬时包围物体的面 S，并把对于封闭面 A 和 S 计算的积分与对以 A 和 S 为界的体积 V 的积分联系起来。这样，用 $\mathbf{n}$ 表示两个面的外法线，我们有

$$\int \frac{1}{2} q^2 n_i dA = \int \frac{1}{2} q^2 n_i dS - \int \frac{\partial \left(\frac{1}{2} u_j u_j \right)}{\partial x_i} dV$$

而由于 $\mathbf{u}$ 既为无旋又为无散，

$$= \int \frac{1}{2} q^2 n_i dS - \int \frac{\partial (u_i u_j)}{\partial x_j} dV$$

$$= \int \left(\frac{1}{2} q^2 n_i - u_i u_j n_j \right) dS + \int u_i u_j n_j dA。$$

当 r 为大量时，q 至少在三维流场中要与 r^{-3} 同样小，而在二维流场中则小到 r^{-1}；因而当将 S 选择为无限大半径的球或圆时，就可证明右端项对 S 的积分恒等于零。因此

$$\int \frac{1}{2} q^2 n_i dA = U_j \int u_i n_j dA, \qquad (6.4.24)$$

而定常运动中作用于物体上的力为

$$F_i = \rho U_j \int (u_i n_j - u_j n_i) dA = \rho U_j \int (u_i n_j - u_j n_i) dS,$$

$$(6.4.25)$$

其中 S 仍旧是流体中包围物体的一个任意面。

我们看到 $U_i F_i = 0$，表明流体对于物体的定常平移运动不产生阻力。这样我们就重新得到了 §5.11 中从用较小一般性的能量论据得到的结果（d'Alembert 佯谬）。

三维流动中有限尺寸的刚体情况下，与 **U** 垂直的 **F** 的分量的存在也可以被排除掉，因为 q 在距物体大距离处为 r^{-3} 的量级，而将 S 具体选为大半径的球可以证明 (6.4.25) 中整个表达式为零。

另一方面，在二维流场中，当围绕物体有一个非零的环流时，q 在距物体大距离处为 r^{-1} 的量级，(6.4.25) 中的积分可能不为零；将 S 取为大半径的一个圆，并利用 S 上的渐近关系式

$$\nabla \phi \sim \frac{\kappa}{2\pi} \theta,$$

对于 **U** 之大小为 U 而方向平行于 x 轴的情况（图 6.4.1）下 **F** 在 y 方向的分量，我们有

$$F_y = \rho U \frac{\kappa}{2\pi} \int_0^{2\pi} \left(\frac{\partial \theta}{\partial y}\cos\theta - \frac{\partial \theta}{\partial x}\sin\theta \right) r d\theta = \rho U \kappa. \quad (6.4.26)$$

这一值得注意的侧向力或作用于物体的"升力"，是由于物体的向前运动和围绕它的环量的联合效应而产生的，与物体的大小、形状和方位无关，是机翼升力作用理论的基础。关系式 (6.4.26) 是与 Kutta (1910) 和 Joukowski 这两个航空学的科学研究的先驱者的名字联系在一起的。从图 6.4.1 应该注意这样一点，即物体上的合力方向是通过把代表物体相对于无穷远处流体的速度的向量沿环量的转动方向旋转 90°而得到的。

我们通过利用动量定理可以得到对这一侧向力的机理的进一步认识，这其实正是 Joukowski 建立结果 (6.4.26) 时所用的方法。我们假设物体在作定常运动，而为了得到定常流动（这对于利用动量定理是方便的），我们选择坐标系与物体一起运动并把原点选在物体之内。相对于新坐标系流体任一点处的速度为 $-\mathbf{U}+\mathbf{u}$，其

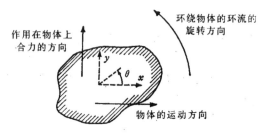

图 6.4.1 二维流场中作定常平移运动的物体上作用的力的计算示意图

中 $u = \nabla\phi$ 如前一样是相对于无穷远处的流体的速度. 控制"面"由物体边界 A 和以原点为中心的大半径的圆 S 所构成，n 是两个封闭曲线的向外的法线. 这一控制面内所包含的流体的总动量是常数，所以施加于物体上的力由下试给出

$$\mathbf{F} = -\int \rho(-\mathbf{U}+\mathbf{u})(-\mathbf{U}\cdot\mathbf{n}+\mathbf{u}\cdot\mathbf{n})dS - \int p\mathbf{n}dS,$$

$$(6.4.27)$$

其中第一个积分代表经过控制面向外的动量通量. 压力由 Bernoulli 定理给出为

$$p = p_0 + \frac{1}{2}\rho\{U^2 - (-\mathbf{U}+\mathbf{u})\cdot(-\mathbf{U}+\mathbf{u})\}.$$

由于 $|u|$ 在距原点的大距离上是 r^{-1} 的量级，在（6.4.27）中被积函数中的 u 的平方项不需要保留；不仅如此，还有 $\int \mathbf{n}dS = 0$ 及 $\int \mathbf{u}\cdot\mathbf{n}dS = 0$. 因而

$$F_i = \rho U_j\int u_i n_j dS - \rho U_j\int u_j n_i dS,$$

于是如前一样重新得到（6.4.26）. 从（6.4.26）中积分的计算可知，物体所施加的侧向力在远离物体的地方的流体中一半做为动量通量出现，一半以压力分布的形式出现.

应该记住，关于作用在作定常平移运动的物体上的力的所有这些结果同样适用于（6.4.23）中作用在其速度在改变的物体上的力的两个贡献中的第二个贡献。

对于流体施加于其一点被固定而在作旋转运动的物体上的力矩，可以作类似的分析。主要的结果是，当 Ω 为常数时，平行于 Ω 的力矩分量——二维流场情况下的仅有的分量——为零；这是从当 Ω 为常数时流体的动能不改变这一事实所应预期的，尽管这后一推论不完全令人满意，因为当有非零的循环常数时动能理论上为无穷大。物体的联合平移和转动的情况要复杂得多，因为 U 相对于物体的方向在连续变化。

加速度反作用

我们现在回到 (6.4.23) 右端的第一项，即（平移）加速度反作用力 G，考虑到 (6.4.15) 中给出的无量纲（对称）张量 α_{ij} 的定义，它由下式给出

$$G_i = \rho \dot{U}_j \int \Phi_j n_i dA,$$
$$= -\rho V_0 \alpha_{ij} \dot{U}_j. \qquad (6.4.28)$$

由于通过周围流体作平移加速运动的物体产生的作用在刚体上的力是加速度分量的线性函数，故自然地将 (6.4.28) 中 $-\dot{U}_j$ 的系数，即 $\rho V_0 \alpha_{ij}$ 看成诱导或虚拟惯性张量，在决定物体对一给定作用力的响应时，应把它加到物体的真实质量中去。ρV_0 是为物体排开的流体的质量，α_{ij} 可以称为（张量）**虚拟惯性系数**。看来，在循环常数为零的平移运动的情况下，距物体很大距离处的速度，流体的总动能和虚拟惯性均由 V_0，U 和系数 α_{ij} 所决定。

显然，加速度反作用力是与这一事实有关的：当物体的速度改变时，流体的总动能也改变。由物体的平移运动而不是由可能存在的环量产生的这一部分流体的动能，在任何时刻是 U 的分量的二次函数（见 (6.4.14)），因而可以表示为物体质量的某种增加产生的能量（将质量看作为二阶张量）。当物体的速度变化时，与物体的平移运动相关联的流体的动能变化率为

$$\frac{d}{dt}\left\{ \frac{1}{2}\rho V_0 \alpha_{ij} U_i U_j \right\}, = \rho_0 V_0 \alpha_{ij} U_i \dot{U}_j = -U_i G_i.$$

因而，物体反抗加速度反作用力所做的整个的功都作为与物体的平移相关联的那一部分流体运动的动能而出现；二维流场中由环绕物体的环量产生的动能，虽然是无限的，但当物体加速时显然可以看作是常数。注意，当物体的速度对时间是周期性的时候，$\mathbf{U} \cdot \mathbf{G}$ 在一个周期内的平均值为零，它表明，物体反抗加速度反作用力所作的净功为零，如在 §5.13 中从能量的讨论中已然证明。

从原则上讲，可以通过流体的总的线性动量给加速度反作用力一个类似的解释，这线性动量可以预期是 $\mathbf{U}$ 的分量的线性函数。但是，对于流体的总线性动量的变化率的直接计算受到如下事实的阻碍：积分 $\rho \int \mathbf{u} dV$ 当体积 V 趋于无穷大时一般地讲不是绝对收敛的；在三维和二维情况下对于大的 r，$|\mathbf{u}|$ 相应为 r^{-3} 和 r^{-2} 的量级（不考虑任何有环量的情况），虽然不发生对数发散，但发现积分值依赖于其线性尺度被变得很大的外边界的形状。困难在于，当令物体加速时，流体中的压力梯度在远离物体的地方建立起来的"双重"运动既在向前运动的流体又在向后运动的流体中包含有无穷大的动量。但是，我们可以讲，物体向流体传递线性动量的速率为 $-\mathbf{G}$，因此，当物体速度由零增加到 $\mathbf{U}$ 时，加给流体的总动量（的 i 分量）为

$$P_i = - \int G_i dt$$
$$= \rho V_0 a_{ij} U_j = \rho(4\pi c_i - V_0 U_i). \qquad (6.4.29)$$

这一动量是逐渐地还是突然地加给流体是无关紧要的，$\mathbf{P}$ 可以称为**流体冲量**，这意味着为了使流体从静止由于物体以平动速度 $\mathbf{U}$ 运动而产生无旋流动，物体所要施加于流体的冲量。

加速流体中作用于物体上的力

以前得到的公式中的一些能够推广到考虑物体在其中运动的流体在加速的情况，而且这样做会有一定益处。我们假设，包围物体的一团流体相对于牛顿参考系有均匀的加速度 $\mathbf{f}$。这时，这样选择运动坐标系使远离物体处的流体速度（或者等价地，没有物

体存在时的流体速度）为零并继续保持为零是方便的。相对于这样的加速坐标系的流体运动方程应当包括单位质量的虚拟均匀体力$-\mathbf{f}$。因此，对于压力有一附加贡献$-\rho\mathbf{f}\cdot\mathbf{x}$，对于作用在物体上的总力有一附加贡献$\rho V_0\mathbf{f}$（一个实效"浮"力，类似由于重力对流体作用产生的对物体的力）。

如果现在我们假设物体相对于牛顿坐标系以加速度$\dot{\mathbf{U}}(t)$作平移运动，流线的形状将只依赖于物体相对于无穷远处的流体的瞬时速度（还依赖于二维时环绕物体的环流），但是作用于物体的合力将以两种方式受到流体的加速的影响。首先，物体相对于无穷远处的流体的加速度为$\dot{\mathbf{U}}$ $\mathbf{f}$，所以加速度反作用力(6.4.28)变为

$$-\rho V_0\alpha_{ij}(\dot{U}_j - f_j)。$$

其次，有一个上面已然提及的新的贡献$\rho V_0\mathbf{f}$。因此，先不管由于环量所引起的侧向力和由于重力引起的浮力，作用于物体的力的i分量变为

$$-\rho V_0\alpha_{ij}\dot{U}_j + \rho V_0 f_j(\alpha_{ij} + \delta_{ij})。 \qquad (6.4.30)$$

在§6.8中将描述将这一公式应用于悬浮于流体中的圆球的情况。

习　　题

证明，对于一个作平动和转动运动的物体（$\kappa = 0$）

$$P_i = \partial T/\partial U_i, \quad Q_i = \partial T/\partial\Omega_i,$$

其中$\mathbf{Q}$为相对于物体上速度为$\mathbf{U}$这一点的流体的角动量，其它的标记与正文中的定义相同。

6.5　复势对于二维无旋流动的应用

在§2.7中指出，与不可压缩流体的二维无旋流动相关的速度势ϕ和流函数ψ有着一些显著的共轭性质。这些性质总括于这

样一个陈述之中：复势 w（$=\phi+i\psi$）是 z 平面中流动所占据的区域中 z（$=x+iy$）的**解析**函数，意思是指在区域中所有点上 w 对于 z 有唯一的导数。反之，z 的任何解析函数可以看作为某一流场的复势。因此，简单地通过选择 $w(z)$ 的不同数学形式，我们就可得到函数 ϕ 和 ψ 的可能形式，虽然可能发生它们表示的流场不具物理意义的情况。决定无旋流场的一个较直接的方法由复变函数的保留变换方法提供。我们在本节中将说明复势的这种间接和直接方法以及其它应用。

作为开始，指出通过 ϕ 或 ψ 描述时已为已知的如下一些简单无旋流场情况下 w 所取的形式将是有用的。

速度为 (U, V) 的均匀流： $\qquad w=(U-iV)z$

点 z_0 处强度为 m 的简单源（§2.5）：
$$w=\frac{m}{2\pi}\log(z-z_0)$$

z_0 处方向平行于 x 轴强度为 μ 的源偶极子：
$$w=-\frac{\mu}{2\pi(z-z_0)}$$

同上，方向平行于 y 轴：
$$w=-\frac{i\mu}{2\pi(z-z_0)}$$

z_0 处强度为 κ 的点涡（§2.6）：
$$w=-\frac{i\kappa}{2\pi}\log(z-z_0)$$

z_0 处方向平行于 x 轴强度为 λ 的涡偶极子：
$$w=\frac{i\lambda}{2\pi(z-z_0)}$$

由于以速度 (U, V) 运动的圆柱引起的流动（§2.10），绕柱环量为 κ，中心瞬时在 z_0 处，半径为 a：
$$w=-\frac{i\kappa}{2\pi}\log(z-z_0)$$
$$-\frac{a^2(U+iV)}{z-z_0}$$

在无穷远处为静止的流体中，圆心位于 z_0 处包括所有边界的圆外的任意流动（Laurent 级数，§2.10）：
$$w=\frac{m-i\kappa}{2\pi}\log(z-z_0)$$
$$+\sum_{n=0}^{\infty}A_n(z-z_0)^{-n}$$

原点处的驻点附近的流动（§2.7）： $w = \frac{1}{2} k z^2$。

对函数 $w(z)$ 作特别选择所得到的流场

w 的最简单的数学形式或许是

$$w(z) = A z^n, \tag{6.5.1}$$

其中 A 和 n 为实数常数。如果 r, θ 为 z 平面中的极坐标，我们有 $z = r e^{i\theta}$，从而

$$\phi = A r^n \cos n\theta, \quad \psi = A r^n \sin n\theta。 \tag{6.5.2}$$

无旋流动的数学解的物理意义通常依赖于它是否满足实际中看来会遇到的边界条件。边界条件的最通常的类型是，通过某一给定表面的每一元素的体积通量为零，或者因为通过该面有某种对称性（如当水的两个相似射流在对称平面相遇时），或者因为该面是刚体的边界（在这种情况下我们应该检查一下，沿着作为无旋流场的一部分被决定出的刚性表面的速度分布，是否真的不会在真实流体中引起边界层在该面处的分离）。在一个定常"零通量"边界上，速度法向分量为零；而在现在二维流动的情况下，边界是 (x, y) 平面中的一条曲线。这一条件在流动的任何一条流线上得到满足，所以我们可以把由（6.5.2）给出的流线族中的任意一条流线看作为定常零通量边界。在实践中，简单几何形状的零通量边界较经常遇到，而零通量平面边界是最普通的了。因此，我们或许要特别在这些流线族中寻找一下有没有任何直线。

（6.5.2）中 ψ 的表达式，当 $\theta = 0$ 及当 $\theta = \pi/n$ 时，对于所有 r 为常数，且等于零。因此，（6.5.1）和（6.5.2）表示以角度 π/n 相交的两个零通量直线边界之间的区域中的无旋流动。对 n 的不同选择给出特殊的情况，其中的一些有着有趣的特性（见图 6.5.1）。显然，当 n 经过 1 下降时，在交点附近的流动性质有显著的变化，因为

$$q = \left| \frac{dw}{dz} \right| = |nA| r^{n-1} \tag{6.5.3}$$

故当 $r \to 0$ 时，

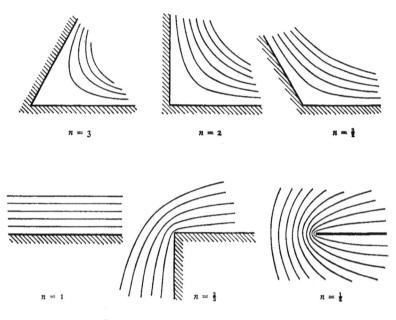

図 6.5.1 以 $\frac{\pi}{n}$ 角相交的两个零通量直线边界之间的区域中的无旋流动

当 $n>1, =1$ 或 <1 时,相应地有 $q\to 0, |A|$ 或 ∞。
对于 $n>1$,直线边界包括的角小于 π;对于 $n=2$,我们有以直角为界的区域中的流动,其流线有直角双曲线的形状,这(在§2.7中)已然见到是平面边界驻点附近的无旋流动的一半。$n=1$ 的情况对应于平行于单个直线边界的均匀流动。n 在 1 和 $\frac{1}{2}$ 之间的值给出绕边缘的流动,速度分布的奇异性在边缘本身处。

$n=\frac{1}{2}$ 的极端情况有特别的意义,因为它对应于围绕薄平板边缘的流动。这后一种无旋流动的奇怪性质在于,在尖锐边缘附近的十分低的压力对于边界施加了一非零的总力。通过计算作用在与 $\psi=\psi_0$ 流线(为一抛物线)重合的边界上的力,再令 ψ_0 趋近于零,我们可以看到这点。流体施加于这一边界的位于圆 $r=R$ 之内的有限部分之上的总力,由于对称性,平行于 x 轴($\theta=0$),其

x 分量为

$$F_x = \int p\,dy,$$

此积分对于由

$$Ar^{\frac{1}{2}}\sin\frac{1}{2}\theta = \psi_0, \quad \text{即 } y = 2(\psi_0/A)^2\cot\frac{1}{2}\theta$$

决定的曲线的位于 $\theta = \varepsilon$ 和 $\theta = 2\pi - \varepsilon\left(\text{这里 }\sin\frac{1}{2}\varepsilon = \psi_0/AR^{\frac{1}{2}}\right)$ 之间的一段进行计算。将 p 用 $p_0 - \rho\,\partial\phi/\partial t - \frac{1}{2}\rho q^2$（见 (6.2.5)，忽略重力项）代替，我们有

$$F_x = \int_{\varepsilon}^{2\pi-\varepsilon}\left(p_0 - \rho\frac{dA}{dt}\frac{\psi_0}{A}\cot\frac{1}{2}\theta - \rho\frac{A^4}{8\psi_0^2}\sin^2\frac{1}{2}\theta\right)$$

$$\times \frac{\psi_0^2}{A^2}\mathrm{cosec}^2\frac{1}{2}\theta\,d\theta$$

以及，当 $\psi_0 \to 0$ 时

$$F_x \to -\frac{1}{4}\pi\rho A^2。 \tag{6.5.4}$$

F_x 的极限值不依赖于 R 并代表集中于尖锐边缘处且平行于平板的一个抽吸力。作用在尖锐边缘的这一非零的力没有直接的实际意义，因为定常运动中的真实流体将会从边缘处分离，而靠近边缘处的十分低的压力将不会发生，但是，对于在有尖锐边缘平板存在时的无旋流动的理解是间接有用的，因为有可能将具有尖锐边缘边界的流场变换为具有不同形状的边界的流场。

两个相交的零通量直线边界之间的区域中的所有这些无旋流动的特殊情况由于如下事实而被赋予较大的一般性，即它们对于两个有限长度的零通量直线边界的交点附近也是成立的，而与流动其余部分的形式无关。证明在本节中稍后给出。因此，在任何无旋流动中，在边界的切线方向有间断性的零通量边界的点上，当流体一侧的角度小于 π 时，速度为零，当此角大于 π 时，速度为无穷大。在前一种情况下，在真实流体中表面流线将在到达间断性以前从刚性边界分离（至少在定常流动中是如此），这是由于到

达驻点前的减速引起的，同时在角中产生一个驻涡；而在后一种情况下，流线将在刚性边界的间断**处**发生分离，除非切线方向上的变化为很小。

当$\frac{1}{2} > n > -\frac{1}{2}$时，其上$\psi = 0$的两个相交直线流线间的角度比$2\pi$大，从而不再可能把这两条流线看做是流场中的零通量边界；而当$n < 0$时，ϕ和ψ当$r \to 0$时均变为无穷大。对于这些n值，没有什么机会能通过将某些流线视为零通量边界来发现有趣的流场。

还可以试一下三角函数去间接地找到一些流场。例如，从如下关系式开始

$$w(z) = A\sin kz, \qquad (6.5.5)$$

其中A和k为实常数。ϕ和ψ的相应表达式为

$$\phi = A\sin kx\cosh ky, \quad \psi = A\cos kx \sinh ky, \qquad (6.5.6)$$

代表在x方向有周期性的流场。当$y \to \mp\infty$时速度的无限增大是实际应用$w(z)$的这种形式的不利条件。但是，我们可以将以上形式的两个解叠加得到速度在一个方向趋于零的流场；于是，对于

$$w(z) = A(\sin kz + i\cos kz),$$

我们有

$$\phi = Ae^{ky}\sin kx, \psi = Ae^{ky}\cos kx。 \qquad (6.5.7)$$

这些表达式在表面波理论中是熟知的，且已知可用来描述具有平衡位置为$y = 0$的自由表面的半无穷流体的瞬时运动，波长为$2\pi/k$的小振幅正弦波因重力作用或者还有表面张力作用通过该表面传播。

流动平面的保角变换

如果复变量$\zeta = \xi + i\eta$是由$\zeta = F(z)$给出的$z = x + iy$的解析函数，则在z平面的曲线形状和ζ平面上相应各点所描绘出来的曲线形状之间有一定联系。这一联系是z的解析函数的定义带来

的性质的推论，这一性质说，导数之值 $\lim_{\delta z \to 0}(\delta\zeta/\delta z)$ 不依赖于增量 δx 和 δy 分别趋近于零的方式。如，我们假设 $\delta z'$ 和 $\delta z''$ 为 z 的两个不同的小的增量，$\delta\zeta'$ 和 $\delta\zeta''$ 是 ζ 的相应的增量，这就是说

$$\zeta + \delta\zeta' = F(z + \delta z'), \quad \zeta + \delta\zeta'' = F(z + \delta z'')。$$

联结 z 平面上 $z+\delta z'$ 及 $z+\delta z''$ 两点到 z 点的两条短直线的长度之比为 $|\delta z'/\delta z''|$，且以如下角度相交

$$\arg\delta z' - \arg\delta z'' = \arg(\delta z'/\delta z'')$$

（其中按复变函数论中的惯例，$\arg z$ 标记这样一个角度，其正切等于 z 的虚部和实部之比）。ζ 平面中联结 $\zeta+\delta\zeta'$ 及 $\zeta+\delta\zeta''$ 两个相应点到 ζ 点的两条短直线的长度比为 $|\delta\zeta'/\delta\zeta''|$，并以角度 $\arg(\delta\zeta'/\delta\zeta'')$ 相交。但

$$\delta\zeta' = \delta z' \frac{d\zeta}{dz} + O(\delta z'^2),$$

$$\delta\zeta'' = \delta z'' \frac{d\zeta}{dz} + O(\delta z''^2),$$

所以准确到小增量的一阶小量，长度比 $|\delta z'/\delta z''|$ 与 $|\delta\zeta'/\delta\zeta''|$ 相等，而角度 $\arg(\delta z'/\delta z'')$ 与 $\arg(\delta\zeta'/\delta\zeta'')$ 相等。

因而，对于 z 平面上小线性尺度的封闭曲线，在 ζ 平面上有一个**相同形状**（准确到线性尺度的一阶量）的小线性尺度的封闭曲线与之对应。两个无穷小图形一般具有不同的方位和不同的大小，但它们是相似的。这种利用两个复变量之间的解析关系实现的从 z 平面到 ζ 平面的变换，称为**保角**变换。当然，在 z 平面和 ζ 平面上两个相应的有限线性尺度图形之间会有差异，但是，如果我们想象这两个图形之一划分成许多小线性尺度的图形，这时另一平面上的近似相似的小图形的相应的集合就将构成相应的有限大小的图形。

z 平面和 ζ 平面上两个对应的小图形的大小之间的比值依赖于函数 F 的形式。z 平面上的任一短直线变换为 ζ 平面上的长度以比值 $|d\zeta/dz|$ 增大的短直线，因而从 z 平面对 ζ 平面的变换中小图形的面积放大率为 $|d\zeta/dz|^2$。z 平面上 $d\zeta/dz$ 为零或无穷大的

任何点上，以上的陈述显然是不适用的；它们是变换的奇点，在这些点处变换不是保角的。

保角变换的这些性质与二维无旋流动理论有关。如果 $w(z)$ 为 z 平面上某区域中无旋运动的复势，且如果 z 是由 $z=f(\zeta)$ 给出的另一复变数 ζ 的解析函数，于是 w 也可以看做为 ζ 的一个解析函数；因为 w 对于 ζ 的导数由之得出的增量比可以写为

$$\frac{\delta w}{\delta \zeta} = \frac{\delta w}{\delta z} \frac{\delta z}{\delta \zeta},$$

而右端的两个因子在 δx 与 δy 或者 $\delta \xi$ 与 $\delta \eta$ 独立地趋于零时趋于唯一的极限。因为 $w\{f(\zeta)\}$ 是 ζ 平面的某一区域中的无旋流动的复势，这时我们讲，z 平面中的流动已被"变换"为 ζ 平面中的流动。z 平面中由 $\phi(x, y)=$ const 和 $\psi(x, y)=$ const 给出的等势线族和流线族变换为 ζ 平面中 ϕ 和 ψ 为常值的曲线族，它们是 ζ 平面中流动的等势线和流线，且两族曲线在 ζ 平面上亦如在 z 平面上一样为正交，变换的奇点处除外。ζ 平面中在流动的一点上的速度分量由下式（见 (2.7.13)）给出

$$u_\xi - i u_\eta = \frac{dw}{d\zeta} = \frac{dw}{dz} \frac{dz}{d\zeta} \circ \tag{6.5.8}$$

这附带地表明，在从 z 平面到 ζ 平面的变换中速度的大小的变化因子为小图形的线性尺度变化因子的倒数；因此，z 平面中一封闭曲线（小线性尺度的或不是小线性尺度的）中所包围的流体的动能与 ζ 平面中对应曲线所包围的区域中的相应流动的动能相等。

在一些流场中，流体运动是由第 2 章中描述的那样的源或涡的点奇异性的存在所引起（或者，严格地讲，流体运动与奇异性的存在相关联）。我们可能得到特定类型和强度的奇异性（瞬时地）位于 z 平面的某些点的知识，问题是决定与这些奇异性和给定形状的边界相容的无旋流动。因而，有必要考察 z 平面中奇异性附近的流动和 ζ 平面中相应点附近的流动间的关系。而在源或涡奇异性附近，ϕ 或 ψ 取非常大的值，该奇异性产生的贡献占主导地位。这就是说，如果在点 $z=z_0$ 处有一强度为 m 的简单源奇异性，

且在同一点处有一强度为 κ 的简单涡奇异性（其它较复杂的奇异性可以从简单源和简单涡以在§2.5和§2.6中描述过的方式构造出来），我们有，在 $z=z_0$ 附近

$$w(z) \sim \frac{m-i\kappa}{2\pi} \log(z-z_0), \qquad (6.5.9)$$

而与其它地方的流动的性质无关。但是，如果 $z=z_0$ 是由 $\zeta = F(z)$ 表示的变换的非奇异点的话，我们还有，在 $z=z_0$ 附近

$$\zeta - \zeta_0 \sim (z-z_0)(d\zeta/dz)_{z_0},$$

所以（6.5.9）可以写为，在对应于 $z=z_0$ 的 ζ 平面上的点 $\zeta=\zeta_0$ 附近

$$w(\zeta) \sim \frac{m-i\kappa}{2\pi} \log(\zeta-\zeta_0).$$

因此，ζ 平面的无旋流动具有位于相应点上具有同样源强度和涡强度的相似的奇异性；可以说，z 平面中的一个点源变换为 ζ 平面中的一个全同的源，类似地对于点涡也是如此。

注意到较复杂的点奇异性或可由简单源或可由简单涡构成，因之，对于它们也可以得到相应的结果。z 平面上可以看作是一起构成源偶极子的两个简单源，变换为 ζ 平面上相应相邻点处的两个全同的源，而且，由于两点间的无穷小距离因变换而放大了一个因子 $|d\zeta/dz|$，故源偶极子的强度之值也改变，这个因子（且还可能有方向的改变）。显然，由 2^n 个简单源或涡构成的多极点奇异性变换为 ζ 平面上的相应点处的同样类型的奇异性，其强度的大小改变了一个因子 $|d\zeta/dz|^n$。

z 平面中的简单源或涡对应于 ζ 平面中的全同源或涡的这一结果还可以看成是如下事实引起的结果：如果 w 在 z 平面上某些点处是多值的，如像由于内边界或奇点的存在使无旋流动区域变成为多连通区域的情况下，则 w 类似地也是 ζ 平面上相应点处的多值函数。当 z 平面上一点围绕一不可约封闭曲线譬如说在 z 平面的无旋流动的双连通区域中运动时，ϕ 的值在变化，当点回到其初始位置时，ϕ 之值增加了一个与循环常数 κ 相等的值；类似地，

ψ 之值增加了一个与经过封闭曲线的总体积流量 m 相等的值。当 ζ 平面上的相应曲线被描绘出来时，ϕ 和 ψ 应发生完全相同的变化（条件是，z 平面和 ζ 平面的相关区域中的各点之间有一一对应关系）。

保角变换作为无旋流动理论中的方法的用途在于可以把未知形式的给定流场变换为较易求解的流场。对一给定流场求得 ϕ 或 ψ 的困难在很大程度上依赖于在其上应满足一定的条件的边界的几何形状。如果边界是无限直线或是圆，则可以有许多决定 ϕ 或 ψ 的标准方法；对于复杂形状的边界，则有可能不知道有什么直接的解法（除非是利用计算机的数值解法）。因而，保角变换通过把难于对付的形状的边界转变为简单形状的边界可以使一个无旋流动问题变得可以处理。这一过程在某种程度上依赖于给定流场的本质，下面我们将考察两种主要变换类型。变换除影响边界的形状外还可能影响在边界上应用的条件。在许多普通情况下，在原来的或给定的流场中的边界上所应满足的条件是与边界垂直的速度应到处为零，这就是说，ψ 在边界上为常数。另一种可能性是，原来流场中浸沉于液体中的刚体具有指定的瞬时的运动，如角速度为 Ω，而瞬时地位于 (x_0, y_0) 处的物体的体心的速度分量为 (U, V)。在这种情况下，条件为（见 (6.4.7)），在边界上

$$\mathbf{n} \cdot \nabla\phi = \frac{\partial\psi}{\partial s} = n_1 U + n_2 V + \Omega\{(x - x_0)n_2 - (y - y_0)n_1\},$$

$$(6.5.10)$$

其中 s 代表沿边界曲线的距离（沿反时针方向），而 (n_1, n_2) 为边界上向外的单位法线的分量。于是，由于

$$n_1 = \partial y/\partial s, \quad n_2 = -\partial x/\partial s,$$

条件可以写为，在边界上

$$\psi - \psi_0 = Uy - Vx - \frac{1}{2}\Omega\{(n - n_0)^2 + (y - y_0)^2\}。$$

$$(6.5.11)$$

这可以转换为 ζ 平面中的边界上 ψ 与 ξ 及 η 之间的一个关系式，

当 z 和 ζ 之间的变换的形式为已知时。

我们以附带性质的两点评论结束此小节。第一点是，保角变换方法使得与像圆和椭圆这样的简单边界形状相关联的无旋流场的解以新的方法变得潜在地有用起来。利用两个复坐标 z 和 ζ 之间的解析关系式可以将一个无旋流场变换为另一个无旋流场，而且，虽然由于发生了边界层分离使得第一个流场在实际上不可能实现，第二个流场却可能是相当现实的；于是，不现实的第一个流场可能做为达到有直接物理意义的无旋流场的数学手段而变得有用起来。第二点是，利用保角变换作为手头工具有其诀窍和困难，且要求在比在本书中将描述的更多的例子上作练习[1]。

将边界变换为无限直线

在具有外部零通量边界或内部零通量边界而流体在无穷远处为静止的无旋流动情况下，把流场这样变换使边界变为无限直线而流场区域变为半平面常常是方便的。例如，我们希望决定 z 平面上以相交成角 π/n 的两条直线壁为界的区域中的无旋流动；可能在远离交点的地方还有一个边界或一个产生运动的原动力，但这些不需要具体化。变换 $\zeta = z^n$ 把 z 平面上的两相交壁之间的区域 $0 < \theta < \pi/n$ "打开"变成为 ζ 平面上的上半平面 $(\eta > 0)$（注意交点处变换有奇异性，其处角度 π/n 变换为角度 π），ζ 平面中的相应流动可以立即被决定。ζ 平面的上半平面中由远处原因引起的唯一可能的无旋流动（远处原因意味着，$\zeta = 0$ 附近的流动的任何非均匀性只是由于边界的非均匀性引起来的）是平行于 $\eta = 0$ 处的边界的均匀流动，由下式描述

$$w = A\zeta,$$

其中 A 为实常数；于是所求的 z 平面中的无旋流动为

$$w = Az^n, \qquad (6.5.12)$$

---

① 大量的解出的例子可以在主要涉及无粘流体的教科书中找到，如 L. M. Milne-Thomson 著 "Theoretical Hydrodynamics", 5th ed. (Macmillan, 1967)。

如从一个间接的论证已经得到。

以封闭的多角形（其一个或多个顶点可能位于无穷远）为外边界的区域内的无旋流动情况总可以藉助 Schwarz-Christoffel 定理求解，此定理说，z 平面中内角为 α，β，γ，…的多角形边界可以利用如下变换

$$\frac{d\zeta}{dz} = K(\zeta - a)^{1-\frac{\alpha}{\pi}}(\zeta - b)^{1-\frac{\beta}{\pi}}(\zeta - c)^{1-\frac{\gamma}{\pi}}\cdots \quad (6.5.13)$$

映射到 ζ 平面上的实轴 $\eta = 0$，其中 K 为常数，而 a，b，c，…为对应于多角形顶点的 ζ 之（实数）值。ζ 平面中相应的流动区域是上平面 $\eta > 0$，当产生运动的原因给出时，又可将复势的表达式通过 ζ 写出。

常常将 ζ 平面上对应于一个顶点的点，如由 $\zeta = a$ 给出的点，取为位于无穷远处是方便的。这时(6.5.13)中的因子 $(\zeta - a)$ 实际上为常数，可以看做为被吸收到了新的常数 K' 中去。

例如，我们考察 z 平面上的一个半无限条带，其中 $\alpha = 0$，$\beta = \frac{1}{2}\pi$，$\gamma = \frac{1}{2}\pi$。利用变换

$$\frac{d\zeta}{dz} = K'(\zeta - b)^{\frac{1}{2}}(\zeta - c)^{\frac{1}{2}},$$

亦即

$$\zeta = \frac{1}{2}(b + c) + \frac{1}{2}(b - c)\cosh\{K'(z - z_0)\},$$

$$(6.5.14)$$

可将该条带映射到 ζ 平面上的上半平面，零角度的顶点对应于 ζ 平面上无穷远处的一点。ζ 平面上的点 $\zeta = b$，$\zeta = c$ 分别对应于 z 平面上的顶点 $z = z_0$ 和 $z = z_0 + i\pi/K'$，其中常数 z_0 和 K' 可以通过给定的半无限条带的位置和宽度而决定；常数 b 和 c 控制着实轴上的位置，以及 ζ 平面中与 z 平面上条带边界的线元相对应的线元的放大率，对之可自由地加以选择。

z 平面上的无限条带是具有两个均位于无穷远的零角度顶点的多角形。所要求的变换或者直接从(6.5.13)出发，令 $\alpha = \beta = 0$，

$(\zeta - a)/a \to -1$，$Ka \to -K'$，而如前一样地得到，或间接地，令 (6.5.14) 中

$$\mathscr{R}(K'z_0) \to -\infty, \quad b-c \to 0, \quad \frac{1}{4}(b-c)e^{-K'z_0} \to e^{-K'z'_0}$$

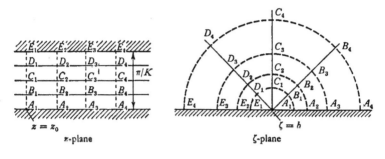

图 6.5.2 用关系式 $\zeta = b + e^{K(z-z_0)}$，其中 K 为实数且为正，将 z 平面上的无限条带保角地变换为 ζ 平面的上半部

而得到；不管用哪种方法，我们得到

$$\zeta = b + e^{K'(z-z'_0)}。 \qquad (6.5.15)$$

条带的宽度如前为 $|\pi/K'|$。这一简单而有用的变换中 z 平面和 ζ 平面上某些线之间的对应关系在图 6.5.2 中给出（略去字母上的撇）。

以多角形为外边界的流场的这些变换没有什么直接的实际意义，因为多角形边界是不寻常的，但是它们做为一系列变换的一个环节常常是有用的。在 §6.13 中将给出的关于包括"自由流线"的一些有趣流场的讨论将说明它们的这种用法。

将封闭边界变换为圆

一种不同的行事方式是寻找这样一个变换，它将把 z 平面上的一个给定封闭边界曲线之外的区域变换为 ζ 平面上一个圆之外的区域。这一方法的最重要的应用是对于由于刚性柱体在于无穷远处为静止的流体中运动而产生的流动情况的应用，而我们将通过这一应用来描述这 方法。由于一般目标是得到可以容易确定

的新的流动系统，我们希望利用一个将 z 平面上无穷远处的简单运动转变为 ζ 平面上的一部分中的同样简单的运动的变换。显见的计划是选择这样一种形式的解析关系式 $\zeta = F(z)$，以使

$$\text{当 } |z| \to \infty \text{ 时，} \quad \zeta \sim z, \tag{6.5.16}$$

因而流体在 ζ 平面也伸展到无限远并在其处有与 z 平面上相同的运动。变换的主要结果是改变内边界的形状并改变边界附近的流动。

于是 ζ 平面中的复势的确定要满足在无穷远处没有运动的条件，以及在圆的内边界上通过 ξ 和 η 表达的条件(6.5.11)；而且，如果 z 平面上的流动是循环性的，它在 ζ 平面也是循环性的，且，如已解释过，具有相同的循环常数 κ。于是方法的成功要看通过 ζ 和 η 表达时(6.5.11)所取的形式如何。而且当 $\Omega = 0$ 时，利用与物体固定在一起的坐标系使 z 平面上内边界条件变为 $\psi = \psi_0$（常数），而使外边界条件变为

当 $|z| \to \infty$ 时，$\quad w(z) \sim -(U - iV)z$。

ζ 平面上的相应条件为：在圆的内边界上，$\psi = \psi_0$，以及

当 $|\zeta| \to \infty$ 时，$w(\zeta) \sim -(U - iV)\zeta$；

换句话说，ζ 平面中的流动是由于圆柱置于在无穷远处速度为均匀的 $(-U, -V)$ 的流动中而引起的、且环绕它的环量为 κ 的流动，而这个流动的复势是已知的。如果我们希望，我们现在能够在 ζ 平面中利用使无穷远处的流体处于静止的坐标系，这时内边界条件将变为，在圆上

$$\psi - \psi_0 = U\eta - V\xi, \tag{6.5.17}$$

这对应于圆柱在 ζ 平面以速度 (U, V) 作平移运动。但要注意，具有共同复势的两个流动是相对于与内边界固联的坐标系的流动，而不是相对于与无穷远处流体固联的坐标系的流动。只有当内边界是一流线时，两个平面中的流动才确实对应；当运动相对于其它坐标轴考察时，对应就不存在了，因一个平面中的均匀流动与另一平面中的只是在无穷远处才是均匀的流动相对应。

于是，对于满足(6.5.16)的任何变换，在 ζ 平面中对应于无穷

远处为均匀速度（$-U$，$-V$）的来流中保持一个物体不动引起的流动，在 z 平面中就是在无穷远处有同样的来流中保持一个变换了的物体不动引起的流动。这样的论证和结果不适用于 z 平面中物体的转动，因为选择与物体固联的坐标系这时使物体得到一个转动运动。对于由于旋转柱体引起的流动的研究需要不那么直接而较专门的方法[①]，我们将只集中注意来研究平移运动的情况。

因此，决定由作平移运动的给定形状的柱体引起的流动的方法要知道：(a)具有给定环量的在给定速度的流动中保持不动的圆柱的复势，以及 (b) z 与 ζ 之间的解析关系式，使 z 平面中的柱状边界对应于 ζ 平面中的圆，并满足 (6.5.16)。关于 (a)，我们只需回忆起 §2.10 中得到的结果。从 (2.10.12)，ζ 平面中由于将半径为 c、中心在 z_0 的圆柱在无穷远处均匀速度为（$-U$，$-V$）的流动中保持不动而引起的流动的 ϕ 函数的单值部分为

$$-\{U(\xi-\xi_0)+V(\eta-\eta_0)\}\left\{1+\frac{c^2}{(\xi-\xi_0)^2+(\eta-\eta_0)^2}\right\}.$$

将中心由原点换为 z_0 点是以后将需要的一个推广。环量的作用是对 ϕ 附加一项 $(\kappa/2\pi)\,\mathrm{arc\,tan}\left(\frac{\eta-\eta_0}{\xi-\xi_0}\right)$（见 (2.10.15)）。相应的复势（是以 ϕ 为其实部的、ζ 的一个解析函数）为

$$w(\zeta)=-(U-iV)(\zeta-\zeta_0)-(U+iV)$$
$$\cdot\frac{c^2}{\zeta-\zeta_0}-\frac{i\kappa}{2\pi}\log\frac{\zeta-\zeta_0}{c};\qquad(6.5.18)$$

这使 ϕ 之值在内边界上为零。

关于 (b)，细节依赖于柱体的给定形状，但是关于变换可以作一个一般的注解。由于 z 和 ζ 之间的关系式在 ζ 平面中半径为 c 的圆外的区域中到处为解析的，并且在距原点的大的距离处满足 (6.5.16)，我们可以将 z 写为 Laurent 级数

$$z=\zeta+\sum_{n=1}^{\infty}\frac{B_n}{\zeta^n},\qquad(6.5.19)$$

---

① 可参见 H. Lamb 著 "Hydrodynamics"。

其中（复）系数 B_1，B_2，…依赖于柱体的形状。通过略去常数项 B_0，我们是在这样选择 ζ 平面的原点，以使当把两平面相互叠在一起同时使无穷远处的相应点重合时，它与 z 平面的原点相重合；在这种情况下，ζ 平面上圆形边界的中心位置不是可由我们任意处置的了。级数（6.5.19）可以转换过来以给出对于 $|z|$ 的足够大的值成立的级数

$$\zeta = z - \frac{B_1}{z} + \sum_{n=2}^{\infty} \frac{B'_n}{z^n}, \qquad (6.5.20)$$

其中系数 B'_n（$n \geqslant 2$）与 B_n 不同；这是解析关系式 $\zeta = F(z)$ 在足够大的 z 值下所取的一般形式。z 平面中由于置于流动中给定柱体引起的流动的复势 $w(z)$ 通过把 $\zeta = F(z)$ 代入（6.5.18）而得到，看来在距柱体足够大的距离上 $w(z)$ 可以写为（与（2.10.7）比较）

$$w(z) = -(U - iV)z - \frac{i\kappa}{\pi}\log\frac{z}{c} + \sum_{n=0}^{\infty} \frac{A_n}{z^n}, \quad (6.5.21)$$

其中

$$A_0 = (U - iV)\zeta_0, \quad A_1 = B_1(U - iV) - c^2(U + iV) + \frac{i\kappa\zeta_0}{\pi}.$$

$$(6.5.22)$$

利用保角变换的这一方法决定由运动物体引起的流动的例子将在下两节中举出。

圆定理

当补充以我们现在将建立的一个一般结果的时候，关于将给定形状的封闭曲线之外的区域变换为圆外面的区域的解析关系式的知识在该边界外的流体中存在流动奇异性的情况下也是有用的。

称为圆定理（Milne-Thomson，1940）的如下结果涉及的是代表有单一的圆形内边界的无限流体运动的复势。首先假设，在没有圆柱存在时，复势为

$$w = f(z),$$

且 $f(z)$ 在 $|z| \leqslant a$ 的区域中没有奇异性，其中 a 是实数长度。如果圆心在原点半径为 a 的静止圆柱是流体的内边界，则流动被改变；$f(z)$ 的每一奇异性将有圆边界内的一个"映象"与之对应，因而使由奇异性和其映象一起引起的流动以圆 $|z| = a$ 为一条流线。如果注意到，在圆 $|z| = a$ 上

$$a^2 = z\bar{z},$$

其中字母上一横表示复共轭数，因而

$$f(z) + \overline{f}(a^2/z) \tag{6.5.23}$$

在 $|z| = a$ 上是纯实数，则我们得到整个映象系统的一般表达式。因而（6.5.23）形式的复势以 $|z| = a$ 为一流线；而且它在 $|z| = a$ 之外具有与 $f(z)$ 相同的奇异性，因为如果 z 位于 $|z| = a$ 之外，则 a^2/z 位于这一圆周之内的区域中，而我们已知 $f(z)$ 在这里是没有奇异性的。因此，（6.5.23）中的附加项 $\overline{f}(a^2/z)$ 完全代表了由于圆柱存在引起的复势的改变。应指出，我们考察的复势在不存在圆柱和存在圆柱两种情况下都是相对于其中柱体为静止的坐标系的。

圆定理可能的最简单的应用是对于在速度在无穷远处为均匀且分量为 $(-U, -V)$ 的流动中保持不动的圆柱的情况。在没有柱体存在时，复势为 $-(U-iV)z$，而圆定理表明，当柱体存在时

$$w = -(U - iV)z - (U + iV)a^2/z,$$

如前已得到的结果。另一个用其它方法不那么容易处理的简单情况是点 $z = z_0$ 处强度为 κ 的点涡引起的流动，其复势为 $-(i\kappa/2\pi)\log(z - z_0)$。当有半径为 a（$<|z_0|$）的圆柱存在时，复势变为

$$w = -\frac{i\kappa}{2\pi}\log\left\{\frac{(z - z_0)z}{a^2 - z\bar{z}_0}\right\},$$

这表明，映象系统由原点处强度为 κ 的点涡和与原来的涡位置相反的点 $z = a^2/\bar{z}_0$ 处强度为 κ 的点涡所构成。

如果流体的内边界不是圆形的，把边界之外的区域用上面描述过的方法转换到圆的外面区域的保角变换给出有新的流动奇异性的有圆形边界存在的流动的新问题。这一节早些时候已经描述过的保角变换给出了两个平面上流动奇异性之间的对应，因而决定复势简化为圆定理的应用。

6.6 由带有环量的运动柱体
引起的二维无旋流动

本节的目的之一是研究环绕柱体的环量对流场的影响。我们在 §6.4 中看到，环量与柱体的平移结合起来的一个重要的作用是产生一个作用于柱体的侧向力。仔细地观察一两个特征流场以清楚地弄清这一侧向力的来源将是有用的。我们从对圆柱这一简单而基本的情况的讨论开始，这时描述流场的公式是已知的。

圆柱

刚性圆柱的瞬时运动完全为其中心的速度和圆柱的角速度所规定；后一运动对于无粘流体没有影响故将忽略不计。我们将关心流线的形状，当相对于固联在柱体上的坐标系考察运动时最容易看到流线的意义，这主要是因为这时柱体表面本身是一条流线。因此，我们所要求的速度势和流函数是描述由于在远离柱处均匀速度为 $(-U, -V)$ 的流动中保持固定的半径为 a 的圆柱引起的、且绕柱的环量为 κ 的无旋流动的速度势和流函数。其复势已知为（见(6.5.18)）

$$w(z) = -(U - iV)z - (U + iV)\frac{a^2}{z} - \frac{i\kappa}{2\pi}\log\frac{z}{a}.$$

$$(6.6.1)$$

在具有圆对称性的物体的这一情况下，就对瞬时运动而言，允许 V 不为零并得不到更大的一般性，因此我们假设柱与流体的相对运动在无穷远处平行于 x 轴。这时速度势和流函数为

$$\phi = -U\left(r + \frac{a^2}{r}\right)\cos\theta + \frac{\kappa\theta}{2\pi}, \qquad (6.6.2)$$

$$\psi = -U\left(r - \frac{a^2}{r}\right)\sin\theta - \frac{\kappa}{2\pi}\log\frac{r}{a}, \qquad (6.6.3)$$

其中 $r^2 = x^2 + y^2$ 而 $\theta = \arctan y/x$。对应于 κ/aU 的不同值有不同流场的一个单无穷族。$\kappa/aU = 0$ 情况下流线的形状是唯一的相对 x 轴为对称的形状,在图 6.6.1 (a) 中给出。

注意到流体在柱表面上的速度为

$$\left(\frac{1}{r}\frac{\partial\phi}{\partial\theta}\right)_{r=a} = 2U\sin\theta + \frac{\kappa}{2\pi a}, \qquad (6.6.4)$$

并在下式

$$\sin\theta = -\frac{\kappa}{4\pi aU}$$

满足的两点处速度为零,我们看到 κ/aU 值改变的影响的概貌。$\kappa = 0$ 时位于柱体的最前点和最后点的两个驻点,当 κ/aU 增加时均向下移动,并在 $\kappa/aU = 4\pi$ 时在 $\theta = -\frac{1}{2}\pi$ 处重合。在 $0 < \kappa/aU < 4\pi$ 情况下的流线示于图 6.6.1(b),而 $\kappa/aU = 4\pi$ 特殊情况下的流线则示于图 6.6.1 (c)。在 κ/aU 之值大于 4π 时,速度在柱面所有点处不为零且方向指向 θ 增加的方向。这时驻点离开柱体沿 $\theta = -\frac{1}{2}\pi$ 直线移动,其径向位置由如下方程的一个根(另一根是柱内的运动的驻点)给出

$$\left(\frac{1}{r}\frac{\partial\phi}{\partial\theta}\right)_{\theta=-\frac{1}{2}\pi} = -U\left(1 + \frac{a^2}{r^2}\right) + \frac{\kappa}{2\pi r} = 0,$$

因在此直线上由于对称性有 $\partial\phi/\partial r = 0$。图 6.6.1 (d) 中的流线表明,一些流体不过是在围绕柱作回流而总是保持在柱体附近。

κ 的负值的情况毋需考虑,因为改变 κ 的符号的效应是对 n 轴将流线反射过去。

显然 κ/aU 从零增加的效应是引起 n 轴两侧的流动区域之间的越趋明显的差异,尤其是引起柱上表面处的速度变高,下表面

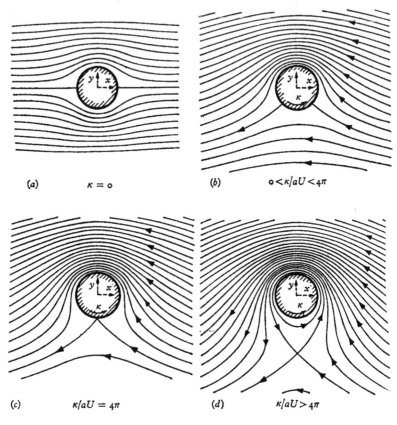

图 6.6.1　由于在无穷远处均匀速度为（$-U$，0）的流动中保持不动的圆柱引起的、且绕柱的环量为 κ（逆时针为正向）的无旋流动的流线

处的速度变低。如果记住 $p+\dfrac{1}{2}\rho q^2$ 在定常无旋流动为常值（重力效应不予考虑），我们清楚地看到下表面上的压力较高导致作用于圆柱的非零侧向力。有可能在圆柱这一简单情况下直接以显式计算出侧向力。因为我们从（6.6.4）在 Bernoulli 定理看到，当流动

为定常时[①] 柱面上一点处的压力为

$$p_{r=a} = \rho H - \frac{1}{2}\rho\left(2U\sin\theta + \frac{\kappa}{2\pi a}\right)^2, \quad (6.6.5)$$

而作用于柱的力的 y 分量（由于对称性 x 分量为零）为

$$F_y = -\int_0^{2\pi} p_{r=a}a\sin\theta d\theta = \rho U\kappa, \quad (6.6.6)$$

与§6.4 中得到的任意形状的柱的结果相同。这一 y 方向的力的正号是与正的（或反时针方向的）环量和圆柱相对于无穷远处流体的速度的正 x 分量相关联的。对于下旋的网球和高尔夫球趋于上升的观察无疑会有助于记住符号，虽然实际上这两种现象并不是紧密相关的；循环常数在三维流场中没有与之对应的东西，旋转球的上升是与上下表面边界层分离的位置不同从而在表面上造成不同的速度和压力分布相关联的。记住侧向力的方向的一个较好的方法是：想象相对于柱体的流动的流线的一般形状，并记住侧向力作用是朝向高速度的一侧，在这一侧上从环量和从均匀流动产生的对速度的贡献是叠加起来的（并且见图 6.4.1）。

当 $\kappa/aU > 4\pi$ 时柱面上流体速度到处均为同一角方向这一事实说明，真实流体在大 Reynolds 数下的定常流动可能产生相应的无旋速度分布。如果刚性圆柱被驱动以角速度 $\Omega = \kappa/2\pi a^2$ 作旋转，柱面上流体和固体的相对速度在某些地方变为反时针方向的，在其它地方为顺时针方向的；在边界层的不同地方轮番产生粗略地讲是等量的正的和负的涡量，所以分离是可以避免的。柱面上相对速度的最大值和最小值（见(6.6.4)）为 $2U$ 和 $-2U$，而刚性柱面的质点上的相对速度以频率 $\Omega/2\pi$，$=\kappa/(2\pi a)^2$ 周期地变化；在一周期之内流体和固体的相对位移为 a^2U/κ 的量级，如果这一位移与 a 相比为小量（与§5.9 中从静止开始运动的圆柱的结果比较，并见§5.13），边界层的分离将是被抑制住的。因此我们可以预期，在真实流体中，如果 $aU/\nu \gg 1$ 而 $\kappa/aU \gg 1$，且如果柱以

<hr/>

① 如§6.4 中指出，当柱体的平移速度为定常时侧向力在 U 改变时将继续作用，但这时它将不是对作用于柱体的力的唯一的贡献。

适当的角速度转动的话,则除了在十分靠近柱面的区域中以外,流动将到处为无旋的。

围绕柱体的环量当然不是实验中可以控制的量,但它是由柱体的角速度和平移速度决定的。假设运动是通过两个阶段建立起来的,就可以至少在原则上认识到环量的合适值为多少。首先在初始为静止的流体中给柱体一个给定角速度 Ω;如在 §4.5 中所推断的那样,在流体中产生涡量并向无穷远扩散,留下一个环量为 $2\pi a^2 \Omega$ 的定常无旋运动。然后给柱体一个平移速度 U。如果与 $a\Omega$ 相比 U 足够小,就没有边界层分离发生,涡量局限于柱面上的一个薄的边界层内,环量保持为常数并等于 $2\pi a^2 \Omega$。另一方面,如果与 $a\Omega$ 相比 U 不是小量,就发生分离,与无旋流动形状的紧密对应就不复存在。在量级为 1 的某些 $U/a\Omega$ 值下,看来最可能的是分离没有发生但是涡量在柱体附近聚集起来,经过封闭的流线扩散出来,并被扫向下游,从而在定常状态下使柱体的环量与 $2\pi a^2 \Omega$ 稍有不同[①]。图 6.6.2(图版 12)给出角速度为 Ω 的圆柱在定常速度 U 的流动中在比值 $a\Omega/U$ 的几个数值下建立起来的真实流动的流线照片;每种情况下的环量都是未知的,但看来当 $a\Omega/U \geqslant 4$ 时,流场与图 6.6.1(c) 和 (d) 的流场有着定性的互相对应,尽管不是对于 $2\pi a^2 \Omega$ 和图 6.6.1 中所用的理论环量 κ 的相等的值。

从图 6.6.2 中的照片显然可见,当柱体转动速度为可观时,柱的上方的流体速度与下方相比一般要高些,而压力相应地要低些,而这与旋转速度是否足够大从而阻止分离和阻止形成一个非零涡量的大的区域无关。在同时作旋转和前进运动的刚性圆柱以及球上存有侧向力,这通常称为 **Magnus 效应**,以纪念首先作了有关试验的人(Magnus 1853)。

作平移运动的椭圆柱

描述由于作平移运动的椭圆柱体引起的流动的复势表达式可

[①] 这种情况下与定常流动相容的环量可以通过考虑柱面边界层(Glauert 1957)而计算出来,发现这时它要比 $2\pi a^2 \Omega$ 为小。

以通过把 z 平面上椭圆外的区域以 §6.5 中解释过的方法保角变换到 ζ 平面上圆外侧的区域而得到。我们要求对于 ζ 平面上的圆上的点将给出 ξ 与 x 之间和 η 与 y 之间的线性关系式的保角变换，因为这将把一个圆"变形为"一个椭圆。还记住须使 $|z| \to \infty$ 时有 $\zeta \sim z$，则显然所要求的变换由下式给出

$$z = \zeta + \frac{\lambda^2}{\zeta}, \tag{6.6.7}$$

其中 λ 为实数常数，因而

$$x = \xi \left(1 + \frac{\lambda^2}{|\zeta|^2} \right), \quad y = \eta \left(1 - \frac{\lambda^2}{|\zeta|^2} \right).$$

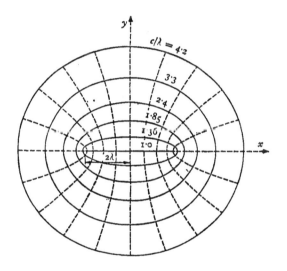

图 6.6.3 利用变换 $z = \zeta + \lambda^2/\zeta$ 时，与 ζ 平面中的 $|\zeta| = c$ 的圆在不同的 c 值下所对应的 z 平面中的椭圆族。虚线表示正交双曲线族

这一变换把一 ζ 平面中圆心在原点半径为 c 的圆转变成为 z 平面中的椭圆

$$\frac{x^2}{a^2} + \frac{y^2}{b^2} = 1,$$

其中

$$c = \frac{1}{2}(a + b), \quad \lambda = \frac{1}{2}(a^2 - b^2)^{\frac{1}{2}}. \qquad (6.6.8)$$

有着不同 b/c 之值的不同形状的椭圆于是通过选择不同的 c/λ 之值而得到。这一族同焦点椭圆中的某些成员绘于图 6.6.3 中,其中包括平板的极限情况 ($b=0$, $c/\lambda=1$)。变换 (6.6.7) 也可以写为逆变换的形式

$$\zeta = \frac{1}{2}z + \frac{1}{2}(z^2 - 4\lambda^2)^{\frac{1}{2}}; \qquad (6.6.9)$$

这里通过规定在 z 平面上 $-2\lambda \leqslant x \leqslant 2x$, $y=0$ 处有一切口,以及 $(z^2-4\lambda^2)^{\frac{1}{2}}$ 的相关的分支是在 $x>2\lambda$, $y=0$ 处为正的那一分支,可把 $(z^2-4\lambda^2)^{\frac{1}{2}}$ 之值变为单值的 ($(z^2-4\lambda^2)^{\frac{1}{2}}$ 的负值分支是为了把 z 平面上椭圆之外的区域映射到 ζ 平面上圆周 $|\zeta|=c$ **之内**的区域所需要的那一分支)。

由 (6.6.7) 和 (6.6.9) 所表示的变换也可以用来把 z 平面上细长的尖锐后缘的物体(或"翼型")转变为 ζ 平面上的圆,如在 §6.7 中将加以解释的那样,它首先被 Joukowski (1910) 用于这一目的。

ζ 平面中代表由于在无穷远处均匀速度为 ($-U$, $-V$) 的流动中保持不动的、半径为 c、中心在原点的圆柱所引起的、且绕柱的环量为 κ 的流动的复势为(见 (6.5.18))

$$w(\zeta) = -(U - iV)\zeta - (U + iV)\frac{c^2}{\zeta} - \frac{i\kappa}{2\pi}\log\frac{\zeta}{c}.$$
$$(6.6.10)$$

于是 (6.6.10) 和 (6.6.7) 两个关系式一起给出了表示由于在无穷远处有着同样均匀速度 ($-U$, $-V$) 的流动中保持不动的椭圆引起的,且绕柱的环量也同为 κ 的流动的,以参数形式给出的所要求的复势 $w(z)$。或者,z 平面中相对于与无穷远处流体固联的坐标系的流动的复势可以通过在上列复势中添加一项 $(U-iV)z$ 而得到,因而它由下式

$$w = (U - iV)\frac{\lambda^2}{\zeta} - (U + iV)\frac{c^2}{\zeta} - \frac{i\kappa}{2\pi}\log\frac{\zeta}{c}$$
$$(6.6.11)$$

与(6.6.7)一起给出。

我们现在来考察 z 平面中的流动的性质。为此目的，在 ζ 平面中引入极坐标 (σ, ν) 是方便的，故

$$\zeta = \xi + i\eta = \sigma e^{i\nu} \qquad (6.6.12)$$

而

$$x = \sigma\left(1 + \frac{\lambda^2}{\sigma^2}\right)\cos\nu, \quad y = \sigma\left(1 - \frac{\lambda^2}{\sigma^2}\right)\sin\nu. \quad (6.6.13)$$

我们还将写

$$U + iV = (U^2 + V^2)^{\frac{1}{2}} e^{-i\alpha}. \qquad (6.6.14)^{①}$$

这时关系式(6.6.10)变为

$$w(\zeta) = -(U^2 + V^2)^{\frac{1}{2}}\left\{\sigma e^{i(\nu+\alpha)} + \frac{c^2}{\sigma}e^{-i(\nu+\alpha)}\right\}$$
$$-\frac{i\kappa}{2\pi}\left(\log\frac{\sigma}{c} + i\nu\right), \qquad (6.6.15)$$

而相对于柱的流动的相应速度势和流函数为

$$\phi = -(U^2 + V^2)^{\frac{1}{2}}\left(\sigma + \frac{c^2}{\sigma}\right)\cos(\nu + \alpha) + \frac{\kappa}{2\pi}\nu,$$
$$(6.6.16)$$

$$\psi = -(U^2 + V^2)^{\frac{1}{2}}\left(\sigma - \frac{c^2}{\sigma}\right)\sin(\nu + \alpha) - \frac{\kappa}{2\pi}\log\frac{\sigma}{c}.$$
$$(6.6.17)$$

我们可以顺便地注意一下包含环量 κ 的这两项的形式，它们表示环绕柱体的纯环流，在 ζ 平面中有圆形的流线。z 平面中相应的流线为共焦距的椭圆族，其中的某些椭圆在图 6.6.3 中示出；这些椭圆中的任何一个可以代表一个内边界。在其中(6.6.16)和(6.6.17)中包含 κ 的项互换了（两者均为正号）了的共轭流场中，图6.6.3中的椭圆变为等位势线而流线则是表示为虚线的正交双曲

①将物体速度与 x 轴的交角定义为 $-\alpha$ 的原因是，在下节发展的升力体理论中，将长细长体的轴想象为相对于其运动方向倾斜一个正角 α 是比较自然的。

线。这些双曲线中的任何一个可以解释为一个边界，而当选择了 $\nu = 0$ 的极限双曲线时，我们就得到通过平面壁上的切口的无旋流动的表示。

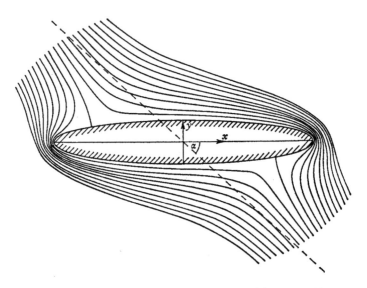

图 6.6.4 在无穷远处速度为均匀的流体来流中保持不动的椭圆柱体 ($b/a = 0.17, c/\lambda = 1.18$) 引起的流动的流线，$\alpha = 45°$，环绕柱体的环量为零

利用 σ 和 ν 作为参数坐标，从 (6.6.16) 和 (6.6.17) 计算流线和其它流动性质是一件简单的事。流线的形状依赖于椭圆边界的长短轴之比 b/a，依赖于由 α 表示的物体的运动方向，并依赖于由无量纲比值

$$\kappa(U^2 + V^2)^{-\frac{1}{2}}(a + b)^{-1}$$

量度的环量之值。

我们首先考察零环量的情况。相对于长短轴之比为 1:6 的椭圆，$\alpha = 45°$ 时的流动的流线示于图 6.6.4 中；而两个攻角下的平板的极限情况的流线示于图 6.6.5 中。把在柱体的不同侧面流过的

流动分开来的流线与柱面相交,在其上 $\sigma = c$,从而该流线上 $\psi = 0$。这一流线的上游和下游分支因而由 $\nu = -\alpha$ 和 $\nu = \pi - \alpha$ 给出,并且是与椭圆边界正交且与其共焦距的渐近趋于直线 $Uy = Vx$ 的双曲线;不仅如此,分离流线的这两个分支对于图 6.6.3 中所给出的(对于给定 α 的)椭圆边界族的所有椭圆都是相同的,因为它们只依赖于 $a^2 - b^2$(或 λ)。

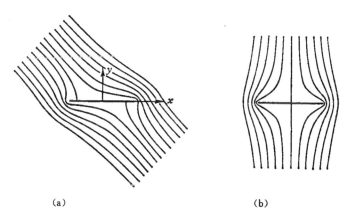

(a)   (b)

图 6.6.5　将平板置于均匀流动中引起的(二维)流动的流线,绕平板的环量为零。(a) $\alpha = 45°$,(b) $\alpha = 90°$

相对于固联于无穷远处流体的坐标,$\kappa = 0$ 时流体的运动的(单位柱体长度的)动能可以用几种不同的方法得到,其中最简单的方法是利用下式

$$T = -\frac{1}{2}\rho \oint \phi\, \mathbf{n} \cdot \nabla\phi\, dA = -\frac{1}{2}\rho \oint \left(\phi\,\frac{\partial\psi}{\partial\nu}\right)_{\sigma=c} d\nu。$$

(6.6.18)

应代入被积函数之中的 ϕ 和 ψ 的表达式是 (6.6.11) 的实部和虚部。经简单的计算后我们得到

$$T = \frac{1}{2}\pi\rho(a^2 V^2 + b^2 U^2)。$$
(6.6.19)

因而，§6.4中引入的且由(6.4.15)所定义的张量 α_{ij} 对于长轴平行于 x_1 轴或 x 轴而短轴平行于 x_2 轴或 y 轴的椭圆柱有如下分量

$$\alpha_{11} = b/a, \quad \alpha_{22} = a/b, \quad \alpha_{12} = \alpha_{21} = 0 \text{。} \quad (6.6.20)$$

如在§6.4中解释的那样，在(6.6.19)中还包含有远离运动物体处的速度以及作用于物体上的加速度反作用力的信息。

z 平面中相对于固联于柱体上的坐标系的柱面上的速度可以从(6.6.10)和(6.6.7)得到，并由下式给出

$$(u - iv)_{边界} = \left(\frac{dw}{d\zeta} \frac{d\zeta}{dz} \right)_{\sigma = c}$$

$$= \frac{- i(U^2 + V^2)^{\frac{1}{2}}(a + b)\sin(\nu + \alpha) - i\kappa/2\pi}{ia\sin\nu + b\cos\nu} \text{。}$$

$$(6.6.21)$$

当 $\kappa = 0$ 时，在柱面上 $\nu = -\alpha$ 和 $\nu = \pi - \alpha$ 处有驻点存在，这是分离流线上的点。这两点还是定常流动中最大压力点，而它们的位置（见图6.6.4）说明，这时有个力偶作用在柱上并趋于把柱体转向横置于流动当中；定常流动中作用于柱体上的力偶可以从(6.6.21)和 Bernoulli 定理计算出来。但本节中稍后处将给出一个较一般的方法。

当 $\kappa \neq 0$ 时，在流线族中不复存在任何对称性，而边界上最小和最大速度的点相对于 $\kappa = 0$ 时它们的位置的位移在柱体的上表面和下表面是不相同的。因此，当 $\kappa = 0$ 时定常流动中施加于物体的总力因流线对于原点的对称性而一定为零，当环量不为零时，这总力则不为零。作用于柱体的力从对柱面上速度的知识中可以直接计算出来，就像对于圆柱所曾作过的那样，但我们从§6.4的一般研究中已经知道，这个力的大小为 $\rho\kappa (U^2 + V^2)^{\frac{1}{2}}$，而其方向则是从代表柱体速度的向量 (U, V) 的方向以与环量同样的转向转 $90°$。增加环量对于柱面上两个驻点的一般效应是使它们在柱面上的那一侧互相接近，在该侧从无穷远处的流动而来的和从环量而来的流体速度（相对于柱体）的贡献为相反方向。两个驻点接合为一点的 κ 值就是当 $\sin(\nu + \alpha)$ 有其极值 -1 时使(6.6.21)为

零的值，即

$$2\pi(U^2 + V^2)^{\frac{1}{2}}(a + b).$$

在更大的 κ 值下，两个重合的驻点从表面移走，留下一团在定常流动中不断环绕柱体作环流的流体，恰似圆柱情形中那样。

令 $b=0$，或 $c=\lambda$ 时得到的平板是椭圆族中的一个特殊的成员，因为在由 $\nu=0$ ($x=a$, $y=0$) 和 $\nu=\pi$ ($x=-a$, $y=0$) 定出的两个边缘点上速度为无穷大（见 (6.6.21)），如从以前对于绕尖锐边缘流动所得的结果所可以预期的那样。流经平板的流动的性质将在下节中针对尖锐物体作一般的考察。顺便提一下，当 $\kappa \neq 0$ 时定常流动中平板上的压力分布将给出一个与平板不为垂直的合力，这可能引起惊异。解释在于这样一个事实，在尖锐边缘处发生的无穷小的压力（除非有一个驻点与之叠加时，见 §6.7）产生一个平行于平板的力的非零分量，如在 §6.5 中所曾证明的那样。

定常平移运动中作用于柱上的力和力矩

作用在任意截面的运动柱体（单位长度）上的力和力矩可以通过复变方法决定，虽然在 §6.4 中已有关于作用在刚体上的总力的结果，但由于它们的重要性和对于二维流场可用的特殊方法的兴趣，我们将在此重新得到它们。我们将只考虑作定常平移运动的物体的情况。当物体的速度在变化时，完全由加速度作用产生的对力和力矩的第二个贡献应加到下面得到的表达式中去。

我们设 (X, Y) 为施加于物体的力的分量，并从形成如下复变量开始

$$X - iY = - \oint_B p(dy + idx), \ = -i \oint_B p\,d\bar{z},$$

其中 B 标记与物体表面重合的封闭积分曲线，而字母上的一横标记复共轭数。相对于物体的速度是定常的，分量为 (u, v)，且我们可以应用 Bernoulli 定理（重力效应忽略不计）将 p 用 $\rho H - \frac{1}{2}$

• $\rho(u^2+v^2)$ 代替，其中第一项对于积分没有贡献。当流动为无旋时，我们有

$$u^2 + v^2 = \frac{dw}{dz} \overline{\frac{dw}{dz}},$$

而由于在物体表面上 $\overline{dw/dz}\,(=u+iv)$ 与积分路径线元 δz 为具有相同辐角的复变数，故乘积 $\overline{(dw/dz)}\delta z$ 为实数，因而可一点不差地写为 $(dw/dz)\,\delta z$。因此

$$X - iY = \frac{1}{2}i\rho \oint \left(\frac{dw}{dz}\right)^2 dz。 \qquad (6.6.22)$$

类似地，施加于柱上的法向应力关于原点的（反时针方向）力矩为

$$
\begin{aligned}
M_0 &= \oint_B p(xdx + ydy) \\
&= -\frac{1}{2}\rho \oint_B \frac{dw}{dz} \overline{\frac{dw}{dz}} \mathscr{R}(zd\bar{z}) \\
&= -\frac{1}{2}\rho \mathscr{R} \oint \left(\frac{dw}{dz}\right)^2 zdz. \qquad (6.6.23)
\end{aligned}
$$

(6.6.22)和(6.6.23)中积分的积分路径为物体表面。但是 Cauchy 定理[①] 断言，如果 $f(z)$ 是两个轮廓线 C_1 和 C_2 之间的区域中的 z 的解析函数，则

$$\oint_{C_1} f(z)dz = \oint_{C_2} f(z)dz, \qquad (6.6.24)$$

所以(6.6.22)和(6.6.23)中的积分路径可以取为围绕物体的任何封闭曲线而不影响结果（当然在物体和所选取的封闭曲线间须没有 w 的奇点）。当 $w(z)$ 在距物体的大距离处的形式为已知时，显然大半径的圆这一特殊选择将是有用的。Blasius (1910) 所得到的公式(6.6.22)和(6.6.23)可以用于围绕物体的流体中的任何定常无旋流动。我们现在把它们改写以适用于流体伸展到无穷远且在那里具有均匀速度 $(-U,\ -V)$ 的情况。为此目的，我们利用

---

① 见 E. T. Copson 著 "Theory of Functions of a Complex Variable" (Oxford, 1935).

以原点为中心且包围了物体的圆之外的区域中复势的 Laurent 级数(2.10.7)[如在(6.5.21)中一样,要加上一项一$(U-iV)z$,因为(2.10.7)是参照固联于无穷远处的流体上的坐标系的]。这时(6.6.22)给出

$$X-iY=$$
$$\frac{1}{2}i\rho \oint_C \left(-U+iV+\frac{m-i\kappa}{2\pi z}-\frac{A_1}{z^2}-\frac{2A_2}{z^3}+\cdots\right)^2 dz,$$

$$(6.6.25)$$

其中系数 A_1, A_2, …依赖于 U, V, m, κ 以及物体的大小,形状和方位(在此 $m=0$,但暂时保留它),而积分是对于任何一条包围了环绕物体的圆的封闭曲线计算的。或者假设为一无穷大半径的圆,或者,用复变函数的语言讲,注意到被积函数在原点有一极点,都可以将积分直接计算出来。不管用何种方法,积分等于被积函数中 z^{-1} 的系数乘以 $2\pi i$,因而

$$X = \rho m U - \rho\kappa V, \quad Y = \rho m V + \rho\kappa U。 \quad (6.6.26)$$

于是,如前已证实,物体的平移运动和环量结合起来导致与物体速度 (U,V) 垂直的侧向力;而如果经物体表面的总体积流量 m 不为零且为正值时,这一流量与平移运动结合起来将导致平行于 (U,V) 的推力或负阻力。

类似地,对于作用于物体的绕原点的总力偶,我们有

$$M_0 = -\frac{1}{2}\rho\mathscr{R} \oint_C \left(-U+iV+\frac{m-i\kappa}{2\pi z}-\frac{A_1}{z^2}-\frac{2A_2}{z^3}+\cdots\right)^2 z dz$$

$$= -\frac{1}{2}\rho\mathscr{R}\left\{2\pi i\left(\frac{m-i\kappa}{2\pi}\right)^2-4\pi iA_1 \ (-U+iV)\right\}$$

$$= -\frac{\rho m\kappa}{2\pi}+2\pi\rho \ \{U\mathscr{I} \ (A_1) \ -U\mathscr{R}(A_1)\}。 \quad (6.6.27)$$

与作用于物体上的力不同,力矩依赖于物体的形状。

在 z 平面中边界曲线通过一般关系式(6.5.19)或(6.5.20)变换为 ζ 平面上中心在点 ζ_0 半径为 c 的圆的情况下(该关系式有当 $|z|$ 为大量时 $z\sim\zeta$ 的性质),系数 A_1 由(6.5.22)给出。这时 ($m=0$ 情况下) 作用于柱体的力矩为

$$M_0 = 2\pi\rho\{(-2UV)\mathscr{R}(B_1) + (U^2 - V^2)\mathscr{I}(B_1)$$

$$+ \frac{\kappa}{2\pi}(U\xi_0 + V\eta_0)\}. \tag{6.6.28}$$

在半轴为 a 和 b 的椭圆柱体的情况下，合适的变换为(6.6.7)且

$$\zeta_0 = 0, B_1 = \lambda^2 = \frac{1}{4}(a^2 - b^2),$$

所以作用在柱体上围绕原点的力矩为

$$M_0 = -\pi\rho UV(a^2 - b^2). \tag{6.6.29}$$

顺时针的方向证实了从流线形状所作的判断，即椭圆表面上压力分布趋于把它围绕原点转为横在流动的位置上。

6.7 二维翼型

二维流场中作无旋运动的流体对于环绕其有环量存在的定常运动物体施加侧向力而不是阻力这一事实被用来在工程技术中发挥作用。侧向力可以用来例如反抗重力支持飞机，或者当物体是旋转螺旋桨或涡轮机的一个叶片时，可以用来产生流体的轴向动量。飞机机翼和螺旋桨叶片都不是无限长的柱体，且机翼有限长的影响和沿其长度的截面变化的影响在升力理论中起重要作用，这点我们将在第七章中看到；尽管如此，对于具有合适截面的无限长柱体垂直于母线运动的升力翼——通常称为翼型，虽然这一名称有时也用来包括与飞机分开来考察的有限长机翼——的工作原理的理解是一重要的开端。

对翼型的实际要求

实践中对一翼型的基本要求为，当它通过流体运动时应有一侧向力施加于其上，而需要为某种推进力所平衡的因而将导致花费能量的阻力应该很小。这两个要求可以由除在薄边界层中和尾流中外到处为无旋的流动所满足，只要围绕翼型可以形成一个环量。因而，一个目标是当翼型在定常运动中时要避免边界层分离，

另一个目标是建立环量。我们在第五章中见到，只有紧靠在边界层之外的流体没有被明显地减速时，才能避免边界层从物体表面的分离。二维流场中物体后面的驻点是个麻烦的根源，而在有限曲率的物体的后部附近，分离是不可避免的。这使我们自然地想到利用在后部有尖锐会切点后缘的细长翼型，并把翼型放置在大致平行于其运动的方向上。图5.11(a)（图版7）中相对于翼型的流动的流线照片表明，这时分离是可以避免的。在实际上制造会切点后缘是困难的，但是边界层和尾流的存在把无旋流动从翼型移动开一小段距离，这距离在后缘附近也不为零，从而无旋流动的内边界甚至当真实翼型为一小角度的楔时也变成为有会切点状的。

当然，在流过尖锐后缘的细长体的无旋流动中，两侧的流体流动并不是不可避免地要流向尖锐后缘并在那里光滑地联结起来。§6.6中给出的对无穷远处均匀速度为（−U，−V）的流动中保持不动的平板引起的二维无旋流场的分析使这点变得很清楚。一般地讲，在平板表面上有两个驻点（见图6.6.4 (b)），而流体绕过两个尖锐边缘流动，在两个边缘处速度为无限。只有在 $\kappa=0$，$\alpha=0$ 的特殊情况下，当流体速度到处为（−U，0）时，表面上速度的两个高峰才会消失，就像两个驻点会消失一样。在这一特殊情况下，每一个驻点都移向一个尖锐边缘并把通常在那里的无限速度"抵消"掉了。因此我们要问一问，对于一个给定的 α（或 v）的非零值和对 κ（或 α）作特殊选择，是否可通过把后驻点放在后端而使平板两侧的流动光滑地从平板的后缘流开。关系式(6.6.21)表明，在由 $b=0$ 给出的平板表面上的速度为

$$u = \frac{-(U^2+V^2)^{\frac{1}{2}} a \sin(v+\alpha) - \kappa/2\pi}{a \sin v}, \quad v=0。$$

因而，如果

$$\kappa = 2\pi a (U^2+V^2)^{\frac{1}{2}} \sin\alpha, \tag{6.7.1}$$

则在后缘（$v=\pi$）处，u 为有限，这时平板表面上的速度为

$$u = - (U^2 + V^2)^{\frac{1}{2}} \frac{\sin\left(\frac{1}{2}\nu + \alpha\right)}{\sin\frac{1}{2}\nu}, v = 0 \text{。} \quad (6.7.2)$$

由于加上这样大小的环量引起的流过平板（$\alpha = 26°$）的流动中流线形状的改变绘于图 6.7.1 中。在

$\nu = -2\alpha$ 处，即在 $x = a\cos 2\alpha$，$y = 0$ 处，

还有一个前驻点，而且在前缘（$\nu = 0$）处有一无限速度，但这两者都不需让我们担心，因为靠近前驻点处平板上的流体是在加速，而通过使平板有一定厚度并把前缘圆滑化几乎可以完全把前缘处的速度高峰消除掉。

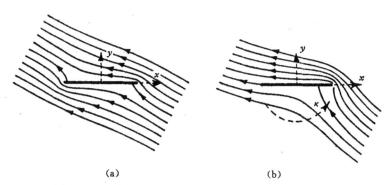

(a)   (b)

图 6.7.1 无穷远处速度为均匀的流动中保持一平板不动引起的流动的流线，$\alpha = 26°$。(a) 环量为零，(b) 环量为这样大小，以使在后缘处有从平板两侧流走的光滑的流动

于是看起来，如果预期在作平移运动的有尖锐尾部的细长体上施加有侧向力，并且如果要避免边界层分离，则不仅应建立起**某个**环量，而且环量应具有依赖于物体相对其运动方向的方位的特定值。环量应具有这样的值，以使对于物体的给定方位，后驻点位于尖锐后缘处。对于这一环量值，尖锐后缘处的后驻点和速度高峰互相"抵消"，速度在该处为有限且不为零。值得注意的事

实是，在实际上，由于在运动的初始阶段从翼型后缘传送的非零的涡量，环绕机翼产生了一个环量；而当翼型处于定常运动状态时，恰恰建立起这一特定值的环量。（例如，见图 5.11.1 (a)，图版 7。）在边界层中一开始就作用着的粘性的影响在于引起一准确的环量值的建立，而使得在以后的定常流动中可忽略粘性的效应（因为不发生边界层的分离），这一幸运的情况通常冠以 Joukowski 假说的名字。它在机翼理论的早期发展中用为一个经验规则，但是边界层的现有知识使我们可以至少定性地解释特定值的环量建立的原因。

环绕翼型的环量之产生及 Joukowski 假说的基础

我们将短暂地离开关于完全无旋流动的讨论以考察机翼尖锐后缘对于环量所施加的值得注意的控制作用。

环绕作定常平移运动的前缘为圆滑、后缘为尖锐的翼型的环量被观察到不依赖于流动的过去的历史，而为了解释的目的，我们可以假设运动是从静止而建立起来的，翼型不改变其运动方向而被迅速推动达到其最后的定常速度。在翼型开始运动后的瞬间，流体运动到处是无旋的，因为涡量由于粘性扩散继而还由于对流从机翼表面（涡量就是在此产生的）离开来的输运是以有限的速度发生的。这一初始的无旋运动以环量为零为特征（根据 Kelvin 环量定理），而后驻点有一个依赖于翼型相对于其运动方向的给定方位的确定位置。后驻点的初始位置一般地讲不与尖锐后缘相重合，因而有**环绕**后缘的流动，速度在后缘处有一高峰；后缘附近的流动一开始时有点像图 6.7.1 (a) 中给出的平板的情形。从尾缘向后驻点流动的流体的特别强烈的减速几乎立即导致边界层中回流的发展和尖锐后缘处边界层的分离（边界层这时仍是很薄的）。

在运动的其后阶段，分离了的边界层从后缘释放出的涡量影响后缘处的无旋流动，并这样地改变它使释放涡量的速率减小。这样的过程在任何尖锐边缘附近都发生，我们可以暂时孤立地想象一下后缘附近的流动。锐缘开始运动后几乎立即从它脱离下来的分离的边界层的形状和位置在图 5.10.5（图版 8）中的一系列照片上示出，而关于剪切层两侧的流线的进一步的信息由图 6.7.2（图版 13）中的照片提供。在任何涡量从锐缘对流出来以前，无旋流动局部具有由 (6.5.2) 所描述的形状，如果边缘是会切点，应取 $n = \frac{1}{2}$（还见图 6.5.1），在其后的时间，从边缘脱落下来的涡量改变此边缘附近的一个尺寸在增加的区域内的无旋流动。图 6.7.3 试图描绘平板边缘附近流动的发展并描绘出脱离开来的剪切层在其本身诱导速度的作用下卷起一个螺旋线这种过程。脱离开来的涡量被流体从边缘处带走，所以需要有从边缘脱离开的另外一些涡量来不断加强，以使涡量能够在边缘附近诱导出与由于 $w = A z^{\frac{1}{2}}$ 给出的背景无旋流动引起的**绕过**边缘的速度准确地相抵消的速度。看来情况像是这样，分离开的剪切层和流线的形状保持为大致相似的，而尺寸在增大，这时在确定初始无旋流动时所用的常数 A 是影响流动的唯一的给定参数，一直到涡量的区域是如此之大，使它不能看做是继续嵌在形如 $w = A z^{\frac{1}{2}}$ 的无旋流动之中了。

在第三阶段，在运动早期阶段从后缘脱落的强烈的涡量被带到远下游处。脱落涡量的方向与初始完全无旋流动中绕过后缘的运动的转向相同（即图 6.7.1(a) 中的顺时针方向），显然，有一相反转向的环绕翼型的环量应被留下来。因为，让我们考察图 6.7.4 中的物质回路 $ABCD$，它足够大以致可以既包括了翼型的初始位置（它近似地为开始时脱落下来的涡量的位置）又包括了它的现在位置。开始时环绕 $ABCD$ 的环量为零，因而在现在这一瞬时也为零。因而，环绕 $ABFE$ 的环量与经过 FE 进入面积 $EFCD$ 的涡量通量大小相等方向相反，后者实际上包括了所有到现在为止从翼型脱落下来的涡量。类似于图 6.7.5（图版 13）中的那样的照片提示我们，在翼型从速度变为定常时起前进了等于其流向长度的一倍到两倍的距离后，脱落过程实际上就完成了。因此，$ABFE$ 所包围的流体处于无旋运动之中（除在薄的边界层和尾流中以外，

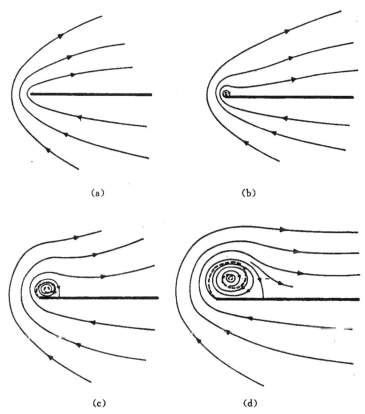

图 6.7.3　运动开始后不同阶段上绕平板尖锐边缘的流线草
图。(a) 由 $w(z) = Az^{\frac{1}{2}}$ 确定的完全无旋流动；(b)，(c) 和
(d) 为螺旋状涡面（虚线）所修正的同样的无旋流动，该涡面
由从平板两个表面上的边界层脱落下来的涡量（下表面的负涡
量占主导）构成

它们在定常运动中包含的总涡量通量为零），而环绕 $ABFE$ 的定
常环量也就是环绕翼型的环量。

　　于是就建立起这样的流动状态，其中环绕作定常运动的翼型
的环量不为零。所产生的环量的转向，对于图 6.7.1,6.7.4 和
6.7.5（图版 13）中的翼型为逆时针方向，与初始完全无旋运动中

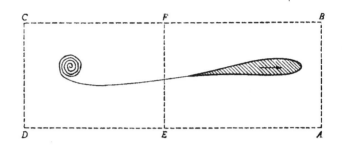

图 6.7.4　表明环绕作定常运动的翼型的环量与脱落涡量之环
量大小相等方向相反的草图

绕过尖锐后缘的流动方向相反，因此这转向是使后驻点向后朝向
后缘移动。通过分析脱落涡量的过程我们不能确定出所留下来的
环绕翼型的环量的准确值，但我们可以这样推论，如果环量不同
于使后驻点恰恰位于后缘的**任何**定常值，将会立即使上述一系列
变化相继发生而引起环量的进一步的调节，这种调节总是使后驻
点移向后缘。由 Joukowski 假说所规定的环量是作定常运动的翼
型的唯一可能定常值。

　　Joukowski 假说所要求的环量显然依赖于机翼的定常速度，
而既然假说要求因环量引起的和因机翼运动引起的对绕过尖锐边
缘的速度的两种贡献相抵消，故环量**正比于**翼型的速度。（方程
(6.7.1)对于平板情况显然地表明此点。）从而每当翼型速度一改
变，涡量就应从翼型脱落，而不是仅当机翼从静止运动时才如此。
图 6.7.6（图版 13）表示出了从静止起动机翼并在其后不久突然
将其停止的惊人效应。由于速度的迅速改变而脱落的涡量通常是
集中的，可方便地称之为"起动涡"和（像此图表明还有的）"停
止涡"。这里起动涡和停止涡的强度大小相等方向相反，而如果机
翼保持静止的话,这些涡在互相的影响下随后会以近似相等的、方
向垂直于它们之间联线的速度运动。起动涡，停止涡，"加速涡"
和"减速涡"也可以通过把一宽刀片垂直放入一盘水中并在近乎

平行于刀片的方向运动而清楚地展现出来，由于脱落下来的涡的中心处水面低陷可观察到它的存在。

如果 c 是翼型的尺寸的特征长度，Joukowski 假说所要求的环量应为如下形式

$$\kappa \propto c(U^2 + V^2)^{\frac{1}{2}}, \qquad (6.7.3)$$

其中比例常数可能只依赖于翼型的形状和方位，后者由翼型运动的方向和翼型上某一固定线之间的角度 α 所表示。决定此比例常数以及其对 α 的依赖关系（这对于通过改变姿态来控制作用在翼型上的升力是重要的）现在就完全是无旋流动理论的事了。

通过圆的变换而得到的翼型

确定由从圆变换所得的细长尖锐后缘物体的平移运动引起的无旋流动是 §6.5 之末所勾画出的一般方法的一个很好的练习。用这样的方法能够解析地得到其对应的流动性质（特别是机翼上的压力分布）的翼型在航空学的早期发展中是受到偏爱的，虽然现在有得到所需信息的许多其它方法而不再有什么理由来选择这些特殊的翼型供使用了。这里将要描述的简单方法还有一个实际缺陷，即它不是直接方法给出了具有已知流动性质的特殊翼型形状但不能帮助我们计算出给定形状的翼型的流动性质。

翼型的突出特点是它的尖锐后缘，我们将取它为一会切点。翼型表面切线的斜率在这一尖锐边缘处是间断的，而 z 平面中具有这一性质的封闭曲线只有当在尖锐边缘处的 $z=z_1$ 点上在变换中有一奇点时才能对应于 ζ 平面（这里 $\zeta = F(z)$）中的一个圆。在这一点上，变换应把 z 平面上后缘的两侧面之间的外角 2π 减少为 ζ 平面上相应点 $\zeta = \zeta_1$ 处的角度 π，如在 §6.5 中关于将相交壁面变换为一条直线时解释过，这变换要求 ζ 和 z 之间的解析关系式局部地具有如下形式

$$\zeta - \zeta_1 \propto (z - z_1)^{\frac{1}{2}}。 \qquad (6.7.4)$$

（右端 $z - z_1$ 的幂指数在内角为 γ 的楔形尖锐后缘情况下将为

$\frac{1}{2}$ $(1-\gamma/2\pi)^{-1}$。) 因此可写作

$$\frac{d\zeta}{dz} = \frac{f(z)}{(z-z_1)^{\frac{1}{2}}}。 \tag{6.7.5}$$

其中 $f(z)$ 在 $z=z_1$ 处为有限而且非零,并且在翼型表面所有点上(除非其上有第二尖锐边缘)和在翼型外的 z 平面的所有点上 $f(z)$ 为有限非零(因在流体内部不可能有奇异性产生)。

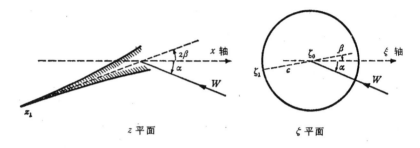

图 6.7.7 用保角变换由圆得到的翼型的解说草图

变换的第一步在图 6.7.7 中图解示出。翼型的会切点在这一阶段绘为任意的方位,并与 x 轴成,譬如说,$\pi+2\beta$ 的角度。因此,对于靠近后缘处翼型上表面的点,$z-z_1$ 的辐角为 2β,而对于沿翼型外的路径取 z 而达到的下表面的点,$z-z_1$ 的辐角为 $2\beta+\pi$。于是,对于与靠近后缘处翼型上表面的点相对应的 ζ 平面中圆上的点,$\zeta-\zeta_1$ 的辐角从(6.7.5)可见为 $\arg\{f(z_1)\}+\beta$。我们有权选择 $f(z_1)$ 为纯虚数,这种情况下当 ζ_0 为圆心时 $\zeta_1-\zeta_0$ 的辐角为 $\pi+\beta$,如在图 6.7.7 中所绘出的那样。与 z 平面中翼型相对应的 ζ 平面中的圆的半径标记为 c。如在 §6.5 中解释的那样,ζ 与 z 之间的关系还应该为如此,以使当 $|z|\to\infty$ 时 $\zeta\sim z$,从而在两个平面中无穷远处的速度均为 $(-U, -V)$。

虽然看来很奇怪,关于翼型所讲的已足够使我们可以决定出 Joukowski 假说所要求的环量因而还有作用于翼型的升力对于无限远处来流方向的依赖关系(无限远处的来流与 x 轴成 $\pi-\alpha$ 角,

如在§6.6中一样）。ζ平面中具有任意环量的相对于圆柱的流动的复势由(6.5.18)给出，而z平面一点处复变形式的流体速度为

$$u - iv = \frac{dw}{dz} = \frac{dw}{d\zeta}\frac{d\zeta}{dz}\text{。}$$

在翼型的后缘处（$z=z_1$），$|d\zeta/dz|$为无穷大，因而$|dw/dz|$也为无穷大，除非环量具有如此之值，使$|dw/d\zeta|$在$\zeta=\zeta_1$处为足够小的零值。因而，Joukowski 假说要求κ这样选择，以使在ζ平面的流动中在圆柱表面$\zeta=\zeta_1$处有一驻点，而决定κ的方程为

$$\left(\frac{dw}{d\zeta}\right)_{\zeta=\zeta_1} = -(U - iV) +$$

$$(U + iV)\frac{c^2}{(\zeta_1 - \zeta_0)^2} - \frac{i\kappa}{2\pi(\zeta_1 - \zeta_0)} = 0\text{。}$$

这样，由于

$$\zeta_1 - \zeta_0 = ce^{i(\pi+\beta)}, \quad U + iV = (U^2 + V^2)^{\frac{1}{2}}e^{-i\alpha}, \quad (6.7.6)$$

并利用缩写 $(U^2 + V^2)^{\frac{1}{2}} = W$，我们得到

$$\kappa = 4\pi W c \sin(\alpha + \beta)\text{。} \quad (6.7.7)$$

如果注意到，在$\zeta=\zeta_1$附近，从(6.5.18)有

$$\frac{dw}{d\zeta} \approx (\zeta - \zeta_1)\left(\frac{d^2w}{d\zeta^2}\right)_{\zeta=\zeta_1} = \frac{2W}{c}\cos(\alpha + \beta)e^{-2i\beta}(\zeta - \zeta_1),$$

我们就可以证实，当κ具有这一数值时，z平面中后缘处速度确实是有限的。并且，在$z=z_1$附近，

$$\frac{d\zeta}{dz} \sim \frac{f(z_1)}{(z - z_1)^{\frac{1}{2}}}, \quad \sim \frac{2\{f(z_1)\}^2}{\zeta - \zeta_1},$$

表明

$$\lim_{z \to z_1}\left(\frac{dw}{d\zeta}\frac{d\zeta}{dz}\right) = \frac{4W}{c}\cos(\alpha + \beta)e^{-2i\beta}\{f(z_1)\}^2, \quad (6.7.8)$$

是有限的，和非零的。读者或许愿意核查一下，由(6.7.2)给出的并由变换(6.6.7)得到的平板后缘处的有限速度与一般表达式(6.7.8)是一致的。

于是，图 6.7.7 中这一锥型机翼的（垂直于运动平面的）单

位长度上的侧向力或升力为

$$L = \rho W \kappa$$

$$= 4\pi \rho W^2 c \sin(\alpha + \beta)。 \qquad (6.7.9)$$

其变化正比于 ρW^2 是从量纲理论可以预期的，因为 ρ 是唯一量纲包含质量的参数而 W 是唯一量纲包含时间的参数（κ 包含时间，但它本身通过 Joukowski 假说而为 W 所决定）。在(6.7.9)的右端还需要一个长度以构成 L 的量纲，而 c 则是唯一可以提供它的、所剩下的仅有量纲量了。我们尚不知晓 c 和翼型大小之间的关系式，或 β 和其形状之间的关系式，但是(6.7.9)提供了关于 L 依赖于 α 的有用的信息。对于 $\sin(\alpha+\beta)$ 可以用 $\alpha+\beta$ 作近似时这样的 α 值（而实际上机翼的确一般在偏离零升力姿态几度内工作），我们有

$$L \propto \alpha + \beta, \qquad (6.7.10)$$

机翼运动方向和固定于翼型上的某一直线之间的角度 α 称为**攻角**。$L=0$ 时的 α 的特定值，即 $\alpha=-\beta$，是我们选择 $f(z_1)$ 为纯虚数一个结果，而在翼剖面形状完成以前是没有什么意义的。我们已经一般性地证明了，作用在有会切点的机翼上的升力近似地正比于翼型离开其无升力姿态的转角，这是一个很重要的结果，因为它使我们可以通过调节机翼的姿态来均匀地控制升力。

测量作用在处于风洞的两平行侧壁间的柱形机翼的一部分上面的升力表明，对于足够小的 $\alpha+\beta$ 之值，(6.7.10)对于所有一般的翼剖面形状都是成立的。当 $\alpha+\beta$ 超过某一值（此值依赖于翼型形状且对于许多常用的形状在 10° 到 20° 之间）时，$\alpha+\beta$ 进一步增加时升力不再增加，反而可能很快下降，这时机翼发生"失速"。关系式 (6.7.9) 和 (6.7.10) 的这一失效的解释在于翼型上表面或"抽吸"一侧的边界层的行为。当一细长体对于来流倾斜成任何的、但是是相当小的角度时，在抬高的头部的上表面有一显著的速度极大值（通过使翼型头部变厚并使其圆滑可以使此极值减小，但如想保持翼型为细长则只能减小到有限的程度），而边界层外的流体在其后的减速引起边界层分离。流经失速了的翼型的流动流线的照片在图 5.11.1(b)（图版 7）中示出，在讨论边界层对于由运

动物体引起的流动的一般影响时已引用过此图。

Joukowski 翼型

为了得到有关用保角变换从圆得到的翼型形状及其上压力分布的较具体的信息，我们应当考察特定的变换。作为例子，我们将简略地考察已用来决定运动椭圆柱体引起的流动的 Joukowski 变换，因为它相对简单并有其历史意义。在其它书中可以得到用这一变换和其它变换得到的翼型的较完整的描述[①]。

Joukowski 变换由下式定义

$$z = \zeta + \frac{\lambda^2}{\zeta}, \tag{6.7.11}$$

其中 λ 是量纲为长度的一个实常数，而在

$$\zeta = \lambda \quad (z = 2\lambda) \quad \text{及} \quad \zeta = -\lambda \quad (z = -2\lambda)$$

处，有变换的奇点。由于(6.7.11)可以写为

$$z \mp 2\lambda = (\zeta \mp \lambda)^2/\zeta, \tag{6.7.12}$$

故在两个奇点附近变换有(6.7.4)的一般形式，而每个奇点均可用来从 ζ 平面中的有限曲率曲线产生 z 平面中的有会切点的图形。两个奇点均可利用，从而给出有两个会切点边缘的物体，如平板，但实际的翼型应只有一个尖锐边缘。我们选择奇点位于 $\zeta = -\lambda$ 处，以给出前缘是朝向正 x 轴的一个翼型，于是，用这节较早时候使用过的标记，$\zeta_1 = -\lambda$，$z_1 = -2\lambda$。于是

$$\frac{d\zeta}{dz} = \frac{\zeta^2}{\zeta^2 - \lambda^2} = \frac{1}{2} + \frac{\frac{1}{2}z}{(z^2 - 4\lambda^2)^{\frac{1}{2}}},$$

而由于由(6.7.5)定义的函数 $f(z)$ 是用 $(z+2\lambda)^{\frac{1}{2}}$ 乘以此量，故

$$f(z_1) = \frac{1}{2}i\lambda^{\frac{1}{2}}$$

---

① 尤其可参见 H. Glauert 著 "Aerofoil and Airscrew Theory" (Cambridge University Press, 1926)，而关于机翼理论的较近发展见 B. Thwaites 主编的 "Incompressible Aerodynamics" (Oxford University Press, 1960)。

它如在一般讨论中已假设的那样为一纯虚数。

ζ 平面中半径为 c 的圆应通过与翼型的后缘对应的点

$$\zeta = \zeta_1 = -\lambda,$$

并应包围另一个奇点 $\zeta = \lambda$（或者，在极限情况，可能通过它，这种情况下翼型有两个会切点边缘）。首先假设圆心在 ξ 轴上，在 $\zeta = c - \lambda$ 处，其中 $c \geqslant \lambda$，这时从变换对于 x 轴的对称性推论出，相应的翼型对于 x 轴为对称而 $\beta = 0$。如果 $c = \lambda$，z 平面中相应的图形是长度为 4λ 的平板，而如果 $c > \lambda$，则我们得到在共同会切点后缘与平板接触（见图 6.7.8）并在其它地方将其包围在内的翼型。而且，如果

$$(c - \lambda)/\lambda \ll 1,$$

则翼型不会与平板有显著差别，于是翼型具有所要求的细长性质。现在利用 (6.7.11) 对于给定的 $(c - \lambda)/\lambda$ 之值来数值地计算与图上给定点相对应的翼型上的点的坐标就是一件简单的事了；用这一方法得到的典型的对称 Joukowski 翼型在图 6.7.8 中给出。翼型在流动方向的，称为"翼弦"的长度为

$$2\lambda + (z)_{\zeta = 2c - \lambda} = \lambda + 2c + \frac{\lambda^2}{2c - \lambda},$$

$$\approx 4\lambda \left\{ 1 + \left(\frac{c - \lambda}{\lambda} \right)^2 \right\}$$

当 $(c - \lambda)\lambda \ll 1$ 时。翼型的最大厚度的一般表达式不这么简单，但当 $(c - \lambda)/\lambda \ll 1$ 时，容易推出，最大厚度近似地位于距前缘的四分之一弦长处且近似为 $3\sqrt{3} (c - \lambda)$。当 $(c - \lambda)/\lambda = 0.1$ 时，最大厚度除以弦长约为 0.13，由于实践中此值不经常被超过，显然弦长一般相当准确地由 4λ 给出。因而作用于细长对称翼型上的升力，最方便的是用类似于在 §5.11 中定义的阻力系数 C_D 的升力系数 C_L 来表达，由下式给出（见 (6.7.9)）

$$C_L = \frac{L}{\frac{1}{2}\rho W^2 \times \text{弦长}} \approx \frac{2\pi c}{\lambda} \sin\alpha$$

$$\approx 2\pi \sin\alpha \left(1 + 0.77 \frac{\text{厚度}}{\text{弦长}} \right). \tag{6.7.13}$$

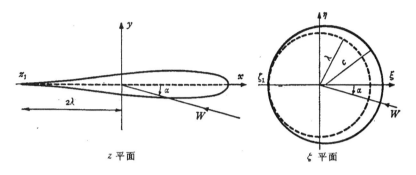

图 6.7.8　圆向平板（虚线）以及向对称 Joukowski 翼型（实线）的变换

　　有时愿意使用那种失速的发生被延迟到较大攻角的翼型，且其最大的可获得的升力系数最好能比上述类型的对称翼型为大。将头部钝化只有部分帮助，而给翼型以**弧度**，即给中心线一个向上凸的曲率证明是更有效的，从而当整个翼型向来流倾斜一个角度时前缘大致上对准来流。Joukowski 变换可以用来产生有弧度的翼型，这时要把 ζ 平面上的圆心选择为位于 ξ 轴之外。将圆心选择位于 η 轴上，在 $\xi=0$，$\eta=\lambda\tan\beta$ 这点上，其中角 β 与以前的意义相同，这样就得到有两个会切点的厚度到处为零的翼型的极限情况，就像平板一样。这时圆的半径为（见图 6.7.9）$c=\lambda\sec\beta$。于是从 (6.7.12) 得到

$$\arg(z-2\lambda)-\arg(z+2\lambda)=2\{\arg(\zeta-\lambda)-\arg(\zeta+\lambda)\},$$

而由于右端对于 ξ 轴上方圆弧上的点为常数并等于 $2\left(\dfrac{1}{2}\pi-\beta\right)$，对于 ξ 轴下方圆弧上的点也是常数并等于 $2\left(-\dfrac{1}{2}\pi-\beta\right)$，$z$ 平面中与这两个圆弧对应的曲线应该是半径为 $2\lambda\operatorname{cosec}2\beta$ 的圆的两个相重合的弧。

　　当将环量调节到使后缘处的无限速度消除掉时，作用在这一圆弧翼型上的升力由 (6.7.9) 给出。翼型的弦长准确地为 4λ，因而我们有

$$C_L = 2\pi \frac{\sin(\alpha + \beta)}{\cos\beta}。 \tag{6.7.14}$$

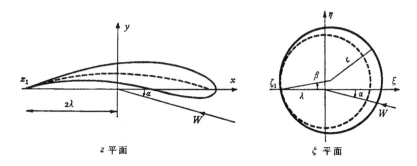

z 平面   ζ 平面

图 6.7.9 圆向圆弧（虚线）的变换以及向弧线 Joukowski 翼型
（实线）的变换

现在有可能通过把上面描述的操作结合起来，也就是说在 ζ
平面中选择一个通过点 $\zeta = -\lambda$、圆心位于第一象限的圆，以得到
有厚度的弧线翼型。变换以及所得到的翼型之一在图 6.7.9 中示
出。这个较一般的翼型形状可以看作是通过把对称 Joukowski 翼
型的直线中心线弯曲为一圆弧而近似地得到的。翼型的形状由两
个小参数，即控制厚度弦长比 $(c-\lambda)/\lambda$ 和控制弧线的 β 所决定。
对于这样的 Joukowski 翼型，升力系数准确到一级近似仍为 2π
$(\alpha + \beta)$。

图 6.7.10 给出 $\beta = 80°$ 的弧线 Joukowski 翼型的升力的观察
值与无旋流动理论的准确结果的比较。实验值的向下的位移部分
地是由于在翼型的上侧或抽吸一侧尤其在后半部分边界层要厚些
所引起的；就外面的无旋流动而言，其效应是把翼型用一个稍微
不同的形状而攻角稍小一些的翼型所代替。$dC_L/d\alpha$ 的观测值通常
约为每弧度是 6，因而接近于细长翼型的近似理论值（每弧度
2π）。同一翼型上阻力系数 C_D 的观测到的不小的值也在图 6.7.10
中示出。在攻角接近 9° 时升力曲线形状的显著改变和阻力的上升
标志着边界层开始从翼型上表面分离。在较高的 α 值下，机翼发生

失速。

至于 Joukowski 翼型上作用的法向力对于原点的力矩，我们有公式（6.6.28），其中 κ 由(6.7.7)给出，B_1 为一复变数在这里等于 λ^2（见（6.5.19）及(6.7.1)），且

$$\xi_0 = c\cos\beta - \lambda, \quad \eta_0 = c\sin\beta, \quad U = W\cos\alpha, \quad V = -W\sin\alpha。$$

因而

$$M_0 = 2\pi\rho W^2\{\lambda^2\sin2\alpha + c^2\sin2(\alpha+\beta)$$
$$- 2\lambda c\cos\alpha\sin(\alpha+\beta)\}, \qquad (6.7.15)$$

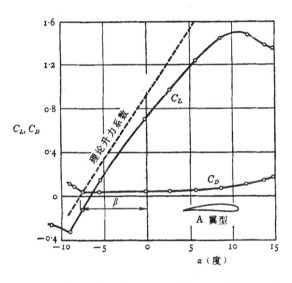

图 6.7.10 作用于有弧度 Joukowski 翼型上的升力和阻力的
观测值，表示为攻角的函数（据 Betz 1915）

或者，取 α，β 和 $(c-\lambda)/\lambda$ 与 1 相比均为小量的假设（在这种情况下环量的贡献可以忽略不计）

$$M_0 \approx 4\pi\rho W^2\lambda^2\alpha。 \qquad (6.7.16)$$

为了实用的目的，对于翼型前缘的力矩是一个更为方便的量，它近似地由下式给出

$$M_{前缘} = M_0 - 2\lambda L。$$

习惯上将作用在翼型上的力矩表达为无量纲系数：

$$(C_M)_{前缘} = \frac{M_{前缘}}{\frac{1}{2}\rho W^2 \times (弦长)^2}$$

$$\approx (C_M)_0 - \frac{1}{2}C_L$$

$$\approx \frac{1}{2}\pi\alpha - \pi(\alpha+\beta)$$

$$= -\frac{1}{2}\pi(\alpha+2\beta)。 \qquad (6.7.17)$$

发现这一公式与力矩的观测值相符。

　　显然可以认为翼型上的力作用于称为压力中心的一个位置上，它是从前缘向后量起的弦长的一部分，等于

$$-\frac{(C_M)_{前缘}}{C_L}, \approx \frac{\alpha+2\beta}{4(\alpha+\beta)}。 \qquad (6.7.18)$$

机翼的主要结构支撑应位于压心附近，而且在 α 值的通常工作范围内希望压心的位置不应改变很大。对于 $\beta=0$ 的对称 Joukowski 机翼，压心保持固定于四分之一弦长点上。

6.8　由运动物体引起的轴对称无旋运动

　　复变函数论为决定二维流场中的运动物体引起的无旋流动提供了强有力的一般方法。在三维的相应问题中没有与复变理论相对应的理论，而必须依靠相当有限的特殊方法。对于由不转动的轴对称物体在其轴向运动引起的无旋流动的特殊情况，解析困难不是那么严重，因为这时整个流场是轴对称的，在这里我们将只考虑这一情况。

一般概念

　　在 §2.9 中讲到，三维流场中 Laplace 方程的两个基本解是 $r^n S_n$ 和 $r^{-n-1}S_n$，其中 $r=|\mathbf{x}|$ 而 S_n 是 n（正整数）阶面球谐函数，由下式给出

$$S_n = r^{n+1} \frac{\partial^i (1/r)}{\partial x_i \partial x_j \cdots}。$$

当流场是轴对称时，只有具有轴对称性的那些面球谐函数才可在速度势表达式中出现，即，只有那些其下标 i，j，…具有对应于对称轴方向的值的面谐函数方可。于是，如果 x 轴与流动的对称轴重合，则相关的 n 阶面谐函数为

$$S_n = r^{n+1} \frac{\partial^n (1/r)}{\partial x^n}。 \qquad (6.8.1)$$

这一表达式只是 $\mu = \cos\theta = x/r$ 的函数，而且正比于通常定义的[①] Legendre 多项式 $P_n(\mu)$（或满足整阶 n 的 Legendre 微分方程的 Legendre 函数）。还可以得到用对于 μ 的导数表示的如下的另一种 $P_n(\mu)$ 的表达式（称 Rodrigues 公式）

$$P_n(\mu) = \frac{(-1)^n}{n!} r^{n+1} \frac{\partial^n}{\partial x^n}\left(\frac{1}{r} \right) = \frac{1}{2^n n!} \frac{d^n}{d\mu^n}(\mu^2 - 1)^n。$$

$$\qquad (6.8.2)$$

作为 (6.8.2) 的特殊情况，我们有

$$P_0(\mu) = 1, \quad P_1(\mu) = \mu, \quad P_2(\mu) = \frac{1}{2}(3\mu^2 - 1),$$

$$\qquad (6.8.3)$$

在轴对称流动中把 Stokes 流函数 ψ 作为因变量通常是方便的。从 §2.2 已知，在球极坐标 r 和 θ 增加方向上的速度分量由下式给出

$$u_r = \frac{\partial\phi}{\partial r} = \frac{1}{r^2 \sin\theta} \frac{\partial\psi}{\partial\theta},$$

$$u_\theta = \frac{1}{r} \frac{\partial\phi}{\partial\theta} = -\frac{1}{r\sin\theta} \frac{\partial\psi}{\partial r}。 \qquad (6.8.4)$$

因而对应于体球谐函数

$$\phi = r^n P_n(\mu), \quad r^{-n-1} P_n(\mu)$$

的 ψ 的表达式为

---

① 见 H. Jeffreys & B. S. Jeffreys 著 "Methods of Mathematical Physics" 第 24 章。

$$\psi = \frac{1}{n+1} r^{n+1} (1 - \mu^2) \frac{dP_n(\mu)}{d\mu},$$

$$-\frac{1}{n} r^{-n} (1 - \mu^2) \frac{dP_n(\mu)}{d\mu}. \tag{6.8.5}$$

将速度势的 Laplace 方程在由 x, σ $(=(r^2-x^2)^{\frac{1}{2}})$ 和方位角组成的柱坐标系中写出，并令

$$\phi = e^{\mp kx} F(\sigma),$$

可以得到有时是有用的解的另一种基本形式。可以看出，函数 $F(\sigma)$ 要满足零阶 Bessel 方程，其在 $\sigma=0$ 为有限的解，用通常的标记为 $J_0(k\sigma)$。通过比较作为 ϕ 或 ψ 的导数的速度分量的不同表达式容易看出，对应于两个解

$$\phi = e^{\mp kx} J_0(k\sigma) \tag{6.8.6}$$

的流函数的表达式为

$$\psi = \pm \, \sigma e^{\mp kx} J_0'(k, \sigma), = \mp \, \sigma e^{\mp kx} J_1(k\sigma). \tag{6.8.7}$$

关于解(6.8.6)和体球谐函数间的关系式，以及关于利用这些解在构造有物理意义的无旋流场时所得到的好处，我们建议读者参考较详细的教科书[1]。

所有以上 ψ 的表达式当然是从流动是无旋的这一条件所得到的 ψ 的微分方程的解。无旋性要求

$$\frac{\partial u_r}{\partial \theta} - \frac{\partial r u\theta}{\partial r} = 0,$$

ψ 的微分方程从将 (6.8.4)代入而得到

$$\frac{\partial^2 \psi}{\partial r^2} + \frac{(1 - \mu^2)}{r^2} \frac{\partial^2 \psi}{\partial \mu^2} = 0. \tag{6.8.8}$$

或者，在柱坐标 x, σ 中，我们得到

$$\frac{\partial^2 \psi}{\partial x^2} + \frac{\partial^2 \psi}{\partial \sigma^2} - \frac{1}{\sigma} \frac{\partial \psi}{\partial \sigma} = 0. \tag{6.8.9}$$

这两个方程与 ϕ 所满足的方程，即[2]

---

① 如像 Lamb 著 "Hydrodynamics"。
② 见附录 2 中 $\nabla^2 \phi$ 通过球极坐标或柱坐标的表达式。

$$\frac{\partial^2 \phi}{\partial r^2} + \frac{2}{r}\frac{\partial \phi}{\partial r} + \frac{1}{r^2}\frac{\partial}{\partial \mu}\left\{(1-\mu^2)\frac{\partial \phi}{\partial \mu}\right\} = 0 \tag{6.8.10}$$

或

$$\frac{\partial^2 \phi}{\partial x^2} + \frac{\partial^2 \phi}{\partial \sigma^2} + \frac{1}{\sigma}\frac{\partial \phi}{\partial \sigma} = 0 \tag{6.8.11}$$

在形式上的相近是惊人的,要知道 ϕ 和 ψ 有着很不同的意义,而且在轴对称流场中有着不同的量纲。

当流体在无穷远处为静止时 ϕ 所要满足的边界条件,如在以前的章节中已建立,为

当 $r \to \infty$ 时,$\phi \to C$(常数),

而在物体表面

$$\mathbf{n} \cdot \nabla \phi = \mathbf{n} \cdot \mathbf{U},$$

其中 $\mathbf{U}$ 是物体的平行于对称轴的瞬时速度。当物体占据空间的一单连通区域时,这些边界条件不可能被流体中的一个以上的无旋速度分布所满足。

当将 (6.8.8)或(6.8.9)取为控制方程时,我们还需要确定 ψ 所要满足的边界条件。当流体在无穷远处为静止时的外边界条件,从(6.8.4)可以看出应为

当 $r \to \infty$ 时,$\quad \frac{1}{r}|\nabla \psi| \to 0$。

在物体表面,用 ψ 的导数表达的 $\mathbf{u}$ 的法向分量应该等于 $\mathbf{n} \cdot \mathbf{U}$。如果注意到,在我们考察的瞬时相对于以等于 $\mathbf{U}$ 的数值的速度运动的坐标系,物体是静止的(可能仅瞬时地是如此),而物体的表面和一轴平面的交线是一条流线,我们就可以把所要求的边界条件写为方便的解析形式。在这一流线上 ψ 等于常数,我们可以取其为零。相对于两个坐标系的速度场仅差一平行于轴的均匀速度 $\mathbf{U}$,相应的两条流线相差 $\frac{1}{2}Ur^2\sin^2\theta$ 或 $\frac{1}{2}U\sigma^2$ 这样一项。因此,ψ 所应满足的内边界条件,对于相对无穷远处流体为固定的坐标系,为:在物体表面上

$$\psi = \frac{1}{2}Ur^2\sin^2\theta \quad \text{或} \quad \frac{1}{2}U\sigma^2。 \tag{6.8.12}$$

(6.8.12) 的形式提示了一个构造流场的方法。如果我们在 (6.8.12) 中将 ψ 用 r 和 θ (或 x 和 σ) 的、满足微分方程(6.8.8) (或(6.8.9))以及外边界条件的任何函数所代替,则我们得到决定一族刚性表面的子午线的 r 和 θ 之间的关系式,每一个这样的刚性表面当以平行于其轴的速度 U 运动时都会产生具有所选定的流线的流动。但是,不是所有用这种方法得到的(6.8.8)的解都给出封闭的表面,从而可以看做为刚性物体。

运动的球

在以 $\theta=0$ 方向的速度 **U** 运动的半径为 a 的球这一简单情况下,内边界条件为

$$\text{在 } r=a \text{ 处}, \frac{\partial \phi}{\partial r} = \mathbf{U} \cdot \mathbf{n} = U\cos\theta$$

显然,如果 ϕ 正比于一阶轴对称面谐函数或 Legendre 多项式(见 (6.8.2)和(6.8.3)),则这一条件对于所有的 θ 可以得到满足,而满足内外边界条件的解为

$$\phi = -\frac{1}{2}Ua^3 \frac{\cos\theta}{r^2}, \qquad (6.8.13)$$

与 §2.9 中用其它方法所得的解相符。这一解适用于球心在原点这一瞬间,而在其它时刻,当它在点 $\mathbf{x}_0$ 时

$$\phi = -\frac{1}{2}a^3 \frac{\mathbf{U} \cdot (\mathbf{x} - \mathbf{x}_0)}{|\mathbf{x} - \mathbf{x}_0|^3}。 \qquad (6.8.14)$$

对应于(6.8.13)中 ψ 的表达式为

$$\psi = \frac{1}{2}Ua^3 \frac{1-\mu^2}{r} \frac{dP_1(\mu)}{d\mu}$$

$$= \frac{1}{2}Ua^3 \frac{\sin^2\theta}{r}, \qquad (6.8.15)$$

这与位于原点的、方向平行于 $\theta=0$ 的源偶极子 (见 (2.5.5)) 有相同的形式。相对于与球一起运动的坐标系,流动的流函数可以通过在(6.8.15)的右端加上 $-\frac{1}{2}Ur^2\sin^2\theta$ 而得到,这给出

$$\psi = -\frac{1}{2}Ur^2\sin^2\theta\left(1-\frac{a^3}{r^3}\right), \qquad (6.8.16)$$

相应的流线在图 6.8.1 绘出。流线形状的前后对称在实践中当球作定常运动时没有再现出来（比较图版 11 的图 5.11.7），但是，如以前解释过，这种对称是球刚从静止运动起来后的流动或球在不动的平均位置附近作快速振荡引起的流动的现实的特征。

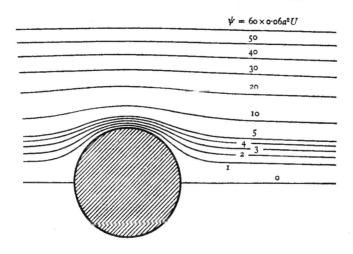

图 6.8.1　在无穷远处具有匀速的来流中静止球引起的无旋流动在轴平面中的流线

运动的球引起的流体运动的动能从 (6.8.13) 得到为

$$T = -\frac{1}{2}\rho U_i \int (\phi)_{r=a} n_i \, dA$$
$$= \frac{1}{3}\pi\rho a^3 U^2 \text{。} \qquad (6.8.17)$$

于是，(6.4.15) 和 (6.4.16) 定义的张量系数 α_{ij} 具有值

$$\alpha_{ij} = \frac{1}{2}\delta_{ij} \text{。} \qquad (6.8.18)$$

从 (6.4.28) 式可见，作用在球上的加速度反作用平行于（指向相反方向）$\dot{\mathbf{U}}$，而与 $\mathbf{U}$ 的方向无关，而流体的存在对于球在给定施

加力的作用下的影响，就像球的质量浮力影响除外增加了被排开的流体的一半的质量一样。

流体中的球在许多具体实际情况中出现，或者是气体介质中的固体球或液体球，或者是液体介质中的固体球或气体球、以上的公式尽管由于无旋流动的假设而带有局限，却仍有着广泛的应用。我们将简短地指出涉及到球的自由运动的一些应用的本质。

首先我们考察以速度 $\mathbf{U}$ 通过流体（它被带动作无旋运动）运动的质量为 M 的球，在施加力 $\mathbf{X}$ 作用下的运动方程，其中计及直接作用到球上的重力以及间接地通过它作用于流体而施加到球上的浮力：

$$M\dot{\mathbf{U}} = \mathbf{X} - \frac{1}{2}M_0\dot{\mathbf{U}} + M\mathbf{g} - M_0\mathbf{g}, \qquad (6.8.19)$$

其中 $M_0 = \frac{4}{3}\pi a^3\rho$ 为被球排开的流体的质量。只受重力作用的球的情况特别有意义，我们有

$$\dot{\mathbf{U}} = \frac{M - M_0}{M + \frac{1}{2}M_0}\mathbf{g}。 \qquad (6.8.20)$$

这一公式在刚性球从静止起通过于无穷远处为静止的流体加速以后的有限时间内将是准确的。当 $M \gg M_0$ 时，流体对于球的初始加速度没有什么影响；但当 $M \ll M_0$ 时

$$\dot{\mathbf{U}} \approx -2\mathbf{g}。 \qquad (6.8.21)$$

因而，一个球形气泡以 2g 的向上的加速度在水中从静止开始运动，而且，因为在这种情况下看来不发生边界层分离（在没有杂质的液体中），将继续保持这一加速度，直到或者气泡变形或者速度变得与 §5.14 中讨论过的终止速度大小相仿为止。

由于声波通过流体而导致球相对流体运动的问题也是很有兴趣的。假设球半径与声波的波长相比为小量，而在没有球存在时流体在球附近将会具有速度 $\mathbf{V}$。这一流体的加速度，也是在没有球时，近似为 $\dot{\mathbf{V}}$，对于声波 $\mathbf{V} \cdot \nabla \mathbf{V}$ 的贡献是可以忽略的。我们现在

选择以速度 **V** 和加速度 **V̇** 运动的坐标系，并注意到这时在运动方程中将出现一个单位质量的等效力 $-\dot{\mathbf{V}}$，将导致大小为 $M_0\dot{\mathbf{V}}$ 的"浮"力作用在物体上，像我们在 §6.4 中解释过的那样。假如流体的运动是无旋的，当没有力直接作用于球且忽略重力时，球的运动方程为

$$M\dot{\mathbf{U}} = -\frac{1}{2}M_0(\dot{\mathbf{U}} - \dot{\mathbf{V}}) + M_0\dot{\mathbf{V}}, \qquad (6.8.22)$$

其中 **U** 是相对不加速的坐标系的球速；这当然不过是一般公式 (6.4.30) 的一个特例。积分给出

$$\mathbf{U} = \frac{\dfrac{3}{2}M_0}{M + \dfrac{1}{2}M_0}\mathbf{V}, \qquad (6.8.23)$$

积分常数取为等于零，因为我们知道没有球通过流体的漂移。关系式 (6.8.23) 可以用于有声波通过流体时悬浮在流体中的小球的振动的情况，只是频率要足够大以使涡边界层厚度为小量（见 §5.13）。如果球的密度大于流体的密度，球的振荡的振幅要比包围着它的流体的为小；如果球比较轻，它将以比流体为大的振幅振荡。

当某种抛射体打入有自由表面的大水池，使水的不同质元的位移变为可见的一种方法就是使小空气泡分布于整个水中并在水的初始冲击运动时间内使摄影底片曝光。空气泡在照片上看起来像一些条纹，每个条纹的方向亦即水的局部位移的方向，而 (6.8.23) 表明，条纹的长度近似地为水的位移的三倍。

以上想法可以进而用来说明液体中的气泡当以相同相位作体积变化的振荡时要互相接近并合并起来的趋向。每一个振荡的气泡在周围流体中产生加速径向运动，因而两个相邻的气泡可以互相影响彼此的运动。我们需要 (6.8.22) 的更一般的形式，它要允许排开质量 M_0 有变化，即

$$M\frac{dU}{dt} = -\frac{1}{2}\frac{d\{M_0(\mathbf{U} - \mathbf{V})\}}{dt} + M_0\frac{d\mathbf{V}}{dt}。 \qquad (6.8.24)$$

对于液体中的气泡，$M \ll M_0$，因此

$$\dot{U} \approx 3\dot{V} - (U - V)\dot{M}_0/M_0。$$

于是，如果 V 为一平均值为零的周期量，而 M_0 是一涨落部分相对很小的周期量，则 U 的涨落部分近似地等于 $3V$，而气泡加速度 $\dot{U}$ 在一个循环内的平均值为

— $2(V\dot{M}_0)$ 的平均值 $/M_0$ 的平均值，

它可能不为零，较具体些，如果两个相距为 r 的球形气泡所排开的密度为 ρ 的液体质量等于

$$\rho(v_1 + v_1'\sin nt) \quad 及 \quad \rho(v_2 + v_2'\sin nt)，$$

其中 $v_1' \ll v_1$ 及 $v_2' \ll v_2$，第一个气泡在第二个气泡的位置上产生大小为 $nv_1'\cos nt/4\pi r^2$ 的近似均匀的速度，因此第二个气泡沿着气泡间的联线的平均加速度为

$$— n^2 v_1' v_2'/4\pi r^2 v_2， \tag{6.8.25}$$

负号表明加速度是朝向第一个气泡的。两个气泡间的（或在一个气泡和一平面壁之间的）这种互相吸引最终导致每个气泡的定常漂移速度，因为粘性力阻止移动。吸引力通常很小，但液体的超声波振动可以利用来清除其中的气泡。

旋转椭球

在形状简单方面仅次于球的轴对称体看来就是旋转椭球了。被证明是有用的第一步是把控制方程(6.8.9)和(6.8.11)中的独立变量 (x, σ) 转换为"椭圆坐标" (ξ, η)，ξ 在通过对称轴的平面中的椭圆边界上是常数，而 η 绕这些椭圆中的每一个单调地从 0 变化到 2π。(x, σ) 和 (ξ, η) "平面"间的关系是**保角的**（见 §6.5，§6.6），而由于，有点出乎意料地，保角变换的一般性质在分析中起作用，我们暂时假设 (x, σ) 和 (ξ, η) 的关系具有如下形式

$$x + i\sigma = f(\xi + i\eta)。 \tag{6.8.26}$$

为了得到通过 (ξ, η) 表示的控制方程，我们可以利用如下这一种轴对称平面中速度分量的表达式，它们是 ϕ 和 ψ 的性质的推

论：

$$u_\xi = \frac{1}{h_\xi} \frac{\partial \phi}{\partial \xi} = \frac{1}{\sigma h_\eta} \frac{\partial \psi}{\partial \eta},$$

$$u_\eta = \frac{1}{h_\eta} \frac{\partial \phi}{\partial \eta} = -\frac{1}{\sigma h_\xi} \frac{\partial \psi}{\partial \xi}. \tag{6.8.27}$$

这里 $h_\xi \delta_\xi$ 和 $h_\eta \delta_\eta$ 分别为对应于只有 ξ 和只有 η 变化时的线元的长度，可以从标准的公式求出

$$h_\xi^2 = \left(\frac{\partial x}{\partial \xi}\right)^2 + \left(\frac{\partial \sigma}{\partial \xi}\right)^2,$$

$$h_\eta^2 = \left(\frac{\partial x}{\partial \eta}\right)^2 + \left(\frac{\partial \sigma}{\partial \eta}\right)^2;$$

此外，由于 $n + i\sigma$ 是 $\xi + i\eta$ 的解析函数，从 (x, σ) 和 (ξ, η) 之间的 Cauchy-Riemann 关系式得到，$h_\xi = h_\eta$。如果现在将 ξ, η 和方位角（对于它相应的尺度参数 h 等于 σ）看做为新的正交曲线坐标，通过这些坐标表示的 $\nabla \cdot \mathbf{u}$ 和 $\nabla \times \mathbf{u}$ 的表达式（见附录2）与 (6.8.27) 一起将分别给出 ϕ 和 ψ 的控制方程。ψ 是比 ϕ 更为方便的因变量，因为它在内边界满足较简单的条件。令涡量的方位角分量等于零，我们得到

$$\frac{\partial(h_\eta u_\eta)}{\partial \xi} - \frac{\partial(h_\xi u_\xi)}{\partial \eta} = 0,$$

即

$$\frac{\partial}{\partial \xi}\left(\frac{1}{\sigma} \frac{\partial \psi}{\partial \xi}\right) + \frac{\partial}{\partial \eta}\left(\frac{1}{\sigma} \frac{\partial \psi}{\partial \eta}\right) = 0, \tag{6.8.28}$$

其中 σ 通过 (6.8.26) 用 ξ 和 η 给出。

对于围绕长轴旋转一个长短半轴为 a 和 b 的椭圆而得到的长椭球，适当的变换为

$$x + i\sigma = (a^2 - b^2)^{\frac{1}{2}} \cosh(\xi + i\eta),$$

椭球上 ξ 的常值 (ξ_0) 由下式给出（见(6.6.13)）

$$e^{\xi_0} = \left(\frac{a+b}{a-b}\right)^{\frac{1}{2}}.$$

ψ 在内边界应满足的条件(6.8.12)为，当 $\xi = \xi_0$ 时

$$\psi = \frac{1}{2}U(a^2 - b^2)\sinh^2\zeta\sin^2\eta。$$

这提示我们应该寻求如下形式的(6.8.28)的解

$$\psi = F(\xi)\sin^2\eta。 \tag{6.8.29}$$

将上式代入(6.8.28)给出 $F(\xi)$ 的二阶常微分方程，在积分和选择两个常数以满足内外边界条件后，可以证明

$$\psi = \frac{\frac{1}{2}Ub^2(a^2-b^2)\sin^2\eta}{a(a^2-b^2)^{\frac{1}{2}} + b^2\log\left\{\frac{a-(a^2-b^2)^{1/2}}{b}\right\}}$$

$$\cdot(\cosh\xi + \sinh^2\xi\log\tanh\frac{1}{2}\xi) \tag{6.8.30}$$

是所要求的解。

为了得到平行于其旋转轴运动的**扁椭球**引起的流动，我们需要从变换到用

$$x + i\sigma = (a^2 - b^2)^{\frac{1}{2}}\sinh(\xi + i\eta)$$

定义的椭圆坐标系开始，现在 ξ 在令长短轴半径为 a 和 b 的椭圆围绕其短轴旋转而得到的椭球表面上为常数且等于 ξ_0，(6.8.29)仍然是对内边界条件为合适的解的形式（就对 η 的依赖关系而论），如前同样方法进行，我们得所求的解为

$$\psi = \frac{\frac{1}{2}Ua^2(a^2-b^2)\sin^2\eta}{b(a^2-b^2)^{\frac{1}{2}} - a^2\cos^{-1}b/a}(\sinh\xi$$

$$- \cosh^2\xi\text{arc cot }\sinh\xi)。 \tag{6.8.31}$$

现在可以毫无困难地从以下关系式

$$\frac{\partial\phi}{\partial\xi} = \frac{1}{\sigma}\frac{\partial\psi}{\partial\eta}, \quad \frac{\partial\phi}{\partial\eta} = -\frac{1}{\sigma}\frac{\partial\psi}{\partial\xi}$$

中随便哪一个得到相应的速度势，但我们不在这里写出；显然，ϕ 正比于 $\cos\eta$。

当 $(a-b)/a \to 0$（或，与此等价，$\xi_0 \to \infty$）时，两种椭球都变为半径为 a 的球，而且可以证明，(6.8.30)和(6.8.31)两者都简

化为对球早先得到的流函数(6.8.15)。令 $b=0$ (或 $\xi_0=0$),可以得到(6.8.31)的另一个极限情况,给出由半径为 a 的圆盘在垂直于其平面方向运动所引起的无旋流动。这时流函数为

$$\psi = -\frac{a^2 U}{\pi}(\sinh\xi - \cosh^2\xi\,\mathrm{arc}\,\cot\sinh\xi)\sin^2\eta,$$

(6.8.32)

流线在图 6.8.2 中绘出。用以上方法所得的速度势在圆盘表面上简化为

$$\phi = -\frac{2aU}{\pi}\cos\eta,$$

因此流体的动能为

$$T = -\frac{1}{2}\rho U i \int (\phi)_{\xi=0} n_i dA$$

$$= -\pi\rho U \int_0^a \left\{ (\phi)\begin{array}{c}\scriptstyle\xi=0\\\scriptstyle 0<\eta<\frac{\pi}{2}\end{array} - (\phi)\begin{array}{c}\scriptstyle\xi=0\\\scriptstyle\frac{\pi}{2}<\eta<\pi\end{array} \right\} \sigma d\sigma$$

$$= 4\rho a^3 U^2 \int_0^{\frac{\pi}{2}} \cos^2\eta\sin\eta d\eta$$

$$= \frac{4}{3}\rho a^3 U^2.$$

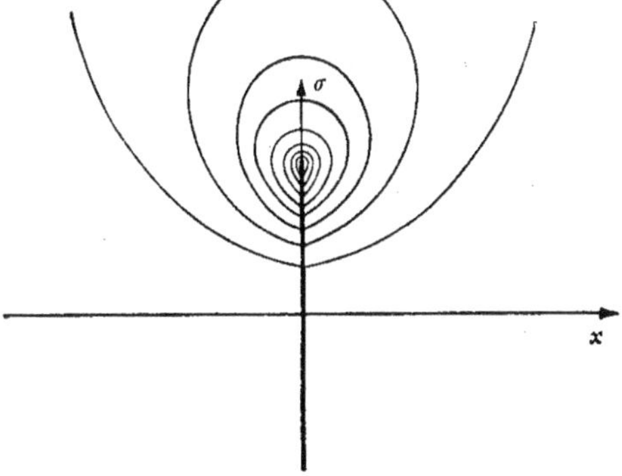

图 6.8.2 由于圆盘垂直于其平面运动而引起的无旋流动,轴
平面中的流线,ψ 间的增量相等

因而圆盘在其运动方向上的虚拟加速度惯量为 $\frac{8}{3}\rho a^3$。流体速度在圆盘边缘为无穷大，而随之发生的流体绕过边缘后的剧烈减速使这一无旋流动不像是可以应用于真实流动系统的候选者；但是无旋流动的解通常可以以不同的表现方法发挥作用，我们在 §6.10 中将看到，这一特解可以应用于由平面圆头的锤子打到水面产生的运动。

由对称轴上的源奇异性得到的物形

在 §2.5 中考察过的点源奇异性的性质可以以有趣的方式用来构造运动物体会产生的那种特殊的无旋轴对称流场，虽然物形不能自由选择（只有当物体为细长体时除外，见 §6.9）。方法的基础是，如果有许多点源和点汇（或者也可能是源强度的连续分布）置于在无穷远处为静止的流体中的对称轴上，而总的源强度为零，则所有从源发出的流线要终止于汇。在一定的（不容易以一般的方式确定的）情况下，当把平行于轴线的均匀流动迭加到由源和汇产生的运动之上时，还会继续是上述这种情形。这时将有一条封闭流线，它包围着这组源和汇并把从源发生的流线和从速度为均匀的无限远处流过来的流线分开。这一流线可以看作是在均匀流中保持静止的一个刚体的表面，而物体外的速度分布可以作为不同源和汇诱导的速度场和均匀流的组合而计算出来。

如果只有一个强度为 m 的源和强度为 $-m$ 的汇置于轴上，显然，当源位于汇的上游时，没有一条从无穷远来的流线会流到汇中去，分离流线是封闭的。描述由原点处强度为 m 的源引起的流动的流函数是 $-(m/4\pi)\cos\theta$。因此，对于在 $r=d$，$\theta=0$ 处的强度为 m 的源，在 $r=d$，$\theta=\pi$ 处强度为 $-m$ 的汇，和一个在方向 $\theta=\pi$ 上速度为 U 的均匀流（因而当利用与无穷远处的流体相固联的坐标系时，将给出在 $\theta=0$ 方向运动的物体产生的流动），我们有

$$\psi = -\frac{m}{4\pi}\cos\theta_1 + \frac{m}{4\pi}\cos\theta_2 - \frac{1}{2}Ur^2\sin^2\theta. \quad (6.8.33)$$

其中标记可以藉助图 6.8.3 弄清楚，图 6.8.3 还给出了一种特殊

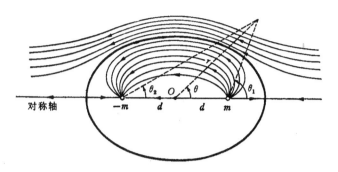

图 6.8.3 相等强度的点源和点汇以及均匀流的组合在轴平面
内的流线

情况下的流线。那条是封闭的且可以看做为物面的流线，在上游
和下游的对称轴上有另一分支，其上 $\psi=0$，所以物体的子午曲线
由下式给出

$$\cos\theta_2 - \cos\theta_1 = \frac{2\pi U d^2}{m} \frac{r^2}{d^2}\sin^2\theta。 \qquad (6.8.34)$$

这样就得到了称为 Rankine 卵形线 (Rankine 1871) 的可能物形的
一个无穷族系，对应于无量纲参数 Ud^2/m 的不同值。当 Ud^2/m 从
与 1 比为大值下降到与 1 相比为小量时，物形光滑地从狭长的雪
茄形变为稍为拉长的球形。当 $Ud^2/m \ll 1$ 时，物体表面近似地为半
径为 $(md/\pi U)^{\frac{1}{3}}$ 的球，此半径与 d 相比为大量；源和汇一起在物
体表面外的作用在这里近似地与强度为 $2md$ 的、位于原点沿对称
轴放置的源偶极子（见§2.5）相同，当然比较(2.5.3)和(2.9.
26)时已隐含有这样的结果。

当沿对称轴的一部分作源强度的连续分布能够代表物体的存
在时，可以建立一两个一般性结果。假设在对称轴 x 到 $x+\delta x$ 的
区域上源强度为 $m(x)\delta x$，而在 x 值的有限区域外 $m(x)=0$。
流动的速度势为

$$\phi(\mathbf{x}) = -\frac{1}{4\pi}\int_{-\infty}^{\infty} \frac{m(x')dx'}{(r^2+x'^2-2rx'\cos\theta)^{\frac{1}{2}}}, \qquad (6.8.35)$$

藉助 Legendre 多项式的一般性质可以将其写为

$$\phi(\mathbf{x}) = \sum_{n=0}^{\infty} K_n r^{-n-1} P_n(\mu),\qquad(6.8.36)$$

其中系数 K_n 由下式给出

$$K_n = -\frac{1}{4\pi}\int_{-\infty}^{\infty} x^n m(x) dx。$$

关系式(6.8.2)表明,这一级数不过是用立体谐函数表达的一般性展开(6.4.1)的轴对称特例。写于(6.8.36)中的系数 K_n 等于(6.4.1)中 n 阶张量系数 C_{ij}…乘以 $(-1)^n n!$,其中 i,j…都令之等于对应于对称轴方向的值,譬如说等于 1。第一个非零系数为 K_1,因为经物体表面质量流为零,而

$$c_1 = -K_1 = \frac{1}{4\pi}\int_{-\infty}^{\infty} x m(x) dx。\qquad(6.8.37)$$

§6.4 中得到的通过 c_1 表达的流体动能的表达式和轴对称物体在平移运动时引起的虚拟质量的表达式这样就可以加以应用了。

半无限物体

当图 6.8.3 中的源和汇放置得相距很远时(或,较精确些,当 $Ud^2/m \gg 1$ 时),除了靠近源或汇的地方外流线到处近似地平行平称轴,关系式(6.8.34)给出的相应的物面近似地为一圆形末端的柱体。想象汇位于下游无穷远处而物体长度为半无限长,我们可以确定靠近物体前半部分的流动细节 (这无论如何是流过前后对称物体的定常流动中仅有的在实际上是无旋的那一部分)。现将原点置于源的位置上是有用的,这时

$$\psi = -\frac{m}{4\pi}\cos\theta - \frac{1}{2}Ur^2\sin^2\theta\qquad(6.8.38)$$

且规定物体表面的关系式变为

$$\frac{m}{2\pi U}(1-\cos\theta) = r^2\sin^2\theta。$$

m 或 U 的变化只不过是在改变整个流场的长度尺度,图 6.8.4 中给出一个可能的物形。由源发出的整个体积流量 m 在距源很远的

地方以速度 U 经过"物体"的任意截面，因此物体的柱形部分的半径为 $(m/\pi U)^{\frac{1}{2}}$。

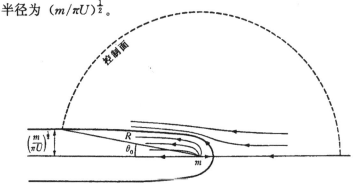

图 6.8.4　绕过由点源和均匀来流得到的半无限物体的流动

　　显然，由在对称轴有限长度上总源强为 m（>0）的源和汇的分布得到的其它半无限物体的柱形部分的半径将为 $(m/\pi U)^{\frac{1}{2}}$。

　　既然在上述这种半无限物体的正面有一个驻点，人们可能会想，物体外的流体在定常流动中会施加一非零的阻力于物体。原来并非如此，因为物体"肩部"的流体速度超过了 U，而那里的相应的压力降平衡了驻点附近的压力昇高。平衡是精确的平衡，与物体的圆形头部形状无关，我们现将应用积分形式的动量方程加以证明。

　　我们取球心位于流体中源强度分布中心的半径为 R 的球面的一部分（图 6.8.4），以及从头部到与球面相交处的物体表面做为控制面。由控制面球面部分上的压力施加于所包围的流体的力的总轴向分量为

$$-\int_0^{\pi-\theta_0}\left\{p_0+\frac{1}{2}\rho U^2-\frac{1}{2}\rho(u^2+v^2)\right\}\cos\theta 2\pi R^2\sin\theta d\theta,$$

其中 u,v 分别是球面上平行和垂直于轴的流体速度分量，p_0 是远离物体处流体的压力，θ_0 是球与物体交线在中心处所张的半锥角，而 $R\sin\theta_0=(m/\pi U)^{\frac{1}{2}}$。而由于 m 是轴上的把物面做为分离流

线给出的源的总强度，我们有，当 R 为大值时

$$u \approx -U + \frac{m}{4\pi R^2}\cos\theta, \quad v \approx \frac{m}{4\pi R^2}\sin\theta,$$

以上的力在 $R \to \infty$ 时的极限简化为

$$-p_0(m/U) - \frac{1}{3}\rho m U。$$

类似地，通过控制面的向外的总轴向动量流为

$$\rho\int_0^{\pi-\theta_0} u(u\cos\theta + v\sin\theta)2\pi R^2\sin\theta d\theta,$$

$$\to -\frac{1}{3}\rho m U, \quad \text{当 } R \to \infty \text{ 的时候。}$$

因此，在控制面与物体表面相重合的这一部分上施加于被包围流体的力必须是 $p_0(m/U)$。流体对物体施加一个在流体于无穷远处的速度方向上的、大小为如下值的力：

$$p_0 \times \text{物体在垂直于轴的平面上的投影面积}$$

这一作用在物体上的总力不过是未被抵消的周围压力作用于物体一侧的效应，而不具有动力学意义。因为大 Reynolds 数下绕轴对称物体的真实流体定常流动在靠近物体的前半部分比靠近后半部分更加近似地为到处无旋的，所以这与定常无旋流动中有限物体的阻力为零的推导相比，可能是一个更加有意义的推论。

习　题

假设解的形式使球极坐标变量 r 和 θ 可以分开，证明，锥顶附近的轴对称无旋流动可以用 $\phi \propto r^m P_m(\mu)$ 表示，其中 $\mu = \cos\theta$，$P_m(\mu)$ 是第一类 Legendre 函数，而 m 由如下方程决定：

$$\text{当 } \mu = -\cos\theta_0 \text{ 时，} \quad dP_m(\mu)/d\mu = 0,$$

其中 θ_0 为锥的轴与其母线之一的交角（$1 \leqslant m \leqslant 2$）。

6.9　细长体的近似结果

在物体的长度与其宽度相比为大量、且该物体通过在无穷远

处为静止的流体运动的情况下，有一个决定相应的无旋流场的简单近似方法。这一方法被称为"细长体理论"，并被推广到许多不同类型的问题中，在航空学和其它对流线型物体在流体中的运动关心的领域中应用甚广。在我们将加以解释的简单形式下，此方法的基础是，当物体为细长体时，可以这样选择流动奇异性（如源和汇）沿线的分布，使这些奇异性及均匀流相关的无旋流动近似满足给定形状的物体表面上相对法向分速为零的条件。在细长旋成体的情况下，方法是§6.8 中所作的关于由沿对称轴放置的源所表示的物体的讨论的自然继续，因而我们首先讨论这一情况。

细长旋成体

如在§6.8 中一样，我们取 x 轴与物体的对称轴相重合，且我们首先考察在无穷远处具有指向负 x 轴的均匀速度 U 的流动中处于静止的物体的情况（对应于物体通过在无穷远处为静止的流体在正 x 轴方向运动）。物体在位置 x 处的横截面积为 A（见图 6.9.1）。我们将假设，表面子午线的切线与轴成一小角 β，而 A 是 x 的缓慢变化的函数；这一假设比起简单地要求物体最大宽度与总长度之比要小是更进一步，但一般被认为是"细长体"一词所包含着的假设。

物体外的流动和物体内部与替代奇异性相关联的虚拟流动将与轴近乎平行，就像表面流线一样。此外，柱坐标中的质量守恒方程为

$$\frac{\partial u_x}{\partial x} + \frac{1}{\sigma}\frac{\partial(\sigma u_\sigma)}{\partial \sigma} = 0,$$

其中 (u_x, u_σ) 是由于物体的存在引起的均匀流动速度 $(-U, 0)$ 的增量，所以，假如导数 $\partial/\partial x$ 和 $\partial/\partial \sigma$ 为相同的量级（如在被 Laplace 方程所控制的场中可以预期的），u_x 在流场中的变化与 u_σ 的变化量级相同。由于在物体表面附近 u_σ 的量级为 $|\beta(-U+u_x)|$，结论是扰动分量 u_x，u_σ 两者都是 βU 的（小量）量级，而速度的轴向分量可以在一级近似中到处取为 $-U$。

从而得到，在位置 x 处流经物体横截面的流体体积流量近似为 $-UA$，而在相邻位置 $x+\delta x$ 为 $-U(A+\delta xdA/dn)$。由于没有流体流过代表物体表面的分离流线（图 6.9.1），因而流量差

$$-U\delta xdA/dx$$

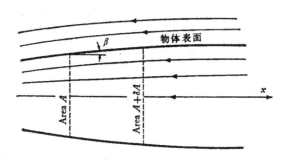

图 6.9.1　由对称轴上源的分布所模拟的来流中细长体引起的
轴对称无旋流动

必须由轴上单位长度的强度为 $-UdA/dx$ 的源提供。于是，当细长体的外形给定时，有可能确定源强度在轴上的线密度，它与均匀流一起产生近似与物体表面重合的分离流线，且由它可以确定整个流场。近乎平行流动的近似在物体的圆头和尾部附近是不精确的，但是误差看来只是一种局部的，因为在位置 x 处和头部之间的轴上的总源强度根据以上规则为 UA，这事实上是为了给出在位置 x 上来流的正确总侧向位移所要求的。

从（6.8.37）可以发现，产生与物体同样渐近流场（在距原点很远处）的轴源偶极子的强度表达式现在是特别简单的。这偶极子强度为

$$4\pi c_1 = -U\int_{-\infty}^{\infty} x\frac{dA}{dx}dx$$
$$= U\int_{-\infty}^{\infty} Adx = UV_0, \qquad (6.9.1)$$

这表明，对于体积为 V_0、在其对称轴方向（$\theta=0$）以速度 U 运动的任何细长体，在大 r 值时

$$\phi \sim -\frac{UV_0}{4\pi}\frac{\cos\theta}{r^2}。 \tag{6.9.2}$$

不幸的是，从(6.4.17)得到的流体动能的对应近似为零，这是太粗糙了以致并没有什么用处。

这类细长体理论的精确度明显地依赖于它应用到什么问题，以及理论被用来估计的什么特定流动参数。作为关于它的一般准确度的部分指南，我们可以将(6.9.1)对系数 c_1 的估计值，与从平行于其轴运动的长旋转椭球的速度势 ϕ 的完全解得到的精确值进行比较。这种情况下流动的流函数在(6.8.30)给出，我们关心的是这一流场在距原点很大距离处的形式。从那里所用的椭圆坐标的定义得到，当 $r \rightarrow \infty$ 时

$$\eta \sim \theta \quad \text{以及} \quad \frac{1}{2}(a^2 - b^2)^{\frac{1}{2}}e^{\xi} \sim r,$$

所以

$$\left(\cosh\xi + \sinh^2\xi \log\tanh\frac{1}{2}\xi\right)\sin^2\eta \sim \frac{2}{3}(a^2 - b^2)^{\frac{1}{2}}\frac{\sin^2\theta}{r}。$$

因而，相应的 ϕ 的渐近式的精确表达式为

$$\phi \sim -c_1\frac{\cos\theta}{r^2},$$

其中

$$c_1 = \frac{\frac{1}{3}Ub^2(a^2 - b^2)^{\frac{3}{2}}}{a(a^2 - b^2)^{\frac{1}{2}} + b^2\log\left\{\frac{a - (a^2 - b^2)^{\frac{1}{2}}}{b}\right\}}。 \tag{6.9.3}$$

当 $b = a$ 时，(6.9.3)给出的 c_1 值为 $\frac{1}{2}Ua^3$，像对于球所应有的那样；c_1 的近似表达式(6.9.1)这时为 $\frac{1}{3}Ua^3$，表明即使对于一个不能称为细长的物体误差都不过大。当厚度的 b/a（譬如 $=\gamma$）与1相比为小量时，(6.9.3)变为

$$c_1 \approx \frac{1}{3}Ua^3\gamma^2(1 - \gamma^2\log\gamma),$$

而对于长椭球近似公式(6.9.1)为

$$c_1 = \frac{1}{3} U a^3 \gamma^3 \text{。}$$

因此细长体估值的相对误差为 $\gamma^2 \log \gamma$。

可以利用相似类型的近似来估计细长对称物体上"侧向风"的影响。假设，物体通过在无穷远处为静止的流体的速度相对于直角坐标系具有分量 $(U, V, 0)$，其第一条轴线平行于物体的轴。相对于与物体固连的坐标系，总的无旋流动可以看作是两个均匀流引起的流动的迭加，其中之一的速度分量为 $(-U, 0, 0)$，上述结果可用，另一均匀流则是速度分量为 $(0, -V, 0)$ 的纯粹侧向风。由于物体的横截面积沿轴只作缓慢的变化，在位置 x 附近由这一侧风引起的流动近似地与横截面积为 A 的圆柱体在速度与其母线垂直的均匀流（速度值为 V，绕柱环量为零）中的流动相同；即，近似地与位于中心的强度为 $2VA$ 的、指向速度为 V 的均匀流相反方向的二维源偶极子[①] 引起的流动相同。因而，处于侧风中的物体可以近似地由单位长度的向量强度为 $(0, 2VA, 0)$ 的源偶极子在物体轴上的分布所代表。当物体形状给定时，整个流场现在就可以计算出来了。

代表侧风中的物体的源偶极子的总强度的分量为 $(0, 2VV_0, 0)$，其中 V_0 仍为物体的体积。将这一结果与 (6.9.1) 式结合起来以后，我们看到，与以速度 $(U, V, 0)$ 通过在无穷远处为静止的流体的轴对称细长体具有相同的渐近流场的源偶极子的强度为

$$4\pi\mathbf{c} = V_0(U, 2V, 0) \text{。} \tag{6.9.4}$$

从 (6.4.17) 得到的流体的动能的相应的近似表达式为 $\frac{1}{2} \rho V_0 V^2$，而如从所用的近似的本质应能预期的那样，这等于任意半径的、以垂直于轴的速度 V 运动的圆柱体的两个横截面之间的流体的动能，只是横截面间的距离要使它们包围的柱体的体积为 V_0。

---

① 见 (6.4.6) 后的描述。

二维细长体

当二维流场中的物体对于中心线为对称且厚度与长度的比值为小量时，物体在其中心线方向的运动引起的无旋流动仍然可以近似地由沿中心线的源的分布所模拟。这时物体表面由曲线 $y=\mp\frac{1}{2}y_0(x)$ 所规定，其中 $y_0(x)$ 仍设为缓慢变化的函数。于是，上面已用过的论据表明，曲线 $y=\mp\frac{1}{2}y_0(x)$ 将近似地是由于无穷远处均匀速度分量为 $(-U, 0)$ 的流动和单位长度的强度为 $-Udy_0/dx$ 的中心线上的源的分布所引起的流动中的一条流线。

但是，当对称物体不是在其中心线方向运动或当物体不为对称时，需要一种新的处理方法。假定物体剖面的切线仍然近似地平行于其运动的方向，物体的有限厚度的作用主要地仍是横向地排移流体元，而不明显地改变它们相对于物体的速度，因而可以近似地用上述那样的源的分布所代表，只是现在 $y_0(x)$ 表示的是位置 x 处物体的厚度。但是，我们仍然需要找到能够表示如下事实的某种方法：在相对于物体的流动中，物体两侧的流线不仅互相分隔开 $y_0(x)$ 的距离，而且两侧流线相对于无穷远处流动的方向各倾斜一个小的角度，其和不为零。

不存在哪一种分布的流动奇异性，其局部强度密度会使流线具有一定的方向，但是存在一种奇异性，即点涡，如将其分布于物体的中心线上，将引起流线以不为零的角度与此中心线相交。我们在 §2.6 中看到，片涡（在二维流动这一具体情况下它意味着涡强度沿 (x, y) 平面中一条线的连续分布，而涡到处垂直于这一平面）的局部强度密度之值等于经过片涡的速度切向分量的局部跳跃。这意味着，将片涡选择为适当的奇异性是做对了，因为我们预期，在通过物体长度画出的线的两侧不存在流动镜面对称性，将伴随有物体不同侧上相邻两点上流速之间的差别。

对于用奇异性分布来表示表面流场偏转的方法的这些讨论，在二维机翼理论的具体情形下是非常有用的，而我们将通过对这一情形的应用来介绍这一方法。

二维薄机翼

典型的薄翼型既有厚度又有弧度，如图 6.7.9 中所示的翼型一样，而表面的切线除靠近头部的地方外到处均与来流成一小的角度。尖锐的后缘将位于原点，而定义为翼型距后缘最远的点的前缘 L 将位于 x 轴上，譬如说在 $x=c$ 处（c 为翼型的弦长）。翼型的上下表面的方程可以写为

$$y = y_1(x) \pm \frac{1}{2}y_0(x) \quad (0 \leqslant x \leqslant c).$$

非零厚度 $y_0(x)$ 对于流动的影响可以由源的分布分别加以模拟，如上面解释过的那样。因此，我们现在关心的是在无穷远处均匀速度分量为 $(-W\cos\alpha, W\sin\alpha)$ 的来流中保持静止的形如 $y=y_1(x)$ 的弯曲板所引起的无旋流动，其中 α 为翼型的（小的）攻角（图 6.9.2）。经过曲线 $y=y_1(x)$ 没有质量流量，一般讲在曲线上速度的切向分量有间断；就是说，弯曲板准确地等价于与曲线 $y=y_1(x)$ 重合的片涡，其强度密度 Γ 是这样分布使速度的法向分量在 $y=y_1(x)$ 处为零。

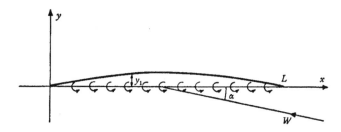

图 6.9.2　用平直片涡代表流动中无厚度的翼型

准确到由板的存在引起的扰动速度 (u, v) 的一阶量，经过板的质量流量为零的条件可以写为

$$\left(\frac{v + \alpha W}{W}\right)_{y=y_1(x)} = -\frac{dy_1}{dx}.$$

现在我们进一步利用 $|y_1| \ll c$ 这一事实来假设，为了计算扰动速度 (u, v) 的目的，片涡位于区域 $0 \leqslant x \leqslant c$ 的 x 轴上，而不是位于 $y=y_1(x)$ 的曲线上。x 轴的一个元素 δx 的作用有如强度为 $\Gamma(x)\delta x$ 的点涡，于是当翼型的形状为给定时，从中可以得到 $\Gamma(x)$ 的近似关系式为

$$\frac{1}{2\pi W}\int_0^c \frac{\Gamma(x')}{x-x'}dx' = -\alpha - \frac{dy_1}{dx}。 \qquad (6.9.5)$$

有关的奇异性的强度不是由局部翼型几何确定而应作为包括整个翼型的积分方程的解而得到，这对实际应用是一种缺陷。

不应预期方程(6.9.5)对于 $\Gamma(x)$ 有唯一解，因为二维流场中绕任何物体的流动在规定绕物体的环量前是不确定的。我们在 §6.7 中看到，在定常运动的像翼型这样的有尖锐后缘的物体的情况下，粘性在翼型表面上的作用引起环量取这样的值，以使翼型每一侧的流体流动光滑地离开后缘而不绕过它（Joukowski 假说）。在这种情况下，在靠近后缘的这两股流动中的流体速度相同，因而那里代替翼型的片涡的强度密度为零。因此，我们应该解 $\Gamma(x)$ 的方程(6.9.5)使其满足条件

在 $x=0$ 处，$\Gamma(x)=0$。

另一方面，在前缘处不可能利用任何与 Joukowski 假说类似的条件，并且一般讲在尖锐前缘处将有一流体速度的无限值。实际上翼型在前缘处是作成圆形的，我们的大大简化的薄翼型在那里是尖锐的，速度的无穷大值是不可避免的；但是分析的有用性不受影响，因为(6.9.5)只包括与翼型弦长垂直的小的速度分量。在 $x=c$ 处的尖锐（和会切的）前缘附近，翼型表面上的速度变化在一侧有如 $\frac{1}{2}A_0 W c^{\frac{1}{2}}(c-x)^{-\frac{1}{2}}$ 而在另一侧则有如 $-\frac{1}{2}A_0 W c^{\frac{1}{2}}(c-x)^{-\frac{1}{2}}$（见 §6.5），其中 A_0 为一常数，而因子 W 和 $c^{\frac{1}{2}}$ 被引进是为了使 A_0 为无量纲量，因而我们预计

在 $x=c$ 附近 $\quad \Gamma(x) \sim A_0 W \left(\frac{c}{c-x}\right)^{\frac{1}{2}}$。

实际上我们可以更进一步预期

$$当 x \to c \text{ 时}, \quad \Gamma(x) - A_0 W \left(\frac{c}{c-x} \right)^{\frac{1}{2}} \to 0, \quad (6.9.6)$$

因为当对应于环绕前缘的流动的局部解被减去后，翼型上靠近前缘处的两侧上的速度差为零（如从平板表面上的速度关系式(6.7.2)中可以详细看到)。

将 $\Gamma(x)$ 写为由下式定义的

$$x = \frac{1}{2}c(1 - \cos\theta) \quad (6.9.7)$$

变量的 Fourier 级数，就可以得到积分方程(6.9.5)的解，虽然不是封闭的形式；θ 在翼型的弦长上从 0 变化到 π。同一个到处为有限的未知函数打交道是更为可取的，所以我们不考察 $\Gamma(x)$ 而是考察修正函数

$$\Gamma(x) - A_0 W \left(\frac{x}{c-x} \right)^{\frac{1}{2}},$$

它具有方便的性质，即要求在 $x=0$ ($\theta=0$) 和 $x=c$ ($\theta=\pi$) 处为零。于是我们可以不失一般性地假设，这一修正强度分布对 θ 为周期性的，周期为 2π，并且是 θ 的奇函数，因而

$$\Gamma = A_0 W \tan \frac{1}{2}\theta + W \sum_{n=1}^{\infty} A_n \sin n\theta。 \quad (6.9.8)$$

这满足所要求的后缘处流动为光滑的条件。

将(6.9.8)代入积分方程(6.9.5)给出

$$\begin{aligned}
\alpha + \frac{dy_1}{dx} &= -\frac{1}{2\pi} \int_0^\pi \left(A_0 \tan \frac{1}{2}\theta' + \sum_1^\infty A_n \sin n\theta' \right) \frac{\sin\theta' \, d\theta'}{\cos\theta' - \cos\theta} \\
&= \frac{1}{2\pi} A_0 (-I_0 + I_1) + \frac{1}{4\pi} \sum_{n=1}^\infty A_n (-I_{n-1} + I_{n+1}),
\end{aligned}$$

其中

$$I_n = \int_0^\pi \frac{\cos n\theta'}{\cos\theta' - \cos\theta} d\theta' = \pi \frac{\sin n\theta}{\sin\theta}, \quad \text{对于 } 0 < \theta < \pi$$

是一个标准定积分①。因此

$$\alpha + \frac{dy_1}{dx} = \frac{1}{2}A_0 + \frac{1}{2}\sum_{n=1}^{\infty} A_n \cos n\theta, \qquad (6.9.9)$$

而系数 A_0, A_1, $\cdots$ 与翼型形状的显式关系式为

$$A_0 = 2\alpha + \frac{2}{\pi}\int_0^\pi \frac{dy_1}{dx}d\theta, \quad A_n = \frac{4}{\pi}\int_0^\pi \frac{dy_1}{dx}\cos\theta d\theta \quad (n > 0)。$$

$$(6.9.10)$$

由运动翼型引起的流动的最有意义的特性是环绕它的总的环量以及翼型因之产生的升力。对于升力系数我们得到

$$C_L = \frac{升力}{\frac{1}{2}\rho W^2 c} = \frac{2}{Wc}\int_0^c \Gamma(x)dx$$

$$= \pi\left(A_0 + \frac{1}{2}A_1\right)$$

$$= 2\pi\alpha + 2\int_0^\pi \frac{dy_1}{dx}(1 + \cos\theta)d\theta。 \qquad (6.9.11)$$

为了计算作用于翼型的力矩，我们可以认为片涡的元素 δx 产生升力 $\rho W \Gamma \delta x$。给出对于前缘的力矩的无量纲系数丁是为

$$(C_M)_{前缘} = \frac{力矩}{\frac{1}{2}\rho W^2 c^2} = -\frac{2}{Wc^2}\int_0^c (c - x)\Gamma(x)dx$$

---

① I_n 应认为是由下式定义的

$$\lim_{\varepsilon \to 0}\left(\int_0^{\theta-\varepsilon} + \int_{\theta-\varepsilon}^\pi\right)$$

积分的所谓主值，被积函数在 $\theta' = \theta$ 两侧的大值互相抵消。对于 $n = 0$ 及 $0 < \theta < \pi$ 我们有

$$I_0 = \frac{1}{\sin\theta}\lim_{\varepsilon \to 0}\left[\left\{\log\frac{\sin\frac{1}{2}(\theta+\theta')}{\sin\frac{1}{2}(\theta-\theta')}\right\}_{\theta'=0}^{\theta-\varepsilon} + \left\{\log\frac{\sin\frac{1}{2}(\theta'+\theta)}{\sin\frac{1}{2}(\theta'-\theta)}\right\}_{\theta'=\theta+\varepsilon}^\pi\right]$$

$$= 0$$

以及

$$I_1 = \pi + I_0\cos\theta = \pi。$$

递推公式

$$I_{n+1} + I_{n-1} = 2I_n\cos\theta \quad (n \geqslant 1)$$

则导至所宣称的结果。

$$= -\frac{1}{4}\pi\left(A_0 + A_1 - \frac{1}{2}A_2\right)$$

$$= -\frac{1}{2}\pi\alpha - \int_0^\pi \frac{dy_1}{dx}\cos\theta(1 + \cos\theta)d\theta. \quad (6.9.12)$$

因而对于许多实际的目的，只有必要数值地计算出一两个包含翼型形状的积分。

薄翼型的这些结果中的某些结果的精度可以通过与对于 Joukowski 翼型在 §6.7 中用保角变换法得到的准确结果比较而加以检验。对于对称 Joukowski 翼型，其相应骨架为一平板，升力系数已求得（见(6.7.13)，这一结果不是准确的，但为了比较已足够接近于准确的了）为

$$2\pi\sin\alpha\left(1 + 0.77\frac{\text{厚度}}{\text{弦长}}\right),$$

而从薄翼型理论得到的(6.9.11)当不考虑厚度时给出 $2\pi\alpha$。对于作为在 §6.7 中考察过的有弧度 Joukowski 翼型族中厚度为零的一圆弧翼型，升力系数求得（见(6.7.14)）为

$$2\pi\frac{\sin(\alpha + \beta)}{\cos\beta},$$

其中 2β 是弦与后缘处的切线之间的角度；而从(6.9.11)，经过一些计算后我们得到

$$C_L = 2\pi\alpha + 2\sin 2\beta \int_0^\pi \frac{\cos^2\theta d\theta}{(1 - \sin^2 2\beta\cos^2\theta)^{\frac{1}{2}}}$$

$$\approx 2\pi(\alpha + \beta) + 3\pi\beta^3$$

对于 $\beta \ll 1$。因此在每一情况下都会给出正确的主项。

6.10 流体的冲击运动

在某些情况下，边界的和流体的加速度的数值很大而持续时间很短，考察冲击变化的极限情况可能是很有用的，就像在刚体力学问题中一样。很大数值的体力不直接作用于流体上，但是边界运动的突然改变将建立起大的压力梯度，它反过来使流体每一

点的速度产生突然的变化。在突然变化过程中，边界的速度和流体的速度都不大，因而流体的运动方程中只包含速度或它们的空间梯度的项与 $\partial \mathbf{u}/\partial t$ 项相比均可忽略不计。因而在突然变化过程中运动方程（对流体粘性不加限制）的近似形式为

$$\frac{\partial \mathbf{u}}{\partial t} = -\frac{1}{\rho} \nabla p \text{。} \qquad (6.10.1)$$

保留下来的这两项对于很短的时间间隔有很大的数值，而恰在变化开始前的流体速度 $\mathbf{u}'$ 和同一点上恰在变化之后的速度 $\mathbf{u}''$ 之间的关系为

$$\mathbf{u}'' - \mathbf{u}' = -\frac{1}{\rho} \nabla \Pi, \qquad (6.10.2)$$

其中

$$\Pi = \int p \, dt \qquad (6.10.3)$$

可以称为**压力冲量**。p 在冲击前后变化不为零，但是(6.10.3)中的积分区域很小（为突然变化的持续时间）故积分之值假设不为 p 的初值和终值所显著影响。

（6.10.2)的一个显著特点是，如果在冲击前流体中的速度分布是无旋的，其位势为 ϕ'，则冲击后的速度分布类似地也是无旋的（从 Kelvin 环量定理成立的条件在突然变化期间是满足的这一事实可以预期），其位势为

$$\phi'' = \phi' - \frac{1}{\rho} \Pi \text{。} \qquad (6.10.4)$$

这一关系式给我们提供了速度势的一个物理解释。一个给定的无旋速度分布的位势 ϕ 可以解释为 $(-1/\rho)$ 乘以为使一给定运动从静止起动所要求的压力冲量，或者换一种说法，可以解释为 $(1/\rho)$ 乘以为使给定运动静止下来所要求的压力冲量。在压力冲量作用下不可能由静止产生旋转运动或者把旋转运动静止下来。

速度势的这样的解释与用对边界的积分表达的流体的总动能公式是相关联的。我们可以想像给定的无旋运动是由边界的冲击运动从静止建立起来的，这种情况下边界的元素 δA 的初始和终

值速度的平均值为 $\frac{1}{2}\mathbf{u}$，而边界元素反抗流体所施加的冲击压力所作的功根据力学的一般公式为

$$\frac{1}{2}\mathbf{u} \cdot \mathbf{n}\delta A \times \text{作用在边界单位面积上的力的冲量} = -\frac{1}{2}\rho\phi\mathbf{u} \cdot \mathbf{n}\delta A,$$

其中法线 $\mathbf{n}$ 指向流体内部。总的动能是从流体边界所有部分而来的这种贡献的总和，当流体伸展至无穷远时，流体边界包括无穷远处的假想边界，于是给出公式(6.2.6)。

在通过无穷远处为静止的流体运动的物体的特殊情况下，由物体速度的任何突然改变而在物体表面处的流体中产生的巨大压力显然与加速度反作用 $\mathbf{G}$($\S$6.4)有关系。假设物体的平移速度快速地从 $\mathbf{U}'$ 变化为 $\mathbf{U}''$，同时伴随着流体的速度势从 ϕ' 到 ϕ'' 的变化。这时，由于这种变化产生的作用在物体上的力的冲量(的 i 分量)为

$$-\int\Pi n_i dA, \quad = -\rho\int(\phi' - \phi'')n_i dA$$

$$= -\rho\int(U'_j - U''_j)\Phi_j n_i dA$$

$$= \rho V_0 \alpha_{ij}(U'_j - U''_j), \quad (6.10.5)$$

其中积分是对整个物体表面计算的，而 ϕ_j，V_0 和 α_{ij} 有 $\S$6.4 中所讲过的意义。从(6.4.28)可见，作用在物体上的力的冲量为 $\int G_i dt$，如所应预期。如关于(6.4.29)已经指出过的，$\rho V_0 \alpha_{ij} U_j$ 是为从静止产生由于物体以速度 $\mathbf{U}$ 运动引起的无旋流动所应给予一个刚体的冲量。

物体对液体自由表面的冲击

由于一个无旋运动被流体边界的每一点处的速度法向分量之给定值所唯一地确定，故在流体边界上不管何处的速度法向分量的突然改变会在整个流体中产生压力冲量。在边界的某一部分速度突然改变的这种问题在锤子或抛射体冲击到静止液体的自由表面时产生。

例如，考察平头抛射体以速度 U 垂直地冲击到静止液体的半

无穷区域的自由表面上的简单情况，要求确定液体中的尤其是自由表面在刚刚受冲击后的速度分布。因而我们需要确定刚刚冲击后的速度势 ϕ（或者，等价地，压力冲量 $\Pi = -\rho\phi$），边界条件为

（a）在与抛射体接触的那部分"自由"表面上

$$\mathbf{n} \cdot \nabla\phi = -U;$$

（b）在不与抛射体接触的那部分自由表面上 $\phi = 0$（因为在自由表面上压力和压力冲量必须为零）；

（c）在距抛射体很大距离上到处 $|\nabla\phi| = 0$。

这一数学问题等价于决定由于以速度 U 横着通过无限流体运动的刚性平板引起的无旋流动，因为瞬时地包含平板的平面是对于 ϕ 的反对称平面，在其上（除在平板本身上外）$\phi = 0$。在这后一形式下问题的解对于二维有限宽度平板（§6.6），对于三维平圆板（§6.8）以及某些实际意义较小的其它平板形状是已知的。

为了阐明问题，我们取半径为 a 的平圆头冲击物体的情况。由冲击建立起的运动的流线是图 6.8.2 的半边（如，$x > 0$ 那一半）的流线，而运动的流函数由（6.8.32）给出。在自由表面 $x = 0$ 处（这里 x，σ 为 §6.8 中使用的圆柱坐标），我们有 $\eta = \frac{1}{2}\pi$ 及 $\sigma = a\cosh\xi$，因而冲击后的速度垂直于表面其大小为

$$\left(\frac{1}{\sigma}\frac{\partial\psi}{\partial\sigma}\right)_{x=0} = \frac{1}{\sigma}\left(\frac{\partial\xi}{\partial\sigma}\frac{\partial\psi}{\partial\xi} + \frac{\partial\eta}{\partial\sigma}\frac{\partial\psi}{\partial\eta}\right)_{\eta=\frac{1}{2}\pi}$$

$$= -\frac{aU}{\pi}\frac{1}{\sigma}(2\coth\xi - 2\cosh\xi\,\text{arc cot sin}h\xi)$$

$$(\xi > 0, \text{或 } \sigma > a)$$

$$= -\frac{2U}{\pi}\left\{\left(\frac{\sigma^2}{a^2} - 1\right)^{-\frac{1}{2}}\right.$$

$$\left. -\text{arc tan}\left(\frac{\sigma^2}{a^2} - 1\right)^{-\frac{1}{2}}\right\} \quad (\sigma > a)。 \qquad (6.10.6)$$

表面上法向速度的这一分布在图 6.10.1 中示出，并显示出了靠近冲击物体的侧壁处的有代表性的集中的"飞溅"，对应的作用于物体的力的冲量指向上方，其大小为

$$\int_0^a (\varPi)_{x=0} 2\pi\sigma d\sigma = -\rho \int_0^a (\phi)_{x=0} 2\pi\sigma d\sigma,$$

$$= \frac{4}{3}\rho a^3 U \qquad (6.10.7)$$

因为在物体表面 $\sigma = a\sin\eta$ 及 $\phi = -(2aU/\pi)\cos\eta$（见 §6.8）。这一表达式也可由(6.10.5)和 §6.8 中所得结果导出，该结果表明，经无限流体的圆盘在其轴方向加速的虚拟惯性(在圆盘**两**侧的)为 $\frac{8}{3}\rho a^3$。

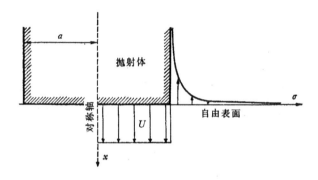

图 6.10.1 平圆头物体法向冲击后瞬间的在液体表面处的铅直速度

应该指出，由平头物体的冲击产生的运动只是瞬时地与通过无限流体运动的平板的流场（的一半）全等。

6.11 液体中的大气泡

当均匀密度的液体中含有密度为可忽略地小的空泡或气穴时，气穴内部的流体（气态）的运动对于周围液体的流动没有影响。因而，我们遇到均匀密度的、具有形状可变的自由面包围有限体积空穴液体的流动问题。空穴中气体的质量可能足够大以使气体压力可以控制空穴的体积，像气泡在重力作用下通过水上升的情况就是这样，或者质量可能太小而使气体压力成为无关的，像水下爆炸所产生的气泡的（某些阶段）的情况一样。不论怎样，主要的数学困难通常在于如何确定空穴的形状，而这一困难仅在特殊情况下才可能克服。在这里，我们考察一下"大"的气泡，在其上表面张力的效应可以忽略不计，而液体运动的 Reynolds 数为大量。带有未知形状的自由表面的流体流动的其它情形将在 §6.13 中描述。

重力作用下通过液体上升的球冠形气泡

在 §5.14 中曾经指出，对于体积约小于 6×10^{-4} 立方厘米经过水上升的小气泡，表面张力作用足够强而能保持气泡近似为球形。如果水中气泡的体积超过这一数值，气泡就因气泡表面处水压的变化而变为扁球形，同时还观察到它以一种振荡的方式上升，关于这点我们知道的还很少。气泡体积的进一步增加伴随有气泡后部的逐渐变平，而对于大于约 5 立方厘米的体积，这时表面张力作用是可以忽略不计的，气泡的形状变成类似雨伞状或从球割下来的一片那样的形状，如图 6.11.1（图版 14）和图 6.11.2（图版 15）中的照片显示出来的那样。这时气泡的铅直运动近似为定常。气泡的后表面是相当不定常的，球的切片的边缘是锯齿状的和不规则的，但成显明对照的是气泡的整个前表面看来是定常的，光滑的，且接近于球形。气泡的上述这些特性使得可推导出定常上升速率的一个简单公式，这里将把这一推导再演出来。

我们考察气泡的前表面上驻点附近的定常流动，坐标系相对气泡固定，并利用对于气泡表面上的一条流线的 Bernoulli 定理。水中的压力在气泡的整个前表面上应为均匀，所以

$$\frac{1}{2}q_s^2 = g(R - r\cos\theta), \qquad (6.11.1)$$

其中 R 是气泡表面在驻点 S 处的曲率半径，而 r, θ 为气泡表面某点的球极坐标，坐标原点选在曲率中心 O 处（图 6.11.3）。q_s 为气泡表面上水的速度，而且，当与这一流动系统相关的 Reynolds 数为大量时，它推测起来只依赖于气泡的大小和形状以及气泡通过

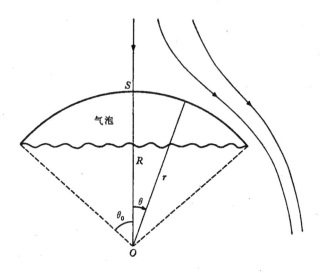

图 6.11.3　液体中上升的顶部为球状的气泡引起的流动的示意图

水上升的速度 U。在驻点的足够小的邻域内，q_s 随离开 S 的距离线性变化（见(2.7.11)）并可写为

$$q_s = \alpha U \theta, \qquad (6.11.2)$$

其中 α 是一个只依赖于气泡形状的无量纲常数。对于(6.11.1)的仔细考查表明，我们应将右端展开为 θ 的幂次，令

$$r = R + O(\theta^3), \qquad (6.11.3)$$

阶为 θ 和 θ^2 的项由于 R 的定义而为零，我们得到

$$\alpha^2 U^2 = gR。 \qquad (6.11.4)$$

关系式(6.11.4)是准确的，但是进一步往下作要求对形状因子 α 作某些近似。大的气泡后面的流动的许多照片（见图 6.11.2，图版 15）表明，在气泡前表面上边界层的分离发生在锯齿状边缘处（以尚不清楚的方式发生；零应力表面附近动量的损失一般不足以使回流和分离发生，推测起来球状表面边缘的尖锐在这一现象中起重要作用），而脱体边界层大致上仍位于气泡的前表面的同一球面上，至少远到最大截面位置处是如此，在这位置之后旋转

尾流的形状看来有些波动。无旋流动区的整个内边界近似为球形这一事实使我们可以这样估计 q_s，就像气泡是一个半径为 R 的通过无粘流体运动的球一样，这时

$$q_s = \frac{3}{2}U\sin\theta \qquad (6.11.5)$$

而 $\alpha = \frac{3}{2}$。于是我们从 (6.11.4) 得到

$$U = \frac{2}{3}(gR)^{\frac{1}{2}}。 \qquad (6.11.6)$$

这一关系式对于很广范围的气泡尺寸和几种不同液体用实验方法进行了检验，发现对于气泡体积约大于 2 立方厘米时是相当准确的。同样的观测 (Davies & Taylor 1950) 还表明，规定球冠泡边缘的角度 θ_0 约在 46° 和 64° 之间，随气泡的体积没有任何明显的系统变化。除了其它应用外，(6.11.6) 还给出了原子弹爆炸产生的十分炽热的气体云上升速度（在云离开地面而上升速度已变为定常后）通过观察到的直径表达的粗略近似公式。

关系式 (6.11.4) 的基本思想是，流体静压对于铅直高度的线性依赖关系意味着对于距如图 6.11.3 中所示的曲面的最高点 S 的距离的平方依赖关系（局部地），所以由于重力引起的气泡表面上压力的变化当 q_s 对 θ 为线性时可以为动力学项 $\frac{1}{2}\rho q_s^2$ 所平衡，而当在 S 处有驻点时就是如此。这一想法可以应用于很广泛的情形，上述公式可以以多种方式加以推广。

代替气泡中流体密度 $\bar{\rho}$ 与周围流体的密度 ρ 相比应为小量的限制，我们可以作较一般的假设，即气泡内部的动压 $\frac{1}{2}\overline{\rho q_s^2}$ 变化与外部的动压变化相比为小量。这时 (6.11.4) 中的因子 g 由 $g(\rho - \bar{\rho})/\rho$ 代替；而论证允许 $\rho - \bar{\rho}$ 为负值。如果流体做为整体受到一均匀加速度 $\mathbf{f}$，(6.11.4) 中的因子 g 由 $|\mathbf{g} - \mathbf{f}|$ 代替而不需其它的改变。另一个相关的有趣推广是相对周围流体在加速但近似地与尾流一起保持同样形状的气泡（或"液滴"，如 $\rho < \bar{\rho}$ 时）的情况。这时应在 (6.11.1) 的左端加一个 $\partial\phi/\partial t$ 项，其中 ϕ 为相对于气泡的

流动的速度势（而在 $\theta=0$ 附近 $\phi\approx\frac{1}{2}aU\theta^2R$），同时还须允许有作用于整个流体的单位质量的有效体力 $-dU/dt$。一个有趣的情况是 dU/dt 在数值上比 g 大得多的情况，当在高速气流中释放出一滴水时就是这样；在这些情况下，(6.11.4)由下式代替

$$\alpha R\frac{dU}{dt} + \alpha^2 U^2 = R\frac{dU}{dt}\frac{\rho - \bar\rho}{\rho}。 \qquad (6.11.7)$$

由于对于空气中的水滴 $\rho\ll\bar\rho$，相对速度 U 的解为

$$U\approx\frac{R\bar\rho}{\alpha^2\rho}\Big(\frac{1}{t - t_0}\Big)。 \qquad (6.11.8)$$

最后，图 6.11.2(c)（图版 15）中的照片表明，像(6.11.5)和(6.11.6)这样的关系式对于二维气泡是适用的，这时(6.11.6)中的系数 $\frac{2}{3}$ 由 $\frac{1}{2}$ 代替。

(6.11.4)及其各种推广的值得注意的特点是，气泡的运动速度通过气泡形状推导出来，而毋需考察与作用在作定常运动的气泡上的浮力作用相平衡的减速力的机理。该减速力显然不依赖于 Reynolds 数，而机械能的耗散率不依赖于粘性，从而意味着由动量的湍流传递引起的应力控制着气泡尾流中的流动形态。

在铅直管道中上升的气泡

在圆截面铅直管道中上升的大气泡的前表面的形状也是定常的且不依赖于其大小，如果气泡足够大而把管道充满了的话。如图 6.11.4，在这种情况下，管道的含有水的环形区在向气泡的后部接近时逐渐变细，而后部是非定常的、不规则的，有一大致平坦的底部。气泡的体积的增加导致气泡的长度变大而不改变已经存在部分的形状。极限情况对应于在顶部封闭的最初充满了水而水从其下端流出的铅直管道；这时气泡的不规则的底部根本不形成。

可能除了水的环状层十分薄的地方以外，粘性对于流动的影响又一次可以不予考虑，这时(6.11.4)给出定常上升速率 U 和气泡头部处气泡边界的曲率半径之间的关系。对于所有足够大的近

乎充满管道的气泡,α 为常数,并表征气泡的前面的驻点附近的速度分布;但是,气泡的几何形状并不简单,我们不能用对于在无限流体中的气泡用过的方法得到 α 值。观测表明,U 为 $0.48\,(ga)^{\frac{1}{2}}$,其中 a 为包含气泡的圆管半径。此 U 值比起(无限流体中)顶部半径为 R 的球冠气泡之值要小。如果 $R/a>0.52$ 的话,这意味着,大小不足以充满管道的气泡都赶上充满管道的气泡并与之合并。实际上发现真是这样,观察到在长的铅直管道底部释放的一串气泡最后形成少数大气泡,大气泡充满管道并均以近似为相同的速度沿管道上升。

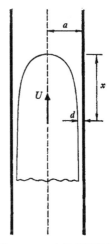

图 6.11.4　在铅直圆管中
通过水上升的大气泡

在距充满管道的大气泡的头部很远的后部,气泡边界近乎柱形,半径为譬如说 $a-d$,水的速度近似为铅直的。如果这时粘性作用是可以忽略不计的(这要求 d 不为太小),相对于与气泡一起运动的坐标系的水速这时在整个狭窄环部将近似为均匀的,并等于它在气泡边界上的值,后者我们从 Bernoulli 定理知应为 $(2gx)^{\frac{1}{2}}$,其中 x 为距气泡头部的轴向距离(图 6.11.4)。质量守恒给出近似关系式

$$\pi a^2 U=\pi \left\{ a^2-(a-d)^2 \right\}(2gx)^{\frac{1}{2}},$$

从中我们得到,当 $x/a\gg1$ 时

$$\frac{d}{a}=1-\left\{1-\frac{U}{(2gx)^{\frac{1}{2}}}\right\}^{\frac{1}{2}}\sim\left(\frac{U^2}{8ga}\frac{a}{x}\right)^{\frac{1}{2}}。 \qquad (6.11.9)$$

利用 U^2/ga 的观测值,这变为

$$\frac{d}{a}\doteq0.17\left(\frac{a}{x}\right)^{\frac{1}{2}}。 \qquad (6.11.10)$$

对于环形水层的厚度的这一估值当 d 小到与靠近管壁的涡量不为零的层的厚度相仿佛时就不再适用。在下游足够远处，涡量将已完全通过整个环形区扩散，而作用在一元素上的粘性力这时将平衡重力。速度剖面变为抛物线型的（对于 $d \ll a$），且，如在 §4.2 中对于铅直板上有自由表面的层中的单方向流动已经表明，相对于固定在管壁上的坐标系，平行于管壁的层的单位宽度的体积流量为 $\frac{1}{3}gd^3/\nu$。于是质量守恒给出关系式

$$\pi a^2 U = 2\pi a \left(Ud + \frac{1}{3}gd^3/\nu \right) \qquad (6.11.11)$$

而 d 的近似解为

$$\begin{aligned} \frac{d}{a} &= \left(\frac{3}{2} \frac{\nu}{a^2 g} U \right)^{\frac{1}{3}}, \\ &= 0.90 \left(\frac{\nu^2}{a^3 g} \right)^{\frac{1}{6}} \end{aligned} \qquad (6.11.12)$$

其中 U 取为观测值。对于从半径为 10 厘米的管道中排出的水，这一公式给出 $d/a \approx 0.02$。

球形膨胀气泡

水下爆炸产生的球形空穴提供了由于大小在变化的单个气泡引起的流动的简单而重要的情况。这时径向加速度通常要比 g 大得多，因此作为一级近似我们可以忽略重力的效应。如果水的速度足够小而可将其视为不可压缩的话，水中的径向速度 u（假设只依赖于 r）为

$$u = R^2 \dot{R}/r^2, \qquad (6.11.13)$$

其中 R 为气泡的半径而 $\dot{R} = dR/dt$。这是一个无旋速度分布，其速度势为

$$\phi = -\int_r^\infty u\,dr = -R^2 \dot{R}/r_\circ \qquad (6.11.14)$$

对于水中的压力我们得到（见（6.2.5））

$$\frac{p-p_0}{\rho} = -\frac{\partial \phi}{\partial t} - \frac{1}{2}u^2$$

$$= \frac{2R\dot{R}^2 + R^2\ddot{R}}{r} - \frac{\frac{1}{2}R^4\dot{R}^2}{r^4}, \qquad (6.11.15)$$

其中 p_0 是距气泡远处的均匀压力。因此，如果气泡中的压力 p_b 从爆炸的数据已知为 t 的函数，则控制气泡半径的微分方程为

$$R\ddot{R} + \frac{3}{2}\dot{R}^2 = \frac{p_b - p_0}{\rho}。 \qquad (6.11.16)$$

这一关系式可以解释为一个能量方程。水的总动能为

$$\frac{1}{2}\rho \int_R^{\infty} u^2 4\pi r^2 dr, = 2\pi \rho R^3 \dot{R}^2,$$

而这一能量改变的速率等于在气泡边界上和"无穷远处"物质球表面上法向力作功的速率，即，等于

$$4\pi R^2 p_b \dot{R} - \lim_{r\to\infty}(4\pi r^2 pu), = (p_b - P_0)4\pi R^2 \dot{R};$$

因此

$$\frac{1}{2}\frac{d}{dt}(R^3 \dot{R}^2) = \left(\frac{p_b - p_0}{\rho}\right)R^2 \dot{R}, \qquad (6.11.17)$$

从而仍然得到（6.11.16）。

在大的水域起爆的爆炸产生大量高压热气体。在气泡膨胀并使周围的水作径向运动时，气体中的压力近似地按照绝热律下降，这依赖于爆炸产物而定，但通常规律是这样，使压力与气泡半径的大的（反）幂次成比例。在气泡膨胀的较晚阶段，气泡超过其平衡半径而气体压力下降得比 p_0 低很多；这时我们可以把气泡看作为实际上是真空的。而周围的压力 p_0 为常数，所以（6.11.17）可以积分给出

$$R^3 \dot{R}^2 = \frac{2}{3}\frac{p_0}{\rho}(R_m^3 - R^3), \qquad (6.11.18)$$

其中 R_m 为气泡停止膨胀并开始收缩时所具有的最大半径。因而 t 与无穷远处常值均匀压力 p_0 为正值的液体中实际为真空的气泡半径之间的关系为

$$|t - t_m| = \left(\frac{3\rho}{2p_0}\right)^{\frac{1}{2}} \int_R^{R_m} \frac{dR}{\{(R_m/R)^3 - 1\}^{\frac{1}{2}}} \quad (6.11.19)$$

其中 t_m 为 $R = R_m$ 的时刻。这一公式对于 $t - t_m$ 的正值或负值均为正确，在收缩阶段的运动 ($t > t_m$) 只不过是膨胀阶段运动的逆转。如果爆炸所释放出的能量 E 没有因热辐射或热传导而散布到周围的水中去，我们可以令 E 等于直到时刻 t_m 反抗无穷远处流体所作的总功，在时刻 t_m 动能为零，给出

$$E = \frac{4}{3}\pi p_0 R_m^3。 \quad (6.11.20)$$

在 §6.12 中的另一种情形下我们将再次利用这些关系式。

如果重力的效应如所假设的那样是可以忽略不计时，发现关系式 (6.11.19) 和 (6.11.20) 与对于膨胀到超过其平衡半径的气泡的半径之观测相符。方程 (6.11.16) 表明，在没有重力时，当气泡接近其最大半径时径向加速度为 $p_0/\rho R_m$ 的量级；由于球形气泡将以等于 $2g$ 的初始加速度通过水上升 (§6.8)，故重力对气泡的影响应为可以忽略的条件显然为

$$R_m \ll p_0/\rho g,$$

这一条件对于海面下的爆炸可以解释为要求气泡的最大半径为其深度相比应为小量。当这一条件不满足时，气泡的向上移动与径向运动以一种不对称的方式结合在一起，气泡中心的上升速度在收缩阶段要比在膨胀阶段中大些 (见 Taylor 1963)。

6.12 液体中的气穴

当给定质量的气体的体积增加时，气体所施加的压力下降，但这一压力不管体积多么大总保持为正值。对于液体则不是这样，这是由于液体的状态方程具有十分不同的形式。液体有很小的可压缩性系数，压力的十分大的改变伴随着液体的比容的小的改变。尤其是，典型液体在靠近零的正压力下的比容与大气压力下的比容只相差不到 0.01%。因此，关系式 $\nabla \cdot \mathbf{u} = 0$ 在很广范围的正压力

值的流场中都是准确满足的。于是产生一个问题：当流动流体中的动力学条件使在流体的某些部位产生负压力时会发生什么情况？不可压缩流体中这种负压从动力学上为可能的这一事实，例如可从定常流动的 Bernoulli 定理（见(6.3.1)）看出，在流线上速度超过值 $(2H + 2g \cdot x)^{\frac{1}{2}}$ 的地方压力为负。

这个对于水力机械和水下推进有着重要实际意义的回答是，未受专门处理的液体经受不了拉伸而趋于形成空穴，它们膨胀并使负压消释。这时液体的连续性不复存在，对流动的描述要包括空穴边界的位置和运动。这样的空穴的形成及其后的历史构成**气穴现象**。

对静止液体作的试验表明，当压力减小到接近零时形成空穴的趋势是与总有一些核心存在相关联的，一般相信这些核心是十分小的未溶解气团；当然也有一些液体蒸气在这种小气团中存在，但看来气体，通常是空气，对于空穴形成是更为重要的因素。还不能确切地知道，为什么这些小气团得以在通常条件下的液体中持续存在。由表面张力引起的在小球形气泡的边界上的向内的力很强，要比蒸气压力所能平衡的强出许多，而受到这一压力作用的气体将很快地溶解于液体之中。通常的假说是，气体和蒸气团是由于**被捕捉在液体中**通常有的小的疏水性的（不润湿的）固体粒子如尘埃颗粒的罅缝之中而能够在正常条件下保持平衡；在这些裂缝和罅隙中液体表面可能是向外凹陷的，在此种情况下表面张力的方向是向外的。于是当周围液体中的压力降低到低于蒸气压（15℃ 的水为 1.704×10^4 达因/厘米^2，或 ~0.017 大气压）以下时，气体团变大起来，且，尽管对于比寄主固体颗粒为大的空穴表面张力是向内的，它们不能找到一个新的平衡半径。对于自来水和海水，发现临界定常周围压力（即其下空穴尺寸无限增长的压力）与水的蒸气压仅有通常可以忽略不计的小的差别。另一方面，在大约 700 大气压下压缩数分钟，且饱含空气的水可以抗拒大约 25 个大气压的**拉伸**（Harvey, McElroy & Whitely 1947），大概是因为除了最小的未溶解的气团外所有的空气团这时均被消灭了。用这种方法"去了气的"水在大气压下除非温度比 100℃ 高得多同样地也不沸腾；沸腾现象与液体中低压下空穴的增长现象当然是力学相似的。

当液体中周围压力快速改变时，临界压力，即在此值以下在液体中出现可见空穴的压力，依赖于核心的大小和施加的低压的持续时间，而不存在简单的关系式。但是在水力学实践中，作为一粗糙的实用规则，继续假设临界压力等于蒸气压力被证明是有用的。

定常流动中空穴形成的例子

或许，由"流线型"固体定常通过无限流体引起的流动，提供了实现为形成空穴所需的低压的最简单的例子。相对于固联于物体的坐标系，无穷远处液体的速度为均匀的并等于譬如说 U，而在液体中任何固定点上（相对物体的位置）为 αU，其中 α 除了在物体的边界层中或其下游的尾流中的点上外是不依赖于 U 和 t 的。在边界层和尾流以外流动是无旋的，所以在这区域中局部的绝对压力为

$$p = \rho \left(H + \mathbf{g} \cdot \mathbf{x} - \frac{1}{2} \alpha^2 U^2 \right),$$

其中 H 为常数。如果没有物体，流动（相对于同样的坐标系）将具有同一个 Bernoulli 常数 H，而局部绝对压力将为

$$p_0 = \rho \left(H + \mathbf{g} \cdot \mathbf{x} - \frac{1}{2} U^2 \right);$$

p_0 随铅直方向上的位置而变化，并与流体静压相差一常数数值。因而我们可以写

$$p = p_0 - \frac{1}{2} \rho U^2 (\alpha^2 - 1)。 \tag{6.12.1}$$

于是局部发生气穴的趋势的一个量度就由 p 和水的蒸气压力 p_v 的差所提供，这一差以合适的无量纲形式表示可写为

$$\frac{p - p_v}{\frac{1}{2} \rho U^2} = \frac{p_0 - p_v}{\frac{1}{2} \rho U^2} - (\alpha^2 - 1); \tag{6.12.2}$$

作为一个大致规则，在液体中空穴将在此量小于零的地方形成。

（6.12.2）的右端第一项只依赖于工作条件，而第二项只依赖于物体的形状和方位。于是，对于给定形状和方位的物体，避免局部发生气穴的判据为，所谓的**气穴数**

$$K = \frac{p_0 - p_v}{\frac{1}{2}\rho U^2} \qquad (6.12.3)$$

不应低于某一临界值。临界值随液体中的位置变化，因为 p_0 和 α 均为位置的函数。对于在铅直方向延伸足够小的物体，p_0 可以认为在物体附近是均匀的，这时它就是物体"周围的压力"。在这种情况下，当 K 下降时气穴首先发生于 α 为极大值并等于譬如说 α_m 的点上；而我们从 §6.2 的一般结果知道，这一最大值应发生在无旋流动区域的边界上。于是，为使流体中任何点上绝对压力不要低于蒸气压力的工作条件要加上限制

$$K > \alpha_m^2 - 1。 \qquad (6.12.4)$$

对于在海中水平运动的物体，通过增加深度，减小 U，以及将物体"流线化"以减小 α_m，都对避免气穴有利（由于许多原因这通常是所希望的）。对于水来说，当 U 约为 20 米/秒时，$\frac{1}{2}\rho U^2$ 之值对应于两个大气压，而在海中深度为 h 米处，$p_0 - p_v$ 大致为 $1 + 0.1h$ 大气压；因此，在以这一速度运动的物体上如果以米为单位的深度大于 $10(2\alpha_m^2 - 3)$，则气穴将可以避免。这一速度下，对于细长物体的情况，如具有 $\alpha_m < \left(\frac{3}{2}\right)^{\frac{1}{2}}$ 的潜水艇或鱼的情况，气穴对于**所有**深度将可以避免。

图 6.12.1（图版 16）显示了水洞中 $K = 0.26$ 时在流经细长雪茄形物体的流动中空穴的出现，空穴显然是在靠近物体的肩部处（那里我们应该预期压力为极小）形成，并被带向下游的较高压力的区域，在那里消失掉。在给定速度下在这一物体的表面上直接测量压力（从而可以推导出 α_m）表明，蒸气压力将首先在 K 等于约 0.37 之值时达到，虽然需要更小的 K 值才能使空穴在 $p - p_0$

负值的区域中所经的很短的时间内增长到看得见的大小。

水中的定常流动中可能发生气穴的其它情形可由 Venturi 管和螺旋桨所提供。Venturi 管的横截面积下降到极小值后逐渐增加，因而沿着管道流动的水在喉道处有局部压力极小值[①]。对于一定的流动条件，压力在喉道处可能比蒸气压力为低，在这种情况下，在喉道下游一侧形成水和气泡的泡沫状混合物，通常气泡集中于靠近管道壁的地方。这类空穴形成的例子在供水系统中是经常碰到的，在供水系统中部分打开龙头的作用类似于 Venturi 管的喉管。管道中出现空穴伴随有特殊的嘶嘶作响的噪声。

螺旋桨引起的流动的突出特点是从每一螺旋桨叶片的端部以螺线形状移向下游的小截面的流管中涡量的集中；这一"端部涡"是和叶片产生的拉力相关联的，如我们将在 §7.8 中见到。在此端部涡和叶片上的边界层之外的流动是无旋的，在从涡的中心量起的小径向距离 r 上，以及在这距离外，速度的方位角分量 v 近似为 $C/2\pi r$，其中 C 是围绕涡的环量（见 §2.6）。一个端部涡附近的 v 的完全分布可能是类似于图 4.5.1 中所给出的那样的分布。由于流动是定常的，相对于与螺旋桨一齐旋转和平移的坐标系，端部涡附近的点上的径向压力梯度为

$$\frac{\partial p}{\partial r} = \frac{\rho v^2}{r},$$

涡的中心处的压力因而比离开它某一距离处的压力小一量级为 $\rho v_{\max}^2$ 的量。最大周向速度 $v_{\max}$ 依赖于 C，它通常通过螺旋桨的特性和工作条件为已知，并依赖于包含涡量的流管的直径，而这个量是未知的。观测表明，$v_{\max}$ 一般比螺旋桨流场中任何其它点上的水速大，而端部涡中心处的压力对于普通类型的螺旋桨的相当一般的前进速度和旋转速率就可能比蒸气压力低，因而从每一螺旋桨

---

① Venturi 管用来测量沿柱形管道流动的流体流量。管道的一小段由 Venturi 管所代替，在喉道处以及恰在 Venturi 管紧上游的截面处测量管道壁面的压力。如果在整个管道中速度是近似均匀的，则质量流量可以从 Bernoulli 定理推导出来，或者如果速度不为均匀时，质量流量可以经验地与这两个压力之间的差关联起来。

叶片发生的端部涡的中心就可能是由船舶或潜水艇引起的流动中当前进速度增加时首先形成空穴的部位。

图 6.12.2 (a)（图版 16）显示出了在这样条件下工作的水洞中的一个模型螺旋桨，在无气穴时每一端部涡中心处的压力比蒸气压力低。从三个叶片的每一个发出的端部涡的中心形成了柱形空穴。这迫使环绕端部涡的封闭回路的最小路径的长度变得大了一些，从而消除了十分高速的、而压力比蒸气压力低的区域。

非定常流动中空穴形成的例子

一段管道中，在以规定方式运动的、紧密配合的活塞一侧所包含的流体的情况很好地显示出可能由于速度的时间变化的影响而使压力低于蒸气压力。最初活塞和液体是静止的，然后活塞以速度 $u(t)$ 离开液体被拉开。在无空穴时，并在无旋流动假设下（这对于依赖于管道大小的某一段时间内是正确的），液体中速度到处为 $u(t)$，而流动方向上的压力梯度为 $-\rho du/dt$，重力的任何贡献不予考虑。因而，如果液体中距离活塞为 x 处的点上绝对压力是固定的并等于 p_0，譬如说使在这点上管道通向大气，则液体中压力在活塞处最低并且在那里等于

$$p_0 - x\rho du/dt。 \qquad (6.12.5)$$

后退活塞就其对压力分布的影响来说等价于均匀大小的方向为离开活塞并沿管轴（直线的或略有弯曲的轴）的体力。给活塞以 ng 厘米/秒² 的加速度通过在长约为 $1020n^{-1}$ 厘米的水柱中将使活塞上的压力降低到比 p_0 小一个大气压；因而在长度仅为几十厘米的水柱的一端迅速地推动活塞（在离开液体的方向上）可以产生拉伸状态，而如果加速持续足够长的时间，则伴随有水中空穴的产生。

如果现在我们想像活塞和液体一开始时在管道轴线方向以速度 U 运动，方向与活塞后来的加速方向相反，则我们就得到在供水管道出口上游一段距离处突然关闭水龙头的过程的一个简化描述。为关闭水龙头所需的时间 T 可以看作是为了将活塞速度从 U

减小到零所用时间的一个估值,给出 U/T 做为活塞加速度的一个量度。当水龙头快速关闭时在龙头下游一侧空穴的形成通常因后来空穴崩溃时造成的金属重击声而得到确证。

对于施加于流体的循环加速可以作类似的计算。如果把上部开口的一烧杯水夹紧在一振动的桌子上,桌子在铅直方向作振荡,烧杯底部的压力经受一个其最小值比流体静止值低 phf 的循环,其中 h 是水深而 f 为峰值加速度。可见到的空穴的形成这时依赖于低压阶段的持续时间和作为核心的空气或蒸气小泡的大小。

故意引起气穴以使液体得以摆脱溶解其中的气体的一个常用方法是将一束超声频率的声(或压缩)波焦聚于液体中的某一点。当在液体的选定区域中辐射强度足够大时,在每一循环的部分时间内液体受到拉伸。拉伸阶段通常太短暂,使一个循环内空穴不会有显著的增长,我们可以想象未溶解气体的每一微团只是在一小的平衡尺寸附近振荡。但是,观测到每一循环中气泡的平均尺寸在逐渐增长,至少当在液体中还有溶解气体时是如此。解释显然在于,气泡半径振荡范围的二阶效应在膨胀阶段由于从周围液体扩散而使气泡得到的气体要比压缩阶段中相应的损失大些。如在 §6.8 中指出,以相同相位振荡的相邻气泡趋向于互相靠近并合并起来,因而形成了较大的气泡并因重力上升到表面。

短暂空穴的崩溃

如果一个空穴周围的压力又升高到超过了蒸气压,则空穴崩溃。空穴壁互相冲撞在一起,通常在空穴中只有少量气体(主要是在空穴存在期间由于其边界上的蒸发和经过边界扩散进来溶解气体而产生的)起气垫的作用,而由于水的很低程度的可压缩性,冲击有着坚硬的、几乎金属的性质。冲撞瞬间在空穴附近的水中产生十分大的压力,然后作为一个压缩波在水中传播。从实际的立场看来,从每一崩溃空穴传播开来的高强度压力脉冲是气穴现象的一个重要的,而且往往是一个令人不快的特性。在主供水系统以及在水力泵中可以听到它那种令人困扰的很响的噪声。当高强度压力脉冲在船舶螺旋桨附近的气穴中产生出来时,它可以引起螺旋桨的强烈振动,可以在许多海里以外为水下声学收听装置侦测到.最严重的是,许多空穴的不断崩溃很快导致附近的固体表面的破坏和剥蚀.招致螺旋桨和涡轮机的金属叶片以及水坝的混凝土溢洪道这种损坏的机制尚未为人很好地了解,但是由于重复的强大应力引起的固体材料的局部疲劳破坏看来起着主要的作用.

对于所产生的最大压力和崩溃的空穴的其它性质的估值因而是有意义的.对于上面描述过的实际上是一维的、拉开来的活塞所形成空穴的情况,这是相当简单的事.例如,假设在活塞停止加速后的某一时刻,返回来的水柱就要以相对速度 U 打到活塞上来.(仕瞬时间关闭的水龙头的情况下,能量考虑表明,下游一侧的水以与它在空穴形成前所具有的速度相同的速度返回水龙头,如果水柱的质量保持不变的话).如果水真的是不可压缩的话,整个水柱将把它的相对速度在一瞬间降低到零,而水中冲击式地产生的压力就会是无穷大的;但是,由于水的实际上的可压缩性,压力脉冲以一有限速度,譬如 c,通过水传播(如果脉冲的振幅不太大这 速度即声波遒动的速度),只有从冲击发生起这段时间内从活塞产生的压力波可以达到的那一部分水柱的相对速度降低到零.因而,单位截面面积水柱的动量交换率为 $\rho c U$,这应为活塞附近的水中所发生的压力过载.水中声波速度为 1400 米/秒,因此对于以 1 米/秒的速度沿供水管道流过的水,由于关闭水龙头而先在上游、其后又在下游由于产生空穴的崩溃(当水龙头离开出口有一段距离,且无能量损失时)所造成的"水锤"压力约为 1.4×10^{7} 达因/厘米,或 14 个大气压.

在空穴界面为三维的情形下,崩溃运动显然紧密依赖于空穴边界的形状.在流经物体的定常流动的低压区域中形成的空穴的照片(如图 6.12.1,图版 16)表明,当空穴的尺寸为最大时它们通常是圆球形的.对于在较易控制条件下单一空穴的崩溃的观察,如图 6.12.3(图版 17)中展示的照片,证实了,一个初始为球形的空穴直到崩溃近乎完成前总近似保持为球形.因而,我们假设崩溃运动具有球对称性，从而得到了分析简化的很大好处。

对于"无穷远处"给定压力值 p_0 和空穴中给定值 p_b 的球形空穴的半径 $R(t)$，基本微分方程已经得到（见 (6.11.16)）。在具体情形下，p_0 是空穴的周围压力并等于空穴位置处且无空穴存在时液体中的压力；而 p_b 在所有时间里可以令之等于蒸气压力 p_v，除非当 R 非常小时，或者靠近空穴开始发生时刻（这时表面张力可能重要），或靠近完全崩溃的瞬时（这时被包围的水蒸气可能被压缩得太快而使凝结来不及发生）。取 $p_b = p_v$，且当 p_0 所在的流场情形为 t 的已知函数时，这一 $R(t)$ 的方程可以数值积分。用这种方法计算出来的半径和观测到的空穴尺寸对于图 6.12.1（图版 16）所示的在物体肩部附近形成并被带向下游 $p_0 > p_v$ 处的空穴的情形得到了互相符合 (Plesset 1949)。对于崩溃最后阶段的空穴不能观测到，这时半径非常小而径向速度非常大，所以关于这一阶段的情况有必要主要依赖计算。

在最简单的情况下，球形空穴从静止崩溃而 $p_0 - p_v$ 为常值。这时经稍许改变，方程 (6.11.18) 就可应用

$$\dot{R}^2 = \frac{2}{3} \frac{p_0 - p_v}{\rho} \left(\frac{R_m^3}{R^3} - 1 \right), \qquad (6.12.6)$$

其中 R_m 是空穴的最大半径。积分这一方程要用数值方法，所得到的从流体为静止时开始的空穴半径随时间 t 的变化示于图 6.12.4 中。$R = 0$ 即崩溃完成的时刻 t_0，根据方程 (6.12.6)，可以或通过直接的数值积分或解析地用 Gamma 函数表示求得为

$$t_0 = 0.915 R_m \left(\frac{\rho}{p_0 - p_v} \right)^{\frac{1}{2}}。 \qquad (6.12.7)$$

R/R_m 和 t/t_0 之间的关系式，即

$$\frac{t}{t_0} = 1.34 \int_{R/R_m}^1 \frac{dx}{(x^{-3} - 1)^{\frac{1}{2}}}, \qquad (6.12.8)$$

不包含任何参数，且发现与对于崩溃空穴的 $p_0 - p_v$ 为常值的观测相符（见图 6.12.4 中与 6.12.3，图版 17 的观测的比较）。

崩溃的猛烈的最后阶段是在这样短的时间内发生，从而使 p_0

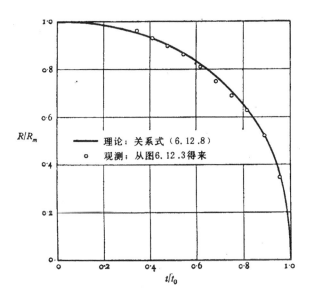

图 6.12.4　总压力差为常值时球形空穴从静止开始的崩溃。图
6.12.3（图版17）中拍摄的空穴的 R_m 值从外插得到为 0.72 厘
米，而时间的原点位置通过完全崩溃的瞬时确定

的变化在所有情形下可能都是可以忽略不计的；另一方面，空穴
压力保持等于 p_v 的假设可能不再是准确的了。如果为简单计，在
这一最后阶段当 $R \ll R_m$ 时我们把 $p_0 - p_v$ 看作是常值，我们有

$$\dot{R} \sim -\left(\frac{2}{3}\frac{p_0 - p_v}{\rho}\right)^{\frac{1}{2}}\left(\frac{R_m}{R}\right)^{\frac{1}{2}}。 \qquad (6.12.9)$$

在这最后阶段，可用功 $E = \frac{4}{3}\pi R_m^3\,(p_0 - p_v)$ 的绝大部分转换成了
水的动能，而这一动能当 $R \to 0$ 时变得集中于液体的较小的体积
之中。在液体中的给定径向位置上，液体的速度当 $R \to 0$ 时如 $R^{\frac{1}{2}}$
一样变化（例如见 (6.11.13)），显然大部分液体有剧烈的减速，
但在距空穴表面一个或两个半径内的液体有剧烈的加速。这意味
着在液体中存在着压力的极大值。从 (6.11.15) 和 (6.11.16) 得
到液体中压力的显式表达为

$$\frac{p - p_0}{\rho} = -\left(\frac{p_0 - p_v}{\rho}\right)\frac{R}{r} + \frac{1}{2}\dot{R}^2\left(\frac{R}{r} - \frac{R^4}{r^4}\right),$$

$$(6.12.10)$$

其中右端的主要的第二项为正,且在位置 $r = 4^{\frac{1}{3}}R$ 上有最大值为 $\frac{3}{8}\dot{R}^2/4^{\frac{1}{3}}$。从(6.12.10)和(6.12.9)得到,当 $R \to 0$ 时峰值压力的渐近值,譬如说称其为 P_m,由下式给出

$$p_m - p_0 \sim 4^{-\frac{4}{3}}(p_0 - p_v)(R_m/R)^3。 \qquad (6.12.11)$$

对于在压差 $p_0 - p_v$ 约为一个大气压的影响下从静止开始崩溃的空穴,液体中的最大压力在空穴半径为其初始值的 0.1 时达到 157 大气压,这时空穴边界上径向速度为 260 米/秒。而当空穴进一步缩小时峰值压力和边界速度都在继续增加。

这些首先由 Rayleigh (1917) 提出的考虑已足以表明,在一个其上有半球形空穴重复形成和崩溃的平面固体表面上或者在为空穴占据的固体表面的锥形罅隙的壁面上能够产生的最大压力已大到足以解释金属的局部损坏。关于不与固体表面接触的崩溃空穴的效应,这些考虑不是那么确定,因为分析是基于液体的不可压缩性的假设,且关于压力脉冲如何从一崩溃中的空穴传播没有提供什么信息。当空穴边界处的速度变得与液体中的声速(对于水为 1400 米/秒)大小相仿时,可压缩效应变得重要起来,因为这时压力信号肯定不像上面分析中隐含地假设那样几乎瞬时地从液体中一处向另一处传播,但尚没有一个像在水锤压力的推导中一样的简单方法来估计它们。对于崩溃的最后阶段的实际分析还应把其它忽略掉的物理效应考虑在内。由于周围压力 p_0 的空间变化(或由重力引起或与水的背景运动相关联)的结果,或可能由于周围刚体边界的影响,可能发生与球形的偏离,而且趋于靠近崩溃阶段末期变得更为显著[①]。还有由水蒸气和空气产生的空穴

[①] 在图 6.12.3(图版 17)中的反弹空穴中可见的锥形突起,是有周围压力梯度存在时(此时是由重力产生的)崩溃的空穴所特有的,相信这突起是在靠近最小体积时刻空穴发生严重变形后,从空穴高压一侧射向其对面的一股射流。

的气垫作用，水蒸气是在大半径阶段中进入空穴的，而空气则或者一开始就在空穴核中或者在大半径阶段经过空穴边界从溶液中进入[①]。一般认为，可用能量 E 的不可忽略的一部分最终从崩溃的空穴传出而转变为声辐射（其余部分在当地为粘性和热传导作用的所耗散)，但辐射脉冲或激波中的峰值压力的可靠估值是很难得到的。

定常态空穴

在定常流动中某处的压力可能会比蒸气压低许多，以致有许多空穴形成并在被扫向下游前达到不可忽略的大小（相对于流场的有关的部分的尺度而言）。这时总的空穴体积很大并影响液体中的速度分布，而且总是以这样的方式，即趋于把液体中最小压力提高到蒸气压。在更为极端的条件下，低压区域中的空穴结合起来形成一个大的永久的空穴。图 6.12.2 (b)（图版 16）显示出在螺旋桨叶片低压一侧的外半部上这样一个空穴的产生以及在端部涡中心向下游的扩展。这一定常态气穴或"片状"气穴，除了与因从主要空穴的不规则边缘不断脱离开来的小空穴崩溃而发生的噪声、振动和损坏外，还提出其它附加的工程问题，因为大的空穴的存在以一种不容易预言的方式改变了物体表面上的速度和压力分布。在螺旋桨叶片的情况下，在抽吸一侧上有大空穴存在使得设想在那里有的低压不能实现，同时叶片施加给水的合力相应地被减小。如果可以预言不同条件下永久空穴的形状，则可以设计考虑空穴存在的螺旋桨，但这一般是不可能的。

就像 (6.12.3) 中定义的气穴数曾被用来表征气穴产生的条件一样，它也可以被用来作为定常态空穴的形状的限定参数。当

[①] 如果空穴包含有这样多的空气，以致使得由于空穴的缩小引起的空气压力的增加使崩溃受到妨碍，并使空穴的边界速度不能变得与水中的声速相仿，则上面类型的分析可以用来描述空穴从某一最小半径向其初始最大值的反弹以及其后的围绕这两个值之间的一个平衡位置的振荡。观测到了最大半径逐渐减小的作了几次反弹的空穴 (Knapp，1952)。

给定形状的刚体放置于液体的定常来流中，且无空穴存在时，流
场的无量纲形状完全被 Reynolds 数确定。如果现在有一可观大小
的定常空穴被容许作为流场的特性而存在，则空穴中的均匀压力，
譬如说 p_c，作为一个新的有关物理参数被引入。永久空穴存在的
作用在于趋于防止在水中产生压力低于蒸气压力的区域，而如果
假设这种防止作用是完全的话，则得到除去在空穴边界处外水到
处受到压缩的结果。在这种情形下，压力在整个空穴和整个流体
中的均匀增加可能对于流场没有影响，表明 p_c 不是作为一个绝对
压力而是作为一个相对压力在起作用。在空穴的邻域内当没有产
生空穴的物体存在时会存在的近似均匀的压力 p_0——空穴的周
围压力——又一次作为合适的参考压力出现，因此，代表永久空
穴的作用的无量纲参数为

$$K = \frac{p_0 - p_c}{\frac{1}{2}\rho U^2};$$
(6.12.12)

这一气穴数和 Reynolds 数于是对于决定无量纲形式的流场，其中
包括决定空穴的形状，是足够的了，条件是重力效应可以忽略不
计。

定常空穴形状依赖于 $p_0 - p_c$ 而不依赖于 p_c 的绝对值（条件
只是 p_c 不比 p_v 小，因为 p_c 如确比 p_v 小，则在水中会发生更大些
的气穴）这个事实有着有用的推论。它允许实验者达到所希望的
小的 K 值，并通过外部手段增加 p_c（通常把给定压力的空气通过
嵌在空穴所附着的物体中的管道导引到空穴中去），而不是通过技
术上较困难的增加 U 或减小 p_0 的手段，得到与其中有充满蒸气
的永久空穴产生的流动为动力学相似的流动。图 6.12.5（图版
18）显示出 $K=0.19$ 时把一个圆盘垂直置于水流中时附着于其下
游一侧的永久空穴；在图 6.12.5 (a) 中空穴的压力被一空气供气
系统维持在蒸气压力水平之上，而在图 6.12.5 (b) 和 (c) 中空
穴的压力未加以控制而可能接近于蒸气压力。这些照片除了证实
在相等的 K 值下得到的空穴形状的所预期的相似性以外，还显示

出充满蒸气和充满空气的空穴的表面之间的典型差异。充满蒸气的空穴之表面附近，水处于初始气穴状态，表面的粗糙和持续的振荡可能要归因于表面处的"沸腾"。

还有这样的情况，其中充满空气的空穴在比蒸气压力大很多的压力下自然产生，当一抛射体通过空气-水的边界进入水中时就是如此。如果一个固体球被铅直地抛入或射入水中，如图6.12.6（图版19），则形成一个暂时附着于表面的空穴。如果球的速度足够大，空穴在稍晚些时候会脱离开表面并与球一起继续前进，这时空穴中的压力比蒸气压力高。但是，不应预期有与在一定的气穴数下流经固定球的定常流动的紧密的对应，因为自由球体在减速，未扰水中的压力随深度而改变，附着于球的空穴由于在空穴边界上化为雾状被带走而不断地失去空气。空气在最初阶段进入空穴的动力学看来影响空穴闭合的方式和与球一起继续向下运动的空气的总量。

在给定形状物体在液体的均匀来流中保持不动的情况下，由观测发现，看来定常态空穴的形状主要由气穴数决定。但是，只有在有一凸起的角的物体后面的充满空气的空穴的情况下空穴才是近乎定常的，而且甚至这时空穴的后部也不具有轮廓分明的外形，如图6.12.5（图版18）所显示出那样。实际上，对于所有充满蒸气的空穴，以及在没有凸角的物体后面的充满蒸气或充满空气的空穴，空穴的"形状"只是作为时间平均才是有意义的。当物体上没有凸角以确定边界层分离以及空穴附着点的位置并使其稳定时，就会有边界层和空穴特性之间的相互作用，如图6.12.7（图版18）的引人注目的照片所示。看起来很可能空穴的边界通常与分离的边界层相重合。

如果把在某些情形下可能发生的不稳定性、非定常性以及边界层的影响放在一边，则在给定 K 值下决定来流中物体后面的定常态空穴的形状是无旋流动理论中的一个有趣的问题，而将在下节中加以考察。

6.13 自由流线理论，定常射流和空穴

我们这里将考察大 Reynolds 数下的定常流动的某些问题，其中流动部分地以刚性壁面为界，部分地以未知形状的、其上压力为常值并且有已知数值的"自由流线"为界。这些流动系统大部分可不很确切地分类为包括"未被淹没的"射流，即有限横向尺度（与一般流动方向垂直的）的、为气体所包围的柱状液体，或有限横向尺度的、为液体所包围的气体空穴；还有一些系统包括沿着原来在重力作用下为静止的液体自由面运动的物体。我们将假设上游的条件是这样的，使得除边界附近外流动到处为无旋的，同时对结果的可用性还附加有通常的条件。

在许多这类问题中，流场的大致特性可以通过仔细审视，或可能再补充以像 §6.3 中那样的动量积分论据而看得出来，但在另外一些问题中，尤其是在包括空穴的问题中，流动的性质可能完全不清楚；无论如何为得到定量的知识要详细计算。自由流线的形状是未知的这一事实使数学问题变得十分困难，除去二维流场其刚性边界是由直线段组成的情况[①] 外。大型计算机的使用可以得到更多的数值解，至少在二维和轴对称流场是如此。

如在 §5.11 中提到，对这种类型流场最早产生兴趣是由将自由流线看做为浸沉在大 Reynolds 数下均匀来流（无空穴）中的钝体之后的宽阔尾流边界的模型这一概念而引起来的。钝体附近的尾流区域中的速度一般比未扰来流的速度为小，这点是确实的，但是，把尾流中的压力取为均匀却是过于简化了，无论如何，构成尾流边界的片涡的不稳定性导致距物体短距离内这一边界两侧的流体的涡旋运动和掺混。将自由流线理论应用于一侧为液体一侧

[①] 对于有自由流线的流动理论的广泛的描述见 Garrett Birkhoff and E. H. Zarantonello 著 "Jets, Wakes and Cavities" (Academic Press, 1957) 及 M. I. Gurevich 著 "Theory of Jets in an Ideal Fluid" (Academic Press, 1965 或 Pergamon Press, 1966)。

为气体的流面的情况则不受这样异议的反对，因为气体中产生的任何运动对于液体的影响可忽略，液-气界面不总是动力学不稳定的。

我们将假设在感兴趣的区域内流体静压是近似均匀的，而作为 Bernoulli 定理的推论，自由流线上流体速度的大小是均匀的；当

$$gh \ll U^2$$

时，这显然是一准确假设，其中 h 是我们感兴趣的区域的铅直方向的尺寸，而 U 为特征速度。

现将描述 Kirchhoff (1869) 引入的可应用于多段直线刚性边界的二维流场并利用复速度势（§2.7, §6.5）的解。Helmholtz (1868(b)) 的名字也与这一"自由流线理论"联系在一起，因为他是解包括自由流线的问题的第一个人。方法的关键是引入新的复变量[①]

$$\Omega = \log \frac{dz}{dw} = \log (u-iv)^{-1}$$
$$= \log q^{-1} + i\theta, \tag{6.13.1}$$

其中如前一样，$z = x + iy$，$w = \phi + i\psi$，而 q 与 θ 为速度向量 (u, v) 的数值和（相对 x 轴的）方向。这一变量有这样的简单性质：Ω 的实部在自由流线上为常数，而 Ω 的虚部在刚性边界的每一直线部分上为常数。液体的整个边界因此在 Ω 平面中为以直线为边的图形所表示。这种情况下液体的边界在 w 平面中也为以直线为边界的图形所表示，即，两条平行于实轴的直线对应于两条边界流线。而我们从 Schwarz-Christoffel 定理（§6.5）知道，总有可能找到一个保角变换把一个平面中的多边形的内部或外部映射到另一平面的半平面中去。因而，有可能在 Ω 和一个新的复变量 λ 间以及 w 和 λ 之间求得一个保角变换，使得两种情况下流动区域均映射到 λ 平面的上半平面中去。用这样的方法可以得到 Ω 和 w

① Kirchhoff 的思想是利用 dz/dw，利用较方便的变量 $\log (dz/dw)$ 是稍晚些时候 Planck (1884) 建议的。

之间的关系，从这一关系式由积分得到通过 z 表示的 w 的表达式。

方法将通过应用于一个包含有射流的问题和一个包含有空穴的问题而加以说明。

从一个二维孔隙射出的射流

如在 §6.3 中指出，知道从孔中射出的液体射流的收缩程度是我们所希望的；而为此目的的动量积分论据只对一两个特殊孔洞形状是适用的。在一些二维形状下，（尽管当然它们的实际意义要小得多），自由流线理论可以提供附加的信息。

首先假设孔口不过是厚度很小的平面壁上的洞，而此壁是盛有液体的大容器的一部分。从孔口边缘分离开来的自由流线上液体的速度是均匀的并等于，譬如说，U，而这也就是在距孔口远下游处（当无重力效应时）流线为直线且平行时（图 6.13.1）射流内部的速度。构成流场边界、其上 $\psi = \pm \psi_1$（譬如说）的两条流线为 ABC 和 $A'B'C'$，其中 A，A'，C，C' 代表"无穷远处"的点，而图 6.13.1 示出了 Ω 平面和 w 平面中对应的直线边界，其中 Ω 现稍微更为方便地定义为

$$\Omega = \log\left(U \frac{dz}{dw}\right) = \log \frac{U}{q} + i\theta。 \qquad (6.13.2)$$

利用关系式（6.5.14）可以得到从一半无限条带向另一复变平面的上半部分映射的保角变换，改写这一关系式使之适合 Ω 平面中条带的位置、宽度和方位（这要求在（6.5.14）中 $K^1 = 1$，$z_0 = -\frac{1}{2}\pi i$），我们得到

$$\lambda = i \sinh \Omega; \qquad (6.13.3)$$

还已经进一步选择了（6.5.14）中的常数（即选取 $b = -c = 1$）以使在 λ 平面中点 B，B' 的位置为 $\lambda = \pm 1$。现在我们应求得把 w 平面中的无限条带的内部映射到 λ 平面的上半部的 w 和 λ 之间的关系式，其中点 A，B，C 和 A'，B'，C' 之间的对应如图 6.13.1 中的两个平面中所示，而 B 和 B' 处的 ϕ 之值为方便计取为零。所要

求的变换的一般形式为 (6.5.15)，通过再次合适地选取常数 $(K' = -\frac{1}{2}\pi/\psi_1, \ b=0, \ z_0' = \psi_1)$，我们有

$$\lambda = ie^{-\frac{1}{2}\pi w/\psi_1}。 \tag{6.13.4}$$

于是，流场以两种重合的方式被映射到了 λ 平面的上半部分，这意味着

$$\lambda = ie^{-\frac{1}{2}\pi w/\psi_1} = i\sinh\Omega = \frac{1}{2}i\left(U\frac{dz}{dw} - \frac{1}{U}\frac{dw}{dz}\right)。$$

因此

$$U\frac{dz}{dw} = -i\lambda + (1-\lambda^2)^{\frac{1}{2}}, \tag{6.13.5}$$

而且，因 z 平面的切口在 AB 和 $A'B'$，$(1-\lambda^2)^{\frac{1}{2}}$ 的相关分支是在 $\psi=0$ 上为正的那一分支。这时，藉助于 (6.13.4) 进行积分给出

$$\frac{\pi U}{2\psi_1}(z-z_0) = i(\lambda-1) - (1-\lambda^2)^{\frac{1}{2}} + \text{artanh}(1-\lambda^2)^{\frac{1}{2}}, \tag{6.13.6}$$

其中 z_0 为常数，而由于在 $z=id$ 的 B 点处 $\lambda=1$（$2d$ 为孔口的宽度）我们有

$$z_0 = id。$$

在从 (6.13.4) 中将 λ 代入后，(6.13.6) 是 w 和 z 之间的所要求的关系式。

在自由流线 BC 上，我们有

$$\psi = \psi_1, \ \phi = Us, \ \Omega = i\theta,$$

且，考虑到 (6.13.3)和(6.13.4)，

$$\lambda = -\sin\theta = e^{-\frac{1}{2}\pi Us/\psi_1}, \tag{6.13.7}$$

其中 s 标记沿自由流线从 B 量起的距离。于是，这一自由流线写为参数形式的方程由 (6.13.6) 给出

$$x = \frac{2\psi_1}{\pi U}(\text{artanh}\cos\theta - \cos\theta), \ y = d - \frac{2\psi_1}{\pi U}(1+\sin\theta), \tag{6.13.8}$$

而射流的渐近半宽度为

$$b = \lim_{s \to \infty} y(s) = d - \frac{2\psi_1}{\pi U}。$$

自由流线的准确形状在图 6.13.1 中给出。当 $s \to \infty$ 时，w 和 z 之间的关系式变为线性的，从而表明，如所预期，液体的速度在远

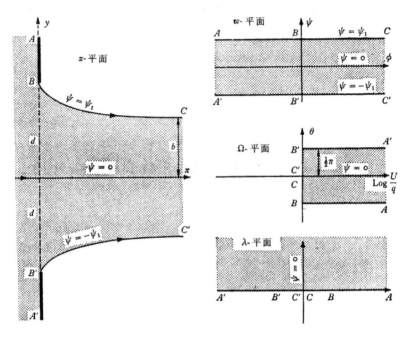

图 6.13.1　决定从平面壁二维孔口流出的流动所需要的保角变换

下游处为均匀的，所以 $\psi_1 = bU$，而

$$\frac{b}{d} = \frac{\pi}{\pi + 2} = 0.61。 \tag{6.13.9}$$

收缩比的这一数值与实验所得的值接近，可以与图 6.3.2 中给出的孔口附近不同边界形状的圆孔之值进行比较。

对于从与图 6.3.2（b）中所示的类似的二维 Borda 孔口以及从两倾斜平面（其中之一可能为无限）间的缝隙所形成的孔口射出的射流，可以进行自由流线形状的类似的计算。对于从两个互

成 2α 角的半无限平面壁之间的对称狭缝射出的射流,收缩比求得为

$$\left[1 + \int_0^1 \frac{\sin\alpha\beta}{\tan\frac{1}{2}\pi\beta} d\beta^{-1}\right].$$

还有可用来决定由二维相互撞击射流引起的流动的复变数方法[①]。

流经带有环境压力下空穴的平板的二维流动

这里又有可以处理的许多不同的情况,但是为了说明一般方法的目的我们将只详细考察与无限广延来流垂直的平板的简单情况。空穴中的压力就无旋流动理论而言可以自由选择,将假设此压力等于未扰来流中的压力[②]。于是,空穴边界的自由流线上的液体速度等于 U,即平板前方远处的均匀速度。(6.13.2)中给出的 Ω 的定义将再次加以利用,而且我们将在中心流线上取 $\psi=0$,此中心流线在驻点 O(该处譬如说 $\phi=0$)处分开且以后变为两条自由流线。

z 平面、w 平面和 Ω 平面中 $\psi=0$ 流线上各点间的对应关系在图 6.13.2 中给出。流动区域占据着除沿实轴的正值部分狭缝外的整个 w 平面。如前,整个过程是求得将把 w 平面和 Ω 平面中流场同时映射到 λ 平面的上半部分的变换。Ω 平面中的半无限条带与图 6.13.1 中的条带有相同的宽度、位置和方位。所以

$$\lambda = i\sinh\Omega$$

仍是 Ω 和 λ 之间的合适的关系式,而 λ 平面中点 B,B' 的位置仍在 $\lambda=\mp 1$。w 和 λ 之间的合适的关系式可以这样来得到:首先注意流动区域占据着 $w^{\frac{1}{2}}$ 平面的上半平面(见图 6.13.2),然后注意,为使两实轴上的相应点重合,需要求倒数和改变符号,因此

$$\lambda = -\left(kU/w\right)^{\frac{1}{2}}, \qquad (6.13.10)$$

---

① 见 L. M. Milne-Thomson 著 "Theoretical Hydrodynamics" 第 11 章。
② 在本节稍靠后处我们将回到关于空穴压力的一般问题上来。

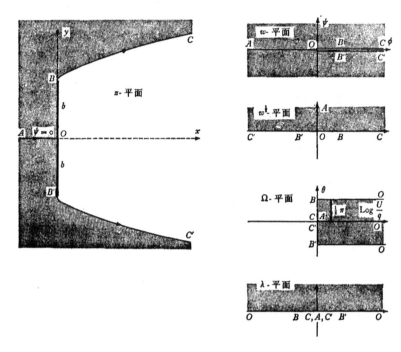

图 6.13.2　为决定流经带有环境压力下空穴的平板的
流动所需要的保角变换

其中 k 为应由点 B 在两平面上位置之间的对应而定出的常数。

于是，所要求的 w 和 Ω 间的关系式为

$$\lambda = -\ (kU/w)^{\frac{1}{2}} = i\sinh\Omega$$
$$= \frac{1}{2}i\left(U\ \frac{dz}{dw} - \frac{1}{U}\frac{dw}{dz}\right)。$$

因此

$$\frac{1}{U}\ \frac{dw}{dz} = -\ i\left(\frac{kU}{w}\right)^{\frac{1}{2}} + \left(1 - \frac{kU}{w}\right)^{\frac{1}{2}}, \qquad (6.13.11)$$

而 $(1 - kU/w)^{\frac{1}{2}}$ 的相关分支是在 AO 上为正的那一分支。将 (6.13.11) 积分给出

$$\frac{z-z_0}{k} = 2i\left(\frac{w}{kU}\right)^{\frac{1}{2}} + \left(\frac{w}{kU}\right)^{\frac{1}{2}}\left(\frac{w}{kU}-1\right)^{\frac{1}{2}} + \frac{1}{2}\pi i$$
$$-\log\left\{\left(\frac{w}{kU}\right)^{\frac{1}{2}} + \left(\frac{w}{kU}-1\right)^{\frac{1}{2}}\right\}, \quad (6.13.12)$$

其中 z_0 为常数,鉴于 $z=0$ 处 $w=0$ 的要求,此常数应为零。现在我们可以从 $\lambda = -1$ 的点 B 处的信息来计算常数 k,

$$z = ib, \quad w/kU = 1;$$

结果为

$$k = \frac{2b}{\pi+4}, \quad (6.13.13)$$

其中 $2b$ 为平板的宽度。

现在可以确定自由流线的形状。由于 B 处 $w=kU$,我们有,在自由流线 BC 上

$$\left.\begin{array}{l} w = \phi = U(k+s), \quad \Omega = i\theta, \\[2mm] \lambda = -\sin\theta = -\left(\dfrac{k}{k+s}\right)^{\frac{1}{2}}, \end{array}\right\} \quad (6.13.14)$$

其中 s 是沿自由流线从 B 量起的距离。(6.13.12)的实部和虚部与(6.13.14)一起给出参数形式的自由流线 BC 的方程如下

$$x = (s^2+sk)^{\frac{1}{2}} - k\log\left\{\left(\frac{s}{k}+1\right)^{\frac{1}{2}} + \left(\frac{s}{k}\right)^{\frac{1}{2}}\right\},$$
$$(6.13.15)$$

$$y = 2(sk+k^2)^{\frac{1}{2}} + \frac{1}{2}\pi k, \quad (6.13.16)$$

k 由(6.13.13)给出。这样,空穴伸展到下游无穷远处而空穴边界渐近趋于抛物线

$$y^2 = 4kx = \frac{8b}{\pi+4}x. \quad (6.13.17)$$

如果空穴为有限的范围的话,那么根据定常无旋流动的一般论据(§6.4)液体施加于物体-空穴组合的阻力就会为零,从而作用于物体本身的阻力就会为零。但是,在这里这论据是不适用的,而鉴于平板向前一面上的液体速度到处比 U 小这一事实阻力

显然不为零。作用于平板的总力指向来流的方向，其值为

$$D = \int_{-b}^{b} (p - p_0)_{x=0} dy$$

$$= \int_{0}^{b} \rho U^2 dy - \int_{0}^{kU} \rho \left(\frac{\partial \phi}{\partial y} \right)_{x=0} d\phi,$$

其中 p_0 为无穷远处及空穴中的压力。而 $-\partial \phi / \partial y$ 为 dw/dz 的虚部，且在 OB 上我们有 $w = \phi < kU$，因此从（6.13.11）和（6.13.13）得到

$$D = \rho U^2 b - \rho U^2 k \int_{0}^{1} \frac{1 - (1-\gamma)^{\frac{1}{2}}}{\gamma^{\frac{1}{2}}} d\gamma \quad (\gamma = \phi/kU)$$

$$= \frac{2\pi}{\pi + 4} \rho U^2 b。$$

从而阻力系数为

$$C_D = \frac{D}{\frac{1}{2} \rho U^2 2b} = \frac{2\pi}{\pi + 4} = 0.88。 \quad (6.13.18)$$

观测表明，平面形状为矩形的、其一边较另一边尺寸大得多以显现出所假设的二维性的平板，当在大 Reynolds 数下垂直放于来流之中而无气体空穴时，阻力系数约为 2.0，比以上数字大两倍多。自由流线理论对于本情况不适用的一般原因已经讲过了；较细致些，不带空穴的流动的较大的阻力系数是由于在平板紧后方的尾流中发展起来的相当大的抽吸作用（相对于环境压力而言）。

流经宽度为 $2b$，与来流倾斜成任意 α 角且其后带有环境压力下的空穴的平板的二维流动可以用几乎同样方法计算（Rayleigh，1876）。得到，自由流线渐近趋于抛物线

$$\left(\frac{y}{b} \right)^2 = \frac{8\sin^2\alpha}{\pi\sin\alpha + 4} \frac{x}{b}, \quad (6.13.19)$$

而作用于平板上的阻力为

$$D = \frac{2\pi\sin^2\alpha}{\pi\sin\alpha + 4} \rho U^2 b。 \quad (6.13.20)$$

作用于平板上的合力一定要垂直于平板，这里有一个大小为 $D\cot\alpha$、与未扰动来流方向垂直的"升"力。

关系式（6.13.19)和(6.13.20）给出阻力与确定空穴所趋近于的抛物线的单一长度参数之间的一个关系式：

$$\frac{D}{\rho U^2} = \pi \lim_{x \to \infty} \left(\frac{y^2}{4x} \right)_{\text{空穴边界}}。 \qquad (6.13.21)$$

Levi-Civita（1907）设想出了决定绕流不确定形状的**曲线**边界物体，且有环境压力下的空穴附着于其上时的二维流动的一般方法[①]，可以证明，空穴是渐近趋近于抛物线形的且阻力与渐近抛物线之间以同一个的关系式（6.13.21）相关联。对于轴对称物体和空穴用相当困难的数学得到了两个相应的一般结果（Levinson 1946）。环境压力下的轴对称空穴的边界渐近地趋于表面

$$\sigma^2 = 4lx(\log x)^{-\frac{1}{2}}, \qquad (6.13.22)$$

其中(x, σ)是原点靠近物体的柱坐标，而l是依赖于物体的形状和大小的常值长度，作用于物体上的阻力求得为$2\pi\rho U^2 l^2$。

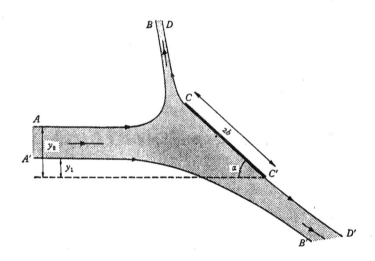

图6.13.3　冲击到带有环境压力下空穴的倾斜平板上的射流的一般情况

---

① 还参见 L. M. Milne-Thomson 著 "Theoretical Hydrodynamics"，§ 12.4。

用以上所用过的方法可以确定包含带有环境压力下附着空穴的平板的一些其它二维流场。在此方法适用的范围内，作为特殊情形包含有一些有趣流场的一个十分一般的情况示于图 6.13.3 中。这里未扰动来流是带有相距为 $y_2 - y_1$ 的平行自由边界的，均匀速度为 U 的直线射流。如果 $y_2 \to \infty$，$y_1 \to -\infty$，我们回到无限来流中带有附着空穴的倾斜平板的情况；如果 $y_2 - y_1 \ll y_1$ 而 $0 < y_1 < 2b\sin\alpha$，我们得到冲击到一倾斜平面壁面上的射流的情况，对它在 §6.3 中利用了动量定理；而如果 $y_1 \to -\infty$，我们得到在半无限水域的自由表面上滑行的倾斜平板的相当新的情况（忽略了重力对运动的影响）。在这后一情况下，通常称为"飞溅"的以自由流线 CD 为界的射流被从平板抛向依赖于 y_2 的方向，虽然在实际上它在重力作用下最终将落回到水表面上来并在某种程度上破坏了数学解的应用。

注意到自由流线大概到处是凸向液体的，我们关于流场的形状可以得到类似于在图 6.13.3 中绘出的那样的一些想法，在那里每一自由流线上有 $q = U$。这点从 (6.2.13) 和 §6.2 的其它结果得出，q 不可能在液体的内点上有极大值；只有当 q 的极大值在靠近自由流线附着点的刚壁上发生时可能是个例外。

在液体来流中保持不动的物体上附着的定常态空穴

我们以对于流经带有附着空穴的物体的定常流动的某些特性（补充上节结尾处的陈述）和相关的无旋流动理论的简短描述结束本节。整个问题表达起来是困难的，这既是由于不同条件下影响流动的物理因素（液体的抗拉伸强度，重力，粘性）的多种多样，又是由于在不同于流经直线边界的、带有环境压力下附着空穴的物体的二维流动情况在数学理论上的复杂性，从而有许多方面还没有被理解。

控制空穴的形状和整个流动的最重要的参数是气穴数，如 (6.12.12) 中一样，我们可以将其写为

$$K = \frac{p_0 - p_c}{\frac{1}{2}\rho U^2}, \quad = \frac{U_f^2}{U^2} - 1, \qquad (6.13.23)$$

其中 p_0 是空穴环境的压力（假设为均匀），p_c 为空穴压力，U 为未扰来流的速度，而 U_f 是空穴边界上的自由流线上液体的均匀速度。本节中迄今为止只考察了 $K=0$ 时空穴流动的情况，这是数学上最简单的条件。抛入水中的物体（如图 6.12.6，图版 19 所示）之后就可能形成 $K=0$ 的空穴，虽然与如上类型数学解的对应由于§6.12 中给出的原因最多也只是暂时性的。如果通过从物体的后部释放空气的办法在水流中的物体后人工形成充满空气的空穴，则在一定范围内可以控制气穴数，但是 $K=0$ 的定常态空穴有无限的广延而不能在这样的实验中实现；但是当 K 为介于零和大约 0.5 之间的值时，对流经带有附着空穴的轴对称物体的流动进行了观察，这些观察允许，譬如说，把作用在物体上的阻力测量外推到 $K=0$。在水下抛射体以高速运动并带有 p_c 等于蒸气压力的附着空穴的情况下，也可能产生十分小的正的 K 值。

$K \neq 0$ 的定常空穴流动的数学和物理性质还未很好建立起来。如果 $K<0$，自由流线上的速度比未扰动来流中的速度为小，推测起来自由流线从物体分离开来的点一定是在物体后部的低速区域之内。$K<0$ 时的二维空穴流动的两个已知数学解给出图 6.13.4 中所示的空穴形状；空穴长度的有限性和空穴末端处的会切点有是代表性的，这是 $U_f<U$ 条件的后果。还没有观察到这样的空穴，可能是因为固体表面上的边界层在达到自由流线开始处的低速区域前就会分离了。

$K>0$ 的空穴是具有真正的物理上的兴趣的，因为，为避免发生液体的拉伸区而形成的定常空穴一定是其中的空穴压力在整个流场中是最小的。在不同正 K 值下观测到的，在水槽中圆盘后放出空气形成的空穴草图绘于图 6.13.5；这些形状看来只依赖于 K。当 $K \rightarrow 0$ 时，空穴变长，而距圆盘远处位置上的边界很可能是趋于由 (6.13.22) 表示的类抛物面。不同 K 值下作用于圆盘和其

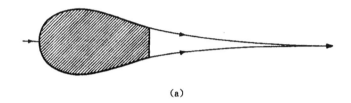

(a)

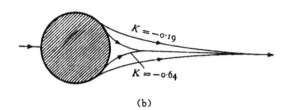

$K = -0.19$

$K = -0.64$

(b)

图 6.13.4　流经物体的定常二维无旋流动中的空穴，空穴压力
大于环境压力：(a) 用保角变换得到的 $K = -0.111, U_f/U =$
0.943 时截断异型后的空穴 (Lighthill, 1949)；(b) 用数学分析
得到的 $K = -0.19, U_f/U = 0.9$ 以及 $K = -0.64, U_f/U = 0.6$
时圆柱后的空穴 (Southwell and Vaisey 1946)

它轴对称物体上的相应的阻力测量在图 6.13.6 中给出。通过把测
量值外推而得到的 $K = 0$ 时的圆盘的阻力系数为 0.80，这与适用
于二维法向平板的值（0.88）相当接近，无疑是因为在两种情况
下在前表面大部分面积上压力都与驻点相差不远。

　　适合于图 6.13.6 中所示所有物体形状的数据的将阻力系数
表达为 K 的函数的简单公式为．

$$C_D = C_{D0}(1 + K), \qquad (6.13.24)$$

其中 C_{D0} 为 $K = 0$ 处的阻力系数。这一公式也可以基于两个假设
从理论上得出。第一个假设为空穴表面和物体表面的交界线不随
K 变化，这对于有尖锐边缘的物体肯定是正确的。第二个假设是
当空穴压力变化而 p_0 和 U 固定时，在物体浸润表面的任何点上
速度正比于 U_f；这对于物体表面上每一流线的两个端点是正确的

(一个端点为驻点,另一个为速度等于 U_f 处的空穴附着点),而对于中间点可能是合理的近似。然后从 Bernoulli 定理得出,在物体表面任一点上相对于空穴中压力的压力正比于 U_f^2 从而正比于 $1+K$,于是阻力由 (6.13.24) 给出。

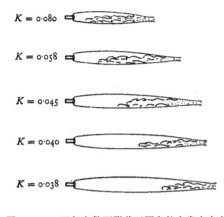

$K = 0·080$

$K = 0·058$

$K = 0·045$

$K = 0·040$

$K = 0·038$

图 6.13.5　正气穴数下附着于圆盘的定常态空穴
(根据 Reichardt 1946)

数学上尚没有得到过,$K>0$ 而又不具异常性质的定常空穴流动。困难在于寻求远离物体的区域中合适的空穴形状。对于二维流动设计出了两种避免此困难的方法,但在与真实情况的可能对应方面带来一些损失,这两种方法在图 6.13.7 中对于流经平板的流动情况示出。由 Riabouchinsky (1919) 建议的第一种方法设想整个流场对于一个横向平面为对称,并设想实际上有第二个或虚平板在距第一平板下游任意选定的距离上存在①。第二种方法允许自由流线转向内侧并产生出一个向平板后部运动的射流 (如果说在实际上为不可能,但在数学解上却是可能的,因为自由流线延拓到 Riemann 曲面的第二叶上去)。利用不论何种方法,基本想法是有可能因此得到物体附近的流动的现实描述;图 6.12.5

———————————————

① 在卜源一定距离处可以引进其它形状的固体以使自由流线终止。

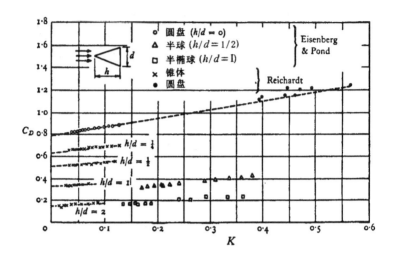

图 6.13.6 正值气穴数下作用在带有空穴的不同轴对称物体上的阻力的测量（引自 Reichardt 1946 及 Eisenberg and Pond 1948）。每一虚线均为 $C_D = C_{D_0} (1+K)$ 的形式

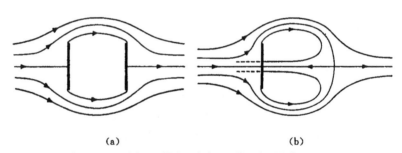

(a)   (b)

图 6.13.7 两种流经带有压力小于环境压力下的空穴（$K > 0$）之平板的流动模型：(a) 虚平板对称流动模型，(b) 再进入射流模型

（图版 18）表明，无论如何正 K 值下的空穴的后部轮廓是不清楚的，可能仅只在统计意义上具有确定的形状。$K > 0$ 时附着于物体的空穴的一些照片的确说明，空穴有一种被起泡沫的水从后部充

填起来的倾向,然后空穴中所包含的东西又被突然地扫向下游,整个过程不断重复。

最后,我们注意,当自由流线离开物体的那一点没有因有尖锐边缘存在而被固定时,就发生新的问题。甚至从原则上也不清楚,光滑形状物体上的附着点的位置是怎样决定的,虽然对于此位置的一些限制是显然的。从 (6.13.14) 可以容易看出,在二维流动中从平板边缘跳开的自由流线的曲率 $(d\theta/ds)$ 在 $s=0$ 附近变化有如 $s^{-\frac{1}{2}}$;而在与刚体边界的附着点处,不管该边界为曲线还是直线,曲率为无穷大,这实际上是空穴边界的一般数学性质(至少在二维情况是如此)。这一曲率在附着点处的符号可能为负或为正,依赖于气穴数(在图 6.13.2 和图 6.13.7 中示出的情况下曲率凸向液体,而在图 6.13.4 中的情况下曲率凹向液体)。自由流线一定要以切线方向离开刚性边界,因为否则的话在联接点处的速度就会为零成无穷大,所以只有对于气穴数和附着点的位置的某些组合才有可能构造出不为物体表面截断的自由流线。

第 6 章 习 题

1. 二维无粘流体来流在一侧以平面壁为界,有一有限长度的薄板从壁面垂直伸入流体之中。流体作无旋运动,且在远离壁面处具有均匀速度。利用 Schwarz-Christoffel 变换来确定复变位势,并证明,流体施加在壁面上的合力与施加在平板尖锐边缘上的合力大小相等方向相反。

2. 半轴长为 a,b,c 的刚性椭球以角速度 Ω 围绕通过中心的轴旋转,而其中包含的流体作无旋运动。证明:速度势是形如 $\zeta xy (a^2-b^2)/(a^2+b^2)$ 的三项之和,其中 ξ,η,ζ 为 Ω 在椭球的主轴方向上的分量,而相对于容器,流体质元在一个与边界椭球相似的椭球上运动。

3. (a) 在重力作用下沿倾斜平面运动的流体浸于较轻的周围流体之中。该流体在距平面远处处于静止状态。流动为二维且相对于与舌状流体一起运动的坐标系为定常。证明,如果粘性效应可以忽略不计,则在流体舌最前一点处两流体之间的交界面的切线与平面成 60° 角。

(b) 深水自由表面上波峰为直线的定常形状的行进重力波具有可能的最大波幅而不破碎。水中的运动是无旋的。众所周知,在这些条件下靠近波峰处的水占据着顶部在波峰的一个楔形，其两面对于铅垂线为对称。证明这一楔形的两面间的角度为 120°。

4. 两股相似的但方向相反的圆形水射流在空气中对称地碰撞，并形成在对称平面上沿径向向外延伸开来的水层。什么物理因素限制了层中水的向外运动？求水层的圆形外边界的半径的估值（Taylor，1959）。

第7章 实际为无粘性流体的具有涡量的流动

7.1 引 言

在这一章中，我们继续研究均匀不可压缩流体在可以忽略粘性直接影响的情况下的流动。至少在部分流体中我们将认为涡量不等于零。由于一般来说我们不再具有一个线性的基本方程，所以也就不能像在全部为无旋流动的情形中那样把理论发展得那么深入，分析那么多有代表性的流场。

我们回想§2.4中的运动学结果：与一涡量分布 $\omega(\mathbf{x})$ 相联系的不可压缩流体的速度为

$$\mathbf{u}(\mathbf{x}) = \mathbf{v}(\mathbf{x}) - \frac{1}{4\pi}\int \frac{\mathbf{s} \times \omega(\mathbf{x}')}{s^3} dV(\mathbf{x}'), \qquad (7.1.1)$$

其中 $\mathbf{v}$ 是一无旋无散向量，$\mathbf{s}=\mathbf{x}-\mathbf{x}'$，体积分在整个流体上进行（如果在流体边界上 $\omega \cdot \mathbf{n} \neq 0$，则如在§2.4中解释的那样，积分要在更大的区域上进行）。当涡量分布已知时，一般来说，无旋贡献 $\mathbf{v}(\mathbf{x})$ 由施加给速度 $\mathbf{u}$ 的边界条件来定，或者等价地，我们可以设想对 $\mathbf{u}$ 的边界条件是通过在边界内引入涡量分布的"映象"来满足，此时 $\mathbf{v}$ 为零。

在§6.1中关于无粘流体流动理论所起的作用的那些话，也同样适用于本章。在那一节里列出的基本方程同样可适用于这里，亦即质量守恒方程

$$\nabla \cdot \mathbf{u} = 0,$$

以及运动方程

$$\frac{D\mathbf{u}}{Dt} = \mathbf{g} - \frac{1}{\rho} \nabla p, \qquad (7.1.2)$$

其中重力是作用于流体的唯一体力，$\mathbf{g}$ 与 ρ 均为常量。下面我们还

将需要用到关系式（6.2.3），该式是运动方程的另一形式。(6.2.3)式中括号内的量，以前在推导定常流动的 Bernoulli 定理时曾用一个符号 H 标记（见（3.5.16）），现在我们对更普遍的情形采用这种记号也是方便的，亦即：

$$\mathbf{u} \times \boldsymbol{\omega} - \frac{\partial \mathbf{u}}{\partial t} = \nabla H, \qquad (7.1.3)$$

其中

$$H = \frac{1}{2}q^2 + \frac{p}{\rho} - \mathbf{g} \cdot \mathbf{x} \qquad (7.1.4)$$

而 $q^2 = \mathbf{u} \cdot \mathbf{u}$。本章中不出现具有自由面的液体流动的情形，故而 (7.1.2)和(7.1.4)两式中的重力项一般都可去掉，而 p 则是修正压力。

涡量方程对本章中考虑的问题是特别适合的，它是对 (7.1.2)式或（7.1.3）式两端取旋度得到的：

$$\frac{\partial \boldsymbol{\omega}}{\partial t} = \nabla \times (\mathbf{u} \times \boldsymbol{\omega}), \quad \text{或者} \quad \frac{D\boldsymbol{\omega}}{Dt} = \boldsymbol{\omega} \cdot \nabla \mathbf{u}。 \qquad (7.1.5)$$

在 §5.3 中我们曾表明，这个方程的结论之一为：涡管随流体一起运动且保持强度不变。

在二维流动的情况中，唯有垂直于流动平面的涡量分量（以 ω 表示）不为零，此时，速度 $\mathbf{u}$ 在涡向量方向上的梯度是零，所以 (7.1.5）式化为：

$$\frac{D\omega}{Dt} = 0。 \qquad (7.1.6)$$

于是与质元相联系的涡量是常值，因为在二维流动中涡线的弯曲和伸长都不可能发生。

（7.1.5）式可具简单形式的另一情形是没有"旋动"（即没有周向角运动）的轴对称流动，此时任一点处的涡量向量均垂直于包含该点及对称轴的平面。如采用柱坐标 (x, σ, ϕ)，对应的速度分量记为 (u, v, w)，以 $\mathbf{i}, \mathbf{j}, \mathbf{k}$ 分别代表 x, σ 和 ϕ 坐标线的单位向量，于是我们有

$$\boldsymbol{\omega} = \omega\mathbf{k}, \quad \frac{D\boldsymbol{\omega}}{Dt} = \frac{D\omega}{Dt}\mathbf{k}, \quad \boldsymbol{\omega} \cdot \nabla \mathbf{u} = \frac{\omega v}{\sigma}\frac{\partial \mathbf{j}}{\partial \phi} = \frac{\omega v}{\sigma}\mathbf{k},$$

因而（7.1.5）式化为

$$\frac{D(\omega/\sigma)}{Dt} = 0。 \tag{7.1.7}$$

这个关系式表示，一个长度为 $2\pi\sigma$ 的小截面物质涡管的强度为常值。

类似（7.1.6)和(7.1.7)这样的关系式对于定常流动特别有用，因为此时物质导数为零就意味着沿流线为常值。此外，当流动是定常，（7.1.3）式化为

$$\mathbf{u} \times \boldsymbol{\omega} = \nabla H, \tag{7.1.8}$$

这和一般情形下的均熵定常流动（见（3.5.9））所得到的结果一样。于是，对定常流动有

$$\mathbf{u} \cdot \nabla H = 0, \quad \boldsymbol{\omega} \cdot \nabla H = 0 \tag{7.1.9}$$

表明在相交的流线族和涡线族所在的面上 H 为常数。一个曲面，其上若 H 为常数，称为 Bernoulli 面，（虽然，如在 §3.5 中一样，我们把 Bernoulli 定理这个名称仍只用于定常流动中沿流线 H 为常值的这个结果）。

线涡的自诱导运动

在 §2.6 中，我们曾引入线涡的概念，即指一截面为无穷小但强度非零的涡管。对于在那里所作的运动学讨论，现在我们还能够再添加上其动力学定理——涡管随流体运动并且不改变强度的结果，并且导出线涡形状随时间变化的方式。在下面将给出的关于线涡运动的结果，尽管其应用有限，却是相当令人惊异的，它们对于在数学上用线涡近似代表实际涡旋分布有重要的含意。

流体中的速度分布由（7.1.1）给出，我们希望的是用该公式去求线涡附近的点处的速度。我们假定，线涡（强度为 κ）存在于无限流体之中，流体在无穷远处为静止，内部无边界。这要求处处有 $\mathbf{v}=0$，故（7.1.1）式中只剩下积分的那一项了。我们还假设，在除线涡外流体内的所有点上涡量均为零，在这种情况下

(7.1.1) 就化为（见（2.6.3））

$$\mathbf{u}(\mathbf{x}) = -\frac{\kappa}{4\pi}\oint\frac{\mathbf{s}\times d\mathbf{l}(\mathbf{x}')}{s^3}, \tag{7.1.10}$$

其中 $\mathbf{s}=\mathbf{x}-\mathbf{x}'$，$\delta\mathbf{l}$ 是与线涡重合的封闭积分曲线上的线元。如在 §2.6 曾见到的，此式亦可写为下述形式

$$\mathbf{u}(\mathbf{x}) = \frac{\kappa}{4\pi}\nabla\Omega \tag{7.1.11}$$

这里的 Ω 是在点 $\mathbf{x}$ 处线涡所张的立体角。从这两个公式看都很清楚的是，在线涡上点的速度分布有奇异性。当然，围绕线涡的任一部分均有一环绕运动，当接近线涡时，其速度之增加有如距线涡距离的倒数，不过这个环绕运动只能使线涡的这一局部部分的无穷小截面绕自身中心转动，而不能使其平动。我们需要稍微细心一点地考察在线涡附近点处的 $\mathbf{u}(\mathbf{x})$ 的值，以便决定当减去这个环绕运动后还剩下什么。

我们来考虑线涡上一点 O 邻域内的诱导速度，选直角坐标轴使其分别与 O 点处线涡的切线，主法线和仲法线平行，如图7.1.1 示。选 O 点为原点，$\mathbf{t}$，$\mathbf{n}$，$\mathbf{b}$ 为这些坐标轴方向上的单位向量，在 O 点处垂直于线涡的平面内一点的位置向量可写为

$$\mathbf{x} = x_2\mathbf{n} + x_3\mathbf{b},$$

我们的任务在于考察当 $(x_2^2+x_3^2)^{\frac{1}{2}}\ (=\sigma)\to 0$ 时此点上速度应取的形式。对于从 O 点沿线涡的距离 l 的一定的取值范围，比如说 $L\geqslant l\geqslant -L$，线涡上一点的位置向量 $\mathbf{x}'$ 可给出为

$$\mathbf{x}' \approx l\mathbf{t} + \frac{1}{2}cl^2\mathbf{n},$$

其中 c 为线涡在 O 处的曲率。于是在 O 附近，

$$\delta\mathbf{l}(\mathbf{x}') \approx (\mathbf{t} + cl\mathbf{n})\delta l$$

以及

$$\frac{(\mathbf{x}-\mathbf{x}')\times\delta\mathbf{l}(\mathbf{x}')}{|\mathbf{x}-\mathbf{x}'|^3} \approx \frac{-x_3cl\mathbf{t} + x_3\mathbf{n} - \left(x_2+\frac{1}{2}cl^2\right)\mathbf{b}}{\left\{x_2^2+x_3^2+l^2(1-x_2c)+\frac{1}{4}c^2l^4\right\}^{3/2}}\delta l.$$

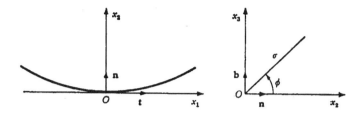

图 7.1.1   线涡附近诱导速度的定义示意图

由上述部分线涡对于邻近点 $(0, x_2, x_3)$ 或 $(0, \sigma\cos\phi, \sigma\sin\phi)$ 处的速度的贡献为：

$$\frac{\kappa}{4\pi}\int_{-L/\sigma}^{L/\sigma} \frac{(\mathbf{b}\cos\phi - \mathbf{n}\sin\phi)\sigma^{-1} + \frac{1}{2}cm^2\mathbf{b}}{\left(1 + m^2(1 - c\sigma\cos\phi) + \frac{1}{4}c^2\sigma^2m^4\right)^{\frac{3}{2}}}dm,$$

(7.1.12)

这里已用 m 代替了 l/σ。当 $\sigma \to 0$，被积函数的分母趋于 $(1+m^2)^{3/2}$，总的贡献具有渐近形式

$$\frac{\kappa}{2\pi\sigma}(\mathbf{b}\cos\phi - \mathbf{n}\sin\phi) + \frac{\kappa c}{4\pi}\mathbf{b}\log\frac{L}{\sigma} + 量级为 \sigma^0 的项。$$

(7.1.13)

来自线涡上在区间 $L \geqslant l \geqslant -L$ 以外部分的对于 O 点处速度的贡献肯定是有界的，对于它们，不需要知道更多。

(7.1.13)式中两个可变化项中的第一个代表我们预想的那个绕线涡的环绕运动，它不引起线涡的位移。第二项是新的，它表示了一个有趣的结果，即存在另一个与线涡局部曲率相联系的较弱的速度分布的奇异性。看来，线涡上 O 点邻域内的流体，在仲法线方向上速度很大，其大小如 $\log\sigma^{-1}$ 一样地渐近变化。一个数学意义上理想的弯曲线涡于是就以无限的速度运动，而一般来说它将以无限的速度改变形状。这意味着一个小截面的强涡管之运动和变形速度具有很大的值，当曲率 c 非零时，这些速度主要依赖于管的截面尺寸；这是一个不很方便的结论，因为截面的情况不大

能搞清楚。

既然我们已知一个孤立的弯曲线涡在与其自身相联系的速度场作用下要以无限速度运动，很显然，在把 (7.1.1) 化为 (7.1.10) 中作过的假设并不失去普遍性。如果 $\mathbf{v} \neq 0$ 或者在线涡以外的点上涡量非零，则对于线涡上点的 $\mathbf{u}$ 还要再加上它们的贡献，但所有这些贡献均为有限的，因而与 (7.1.13) 式中两个变化项中的后一个相比，当 σ 很小时，它们是可以忽略不计的。

对于在线涡上 cb 为均匀的情形，亦即线涡为圆形，就不会有变形存在，而线涡是沿垂直于其平面的方向以无限速度运动。对于直线涡这一极限情况 $c=0$，运动速度为零，困难亦不存在了。我们知道另外还有两种特殊情形，在其中线涡不改变其形状。一种是螺旋线涡，这个线涡绕自己的轴旋转并沿它前进；另一种情形是当线涡具有下述平面曲线形式：

$$x_2 = A \sin \alpha x_1, \quad x_3 = 0,$$

$\alpha A \ll 1$。其曲率为

$$c = \frac{-\alpha^2 x_2}{(1 + \alpha^2 A^2 \cos^2 \alpha x_1)^{3/2}} \approx -\alpha^2 x_2,$$

于是线涡刚性地绕 x_1 轴旋转，但考虑到所作的近似，形状的改变到时候还是要发生的。

必须肯定的是在包含随时间而发展的问题中线涡这样一个数学概念的直接价值是有限的，除非线涡是直线或圆或螺旋线。

片涡的不稳定性

数学上利用涡量分布中的奇异性时受到的另一个限制就是片涡对于微扰所固有的不稳定性，它首先由 Helmholtz (1868 b) 所注意到。观测表明，在两个近似均匀但具有不同速度的流动间的过渡层处，趋于形成一个振幅不断增大的波动，最后常成为无规则的湍流运动。图 5.10.5 (图版 8)，特别是在这个系列中的第 5，6，7 三张照片清楚地表明过渡层的这种不稳定性；其中的过渡层是由尖角缘处边界层的分离所造成，而这个过渡层的波动振幅随

着距分离点的距离之增大而增大。当过渡层较薄时，不稳定性变得更加显著，这里我们是指波动增长得更快。无疑地，在§2.6中引入的无穷小厚度的数学上的片涡是强烈不稳定的。流动系统的动力不稳定性形成了流体动力学的一个大的完整分支，大多数不稳定情况在那个学科的系统中给予了很好的讨论。不过，关于片涡不稳定性的初等分析并不要求特殊的技巧及概念，我们将在这里把它作为许多单方向流动的系统所具有的意想不到的动力不稳定性类型的示例来介绍。

片涡不稳定性本质上是一个局部现象，故我们将假设涡层为平面且其强度密度为均匀。适当选择坐标轴（直角坐标），我们要考虑其稳定性的流场即成为二维的，其速度分量在 (x, y) 平面的 $y > 0$ 区域为 $(-\frac{1}{2}U, 0)$，在 $y < 0$ 区域为 $(\frac{1}{2}U, 0)$。我们现来考察迭加于这一流场上的小扰动的行为。在实际流体中，片涡上的涡量将沿横向扩散，而过渡层厚度将以在§4.3中描述过的方式不断增加。要把这种**扰动了**的过渡层厚度的增长考虑进去是很困难的，我们假设在有关的时间间隔内这个层厚与扰动特征长度相比一直保持是很小的，因而可略去层厚的增长。这显然意味着对于扰动流场的 Reynolds 数的一些限制。此外我们还假设，扰动是由满足 Kelvin 环量定理条件的过程所产生，所以唯一存在于扰动态中的涡量是被扰动所影响了的原片涡中的涡量。现在，对于扰动流场进行分析就成为一件简单的事了，因为这一扰动流场是由一片涡隔开的两个无旋运动所组成，而片涡的形状又仅是稍微不同于平面。在此片涡的上侧（图 7.1.2）流体速度由速度势 $-\frac{1}{2}Ux + \phi_1$ 导出，而在下侧由 $\frac{1}{2}Ux + \phi_2$ 导出，ϕ_1 和 ϕ_2 为两个扰动势。

我们把任一时刻变了形的片涡的几何方程写为

$$y = \eta(x, z, t);$$

要注意这里并没有假设扰动是二维的。因为片涡是一物质面且它一直保持为两个区域中每一个区域的边界，故 η，ϕ_1 及 ϕ_2 这些量

是彼此联系的。把片涡视为上部区域的边界我们得到

$$\left(\frac{\partial \phi_1}{\partial y}\right)_{y=\eta} = \frac{D\eta}{Dt}$$

$$= \frac{\partial \eta}{\partial t} + \left(-\frac{1}{2}U + \frac{\partial \phi_1}{\partial x}\right)_{y=\eta}\frac{\partial \eta}{\partial x} + \left(\frac{\partial \phi_1}{\partial z}\right)_{y=\eta}\frac{\partial \eta}{\partial z},$$

或者正确到扰动量的一阶量

$$\left(\frac{\partial \phi_1}{\partial y}\right)_{y=0} = \frac{\partial \eta}{\partial t} - \frac{1}{2}U\frac{\partial \eta}{\partial x}。 \qquad (7.1.14)$$

类似地，把片涡视为下部区域的边界，我们近似地有

$$\left(\frac{\partial \phi_2}{\partial y}\right)_{y=0} = \frac{\partial \eta}{\partial t} + \frac{1}{2}U\frac{\partial \eta}{\partial x}。 \qquad (7.1.15)$$

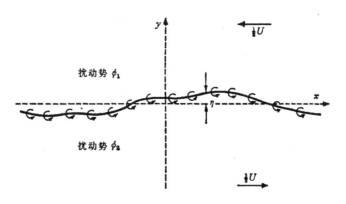

图 7.1.2　平面片涡对于小扰动的不稳定性的示意图

除了在两个流的共同边界上的这些运动学匹配条件外，还有一个压力条件要满足。当这两个流由同种流体构成时，在交界面上没有表面张力，因而压力在通过交界面时必须连续，亦即

$$(p_1 - p_2)_{y=\eta} = 0。 \qquad (7.1.16)$$

在两个区域中的每一个区域，压力是由形为下述（见 (6.2.5)）的关系式给出

$$p = \text{const} - \rho\left(\frac{\partial \phi}{\partial t} + gy + \frac{1}{2}q^2\right)。$$

把 p_1 与 p_2 的这种表达式代入 (7.1.16)，并再设两流的流体成分

相同，因而在 $y=\eta$ 处 ρ 为连续，这样我们得到近似的关系式

$$\left(\frac{\partial \phi_2}{\partial t} - \frac{\partial \phi_1}{\partial t}\right)_{y=0} + \frac{1}{2}U\left(\frac{\partial \phi_2}{\partial x} + \frac{\partial \phi_1}{\partial x}\right)_{y=0} = \text{const}$$

$$(7.1.17)$$

如果我们把片涡的位移 η 表示成对 x 及 z 的 Fourier 积分，这些线性方程是能够解的。从 (7.1.14) 及 (7.1.15) 式显然可见，η 对于 x 或 z 的一特定正弦依赖关系必也要求 ϕ_1 和 ϕ_2 有类似的依赖关系。因此，扰动将是形为下述的 Fourier "分量" 的迭加

$$\eta, \phi_1, \phi_2 \propto e^{i(\alpha x + \gamma z)}$$

其中三者是独立变化的；由于不同的量并不具有相同位相，故采用复数形式较为方便。这里的 γ 和 α 是波数向量在 (z, x) 平面的分量，波数向量的大小为

$$k = (\gamma^2 + \alpha^2)^{1/2};$$

这也就是说，对应的扰动量在 (z, x) 平面内沿与 x 轴成角度为 $\text{tg}^{-1}\gamma/\alpha$ 的方向以波长 $2\pi/k$ 作正弦变化。此外，ϕ_1 和 ϕ_2 满足 Laplace 方程，因而它们对 y 的依赖为 $\exp(+ky)$。再加上我们对于扰动运动在片涡两侧很远处扰动运动都应消失这样的限制，于是有

$$\left.\begin{array}{l} \eta = A \\ \phi_1 = B_1 e^{-ky} \\ \phi_2 = B_2 e^{ky} \end{array}\right\} \times e^{i(\alpha x + \gamma z)},$$

$$(7.1.18)$$

其中 A，B_1 及 B_2 都仅是时间 t 的函数而且右端只有实部是有关系的。

把这些表达式代入 (7.1.14) 及 (7.1.15) 我们得到

$$\left.\begin{array}{l} -kB_1 = \dfrac{dA}{dt} - \dfrac{1}{2}i\alpha U A, \\[2mm] kB_2 = \dfrac{dA}{dt} + \dfrac{1}{2}i\alpha U A。 \end{array}\right\}$$

$$(7.1.19)$$

从 (7.1.17) 我们首先看到，右端的常数仅对于那些与 x 及 z (因而还有 y) 均无关的 Fourier 分量才可能不是零，而这是我们可以

略去的情形；其次，借助（7.1.19）我们看到

$$\frac{d^2A}{dt^2} = \frac{1}{4}\alpha^2 U^2 A。$$

由此导出

$$A \propto e^{\sigma t}, \quad \sigma = \mp\frac{1}{2}\alpha U, \tag{7.1.20}$$

及

$$\frac{-kB_1}{\sigma - \frac{1}{2}i\alpha U} = \frac{kB_2}{\sigma + \frac{1}{2}i\alpha U} = A。 \tag{7.1.21}$$

σ 的正根对应着一个以指数增长的扰动,其数学上的存在表明,对于任何相对于 x 及 z 为周期且 $\alpha \neq 0$ 的扰动,片涡均是不稳定的。

从 η, ϕ_1 及 ϕ_2 的表达式中我们可以看到,U 总是和 α 以组合形式出现的。为了解释这一点,我们可以把两个未扰流中每一个的速度向量看作是在 (z, x) 平面内分解为平行于和垂直于波数向量 (γ, α) 的分量,对应地,在涡面上的涡量也有相应的分解。在未扰片涡面中平行于波数向量的涡量分量对应着平行于扰动波峰的流速,它们与扰动不发生相互作用;这也就是说,一均匀片涡的正弦变形若其变形了的片涡的波峰在片涡每一侧均平行于流速,则它对于任意小振幅变形是一个定常流动形态(请与§2.6中对于强度密度为均匀的片涡的结果比较)。在未扰片涡内垂直于波数向量的涡量分量,因而平行于波峰,本身就将给片涡以一强度密度 $\alpha U/k$;这个分量对应着**横穿**扰动波峰流过的流动,只有它才是和扰动波进行相互作用并使之变大的原因。

根据这些讨论得出,如果我们变换到位于未扰片涡平面中的一个由下式给出的新坐标

$$kx' = \alpha x + \gamma z, \quad kz' = -\gamma x + \alpha z, \tag{7.1.22}$$

我们能得到一些简化,新的 x' 轴平行于波数向量,而 z' 轴与它垂直。扰动速度向量处处位于 (x', y) 平面,在穿越未扰片涡时,此平面内的速度分量跳跃值为 $\alpha U/k = U'$。

片涡不稳定性的机制可以根据涡量分布变化及其对速度分布

变化的影响来理解。在一给定点处穿过片涡积分涡量所得到的向量（在§2.6中记以 Γ）是与按照(2.6.11)式的穿过片涡的速度间断相联系的，由扰动而致的这一向量的变化在 z' 及 x' 方向上的分量等于

$$-\left(\frac{\partial\phi_1}{\partial x'}-\frac{\partial\phi_2}{\partial x'}\right)_{y=0} \quad 及 \quad \left(\frac{\partial\phi_1}{\partial z'}-\frac{\partial\phi_2}{\partial z'}\right)_{y=0},$$

考虑到(7.1.18),(7.1.21)及(7.1.22)，亦即等于

$$2i\sigma\eta \quad 及 \quad 0.$$

扰动涡量的 z' 分量随 x' 作正弦式变化，其位相与 η 的位相差 $\frac{1}{2}\pi$（对于增长的扰动是大于 $\frac{1}{2}\pi$，对于 σ 为负时则是小于 $\frac{1}{2}\pi$）。图 7.1.3 表示了一仅有 z' 方向的涡量的片涡的**增长**扰动的位移 η 和局部强度密度之间的关系。涡量显然地是被扫向如 A 那样一些点，在该处 $\eta=0$，$\partial\eta/\partial x'>0$，而离开如 C 那样一些点，在该处 $\eta=0$，$\partial\eta/\partial x'<0$。这个对流运动，它可以从 $(\partial\phi_1/\partial x'+\partial\phi_2/\partial x')_{y=0}$ 的表达式清楚地看到，是由于这样的事实产生：被向下位移（或向上）的片涡部分的涡量在片涡的任何 $\eta>0$（或 $\eta<0$）的点处诱导起一个具有负（或正）x' 分量的速度，这个结论对于 B 那样的点最为明显，在该处由片涡每一部分所诱导的速度都有负的 x' 分量。当在像 A 这种点附近确实存一些正涡量的积累时，则其相应的诱导速度分布将趋于携带流体以反时针方向绕过 A 因而增大了片涡正弦位移的幅度。幅度愈大，使在 A 这种点附近涡量的积累愈快，所以整个循环加速了。片涡的正弦扰动的特点是在像 A 这种点附近的涡量积累和相邻片涡部分旋转这两个过程同时进行，导致了扰动保持空间形式不变地指数般增长。

现在有可能来考察 (7.1.20) 中负根的重要性了。如果我们能够在某初始时刻在一个起伏状的面上布置涡量使如图 7.1.3 中 C 类型的点是积累中心（以恰当的正弦式分布），其后的运动就会趋于(a)使接近 C 处的片涡部分以反时针方向绕 C 转动及(b)把涡量和先前一样扫向 A 类点因而使扰动指数地减小。不过这样的

图 7.1.3　一初始为均匀的具有垂直于纸面的正涡量的片涡的
正弦扰动的增长。片涡的局部强度密度由涡层的厚度来代表，
箭头指示出片涡中涡量的自诱导运动，表明 (a) 在 A 类点处涡
量的积累 (b) 绕 A 类点的转动，两者联合导致扰动的指数增长

初始分布不大可能自然地发生，因此在这一个及其它类似的稳定
性问题中 σ 的负根的存在可以略去不考虑。

　　分析表明，定义为 $d\,(\log A)\,/dt=\sigma$ 的正弦扰动的**增长率**等
于 $\frac{1}{2}\alpha U$。于是在更为普遍形式的扰动中，具有更大波数的 Fourier
分量(以及具有同样波数大小但波数向量平行于两个未扰流者)将
会更快地增大，最终地由它们主宰扰动的合成形式。更为详尽的
分析表明，虽然上述理论关于两均匀流间厚度为 d 的过渡层对于
波长大于 d 的正弦式扰动的稳定性给出了一个精确的描述，但是
波长小于量级为 d 的一长度的扰动并不增长，而对于某个量级亦
为 d 的波长的扰动的增长率为一极大值。对于这个更为现实的情
形我们因而可以预期：一个具有任意初始形式的扰动会由于
Fourier 分量的选择性放大而转变为一个近似正弦式的形式，其波
长为接近使增长率为极大值的波长；当然，这些结论还必须限制
在扰动量充分小使线性方程还可以应用时才成立。图 5.10.8（图
版 8）中片涡上的粗略为周期性的可见的振动就是一个小扰动被
放大后的结果，波长假定地是和由尖角边缘处脱落的过渡层厚度
同量级。

　　不难把上述分析推广到把具有不同密度的流体流动分开的片

涡的情形中，此时在分界面上有表面张力及重力作用。于是结果可以应用到诸如液面上有气体吹过时自由面处波的产生等一类问题上去。

<h2 style="text-align:center">习　题</h2>

根据（7.1.5）式试表明在具有旋转的轴对称流动情形中

$$\frac{D}{Dt}\left(\frac{\omega_t}{\sigma}\right) = -\frac{2w\omega_\sigma}{\sigma^2},$$

其中 (x, σ, ϕ) 为柱坐标，(u, v, w) 为对应的速度分量。

7.2　无穷远处为静止的无界流体中的流动

没有内边界的无界流体流动的种种情形在无粘性流体理论中具有特殊的兴趣，因为这时没有那种与刚性壁相联系的粘性奇异性影响，而这种影响一般总是损害了与真实流体流动的对应关系。不过在当前这种情形下当流动处处为无旋时是没有无粘性流体理论的天地的，因为与无穷远处速度为零相符合的唯一解是到处为静止的状态。然而当有涡量的有限区域嵌入无穷远处为静止的流体时会引起许多有趣的可能性，"涡环"也许就是一个最为人们熟知的例子。我们这里首先考虑比较自然的三维情形而把对二维流动的一些特性的讨论留在下一节进行。

在这里要用到一些 §2.9 中关于运动学的结果。与一涡量分布 $\boldsymbol{\omega}(\mathbf{x})$ 相联系的不可压缩流体的速度由（7.1.1）式给出，在目前这种无内边界、无穷远处为静止的无限流体情形中，$\mathbf{v}=0$；我们在 §2.9 中曾看到，当 $r\ (=|\mathbf{x}|) \to\infty$ 时，$\mathbf{u}$ 的渐近形式为

$$\mathbf{u}(\mathbf{x}) \sim \frac{1}{8\pi}\nabla\left\{\left(\nabla\frac{1}{r}\right)\cdot\int \mathbf{x}' \times \boldsymbol{\omega}'\,dV(\mathbf{x}')\right\}, \quad (7.2.1)$$

其中积分是在整个流体上进行。换一种形式，我们有（见（2.9.4）及（2.9.5））$\mathbf{u}=\nabla\times\mathbf{B}$，其中，当 $r\to\infty$ 时

$$\mathbf{B}(\mathbf{x}) \sim \frac{1}{8\pi}\left(\nabla\frac{1}{r}\right) \times \int \mathbf{x}' \times \boldsymbol{\omega}'\,dV(\mathbf{x}'). \quad (7.2.2)$$

只要当 r 很大时 $|\omega|$ 与 r^{-4} 相比为更小量级，这个对于 $\mathbf{u}$ 的渐近表达式就成立①，并代表与一线性尺度不大的封闭线涡或在原点处源偶极子相联系的无旋速度分布。

产生运动所需要的总力冲量

如现在将要表明的，在 (7.2.1) 式中出现的积分 $\int \mathbf{x} \times \boldsymbol{\omega} dV$ 的值有重要的动力学意义。积分的量纲提示我们考虑流体中的总线性动量；但当 $r \to \infty$ 时速度以 r^{-3} 减小，我们遇到了在由刚体平动所引起的无旋运动情形中所遇到过的同样困难（见§6.4），亦即积分 $\int \mathbf{u} dV$ 一般而言并不绝对收敛，而是依赖于积分体积允许以何种方式趋于无穷。因此我们须以不同的办法来处理。在§6.4中我们定出了为使流体从静止而达到给定运动必须施于刚体上的力冲量，而现在我们要计算的是为了在原为静止的流体中产生整个给定的运动而必须施于有限流体部分上的分布的力冲量的总合。这个合成冲量我们同样称为流场的**流体冲量**并记以 $\mathbf{P}$。

很显然，如果 $\mathbf{u}'$ 及 $\mathbf{u}''$ 为两个速度分布，对于它们 $\int \mathbf{x} \times \boldsymbol{\omega} dV$ 的值相同，则差运动 $\mathbf{u}' - \mathbf{u}''$ 是流体中总线性动量为零的运动。如果 V 为一由封闭曲面 A 从外面包围起来的体积，A 的单位外法向为 $\mathbf{n}$，我们有

$$\int (\mathbf{u}' - \mathbf{u}'') dV = \int \nabla \times (\mathbf{B}' - \mathbf{B}'') dV$$

$$= \int \mathbf{n} \times (\mathbf{B}' - \mathbf{B}'') dA,$$

从 (7.2.2) 式可知 $\mathbf{B}'$ 与 $\mathbf{B}''$ 之差当 r 很大时为比 r^{-2} 小的量级，所以当面 A 从各个方向向无穷远伸展时，上面的面积分趋于零。这个差运动的流体冲量亦为零。因为当给出总动量的积分为绝对收敛时，流体冲量与总线性动量是相等的。而 $\mathbf{P}$ 必须是 $\mathbf{u}$ 的以及也

---

① 在本节及下节中，我们将假定当 r 很大时 $|\omega|$ 充分小以使得所有碰到的包含涡量的积分都收敛。

是 ω 的线性泛函，由此可导出：首先，所有具有相等的 $\int \mathbf{x} \times \boldsymbol{\omega} dV$ 值的流场必具有相同的流体冲量；其次，有

$$\mathbf{P} \propto \int \mathbf{x} \times \boldsymbol{\omega} dV \, 。 \qquad (7.2.3)$$

为了求这个比例常数，我们选取一充分大的长度 R，使当 $r \geqslant R$ 时速度分布 (7.2.1) 精确成立，然后我们进而计算 $r \leqslant R$ 及 $r \geqslant R$ 两部分流场对于流体冲量的贡献。在 $r \leqslant R$ 区域，流体的总线性动量为

$$\rho \int_{r \leqslant R} \mathbf{u} dV = \rho \int_{r \leqslant R} \nabla \times \mathbf{B} dV$$

$$= \rho \int_{r = R} \mathbf{n} \times \mathbf{B} dA \, ;$$

由于在球面 A 上 (7.2.2) 式成立，我们有

$$8\pi R^2 (\mathbf{n} \times \mathbf{B})_{r=R} = \int \mathbf{x} \times \boldsymbol{\omega} dV - \mathbf{n}\mathbf{n} \cdot \int \mathbf{x} \times \boldsymbol{\omega} dV \, 。$$

因此内区的总动量是 $\frac{1}{3} \rho \int \mathbf{x} \times \boldsymbol{\omega} dV$。对流体冲量的这个贡献是与 R 无关的，这个事实诱惑我们去令 R 趋于无穷大，进而断言不再有来自外区的补充贡献。但是这样的论证由于积分 $\int \mathbf{u} dV$ 不具备绝对收敛性而变得不正确。现在渐近速度分布 (7.2.1) 和由一半径为 R 的刚性球以速度 $\mathbf{U}$ 运动所引起的速度分布 (见 (6.8.13)) 的形式相同，只要

$$4\pi R^3 \mathbf{U} = \int \mathbf{x} \times \boldsymbol{\omega} dV \qquad (7.2.4)$$

(附带地表明：内区总动量与半径为 R 的球面内全部流体若都以 (7.2.4) 给出的 $\mathbf{U}$ 运动时所具的总动量相同)。因此，外区对于流体冲量的贡献等于由一个半径为 R 的刚性球以 (7.2.4) 式给出的速度 $\mathbf{U}$ 运动所引起的流动的流体冲量，考虑到 (6.4.29) 及 (6.8.18)，它等于

$$\frac{2}{3}\pi R^3 \rho \mathbf{U}, \quad = \frac{1}{6} \rho \int \mathbf{x} \times \boldsymbol{\omega} dV \, 。$$

这两个贡献合在一起给出

$$\mathbf{P} = \frac{1}{2}\rho\int \mathbf{x} \times \boldsymbol{\omega} dV, \qquad (7.2.5)$$

积分是在整个流体上进行的。

如可以料到的，我们可证明：从静止产生流动所需要的总冲量的表达式是与时间无关的，尽管流动本身不必一定是定常的。从 (7.1.5) 我们看到

$$\frac{d\mathbf{P}}{dt} = \frac{1}{2}\rho\int \mathbf{x} \times \frac{\partial \boldsymbol{\omega}}{\partial t} dV$$

$$= \frac{1}{2}\rho\int \mathbf{x} \times \{\nabla \times (\mathbf{u} \times \boldsymbol{\omega})\} dV。$$

把被积函数展开（用下标记号比较简单）表明它等于 $2\mathbf{u} \times \boldsymbol{\omega}$ 再加上形为导数的若干项，这些导数项给出的面积分均趋于零，因为 $|\boldsymbol{\omega}|$ 在无穷远处很小。这样就有

$$\frac{d\mathbf{P}}{dt} = \rho\int \mathbf{u} \times \boldsymbol{\omega} dV$$

$$= \rho\int \left\{ \frac{1}{2}\nabla q^2 - \frac{\partial u_i \mathbf{u}}{\partial x_i} \right\} dV,$$

这一表达式同样可以转换为面积分，而考虑到在远离原点处速度的量级已知为很小，这个面积分为零。

还可表明，使流体从静止产生运动必须施于流体的分布的力冲量（关于原点）的矩是

$$\frac{1}{3}\rho\int \mathbf{x} \times (\mathbf{x} \times \boldsymbol{\omega}) dV, \qquad (7.2.6)$$

它是运动的另一不变量。

流体的总动能

根据涡量分布可以求得总动能的表达式，我们有

$$T = \frac{1}{2}\rho\int \mathbf{u} \cdot (\nabla \times \mathbf{B}) dV$$

$$= \frac{1}{2}\rho\int \{\mathbf{B} \cdot (\nabla \times \mathbf{u}) - \nabla \cdot (\mathbf{u} \times \mathbf{B})\} dV,$$

积分是在整个流体上进行。被积函数中具有散度形式的那一项给

出其值为零的面积分，把 (2.4.10) 式代入剩下的那一个向量势项中，我们得到

$$T = \frac{1}{2}\rho \int \mathbf{B} \cdot \boldsymbol{\omega} dV$$

$$= \frac{\rho}{8\pi} \iint \frac{\boldsymbol{\omega} \cdot \boldsymbol{\omega}'}{s} dV(\mathbf{x}) dV(\mathbf{x}') \, . \qquad (7.2.7)$$

T 的另一种表达式可藉下述恒等式得到

$$\nabla \cdot (\mathbf{u}\mathbf{x} \cdot \mathbf{u}) = \nabla \cdot \left(\frac{1}{2} q^2 \mathbf{x} \right) - \frac{1}{2} q^2 + \mathbf{u} \cdot (\mathbf{x} \times \boldsymbol{\omega}) \, .$$

当此式两端同时对整个流体积分，有两项导致无穷远处的面积分且它们显然为零，因而，

$$T = \rho \int \mathbf{u} \cdot (\mathbf{x} \times \boldsymbol{\omega}) dV \, . \qquad (7.2.8)$$

同样地，可表明这个量与时间无关。

具有圆形涡线的流动

在所有涡线均为圆且圆心在一共同的对称轴上的情形中前述关于速度分布、流体冲量及总动能的诸表达式，将取相当简单的形式。

因为此时整个流场为轴对称（而且没有周向运动），我们可用流函数 ψ 描述速度分布，流函数与向量势 $\mathbf{B}$ 的一个非零分量相联系。在柱坐标系 (x, σ, ϕ) 中，$\boldsymbol{\omega}$ 及 $\mathbf{B}$ 处处平行于 ϕ 坐标线，(2.4.10) 表明

$$\psi(x, \sigma) = \sigma |\mathbf{B}|$$

$$= \frac{\sigma}{4\pi} \int_{-\infty}^{\infty} \int_0^{\infty} \int_0^{2\pi} \frac{\omega(x', \sigma')}{s} \sigma' \cos\theta dx' d\sigma' d\theta \quad (7.2.9)$$

其中

$$\omega = |\boldsymbol{\omega}|, \quad \theta = \phi' - \phi, \quad s^2 = (x - x')^2 + \sigma^2 + \sigma'^2 - 2\sigma\sigma'\cos\theta$$

使流体从静止产生流动所要求的合成冲量由 (7.2.5) 式给出，在此处它显然是一个方向为对称轴方向的向量，其大小为

$$P = \pi\rho \int_{-\infty}^{\infty} \int_0^{\infty} \omega\sigma^2 dx d\sigma \, . \qquad (7.2.10)$$

对于流体总动能我们有两个普遍公式 (7.2.7) 及 (7.2.8)，前者现在变成

$$T = \pi\rho \int_{-\infty}^{\infty} \int_{0}^{\infty} \psi\omega dx d\sigma 。 \qquad (7.2.11)$$

上述这些公式可以很容易地改写为应用于位于 $x=0$、半径为 a 强度为 κ 的单个圆形线涡的情形。按通常办法，设在包含线涡在内的轴平面内，积分元有 $\omega(x', \sigma') \delta x' \delta \sigma' = \kappa$，我们得到

$$\psi(x, \sigma) = \frac{\kappa a\sigma}{4\pi} \int_{0}^{2\pi} \frac{\cos\theta d\theta}{(x^2 + \sigma^2 + a^2 - 2a\sigma\cos\theta)^{\frac{1}{2}}} 。$$

$$(7.2.12)$$

在(7.2.9)及(7.2.12)式中对于 θ 的积分可从通用的表格中求值。如果我们令

$$k^2 = \frac{4a\sigma}{x^2 + (\sigma + a)^2},$$

(7.2.12)式可以写成

$$\psi(x, \sigma) = \frac{\kappa(a\sigma)^{\frac{1}{2}}}{4\pi} \int_{0}^{\pi} \left\{ \left(\frac{2}{k} - k \right) \left(1 - k^2\cos^2 \frac{1}{2}\theta \right)^{-\frac{1}{2}} \right.$$

$$\left. - \frac{2}{k} \left(1 - k^2\cos^2 \frac{1}{2}\theta \right)^{\frac{1}{2}} \right\} d\theta$$

$$= \frac{\kappa(a\sigma)^{\frac{1}{2}}}{2\pi} \left\{ \left(\frac{2}{k} - k \right) K(k) - \frac{2}{k} E(k) \right\},$$

$$(7.2.13)$$

其中 K 及 E 为所谓第一类和第二类完全椭圆积分，它们的数值为已知的。

从 (7.2.13) 得到的流线形状示于图 7.2.1。看来有些令人惊异的是，流线是在轴平面与线涡的交点附近的小封闭曲线，尽管我们已经知道不论从哪个方向接近线涡，速度的轴向分量要趋于无穷；不过我们应该记得这个轴向速度以 log $\{(\sigma - a)^2 + x^2\}$ 发散，而环绕线涡的运动的速度则是 $\{(\sigma - a)^2 + x^2\}^{-\frac{1}{2}}$，因此较之前者占有优势。

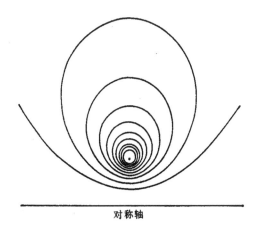

图 7.2.1　无穷远处为静止的流体中一单独环形线涡引起的运
动在轴平面上的流线，各线之间具有相等的 ψ 差值

关于与单独环形线涡联系的流动之流体冲量，我们有

$$P = \pi\rho\kappa a^2;\qquad(7.2.14)$$

值得注意的是，尽管在线涡上速度分布具有奇性，上述冲量却为
有限值。总能量当然是无限的，如同包含一任意形状线涡的流场
的情形那样。

涡 环

具有环形涡线的流动的一个常见而有趣的例子是"烟圈"，烟
圈是在把一口烟通过作成圆形的唇突然喷出时可能形成的，并且
带着一个充满烟的核定常地前进。产生一个涡环（给烟圈一个更
恰当的名称）的最重要的条件为：线动量必须是轴对称地加给流
体；烟只是一种示踪物，它使得某些流体变得可以看见。实际上
产生涡环的原则上最简单的办法是把一圆盘在垂直于其盘面方向
上突然一拉并随即使盘静止下来。这个方法的缺点是自由运动的
涡环将向着盘运动而会被盘所阻挡，尽管我们可以通过仅把半个
圆盘浸入液体自由面内，而当水平运动停止时立即把盘抽出的办

法克服这个缺点。更通常的方法是通过一圆形孔喷出一股流体而产生涡环，这种圆孔可以是一刚性平面薄板上的孔亦可是一管道的开口端，所产生的涡环向远离孔的方向运动。图 7.2.2（图版 20）是从一管子出口排出少量流体而引起的涡环形成过程的不同阶段的照片。十分意外的是，甚至在水槽中通过一管子向上吹出一定体积的空气也能产生涡环（Walters & Davidson 1963）。涡环或者环形气泡垂直地向上运动，其半径可看到是在逐渐加大，这设想是由于浮力不断地给流体增加冲量（见（7.2.14））。还有一个产生涡环的办法如图 7.2.3（图版 21）所示是让液滴垂直落到同种液体的自由面上。

从理论角度看，所有在均匀流体中观察到的涡环的最奇特的性质是当环在离开其产生者相当远以后，相对于环的运动呈现出近似的定常性。当然，运动总有一些衰减，设想是由粘性所致，但是对于大些的涡环其衰减较小，这表明：在无穷大 Reynolds 数情况下运动会成为真正定常的。我们已经看到，一圆形线涡具有定常传播的这种性质，尽管其运动速度为无穷。至少某些观察到的涡环看起来近似于一线涡，其涡量是包含在一个小而非零截面积的管内而且在对称轴方向上定常传播。

在数学的分析中，由于我们不知道能和定常运动相容的包含涡量的管的精确截面形状是什么而出现困难。但当截面很小时，这种困难会小一些，因为包围横截面的曲线是相对于与环一起运动的轴系的定常流动的流线（因为涡线与流体一起运动），当绕涡管邻近部分的环形运动是占主要地位时，流线近似地是圆形。一弯曲线涡在其附近诱导出的速度公式（7.1.13）提示（详细的分析也证实了）：当涡量是大致均匀地分布在一管状核中而此管横截面为一小半径 ε 构成的圆形时，则这种具有均匀曲率 a^{-1} 的涡管的运动速度是由在核边界处截断对数发散性所给出，故而渐近地（对于 $a/\varepsilon \gg 1$）具有下述形式

$$\frac{\kappa}{4\pi a}\log\frac{a}{\varepsilon}。 \tag{7.2.15}$$

于是，环半径 a 的值愈小速度愈大[①]。

公式（7.2.10）表明，对于核半径为很小，其涡环的流体冲量近似地是与核的尺寸无关的，因而可以由对于线涡的相同表达式（7.2.14）给出。流体总动能不再是无穷的了，而且只要我们所考虑的是当 $\varepsilon \to 0$ 的渐近形式，还可以通过注意下述事实对其求值，即与在一个以 ε 为半径的内圆柱和以 b 为半径的外圆柱之间区域中的一强度为 κ 的直线涡相关的动能每单位线涡长度为 $(\rho \kappa^2 / 4\pi) \cdot \log(b/\varepsilon)$。对于涡环这就给出：

$$T \sim \frac{1}{2}\rho a \kappa^2 \log \frac{a}{\varepsilon}, \qquad (7.2.16)$$

这个结果也可以从（7.2.11）式及在距线涡很小距离 ε 处 ψ 为 $(a\kappa/2\pi)\log\varepsilon$ 的量级的事实中得出。因此涡环运速度近似为 $\frac{1}{2}T/P$。

和一个具有很小圆形核的涡环相关的流动除了在核内部以外几乎处处是近似地由 a，κ 和 ε 这三个参数决定；在核内，运动是依赖于涡量的实际分布情况的。换种形式说，上述参数中的两个可以用（7.2.14）给出的流体冲量 P 以及由（7.2.16）给出的总动能 T 来代替。在实践中如何决定这三个独立参数之值取决于产生（涡环）的机制的性质，而其细节往往是不清楚的。在那种突然使一半径为 R 的圆盘在垂直其平面方向上运动而产生涡环的情形中，我们可以假设，当盘的速度达到 V 的瞬间盘就以某种办法从流体中拿走并且没有对流体运动产生直接的影响。于是和涡环相关的运动的流体冲量及动能就和以速度 V 运动的圆盘的情况一样，而且还可以令涡环的环量等于盘的两面的中心部分处速度势之差。根据 §6.8 中的诸公式有

---

① 在共同的对称轴上彼此相距一段距离的两个相似的涡环，会进行一种有趣的游戏。和后面涡环相关的速度场在前面涡环的位置处有沿径向指向外的分量，因此前面的环的半径逐渐增大（保持 κ 为常值），这导致其运动速度的下降，而后面的涡环速度有一对应的增加，因而最终地它要穿过较大的涡而使自己变成前面的涡，然后这种情况再重复发生。

$$P = \frac{8}{3}R^3\rho V, \quad T = \frac{4}{3}R^3\rho V^2, \quad \kappa = 4RV/\pi.$$

从(7.2.4)(7.2.16)可以得出产生出的涡环的尺寸为

$$a = \sqrt{\frac{2}{3}}R, \quad \varepsilon = a\exp\left(-\frac{1}{2}\pi^2/\sqrt{6}\right) = 0.13a,$$

从 (7.2.15) 可得出涡环运动速度为$\frac{1}{4}V$；不过 ε/a 的值也许还不够小以使 (7.2.15)及(7.2.16) 可以准确地应用。

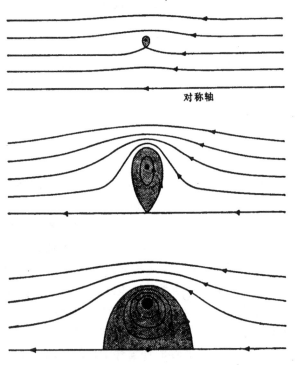

图 7.2.4　对于不同的（小的）ε/a 值的相对于涡环的定常流动流线（仅是示意图）。黑色内部区域表示涡核，阴影部代表由涡环携带的流体

　　表征一小核半径的涡环的流动的三个参数中的两个可看作是规定了这个流动系统的长度及速度的尺度。因而在一个与涡环一

起运动的参考标架中，我们可把任一点 **x** 处（除了在核本身内）的速度写为如下形式：

$$\frac{\kappa}{a} f\left(\frac{\mathbf{x}}{a}, \frac{\varepsilon}{a}\right),$$

以表明对于不同的 ε/a 的值有一单无穷族这样的涡环与之对应。先不管对核内或核附近处流动的细节的影响，改变 ε/a 值的最主要影响是改变涡环运动速度。这样，我们就通过把一均匀轴向速度 $-(\kappa/4\pi a)\log(a/\varepsilon)$ 叠加到图 7.2.1 所示的流线上去而得到了在不同的（小的）ε/a 值下的定常流型的一个近似，而图 7.2.1 所示流线仅由 a 和 κ 决定。用这种方法，我们得到图 7.2.4 所示类型的一系列流型。随着 ε/a 的增加，由涡环所携带的流体量急剧增加，当 ε/a 大于量级为 0.01 的某一值时，随涡环一起运动的流体延伸到了轴上。

很自然地要问：是否存在核并不太小的定常涡环。这时涡量的分布就有关系了，而无粘流体理论所要求的全部只是 ω/σ 沿定常流动中的任一条流线应为常值（参阅 (7.1.7)）。唯一已有的解析的证据是一个十分简单的所谓"Hill 球形涡"(Hill 1894) 流场的存在。在其中，涡量占据了以 a 为半径的球，其分布按关系式

$$\omega = A\sigma, \qquad (7.2.17)$$

A 对于球内**所有**流线具有同一值。在使球成为静止不动的坐标系内（因而在 $x^2+\sigma^2=a^2$ 上 $\psi=0$）球内流动的对应的流函数 ψ 可以方便地求得为

$$\psi = \frac{1}{10} A\sigma^2 (a^2-x^2-\sigma^2), \qquad (7.2.18)^{①}$$

从球内趋近到球面时球面上的速度切向分量是

$$\left\{\left(\frac{1}{\sigma}\frac{\partial\psi}{\partial\sigma}\right)^2 + \left(\frac{1}{\sigma}\frac{\partial\psi}{\partial x}\right)^2\right\}_{x^2+\sigma^2=a^2}^{\frac{1}{2}} = \frac{1}{5}Aa\sigma,$$

---

① 这一速度分布关系在一以小 Revnolds 数穿过另一种流体平动的一球形流体滴内也是成立的，见 §4.9。

它指向远离驻点 $\sigma=0, x=a$ 的方向。无穷远处以均匀速度 U 沿负 x 轴方向运动的无旋流体流动中一个浸没于其中的静止球球面上的速度为 $\frac{3}{2}U\sigma/a$（见 §6.8）所以只要

$$U = \frac{2}{15}a^2 A$$

则内部分布与外部分布就能互相匹配。相对于涡的定常流的流线示于图 7.2.5。从半径为 a 的球内部及外部区域分别的贡献考虑，显然地（相对于固联于无穷远处流体中的坐标系的运动的）流体冲量的量级为 $2\pi a^3 \rho U$，正如也可从 (7.2.10) 式直接导出的一样。

看来很可能 Hill 球形涡代表着涡环族的一个极端情况，而圆形线涡为另一极端情况。

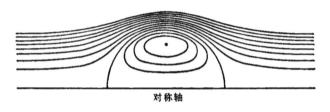

对称轴

图 7.2.5　相对于 Hill 球形涡的定常流流线图，ψ 的间隔相等

7.3　无穷远处为静止的无界流体中的二维流动

延伸至无穷远处并在那里为静止的无内边界的二维流场，在若干重要方面与前节讨论的情形不同。首先，这里有这样的可能性，即与绕很大半径的圆周的非零环量的存在相联系的速度在距原点距离很大时以 r^{-1} 渐近变化，这如同具有内边界的无旋流动的情形一样（见 §6.4）。其次，直线涡的自诱导运动速度不是无限，而且具有直涡线的涡管的行为并不强烈地依赖于管的横截面。这样一来，在二维流动中，涡量的集中能够用点涡在解析上来近似而不引起麻烦。

在没有内边界的二维流场中，(7.1.1) 中的无旋贡献 v 仍然是

零，任意一点处的速度为

$$\mathbf{u}(\mathbf{x}) = -\frac{1}{4\pi} \iint \frac{\mathbf{s} \times \boldsymbol{\omega}(x')}{s^3} dA(\mathbf{x}')dz',$$

其中 δA 是流动平面的一个面积元，z' 是垂直于此平面的一个坐标，积分是在整个（三维）空间上进行。因为 $\boldsymbol{\omega}$ 是垂直于流动平面，$\mathbf{s} \times \boldsymbol{\omega}(x')$ 就与 z' 无关，对于 z' 的积分可以完成，给出

$$\left.
\begin{aligned}
u(x,y) &= -\frac{1}{2\pi} \int \frac{y-y'}{(x-x')^2 + (y-y')^2} \omega(x',y')dA(x',y') \\
v(x,y) &= \frac{1}{2\pi} \int \frac{x-x'}{(x-x')^2 + (y-y')^2} \omega(x',y')dA(x',y')
\end{aligned}
\right\},$$

(7.3.1)

其中 (x, y) 为流动平面上的直角坐标，(u, v) 为对应的速度分量，积分是在整个流动平面上进行。显然，速率分布可以从下述流函数导出：

$$\psi(x,y) = -\frac{1}{4\pi} \int \omega(x',y') \log\{(x-x')^2 + (y-y')^2\} dA(x',y')。$$

(7.3.2)

这个式子同样可以看作为向量势的一个非零分量的表达式。

只要在距原点很大距离处涡量的量值充分小，我们就有：当 $r \ (= (x^2+y^2)^{\frac{1}{2}}) \rightarrow \infty$ 时

$$\psi(x,y) = -\frac{1}{2\pi} \log r \int \omega dA + O(r^{-1})。$$

(7.3.3)

于是在远离原点处，速度分布就和在原点处有一强度为 $\int \omega dA$ 的点涡的速度分布一样。

涡量分布的积分不变量

直接对于流体的总线动量、角动量及动能进行考虑是行不通的，因为这些量的积分表达式是发散的。不过，我们期望的具有对于时间不变性质的一些量却的确存在。事实证明，直接寻找涡量分布的不变积分然后再考虑它们与上述物理量间的关系是更为方便的。

涡量及流动平面的质元面积都是常量，所以第一个也是最简单的一个不变积分是

$$\int \omega dA,\qquad (7.3.4)$$

其中积分是在整个流动平面上进行；这个积分等于环绕一条处处离原点都很远的封闭曲线的环量，于是这一不变性可以看作为Kelvin环量定理的一个直接结果。

涡量分布的一阶积分矩也是常量，因为我们有

$$\frac{d}{dt}\int x\omega dA = -\int x\left\{\frac{\partial(u\omega)}{\partial x} + \frac{\partial(v\omega)}{\partial y}\right\}dA$$

$$= \int u\omega dA,$$

把(7.3.1)给出的 u 的表达式代入就可以表明这个积分为零；类似地，对于 $\int y\omega dA$ 也是一样。这样我们就可以定义两个不变量

$$X = \frac{\int x\omega dA}{\int \omega dA}, \qquad Y = \frac{\int y\omega dA}{\int \omega dA},\qquad (7.3.5)$$

它们代表"涡量中心"的坐标。如果 $\int \omega dA = 0$，这个中心就在无穷远处。

看来需要加以考察的下一个积分矩是 $\int (x^2 + y^2)\omega dA$。它的变化率是

$$\frac{d}{dt}\int (x^2 + y^2)\omega dA = -\int (x^2 + y^2)\left\{\frac{\partial(u\omega)}{\partial x} + \frac{\partial(v\omega)}{\partial y}\right\}dA$$

$$= 2\int (xu + yv)\omega dA,$$

把(7.3.1)给出的 u 和 v 的表达式代入后就得知最后的这个积分是零。于是

$$D^2 = \frac{\int \{(x - X)^2 + (y - Y)^2\}\omega dA}{\int \omega dA},\qquad (7.3.6)$$

是运动的一个不变量。当 ω 处处为同号，D 就是量度涡量相对于其固定的中心 (X, Y) 的方差的一个长度。

积分量

$$\int x\omega dA, \quad \int y\omega dA \text{ 及 } \int (x^2 + y^2)\omega dA$$

的量纲表明它们和（单位深度的）流体的线动量及角动量具有一定的关系。当 $\int \omega dA \neq 0$ 时，这种关系不是直接的，因为此时在无穷远处的速度不足以小得使代表总动量的积分能具有意义。而流函数

$$\psi(x, y) + \frac{1}{2\pi}\log r \int \omega dA$$

代表着给定运动和在原点处集中有相同总涡量的定常比较流动之间的差。当 $r \to \infty$ 时，这个差运动中的速度量值以 r^{-2} 减小，因而表示对应的总线动量的积分仍然不是绝对收敛的。不过，如同在 §7.2 中考虑过的三维流动情形那样，可以表明，为了使流体从静止产生这个差运动所必需施于流体的总力冲量的分量为

$$\rho \int y\omega dA, \qquad -\rho \int x\omega dA 。 \qquad (7.3.7)$$

类似地可以表明，为了从静止状态产生这种差运动所要求的力冲量相对于原点的总矩为

$$-\frac{1}{2}\rho \int (x^2 + y^2)\omega dA 。$$

我们至今还未找到能以某种方式与流体动能相对应的不变量。在对于像动能这样的非线性量的情形利用一个"差运动"的办法是无济于事的，所以我们须以不同的方式行事。处于一个由一封闭曲线 ($\delta \mathbf{x}$ 为线元) 所包围的有限面积 A_1 内的流体的动能可由下式表达

$$T = \frac{1}{2}\rho \int_{A_1} (u^2 + v^2)dA$$

$$-\frac{1}{2}\int_{A_1} \left(u \frac{\partial \psi}{\partial y} \quad v \frac{\partial \psi}{\partial x} \right) dA$$

$$= \frac{1}{2}\rho \int_{A_1} \left\{ \psi\omega + \frac{\partial(u\psi)}{\partial y} - \frac{\partial(v\psi)}{\partial x} \right\} dA$$

$$= \frac{1}{2}\rho \int_{A_1} \psi\omega dA - \frac{1}{2}\rho \oint \psi \mathbf{u} \cdot d\mathbf{x},$$

上面的两个积分中的第一个当 $A_1 \rightarrow \infty$ 时是收敛的。第二个则不然，不过其渐近形式可以容易地从(7.3.3)决定。将包围上述面积的边界线选为以原点为圆心以 R 为半径的一个圆，我们发现，当 $R \rightarrow \infty$ 时有：

$$T - \frac{1}{2}\rho \int \psi\omega dA - \frac{1}{4\pi}\rho \log R \left(\int \omega dA \right)^2 \rightarrow 0, \quad (7.3.8)$$

在其中积分是在整个平面上进行的。于是可推知，对于某个固定的大的 R 值，量

$$W = \frac{1}{2}\rho \int \psi\omega dA,$$

$$= -\frac{1}{8\pi}\rho \iint \omega(x,y)\omega(x',y') \log\{(x-x')^2 + (y-y')^2\}$$

$$\cdot dA(x,y)dA(x',y'), \quad (7.3.9)$$

就代表着流体的那部分的动能，它的大小是依赖于给定的总涡量的分布方式的。由于既没有对流体作功也没有耗散造成能量的损失，故而可以预料 W 是与时间无关的；这一点可由直接计算加以证实。

于是，我们就已得知 $\int \omega dA$ 及如上面定义的 X, Y, D 及 W 诸量都是运动的常量。因而物质元运动时总是带有绕固定中心的不变涡量，关于此中心的不变方差以及(7.3.9)式中的积分不变值。这些涡量分布变化所必须满足的条件是很强的，当涡量初始分布为一简单分布时，这些条件有可能用来给出运动发展的定量预言。

点涡群的运动

当涡量是集中在若干个点上时，上述积分不变量取较为简单的形式。让我们假设瞬时地有若干点涡，其强度为 $\kappa_1, \kappa_2, \cdots, \kappa_n$，分别位于点

$$(x_1, y_1), (x_2, y_2), \cdots, (x_n, y_n)$$

处，而在其它各处涡量均为零。这些涡强度是保持不变的，但位置要变化，位置的变化要保持 X、Y 及 D 的值为常值，其中

$$X \sum_i \kappa_i = \sum_i \kappa_i x_i, \qquad Y \sum_i \kappa_i = \sum_i \kappa_i y_i, \quad (7.3.10)$$

$$D^2 \sum_i \kappa_i = \sum_i \kappa_i \{(x_i - X)^2 + (y_i - Y)^2\}, \quad (7.3.11)$$

上述每种情形中求和都是对于从 1 到 n 的 i 的所有值进行的。

流函数的表达式 (7.3.2) 成为

$$\psi(x, y) = -\frac{1}{4\pi} \sum_i \kappa_i \log\{(x - x_i)^2 + (y - y_i)^2\}.$$

$$(7.3.12)$$

强度为 κ_j 的涡的运动速度等于位于 (x_j, y_j) 点处的流体由全部**其它**涡而得到的速度，因为在点涡上没有自身诱导的运动。于是

$$\frac{dx_j}{dt} = -\frac{1}{2\pi} \sum_{i(\neq j)} \frac{\kappa_j(y_j - y_i)}{r_{ij}^2},$$

$$\frac{dy_j}{dt} = \frac{1}{2\pi} \sum_{i(\neq j)} \frac{\kappa_i(x_j - x_i)}{r_{ij}^2}, \quad (7.3.13)$$

对于 j 的从 1 到 n 的所有值成立，其中

$$r_{ij}^2 = (x_i - x_j)^2 + (y_i - y_j)^2.$$

还有一个由 (7.3.9) 表示的不变量，但鉴于孤立点涡的动能为无穷，它需加以修正。如同以前的作法一样，我们考虑由一很大半径 R 构成的圆从外面以及以每个点涡为中心以小量 ε 为半径的许多小圆从里面所围起来的流体的总动能 T，发现当 $R \to \infty$，$\varepsilon \to 0$ 时有

$$T + \frac{\rho}{4\pi} \sum_i \sum_j \kappa_i \kappa_j \log r_{ij} + \frac{\rho}{4\pi} \left(\sum_i \kappa_i^2 \right) \log \varepsilon$$

$$- \frac{\rho}{4\pi} \left(\sum_i \kappa_i \right)^2 \log R \to 0$$

于是表达式

$$\rho W = -\frac{\rho}{4\pi} \sum_i \sum_j \kappa_i \kappa_j \log r_{ij} \quad , \quad (7.3.14)$$

（此式中的求和是对于除 $i=j$ 这种组合之外的 i 与 j 的所有值进行）是动能中对于固定的 R 及 ε 依赖于涡之间相对位置的那部分。同样地可以证明 dW/dt 为零。

可注意到(7.3.13)也可写为如下形式

$$\kappa_j \frac{dx_j}{dt} = \frac{\partial W}{\partial y_j}, \quad \kappa_j \frac{dy_j}{dt} = -\frac{\partial W}{\partial x_j} \qquad (7.3.15)$$

（不用求和约定），它表明了流场的一个很重要特点，即若把 $\kappa_j^{\frac{1}{2}} x_j$、$\kappa_j^{\frac{1}{2}} y_j$ 这 $2n$ 个量看作为广义坐标及广义动量，则(7.3.15)为一个 Hamilton 微分方程系。

在只有两个涡的情形中，它们之间的距离 d 必须保持为常值，并且这两个涡绕涡量中心以相同的角速度沿圆形路径运动，角速度为

$$\frac{\kappa_1 + \kappa_2}{2\pi d^2}, \qquad (7.3.16)$$

如图 7.3.1 所示。当 $\kappa_1 + \kappa_2 = 0$，涡量中心在无穷远处，两个涡就沿彼此平行的直线以常速 $\kappa_1/2\pi d$ 运动（给出圆形线涡的一个二维情形下的类比）；两涡连接线的垂直平分线是一流线因而可以代之以一刚性边界。

当 $n=3$，运动的细节就不很显然了，但上面的诸不变量表明，所有这三个涡保持在距涡量中心量级为 D 的距离内（除去在 κ_1、κ_2 和 κ_3 中的两个之和接近零的情形），并且任意两个涡之间的距离永远不会比任意一对涡间初始距离中最小者小很多。同样的结论也适用于一大群涡，这样我们就形成了关于一大群无休止地运动着的涡的一个定性图象，尽管整体看这个涡群是静止的并具有不变的整体尺度及涡之间的平均距离。有人曾试图 (Onsager 1949) 对于具有随机选定的初始位置的许多涡组成的涡群，利用这个系统是 Hamilton 系统的事实及统计力学的方法去导出这个涡群运动的若干普遍性质，但是所获的结果还不是结论性的。

当流体具有静止不动的内及外边界时，上述诸关系式应当予以修正以便把点涡的相对应的映象系统的作用也包括进来。在

§6.5中阐述的保角变换的方法也可以用来决定有适当形状边界存在时由若干点涡所引起的流动。

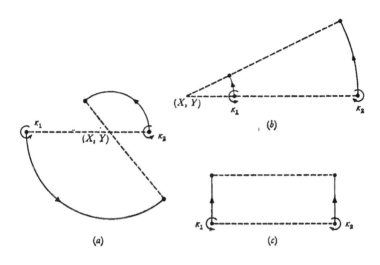

图 7.3.1 无界流体中两个点涡的运动。情形（a）κ_1 与 κ_2 同号，
（b）κ_1 和 κ_2 异号，（c）$\kappa_1 + \kappa_2 = 0$

定常运动

如同在具有圆形涡线的轴对称运动中一样，考虑一下在二维无界流体中什么样的涡量分布可以给出定常运动的问题是很有兴趣的。

很显然，任何相对于某一点具有圆形对称的涡量分布都和一个定常运动相联系，因为此时所有流线都是圆形。令原点在对称中心而 (r, θ) 为极坐标，使绕一圆的环量等于穿过以此圆为边界的面的涡通量，我们得到

$$u_\theta = -\frac{\partial \psi}{\partial r} = \frac{1}{r} \int r \omega(r) dr 。$$

在非零涡量区域之外的点上的速度与假设全部涡量是集中在原点的情形是一样的。

如果涡量分布仅具有近似的圆形对称性，则看来很可能是偏

离圆对称的那些部分将绕原点随同流体一起运动，尽管也许在运动中不无变化。对于在瞬时地由曲线

$$r = a + \varepsilon \cos s\theta \tag{7.3.17}$$

包围的区域内涡量具有均匀值 ω_0，而在此区域外为零的情形（上式中 s 为一整数，$\varepsilon \ll a$），我们可以比较细致地看看这个过程。这一涡量分布可以看作是在 $r=a$ 的圆内均匀值 ω_0 和周线上强度密度为 $\omega_0\varepsilon \cos s\theta$ 的一涡量层的叠加，如图 7.3.2 所表示的那样。前者的贡献引起一个纯转动运动，它使得边界的凸凹处以角速度 $\frac{1}{2}\omega_0$ 绕原点转动。后者则使边界变形，因为它在周线上角位置为 θ 处产生一个径向速度分量，其大小等于下述积分（的主值）

$$\frac{1}{4\pi}\varepsilon\omega_0\int_{-\pi}^{\pi}\cos s\theta'\cot\frac{1}{2}(\theta'-\theta)d\theta',$$

由于

$$\int_{-\pi}^{\pi}\sin s\theta'\cot\frac{1}{2}\theta'd\theta' = 2\pi,$$

上述积分等于 $-\frac{1}{2}\varepsilon\omega_0\sin s\theta$。但是在边界上这个径向速度分量恰好是使边界形状(7.3.17)以角速度 $-\frac{1}{2}\omega_0/s$ 绕原点刚性旋转所要求的。于是这两部分贡献合起来就引起整个涡量分布以角速度

$$\frac{1}{2}\omega_0\left(\frac{s-1}{s}\right) \tag{7.3.18}$$

作刚性旋转，于是流场相对于以此（定常的）角速度旋转的坐标系而言是定常的。

每当在一个单连通区域内涡量为同号而在区域之外为零时，这个分布就倾向于作为整体旋转。关于决定哪些分布相对于旋转坐标系成为定常的直接方法现在还没有，不过某些特殊情形已经清楚了。如 Kirchhoff 首先指出的，可以表明由一椭圆 $x^2/a^2+y^2/b^2=1$ 包围起来的均匀涡量 ω_0 的区域将不改变形状地以角速度

$$\frac{ab\omega_0}{(a+b)^2}$$

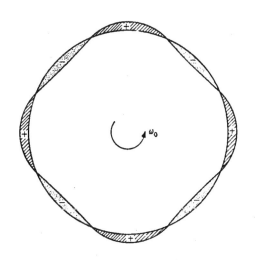

图 7.3.2 当具有均匀涡量 ω_0 的圆形核被扰动 ($s=4$) 时，涡
量分布的非对称部分

旋转（当 $a-b \ll a$ 时就和前述结果相符合）。在 $b/a \to 0$ 的极限情形，涡量非零的区域变成为 x 轴上强度密度为

$$2b\omega_0 \left(1 - \frac{x^2}{a^2}\right)^{\frac{1}{2}} \qquad (7.3.19)$$

的一个片涡，它也是不变形状地旋转。

当涡量在流体中的某些部分为正而在另一些部分为负，但 $\int \omega dA = 0$ 时，很显然，相对于平动坐标系的定常运动是可能存在的。如上面已经看到的，由强度分别为 κ 及 $-\kappa$ 的两个点涡引起的运动相对于以 $\kappa/2\pi d$ 为速度在垂直于两点涡联线的方向上运动的坐标系是定常的。这个定常流动的流线示于图 7.3.3。看来集中在每一点涡上的涡量能够在以近似于图 7.3.3 中的封闭流线作为边界的区域中散布开来而不违背定常运动的条件。

具有这后一类型的分布的涡的定常流动的一个情形是已知的，且可以通过假设在涡量

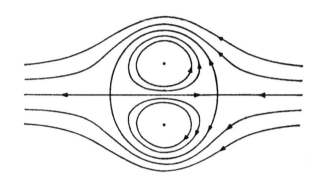

图 7.3.3 相对于强度为 κ 及 $-\kappa$ 的一对点涡的定常流动之流线

$$\omega = k^2\psi,$$

非零的区域来寻得，其中 k 为常数，于是在极坐标系中

$$\frac{\partial^2\psi}{\partial r^2} + \frac{1}{r}\frac{\partial\psi}{\partial r} + \frac{1}{r^2}\frac{\partial^2\psi}{\partial\theta^2} = -k^2\psi。 \tag{7.3.20}$$

我们要来求这个方程的一个解，使其与外部的无旋流动的流函数相匹配，这提示我们应当像在无旋流动绕圆柱时一样试试

$$\psi \propto \sin\theta,$$

于是(7.3.20)的全解就是

$$\psi = CJ_1(kr)\sin\theta, \tag{7.3.21}$$

它使得圆 $r=a$ 为一流线，只要 $J_1(ka)=0$。根据(7.3.21)，在这条流线上的速度值可以写为 $2U\sin\theta$，即与半径为 a 的圆柱置于在无穷远处 $\theta=\pi$ 方向上均匀速度为 U 的流中所引起的无旋流动的速度相同，只要我们选

$$U = -\frac{1}{2}CkJ_1{}'(ka) = -\frac{1}{2}CkJ_0(ka)。 \tag{7.3.22}$$

图 7.3.4 表示出对于 $ka=3.83$ 的这一定常流动在 $r\leqslant a$ 区域内的流线，ka 的这一值是其可能值中的最小值。当 ka 的值再大一些，ω 及 ψ 在沿着一径向线达到无旋流动的区域的边界之前要改变一次或多次符号。通过考虑圆 $r=a$ 以外和以内区域的分别的贡献或

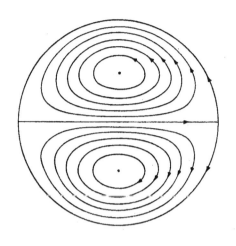

图 7.3.4 涡量正比于 $J_1(kr)\sin\theta$ ($r\leqslant a$, $ka=3.83$) 及无穷远处速度适当选定的均匀流引起的定常流中区域 $r\leqslant a$ 内的流线

者通过应用公式(7.3.7),我们看到,相对于在无穷远处固联于流体的坐标系,流动的流体冲量是量值为 $2\pi a^2\rho U$ 方向为沿正 x 轴的一个向量。

习　　题

1.利用流动平面的保角变换表明,在两相交直线边界之间区域内一点涡的路径由下式给出

$$r\sin n\theta = 常数。$$

其中 r、θ 为极坐标,而在两边界上 $\theta=0$ 及 $\theta=\pi/n$。

2.在一伸往无穷的直线上,等距离地有强度均为 κ 的点涡,相邻两涡间的距离为 a;另有类似的一列点涡,强度为 $-\kappa$,两列涡间距离为 b。试证明所有的涡沿着自己的涡列运动的速度当一列中的一个涡正与另一列中的涡相对时为

$$\frac{\kappa}{2a}\coth\frac{\pi b}{a}$$

而当与另一列的两涡等距离时则为

$$\frac{\kappa}{2a}\tanh\frac{\pi b}{a}$$

（这样的"片涡"可以用来作为在一定 Reynolds 数范围内穿过流体运动的物体后的尾迹的一个近似代表；参见图 4.12.6，图版 2 及图 5.11.4，图版 11）。

3. 试证明，当把粘性对于本节中所讨论的这类流场的影响考虑进来时，总涡量 $\int\omega dA$ 及涡量中心坐标保持不变，而 D^2（D 是方差长度）以 4ν 为增长率增加。

7.4 到处具有涡量的流体的定常二维流动

在二维流动中，质量守恒方程可以通过把速度分量 (u,v) 用流函数 ψ 写出而恒等地得到满足。处处垂直于流动平面（即 (x,y) 平面）的涡向量的量值于是由下式给出

$$\omega = \frac{\partial v}{\partial x} - \frac{\partial u}{\partial y} = -\left(\frac{\partial^2\psi}{\partial x^2} + \frac{\partial^2\psi}{\partial y^2}\right).$$

在(7.1.6)式中我们曾看到，二维流动中与一质元相联系的涡量是常量；而在定常流动中质元的轨迹是流线。因此在一流线上的所有点上的 ω 具有相同的值，因而也可以写成仅是 ψ 的函数，比如说 $f(\psi)$。于是，一旦函数 f 为已知我们就有

$$\frac{\partial^2\psi}{\partial x^2} + \frac{\partial^2\psi}{\partial y^2} = -f(\psi) \tag{7.4.1}$$

作为在定常流动中决定速度分布的方程。

量 H 沿流线是常量，从而也只是 ψ 的函数。于是(7.1.8)可以写成为

$$\mathbf{u} \times \boldsymbol{\omega} = \frac{dH}{d\psi}\nabla\psi, \tag{7.4.2}$$

它给出一个标量关系式

$$\frac{dH}{d\psi} = -\omega = -f(\psi)。 \tag{7.4.3}$$

当 f 为已知时 H 可以由积分求得，从而提供一个对于压力的明显表达式。

于是，只要在不同流线上涡量的分布是已知的则解决二维定常流动问题的数学步骤是清楚的（尽管从（7.4.1）来解析地决定 ψ 可能不容易）。就无粘流体理论而言，涡量分布可以是任意的。而在实际中涡量的分布是由建立定常流动的历史决定的，而这一历史一般地是要包括粘性的重要影响的。所以常不可能详细地去分析定常状态的建立过程，关于函数 f 的知识也就只可能在一些简单情形中才具备。

无粘流体方程的可能的解可以通过选择方程(7.4.1)中的函数 f 的特殊形式来加以研究。一个明显方便的选择是 $f(\psi) \propto \psi$，这给出线性方程

$$-\omega = \frac{\partial^2 \psi}{\partial x^2} + \frac{\partial^2 \psi}{\partial y^2} = -\alpha^2 \psi, \qquad (7.4.4)①$$

在 (x, y) 平面内具有固定线边界的弹性膜横向振动理论中这个方程是人们熟知的，在那里把 ψ 作为膜的位移；对于若干种 ψ 取常值的边界的形状——圆形，矩形，三角形等解都是已知的，不过我们还不知道这过程对应的流场是否能够以及在什么情况下产生。

另一个简单的也是有实际兴趣的情形是在整个流体中取涡量为均一，比如令其为 ω_0。ψ 的方程就成为

$$\frac{\partial^2 \psi}{\partial x^2} + \frac{\partial^2 \psi}{\partial y^2} = -\omega_0, \qquad (7.4.5)$$

---

① 涡量分布的这种形式正好也能满足粘性流体的完全的涡量方程，对于二维流动，这个方程可写为

$$\frac{\partial \omega}{\partial t} + \frac{\partial(\omega, \psi)}{\partial(x, y)} = \nu\left(\frac{\partial^2 \omega}{\partial x^2} + \frac{\partial^2 \omega}{\partial y^2}\right).$$

沿流线为常量的任何涡量分布都使方程的第二项不出现，对于(7.4.4)的特定分布，方程中所剩余的项彼此平衡，只要

$$\frac{\partial \omega}{\partial t} = -\alpha^2 \nu \omega,$$

亦即只要

$$\omega \propto \exp(-\alpha^2 \nu t).$$

所以从(7.4.4)得到的作为 x 和 y 的函数的 ψ 的解就代表着无粘流体的一个定常运动，或者当乘以 $\exp(-\alpha^2 \nu t)$ 时就代表粘性流体的一个衰减运动。

这是一个右端为常量的 *Poisson* 方程，我们曾在 §4.2 中在很不相同的情况下遇到过它。(当 ω 是均一，这个方程对于定常流及不定常流都成立，虽然两种情形下边界条件是不同的)。当 ω 是常量，方程(7.4.3)可以积分给出

$$H = \text{const} - \omega_0 \psi,$$

或者，用 p 表示包括重力影响在内的修正压力时有

$$\frac{p}{\rho} = \text{const} - \frac{1}{2}q^2 - \omega_0 \psi。 \tag{7.4.6}$$

本节的剩下的部分将讨论这种均匀涡量情况的三种不同形式。

在一有外部边界的区域内的均匀涡量

没有必要多说这类流动问题的解的细节，但是在一个有外部边界的区域内具有均匀涡量的定常流动至少能够以两种不同的方式自然地发生这个事实倒是值得注意的。其中第一种也是比较明显的一种方式是要求流体作为一个整体有一个初始的旋转。由一绕平行于其母线的轴作定常转动的刚性柱所包围的流体，通过粘性应力的作用最终地将达到相对于刚性边界的静止状态，因而也就具有均匀涡量。如果边界的旋转突然停止，除了接近边界附近的一薄层以外(当不发生任何分离时)，在柱内的流体将继续带着均匀涡量运动，而在这薄层内，由壁而来的涡量的粘性扩散影响是重要的。这个边界层的厚度不断增加直到整个流体被静止下来，不过对于流动的适当大的 Reynolds 数，存在着一段时间在其间边界层厚度可以忽略。在这个期间内，流体的整体的运动是由(7.4.5)控制，而在静止的周界上 ψ 为常量。

在二维定常流动中均一涡量区域能够发生的第二种方式也是涉及到运动初始阶段中粘性的作用。让我们假设，在一定常状态中存在一系列封闭流线，这些流线均不包含内边界，而且在这些流线上粘性应力处处很小(也就是说，这些流线均不通过粘性力与惯性力大小可比拟的层)。沿每一条这种流线，涡量将近似地为常量。在这种定常二维运动情形下涡量满足的**精确**方程是

$$\mathbf{u} \cdot \nabla \omega = \nu \nabla^2 \omega,$$

这简单地正是运动介质中的扩散方程；且可导出：如在不同流线上涡量具有不同的值，则穿过流线存在涡量的扩散通量，此通量存在于每条流线上的所有点上，或者向内或者向外。因为在这些封闭流线的中心没有涡量的源或汇，唯一可能的定常状态（考虑到粘性力很小的假设，这一定常状态要求很长一段时间建立起来）是均匀涡量的状态。这一论点能够以严格的解析形式给出（Batchelor 1956），而且所得结果对于流线包含内边界的情况也成立[①]。

不论涡量的均匀性的成因如何，一旦 ω_0 给定，从(7.4.5)决定流函数就纯粹是一个数学问题了。在此可以再次利用在 §4.2 中曾述及的这个方程的解，当然需要给以不同的解释。例如，对于以半轴为 a 和 b 的一椭圆为外边界的具有均匀涡量 ω_0 的流体的定常流动，我们有

$$\psi = -\frac{1}{2}\omega_0 \left(\frac{x^2}{a^2} + \frac{y^2}{b^2} \right) \Big/ \left(\frac{1}{a^2} + \frac{1}{b^2} \right), \qquad (7.4.7)$$

在除了边界邻域处外均成立，而在那些邻域中粘性力可能是重要的；这一运动的有趣特性是诸质元以相同的轨道时间及每一质元绕中心的不变的动量矩沿着相似的诸椭圆运动。

无穷远处为刚性旋转的流体

当延伸至无穷远处的流体初始时处于以角速度为 $\frac{1}{2}\omega_0$ 的刚性旋转中，则只要 Kelvin 环量定理成立的条件得到满足，任何在此流体中产生的二维运动都具有均匀涡量 ω_0。我们在此关心的是具有一个静止不动的内部刚性边界的这种定常运动。把运动表示

[①] 对于在轴平面内具有封闭流线的定常轴对称流动也有类似的结果。在一定条件下，在近似为无粘流动的区域内，涡量因而为一周向向量，其量值与距对称轴的距离成比例（如同 Hill 球形涡的情形），见(7.2.17)。二维情形与轴对称情形的结果可以总结为：在一具有封闭流线的近似为无粘的定常流动区域中，$H \propto \psi$。

为下述三者的迭加是有益的：(a)一个绕坐标系原点以角速度$\frac{1}{2}\omega_0$的刚性旋转 (b)一个均匀速度$-\mathbf{U}$（这里的负号是帮助我们与先前对于以速度 $\mathbf{U}$ 在无穷远处为静止的流体中运动的物体引起的无旋运动的分析对应起来），这个速度依赖于原点及实际旋转中心的相对位置 (c) 由于存在边界所引起的扰动运动（不一定为小的扰动），它是以速度势为 ϕ 的无旋运动。于是利用极坐标$(r，\theta)$使在 $\mathbf{U}$ 的方向上 $\theta=0$，我们有径向及周向速度分量

$$- U\cos\theta + \frac{\partial \phi}{\partial r},$$

$$\frac{1}{2}\omega_0 r + U\sin\theta + \frac{1}{r}\frac{\partial \phi}{\partial \theta}, \qquad (7.4.8)$$

其中 U 为 $\mathbf{U}$ 的量值。扰动速度$\nabla\phi$在无穷远处为零，通过内部边界的每一部分的流体通量为零的条件要求$\nabla\phi$在该处的法向分量要取给定值（它依赖于边界形状及 ω_0 和 $\mathbf{U}$）；因而只要无旋运动的循环常数的值给定，扰动运动就是唯一的，且可用无旋流动的常规方法来决定它。

流体涡量对于流场的影响的方式可用一内部边界为半径为 a 的圆的简单情况来加以说明。如果我们选圆柱中心为原点，则内部边界上的边界条件不会受流体绕圆心的刚性旋转的影响，ϕ 的形式就和一柱体在均匀流中引起的无旋流动一样。令 κ 为 ϕ 的循环常数，我们对于扰动运动就有

$$\phi = \frac{\kappa\theta}{2\pi} - \frac{Ua^2\cos\theta}{r} \qquad (7.4.9)$$

完全的速度分布就可以很方便地根据下述形式的流函数表示

$$\psi = -\frac{1}{4}\omega_0 r^2 - Ur\sin\theta - \frac{\kappa}{2\pi}\log r + \frac{Ua^2\sin\theta}{r}。(7.4.10)$$

无量纲化后，ψ 显然依赖于两个参数 $\omega_0 a/U$ 及 κ/aU。图 7.4.1 画出对于$\omega_0 a/U=\frac{1}{2}$（在这种情况中，转动中心距柱的中心为四倍半径）及 $\kappa/aU=0$ 的示意图。

很明显，整个流体的转动使得绕圆柱的流动相对于线 $\theta=0$ 成

为不对称，正好像在没有转动时一非零环量的作用一样，现在还有一个垂直于这条线的作用于柱上的非零力。流体作用于内边界 A 上的合力从(7.4.6)可看出（不计重力作用）为

$$\mathbf{F} = -\int p\mathbf{n}dA = \frac{1}{2}\rho \int q^2\mathbf{n}dA, \qquad (7.4.11)$$

因为 ψ 在内边界上是常值。利用(7.4.10)式，我们求得在 y 轴方向上 $\mathbf{F}$ 的非零分量是

$$F_y = \frac{1}{2}\rho a \int_0^{2\pi}\left(\frac{1}{2}\omega_0 a + U\sin\theta + \frac{\kappa}{2\pi a} + U\sin\theta\right)^2\sin\theta d\theta$$

$$= \rho U(\pi a^2\omega_0 + \kappa)_\circ \qquad (7.4.12)$$

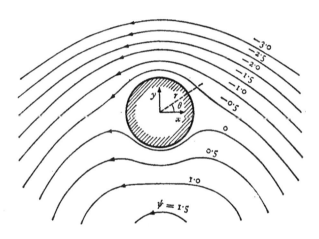

图 7.4.1　旋转流体内由一静止圆柱引起的二维流动的流线
图；$\omega_0 a/U = \frac{1}{2}$，$\kappa/aU = 0$

　　关系式(7.4.12)的特性提示，可能存在像 Kutta-Joukowski 关系式那样的一个施于任意形状物体的力的表达式，而当 $\omega_0 = 0$ 时，(7.4.12)就化为该关系式。我们可利用动量定理来探索一下这个提示，如同在 §6.4 所作过的那样。作用在代替图 7.4.1 中的圆柱的任意形状物体上的力可根据以原点为中心的圆上的条件由

(6.4.27)给出，只要 (a) 我们用未扰流体速度$-\mathbf{U}+\frac{1}{2}\boldsymbol{\omega}_0\times\mathbf{x}$（它是非均匀的）来代替那个关系式中的$-\mathbf{U}$，以及 (b) 对于压力用新表达式(7.4.6)。我们留给读者作为练习去建立：作用于物体上的力大小为$\rho U\kappa$，方向为垂直于$\mathbf{U}$的通常情况下的力及力$-\pi\rho\boldsymbol{\omega}_0\times\mathbf{c}$的合力，其中$\mathbf{c}\cdot\mathbf{x}/r^2$是$\phi$的非循环部分按负阶圆调和函数展开的首项。当物体形状给定，通过把边界曲线保角变换到圆的办法可以决定这个系数$\mathbf{c}$。如我们已指出过的，ϕ所满足的内边界条件包括$\mathbf{U}$及$\boldsymbol{\omega}_0$，所以一般说来$\mathbf{c}$除了依赖物体形状以外还依赖这两个量。

无穷远处作简单剪切运动的流体

大致类似的论述对于一静止物体置于一在笛卡尔坐标系中未扰速度为$(-U-\omega_0 y,\ y,\ 0)$的流中的定常绕流也可以作出。同样地，由于物体的存在而引起的扰动运动可以用速度势ϕ来代表，它的非循环部分由通过物体边界的每一部分的体积通量为零的条件唯一地决定。

当物体是半径为a的圆柱时，流场的细节同样能够方便地决定。我们把柱的中心置于原点处，ϕ的内边界条件是

$$\left(\frac{\partial\phi}{\partial r}\right)_{r=a}=(U+\omega_0 a\sin\theta)\cos\theta。$$

右端的两项可以由ϕ的分别的解所匹配，因此我们得到

$$\phi=\frac{\kappa\theta}{2\pi}-\frac{Ua^2\cos\theta}{r}-\frac{\omega_0 a^4\sin2\theta}{4r^2}。 \tag{7.4.13}$$

整个运动的流函数则为

$$\psi=-\frac{1}{2}\omega_0 r^2\sin^2\theta-Ur\sin\theta-\frac{\kappa}{2\pi}\log r$$
$$+\frac{Ua^2\sin\theta}{r}-\frac{\omega_0 a^4\cos2\theta}{4r^2}。 \tag{7.4.14}$$

对于$\omega_0 a/U=1$，$\kappa/aU=0$的特定情形的流线示于图 7.4.2，这一情形代表了一个相当强的剪切运动。如我们所应预期到的，

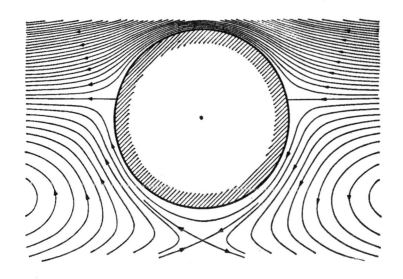

图 7.4.2 置于简单剪切运动中静止圆柱所引起的二维流动的
流线；$\omega_0 a/U = 1$，$\kappa/aU = 0$（引自 Tsien，1943）

(7.4.14)与(7.4.10)的差表示了置于纯应变运动中的圆柱所引起
的流动。

　　同样很明显地，来流中的涡量引起作用在圆柱上的一个非零
力。柱上的这个力在 x 方向的分量为零，因为流场关于 y 轴是对
称的。对于其 y 分量，通过直接求(7.4.11)式中的积分值我们得
到

$$F_y = \frac{1}{2}\rho a \int_0^{2\pi} \left(\frac{\partial\psi}{\partial r}\right)_{r=a}^2 \sin\theta d\theta = \rho U(2\pi a^2\omega_0 + \kappa).$$

(7.4.15)

　　同样地，我们也能把关系式(7.4.15)推广到具有任意横截面
的柱的情形去，并得到

$$F_x = 0, \qquad F_y = \rho(-2\pi\omega_0 c_x + U\kappa), \qquad (7.4.16)$$

其中向量 **c**，其分量为 (c_x, c_y)，也是 ϕ 的非循环部分展开式中首
项圆调和函数。F_x 应为零，这一点从能量考虑似乎是有道理的；因

为物体相对于以速度（-U，0）运动的坐标系作定常运动，任何作用于物体上的非零阻力都会导致物体作功因而也就改变了流体的动能。同样地把流动平面作保角变换可以定出给定形状物体的 c（如 Tsien（钱学森）1943）对于一 Joukowski 翼剖面所表明的那样）。

任何一种未扰运动，只要其速度分量为 x 和 y 的线性函数它就具有均匀的涡量，但上述两种特殊情形——刚性旋转和简单剪切运动——似乎是重要的情形。类似(7.4.12)的诸公式在对于旋转机械中流动的考虑中具有兴趣，而如(7.4.15)的公式可能与在已经运动着的流体中运动的物体的行为有关系。直接的定量的应用当然还须限于流线型物体，以使没有边界层分离发生。如果物体有一尖锐的尾，例如一翼剖面，在定常流中绕物体的环量 κ 将由 Joukowski 假设（§6.7）决定，如像在零涡量的流动的情形中一样。

习　题

在一二维流动系统中，一半径为 a 的圆柱的中心沿着一半径为 R 的圆形路径以均匀角速度 $-\frac{1}{2}\omega_0$ 在无穷远处为静止的流体中运动，绕柱体的环量为零。在第二个系统中，在无穷远处流体是以角速度 $\frac{1}{2}\omega_0$ 作刚性旋转，全同于上述的柱体处于静止，其中心与旋转中心相距距离为 R，绕紧贴柱面的路径的环量是 $\pi a^2\omega_0$。试表明：流体作用于柱上的力在两种情况下都是从旋转中心指向外的，而在第一种情形的力的量值是第二种情形中的一半。（注意，根据 §4.1 的结果如果第一种系统中采用旋转坐标，则两者的速度分布是全同的。）

7.5　具有旋动的定常轴对称流动

我们选用柱坐标 (x, σ, ϕ)，对应的速度分量为 (u, v, w)。在轴对称流动中涡量分量的表达式为

$$\omega_x = \frac{1}{\sigma} \frac{\partial(\sigma w)}{\partial \sigma}, \quad \omega_\sigma = -\frac{\partial w}{\partial x}, \quad \omega_\phi = \frac{\partial v}{\partial x} - \frac{\partial u}{\partial \sigma}. \quad (7.5.1)$$

把速度分量写成下述形式，

$$u = \frac{1}{\sigma} \frac{\partial \psi}{\partial \sigma}, \quad v = -\frac{1}{\sigma} \frac{\partial \psi}{\partial x}, \quad\quad (7.5.2)$$

其中 $\psi(x, \sigma)$ 是流函数，质量守恒方程可以得到满足；涡量的周向分量因而成为

$$\omega_\phi = -\frac{1}{\sigma}\left(\frac{\partial^2 \psi}{\partial x^2} + \frac{\partial^2 \psi}{\partial \sigma^2} - \frac{1}{\sigma}\frac{\partial \psi}{\partial \sigma}\right). \quad (7.5.3)$$

请注意，ω_x 及 ω_σ 从 σw 导出的方式和 u 及 v 从流函数 ψ 导出的方式完全一样。

动力学方程(7.1.3)提供了三个标量关系式

$$v\omega_\varphi - w\omega_\sigma - \frac{\partial u}{\partial t} = \frac{\partial H}{\partial x}, \quad\quad (7.5.4)$$

$$w\omega_x - u\omega_\varphi - \frac{\partial v}{\partial t} = \frac{\partial H}{\partial \sigma}, \quad\quad (7.5.5)$$

$$u\omega_\sigma - v\omega_x - \frac{\partial w}{\partial t} = 0, \quad\quad (7.5.6)$$

在轴对称流动中 H 仅是 x 和 σ 的函数。上述三个关系式中的最后一个还可以写为

$$\frac{D(\sigma w)}{Dt} = 0, \quad\quad (7.5.7)$$

表示了绕一以对称轴为中心并垂直于**轴**的圆形物质曲线之环量的不变性。具有旋动的轴对称流动，通常包含着关于旋动分量 w 和在轴平面内速度分量为 u、v 的运动之间相互作用的有趣而困难的问题。

当运动为**定常**，物质元沿流线运动，于是也是沿着由轴平面内 $\psi = \text{Const}$ 给出的曲线绕对称轴旋转而形成的回转面上运动。从 Bernoulli 定理及(7.5.7)就导出

$$\frac{1}{2}(u^2 + v^2 + w^2) + \frac{p}{\rho} = H(\psi),$$

$$\sigma w = C(\psi), \quad\quad (7.5.8)$$

其中 H 及 C 为 ψ 的任意函数。(7.5.1)中的两个关系式因而成为

$$\omega_x = u\frac{dC}{d\psi}, \quad \omega_\sigma = v\frac{dC}{d\psi}, \tag{7.5.9}$$

表明在一轴平面内 **u** 及 **ω** 的分量局部地是平行的,而 Bernoulli 曲面是其上 ψ 为常值的诸回转面。动力学方程(7.5.4)或(7.5.5),现均可用以得到一个以 H 及 C 表示 ω_φ 的表达式。因为当 $\partial u/\partial t = 0$ 时(7.5.4)成为

$$\begin{aligned}\frac{\omega_\varphi}{\sigma} &= \frac{w\omega_\sigma}{\sigma v} + \frac{1}{\sigma v}\frac{dH}{d\psi}\frac{\partial\psi}{\partial x}\\&= \frac{C}{\sigma^2}\frac{dC}{d\psi} - \frac{dH}{d\psi},\end{aligned} \tag{7.5.10}$$

这同样也是(7.5.5)所取的形式。(对于旋动为零的情形,ω_φ/σ 仅是 ψ 的函数,如(7.1.7)所示。)把(7.5.3)与(7.5.10)联合起来就给出

$$\frac{\partial^2\psi}{\partial x^2} + \frac{\partial^2\psi}{\partial\sigma^2} - \frac{1}{\sigma}\frac{\partial\psi}{\partial\sigma} = \sigma^2\frac{dH}{d\psi} - C\frac{dC}{d\psi}. \tag{7.5.11}$$

所有量均与 x 无关且 $v = 0$ 的情形具有某些特殊重要性,这些情形常和沿圆形管道所发生的流动有关,我们可以称它们为**柱形流动**,因为其 Bernoulli 曲面均为圆柱形。这时径向运动方程(对于定常流)化为

$$\frac{1}{\rho}\frac{dp}{d\sigma} = \frac{w^2}{\sigma} = \frac{C^2}{\sigma^3}, \tag{7.5.12}$$

因而

$$\begin{aligned}H &= \frac{1}{2}(u^2 + w^2) + \int\frac{C^2}{\sigma^3}d\sigma\\&= \frac{1}{2}u^2 + \int\frac{C}{\sigma^2}\frac{dC}{d\sigma}d\sigma。\end{aligned} \tag{7.5.13}$$

方程(7.5.11)于是化成为一个恒等式;u 和 v 的,或者换种形式,H 和 C 的相对于 σ 的任何分布都给出一种可能的定常柱形流动。

在定常流动情况下,当所有的流线来自同一区域,也许是"无穷远"处,在该处不同流线的 H 和 C 的值为已知,(7.5.11)

式中的 $H(\psi)$ 及 $C(\psi)$ 也就已知，原则上在整个场上 ψ 作为 x 和 σ 的函数就能决定下来。这种决定方法只有当 H 和 C 是 ψ 的非常简单的函数时才可能行得通。所幸的是，在远上游处的流体具有均匀轴向速度并以角速度 Ω 作刚性旋转的相对简单的情形是实际中最重要的情形之一。于是上游条件由

$$\psi = \frac{1}{2}U\sigma^2, \qquad C = \Omega\sigma^2,$$

给出，且由于在这个上游区域流动是柱形的，并可以应用(7.5.13)，

$$H = \frac{1}{2}U^2 + \Omega^2\sigma^2。$$

我们可以把这些上游条件重写为

$$C = \frac{2\Omega}{U}\psi, \qquad H = \frac{1}{2}U^2 + \frac{2\Omega^2}{U}\psi, \qquad (7.5.14)$$

而且它们也必须是在整个流场上的 C 及 H 对于 ψ 的依赖关系。于是基本方程取线性形式

$$\frac{\partial^2\psi}{\partial x^2} + \frac{\partial^2\psi}{\partial \sigma^2} - \frac{1}{\sigma}\frac{d\psi}{d\sigma} = \frac{2\Omega^2}{U}\sigma^2 - \frac{4\Omega^2}{U^2}\psi。$$

把流函数对其上游形式的偏离作为因变量并且写

$$\psi(x,\sigma) = \frac{1}{2}U\sigma^2 + \sigma F(x,\sigma) \qquad (7.5.15)$$

是方便的，因此方程变成为

$$\frac{\partial^2 F}{\partial x^2} + \frac{\partial^2 F}{\partial \sigma^2} + \frac{1}{\sigma}\frac{\partial F}{\partial \sigma} + \left(k^2 - \frac{1}{\sigma^2}\right)F = 0, \qquad (7.5.16)$$

其中

$$k = 2\Omega/U。$$

　　关于在定常流动中轴向及周向运动以复杂的方式相互作用的某些概念，我们将通过(7.5.16)的解的一些例子来给出。必须记住，方程的线性是由(7.5.14)表示假定了的上游条件特定形式的结果。对于其它上游条件下方程(7.5.11)的解我们知道得还很少。

管道截面积变化对于旋转流体的影响

　　设流体沿一管道作定常运动，从一长柱段经过过渡段流入具

有不同截面积的另一长柱段，在过渡段上游若干距离处流体具有均匀轴向速度 U 同时作为一刚体以角速度 Ω 旋转。管道具有轴对称的边界，整个流动也假设是轴对称的。过渡段可以是管道半径的简单增加或减少，还有另外两种有实际兴趣的可能性示于图7.5.1。在所考虑的所有情形中，过渡段上游和下游的流动都是柱形的，问题是如何决定下游一侧的柱形流动的特征。

方程(7.5.16)可以应用到整个流场,在下游柱形区,该处 ψ 及 F 都只是 σ 的函数,我们有

$$\frac{d^2F}{d\sigma^2} + \frac{1}{\sigma}\frac{dF}{d\sigma} + \left(k^2 - \frac{1}{\sigma^2}\right)F = 0。 \qquad (7.5.17)$$

这是一个一阶 Bessel 方程,其通解为

$$F = AJ_1(k\sigma) + BY_1(k\sigma), \qquad (7.5.18)$$

用规范的术语,这里的 J_1 及 Y_1 是第一类和第二类 Bessel 函数。常数 A 和 B 要从两个半径值处 ψ 的已知值来确定。

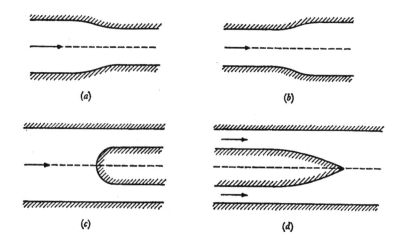

图 7.5.1　从一种到另一种柱形流动过渡的不同类型

只要我们假设上游柱形区域中流体处于 $a_1 \geqslant \sigma \geqslant a_2$ 的环形区

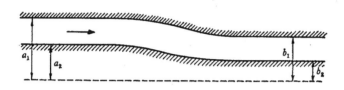

图 7.5.2　一般的过渡

域内,而下游区域中流体位于 $b_1 \geqslant \sigma \geqslant b_2$ 的环形区域内(图7.5.2),我们可以把上述的所有过渡种类都包括到公式的范围中。在上游柱形区中,ψ 等于 $\frac{1}{2}Ua_1{}^2$ 及 $\frac{1}{2}Ua_2{}^2$ 的流线,在下游柱形区域其径向位置分别在 $\sigma = b_1$ 及 $\sigma = b_2$,解(7.5.18)要满足的边界条件因而就是

$$在 \sigma = b_1 处, F = \frac{1}{2}U\left(\frac{a_1{}^2 - b_1{}^2}{b_1}\right),$$

$$在 \sigma = b_2 处, F = \frac{1}{2}U\left(\frac{a_2{}^2 - b_2{}^2}{b_2}\right).$$

这些条件要求

$$A = \frac{U}{2b_1b_2}\frac{b_2(a_1{}^2 - b_1{}^2)Y_1(kb_2) - b_1(a_2{}^2 - b_2{}^2)Y_1(kb_1)}{J_1(kb_1)Y_1(kb_2) - J_1(kb_2)Y_1(kb_1)},$$

$$(7.5.19)$$

类似地,对于 B 只须把 J_1 及 Y_1 互换位置即可。

下游柱形区内的轴向速度,从(7.5.15)及(7.5.18)看出是

$$u = \frac{1}{\sigma}\frac{\partial \psi}{\partial \sigma} = U + \frac{1}{\sigma}\frac{d}{d\sigma}\{A\sigma J_1(k\sigma) + B\sigma Y_1(k\sigma)\}$$

$$= U + AkJ_0(k\sigma) + BkY_0(k\sigma), \qquad (7.5.20)$$

其中应用了熟知的 Bessel 函数 J_0 及 J_1 之间和 Y_0 及 Y_1 之间的关系。周向速度是

$$w = \frac{C}{\sigma} = \frac{2\Omega}{U}\frac{\psi}{\sigma}$$

$$= \Omega\sigma + kAJ_1(k\sigma) + kBY_1(k\sigma). \qquad (7.5.21)$$

图 7.5.1 (a) 及 (b) 表示的管道半径简单变化的情形是很有

兴趣的情形。置 $a_2 = 0$ 令 $b_2 \to 0$，写 a，b 代替 a_1，b_1，再利用极限关系式：

当 $z \to 0$ 时，$J_1(z) \to 0$，$zY_1(z) \to -2/\pi$

我们得到

$$A = \frac{1}{2} U \frac{a^2 - b^2}{b J_1(kb)}, \quad B = 0,$$

于是

$$\frac{u}{U} = 1 + \left(\frac{a^2}{b^2} - 1 \right) \frac{\frac{1}{2} kb J_0(k\sigma)}{J_1(kb)}, \qquad (7.5.22)$$

及

$$\frac{w}{\Omega \sigma} = 1 + \left(\frac{a^2}{b^2} - 1 \right) \frac{b J_1(k\sigma)}{\sigma J_1(kb)}. \qquad (7.5.23)$$

当 $kb \ll 1$，最后这两个公式化为

$$\frac{u}{U} \approx \frac{a^2}{b^2}, \qquad \frac{w}{\Omega \sigma} \approx \frac{a^2}{b^2},$$

这对应于对小截面的同时还是涡管的流管，其上速度及涡量为均匀时所预期的变化。对于大的 kb 值，u 及 w 对于 σ 的分布的变化性质可以从 $J_0(z)$ 及 $J_1(z)$ 函数的图象（图 7.5.3）中想象。只要 $kb < 2.40$（函数 $J_0(z)$ 的第一个零点），u/U 和 $w/\Omega\sigma$ 与 1 的偏差在下游柱形区域内处处都和 $a-b$ 同号（亦即管道收缩时 u 和 w/σ 增大，管道扩张时它们减小），而且在横穿管道的方向上单调变化，在中心处值较大，在下游柱形流动中心处我们有

$$\left(\frac{u}{U} \right)_{\sigma=0} = \left(\frac{w}{\Omega\sigma} \right)_{\sigma=0} = 1 + \left(\frac{a^2}{b^2} - 1 \right) \frac{\frac{1}{2} kb}{J_1(kb)}, \ (7.5.24)$$

u/U 和 $w/\Omega\sigma$ 之所以相等可以归因于这样的事实，即轴是嵌入到一小截面的既为流管又为涡管之中的。当 kb 从零变到 2.40，因子 $\frac{1}{2} kb / J_1(kb)$ 从 1.0 变化到 2.32，所以在轴上通过过渡段时 u/U 及 $w/\Omega\sigma$ 的变化可能与假设在整个截面上为均匀轴向速度及均匀轴向涡量所得到的估计相差一个可大到 2.32 的倍数。在接近外边

界处，u/U 及 $w/\Omega\sigma$ 的变化当然对应地在量值上比 $(a/b)^2-1$ 要小，这样才能给出合适的总轴向质量通量及总轴向角动量通量。

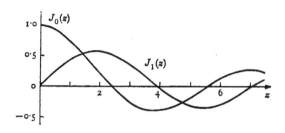

图 7.5.3　第一类 Bessel 函数

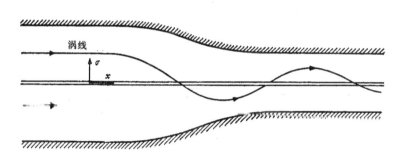

图 7.5.4　流过收缩段，一直涡线转变成为一螺旋涡线

　　由于管道半径变化引起的 u 及 w 的这种变化的特性可以根据涡线的形状定性地加以解释。在上游柱形区，涡线是直的而且平行于轴，随着流体一起绕轴旋转。当涡线的一端进入过渡段，它就在径向上向内或者向外运动，涡线上的物质点的周向速度则按 $\sigma w=$const. 的规律变化。因此，如果一涡线在通过过渡段时沿径向向内运动(图 7.5.4)，这个涡线上的物质点绕轴运动得就要比在上游区的涡线快，因此涡线就会变成为具有**正值**涡量周向分量（只要在上游区轴向涡量为正）的螺旋线。这在下游区域就给出 $\partial u/\partial\sigma$ 的一个负值，于是管道的收缩段就在轴上产生轴向速度的一个极大值，如在(7.5.22)可看到的一样（只要 $kb<3.83$）。类似

地，管道的扩张在轴上产生一个极小值。

公式(7.5.22)及(7.5.23)的一个有趣特性是，对于 kb 和 a/b 值的特定组合，粗略地讲是对于充分强的初始旋转，会出现 u 及 w 的负值。对于向更大些的管半径的过渡（$a<b$），kb 从零增加的作用是使 u 及 w 首先在轴上成为负；而对于管的收缩，当 kb 达到超过 2.40 的某个值时，u 首先在外边界成为负。不过，轴向速度出现反转的实际情形不大能够用方程(7.5.16)来描述，因为这个方程基于假设**所有**流线来自一个区域，在那里 H 和 C 对 ψ 的依赖关系是给定好的，我们难以设法使同样的依赖关系对于从大的正 x 值处来的流线也成立。因此，这些公式应看作为仅对于下游柱形区域处处有 $u \geqslant 0$ 才有实际重要性。

还须注意的是当 kb 趋于值 3.83 时，此时 $J_1(kb)=0$，奇怪的事情要发生，因为此时在下游区，u 及 w/σ 对于任意的 a/b 值，要处处成为无穷大。更深入一步的分析表明，这种异常是和关于在过渡段下游一侧流动重新成为柱形的这一假设之失效相关的。看来当 kb 值如此之大时，流体中可能存在一种轴对称波动运动，管道的截面积的变化的影响正是在下游一侧建立起一列这样的波，其方式和在一明渠中横跨两侧设置障碍物，当渠中水流流速达到一定值时建立起一列表面波的情形一样。在下一节我们将扼要地考察一下这些在旋转流体中的轴对称波。

图 7.5.1 (c) 表示的过渡段形式没有什么新特点，除了(7.5.18)式中的系数 B 成为非零这一点以外。在如图 7.5.1(d)所示的流动内边界消失的情况中，B 也是非零（且为负）因而当 $\sigma \rightarrow 0$ 时 u 及 w 在下游区无限地变大；因此，此时过渡段就在轴附近产生一快速旋转流体的一个强的向前的射流。

外部速度变化对一孤立涡旋的影响

具有旋动的轴对称流动的一种特别有趣的情形是一种可粗略地称为自由涡或孤立涡的情形，亦即嵌入无旋流动中的涡管。在一定距离以外去看，这类涡旋简单地就是一线涡（§2.6），它是由沿着绕过它一次的任何封闭路径的环量所表征。但从更接近处去看,涡旋是有结构的,在管中有一定的涡量分布。向外散布开去的线涡(§4.5)也许是最简单的例子,在那里结构完全是由涡量向远离轴方向的粘性扩散决定的。另一个具有结构的涡旋的例子是在§5.2结尾处给出的,在那里涡量到处与涡旋的轴平行,而作为涡量沿径向向内对流和由粘性扩散造成的涡量向外散布的平衡的结果,流动达到定常。在目前我们讨论的可忽略粘性影响的流动的情形中,涡线随流体一起运动;我们将假设流动为定常。涡旋轴曲率的任何作用也将予以忽略。

对于精确地呈柱形的涡旋的情形,在涡旋内部 u 及 w 关于 σ 的任何分布均是可能的。我们的兴趣是在于可能在实际中具有典型性的涡旋内部的速度分布的特点,我们也可去寻求流体在涡旋内部通过一非柱形流区时上述特点所发生的变化。为此目的,我们最好是选择一涡旋使其在长度的某一部分上是精确柱形的而且具有 H 和 C 对于 ψ 的简单分布,然后去考虑在其它截面处流体重新成为柱形时的该涡旋的特性。对于初始的柱形流动,从数学方便的观点看一个显然的选择是在涡旋内 u 及涡量轴向分量均为均匀分布;这个选择也似具有一定的代表性,至少对于那些在某个阶段已经受到粘性的平滑化作用的涡来说是如此。

这样,我们的涡旋就被表征为在其一有限长度部分上具有速度分布

对于 $\sigma \leqslant a$: $\quad u = U_1$, $\quad v = 0$, $\quad w = \Omega\sigma$,

而在环绕这部分涡旋的无旋流动中有

对于 $\sigma \geqslant a$: $\quad u = U_1$, $\quad v = 0$, $\quad w = \Omega a^2/\sigma$.

现在我们假设:在更下游处的涡旋的另一有限长度部分上,涡旋外紧邻处的无旋流动又变得与 x 无关且具有速度分布

$$u = U_2, \quad v = 0, \quad w = \Omega a^2/\sigma.$$

假设涡旋重又成为柱形(尽管我们须记住波动状流动也是可能的)且具有不同的半径并记以 b,其速度分布由(7.5.17)的适当的解给出。由于在涡旋边界上速度的所有分量皆必须为连续,

(7.5.17)的解要满足的边界条件是

在 $\sigma=b$ 处,该处 $\psi=\frac{1}{2}U_1a^2$,有 $u=U_2$;

还有一个暗含的边界条件就是在 $\sigma=0$ 处 u 没有奇异性,因此通解 (7.5.18) 中只保留 $AJ_1(k\sigma)$ 这一项。这样一来,所要求的解就和我们已得到的对于一个半径为 b 的管道下游柱形区中流动的解完全相同,其中的 b 根据下述关系式(见(7.5.22))决定

$$\frac{U_2}{U_1} = 1 + \left(\frac{a^2}{b^2} - 1\right)\frac{\frac{1}{2}kbJ_0(kb)}{J_1(kb)}, \qquad (7.5.25)$$

其中 $k=2\Omega/U_1$。当涡旋的半径为已知,涡旋内速度分布就由 (7.5.22) 及 (7.5.23) 给出,只是用 U_1 代替其中的 U。

对于无限小横截面 $(a\to 0)$ 的涡旋的情况,我们从(7.5.25)看到 b 也是很小而且

$$\frac{b}{a} = \left(\frac{U_1}{U_2}\right)^{\frac{1}{2}}, 譬如说 = \frac{b_0}{a}。$$

b/a 的这个值也正是使涡旋内所有流体的轴向速度从 U_1 变到 U_2 时为保持质量守恒所要求的值,如像在没有任何旋动时的情况一样。于是用 b_0/a 作为与(7.5.25)给出的 b/a 的值比较的标准就很方便,后者是考虑了旋动效应的。图 7.5.5 中的两条曲线表示了外部轴向速度变化为 2 倍和 $\frac{1}{2}$ 倍时不同的 ka 值下根据(7.5.25)算出的 b/b_0 值。作为对应的轴向速度横穿涡旋横向分布变化的指标(并且意味着对于周向速度也是如此,因为两者皆由 ψ 决定),我们根据下述公式计算了涡旋中心处及在其边界处的轴向速度的比值:

$$\left(\frac{u}{U_2}\right)_{\sigma=0} = \frac{U_1}{U_2}\left\{1 + \left(\frac{a^2}{b^2} - 1\right)\frac{\frac{1}{2}kb}{J_1(kb)}\right\},$$

$$= \frac{U_1}{U_2} + \frac{U_2 - U_1}{U_2 J_0(kb)},$$

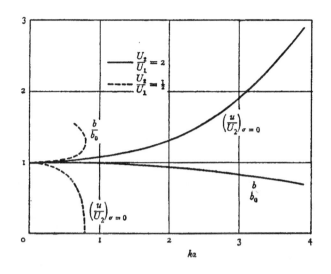

图 7.5.5　在外部轴向速度增加或减小后涡旋的特征

这个表达式是由(7.5.24)及(7.5.25)得出，这个比值也示于图
7.5.5。量级为 1 的 ka 值已知是在从机翼侧缘脱落出的涡旋的情
形中可以达到的(§7.8)，而且当包围这样一个涡旋的无旋流动内
的轴向速度变化很厉害时，涡旋的结构也必然要有很大的变化，特
别是当外部流体在减速时是如此。轴向速度在涡旋横向发生迅速
变化看来是 $ka\,(=2\Omega a/U_1)$ 为 1 的量级的涡旋通过一非均匀无旋
流动区域时的典型特征。

　　注意到径向压力梯度表达式(7.5.12)的含意，我们可以定性
地解释图 7.5.5 中曲线的普遍特征。环量 C 在下游区域 $b\leqslant\sigma<\infty$
范围为常量而且随着 σ 从 b 减小到零它也减小到零。因此，涡旋中
的，譬如为确定起见，轴上的压力，与远离涡旋的，在垂直子轴
的同一平面内的压力之差就很强烈地依赖于 b 的值；b 的增加对
应着这个压力差的减小，反过来也一样。因此当涡旋外的流体减
速而且涡旋半径随着在流动方向的距离之增大而增大时，在涡旋
内必有一附加的轴向压力梯度，它是正的而且因而导致了进一步

的轴向减速和进一步的涡旋增厚。涡旋外流体的加速或减速于是就导致涡旋内流体的轴向速度的变化，而且这种变化与外部的变化是同方向，在量值上比后者大；涡旋的半径也因之产生变化，这个变化比横向平面内轴向速度若为均匀时所预期的要大。

图 7.5.5 中关于 $U_2/U_1 = \frac{1}{2}$ 的曲线的另外两个特点值得加以讨论。首先有这样的事实，对于一定的 ka 的值，中心处的轴向速度变为零；如前已述，对于使轴向速度为负的 ka 及 U_2/U_1 的值的组合的解的延拓是没有多大用处的，因为来自"下游"方向的流体不大可能具有假设的 H 及 C 对于 ψ 的依赖关系。其次，相当令人意外的是，ka 有一个临界值（它比使反向流首次出现的值略大一些），超过它以后就没有 b 值能满足(7.5.25)，而且推测起来不可能存在具有径向平衡的流动。

当我们考虑 ka 固定，随着 U_2/U_1 从 1 连续地减小在下游柱形区所发生的变化时，也发现流动有类似的特点，虽然我们应该记住，变化的**方向**依赖于 ka 的值。关系式(7.5.25)表明：量

$$\frac{U_1 - U_2}{b^2 - a^2} \quad \text{和} \quad \frac{J_0(kb)}{J_1(kb)}$$

的符号相同。当 U_2/U_1 接近于 1 时 $b \approx a$，于是 $J_0(ka)/J_1(ka)$ 的符号决定着涡旋半径及其横向速度的变化的初始方向。对于 $0 \leqslant ka \leqslant 2.40$ 的范围（实际的 ka 值通常所处于的范围），这里有"自然"的行为，即当 U_2/U_1 减小时涡半径增加，而在轴上的轴向速度亏损要发展。但是对于 $2.40 < ka < 3.83$（这个范围的两端点分别是 $J_0(ka)$ 及 $J_1(ka)$ 的第一个零点），外部流的轴向减速导致一个**较小**的涡旋半径及在轴上的轴向速度过剩。从(7.5.25)的形式还可以看到，当 U_2/U_1 低于某一临界或极小值以后，不论（固定的）ka 的值是多少均不可能找到 kb 的值使满足(7.5.25)。图 7.5.6 示意地表示出了对于在 0 到 3.83 之间给定的不同的 ka 值，按照(7.5.25)kb 随 U_1/U_2 $(\geqslant 1)$ 的变化方式。对于大于 3.83 的 ka 值，有类似的一组曲线，它们都在一个 kb 的值处终止，该值使 $J_0(kb) = 0$。

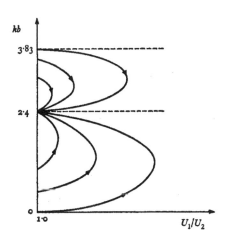

图 7.5.6　涡旋半径 b 依赖于外部轴向速度 $U_2(\leqslant U_1)$ 的示意
图。不同曲线对应于不同的 ka 值，箭头表示从半径为 a 具有刚
性旋转的柱形涡的变化方向

　　与外流减速相伴随的涡旋的不断的增厚（当 ka 是在零与 2.40
之间时）在 U_2/U_1 的临界值或极小值处很明显地成为突变性的。
有一种令人惊异的现象称为"涡旋破碎"（vortex breakdown）或
者"涡旋猝发"（vortex bursting），它初看起来像是当外部轴向速
度降到某一定值时涡旋直径迅速增加的表现。对于定常强涡旋内
的颜色条纹的观察表明，在某些特定情况下，它们虽还没有了解
清楚但据信是包括了足够大的外流减速，涡旋会突然扩大或"猝
发"，引起了完全不同类型的复杂流动。图 7.5.7（图版 22）显示
出了在水中两个这样的"猝发"涡的照片，这里的涡是一个三角
平板略倾斜于来流时其尾涡系的一部分。涡旋破碎的一个更为有
吸引力的解释（Benjamin 1962）是：它是从一个柱形流到具有同
样外部轴向流速度的可能的第二个柱形流的有限跳跃（对于给定
的 ka 及 U_2/U_1，有两个柱形流动是可能的，这一点从图 7.5.6 看
得很明显），这种突然的过渡与在明渠水流中的熟知的水跃相似；
按照这个理论涡旋破碎在 U_2 降到临界值之前发生。

7.6 作为整体旋转的流体系统

如前节所述，定常转动的一团流体能够维持一个沿旋转轴传播的轴对称波动。我们现在来明确地考虑这种由旋转所给予流体的"弹性"，正是它提供了使得波动传播成为可能的恢复机制。流体的这种实效弹性对于流体中的许多种涡量分布都存在，但在这里仅限于考虑这样一种流体的情形，它初始地或者是在某种平均意义上处于定常刚性旋转状态。这种旋转流体系统呈现出许多有趣的特性，而且对它们的研究现在仍很活跃[①]。

Coriolis 力的恢复效应

当运动是参考于一个与流体整体一起作定常旋转的坐标系时，必须设想有虚拟的 Coriolis 力及离心力 (3.2.10) 作用于流体之上。单位质量的离心力可写为 $\frac{1}{2}\nabla(\Omega\times\mathbf{x})^2$，就其效果而言它等价于一个对压力的贡献（在均匀密度的流体中）。Coriolis 力则不然，它引起新的一种类型的效应，流体的弹性即为其一。以 p 记修正压力，它可包括离心力及重力在内；这样，相对于以常角速度 Ω 旋转的坐标系速度为 $\mathbf{u}$ 的运动方程为

$$\frac{\partial \mathbf{u}}{\partial t} + \mathbf{u}\cdot\nabla\mathbf{u} + 2\Omega\times\mathbf{u} = -\frac{1}{\rho}\nabla p。 \qquad (7.6.1)$$

Coriolis 力的方向是既垂直于当地速度向量又垂直于旋转轴，它是一产生偏转的力，对于质元不作功。Coriolis 力只涉及到在垂直于 Ω 的平面（今后我们将称其为横向平面）内的 $\mathbf{u}$ 的分量，并趋于改变这个分量的方向。这个改变和一个在旋转坐标系中具有固定坐标的点相对于绝对坐标系的运动方向的改变正好相反（图 7.6.1）；也就是说，如果基本旋转在横向平面中是反时针方

[①] 这些特性的叙述可见于 H·P·Greenspan 著的 "The Theory of Rotating Fluids" (Cambridge University Press 1968)。

向，则 Coriolis 力趋于使一微元相对于旋转坐标系的运动方向朝右拐。此外 Coriolis 力对于速度是线性的，因而它趋于使 **u** 在横向平面内的分量的方向改变对于这个分量的所有大小及方向均是按同一比率。于是一个主要受 Coriolis 力作用的质元运动的路径在横向平面上的投影是一个圆。而走完整个圆的时间尺度是 Ω^{-1}。显然，Coriolis 力趋于使一微元恢复到其在横向平面内的初始位置上去。请注意，就 Coriolis 力而言，旋转轴的位置不具有特别重要意义。

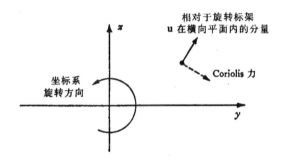

图 7.6.1　在一旋转坐标系中起作用的 Coriolis 力的方向
示意图。(y, z) 平面垂直于旋转轴

　　既然流体的不同微元的运动一般来说要通过压力梯度相互强烈影响，自然也有必要来考察 Coriolis 力对于不同微元的整体作用。假设相对于旋转坐标系产生了一个运动，它在横向平面内导致了在一个区域内的流体有一个非零的正值的膨胀率，亦即一个

$$\partial v/\partial y + \partial w/\partial z$$

的正值（根据图 7.6.1 所示坐标系），那么这个区域内一条封闭曲线在横向平面的投影所包围的面积将会增加。伴随着这种投影曲线的一般为朝外的运动的 Coriolis 力之作用是产生物质曲线的一个切向运动，它对于绕此曲线的环量的贡献为**负**。这个相对于旋转坐标系的运动的环量改变，当然简单地就是在绝对坐标系中导致横向平面上投影面积变化的运动过程中环量须保持为常值

所要求的改变。现在物质曲线的这个新的切向运动本身又引起 Coriolis 力，其方向为曲线的法向；既然这个新的切向运动对于环量作负的贡献，相联系的 Coriolis 力就主要地指向内，因而趋于使投影曲线所围面积减小。换句话说，在流体中的任何地方，只要该处有正的 $\partial v/\partial y + \partial w/\partial z$ 值，Coriolis 力的作用就是趋于产生一个负的这样的值，反过来也一样。因而 Coriolis 力的作用就是反抗流体元的那种位移，这些位移合起来导致物质曲线在横向平面投影所围面积发生变化，亦即其作用是反抗在横向平面的非零膨胀率。

Coriolis 力的这种恢复作用对于流体元位移限制的程度当然还要看 Coriolis 力和作用于流体上的其它力的相对大小；在我们现在涉及的内容中，其它力均是惯性力。如果 U 为代表性速度量值（相对于旋转坐标系）L 为 u 发生明显变化的距离的尺度，那么在(7.6.1)中 u·∇u 与 2Ω×u 两项量值之比的量级为

$$U/L\Omega \text{ 。}$$

这个比值为纪念瑞典气象学家 Rossby 的工作，称为 Rossby 数，它提供了一个很方便的衡量 Coriolis 力重要程度的量度。当 $U/L\Omega \gg 1$ 时，Coriolis 力可能只对流形施以微小的修正，但当 $U/L\Omega \ll 1$ 时，Coriolis 力反抗在横向平面内任何膨胀率的趋势将成为最重要的。当然，对于 $U/L\Omega$ 为 1 的量级的中介情况可以预料会发生这些作用的有趣的混合。在 §7.5 中对于带有旋动的轴对称流动的讨论已经提供了这方面的启示。

小 Rossby 数下的定常流动

当流动相对于旋转坐标系为定常时，在 $U/L\Omega$ 比 1 小时 Coriolis 力的主导作用会产生出一系列奇异的结果，有如 J·Proudman (1916) 首次指出的那样。在定常流动中，流体质元始终沿着同一条流线并且不掉转方向地运动。但是强的 Coriolis 力反抗任何导致在横向平面产生非零膨胀率的流体质元的任何位移。于是得到结论：在 $U/L\Omega \rightarrow 0$ 的极限情况下流线形状必须与在

横向平面内膨胀率为零相一致。

我们可以形式地建立上述结果，只要注意到当 $\partial \mathbf{u}/\partial t=0$ 并且 $\mathbf{u} \cdot \nabla \mathbf{u}$ 与 Coriolis 力相比可以忽略时运动方程(7.6.1)成为

$$2\mathbf{\Omega} \times \mathbf{u} = -\frac{1}{\rho} \nabla p, \qquad (7.6.2)$$

亦即

$$\frac{1}{\rho}\left(\frac{\partial p}{\partial x},\frac{\partial p}{\partial y},\frac{\partial p}{\partial z}\right) = (0, 2\Omega w, -2\Omega v)$$

其中采用了图 7.6.1 所示坐标。消去 p 后给出：在相对于旋转坐标系为定常的流动中有

$$\frac{\partial v}{\partial y} + \frac{\partial w}{\partial z} = 0, \qquad (7.6.3)$$

再根据质量守恒就导出

$$\frac{\partial u}{\partial x} = 0。 \qquad (7.6.4)$$

在 $U/L\Omega \ll 1$ 时成立的这些近似方程的奇特性质是：在横向平面或 (y, z) 平面上的运动不和平行于旋转轴的运动耦合，而且流动的任何特征都和 x 无关。Proudman 定理有时也叙述为：相对于旋转坐标系的**缓慢定常运动**必然是二维的。既然在本书中我们已用二维运动这个名称来指速度向量到处都包含在某一平面内的运动，那么在这里更确切地我们应该说：小 Rossby 数下的定常运动必然是一个在横向平面内的二维运动和一个与 x 无关的轴向运动的迭加。

平行于旋转轴的速度分量 u 的值显然是要由边界条件决定。常常遇到这样的情况，流体中平行于旋转轴的每一条线都与静止边界相遇，因而根据上述关系就要求处处都有 $u=0$，于是就只剩下二维运动了。在图版 23 中的照片(为 G·I·Taylor 远在旋转流体问题受到重视以前许多年所摄)是一旋转的敞口平盘内水的流动，照片表明在这种情形下 Coriolis 力确实使运动成为二维的。在图 7.6.2(图版 23)，一滴有色液体被加在旋转流体上的一缓慢运动拉成为一薄层，装置在盘的转轴上的照像机所摄的两幅照片表

明这个薄层处处平行于旋转轴，而且其在横向平面内的速度分量与 x 无关。图 7. 6. 3（图版 23）中由 A 点释放出的颜色条纹表明的流动情况更加令人惊异。相对于旋转坐标架的运动是由缓慢沿盘底拖动的圆柱 E 所引起的。水深 4 英寸，圆柱高 1 英寸（1 英寸 ＝2. 54 厘米）。在非旋转流体中水将绕过这个运动圆柱的侧壁并越过其顶端。从比柱顶高 $1\frac{1}{2}$ 英寸的地方并在柱的前方紧邻处释放出的颜色（图 7. 6. 3a）在 B 点分开，就好像它遇到了这个圆柱向上的延伸部分一样分成两个层绕过这个想象的柱体[①]，在一侧（D）的层甚至显示出分离及涡的形成。在图 7. 6. 3b 中，颜色是刚好在物体的垂直上方柱形区域之内释放出，它们聚积成一团并和柱一道运动。看来，在柱的向上投影区域之外的流动近似地和设想把柱从水底延伸到水顶层的情况一样，并且在圆柱上面有一水柱和它一道运动。于是运动是二维的而且与圆柱平动保持协调一致，尽管圆柱的实际高度只有水深的四分之一。

当流体不是由与平行于旋转轴的诸直线相交的静止边界包围，流体的轴向速度分量值一般地是由在其内边界上的条件决定。一个有趣而基本的情形是由一刚体以速度 U 平行于旋转轴穿过流体所造成的运动，而流体在旋转轴方向假设是无限的。看来，前述的对于 $U/L\Omega\rightarrow0$ 时的流动的要求，只有当外切于物体的柱体内的所有流体随着物体一道平行于轴而运动而且在横向平面内的速度分量处处为零的情况下，才能满足。事实上，实验也确实证明有一平行于轴而运动的流体柱在物体前被推动，尽管在物体后的流动看来和上述理论并不完全符合。本节的后一部分将进一步引证这些实验。

在物体是沿平行于旋转轴的方向或垂直于它的方向运动的情形中，上述的关于小 Rossby 数流动的理论导致一个结论即一个平行于轴的流体的所谓"Taylor 柱"总伴随着物体。在柱的边缘

[①] 这个现象的另一醒目的照片被复制于 Greenspan 的书中。

有剪切层，在该处涡量很大。可以预料，近似的线性方程(7.6.2)在层中不能处处成立，不过它对于全流场的影响还没有搞清楚。

旋转流体中波的传播

我们已经看到，刚性旋转的流体质元的任何引起横向平面内非零膨胀率的位移必然伴随着趋于消除这一膨胀的 Coriolis 力。既然在无粘性流体内没有能量耗散，因此可以得出结论：起始时若给流体以这类的位移则能够引起振动。这就提出一个波列能够在旋转流体中传播的可能性，波的不同位相和横向平面内正或负的膨胀率相联系。我们可以通过寻求制约对刚性旋转状态的偏离的方程的解的途径来考察这种可能性，这种解对于时间和某些空间坐标具有周期性。

首先考虑物理上简单的轴对称波动运动沿旋转轴方向传播的情形。相对于旋转坐标系，波动是叠加在一个静止流体之上，因而对于简谐波而言所有流动参数随时间以正弦关系变化，其角频率设为 β（周期 $2\pi/\beta$），随轴向距离 x 以正弦关系变化，其波数为 α（波长 $2\pi/\alpha$）。相对于旋转坐标系的流动的方程在轴对称形式中是(7.6.1)；遵循一般研究波动的方法，我们可以首先在方程中略去偏离未扰状态的高于一阶的诸项。不过在这里无需涉及细节，因为可以利用前节的分析。在那里我们曾看到，对于任意**定常**轴对称流，其中 C 与 H 对流函数的依赖关系和以均匀轴向速度 U 和均匀角速度 Ω 的流动的情形一样，则 ψ 必须满足(7.5.15)及(7.5.16)；而且(7.5.16)的任何对于 x 的周期性解可以看作是代表了一个任意振幅以相速度 U 通过流体传播的行进波，这种流体在没有波动运动时作刚性旋转。

于是我们被引导到考察由流函数(7.5.15)所代表的定常流动，其中的 $F(x, \sigma)$ 满足方程(7.5.16)而且具有下述形式（对于波数为 α 的简谐波）

$$F(x,\sigma) = G(\sigma)\sin(\alpha x + \varepsilon),$$

其中 ε 为一常数。于是 G 的方程成为

$$\frac{d^2G}{d\sigma^2} + \frac{1}{\sigma}\frac{dG}{d\sigma} + \left(k^2 - \alpha^2 - \frac{1}{\sigma^2}\right)G = 0, \qquad (7.6.5)$$

其中 $k = 2\Omega/U$，这和(7.5.17)的形式相同。一个有关系的解为

$$G(\sigma) = A J_1\{(k^2 - \alpha^2)^{\frac{1}{2}}\sigma\},$$

其中 A 为一任意常数；这里还有第二个可能的解，它包含了第二类 Bessel 函数，但因为它在轴上给出速度分布的一个奇点，故我们不予考虑。因此，对于正的 $k^2 - \alpha^2$ 及任意选定的 A 值有由下式代表的一个定常流动

$$\psi = \frac{1}{2}U\sigma^2 + A\sigma J_1\{(k^2 - \alpha^2)^{\frac{1}{2}}\sigma\}\sin(\alpha x + \varepsilon), \quad (7.6.6)$$

相应的速度的周向分量从(7.5.14)看出为

$$\frac{C}{\sigma} = \frac{2\Omega}{U}\frac{\psi}{\sigma} = \Omega\sigma + kF。$$

在远离轴处，速度的轴向和径向分量成为均匀且其值分别为 U 及零，尽管是相当缓慢地（如 $\sigma^{\frac{1}{2}}$）趋于这些值的。从 C 的上述表达式我们看到，作用于（在旋转坐标系内）横向平面内物质圆圈上的每一微元的 Coriolis 力的径向分量与 F 具有相同符号并且总是趋于使圆圈的半径恢复到一平衡值。

在一个以速度 U 沿（正）轴向运动的坐标系中看这同一流动，应有下述

$$\psi = A\sigma J_1\{(k^2 - \alpha^2)^{\frac{1}{2}}\sigma\}\sin\{\alpha + (x + Ut) + \varepsilon\},$$

$$(7.6.7)$$

其瞬时流线具有图 7.6.4 所示形状。这样我们就有了一个沿负 x 轴方向以相速度穿过本来是刚性旋转的流体前进的简谐波。从得到上述代表行进波的解(7.6.7)的方法中我们可注意到，它并不限于振幅 A 的小的值。这一点是对于刚性旋转状态的那样一些轴对称振动运动的特点，它们相对于平行于旋转轴平动的坐标系须能化为定常状态，此外这种情形下基本方程为线性，从而具有了上述特点。这样一来，形如(7.6.7)的两个解仅当相速度的大小及方向均相等时可以进行迭加而无须对其振幅加以限制；当两者的相

速度不同时,只有当两者的振幅都充分小使得基本方程(7.6.1)中的非线性项可以忽略时它们才能叠加。

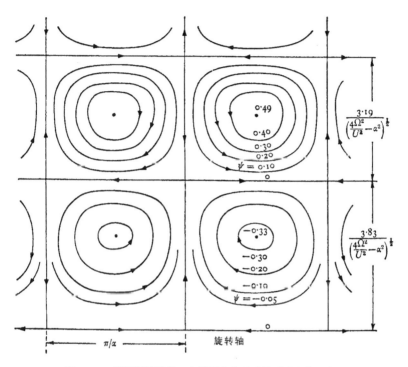

图 7.6.4 通过旋转轴的一个平面内的运动的瞬时流线,代表以相速度 U 沿轴向传播的一简谐波动。所示流函数的值对应于公式(7.6.7)中 $A=(k^2-\alpha^2)/3.83$ 的情形。(两个这种小振幅的行进波而形成的驻波的流线也是同样形状;见(7.6.10))

无限旋转流体中的这些轴对称波的一个不寻常的特性是:波数 α 及角频率 αU 是独立量。显然,只有当 Ω, U, α 及振幅 A 四个量给定时波才能决定。或者代替给定 U,我们可以规定在图 7.6.4 中紧邻旋转轴的那一个环的径向尺度;$J_1(z)$ 的第一个零点在 $z=3.83$ 处,所以这个尺度为 $3.83\left(\dfrac{4\Omega^2}{U^2}-\alpha^2\right)^{-\frac{1}{2}}$。然而并非所有的

α、Ω 及 U 的值的组合均是可能的,因为当 $k^2 - \alpha^2 < 0$ 时,(7.6.5) 没有处处保持有限的解;于是对于给定的 Ω 及 U,α 的值的允许区间为 $0 \leqslant |\alpha| \leqslant |2\Omega/U|$。

在实验室实验中,旋转流体常常为一柱形边界所包围,例如 $\sigma = b$ 的柱形边界。因而就有了一个约束,即这个边界须为在通过旋转轴的平面内的流动的一条流线,或者等价地说,在径向区间 $0 \leqslant \sigma \leqslant b$ 内须有整数个环。因此,若 γ_n 是使 Bessel 函数 $J_1(z)$ 为零的第 n 个 z 的值,我们要求

$$b \left(\frac{4\Omega^2}{U^2} - \alpha^2 \right)^{\frac{1}{2}} = \gamma_n, \tag{7.6.8}$$

其中 n 为柱中径向环的个数。这个式子可以视为在半径为 b 的柱形容器中传播的具有 n 个径向环的波的波速 U 与波数 α 之间的关系式。**群速度**,或者这类波的能量传播的速度,是一个轴向向量,它和相速度同方向而其大小由熟知的公式给出

$$U + \alpha \frac{dU}{d\alpha}, \quad = U \frac{\gamma_n^2}{\gamma_n^2 + \alpha^2 b^2}。 \tag{7.6.9}$$

因此一般而言群速度的量值比相速度为小。

如果流体是限制在垂直于旋转轴的平面边界之间,边界间距离为 l,则边界条件可以通过迭加两个适当选定波数的彼此向相反方向传播的相似行进波来满足。从 (7.6.7) 可以得到一个代表驻波的基本解

$$\psi = 2A\sigma J_1 \{(k^2 - \alpha^2)^{\frac{1}{2}}\sigma\} \cos\beta t \sin(\alpha x + \varepsilon), \tag{7.6.10}$$

其中已将频率写为 β 以代替 αU,因为 U 已不再是有关系的了。任一瞬时,(7.6.10) 给出的流线都和示于图 7.6.4 中的形式相同。要注意,这里的振幅 A 必须很小,因为否则运动的基本方程就不是线性的,其解也就不能叠加了。在这两个限制平面上的条件要求 $\alpha = m\pi/l$,其中 m 是一正整数,如果此外在 $\sigma = b$ 尚有一刚性边界,条件 (7.6.8) 就也必须满足。于是我们看到:限制在一个半径为 b 长度为 l 的圆柱中的旋转流体的小振动的自然频率由下式给出

$$\beta = 2\Omega / \left(1 + \frac{\gamma_n^2 l^2}{m^2 \pi^2 b^2}\right)^{\frac{1}{2}}. \qquad (7.6.11)$$

这个关系式由 Kelvin (1880) 首次获得，近年来由于其对地球物理学的可能的应用而引起兴趣。振动的较简单模的存在（即 m 与 γ_n 接近于可能的最小值者）可以通过实验演示，此外通过把一振动施加在旋转流体上并观察在强迫机制的频率的特定离散值上存在有共振，这样就证实了这些波的频率公式 (Fultz 1959)。

本质上同样是由 Coriolis 力造成恢复机制的平面波也可以存在于旋转流体之中。平面波的一种简单的，尽管是相当特殊的类型能够存在的根据在于这样的事实：即仅受到 Coriolis 力作用的流体元在横向平面内是在一圆形轨迹上运动。如果相对于旋转坐标系（修正）压力及流体速度在无限流体中的垂直于旋转轴的平面内初始时是均匀的，则它们将继续保持为如此，运动方程 (7.6.1) 给出横向平面内对应于直角坐标 y, z 的速度分量为

$$\frac{\partial v}{\partial t} = 2\Omega w, \qquad \frac{\partial w}{\partial t} = -2\Omega v. \qquad (7.6.12)$$

由此导出，整个物质的横向平面将作为一个刚性平板以角速度 2Ω 以圆轨迹运动。如果不同的物质平面可以在初始时按下述分布

$$v = A\cos\alpha x, \qquad w = A\sin\alpha x$$

运动起来那么每个物质平面将刚性地在各自的圆形轨道上运动，在其后时刻 t，速度将成为

$$v = A\cos(\alpha x - 2\Omega t), \qquad w = A\sin(\alpha x - 2\Omega t).$$

于是一简谐平面行进波，它是横向波且为圆偏振的，看起来就要沿 x 轴方向以波数 α 及相速度 $2\Omega/\alpha$ 传播。我们说"看起来……传播"是因为每一个横向平面都是彼此独立地运动，而且完全是由于其初始条件才运动；如同在我们熟习的挂在绳子上排成一直线的许多小球的情形一样，用一手指划过使它们具有初始的横向位移一样，群速度或者传播能量的速度为零。

一个比较更普遍的平面波类型也可以存在，其中波数向量相对于流体旋转轴倾斜一个角度。要考察这种情形只需在上述波动

系统上迭加一个平行于 y 轴的旋转向量的分量。于是就有了一个平行于 x 轴的附加的 Coriolis 力，它与 y、z 无关且可以由压力梯度平衡不致改变速度分布。整个流场因而由下式给出

$$
\left.
\begin{aligned}
&v = A\cos(\alpha x - 2\Omega t\cos\theta), \\
&w = A\sin(\alpha x - 2\Omega t\cos\theta), \\
&u = 0,\ \frac{p}{\rho} = \frac{2\Omega\sin\theta}{\alpha}A\cos(2x - 2\Omega t\cos\theta),
\end{aligned}
\right\}
\tag{7.6.13}
$$

其中 Ω 为流体角速度的总的大小。波的角频率为

$$
2\Omega\cos\theta,\quad = \frac{2\Omega\cdot\alpha}{\alpha},
$$

其中 Ω 及 α 代表角速度及波数向量，为公式(7.6.13)之目的，α 是在 x 轴方向。简谐平面波的向量群速度已知等于频率对于 α 的梯度，因此其值为

$$
\frac{2\Omega}{\alpha} - \frac{2\Omega\cdot\alpha\alpha}{\alpha^3},\quad = \frac{2}{\alpha^3}\alpha\times(\Omega\times\alpha)。 \tag{7.6.14}
$$

能量是沿垂直于 α 的方向并在 α 及 Ω 的平面内传播，在这里也就是沿 y 轴传播，关于这一点从(7.6.13)给出的 pu，pv、pw 平均值分别为

$$
0,\quad \rho\Omega\sin\theta A^2/\alpha,\quad 0
$$

这一事实可以看得很清楚。应当注意，当 α 与 Ω 不平行时，Coriolis 力就不是孤立地起作用，简单地恢复机制要因压力梯度的作用而修正。

所有这些在旋转流体中的轴对称平面波动通常称为**惯性波**。

沿旋转轴运动的物体所引起的流动

决定由一个沿无限流体中的旋转轴作定常平动的刚体所引起的流动的问题是一个困难的问题，关于这个流场的诸方面的清楚的图象迄今尚未具备。我们在此要作的仅是对于轴对称物体的情形指出若干流动的特征。

显然，由物体速度及其一线性尺度构成的 Rossby 数 $U/a\Omega$ 是衡量物体平动及流体转动的相对重要性的一个量度。在 $U/a\Omega\to$

∞的极限情形中，我们预料（无量纲的）速度分布将化为在无穷远处为静止的流体中平动物体引起的流动的速度分布。在另一极端情形当 $U/a\Omega\rightarrow0$ 时，似有理由认为惯性力远比 Coriolis 力为小（当相对于旋转坐标系流体速度到处比 Ωa 小时，一般而言这个说法就成立），在这种情形下，我们可以引用在极限情形下横向平面内膨胀率必须处处为零的结论。如像在本节中早先所指出的，这就要求速度的轴向分量 u 与 x 无关，而这一点只有当物体携带一相对于物体为静止的流体柱时才为可能，这个流体柱是由平行于 x 轴且与物体相切的诸母线构成的柱所包围而形成的。尽管这种流场看起来似乎十分奇特，但实际观测表明，总的说来情形确实是如此。但是在柱形剪切层内的流动以及物体开始运动后这个柱是如何形成的等等细节都还是不清楚的。

当 $U/a\Omega$ 虽小但非零时，可以设想这一运动柱要发生变化，尽管这种运动柱有一种要么出现要么全无的品性，使得我们难以想象这种改变的性质。Taylor（1923）做的一个半径为 a 的运动球体及 Long（1953）做的一个球头（半径为 a）加一尾锥形的运动物体引起的流动的实验观测表明，当 $U/a\Omega$ 小于 0.2 或 0.3 时，就有一流体柱在运动物体前被推动。Taylor 为显示在此值附近流场的改变而设计的球体实验是十分简单的。一个轻的球，比如一乒乓球，上面染成条纹状以便于观察其旋转，然后用一线将其系在一作均匀旋转的高的充有水的罐的底上。当球没有轴向运动时，当然是与周围流体一道旋转，但当球被允许以速度 U 上升，且 $U/a\Omega$ 大于约 0.3，Taylor 发现球就不再随流体旋转了。如果流体是连续不断地被强迫绕过前进着的球时，我们应该可以预料球将不转动，因为在球表面附近的一物质圆在早先当其上所有点在旋转轴附近时其半径是很小的，因而环量也小；接近球表面时流体的周向速度要趋于零，而实际流体中存在的粘性就使得球体本身在定常状态下角速度为零。但是另一方面，对于某些更小的 $U/a\Omega$ 值，他观察到上升的球**继续**和流体一道旋转，而这正是如果一（旋转）流体柱在运动球体被推动时所应预期发生的。

当 $U/a\Omega$ 为 1 的量级，和物体平动相联系的惯性力和 Coriolis 力量值上相当，因而尽管有 Coriolis 力的抵抗，还是要在横向平面内产生非零的膨胀率。作为在物体附近流体元的受迫位移的结果，前面叙述过的那种轴对称波就可能出现，在伸向无穷的柱形容器中在没有任何耗散存在的情况下，它以自由振动（即行进波）出现。图 7.6.5 的照片（图版 24）清楚地显示出在柱形容器中沿旋转轴运动的半球头接锥尾的物体所产生的波，尽管波只是在下游一侧。这些相对于物体为静止的波，在下述意义下把能量向远离物体"辐射"开去，即随着时间的增长，从物体向下游延伸的波列的长度也不断增加，并且这里还有一个与此相联系的对于物体的阻力的贡献。

流体的外部柱形边界的存在，使有可能得到若干简单的解析推论，这主要是由于在远离物体处允许的自由振动的波数现在是具有一组离散的值而不是一个连续的区间。方程(7.6.8)表明以速度 U 传播的并以（圆）柱边界 $\sigma = b$ 为其一流线的自由振动的（无量纲）波数是

$$ab = \left(\frac{4b^2\Omega^2}{U^2} - \gamma_n^2 \right)^{\frac{1}{2}}, \qquad (7.6.15)$$

其中 γ_n 为使 $J_1(z) = 0$ 的 z 的第 n 个值。我们看到 $U/b\Omega$ 有一个极大值使任何自由振动均为可能，此极大值为

$$\frac{U}{b\Omega} = \frac{2}{\gamma_1} = 0.52,$$

在此极大值处 $\alpha = 0$（即无穷大的波长）。由此看到，当物体速度大于 $0.52\Omega b$，运动物体就不能产生任何波。这个条件中所以有 b 出现是因为 Coriolis 力的相对重要性随着流体速度发生明显变化的距离的增大而增大；随着 U 的值从一使流动具有和非旋转流体同样形态的较大值逐渐减小，Coriolis 力及与之联系的波动运动的效应将在一径向无界的流场中从无穷远处向内扩展进来，仅当 U 小于某一个与 b 有关的临界值时，波动才能在一给定的柱形边界之内出现。从(7.5.15)还可以看到，对于有下式成立的物体速度

$$\frac{2}{\gamma_1}(=0.52) > \frac{U}{b\Omega} > \frac{2}{\gamma_2}(=0.29), \qquad (7.6.16)$$

则仅有一个自由振动模是可能的，且

$$ab = \left(\frac{4b^2\Omega^2}{U^2} - \gamma_1^2\right)^{\frac{1}{2}}, \qquad (7.6.17)$$

而对于 U 的更小的值，两个或更多个模（对应于在径向区间 $0 \leqslant \sigma \leqslant b$ 内多于一个单元，见图 7.6.4）成为可能。对于所有这些简谐的轴对称行进波，群速度（见(7.6.9)）的量值均比相速度 U 为小。由物体引起的扰动的能量因而不能前进到物体的上游；这也就是波仅能在下游一侧形成的原因。

Long（1953）的观测表明，（图版 24 中的照片即为其中的样品）对于(7.6.16)区间的若干 $U/b\Omega$ 值，在下游一定距离处波动的波长非常接近于由(7.6.17)得出的理论值，对于若干小于 0.29 的 $U/b\Omega$ 值，波动系统近似地为周期性，其波长接近于可能存在的行进波的波长中最短者（它对应于(7.6.17)）。两个或更多的可能的自由振动能够叠加，所以后一个观测的含意是物体运动造成的扰动在只有一个径向单元的模中的能量要比有多于一个径向单元的模中的能量大得多。

7.7 在旋转球上一薄层内的运动

为完成本章中对于流体作为一个整体旋转的效应的讨论，我们在此将扼要地看看在动力气象学及动力海洋学中目前使用的某些方程式。当角速度 Ω 等于每天 2π 弧度时，那么实验室尺度的运动的 Rossby 数 $U/L\Omega$ 比 1 要大得多，在这些运动中 Coriolis 力的效应一般是察觉不到的。在另一方面，对于在水平方向上大尺度的大气或海洋的运动，比如说线性尺度至少在 100 公里以上的运动，显然地 Coriolis 力将是重要的。在旋转地球上一层流体内的如此大尺度运动的若干方面的定性描述可以从一简化的方程组中获得，我们在此引入它们而只加一些启发式的解释。

我们将采用下述不同的理想化和近似：

(a)大气中空气密度由于其可压缩性而随高度变化,但这种变化在地球表面上的所有点上都近似相同,对于某些目的而言还可设它不影响大范围的水平运动。我们在此把大气和海洋看作具有均匀密度的不可压缩流体层。代表大气或海洋的均匀流体层的深度较之所考虑的运动的水平的长度尺度要小得多。

(b)空气或水的这个层的上边界是"自由"面,由于相对强的重力作用,我们设它保持为球形。(大气和海洋有常称之为"潮汐运动"的某些大尺度振动运动,在这些运动中,上自由面的波动起着基本的作用;它们是直接由重力效应决定的运动而仅受到Coriolis力的修正。我们的上边界为球性的假设就排除了重力有直接效应的运动,而引导到旋转效应为重要的运动。)

(c)局部的垂直流显然确存在于大气之中,同样显然的是水平风速随高度而变化。然而这些是我们这里不准备涉及的运动的一些方面,因而认为考虑大气（或海洋）中在一个线性尺度与流体层深度差不多的区域上速度的平均量是适当的。流体的这种平均的或总体的运动是近乎水平的,在穿过层方向上是均匀的,在所要考虑的流场情形中,运动有显著变化的距离不小于100公里。地面对于这个平均运动的摩擦作用在实际上并不总能忽略,但为简单起见,我们在此略去它。

(d)在假设（b）及（c）下,如果流体层的下边界准确地为水平,则在流体层中的速度亦准确地为水平的。我们允许存在地球固体表面地形的某些影响,而且假设大气与海洋的深度 H 是位置的缓变函数,在量级为 H 的水平距离上 H 的变化是可以忽略的。H 的缓慢变化的唯一效果是当流体流过一倾斜地面时给流体在一水平面内以一个非零的膨胀率。考虑一物质的小截面垂直柱体的质量守恒,我们得到

水平面内的膨胀率＝－ 柱体的垂直伸长率

$$= -\frac{1}{H}\frac{DH}{Dt}。 \qquad (7.7.1)$$

对于所有其它的目的，流体速度的垂直分量及速度在穿过层方向的变化均认为可以忽略不计。这种近似在表面重力波理论中就是大家熟知的"浅水"近似（在那种情况下 H 的变化来自地形及自由面位移两者）。

现在我们来写出与所有这些近似相一致的一个旋转球上一流体层的运动方程。很明显，采用一个随球一起转动的原点位于球心的球坐标 (r, θ, ϕ) 是方便的，$r=R$ 在层的球形外边界；我们取 $\theta=0$ 在北极（因而 $\frac{1}{2}\pi-\theta$ 是通常习用的纬度角），保持 r 及 θ 不变时 ϕ 增长的方向是东（见图 7.7.1）。对应的速度分量是 (U_r, U_θ, U_ϕ)，而对应的地球的向量角速度的分量是 $(\Omega\cos\theta, -\Omega\sin\theta, 0)$。

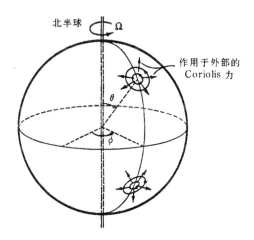

图 7.7.1　在北半球及南半球的气旋式地转流动系统。相对于地球表面的涡量与 $f=2\Omega\cos\theta$ 具有同样符号，每一系统的中心处压力是低的

相对于旋转坐标系的均匀无粘性流体的运动方程曾以向量形式给出于 (7.6.1) 中，对应的球坐标系统内的方程的各分量在略去速度和加速度的径向分量后是

$$-2\Omega u_\phi\sin\theta = -\frac{1}{\rho}\frac{\partial p}{\partial r}, \qquad (7.7.2)$$

$$\left(\frac{D\mathbf{u}}{Dt}\right)_\theta - 2\Omega u_\phi\cos\theta = -\frac{1}{\rho r}\frac{\partial p}{\partial \theta}, \tag{7.7.3}$$

$$\left(\frac{D\mathbf{u}}{Dt}\right)_\phi + 2\Omega u_\theta\cos\theta = -\frac{1}{\rho r\sin\theta}\frac{\partial p}{\partial \phi}. \tag{7.7.4}$$

关于用 (U_r, U_θ, U_ϕ) 表达的加速度分量的普遍表达式可参见附录 2。如同在 (7.6.1) 中一样，在这些方程中 p 是修正压力，它可包括由于坐标系旋转而产生的离心力及重力的作用。

方程 (7.7.2) 表明修正压力的垂直梯度处处与 Coriolis 力的垂直分量相平衡。但是既然流体层的厚度与所考虑的运动水平长度尺度相比小得多，p 通过这层的总变化是相对小的，如像 u_θ 及 u_ϕ 一样，在 (7.7.3) 与 (7.7.4) 中可视 p 为横穿层是均匀的。地球旋转的更为重要的效应是对于作用于流体元上的力的水平分量上加了一份贡献，这项贡献是垂直于流体元的瞬时速度的，而且其方向在 $\cos\theta$ 为正的北半球是使一微元趋于向其瞬时运动线的右侧运动，而在 $\cos\theta$ 为负的南半球则是趋于向左侧运动。

我们可以始终一致地在 (7.7.3) 和 (7.7.4) 中把 r 视为常量且等于 R。这就给出

$$\frac{Du_\theta}{Dt} - \frac{u_\phi^2\cot\theta}{R} - fu_\phi = -\frac{1}{\rho R}\frac{\partial p}{\partial \theta}, \tag{7.7.5}$$

$$\frac{Du_\phi}{Dt} - \frac{u_\theta u_\phi\cot\theta}{R} + fu_\theta = -\frac{1}{\rho R\sin\theta}\frac{\partial p}{\partial \phi}, \tag{7.7.6}$$

其中

$$\frac{D}{Dt} = \frac{\partial}{\partial t} + \frac{u_\theta}{R}\frac{\partial}{\partial \theta} + \frac{u_\phi}{R\sin\theta}\frac{\partial}{\partial \phi},$$

作为我们的模式大气或海洋中流动的基本方程。我们在此采用了规范的记号 $f = 2\Omega\cos\theta$；f 是在纬度 $\frac{1}{2}\pi-\theta$ 处 Foucault 摆旋转角频率的二倍，称为 Coriolis 参数（对于地球 $\Omega = 7.29\times10^{-5}$ 秒$^{-1}$；在 $\theta = 45°$ 处 $f = 1.03\times10^{-4}$ 秒$^{-1}$）。

我们还将需要用涡量的径向分量 ω 相对于旋转坐标系的相应的方程。我们有（见附录 2）

$$\omega = \frac{1}{R\sin\theta} \left\{ \frac{\partial(u_\phi \sin\theta)}{\partial\theta} - \frac{\partial u_\theta}{\partial\phi} \right\},$$

微分（7.7.5）及（7.7.6）再加上少许运算就导出

$$\frac{D\omega}{Dt} = - \frac{u_\theta}{R} \frac{df}{d\theta} - \nabla(f + \omega) \, 。 \tag{7.7.7}$$

在此方程中，Δ 表示在水平面内的膨胀率，根据（7.7.1），亦即

$$\Delta = \frac{1}{R\sin\theta} \left\{ \frac{\partial(u_\theta \sin\theta)}{\partial\theta} + \frac{\partial u_\phi}{\partial\phi} \right\}$$

$$= - \frac{1}{H} \frac{DH}{Dt} \, 。$$

方程（7.7.7）因而可以重写为

$$\frac{D}{Dt} \left(\frac{f + \omega}{H} \right) = 0, \tag{7.7.8}$$

表示一流体物质元的绝对涡量 $f + \omega$[①] 仅因微元运动到层厚不同处而改变。在一均匀深度的层中，仅当微元运动到不同纬度时相对涡量才变化。方程（7.7.8）也可以直接地从考虑绕一位于水平面内小线性尺度的封闭物质曲线环量的守恒而导出。

这些方程能应用于特征长度尺度 L 为任何大小的流动，只要它远大于 H。在海洋中由于存在陆地边界，使海洋中有些流场的长度尺度事实上比地球半径 R 小得多，类似地，对于大气也有相当的兴趣在于非全球范围的大气流场。为了研究这样一些流动系统，选用更加有局地性质的坐标是合适的。在流场仅伸展到以 $\theta = \theta_0$ 为中心的很小的一个纬度范围的情形中，引入一个新坐标是方便的，

$$x = \phi R\sin\theta_0, \quad y = (\theta_0 - \theta)R \, 。 \tag{7.7.9}$$

坐标（x，y，z），其中 z 为垂直向上的坐标，于是构成右手系系统，如像球面坐标系一样；x 及 y 增加方向分别朝东及朝北。

当 $L \ll R$，在最粗略的近似中，除了由底地形引起的层厚缓慢

---

① 严格地讲，$f + \omega$ 是绝对涡量的垂直分量，但因它是唯一起作用的量，我们也就可以说它是绝对涡量。

变化以外，方程明显地化成为，对应于一平面流体层中的二维流动的形式，x 及 y 为直角坐标，f 为常量并等于 $2\Omega\cos\theta_0$，譬如令其 $=f_0$。在水平面内，x 轴的方向因而就并不重要。(7.7.8)中由这一近似而来的唯一的明显变化是算子 D/Dt 的形式，它成为

$$\frac{D}{Dt} = \frac{\partial}{\partial t} + u\frac{\partial}{\partial x} + v\frac{\partial}{\partial y}, \qquad (7.7.10)$$

其中 u 及 v 为流体速度在 x 及 y 轴方向的分量，相对涡量现在成为 $\omega = \partial v/\partial x - \partial u/\partial y$。

通过允许 f 随纬度变化使得我们得到一个能够研究范围要大一些但仍为小量的纬度区域的特定流场的改进的近似。这个近似的基础是：对于 y 方向特征长度为 L，相对涡量 ω 值比 f 为小的流场的情形，ω/L 的值与 f/R 的值大小相当，这种情形下 $D\omega/Dt$ 与 Df/Dt 亦大小相当。尽管这样一来就不能在(7.7.8)中把 f 视为常量，但允许作的一个近似是

$$f = f_0 + \beta y, \qquad (7.7.11)$$

其中 $\beta = 2\Omega\sin\theta_0/R$（在 $\theta = 45°$ $\beta = 1.62 \times 10^{-13}$ 厘米$^{-1}$秒$^{-1}$，在两个半球均为正）。流体层的曲率的所有其它效应仍然可以忽略，只要还有 $L \ll R$；所以现在流场就被看作是发生在一个平面层内，它具有量值线性地沿 y 方向变化（即沿北-南方向）的法向旋转向量。这常称为 **β 平面近似**。

上述动力学方程的解已在若干特定情形及极限情形中被探讨过，作为示例现介绍其中几个。

地转流动

气象学家们从对许多的风速分布的考察中（在足够高的高度上观察，以避免地球表面上的摩擦及热效应）发现，惯性力常比 Coriolis 力小得多。如果流体沿曲率半径为 L 的路径以速度 q 定常地运动，则惯性力与 Coriolis 力之比值为 q/fL 的量级；取 $L = 1\,000$公里，$f = 1.03 \times 10^{-4}$秒$^{-1}$（约相当于 $\theta = 45°$），我们有 $q/fL \approx 0.01q$ 米/秒。对于大气，$q = 10$ 米/秒是通常情况下的代表性值，

而在海洋中 q 通常要比这个值小得多。因此 q/fL 的值与 1 相比为小量的情形是具有代表性的。流体速度发生变化的时间尺度（在线性尺度量级为 H 的区域上平均）常比 f^{-1}（$=2.7$ 小时，对于 $\theta = 45°$ 而言）大得多。

惯性力可以忽略不计的流动系统在地球物理学文献中称为**地转**的。用 §7.6 中的术语，它们是具有小 Rossby 数的流场。方程 (7.7.5) 及 (7.7.6) 在地转流动情形中化为

$$\left(\frac{1}{R}\frac{\partial}{\partial\theta}, \frac{1}{R\sin\theta}\frac{\partial}{\partial\phi} \right) p = \rho f(u_\phi, -u_\theta), \qquad (7.7.12)$$

表明在水平面内压力梯度处处垂直于流线。气象学家们更经常地是把这个关系式用作为比较的基础而不是作为用以决定大气中的运动的手段。在地面若干点上大气压力的测量一般比较容易，而在不直接受地表面摩擦影响的高度的水平面上对应的压力梯度可由此而计算出（只要直到该高度上空气密度的情况为已知）；于是根据 (7.7.12) 关系式计算出的风速分量就给出假设的**地转风**，气象学家们能够根据具体情况估计出实际风与它的接近程度。

当略去惯性，涡量方程 (7.7.8) 化为

$$\frac{D}{Dt}\left(\frac{f}{H} \right) = 0, \qquad (7.7.13)$$

表示仅当沿着一微元的路径流体层的底是朝较近的极地方向向下倾斜时，严格的地转流才能存在。当流场的范围与 R 相比为小量因而 f 的变化可忽略不计时，(7.7.13) 要求 H 对于一运动微元为常量，由此重新得到（根据 (7.7.1)）在 §7.6 中得到的一个结果。我们在那里看到，忽略惯性力和在垂直于（均匀的）旋转向量的平面内存在一非零的膨胀率值是互不相容的，因为这种膨胀会受到 Coriolis 力的抵抗。

大气中一个常见类型的地转流是围绕一个中心区域的大致为对称的流动，其中涡量非零且具有同一符号；这样的一个旋转空气团可能是由于原先在不同纬度的空气的运动所造成，它们相对于固定坐标系具有不变的涡量。如果相对涡量与 Coriolis 参数具

有同样的符号，也就是说在北半球，中心区域相对涡量为正，具有反时针环流或者在南半球它为负，具有顺时针环流，则 Coriolis 力是由中心区域指向外（图 7.7.1）。这种系统称为**气旋式**，其特点是中心压力低。相反的情况或者**反气旋式**系统具有高的中心压力。

气旋式系统常伴随着强风，对于地转方程（7.7.12）它就不准确了。一个常规的改进近似程度的方法是假设流动为定常，流线为以 L 为半径的圆，于是在方程（7.7.5）及（7.7.6）中的惯性力变为一沿径向指向外的离心力 q^2/L，其中 $q^2 = u_\theta^2 + u_r^2$。流线及等压线仍然重合，但是局部压力梯度对于气旋式流动而言现在具有值

$$|\nabla p| = \rho\left(\frac{q^2}{L} + fq\right) \qquad (7.7.14)$$

从这个方程及观测到的 L 及压力梯度得到的 q 值称为梯度风。

越过不平坦地形的流动

如同总结于方程（7.7.8）中的那样，层厚 H 作为位置的函数缓慢变化的直接效果是改变一个小截面铅垂物质柱体运动时的高度，从而改变其绝对涡量（的垂直分量）。因此当一团流体越过一隆起的地面时其绝对涡量被减小，相对涡量也要改变，在北半球是减少而在南半球是增加。相对于地球表面的这种涡量变化可以引起越过倾斜地形的流动的显著偏斜。

作为不平坦地形影响的一个简单例子，我们考虑一定常流越过一个山脊的情形，山脊座落在一平坦地面上，具有平直而互相平行的等高线，越过山脊前流体层厚为 H_0 作为第一种情形，我们假设流动的水平尺度充分小，可以把它看作是在一个具有均匀 Coriolis 参数 f 的平面层内的运动，把此平面内的 f 记为 f_0。于是这个脊在地球表面上的方向就不是很要紧的了，为方便我们取此方向沿 y 方向（图 7.7.2）。假设流向山脊的流的相对涡量为零，速度为均匀其分量为 (U, V)，Coriolis 力与一均匀压力梯度平衡。

在脊上，层厚为 H 的一点处相对涡量由下式定出

$$\frac{f_0 + \omega}{H} = \frac{f_0}{H_0}。 \qquad (7.7.15)$$

显然，速度分量 u 及 v 与 y 无关，于是

$$\frac{dv}{dx} = \omega = f_0\left(\frac{H}{H_0} - 1\right)$$

以及

$$v = V + f_0 \int_{-\infty}^{x} \frac{H - H_0}{H_0} dx。 \qquad (7.7.16)$$

速度的 x 分量由质量守恒关系决定

$$uH = UH_0。$$

因此一个隆起的脊的作用就是使均匀来流在北半球向其原来运动方向的右方偏斜。在山脊的下游一侧，该处横断面面积为

$$A = \int_{-\infty}^{\infty} (H_0 - H)dx,$$

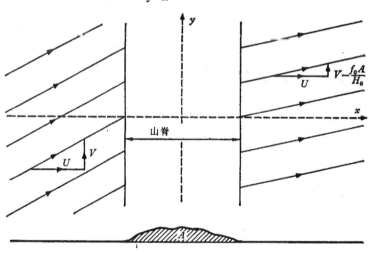

图 7.7.2 山脊对于均匀来流产生的相对于旋转坐标系的偏转作用

速度的 x 分量已恢复到其上游处的值，但其 y 分量我们有均匀值

$V - (f_0 A/H_0)$。于是就得到一个总的顺时针方向的偏转角，该角的正切为

$$\frac{U(f_0 A/H_0)}{U^2 + V^2 - V(f_0 A/H_0)}。$$

如果脊高平均为 2 公里，宽为 50 公里，又取 H_0 为 10 公里，则我们有 $f_0 A/H_0 \approx 1$ 米/秒；即使对于如此之大的山脊，其偏转作用在大气运动中仍可能是不明显的。但在海洋中，这就应该是很突出的了，因为在海洋中流动是比较慢的。

水平面上一个有限面积的高地区域（一孤立的山）的影响类似地就是在流动中置入一块负涡量（在北半球），在均匀来流的情形中任意一点处的 ω 值都由 (7.7.15) 式给出。（但需注意，流动的 Rossby 数必须不太小，否则会成为绕一个山上方的 "Taylor柱"的流动！）由于这个山的存在引起的附加的流动是一定常的顺时针环向运动，绕任一包围了这个山的封闭路径的环量是

$$\iint\limits_{-\infty}^{\infty}\omega dxdy, \quad = \frac{f_0}{H_0}\iint\limits_{-\infty}^{\infty}(H - H_0)dxdy; \quad (7.7.17)$$

而后面这个积分即为此山高出水平地面(该处层厚为 H_0)的体积。山对于空气或水的速度的影响实际上不大能够察觉，但是与反气旋回旋运动相联系的 Coriolis 力在山上引起的一个过剩压力（在两个半球均如此）有时确可在大气中观察到。

现在假定，所考虑的流动的水平尺度（L）使得 ω/L 与 f/R 相比大小差不多，尽管仍有 $L \ll R$。如前所述，这时仍可能把流体视为在一平面层内，采用直角坐标 (x, y)，对应的速度分量为 (u, v)。不过我们必须允许 Coriolis 参数随纬度有变化，如果取 y 轴指向北我们采用近似的线性关系 (7.7.11)。底地形及 Coriolis 参数的不均匀性混合在一起使得分析变得很复杂，但我们可以用越过一长山脊的流动的简化讨论来揭示其主要的新特征。为方便，我们还是考虑一均匀来流，其速度记为 U_0，这使我们必须选流动方向平行于纬度线，亦即平行于 x 轴。位于脊上层厚为 H 的一点 (x, y) 处的质元的相对涡量 ω 由下述方程给出：

$$\frac{f_0 + \beta y + \omega}{H} = \frac{f_0 + \beta y_0}{H_0}, \tag{7.7.18}$$

其中 y_0 是该质元在接近山脊时的位置的 y 坐标。

于是，在平行于山脊的线上各点处的速度不再相同，我们须把流场作为一个整体加以考虑。为了得到这个流场问题的简单情形，考虑一个台阶形的"脊"，或者在 $x=0$ 处沿南北线上有一个使层厚变为 H_1 的间断变化（图 7.7.3）。在这一台阶上，速度不连续地从 $(U_0, 0)$ 变到 $(U_1, 0)$，其中 $U_1 = U_0 H_0 / H_1$，而相对涡量从 0 变到

$$(f_0 + \beta y)\left(\frac{H_1 - H_0}{H_0}\right)。$$

在 $x > 0$ 的区域，层厚是均匀的，于是有

$$\frac{\partial u}{\partial x} + \frac{\partial v}{\partial y} = 0$$

因而可以引入流函数 ψ。流动在这个区域内为定常，因而 $f + \omega$ 也就必然只是 ψ 的函数。但在 $x=0$ 处（当从 $x>0$ 的区域接近它时）我们有 $\psi = U_1 y$，而且

$$f + \omega = \frac{H_1}{H_0}(f_0 + \beta y) = \frac{H_1}{H_0}\left(f_0 + \frac{\beta}{U_1}\psi\right),$$

这个公式一定就是在整个 $x>0$ 的区域上成立的 $f + \omega$ 与 ψ 之间的关系式。于是在这个区域

$$\nabla^2 \psi = -\omega = f - \frac{H_1}{H_0}\left(f_0 + \frac{\beta}{U_1}\psi\right)$$

$$= f_0\left(\frac{H_0 - H_1}{H_0}\right) + \beta y - p^2 \psi, \tag{7.7.19}$$

其中 $p^2 = \beta H_1 / U_1 H_0$。

我们选择的诸条件导致了 ψ 的一个线性方程。包含了 $x=0$ 处条件所要求的对于 y 成线性关系的一个解的形式为

$$\psi = (y + a)F(x) + \left\{f_0\left(\frac{H_0 - H_1}{H_0}\right) + \beta y\right\}/p^2,$$

其中 a 是一常数，$F(x)$ 满足方程

$$\frac{d^2F}{dx^2} + p^2F = 0。 \tag{7.7.20}$$

如果有

$$F(0) + \beta/p^2 = U_1, \quad F'(0) = 0,$$

及

$$a = f_0/\beta,$$

则在 $x=0$ 处规定的速度分量及流函数就可获得。完全的解就可容易地得到为

$$\psi = U_1 y + U_1 \left(\frac{H_0 - H_1}{H_1} \right) (f_0 + \beta y) \frac{1 - \cos px}{\beta}。$$

$$\tag{7.7.21}$$

在 $H_1 = 0.91H_0$ 及 $U_1 > 0$ 的情形中的流线示于图 7.7.3。不同流线形状的差别仅在于 y 方向上的一个尺度的变化，这是由于在不同流线上 Coriolis 参数的平均值不同而致。当 $|\beta y/f_0| \ll 1$，$px \ll 1$ 时，(7.7.21) 就给出早先已经得出的把 f 视为常数的过脊流动的速度分量（见 (7.7.16)）。

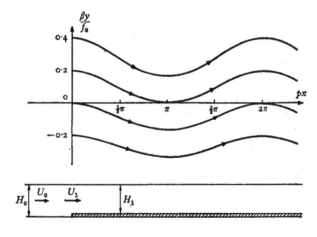

图 7.7.3　均匀向东的流动流过一南北走向的台
阶（$H_1 = 0.91H_0$）时的流线

(7.7.21)的新特点在于当 p 是实数，亦即 $U_1 > 0$ 时，它对于 x 有周期性。在这个简单的例子中，底面地形的作用仅在于在 $x = 0$ 处提供一个非零的相对涡量，并藉以使流向偏转向南，而台阶下游一端的流线的波动是由于 Coriolis 参数的不均匀而致。x 方向的波长及一条流线的 y 值的范围都是很大的。波长是

$$\frac{2\pi}{p} = 2\pi\left(\frac{U_1 H_0}{\beta H_1}\right)^{\frac{1}{2}},$$

当 $U_1 = 1$ 米/秒，$H_0 - H_1 \ll H_0$，纬度在 45° 时它约为 1600 公里。通过原点的流线向南的偏离是

$$\frac{2f_0}{\beta}\left(\frac{H_0 - H_1}{2H_0 - H_1}\right) = 2R\cot\theta_0\left(\frac{H_0 - H_1}{2H_0 - H_1}\right).$$

对于在纬度为 45° 处开始的一流线，这个距离相当于 $2(H_0 - H_1)/(2H_0 - H_1)$ 弧度的纬度范围（当 $H_1 = 0.91H_0$ 时是 1050 公里或者 9.5° 纬度）。

当然也可以来求东向流路径上第二个南北走向台阶的下游的流动的流函数，这个台阶也许是向下的台阶，它使得层厚恢复到原先的值 H_0。下游的这一流场依赖于在第二个台阶处流体的速度，因而也就依赖于两个台阶之间的距离。

对于向西的流（在南北两半球均如此）接近一台阶的情况，U_0 及 U_1 皆为负，$p^2 < 0$。按上述解，在 $x < 0$ 区域的一流线上的 y 坐标对于 x 有一指数的依赖关系。关于一台阶形对于向东及向西流动有如此根本不同的影响的物理原因将在下面阐述。

行星波

前述"β 平面内的流动"的情形揭示出一些有趣的波状特性，现在我们更直接地来考察它们。波动的存在是和 Coriolis 参数的不均匀性联系在一起的，不难考察其普遍的机制。当流体元沿着一斜交于纬度线的方向运动时，也就是斜交于图 7.7.3 中示意图中的 r 轴时，微元位置处的 Coriolis 参数是连续地变化。如果微元的速度有一朝北的分量，f 的值要增加，作用于微元上的 Coriolis

力的量值也增加。因而微元路径要朝其运动方向的右侧偏转。如果微元运动方向初始位于东-北象限,这个偏转将最终产生一个在东-南象限内的运动方向;于是微元就要经历不断减小的 f 值,一个相反的向左偏转的过程就要发生。因此,一个大致朝东的流如果由于某种原因流动方向发生改变,它就会受到一个恢复力。这个恢复效应在代表流过南北走向台阶的朝东流动的解中曾经发现过,尽管在那里是根据涡量而不是根据动量和力来进行分析的。引起流过一固定障碍物的东向流产生振动的 β-平面内的恢复力的存在首先是由 Rossby (1939) 指出,与此相联系的波常称为Rossby 波。类似的波动运动已表明在一旋转球上的整个流体层内存在 (Haurwitz 1940;Longuet-Higgins 1964,1965),更普遍的术语**行星波**也被采用。

在另一方面,如果一流动相对于固定于地球表面的障碍物具有大致朝西的方向,由于 Coriolis 参数不均匀性而致的偏转就不趋向于恢复运动的原有方向。西向流路径中一个南北走向的台阶的简单解表明,偏离朝西流动的偏转会有指数增长,但是也表明台阶的存在对上游施加了影响,它使得流向台阶的流动中速度均匀的假设不能成立。

可方便地表明:在一厚度均匀、f 为线性变化的流体层中存在具有直线波峰的正弦波。对于本来为静止的流体中的这种波动我们有形如下述的流函数

$$\psi \propto \exp\{i(kx + ly - \sigma t)\}, \qquad (7.7.22)$$

其中 (k, l) 为 (x, y) 平面内的波数向量,σ 是角频率。对应的相对涡量为

$$\omega = -\nabla^2\psi = (k^2 + l^2)\psi, \qquad (7.7.23)$$

所以一质元的绝对涡量的变化率是

$$\frac{D(f + \omega)}{Dt} = -\frac{\partial \psi}{\partial x}\frac{df}{dy} + (k^2 + l^2)\frac{\partial \psi}{\partial t}$$

$$= i\psi\{-\beta k - \sigma(k^2 + l^2)\}_{\circ} \qquad (7.7.24)$$

于是,如果

$$\sigma = -\beta k / (k^2 + l^2), \qquad (7.7.25)$$

基本涡量方程就可以满足。这些是横波，流体速度处处平行于波峰，亦即与向量 (k, l) 成直角。在波数向量方向上波峰前进的相速度为

$$\frac{\sigma}{(k^2 + l^2)^{\frac{1}{2}}} = -\frac{\beta k}{(k^2 + l^2)^{\frac{3}{2}}}。 \qquad (7.7.26)$$

应注意，波相对于以速度 $(\sigma/k, 0)$ 运动的坐标系运动，亦即以速度

$$\beta / (k^2 + l^2)$$

向西运动，波动运动是定常的，这个速度与波数向量的方向无关。此外，具有相同波数值 $(k^2 + l^2)^{\frac{1}{2}}$ 的任意多个波可以叠加，因为对于一组这种波，关系式 (7.7.23) 及 (7.7.24) 都成立且当 σ 具有 (7.7.25) 的值时不同波对于 (7.7.24) 式右端的贡献分别为零。因此，一组具有同样波数量值的叠加在一起的正弦波形成了相对于以速度 $\beta / (k^2 + l^2)$ 向西运动的坐标系的定常运动。

还有一些其它的运动具有相对于向西运动坐标系为定常的性质。因为，如果流函数具有以下形式

$$\psi(x + ct, y),$$

我们有

$$\begin{aligned}
\frac{D(f + \omega)}{Dt} &= -\beta \frac{\partial \psi}{\partial x} + \frac{\partial \omega}{\partial t} + u \frac{\partial \omega}{\partial x} + v \frac{\partial \omega}{\partial y} \\
&= \frac{\partial(-\beta \psi + c\omega)}{\partial x} + \frac{\partial(\omega, \psi)}{\partial(x, y)},
\end{aligned}$$

如果

$$\omega = -\nabla^2 \psi = \beta \psi / c。 \qquad (7.7.27)$$

则上式中两项皆为零。ψ 的这个方程的一个代表中心型流动的解，当其速度量值在远离中心处以 $r^{-\frac{3}{2}}$ 减小时为

$$\psi = e^{in\theta} \left\{ A_n J_n \left[\frac{r \beta^{\frac{1}{2}}}{c^{\frac{1}{2}}} \right] + B_n Y_n \left[\frac{r \beta^{\frac{1}{2}}}{c^{\frac{1}{2}}} \right] \right\},$$

其中 J_n 及 Y_n 表示第一类及第二类 Bessel 函数，$r^2 = (x + ct)^2 +$

y^2；具有不同的常数值 n、An、Br 值的这类型解可以迭加，非零的 B_n 值对于包括一内边界（在其中层厚不均匀）的问题是适宜的。(7.7.27) 的另一个解是

$$\psi = (y + a)\left\{ A\sin\frac{(x+ct)\beta^{\frac{1}{2}}}{c^{\frac{1}{2}}} + B\cos\frac{(x+ct)\beta^{\frac{1}{2}}}{c^{\frac{1}{2}}} \right\},$$

其中 a，A 及 B 是常数；它是这样一种类型的解，当参考于以速度 c 向西运动的坐标系，这个解在流体层底的一南北走向的台阶下游给出定常流动。

所有这些精确解的一个共同特征是：一个以速度 U 朝东的一般的流体流动其上叠加以 $(U/\beta)^{\frac{1}{2}}$ 为特征长度尺度的运动能够成为定常状态，这个定常状态一般表现为东向流的交替地向北向南的蜿蜒。这些特性相信会具有重大的地球物理学意义，特别对于大气而言是如此。气象学家们已发现在中纬度远高于地球表面处的风平均地讲趋于向东，并且环绕地球的流线表现出大尺度的近似定常的蜿蜒。这些观测到的波及蜿蜒有可能是作为风的障碍物的山脉所引起，其作用方式可能和在流体层底一台阶在下游一侧产生波的方式一样[①]。根据我们的分析，在纬度为 45° 处绕地球一周，波长的数目约为 $(\beta R^2/U)^{\frac{1}{2}}$ 或者 $(Rf/U)^{\frac{1}{2}}$，亦即约 26/ (U 米/秒)$^{\frac{1}{2}}$。平均的东风速度大都在 10 米/秒到 30 米/秒之间，这对应于预计有 5 至 8 个波，这和全球风型的观测特性是一致的。

对于大气和海洋大尺度运动的特性的讨论如果不同时考虑密度变化的作用是不完全的，但这已超出了本书的范围。

7.8　翼的涡系

流过三维有升力物体之流动的一般特征

在无限流体中作平动的物体所引起的二维无旋流动中，当绕

　　[①]　当空气流过陆地-海水边界时发生的空气受热或冷却也可能引起风的大尺度蜿蜒。

物体的环量非零时就有一个横向力作用于物体（§6.4）。在§6.7中我们看到，当一个二维机翼（一个钝前缘及尖尾缘的薄体）定常地沿着稍微倾斜于其弦线的方向通过流体时，在大 Reynolds 数下粘性的作用是产生一绕机翼的环量，这个环量的值正好是为把后驻点移到尖锐尾缘并使机翼两个表面上不产生边界层分离所要求的那么大（Joukowski 假说）。这种可以预言其大小的横向力和没有边界层分离（意味着相对小的阻力）的结合在航空中有很好的实际应用。§6.7 中关于机翼以及与之相联系的流场的特性的讨论只限于二维系统。现在我们转到更为实际的三维系统的情形来，即涉及到一有限尺寸的物体在流体中作定常的平动在其上有横向力或"升力"作用着的情形。我们用术语"翼"是方便的，即指专门设计用来在一定的姿态下运动时产生大升力小阻力的薄体，当然，所用到的许多想法及论证也可以定性地应用到任何作平动的物体所引起的流动中，该物体对于通过运动方向的多于一个平面不对称。

我们回想一下§6.4 中所得到的结果，当一个定常平动的三维物体所引起的流动整个都是无旋时，那么作用于物体上的横向力及阻力均为零。因此，在我们现在感兴趣的情形中，流体中涡量的存在是不可避免的。对于在下游一端有尖锐缘并且没有边界层分离的"流线型"物体的情形，任何在刚性表面上产生的涡量要在一薄层内被带向下滑，层的厚度取决于流体的粘性。压力通过这个层须为连续，由于 Bernoulli 常数在整个无旋流动区域具有同样的值，所以这个层两侧的相邻点处相对于物体的速度量值也相同。对于二维流场由此即有结论：这个层构成一薄的尾迹，它包含着正负两种符号的涡量，其对流场的总影响随着 Reynolds 数的增加而趋消失，层厚亦趋于零。然而在三维流场中，存在着穿过层时速度向量的**方向**改变的可能性，这是和层内涡量有平行于流动方向的分量这一点相联系的。因此，这就引导我们去探讨从一个三维物体尖锐尾缘向下游伸展的流面中流向涡量的存在与作用在物体上的横向力之间的关系。

这个关系从对于定常流绕过一个倾斜平板机翼的一般形式的流线的考虑来看是很明显的。观测表明：在面向来流的翼的下表面上的压力大于翼的上表面或"吸力"表面上的压力，因此而给出净升力。(这是我们对于二维机翼所应能预期到的，在靠近大展弦比翼的中心处，流动近似于绕二维机翼的流动)。在靠近每个翼端处，这个压力差导致流体从下表面绕过翼端流向上表面的一种趋势，如图 7.8.1 所示。流体的横向或展向动量在从翼流向下游的过程中是保持着的，因此在从尖锐尾缘向下游伸展的流面中有流向的或"尾"涡量。在中央垂直对称面的两侧，涡量具有相反的符号，尾片涡可以粗略地视为一对半无限线涡，环量的方向是使每一个线涡在另一线涡作用下向下运动。产生这个在横向平面内（垂直于飞行方向）流体的运动所要求的总力冲量是指向下的。

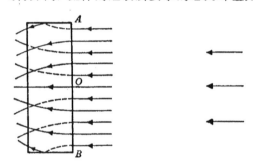

图 7.8.1　由于从翼的下方高压面向上方"吸力"面绕过翼端的流动引起的在翼下游处流向涡的产生。在翼的 OA 一侧，对于流动方向尾涡是反时针方向，在 OB 一侧是顺时针方向

从翼向下游伸展的流向涡量因而可看出是翼施于流体的向下的力导致连续产生流体的向下动量过程的媒介物。这个尾涡的存在还有一个更为根本性的后果。在一个连续不断增长的飞行路径上，在横向平面内流体运动的动能必须由运动的翼所作的功来提供，因此显然有一个阻力施于翼。这就是在§5.11 中简单提到过的**诱导阻力**。和升力一样，它是在刚性面上产生涡量的结果，其量值，至少对于尖锐尾缘、上游没有边界层分离的物体而言是由

物体形状决定而不是由流体的粘性决定。

　　关于尾涡系统的一个直观看法可以通过想象图 7.8.2 的情况而得到，在该图中表示出了有关的一个二维流场，其中的运动是由于沿线 AB 施加了向下的力冲量分布而从静止状态引起的。这一条线代表在垂直于飞行方向的平面内（薄）翼的断面。在施加冲量后不同时间的运动粗略地对应于距运动翼不同距离上在这种横向平面里的运动。力冲量沿 AB 的分布情况取决于运动翼把流体向下压的方式，这包括翼的精确形状及姿态；但明显的是，在冲量刚施加后，运动的流线具有示于图 7.8.2 的普遍形状。施加的力冲量在 AB 上产生了一个片涡（因为所施力的这类分布不满足 Kelvin 环量定理的条件），而且 §7.2 和 §7.3 的普遍结果表明，对于 AB 上力冲量的一个给定分布，任一点处涡量大小随总冲量 I 呈线性变化。在另一方面，运动动能随涡量的平方变化（见 (7.3.9)）因而也随总冲量的平方变化。一个以速度 U 运动的翼对于在时间间隔 1/U 中相距单位距离的两横向平衡平面之间的流体施加了向下力 L，所以在我们的比拟中总冲量 I 代表了量 L/U。

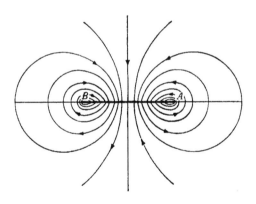

图 7.8.2　沿线 AB 分布的向下的力冲量在其刚施加后所
引起的二维运动的流线

在同样的时间间隔中，运动翼反抗诱导阻力 D_i 所作的功是 D_i 而它正是比拟中的二维运动的动能。于是得出

$$D_i = \frac{L^2}{A\rho U^2}, \qquad (7.8.1)$$

其中比例常数 A 的量纲为面积，它依赖于涡量分布的细节。

大展弦比机翼及"升力线"理论

当翼具有尖锐尾缘并且在尖锐尾缘上游没有边界层分离发生时，作用于给定形状及姿态的翼上之升力及诱导阻力的计算可以用无粘性流体理论的方法。这里主要的困难在于决定翼下游涡的位置及强度，它们都影响着翼附近的流动。在航空事业的早期，Lanchester 和 Prandtl 创立了一种在一定条件下可以计算尾涡系统及升力和诱导阻力的理论。这个理论在设计和试验亚音速飞行要用的机翼中仍然具有很大的价值，这里将把它简要地加以叙述。

这个理论建立在关于所考虑机翼的两个主要假设基础上。第一个是假设尾涡是直线并且平行于飞行方向；这样，尾片涡所诱导的速度场的表达式可以简化。实际上，涡线随流体一起运动，由于在横向平面内存在着速度的非零分量（它是由于尾涡自身的影响所致），尾涡对于飞行方向是有倾斜的。然而只要尾涡是足够弱，这等价于要求作用在翼上的升力充分小，我们就可以期望尾涡平行于飞行方向的假设作为一种近似是成立的。第二个主要假设是设被称为翼的展弦比的翼展与平均弦长之比值是大的，因而（对于不太后掠的翼）在翼的任一截面附近，流动近似地是二维的。这一假设的含意从下面的分析中会看清楚。

图 7.8.3 示出所用的坐标系及符号。坐标轴相对于翼为固定，在无穷远处流体具有在负 x 轴方向的均匀速度 U。假设翼对于中央垂直平面即 $z=0$ 的平面是对称的。弦长 c、迎角 α 及翼剖面形状（均示于图 7.8.3b）都可以随展向坐标 z 变化。当 $s/c \gg 1$，无"后掠"的翼的平面形状就化为一直线[①]如图 7.8.4 所示。就流动

[①] 略有后掠的翼可由一条处处与 z 轴成一小角度的曲线来代表，因而也可以纳入这个理论的范围，不过目前这里的简化处理将排除这种情形。

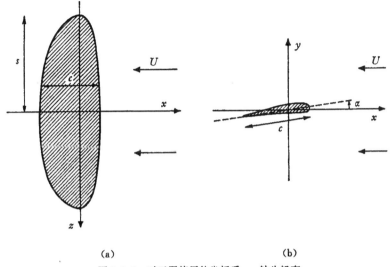

（a） （b）

图 7.8.3　对于翼使用的坐标系，y 轴为铅直

的大尺度特性而言，这个"升力线"的唯一有关系的特性是其在垂直于 z 轴平面内绕包围翼的一环路的环量 K。K 可以在翼的展向有变化，这个变化显然是和尾片涡的强度联系在一起的。如果在展向位置 $z+\delta z$ 处的环量较之 z 处多 $\delta K=(dK/dz)\,\delta z$，那么对于以在这两处垂直于 z 轴的平面内的包围翼的两相似封闭曲线为界的一窄条应用 Stokes 定理表明，从 $z+\delta z$ 与 z 两处之间的翼的部分拖出的尾涡必须具有总强度 δK（按我们的习惯，在（y, z）平面内反时针方向为正）；这也就是说，在 z 处尾片涡的强度密度（§2.6）为 dK/dz。这就好像是包括尾涡及在升力线本身的附着涡在内的整个涡系是由一组涡丝组成，其形状为典型宽度是 $2z$ 的一个个矩形，一端在翼上而另一端在下游无穷远处。在两个翼尖处（$z=\mp s$）环绕翼的环量必须下降为零，如果这种下降很快，尾片涡的强度密度值在翼尖处就会很大。

　　有一个下面要用到的量是整个涡系在升力线上位置为（0, 0,

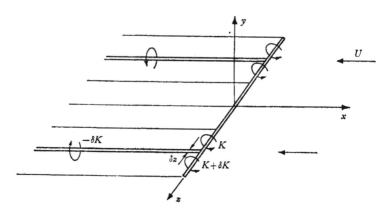

图 7.8.4　由一升力线发出的尾涡系。环形箭头表明在正 y 轴
方向的升力 $(\delta K<0)$ 的环量的实际方向

z_1) 处所诱导的速度。从几何上明显的是，这个诱导速度必然是垂直的。假如从升力线上 z 与 $z+\delta z$ 两处之间发出的尾片涡强度为 $\delta K(z)$ 的那一部分是从 $x=-\infty$ 延伸到 $x=+\infty$，它对诱导速度的贡献为（见 (2.6.4)）

$$- \delta K(z)/\{2\pi(z_1 - z)\};$$

但既然它是半无限的，一端是在升力线上，因而其贡献亦应为此量的一半。在升力线上的附着涡对于升力线本身的诱导速度没有贡献（尽管它当然要诱导出一绕升力线的环量）。于是在 (0, 0, z_1) 处速度的垂直分量为

$$- \frac{1}{4\pi}\int_{-s}^{s} \frac{dK(z)}{dz}\frac{dz}{z_1 - z},譬如说 = v(z_1), \qquad (7.8.2)$$

这里意含着要取积分的主值。

我们还应该在弦长的尺度范围考虑绕翼的流动。根据我们的第二个主要假设，沿展向诸条件的变化率是如此之缓慢，绕过翼的任意截面，如图 7.8.3(b) 所示的流动均可以视为二维。于是得出：局部环量 K 由 Joukowski 假说及翼截面几何形状来给出。不过翼作为一个整体的形状并不是对于靠近翼截面处的流动完全没

有影响。目前的这个理论的关键的一点是：在上面讲过的条件下，与翼相联系的尾涡系所诱导的垂直速度在任一翼截面邻近（也就在与弦长可比较的线尺度范围内）近似地是均匀的，因而它对于流过这一截面的流动的影响等价于在未扰流速度的方向上一个小的改变。由此我们看到，在 z_1 处的翼截面附近的二维流动是由一置入具有速度为 U 迎角为

$$\alpha + \frac{v(z_1)}{U}$$

的均匀流中的机翼所引起的流动，其中 α 是来流的几何迎角（亦即弦线与飞行方向间的角度），$v(z_1)$ 由上面的 (7.8.2) 式给出。

为了进一步作下去，我们还必须给升力线理论补充以一些在翼截面附近的流动的一些知识。在 §6.7 中曾得到：在二维流动中的所有翼剖面，当迎角的值是适当地小使诸飞行条件正常时，环量是与 c，U 及迎角成线性地变化。因而我们可以令

$$K(z) = \frac{1}{2} acU \left\{ \alpha + \beta + \frac{v(z)}{U} \right\}, \qquad (7.8.3)$$

其中 $-\beta$ 如在 §6.7 中一样，是翼剖面的"无升力"迎角，a 是一常数（用 §6.7 的符号它等于 $dC_L/d\alpha$），对于在完全为无旋的流动中的所有薄 Joukowski 翼而言，其近似值为 2π，而观测表明，对于大多数翼此值和 6 差不多。

当参数 ac 及 $\alpha+\beta$ 作为 z 的函数给定时，关系式 (7.8.2) 及 (7.8.3) 在一起就提供了一个对于函数 $K(z)$ 的积分方程。在 $K(z)$ 决定后，翼上的总升力就可由下述公式导出

$$L = \rho U \int_{-s}^{s} K(z) dz 。 \qquad (7.8.4)$$

既然翼的每个截面置入的实效流并不精确地平行于飞行方向，横向力就有一个小的平行于飞行方向的分量，把它沿展向积分就是诱导阻力；于是

$$D_i = -\rho U \int_{-s}^{s} \frac{v(z)}{U} K(z) dz 。 \qquad (7.8.5)$$

对于某些场合，把变量 z 按下述关系变换成 θ 是有用的

$$z = - s\cos\theta_。$$

在翼尖 $\theta = 0$，π 处环量 K 为零，因而它可以写成 Fourier 级数

$$K(\theta) = U \sum_{n=1}^{\infty} B_n \sin n\theta;$$

此外，因为环量关于 $\theta = \frac{1}{2}\pi$ 是对称地分布的，故当 n 为偶数时 B_n 为零。于是从（7.8.2）我们得到对于 $0 < \theta_1 < \pi$

$$v(\theta_1) = - \frac{U}{4\pi s} \int_0^\pi \frac{\sum n B_n \cos n\theta}{\cos\theta - \cos\theta_1} d\theta,$$

$$= - \frac{U}{4s} \frac{\sum n B_n \sin n\theta_1}{\sin\theta_1},$$

其中用到 §6.9 给出的对于这个定积分的结果。系数 B_n 现在就可以从（7.8.3）用常规的近似方法数值地求出。作用于翼的力的分量的表达式（7.8.4）与（7.8.5）成为

$$L = \frac{1}{2}\rho U^2 s\pi B_1 \tag{7.8.6}$$

$$D_i = \frac{1}{2}\rho U^2 \frac{1}{4} \pi \sum_{n=1}^{\infty} n B_n^2_。 \tag{7.8.7}$$

L 及 D_i 的这些变化了的形式揭示了一个有趣的结果：对于一个给定翼展的机翼的给定总升力，当环量如此分布使得

$$对于 \ n > 1 \quad B_n = 0,$$

亦即当

$$K = UB_1\sin\theta = UB_1 \left(1 - \frac{z^2}{s^2} \right)^{\frac{1}{2}} \tag{7.8.8}$$

时，诱导阻力为极小值。对应的诱导速度 v 在整个翼展上为均匀值且等于 $-UB_1/4s$，诱导阻力是

$$D_i = \frac{1}{2}\rho U^2 \frac{1}{4} \pi B_1^2 = \frac{L^2}{2\pi s^2 \rho U^2}, \tag{7.8.9}$$

这和早先注意到的普遍关系式（7.8.1）是协调一致的。

由（7.8.8）表示的翼的"椭圆型载荷"，可将沿展向适当分布的弦长、翼截面形状及迎角等组合起来而以不同的方式达到。有

一种简单的方法，这种方法有一个优点就是当整个翼对于来流的倾斜改变时，载荷仍保持为椭圆形，是使得 a、α 及 β 在整个翼展上为均匀而使翼的平面形状成为椭圆形即

$$c = c_0 \left(1 + \frac{z^2}{s^2} \right)^{\frac{1}{2}}。$$

（同样地也可使翼面由两个具有不同短轴的半椭圆组成）。在这种情形下，(7.8.3) 与 (7.8.8) 的比较表明

$$B_1 = (\alpha + \beta) \frac{\frac{1}{2} a c_0}{1 + (a c_0/8s)}。 \qquad (7.8.10)$$

于是，由尾片涡造成的"下洗"使相对于无升力姿态的有效迎角在整个翼上等于其表观值的 $\{1 + (a c_0/8s)\}^{-1}$ 倍；升力也是当每个翼截面作为孤立的二维机翼时它所具有的值的同样倍数。

因为 $a \approx 2\pi$，并且上述分析成立的必要条件为 $c_0/s \ll 1$，所以由下洗造成的迎角的改变的因子与 1 相比只是一个小量。这就表明了这样的事实：升力线理论基本上涉及的是对于无限翼展流型的一种微扰。考虑某些沿翼的展向及弦向坐标的翼面垂直力分布的"升力面"理论也已有所发展[1]，它是把本节中的想法和 §6.9 中的薄翼的分析适当组合而成。在这方面有可能建立一个对于大展弦比翼上力的分布的系统的近似过程，而上述升力线分析为其第一阶（而整个为二维的流动流过无限翼展翼为其"零"阶）[2]。这个系统的步骤表明，既然 $v(z)/U$ 是 (7.8.3) 中的一个扰动项，那么对于我们升力线理论得以成立的近似程度，可以在 (7.8.2) 中用未扰 $K(z)$ 值来求出。这也就是说，用

$$K(z) = K_0(z) - \frac{ac}{8\pi} \int_{-s}^{s} \frac{dK_0(z')}{dz'} \frac{dz'}{z - z'}, \qquad (7.8.11)$$

其中

---

① 关于这些发展的叙述可在 B. Thwaites 编著的 "In Compressible Aerodynamics"（Oxford University Press, 1960）中找到。

② 参阅 M. D. Van Dyke 著 "Perturbation Methods in Fluid Mechanics"（Academic Press, 1964）。

$$K_0(z) = \frac{1}{2}acU(\alpha + \beta)$$

来近似（7.8.2）及（7.8.3）的解是和升力线分析相一致的。在椭圆形平面形状并且 a、α 及 β 在整个翼展为均匀的情形中，这等于承认（7.8.10）及依赖于它的诸关系式仅正确到 $ac_0/8s$ 的第一阶量上。

远下游处的尾涡系

上述类型的计算所基于的假设是：在翼附近，例如在与翼展可比较的距离内，尾涡是直的而且与飞行方向平行因而形成一平面片涡。实际上尾涡自身诱导出的速度会引起涡线的一些横向运动。由尾涡而致的诱导速度的垂直分量与自由来流速度之比从（7.8.2）及（7.8.4）可看到是

$$L/\rho U^2 s^2, \quad \text{或} \quad C_L c/s$$

的量级，如果我们把整个翼的升力系数定义为

$$C_L = \frac{L}{\frac{1}{2}\rho U^2 \times (\text{翼面积})}\,.$$

因此，如果 $C_L c/s \ll 1$，尾涡则从翼尾缘近似直线地向下游延伸，如我们所假设的那样。然而，在对应于翼下游距离 Ut 的时间 t 后，诱导速度场就已把涡线在横向平面内移动了一个距离 vt，因而当 t 为 s/v 的量级时，或者说在下游距离量级为

$$s\,U/v, \quad \text{或} \quad s^2/cC_L$$

处，初始为平面的片涡就会被显著地变形。

当一大展弦比翼的初始为平面的尾片涡确实发生变形时，那么在其自身的诱导速度影响下变形是按一种特定方式进行的。既然在下游与翼展相当的距离内片涡的形状变化是很微小的，那么在翼下游不同距离 d 处的片涡的横断面形状和在纯二维流场中片涡横断面为一直线后不同时刻 t 的片涡横断面形状近似是一样的，这里 $d=Ut$。（在这里略去了翼上的附着涡的影响，因为它只影响翼附近的尾涡。）这个二维问题当尾片涡强度作为展向位置的

函数给定时就可以数值地处理。

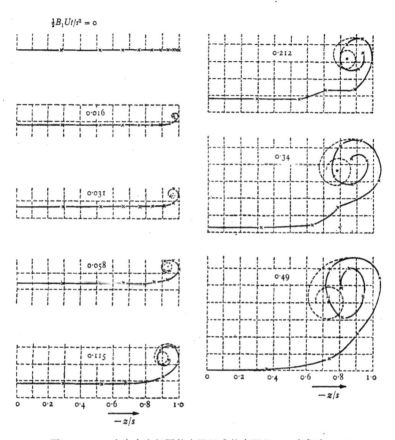

图 7.8.5　一个由十个相同的点涡组成的点涡组——它们在 $t=0$
时刻沿一直线适当分布近似地代表由一椭圆载荷翼（见（7.8.12））
脱落出的尾片涡（的一半）——的计算出的位置。间断线是根据片
涡边缘（位于图中的点处）附近对流动的解析描述得到的，因为在
这些地方数值积分不准确（取自 Westwater 1936）

　图 7.8.5 表示出从环量具有（7.8.8）式椭圆形分布的翼脱落
下来的尾片涡情形的计算结果。在这种情形下，片涡单位长度上

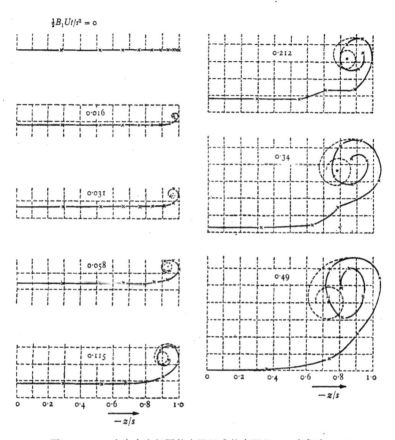

涡量强度（或环量）是

$$\frac{dK}{dz} = -\frac{UB_1 z}{s(s^2 - z^2)^{\frac{1}{2}}},\qquad (7.8.12)$$

表明涡量在片涡两端的集中。由于与计算方法有关的一些缘故，这个连续的涡量强度分布被代之以若干具有相等强度的点涡，而在代表片涡的直线上恰当地布置其数密度。当片涡是平直的时候，在片涡上的诱导速度的 y 分量是朝下的并且通过片涡时是均匀的，如在椭圆形载荷翼的这个情形中我们已注意到的①。不过两个端点是具奇异性的，这从 (7.8.2) 及 (7.8.12) 看得很清楚，在这里诱导速度的垂直分量间断地变化到无穷大的正值（用数值方法时这当然只能近似地再现）。于是片涡的两端就要向上运动，涡的这个新位置使片涡进一步变形，从两端向内散布。片涡端点保持为奇点而且总是垂直于局部切线而运动，于是产生了转无穷多圈的螺旋线。（图 5.10.5 图版 8 中的照片显示出一个物体刚开始运动后尖角处发出的片涡端缘的类似的螺旋线发展。）

在表示后期的片涡的图中很清楚，所有的涡量被吸收到两个不断增长的螺旋之中；而且每一侧涡会渐近地成为关于一点的近似圆对称的分布，这个点离中央 (x, y) 平面距离约为 $0.8s$。（这个平面的一侧的涡量的首次积分矩应保持不变，见 §7.3，初始时这个积分矩之值对应于离中央平面为 $0.79s$ 的矩心。）在翼的远下游，我们因而就有一类"涡对"，性质上它介于图 7.3.3 和图 7.3.4 表示的两类涡对之间，前者的涡量集中在两个点上，而后者及每一种符号的涡量分布在一半圆上。产生这一涡对所要求的向下的冲量是由翼提供的，而在横向平面内与涡对相联系的运动的动能是和翼的诱导阻力以已经解释过的方式相联系。在远下游处由片涡的"卷起"形成的两个尾涡有时在文献中被描绘成集中涡，对于大展弦比机翼每一种符号的涡的集中程度在远下游处由于动能

---

① 早先我们已得到，在翼尾涡为半无限的翼上之诱导速度为均一，在远下游处显然它也是均匀的（如果片涡仍是平直的），尽管是双倍那么大。

恒定的需要,不可能和初始的平面片涡内的集中程度有很大不同。

对于不同形状的翼的远下游流场的观测表明;尽管尾片涡的卷起程度要依赖于翼的形状及姿态,但在下游足够远处一对尾涡确是最重要的典型特征。

大后掠翼

许多现代飞机要设计得在接近于流体声速的速度上飞行。如果要把由于空气压缩性引起的激波所形成的我们不希望的影响维持在可以接受的极限之内,飞机应具有一种形状使它可避免流体中低的最小压力值,亦即高的流体相对于飞机的最大速度值。在这个方向,"二维"的或者柱形物体在垂直于其母线方向运动时由于明显的原因要比"三维"物体差;例如,无旋流体流过圆柱(零环量)及流过球体,最大流体速度与自由来流速度之比分别为2.0及1.5。因此人们愿意使在飞机两侧的翼前缘后掠,后掠的程度依赖于希望的飞行速度。对于以超音速飞行的飞机,在机身前面不可避免地要有一激波以锥形向下游延伸,随着飞行速度的增加锥角要减小。此时,我们不希望使机翼突出到由顶激波包围的区域之外,因为那样的话就会进一步导致激波的形成,从这方面考虑后掠翼也是需要的。对于 Mach 数为 2 或更高的飞机,翼就会更像一棱镖状而很不像上面我们考虑的那种大展弦比平直前缘的通常机翼。尾涡系也不再具有图 7.8.4 画的那种形式,因此经典的升力线理论也就不能应用,因为由尾涡诱导的下洗的弦向变化显然成为有关系的了。

空气动力学设计这个浩繁的课题超出了本书的范围,不过尚可在此注意一下大后掠翼尾涡系的一两个特性。翼形的选择一般说是使得飞机在其巡航速度上能在充分小的迎角下,小到不使在尾缘上游产生边界层分离,产生升力。在大后掠翼的情形中,流体有绕过翼的大侧缘的强烈趋势,能够避免边界层在这些侧缘上分离的迎角范围是很小的。在较低的飞行速度上,例如在着陆条件下,要求大的迎角,因此可能在整个侧缘上发生分离。这就提出一种情况，它作为一在近似平行于自由来流方向长物体的绕流的例子是有兴趣的。

具有等腰三角形平面形状的翼是许多风洞研究的对象。图7.8.6（图版22）表示了靠近这样一个"三角"翼的上表面（吸力面）流过的流线的形状，其迎角虽然几何地说是相当小，但却已足以大得引起在两侧缘（在此亦为其"前缘"）的分离。一个涡量基本在流向的片涡是从由顶点开始的整个侧缘脱落，明显的是远在片涡被拖到尾缘下游之前片涡卷成螺旋形就发生了（还可以参看图7.5.7图版22，该图是在更大一些的迎角时更强地卷起的涡的情况。）

当一细长体的长的一方近似平行于流动方向被置于流中，流场的定性图象可以用叠加两个流的效应而得到：一个是平行于物体而另一个是垂直于物体。如果这个物体对横向流而言为一钝形，分离将会在距物体头部不同距离处以不同的发展阶段发生。这种情况也许根据简单柱形物体去想象会容易一些，例如一长的矩形平板使其中央对称面对着流动（图7.8.7a）。我们能够看到当这个平面以自由流速运动时，在垂直于板的中心线的平面内各点处的流体速度所发生的变化。由于垂直于这一平面方向上的梯度是很小的，在此平面内流型随时间的变化和由一平板在初始为静止的流体中突然地在垂直其表面的方向上具有一常速度运动所引起的二维流动近似地是以相同方式进行的。片涡从板的两侧发生，并在其向下游被输运过程中以图5.10.5（图版8）的方式卷起，使得流过具有升力的矩形板的定常流动有些像图7.8.7a所示。我们知道，在沿其法向运动的平板背后形成的旋涡的尺寸在板刚开始运动的初始阶段要长大，但最终地会稳定在一个定常的平均尺寸上，它由板的宽度决定，在更下游处的流动可以是周期性的或者无规则的振动。在矩形板升力面背后的片涡因而预期会大致具有示于图7.8.7a类型的发展阶段，只要板不过分长。

在另一方面，对于小顶角的升力三角形板的情形，在相关的依赖时间的二维问题中，板的宽度必须假设随时间线性地增加，而

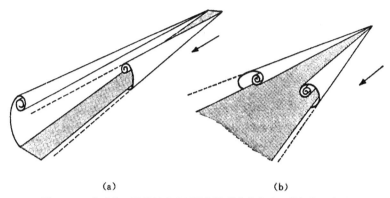

(a)   (b)

图 7.8.7 表示从一平的长升力面的侧缘脱落出的片涡卷起的示意图

且图 7.8.7b 表示出的片涡的有规则卷起不论三角板有多么长也总可以继续进行。此外，显然这时还存在一种有趣的可能性，即在横向平面内片涡尺度的增加与三角板宽度的增加严格地配合，并且在平板中心线的横向平面内的流型在距顶点的各个距离上均具有相似的形式。于是，在通过三角板顶点的任意一条径向线上速度都具有均一的值，这样的流场称为**锥形相似性**。关于小顶角及中等迎角的三角翼引起的锥形流场的假设已成为不少机翼理论新发展的基础。

附录1　常见流体的某些物理性质之测量值

(1 大气压＝1.013×10^6 达因/厘米^2

1 焦耳＝0.2389 卡＝10^7 克厘米^2/秒^2)

(a) 一个大气压力下的干燥空气

15℃时的比热：C_p＝1.012 焦耳/克·℃

C_v＝0.718 焦耳/克·℃

γ＝1.401

(等温)可压缩性系数　0.987×10^{-6}厘米^2/达因,或 1/大气压

15℃时的热膨胀系数　3.48×10^{-3}/℃

15℃时声波速度　340.6 米/秒

15℃时分子均方根速度　498 米/秒

15℃时空气中水蒸气的扩散系数　0.25 厘米^2/秒

15℃时氮或氧的自扩散系数　0.18 厘米^2/秒

温度 T 度 C	密度 ρ 克/厘米^3	粘性 μ 克/厘米秒	运动学 粘性 ν 厘米^2/秒	热传导 系数† k_H 焦耳/ 厘米秒℃	热扩散 系数 κ_H 厘米^2/秒	Prandtl 数 ν/κ_H
−100	2.04×10^{-3}	1.16×10^{-4}	0.057	1.58×10^{-4}	0.076	0.75
−50	1.582	1.45	0.092			
0	1.293	1.71	0.132	2.41	0.184	0.72
10	1.247	1.76	0.141	2.48	0.196	0.72
15	1.225	1.78	0.145	2.51	0.202	0.72
20	1.205	1.81	0.150	2.54	0.208	0.72
30	1.165	1.86	0.160			
40	1.127	1.90	0.169			
60	1.060	2.00	0.188			
80	1.000	2.09	0.209			
100	0.946	2.18	0.230	3.17	0.328	0.70
200	0.746	2.58	0.346			
300	0.616	2.95	0.481			
500	0.456	3.58	0.785			
1000	0.277	4.82	1.74	7.6	2.71	0.64

†　本列中数字最后一位是不准的。

海平面干燥空气的（按重量）成分

N_2	O_2	A	CO_2
0.7552	0.2315	0.0128	0.0005

（b）标准大气：国际协定接受的中纬度区的压力等参数的平均值

海平面高度 米	压　力 达因/厘米^2	密　度 克/厘米^3	温　度 ℃
0	1.013×10^6	1.226×10^{-3}	15.0
500	0.955	1.168	11.7
1000	0.899	1.112	8.5
1500	0.845	1.059	5.2
2000	0.795	1.007	2.0
3000	0.701	0.910	−4.5
4000	0.616	0.820	−11.0
5000	0.540	0.736	−17.5
6000	0.472	0.660	−24.0
8000	0.356	0.525	−37.0
10000	0.264	0.413	−50.0
12000	0.193	0.311	−56.5
14000	0.141	0.227	−56.5
16000	0.103	0.165	−56.5
18000	0.075	0.121	−56.5

（c）纯水

（等温）可压缩系数 4.9×10^{-11}厘米^2/达因,或 5.0×10^{-5}大气压

冰的熔化潜热　334 焦耳/克

冰的密度　　0.92 克/厘米^3

15℃时水中（小浓度）

NaCl 的扩散系数　　1.5×10^{-5}厘米^2/秒

15℃时水中（小浓度）

KM_nO_4 的扩散系数　　1.4×10^{-5}厘米^2/秒

15℃时溶液中

无水 NaCl 的（按重量）百分比	0	5	10	15	20	25
溶液的密度 克/厘米^3	0.999	1.035	1.072	1.110	1.149	1.190
常压下溶液比热 焦耳/克·℃	4.19	4.16	4.13	4.10	4.07	4.04

(c) 纯水（续）

温度 T 度 C	粘性 μ 克/厘米·秒	运动学粘性 ν 厘米^2/秒	热传导系数 k_H $\dfrac{\text{焦耳}}{\text{厘米·秒·℃}}$	热扩散系数 κ_H 厘米^2/秒	Prandtl 数 ν/κ_H
0	1.787×10^{-2}	1.787×10^{-2}	5.6×10^{-3}	1.33×10^{-3}	13.4
5	1.514	1.514			
10	1.304	1.304	5.8	1.38	9.5
15	1.137	1.138	5.9	1.40	8.1
20	1.002	1.004	5.9	1.42	7.1
25	0.891	0.894			
30	0.798	0.802	6.1	1.46	5.5
35	0.720	0.725			
40	0.654	0.659	6.3	1.52	4.3
50	0.548	0.554			
60	0.467	0.475	6.5	1.58	3.0
70	0.405	0.414			
80	0.355	0.366	6.7	1.64	2.2
90	0.316	0.327			
100	0.283	0.295	6.7	1.66	1.8

(c)纯水（续）

温度 t ℃	密度 ρ 克/厘米³	热膨胀系数 β ℃⁻¹	比热 Cp 焦/克·℃	比热 $C_p - C_v$ [由(1.8.2)式计算] 焦/克·℃	蒸气压 达因/厘米²	汽化潜热 焦耳/克	1厘米³饱和水中空气的体积(约化到0℃) 厘米³	饱和溶液中无水NaCl的重量百分比	声速 厘米/秒
0	0.9999	-0.6×10^{-4}	4.217	0.002	6.1×10^3	2.501×10^3	0.0292	26.4	1.407×10^5
5	1.0000	+0.1	4.202	0	8.7	2.489	0.0257		
10	0.9997	0.9	4.192	0.005	12.3	2.477	0.0228		1.445
15	0.9991	1.5	4.186	0.013	17.0	2.465	0.0205		
20	0.9982	2.1	4.182	0.024	23.3	2.454	0.0187	26.5	1.484
25	0.9971	2.6	4.179	0.041	31.6	2.442	0.0171		
30	0.9957	3.0	4.178	0.06	42.3	2.430	0.0157		1.510
35	0.9941	3.4	4.178	0.07	56				
40	0.9923	3.8	4.178	0.09	74	2.406		26.8	1.528
50	0.9881	4.5	4.180	0.13	123	2.382			1.544
60	0.9832	5.1	4.184	0.18	199	2.357		27.2	1.556
70	0.9778	5.7	4.189	0.23	311	2.333			1.561
80	0.9718	6.2	4.196	0.29	473	2.308		27.7	1.557
90	0.9653	6.7	4.205	0.34	701	2.283			
100	0.9584	7.1	4.216	0.40	1013	2.257		28.5	

(d) 15℃和 1 大气压下动量与热扩散性质

	空气	水	水银	酒精	甲烷	橄榄油	甘油
ρ 克/厘米^2	0.001225	0.999	13.6	0.79	1.60	0.918	1.26
c_p 焦耳/克·℃	1.012	4.19	0.140	2.34	0.84	2.01	2.34
μ 克/厘米·秒	0.000178	0.0114	0.0158	0.0134	0.0104	0.99	23.3
ν 厘米^2/秒	0.145	0.0114	0.00116	0.0170	0.0065	1.08	18.5
k_H 焦耳/厘米·秒·℃	0.000253	0.0059	0.080	0.00183	0.00113	0.00169	0.0029
κ_H/厘米^2/秒	0.202	0.00140	0.042	0.00099	0.00084	0.00092	0.00098
γ/κ_H	0.72	8.1	0.028	17.2	7.7	117	189

(e) 两种流体间的表面张力

20℃时的表面张力（达因/厘米）

	水	水银	酒精	甲烷	橄榄油	苯	甘油
空气	72.8	487	22	27		29	63
水		375	<0	45	20	35	<0

温度 度C	0	10	15	20	25	30	40	50	60	80	100
空气和水间的表面张力（达因/厘米）	75.7	74.2	73.5	72.8	72.0	71.2	69.6	67.9	66.2	62.6	58.8

附录 2　若干常用向量微分量在正交曲线坐标系中的表达式

ξ_1，ξ_2，ξ_3 是一正交曲线坐标系，$\mathbf{a}$，$\mathbf{b}$，$\mathbf{c}$ 分别是平行于坐标线并分别在 ξ_1，ξ_2，ξ_3 的增加方向的单位向量。对应于 ξ_1，ξ_2，ξ_3 的增加量的位置向量 $\mathbf{x}$ 的变化可以写为

$$\delta\mathbf{x} = h_1\delta\xi_1\mathbf{a} + h_2\delta\xi_2\mathbf{b} + h_3\delta\xi_3\mathbf{c}。$$

$\mathbf{a}$，$\mathbf{b}$，$\mathbf{c}$ 及正标量 h_1，h_2，h_3 是坐标的函数。

三族坐标线构成正交系统的事实提供了 $\mathbf{a}$, $\mathbf{b}$ 及 $\mathbf{c}$ 的导数的有用的表达式。我们有

$$\frac{\partial\mathbf{x}}{\partial\xi_1} \cdot \frac{\partial\mathbf{x}}{\partial\xi_2} = 0,$$

及另外两个类似的关系式，又因为

$$\frac{\partial}{\partial\xi_3}\left(\frac{\partial\mathbf{x}}{\partial\xi_1} \cdot \frac{\partial\mathbf{x}}{\partial\xi_2}\right) = \frac{\partial}{\partial\xi_1}\left(\frac{\partial\mathbf{x}}{\partial\xi_3}\right) \cdot \frac{\partial\mathbf{x}}{\partial\xi_2} + \frac{\partial\mathbf{x}}{\partial\xi_1} \cdot \frac{\partial}{\partial\xi_2}\left(\frac{\partial\mathbf{x}}{\partial\xi_3}\right)$$

$$= -2\frac{\partial\mathbf{x}}{\partial\xi_3} \cdot \frac{\partial^2\mathbf{x}}{\partial\xi_1\partial\xi_2},$$

我们看到

$$\frac{\partial^2\mathbf{x}}{\partial\xi_1\partial\xi_2}, = \frac{\partial(h_2\mathbf{b})}{\partial\xi_1} \text{ 或者 } \frac{\partial(h_1\mathbf{a})}{\partial\xi_2}$$

是一个垂直于 $\mathbf{c}$ 的向量。于是导出

$$\frac{\partial\mathbf{a}}{\partial\xi_2} = \frac{1}{h_1}\frac{\partial h_2}{\partial\xi_1}\mathbf{b}, \qquad \frac{\partial\mathbf{b}}{\partial\xi_1} = \frac{1}{h_2}\frac{\partial h_1}{\partial\xi_2}\mathbf{a},$$

及另外四个类似的关系式。于是

$$\frac{\partial\mathbf{a}}{\partial\xi_1} = \frac{\partial(\mathbf{b} \times \mathbf{c})}{\partial\xi_1} = -\frac{1}{h_2}\frac{\partial h_1}{\partial\xi_2}\mathbf{b} - \frac{1}{h_3}\frac{\partial h_1}{\partial\xi_3}\mathbf{c},$$

及另外两个类似的关系式。

一个标量函数 V 的向量梯度是

$$\operatorname{grad}V, \text{ 或 } \nabla V, = \left(\frac{\mathbf{a}}{h_1}\frac{\partial}{\partial\xi_1} + \frac{\mathbf{b}}{h_2}\frac{\partial}{\partial\xi_2} + \frac{\mathbf{c}}{h_3}\frac{\partial}{\partial\xi_3}\right)V。$$

在方向 $\mathbf{n}$ 上的梯度可以从算子 $\mathbf{n} \cdot \nabla$ 得出，这个算子既可作用于一标量亦可作用于一向量上。为了求 $\mathbf{n} \cdot \nabla \mathbf{F}$ 的分量，其中

$$\mathbf{F} = F_1 \mathbf{a} + F_2 \mathbf{b} + F_3 \mathbf{c},$$

我们必须允许 F_1，F_2，F_3 及单位向量 $\mathbf{a}$、$\mathbf{b}$、$\mathbf{c}$ 都依赖于位置。从上述诸关系式导出

$$\mathbf{n} \cdot \nabla \mathbf{F} = \mathbf{a} \left\{ \mathbf{n} \cdot \nabla F_1 + \frac{F_2}{h_1 h_2} \left(n_1 \frac{\partial h_1}{\partial \xi_2} - n_2 \frac{\partial h_2}{\partial \xi_1} \right) \right.$$
$$\left. + \frac{F_3}{h_3 h_1} \left(n_1 \frac{\partial h_1}{\partial \xi_3} - n_3 \frac{\partial h_3}{\partial \xi_1} \right) \right\} + \mathbf{b} \{\quad\} + \mathbf{c} \{\quad\},$$

其中 n_1，n_2，n_3 是 $\mathbf{n}$ 在 $\mathbf{a}$，$\mathbf{b}$，$\mathbf{c}$ 方向上的分量。

散度及**旋度**算子仅作用于向量，且有

$$\mathrm{div}\mathbf{F}, \text{或} \nabla \cdot \mathbf{F}, = \frac{\mathbf{a}}{h_1} \cdot \frac{\partial \mathbf{F}}{\partial \xi_1} + \frac{\mathbf{b}}{h_2} \cdot \frac{\partial \mathbf{F}}{\partial \xi_2} + \frac{\mathbf{c}}{h_3} \cdot \frac{\partial \mathbf{F}}{\partial \xi_3},$$

$$\mathrm{Curl}\mathbf{F}, \text{或} \nabla \times \mathbf{F}, = \frac{\mathbf{a}}{h_1} \times \frac{\partial \mathbf{F}}{\partial \xi_1} + \frac{\mathbf{b}}{h_2} \times \frac{\partial \mathbf{F}}{\partial \xi_2} + \frac{\mathbf{c}}{h_3} \times \frac{\partial \mathbf{F}}{\partial \xi_3}.$$

利用 $\mathbf{a}$，$\mathbf{b}$，$\mathbf{c}$ 的导数的表达式我们得到

$$\nabla \cdot \mathbf{F} = \frac{1}{h_1 h_2 h_3} \left\{ \frac{\partial (h_2 h_3 F_1)}{\partial \xi_1} + \frac{\partial (h_3 h_1 F_2)}{\partial \xi_2} + \frac{\partial (h_1 h_2 F_3)}{\partial \xi_3} \right\};$$

这也可以看作是对于一个小平行六面体应用"散度定理"的结果，而此小平行六面体的边是对应于增量 $\delta \xi_1$、$\delta \xi_2$、$\delta \xi_3$ 的沿坐标系的位移。类似地我们得到

$$\nabla \times \mathbf{F} = \frac{\mathbf{a}}{h_2 h_3} \left\{ \frac{\partial (h_3 F_3)}{\partial \xi_2} - \frac{\partial (h_2 F_2)}{\partial \xi_3} \right\} + \frac{\mathbf{b}}{h_3 h_1} \left\{ \frac{\partial (h_1 F_1)}{\partial \xi_3} - \frac{\partial (h_3 F_3)}{\partial \xi_1} \right\}$$
$$+ \frac{\mathbf{c}}{h_1 h_2} \left\{ \frac{\partial (h_2 F_2)}{\partial \xi_1} - \frac{\partial (h_1 F_1)}{\partial \xi_2} \right\},$$

$$\text{或者} \frac{1}{h_1 h_2 h_3} \begin{vmatrix} h_1 \mathbf{a} & h_2 \mathbf{b} & h_3 \mathbf{c} \\ \dfrac{\partial}{\partial \xi_1} & \dfrac{\partial}{\partial \xi_2} & \dfrac{\partial}{\partial \xi_3} \\ h_1 F_1 & h_2 F_2 & h_3 F_3 \end{vmatrix},$$

它也可以看作是依次对于同样平行六面体的三个正交面应用 Stokes 定理得出的。

梯度的散度给出 Laplace 算子，这一算子可以作用于标量也可以作用于向量。

$$\nabla \cdot \nabla V, \text{或} \nabla^2 V, = \frac{1}{h_1 h_2 h_3} \left\{ \frac{\partial}{\partial \xi_1} \left(\frac{h_2 h_3}{h_1} \frac{\partial V}{\partial \xi_1} \right) \right.$$
$$\left. + \frac{\partial}{\partial \xi_2} \left(\frac{h_3 h_1}{h_2} \frac{\partial V}{\partial \xi_2} \right) + \frac{\partial}{\partial \xi_3} \left(\frac{h_1 h_2}{h_3} \frac{\partial V}{\partial \xi_3} \right) \right\}.$$

$\nabla^2 \mathbf{F}$ 的分量可以根据在上面公式中把 V 换成 $\mathbf{F} = F_1 \mathbf{a} + F_2 \mathbf{b} + F_3 \mathbf{c}$，并利用 $\mathbf{a}, \mathbf{b}, \mathbf{c}$ 的导数的表达式来计算，但结果太复杂不大有用。在求对于一特定坐标系的 $\nabla^2 \mathbf{F}$ 的分量时往往更方便的是用恒等式

$$\nabla^2 \mathbf{F} = \nabla(\nabla \cdot \mathbf{F}) - \nabla \times (\nabla \times \mathbf{F})$$

以及上述 grad，div 及 Curl 的表达式。

现在来考虑用速度分量表达的应变率分量及其对于曲线坐标系的导数。速度 $\mathbf{u}$ 在固定方向 $\mathbf{m}$ 的分量在方向 $\mathbf{n}$ 上的梯度为

$$\mathbf{n} \cdot \nabla(\mathbf{m} \cdot \mathbf{u}), = \mathbf{m} \cdot (\mathbf{n} \cdot \nabla \mathbf{u}).$$

令 $\mathbf{m} = \mathbf{n}$ 所得的应变率张量的对角线元素代表膨胀率，而 $\mathbf{m}$ 与 $\mathbf{n}$ 正交非对角线元素包含了速度梯度。根据上述对于 $\mathbf{n} \cdot \nabla \mathbf{F}$ 的公式，我们于是看到应变率张量相对于局部平行于 $\mathbf{a}, \mathbf{b}, \mathbf{c}$（分别以足标 1，2，3 表示）的笛卡尔坐标系的分量是

$$e_{11} = \mathbf{a} \cdot (\mathbf{a} \cdot \nabla \mathbf{u}) = \frac{1}{h_1} \frac{\partial u_1}{\partial \xi_1} + \frac{u_2}{h_1 h_2} \frac{\partial h_1}{\partial \xi_2} + \frac{u_3}{h_3 h_1} \frac{\partial h_1}{\partial \xi_3},$$

$$e_{23} = \frac{1}{2} \mathbf{b} \cdot (\mathbf{c} \cdot \nabla \mathbf{u}) + \frac{1}{2} \mathbf{c} \cdot (\mathbf{b} \cdot \nabla \mathbf{u})$$
$$= \frac{h_3}{2h_2} \frac{\partial}{\partial \xi_2} \left(\frac{u_3}{h_3} \right) + \frac{h_2}{2h_3} \frac{\partial}{\partial \xi_3} \left(\frac{u_2}{h_2} \right),$$

此外还有用循环交换足标得到的另外四个类似表达式。应力张量 σ_{ij} 的分量可以根据应变率分量及下述关系式（对于不可压缩流体）得到

$$\sigma_{ij} = -p\delta_{ij} + 2\mu e_{ij}.$$

流体运动方程中所有的项在 $\mathbf{a}, \mathbf{b}, \mathbf{c}$ 方向的分量现在就可以通

过简单地把上述相应的表达式代入而求得。加速度中的项 $\mathbf{u} \cdot \nabla \mathbf{u}$ 的分量是由 $\mathbf{n} \cdot \nabla \mathbf{F}$ 的表达式求得。

对于一些特殊的坐标系的应用有如下述。

球坐标

对于坐标 $\xi_1 = r$，$\xi_2 = \theta$，$\xi_3 = \phi$（ϕ 为绕轴 $\theta = 0$ 的方位角），有对应的尺度因子

$$h_1 = 1, \quad h_2 = r, \quad h_3 = r\sin\theta。$$

于是

$$\frac{\partial \mathbf{a}}{\partial r} = 0, \quad \frac{\partial \mathbf{a}}{\partial \theta} = \mathbf{b}, \quad \frac{\partial \mathbf{a}}{\partial \phi} = \sin\theta\mathbf{c},$$

$$\frac{\partial \mathbf{b}}{\partial r} = 0, \quad \frac{\partial \mathbf{b}}{\partial \theta} = -\mathbf{a}, \quad \frac{\partial \mathbf{b}}{\partial \phi} = \cos\theta\mathbf{c},$$

$$\frac{\partial \mathbf{c}}{\partial r} = 0, \quad \frac{\partial \mathbf{c}}{\partial \theta} = 0, \quad \frac{\partial \mathbf{c}}{\partial \phi} = -\sin\theta\mathbf{a} - \cos\theta\mathbf{b}。$$

$$\nabla V = \mathbf{a}\frac{\partial V}{\partial r} + \frac{\mathbf{b}}{r}\frac{\partial V}{\partial \theta} + \frac{\mathbf{c}}{r\sin\theta}\frac{\partial V}{\partial \phi},$$

$$\mathbf{n} \cdot \nabla \mathbf{F} = \mathbf{a}\left(\mathbf{n} \cdot \nabla F_r - \frac{n_\theta F_\theta}{r} - \frac{n_\phi F_\phi}{r} \right)$$

$$+ \mathbf{b}\left(\mathbf{n} \cdot \nabla F_\theta - \frac{n_\phi F_\phi}{r}\cot\theta + \frac{n_\theta F_r}{r} \right)$$

$$+ \mathbf{c}\left(\mathbf{n} \cdot \nabla F_\phi + \frac{n_\phi F_r}{r} + \frac{n_\phi F_\theta}{r}\cot\theta \right),$$

$$\nabla \cdot \mathbf{F} = \frac{1}{r^2}\frac{\partial (r^2 F_r)}{\partial r} + \frac{1}{r\sin\theta}\frac{\partial (\sin\theta F_\theta)}{\partial \theta} + \frac{1}{r\sin\theta}\frac{\partial F_\phi}{\partial \phi},$$

$$\nabla \times \mathbf{F} = \frac{\mathbf{a}}{r\sin\theta}\left\{ \frac{\partial (F_\phi\sin\theta)}{\partial \theta} - \frac{\partial F_\theta}{\partial \phi} \right\} + \frac{\mathbf{b}}{r}\left\{ \frac{1}{\sin\theta}\frac{\partial F_r}{\partial \phi} - \frac{\partial (rF_r)}{\partial r} \right\}$$

$$+ \frac{\mathbf{c}}{r}\left\{ \frac{\partial (rF_\theta)}{\partial r} - \frac{\partial F_r}{\partial \theta} \right\},$$

$$\nabla^2 V = \frac{1}{r^2}\frac{\partial}{\partial r}\left(r^2\frac{\partial V}{\partial r} \right) + \frac{1}{r^2\sin\theta}\frac{\partial}{\partial \theta}\left(\sin\theta\frac{\partial V}{\partial \theta} \right) + \frac{1}{r^2\sin^2\theta}\frac{\partial^2 V}{\partial \phi^2},$$

$$\nabla^2 \mathbf{F} = \mathbf{a}\left\{ \nabla^2 F_r - \frac{2F_r}{r^2} - \frac{2}{r^2\sin\theta}\frac{\partial (F_\theta\sin\theta)}{\partial \theta} - \frac{2}{r^2\sin\theta}\frac{\partial F_\phi}{\partial \phi} \right\}$$

$$+\mathbf{b}\left\{\nabla^2 F_\theta - \frac{2}{r^2}\frac{\partial F_r}{\partial\theta} - \frac{F_\theta}{r^2\sin^2\theta} - \frac{2\cos\theta}{r^2\sin^2\theta}\frac{\partial F_\phi}{\partial\phi}\right\}$$

$$+\mathbf{c}\left\{\nabla^2 F_\phi + \frac{2}{r^2\sin\theta}\frac{\partial F_r}{\partial\phi} + \frac{2\cos\theta}{r^2\sin^2\theta}\frac{\partial F_\theta}{\partial\phi} - \frac{F_\phi}{r^2\sin^2\theta}\right\}。$$

应变率张量：

$$e_{rr} = \frac{\partial u_r}{\partial r},$$

$$e_{\theta\theta} = \frac{1}{r}\frac{\partial u_\theta}{\partial\theta} + \frac{u_r}{r},$$

$$e_{\phi\phi} = \frac{1}{r\sin\theta}\frac{\partial u_\phi}{\partial\phi} + \frac{u_r}{r} + \frac{u_\theta\cot\theta}{r},$$

$$e_{\theta\phi} = \frac{\sin\theta}{2r}\frac{\partial}{\partial\theta}\left(\frac{u_\phi}{\sin\theta}\right) + \frac{1}{2r\sin\theta}\frac{\partial u_\theta}{\partial\phi}$$

$$e_{\phi r} = \frac{1}{2r\sin\theta}\frac{\partial u_r}{\partial\phi} + \frac{r}{2}\frac{\partial}{\partial r}\left(\frac{u_\phi}{r}\right),$$

$$e_{r\theta} = \frac{r}{2}\frac{\partial}{\partial r}\left(\frac{u_\theta}{r}\right) + \frac{1}{2r}\frac{\partial u_r}{\partial\theta}。$$

不可压缩流体无体力时的运动方程：

$$\frac{\partial u_r}{\partial t} + \mathbf{u}\cdot\nabla u_r - \frac{u_\theta^2}{r} - \frac{u_\phi^2}{r} = -\frac{1}{\rho}\frac{\partial p}{\partial r}$$

$$+\nu\left\{\nabla^2 u_r - \frac{2u_r}{r^2} - \frac{2}{r^2\sin\theta}\frac{\partial(u_\theta\sin\theta)}{\partial\theta} - \frac{2}{r^2\sin\theta}\frac{\partial u_\phi}{\partial\phi}\right\},$$

$$\frac{\partial u_\theta}{\partial t} + \mathbf{u}\cdot\nabla u_\theta + \frac{u_r u_\theta}{r} - \frac{u_\phi^2\cot\theta}{r} = -\frac{1}{\rho r}\frac{\partial p}{\partial\theta}$$

$$+\nu\left\{\nabla^2 u_\theta + \frac{2}{r^2}\frac{\partial u_r}{\partial\theta} - \frac{u_\theta}{r^2\sin^2\theta} - \frac{2\cos\theta}{r^2\sin^2\theta}\frac{\partial u_\phi}{\partial\phi}\right\},$$

$$\frac{\partial u_\phi}{\partial t} + \mathbf{u}\cdot\nabla u_\phi + \frac{u_\phi u_r}{r} + \frac{u_\theta u_\phi\cot\theta}{r} = -\frac{1}{\rho r\sin\theta}\frac{\partial p}{\partial\phi}$$

$$+\nu\left\{\nabla^2 u_\phi + \frac{2}{r^2\sin\theta}\frac{\partial u_r}{\partial\phi} + \frac{2\cos\theta}{r^2\sin^2\theta}\frac{\partial u_\theta}{\partial\phi} - \frac{u_\phi}{r^2\sin^2\theta}\right\}。$$

柱坐标

对于坐标 $\xi_1 = x$，$\xi_2 = \sigma$，$\xi_3 = \phi$（ϕ 为绕轴 $\sigma = 0$ 的方位角），有对应的尺度因子

$$h_1 = 1, \quad h_2 = 1, \quad h_3 = \sigma。$$

于是有

$$\frac{\partial \mathbf{a}}{\partial \phi} = 0, \quad \frac{\partial \mathbf{b}}{\partial \phi} = 0, \quad \frac{\partial \mathbf{c}}{\partial \phi} = -\mathbf{b},$$

以及 $\mathbf{a}$、$\mathbf{b}$ 及 $\mathbf{c}$ 独立于 x 及 σ。

$$\nabla V = \mathbf{a} \frac{\partial V}{\partial x} + \mathbf{b} \frac{\partial V}{\partial \sigma} + \frac{\mathbf{c}}{\sigma} \frac{\partial V}{\partial \phi},$$

$$\mathbf{n} \cdot \nabla \mathbf{F} = \mathbf{a}(\mathbf{n} \cdot \nabla F_x) + \mathbf{b}\left(\mathbf{n} \cdot \nabla F_\sigma - \frac{n_\phi F_\phi}{\sigma} \right)$$

$$+ \mathbf{c}\left(\mathbf{n} \cdot \nabla F_\phi + \frac{n_\phi F_\sigma}{\sigma} \right),$$

$$\nabla \cdot \mathbf{F} = \frac{\partial F_x}{\partial x} + \frac{1}{\sigma} \frac{\partial (\sigma F_\sigma)}{\partial \sigma} + \frac{1}{\sigma} \frac{\partial F_\phi}{\partial \phi},$$

$$\nabla \times \mathbf{F} = \mathbf{a}\left\{ \frac{1}{\sigma} \frac{\partial (\sigma F_\phi)}{\partial \sigma} - \frac{1}{\sigma} \frac{\partial F_\sigma}{\partial \phi} \right\} + \mathbf{b}\left(\frac{1}{\sigma} \frac{\partial F_x}{\partial \phi} - \frac{\partial F_\phi}{\partial x} \right)$$

$$+ \mathbf{c}\left(\frac{\partial F_\sigma}{\partial x} - \frac{\partial F_x}{\partial \sigma} \right),$$

$$\nabla^2 V = \frac{\partial^2 V}{\partial x^2} + \frac{1}{\sigma} \frac{\partial}{\partial \sigma}\left(\sigma \frac{\partial V}{\partial \sigma} \right) + \frac{1}{\sigma^2} \frac{\partial^2 V}{\partial \phi^2},$$

$$\nabla^2 \mathbf{F} = \mathbf{a}(\nabla^2 F_x) + \mathbf{b}\left(\nabla^2 F_\sigma - \frac{F_\sigma}{\sigma^2} - \frac{2}{\sigma^2} \frac{\partial F_\phi}{\partial \phi} \right)$$

$$+ \mathbf{c}\left(\nabla^2 F_\phi + \frac{2}{\sigma^2} \frac{\partial F_\sigma}{\partial \phi} - \frac{F_\phi}{\sigma^2} \right)。$$

应变率张量：

$$e_{xx} = \frac{\partial u_x}{\partial x},$$

$$e_{\sigma\sigma} = \frac{\partial u_\sigma}{\partial \sigma},$$

$$e_{\phi\phi} = \frac{1}{\sigma} \frac{\partial u_\phi}{\partial \phi} + \frac{u_\sigma}{\sigma},$$

$$e_{\sigma\phi} = \frac{\sigma}{2} \frac{\partial}{\partial \sigma}\left(\frac{u_\phi}{\sigma} \right) + \frac{1}{2\sigma} \frac{\partial u_\sigma}{\partial \phi},$$

$$e_{\phi x} = \frac{1}{2\sigma} \frac{\partial u_x}{\partial \phi} + \frac{1}{2} \frac{\partial u_\phi}{\partial x},$$

$$e_{x\sigma} = \frac{1}{2} \frac{\partial u_\sigma}{\partial x} + \frac{1}{2} \frac{\partial u_x}{\partial \sigma}。$$

不可压缩流体无体力时的运动方程：

$$\frac{\partial u_x}{\partial t}+\mathbf{u}\cdot\nabla u_x=-\frac{1}{\rho}\frac{\partial p}{\partial x}+\nu\nabla^2 u_x,$$

$$\frac{\partial u_\sigma}{\partial t}+\mathbf{u}\cdot\nabla u_\sigma-\frac{u_\phi^2}{\sigma}=-\frac{1}{\rho}\frac{\partial p}{\partial\sigma}+\nu\left(\nabla^2 u_\sigma-\frac{u_\sigma}{\sigma^2}-\frac{2}{\sigma^2}\frac{\partial u_\phi}{\partial\phi}\right),$$

$$\frac{\partial u_\phi}{\partial t}+\mathbf{u}\cdot\nabla u_\phi+\frac{u_\sigma u_\phi}{\sigma}=-\frac{1}{\rho\sigma}\frac{\partial p}{\partial\phi}+\nu\left(\nabla^2 u_\phi+\frac{2}{\sigma^2}\frac{\partial u_\sigma}{\partial\phi}-\frac{u_\phi}{\sigma^2}\right).$$

二维极坐标

相应的公式可以从上述圆柱标公式中去掉 x 坐标系方向的所有分量及导数而得到，但鉴于它们要经常用到，现仍写出如下。坐标是

$$\xi_1=r,\ \xi_2=\theta,\ \text{及}\ h_1=1,\ h_2=r,$$

$$\frac{\partial\mathbf{a}}{\partial r}=0,\ \frac{\partial\mathbf{a}}{\partial\theta}=\mathbf{b},\ \frac{\partial\mathbf{b}}{\partial r}=0,\ \frac{\partial\mathbf{b}}{\partial\theta}=-\mathbf{a}。$$

$$\nabla V=\mathbf{a}\frac{\partial V}{\partial r}+\frac{\mathbf{b}}{r}\frac{\partial V}{\partial\theta},$$

$$\mathbf{n}\cdot\nabla\mathbf{F}=\mathbf{a}\left(\mathbf{n}\cdot\nabla F_r-\frac{n_\theta F_\theta}{r}\right)+\mathbf{b}\left(\mathbf{n}\cdot\nabla F_\theta+\frac{n_\theta F_r}{r}\right),$$

$$\nabla\cdot\mathbf{F}=\frac{1}{r}\frac{\partial(rF_r)}{\partial r}+\frac{1}{r}\frac{\partial F_\theta}{\partial\theta},$$

$$\nabla\times\mathbf{F}=\left\{\frac{1}{r}\frac{\partial(rF_\theta)}{\partial r}-\frac{1}{r}\frac{\partial F_r}{\partial\theta}\right\}\mathbf{a}\times\mathbf{b},$$

$$\nabla^2 V=\frac{1}{r}\frac{\partial}{\partial r}\left(r\frac{\partial V}{\partial r}\right)+\frac{1}{r^2}\frac{\partial^2 V}{\partial\theta^2},$$

$$\nabla^2\mathbf{F}=\mathbf{a}\left(\nabla^2 F_r-\frac{F_r}{r^2}-\frac{2}{r^2}\frac{\partial F_\theta}{\partial\theta}\right)+\mathbf{b}\left(\nabla^2 F_\theta+\frac{2}{r^2}\frac{\partial F_r}{\partial\theta}-\frac{F_\theta}{r^2}\right)。$$

应变率张量：

$$e_{rr}=\frac{\partial u_r}{\partial r},$$

$$e_{\theta\theta}=\frac{1}{r}\frac{\partial u_\theta}{\partial\theta}+\frac{u_r}{r},$$

$$e_{e\theta}=\frac{r}{2}\frac{\partial}{\partial r}\left(\frac{u_\theta}{r}\right)+\frac{1}{2r}\frac{\partial u_r}{\partial\theta}。$$

不可压缩流体无体力时的运动方程：

$$\frac{\partial u_r}{\partial t} + \left(u_r \frac{\partial}{\partial r} + \frac{u_\theta}{r} \frac{\partial}{\partial \theta} \right) u_r - \frac{u_\theta^2}{r}$$

$$= -\frac{1}{\rho} \frac{\partial p}{\partial r} + \nu \left(\nabla^2 u_r - \frac{u_r}{r^2} - \frac{2}{r^2} \frac{\partial u_\theta}{\partial \theta} \right)$$

$$\frac{\partial u_\theta}{\partial t} + \left(u_r \frac{\partial}{\partial r} + \frac{u_\theta}{r} \frac{\partial}{\partial \theta} \right) u_\theta + \frac{u_r u_\theta}{r}$$

$$= -\frac{1}{\rho r} \frac{\partial p}{\partial \theta} + \nu \left(\nabla^2 u_\theta + \frac{2}{r^2} \frac{\partial u_r}{\partial \theta} - \frac{u_\theta}{r^2} \right).$$

参考文献

Andrade, E. N. da C. 1939 *Proc. Phys. Soc.* **51**, 784.
Apelt, C. J. 1961 *Aero. Res. Coun., Rep. and Mem. no. 3175.*
Batchelor, G. K. 1956 *J. Fluid Mech.* **1**, 177.
Benjamin, T. B. 1962 *J. Fluid Mech.* **14**, 593.
Benjamin, T. B. and Ellis, A. T. 1966 *Phil. Trans. Roy. Soc.* A **260**, 261.
Betz, A. 1915 *Z. f. Flugt. u. Motorluftschiffahrt* **6**, 173.
Birkhoff, G. and Zarantonello, E. H. 1957 *Jets, Wakes and Cavities.* Academic Press.
Blasius, H. 1908 *Z. Math. Phys.* **56**, 1.
Blasius, H. 1910 *Z. Math. Phys.* **58**, 90.
Carslaw, H. S. and Jaeger, J. C. 1947 *The Conduction of Heat in Solids.* Oxford University Press.
Castleman, R. A. 1925 *NACA Tech. Note no. 231.*
Chapman, S. and Cowling, T. G. 1952 *The Mathematical Theory of Non-uniform Gases.* Cambridge University Press.
Churchill, R. V. 1941 *Fourier Series and Boundary Value Problems.* McGraw-Hill.
Clutter, D. W., Smith, A. M. O. and Brazier, J. G. 1959 *Douglas Aircraft Company Report no. ES29075.*
Cochran, W. G. 1934 *Proc. Camb. Phil. Soc.* **30**, 365.
Cole, R. H. 1948 *Underwater Explosions.* Princeton University Press.
Collins, R. 1965 *Chem. Eng. Sci.* **20**, 851.
Copson, E. T. 1935 *Theory of Functions of a Complex Variable.* Oxford University Press.
Cottrell, A. H. 1964 *The Mechanical Properties of Matter.* John Wiley.
Courant, R. 1962 *Methods of Mathematical Physics,* Vol. **2**. Interscience.
Crocco, L. 1937 *Z. angew. Math. Mech.* **17**, 1.
Darcy, H. 1856 *Les fontaines publiques de ville de Dijon,* p. 590.
Davies, J. T. and Rideal, E. K. 1961 *Interfacial Phenomena.* Academic Press.
Davies, R. M. and Taylor, G. I. 1950 *Proc. Roy. Soc.* A **200**, 375.
Dean, W. R. 1944 *Proc. Camb. Phil. Soc.* **40**, 19.
Defant, A. 1961 *Physical Oceanography,* Vol. 1. Pergamon Press.
Einstein, A. 1906 *Ann. Phys.* **19**, 289.
Einstein, A. 1911 *Ann. Phys.* **34**, 591.
Eisenberg, P. and Pond, H. L. 1948 *Taylor Model Basin, Washington, Report no. 668.*
Ekman, V. W. 1905 *Ark. Math. Astr. och Fys.* **2**, no. 11.
Fage, A., Falkner, V. M. and Walker, W. S. 1929 *Aero. Res. Coun., Rep. and Mem. no. 1241.*
Falkner, V. M. and Skan, S. W. 1930 *Aero. Res. Coun., Rep. and Mem. no. 1314.*
Föttinger, H. 1939 *Mitteilungen der Vereinigung der Gross-Kesselbesitzer,* no. 73, p. 151.

Fraenkel, L. E. 1962 *Proc. Roy. Soc.* A **267**, 119.

Fultz, D. 1959 *J. Met.* **16**, 199.

Glauert, H. 1926 *Aerofoil and Airscrew Theory*. Cambridge University Press.

Glauert, M. B. 1956 *J. Fluid Mech.* **1**, 625.

Glauert, M. B. 1957 *Proc. Roy. Soc.* A **242**, 108.

Goldstein, S. (Ed.) 1938 *Modern Developments in Fluid Dynamics*, Vols. 1 and 2. Oxford University Press.

Greenspan, H. 1968 *The Theory of Rotating Fluids*. Cambridge University Press.

Gurevich, M. I. 1965 *The Theory of Jets in an Ideal Fluid*. Academic or Pergamon Press.

Haberman, W. L. and Morton, R. K. 1953 *Taylor Model Basin, Washington, Rep. no. 802*.

Hadamard, J. 1911 *Comptes Rendus*, **152**, 1735.

Hagen, G. 1839 *Poggendorff's Annalen d. Physik u. Chemie* (2), **46**, 423.

Hamel, G. 1917 *Jahresbericht der Deutschen Mathematiker-Vereinigung* **25**, 34.

Happel, J. and Brenner, H. 1965 *Low Reynolds Number Hydrodynamics*. Prentice-Hall.

Hartree, D. R. 1937 *Proc. Camb. Phil. Soc.* **33**, 223.

Hartree, D. R. 1949 *Aero. Res. Coun., Rep. and Mem. no. 2426.*

Hartunian, R. A. and Sears, W. R. 1957 *J. Fluid Mech.* **3**, 27.

Harvey, E. N., McElroy, W. D. and Whiteley, A. H. 1947 *J. Appl. Phys.* **18**, 162.

Haurwitz, B. 1940 *J. Mar. Res.* **3**, 254.

Hele Shaw, H. J. S. 1898 *Nature*, **58**, 34.

Helmholtz, H. von 1858 *Crelle's Journal*, **55** (also *Phil. Mag.* (4), 1867, **33**, 485, and *Wissenschaftliche Abhandlungen*, **1**, 101).

Helmholtz, H. von 1868 a *Verh. des naturh.-med. Vereins zu Heidelberg*, **5**, 1 (*Wissenschaftliche Abhandlungen*, **1**, 223).

Helmholtz, H. von 1868 b *Monatsbericht Akad. Wiss. Berlin* **23**, p. 215 (also *Phil. Mag.* (4), 1868, **36**, 337 and *Wissenschaftliche Abhandlungen*, **1**, 146).

Hiemenz, K. 1911 Göttingen Dissertation; and *Dingler's Polytech. J.* **326**, 311.

Hill, M. J. M. 1894 *Phil. Trans. Roy. Soc.* A **185**.

Homann, F. 1936 a *Forsch. Ing.-Wes.* **7**, 1.

Homann, F. 1936 b *Z. angew. Math. Mech.* **16**, 153.

Howarth, L. 1935 *Aero. Res. Coun., Rep. and Mem. no. 1632.*

Howarth, L. 1951 *Phil. Mag.* (7), **42**, 1433.

Jeffery, G. B. 1915 *Phil. Mag.* (6), **29**, 455.

Jeffery, G. B. 1922 *Proc. Roy. Soc.* A **102**, 161.

Jeffreys, H. 1931 *Cartesian Tensors*. Cambridge University Press.

Jeffreys, H. and Jeffreys, B. S. 1956 *Methods of Mathematical Physics*. Cambridge University Press.

Jones, D. R. M. 1965 Ph.D. Dissertation. University of Cambridge.

Joukowski, N. E. 1910 *Z. f. Flugt. u. Motorluftsch.* **1**, 281 (also *Aérodynamique*, Gauthier-Villars, Paris, 1931).

Kaplun, S. and Lagerstrom, P. A. 1957 *J. Math. Mech.* **6**, 585.

Kármán, T. von 1921 *Z. angew. Math. Mech.* **1**, 233.

Kawaguti, M. 1953 *J. Phys. Soc. Japan* **8**, 747.

Keller, H. B. and Takami, H. 1966 *Proc. Symposium on Numerical Solution of Nonlinear Differential Equations* (Univ. of Wisconsin).

Kelvin, Lord 1849 *Camb. and Dub. Math. J.* (*Math. and Phys. Papers* 1, 107.)

Kelvin, Lord 1869 *Trans. Roy. Soc. Edin.* 25. (*Math. and Phys. Papers* 4, 49.)

Kelvin, Lord 1880 *Phil. Mag.* (5), 10, 155. (*Math. and Phys. Papers* 4, 152.)

Kennard, E. H. 1938 *Kinetic Theory of Gases*. McGraw-Hill.

Kirchhoff, G. 1869 *J. reine angew. Math.* 70, 289.

Knapp, R. T. 1952 *Proc. Inst. Mech. Engrs.* 166, 150.

Kutta, W. M. 1910 *Sitzungsber. d. Bayr. Akad. d. Wiss., M.-Ph. Kl.*

Lamb, H. 1911 *Phil. Mag.* (6), 21, 112.

Lamb, H. 1932 *Hydrodynamics*, 6th ed. Cambridge University Press.

Lamb, H. 1933 *Statics*. Cambridge University Press.

Lambourne, N. C. and Bryer, D. W. 1962 *Aero. Res. Coun., Rep. and Mem. no. 3282.*

Landau, L. 1944 *Doklady Acad. Sci. U.R.S.S.* 43, 286.

Leigh, D. C. 1955 *Proc. Camb. Phil. Soc.* 51, 320.

Levich, V. G. 1962 *Physico-chemical Hydrodynamics*. Prentice Hall.

Levi-Civita, T. 1907 *Rend. Circ. Mat. Palermo* 23, 1.

Levinson, N. 1946 *Annals of Math.* 47, 704.

Lighthill, M. J. 1949 *Aero. Res. Coun., Rep. and Mem. no. 2328.*

Lighthill, M. J. 1956 Article in *Surveys in Mechanics*, edited by G. K. Batchelor and R. M. Davies. Cambridge University Press.

Lock, R. C. 1951 *Quart. J. Mech. Appl. Math.* 4, 42.

Long, R. R. 1953 *J. Met.* 10, 197.

Longuet-Higgins, M. S. 1953 *Phil. Trans. Roy. Soc.* A 245, 535.

Longuet-Higgins, M. S. 1960 *J. Fluid Mech.* 8, 293.

Longuet-Higgins, M. S. 1964 *Proc. Roy. Soc.* A 279, 446.

Longuet-Higgins, M. S. 1965 *Proc. Roy. Soc.* A 284, 40.

Magnus, G. 1853 *Poggendorf's Annalen der Physik u. Chemie*, 88, 1.

Michell, A. G. M. 1950 *Lubrication: Its Principles and Practice*. Blackie.

Millsaps, K. and Pohlhausen, K. 1953 *J. Aero. Sci.* 20, 187.

Milne-Thomson, L. M. 1940 *Proc. Camb. Phil. Soc.* 36, 246.

Milne-Thomson, L. M. 1967 *Theoretical Hydrodynamics*, 5th ed. Macmillan.

Moelwyn-Hughes, E. A. 1961 *States of Matter*. Oliver and Boyd.

Moffatt, H. K. 1964 *J. Fluid Mech.* 18, 1.

Moore, D. W. 1963 *J. Fluid Mech.* 16, 161.

Navier, M. 1822 *Mem. de l'Acad. des Sciences*, 6, 389.

Nøkkentved, C. 1932 *Ingenioren*, 41, 330.

Okabe, J. and Inoue, S. 1960 *Rep. Res. Inst. Appl. Mech., Kyushu Univ.* 8, 91.

Okabe, J. and Inoue, S. 1961 *Rep. Res. Inst. Appl. Mech., Kyushu Univ.* 9, 147.

Onsager, L. 1949 *Nuovo Cimento, Supplement*, 6, 279.

Oseen, C. W. 1910 *Ark. f. Mat. Astr. og Fys.* 6, no. 29.

Payne, R. B. 1958 *J. Fluid Mech.* 4, 81.

Pierce, D. 1961 *J. Fluid Mech.* 11, 460.

Pippard, A. B. 1957 *Classical Thermodynamics*. Cambridge University Press.

Planck, M. 1884 *Wied. Ann.* 21.

Plesset, M. S. 1949 *J. Appl. Mech.* 16, 277.

Poiseuille, J. L. M. 1840 *Comptes Rendus*, 11, 961 and 1041; and 12, 112.

Poisson, S. D. 1829 *Journ. de l'Ecole Polytechn.* **13**, 1.

Prandtl, L. 1905 *Verhandlungen des dritten internationalen Mathematiker-Kongresses (Heidelburg 1904)*. Leipzig. Pp. 484–491.

Prandtl, L. 1914 *Nachr. Ges. Wiss. Gottingen, Math.-Phys. Klasse*, 177.

Prandtl, L. 1927 *J. Roy. Aero. Soc.* **31**, 730.

Prandtl, L. 1930 *The Physics of Solids and Fluids*. Blackie.

Prandtl, L. 1952 *The Essentials of Fluid Dynamics*. Blackie.

Prandtl, L. and Tietjens, O. G. 1934 *Applied Hydro- and Aeromechanics*. McGraw-Hill. (Translated from the German edition, Springer, 1931.) Photographs from this book are reproduced by permission of the United Engineering Trustees, Inc.

Proudman, I. and Pearson, J. R. A. 1957 *J. Fluid Mech.* **2**, 237.

Proudman, J. 1916 *Proc. Roy. Soc.* A **92**, 408.

Rankine, W. J. M. 1871 *Phil. Trans. Roy. Soc.* 267.

Rayleigh, Lord 1876 *Phil. Mag.* (5), **2**, 430. (*Scientific Papers*, **1**, 286.)

Rayleigh, Lord 1883 *Phil. Trans. Roy. Soc.* A **175**, 1. (*Scientific Papers*, **2**, 239.)

Rayleigh, Lord 1917 *Phil. Mag.* (6), **34**, 94.

Reichardt, H. 1946 *U.K. Ministry of Aircraft Production, Rep. and Trans. no. 766.*

Reynolds, O. 1883 *Phil. Trans. Roy. Soc.* **174**, 935. (*Papers on Mechanical and Physical Subjects*, **2**, 51.)

Reynolds, O. 1886 *Phil. Trans. Roy. Soc.* **177**, 157. (*Papers on Mechanical and Physical Subjects*, **2**, 228.)

Riabouchinsky, D. 1919 *Proc. London Math. Soc.* **19**, 206.

Rosenhead, L. 1940 *Proc. Roy. Soc.* A **175**, 436.

Rosenhead, L. (Ed.) 1963 *Laminar Boundary Layers*. Oxford University Press.

Roshko, A. 1961 *J. Fluid Mech.* **10**, 345.

Rossby, C. G. 1939 *J. Mar. Res.* **2**, 38.

Saint-Venant, B. de 1843 *Comptes Rendus*, **17**, 1240.

Schlichting, H. 1932 *Phys. Z.* **33**, 327.

Schlichting, H. 1933 *Z. angew. Math. Mech.* **13**, 260.

Sommerfeld, A. 1949 *Partial Differential Equations in Physics*. Academic Press.

Southwell, R. V. and Vaisey, G. 1946 *Phil. Trans. Roy. Soc.* A **240**, 117.

Spells, K. E. 1952 *Proc. Phys. Soc.* B **65**, 541.

Squire, H. B. 1951 *Quart. J. Mech. Appl. Math.* **4**, 321.

Stewartson, K. 1954 *Proc. Camb. Phil. Soc.* **50**, 454.

Stokes, G. G. 1845 *Trans. Camb. Phil. Soc.* **8**, 287. (*Mathematical and Physical Papers* **1**, 75.)

Stokes, G. G. 1851 *Trans. Camb. Phil. Soc.* **9**, 8. (*Mathematical and Physical Papers* **3**, 1.)

Stuart, J. T. 1966 *J. Fluid Mech.* **24**, 673.

Sullivan, R. D. 1959 *J. Aero/Space Sci.* **26**, 767.

Szymanski, F. 1932 *J. Math. Pures Appliquées*, Series 9, **11**, 67.

Taneda, S. 1956*a J. Phys. Soc. Japan* **11**, 302.

Taneda, S. 1956*b Rep. Res. Inst. Appl. Mech., Kyushu Univ.* **4**, 99.

Taylor, G. I. 1915 *Phil. Trans. Roy. Soc.* A **215**, 1. (*Scientific Papers*, **2**, 1.)

Taylor, G. I. 1921 *Proc. Roy. Soc.* A **100**, 114. (*Scientific Papers*, **4**.)

Taylor, G. I. 1922 *Proc. Roy. Soc.* A **102**, 180. (*Scientific Papers*, **4**.)

Taylor, G. I. 1923 *Proc. Roy. Soc.* A **104**, 213. (*Scientific Papers*, **4**.)
Taylor, G. I. 1959 *Proc. Roy. Soc.* A **253**, 313. (*Scientific Papers*, **4**.)
Taylor, G. I. 1963 *Scientific Papers*, **3**, 320.
Thom, A. 1929 *Aero. Res. Coun., Rep. and Mem. no. 1194.*
Thom, A. 1933 *Proc. Roy. Soc.* A **141**, 651.
Thwaites, B. (Ed.) 1960 *Incompressible Aerodynamics.* Oxford University Press.
Titchmarsh, E. C. 1962 *Eigenfunction Expansions.* Oxford University Press.
Tritton, D. 1959 *J. Fluid Mech.* **6**, 547.
Tsien, H.-S. 1943 *Q. Appl. Math.* **1**, 130.
Van Dyke, M. D. 1964 *Perturbation Methods in Fluid Mechanics.* Academic Press.
Walters, J. K. and Davidson, J. F. 1963 *J. Fluid Mech.* **17**, 321.
Watson, G. N. 1958 *Theory of Bessel Functions.* Cambridge University Press.
Werlé, H. 1961 *Office National d'Etudes et de Recherches Aéronautiques,* Publication no. 103.
Westwater, F. L. 1936 *Aero. Res. Coun., Rep. and Mem. no. 1692.*
Wieselsberger, C. 1914 *Z. Flugtech. Motorluftschiffahrt* **5**, 142.

图版

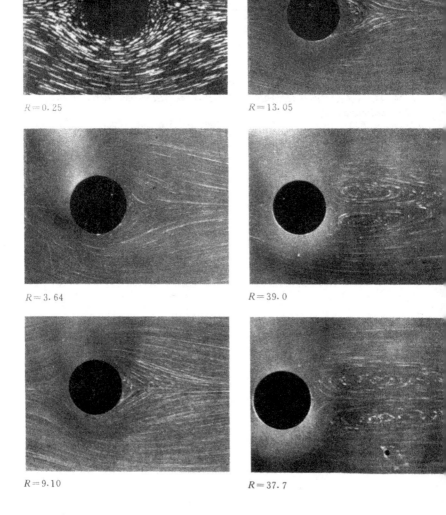

$R=0.25$

$R=13.05$

$R=3.64$

$R=39.0$

$R=9.10$

$R=37.7$

图 4.12.1 绕过一半径为 a 的圆柱的定常流动(由左向右)的流线；$R=2aU/\nu$。$R=$ 0.25 的照片(取自 Prandtl 及 Tietjens 1934)表明了在一自由面上的固体粒子的运动，而所有其余照片(取自 Taneda 1956a)显示出垂直于柱轴线的一个内部平面上的被照亮的粒子。

$R=73$

$R=102$

$R=161$

$R=32$

$R=55$

$R=65$

图 4.12.6 在一油流中的圆柱后尾迹中的条纹线.（取自 Homann 1936a）

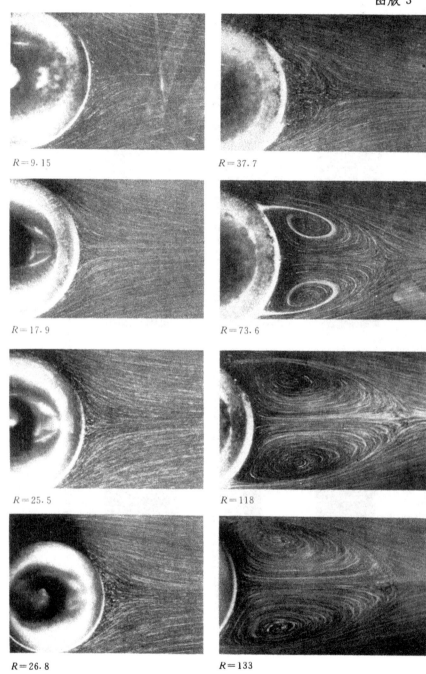

$R=9.15$

$R=37.7$

$R=17.9$

$R=73.6$

$R=25.5$

$R=118$

$R=26.8$

$R=133$

图 4.12.8 绕过一半径为 a 的球的定常流动(由左向右)在一轴平面内的流线(取自 Taneda 1956a), $R=2aU/\nu$。

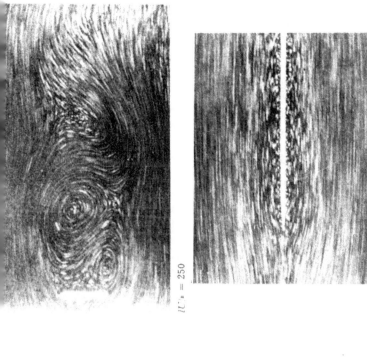

$lU/\nu = 250$

$lU/\nu = 3$

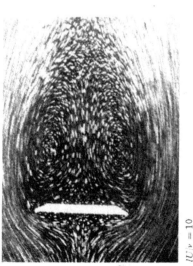

$lU/\nu = 0.25$

$lU/\nu = 10$

图 4.12.10 绕过一长度为 l 的面向前方或端缘向前方的平板的流动（由左向右）的流线。（取自 Prandtl 及 Tietjens 1934）

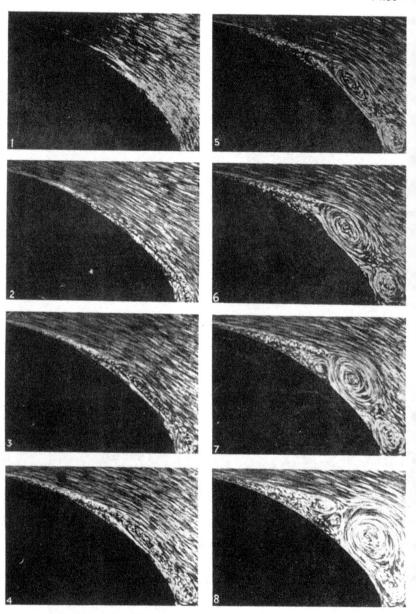

图 5.9.3 初始为静止的运动钝体尾部上的边界层发展的不同阶段。流动是相对于物体观察的,且为由左向右。(取自 Prandtl 及 Tietjens 1934)

图版 6

图 5.10.1 水流中的一个旋称体尾部表面上的定常边界层的分离。基于物体长度的 Reynolds 数＝1.3×10⁵。把铝粉小颗粒置于水表面上因而流动成为可见，水表面是物体的一个对称平面。（取自 Clutter，Smith 及 Brazier 1959）

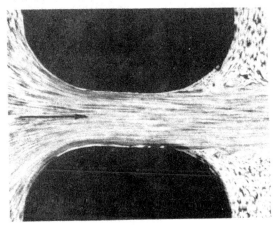

图 5.10.2 穿过一先收缩后扩张的通道的流动的流线。（取自 Föttinger 1939）

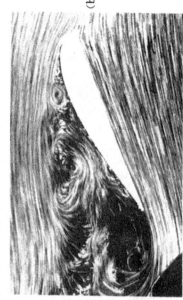

(b)

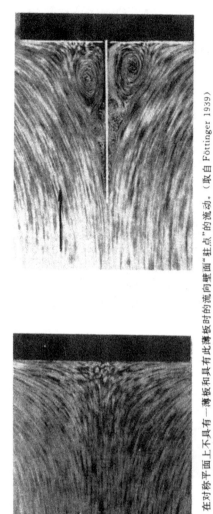

图 5.10.3 在对称平面上不具有和具有一薄板和具有此薄板时的流向壁面"驻点"的流动。(取自 Föttinger 1939)

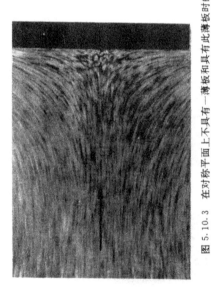

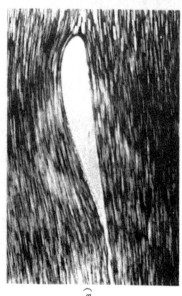

(a)

图 5.11.1 绕过一翼型的流动 (a)翼型大致顺流放置 (b)不大顺置的情形。(取自 Prandtl 1930)

图版 8

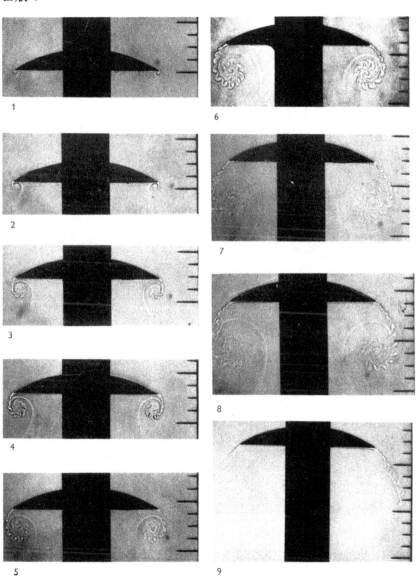

图 5.10.5　表示在空气中从静止迅速加速到最终定常速度 731 厘米/秒的具有尖突缘的旋称体表面上释放出的水蒸气位置的阴影照片系列,相邻两照片间的时间间隔为 1.1×10^{-3} 秒(最后两幅照片之间的间隔为此值的 2 倍)。每幅照片右侧的固定的刻度的间距为 0.63 厘米。(取自 Pierce 1961,Crown 版权)

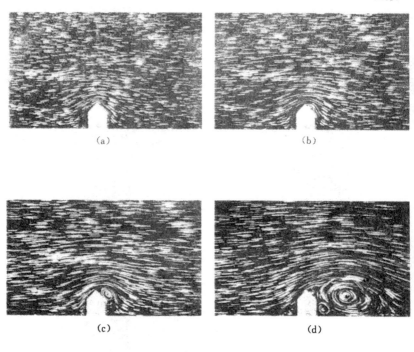

(a)

(b)

(c)

(d)

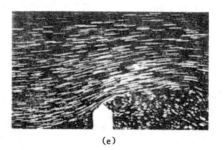

(e)

图 5.10.6 从静止开始流过一房屋模型的流动发展的不同阶段。流动是由左向右。(取自 Nøkkentved 1932)

图版 10

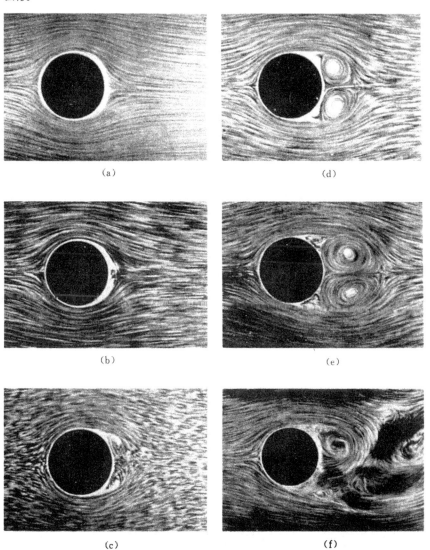

(a)　　　　　　　　　　　　(d)

(b)　　　　　　　　　　　　(e)

(c)　　　　　　　　　　　　(f)

图 5.11.3　从静止开始绕过一圆柱的流动(由左向右)发展的不同阶段。流速是很快地增加然后保持恒定。(取自 Prandtl 1927)

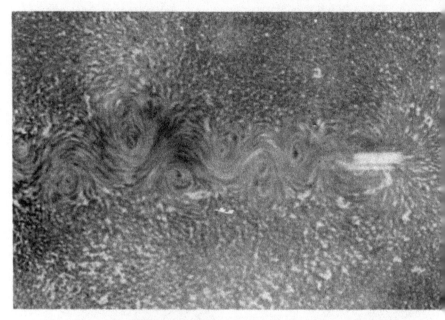

图 5.11.4 一定常运动的圆柱的尾迹中的"涡街",$R=1.93\times10^3$。把铝粉小颗粒置于水表面上流动因而成为可见,柱体相动于照相机由左向右运动(所以看起来像是被拉长了)。(取自 Clutter,Smith 及 Brazier 1959)

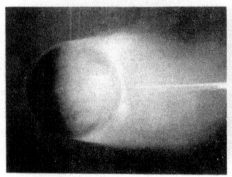 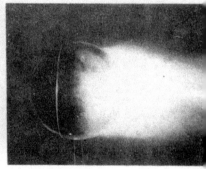

图 5.11.7 在一由左向右的流动中的球体尾部释放的烟。第二幅照片表明了用一金属丝对边界层进行扰动的效应。(取自 Wieselsberger 1914)

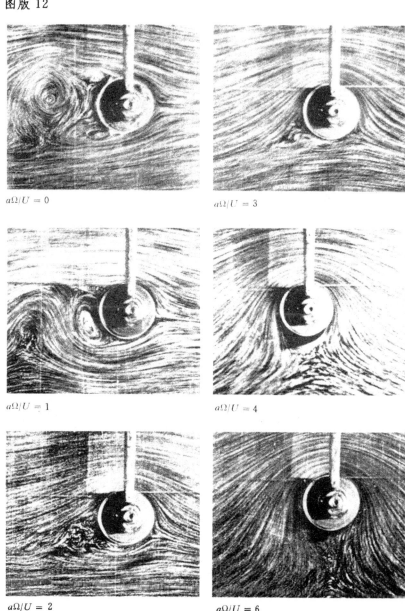

$a\Omega/U = 0$

$a\Omega/U = 3$

$a\Omega/U = 1$

$a\Omega/U = 4$

$a\Omega/U = 2$

$a\Omega/U = 6$

图 6.6.2 无穷远处有均匀速度 U (由左向右)的流中一个以反时针方向角速度 Ω 旋转的刚性柱引起的流动的流线照片。(取自 Prandtl 及 Tietjens 1934)

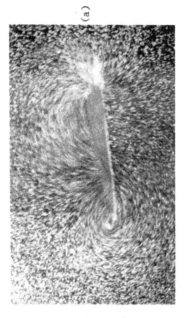

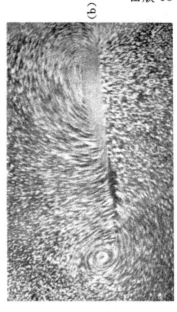

(a)

(b)

图 6.7.5 由一相对于未扰流体运动的翼型所引起的流动的流线：（a）翼型刚开始运动后（由左向右）；（b）当翼型定常地运动过约一个流向长度后。从尾缘脱落的涡量被集中在一个涡核内（照片 B，约片中。（取自 Prandtl 1934）

图 6.7.2 刚开始运动后由左向右绕过一物体的尖突缘的流动。（取自 Prandtl 及 Tietjens 1934）

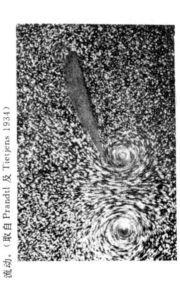

图 6.7.6 一翼型从静止状态突然被置于一定常运动然后又突然停止时脱落的涡。（取自 Prandtl

图版 14

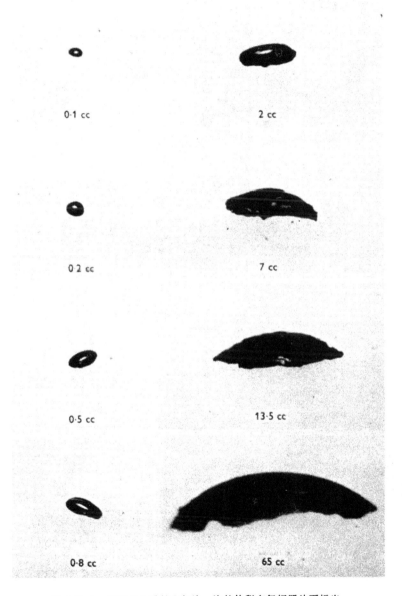

0·1 cc

2 cc

0·2 cc

7 cc

0·5 cc

13·5 cc

0·8 cc

65 cc

图 6.11.1　穿过水上升的空气泡。泡的体积在每幅照片下标出。
（取自 Jones 1965）

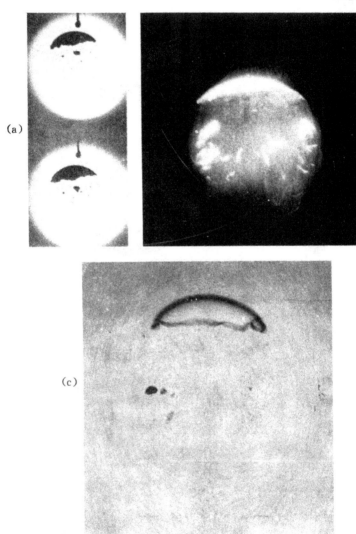

图 6.11.2　表明尾迹结构的大气泡照片。(a)在硝基苯中的一个空气泡的闪光照片；$R \approx 3$ 厘米，$U \approx 37$ 厘米/秒(取自 Davies 及 Taylor 1950)。(b)水中的空气泡；$R \approx 5$ 厘米，$U \approx 45$ 厘米/秒(R. Collins 所摄的未发表的照片)。(c)在相距 6 毫米的两平行板间水中的一个"二维"空气泡；$R \approx 7$ 厘米，$U \approx 40$ 厘米/秒(取自 Collins 1965)。照片(b)及(c)为使照相机相对于气泡为静止时所摄，用固体颗粒作为示踪物。在(a)和(b)中，泡及与泡一起运动的液体合起来大致占据一球体，在(c)中占据一圆。

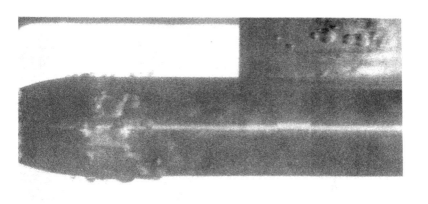

图 6.12.1 在一水洞中绕轴对称细长体的流动(由左向右)中空穴的形成,
K＝0.26。(取自 Knapp 1952)

(a)　　　　　　　　　　　　(b)

图 6.12.2 在一由左向右流动的水流中的螺旋桨所引起的空穴。在(a)中,
来自三个叶片的每一个的"端涡"(tip vortex)中心处有一空穴;在(b)中,在
更高的旋转速度及流速下,每个叶片的吸力面同样有一空穴,空穴的体积已
大到足以影响叶片上的压力分布。

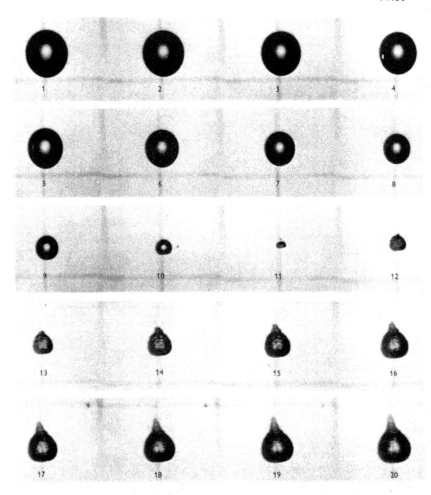

图 6.12.3　在一罐静止的水中，一个正在崩溃的空穴，时间间隔为 2×10^{-4} 秒时的照片。空穴是通过短暂地使水处于拉伸并用电解释放的小气泡作为核而形成的。在照片系列所包括的时间范围内，压力差 p_0-p_v 保持在 0.051 大气压。第一幅照片中的空穴的平均半径为 0.69 厘米，而最小体积是发生在第 10 和第 11 幅照片中。从第 11 幅到第 20 幅照片表明了以非球形为特征的重新增大。(T. B. Benjamin 及 A. T. Ellis 所摄的未发表的照片)

图版 18

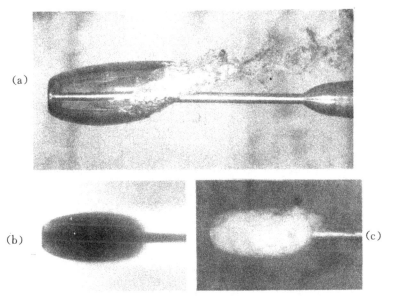

(a)

(b)

(c)

图 6.12.5 与水流垂直放置的圆盘后的定常状态的空穴；$K=0.10$。(a)空穴中的压力由连续地把空气供给空穴而维持；(b)及(c)是无空气供应。(b)的曝光时间为 2 秒，(c)的曝光时间为 10^{-4} 秒。空穴尾部的不对称性是由浮力造成。(美国海军官方照片)

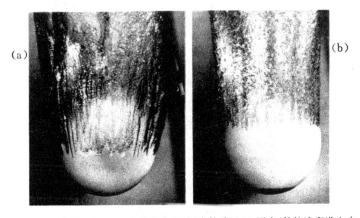

(a)

(b)

图 6.12.7 一个半径为 22 厘米的球以 64 厘米/秒的速度进入水中的照片；(a)光滑表面，(b)在接近头部有一块粗糙沙面，假想它会引起球面上边界层内的湍流流动。(美国海军官方照片)参见图 5.11.7(图版 11)所示的对于没有空穴的流动的类似影响。

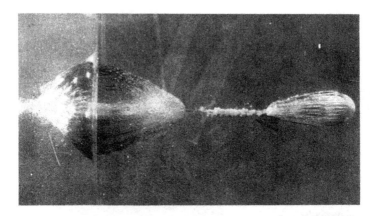
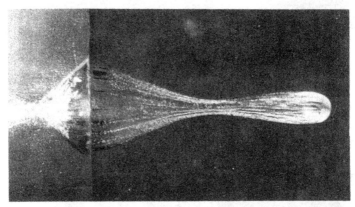
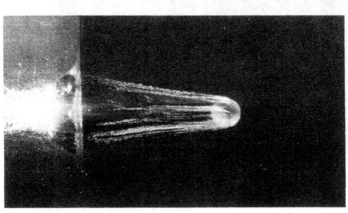

图 6.12.6 一个直径为 9.9 厘米的球以 880 厘米/秒的速度进入水的过程中空穴的形成。（美国海军官方照片）

图版 20

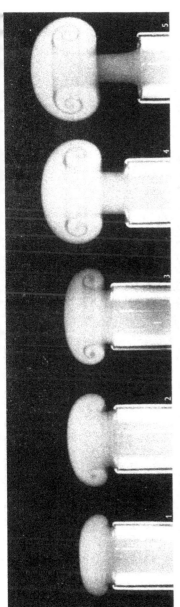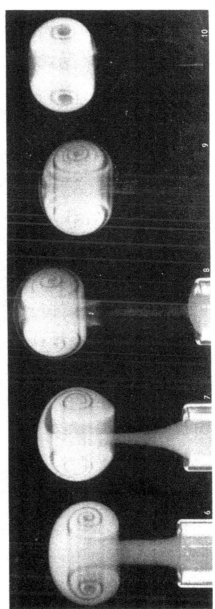

图 7.2.2 从一内径为1.5厘米的玻璃管端喷出少量带颜色液体（与水的密度近似相同）。在最后一张照片中的涡环中心有清水。尽管从侧面看面看得不太清楚。（取自 Okabe 及 Inoue 1960）

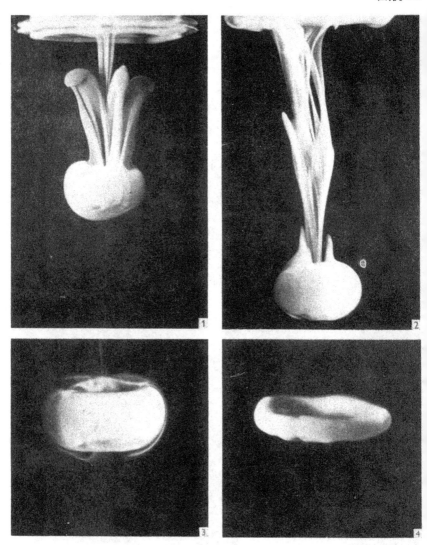

图 7.2.3　从一距自由面1厘米处的管端使带颜色水滴垂直落入水中形成的涡
环的不同阶段。（取自 Okabe 及 Bryer 1961）

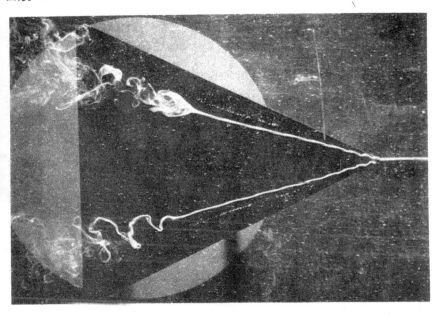

图 7.5.7　水中的"卒发"涡("Bursting" vortices)。两个染料条纹是在从一三角翼的侧边脱落的强涡的中心处。(取自 Lambourne 及 Bryer 1962)

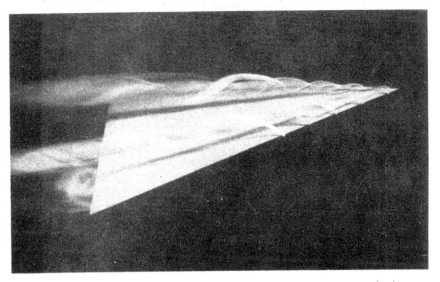

图 7.8.6　在迎角为 12°时一个三角翼上表面附近的流动。(取自 Werlé 1961)

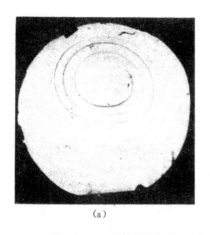 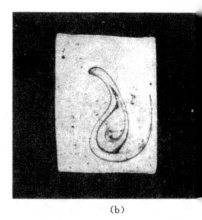

(a)　　　　　　　　　　(b)

图 7.6.2　一滴有颜色液体被吸出形成平行于旋转轴的薄层,照片系在轴上一点所摄,表示运动的二维性,相对于旋转轴的缓慢运动是由略微改变(a)—圆盘的 (b)—矩形盘的旋转速度而产生的。(取自 Taylor 1921)

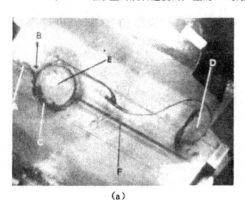 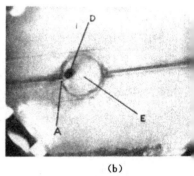

(a)　　　　　　　　　　(b)

图 7.6.3　在一水深为 4 英寸(1英寸=2.54厘米)的旋转盘内由一缓慢平动的高度为 1 英寸的圆柱所引起的运动,平动是通过盘底从右向左而运动是从上向下看。在(a)中,颜料是从高于柱顶并在柱前方紧邻的一(运动)点 A 处释放的,B(分界点),C 和 D 是颜料在其后的位置;在(b)中,颜料释放点(A)是位于柱的向上的投影的区域内,颜料保持为一团 D。流动明显地具有二维性质。(取自 Taylor 1923)

图版 24

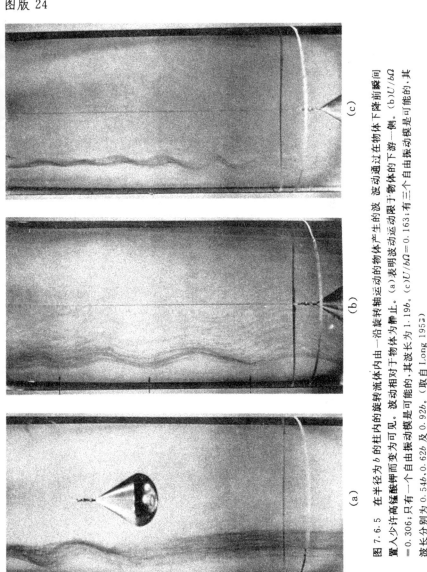

(a)　　　　　　　　(b)　　　　　　　　(c)

图 7.6.5　在半径为 b 的柱内的旋转流体内由一沿旋转轴运动的物体产生的波　置入少许高锰酸钾而变为可见。波动相对于物体为静止。（a）表明波动限于物体的下游一侧。$(b)U/b\Omega$ $=0.306$；只有一个自由振动模是可能的，其波长为 $1.19b$。$(c)U/b\Omega=0.163$；有三个自由振动模是可能的，其波长分别为 $0.54b$、$0.62b$ 及 $0.92b$。（取自 Long 1953）

波动通过在物体下降前瞬间